Gerd Habenicht

Kleben

Grundlagen, Technologie, Anwendungen

Mit 155 Abbildungen und 28 Tabellen

Springer-Verlag
Berlin Heidelberg New York Tokyo 1986

Dr. rer. nat. Gerd Habenicht
o. Professor, Inhaber des Lehrstuhls für Fügetechnik
der Technischen Universität München

ISBN 3-540-15893-6 Springer-Verlag Berlin Heidelberg New York Tokyo
ISBN 0-387-15893-6 Springer-Verlag New York Heidelberg Berlin Tokyo

CIP-Kurztitelaufnahme der Deutschen Bibliothek:

Habenicht, Gerd : Kleben: Grundlagen, Technologie, Anwendungen/Gerd Habenicht. –
Berlin; Heidelberg; New York; Tokyo: Springer, 1986.
ISBN 3-540-15893-6 (Berlin...)
ISBN 0-387-15893-6 (New York...)

Das Werk ist urheberrechtlich geschützt. Die dadurch begründeten Rechte, insbesondere die der Übersetzung, des Nachdrucks, der Entnahme von Abbildungen, der Funksendung, der Wiedergabe auf photomechanischem oder ähnlichem Wege und der Speicherung in Datenverarbeitungsanlagen bleiben, auch bei nur auszugsweiser Verwertung, vorbehalten. Die Vergütungsansprüche des § 54, Abs. 2 UrhG werden durch die ‚Verwertungsgesellschaft Wort', München, wahrgenommen.
© by Springer-Verlag Berlin Heidelberg 1986
Printed in Germany

Die Wiedergabe von Gebrauchsnamen, Handelsnamen, Warenbezeichnungen usw. in diesem Werk berechtigt auch ohne besondere Kennzeichnung nicht zu der Annahme, daß solche Namen im Sinne der Warenzeichen- und Markenschutz-Gesetzgebung als frei zu betrachten wären und daher von jedermann benutzt werden dürften.

Texterfassung: Mit einem System der Springer Produktions-Gesellschaft, Berlin.
Datenkonvertierung: Brühlsche Universitätsdruckerei, Gießen
Druck: Saladruck, Berlin
Bindearbeiten: Lüderitz & Bauer-GmbH, Berlin
2362/3020-543210

Vorwort

Die optimale Anwendung des Klebens setzt als eine wesentliche Bedingung voraus, in der Vermittlung der notwendigen Kenntnisse dem besonderen interdisziplinären Charakter dieses Gebietes aus Ingenieurwissenschaft und Chemie gerecht zu werden. Diese Einstellung bestätigte sich bei vielen Diskussionen in Fachkreisen aus Industrie und Wissenschaft und erfuhr eine ergänzende Bedeutung durch die vielfältige Bearbeitung interessanter Anwendungsfälle in der Vergangenheit.

Die Suche nach geeigneten anwendungsbezogenen Informationen wird durch die Fülle der angebotenen wissenschaftlichen und technischen Veröffentlichungen erschwert. In sehr vielen Fällen werden Grundlagenkenntnisse vorausgesetzt, die in ihren gegenseitigen Abhängigkeiten dem Ingenieur oder dem Chemiker nicht immer bekannt sein können. Als Folge stellt sich dann häufig eine Unsicherheit ein mit dem Ergebnis, bei der Festlegung eines Fügeverfahrens das Kleben erst an dritter Stelle nach dem Schweißen und Löten einzustufen. Dieses Vorgehen wird noch durch die Tatsache gefördert, daß im Gegensatz zum Schweißen und Löten einführende und zusammenfassende Darstellungen über die Technologie des Klebens im deutschen Sprachraum in neuerer Zeit nicht erschienen sind.

Somit besteht die Notwendigkeit, den unzureichenden Transfer vorhandenen und auch neu erarbeiteten Wissens aus dem Bereich der Forschung in die anwendungsbezogene Praxis zu intensivieren. Nur dann kann es gelingen, ein wechselseitiges Verstehen der Möglichkeiten und Grenzen dieser Technologie zu fördern. Diese Zusammenhänge haben zu dem Entschluß beigetragen, das vorliegende Buch zu verfassen. Es ist mit dem Ziel geschrieben worden, zu einer Vertiefung des Wissens über das Kleben beizutragen und die dieser Technologie aufgrund der nachweisbaren Vorteile zustehende Wertigkeit im Vergleich mit den anderen Fügeverfahren herauszustellen. Dabei hat die Aufgabe im Vordergrund gestanden, unabhängig von der schnell fortschreitenden Entwicklung auf speziellen Gebieten den heutigen Wissensstand in einer geeigneten Auswahl und verständlichen Weise anzubieten. Weiterhin galt es, die für eine praktische Anwendung notwendigen wissenschaftlichen Grundlagen und praxisbezogenen Technologien in sinnvoller Weise für ein ausreichendes Verständnis miteinander zu verknüpfen. Hier mußten zwangsläufig Kompromisse gefunden werden, die jedoch einer verständlichen und zusammenfassenden Darstellung untergeordnet wurden.

Mit diesem Buch soll der Kreis interessierter Leser angesprochen werden, dem mehr an der vorstehend erwähnten zusammenfassenden und erklärenden Darstellung als an einer Vermittlung wissenschaftlicher Detailinformationen gelegen ist. Das umfassende Literaturverzeichnis vermag dennoch dem Wunsch nach einer ergänzenden Vertiefung des dargestellten Stoffs zu entsprechen. Somit wendet sich das Buch an

Ingenieure und Chemiker der klebstoffherstellenden und -verarbeitenden Industrie zur Unterstüzung ihrer Tätigkeit; Wissenschaftlern vermag es gegebenenfalls Anregungen in der Verbreitung des Wissens und Studierenden eine Hilfe für die Einarbeitung in das Gebiet des Klebens zu geben.

Während der Bearbeitung habe ich von vielen Herren aus Wissenschaft und Industrie wertvolle Informationen erhalten, die mich zu großem Dank verpflichten. Ich würde mich freuen, wenn auch weiterhin durch konstruktive Vorschläge und sachliche Kritik dazu beigetragen wird, in einer zukünftigen Auflage Verbesserungen und wichtige Ergänzungen vornehmen zu können. Ein besonderer Dank ist jedoch allen Mitarbeitern und Studenten des Lehrstuhls zu sagen, die mich neben ihren sonstigen Aufgaben bei der Gestaltung des Buches durch tatkräftige Mithilfe und kritische Diskussionen unterstützt haben. Dem Springer-Verlag bin ich für die stets hilfreiche und konstruktive Zusammenarbeit sowie für die sorgfältige Ausstattung sehr verbunden.

Möge das vorliegende Buch zu einer weiteren Verbreitung und Vertiefung des Wissensstandes über das Kleben und somit zu einer verstärkten Anwendung dieser Technologie beitragen.

München, im Januar 1986   Gerd Habenicht

Inhaltsverzeichnis

Verzeichnis der Formelzeichen XVII

Einleitung 1

1	**Einteilung und Aufbau der Klebstoffe**	3
1.1	Begriffe und Definitionen	3
1.2	Einteilung der Klebstoffe	4
1.2.1	Einteilung nach der chemischen Basis	4
1.2.2	Einteilung nach dem Abbindemechanismus	5
1.3	Aufbau der Klebstoffe	6
1.3.1	Chemischer Aufbau der Monomere	6
1.3.2	Aufbau der Polymere	8
1.3.2.1	Reaktionsmechanismen zur Polymerbildung	8
1.3.2.2	Struktur der Polymere	9
2	**Klebstoffgrundstoffe**	12
2.1	Polymerisationsklebstoffe	12
2.1.1	Einkomponenten-Polymerisationsklebstoffe	13
2.1.1.1	Cyanacrylatklebstoffe	13
2.1.1.2	Anaerobe Klebstoffe (Diacrylsäureester)	15
2.1.1.3	Strahlungshärtende Klebstoffe	19
2.1.2	Zweikomponenten-Polymerisationsklebstoffe	20
2.1.2.1	Methacrylatklebstoffe	20
2.1.2.2	Verarbeitungssysteme der Methylmethacrylatklebstoffe . . .	21
2.1.3	Polymere als Grundstoffe für Polymerisationsklebstoffe . . .	24
2.1.3.1	Polyvinylacetat	24
2.1.3.2	Polyvinylalkohol	24
2.1.3.3	Polyvinyläther	25
2.1.3.4	Ethylen-Vinylacetat	25
2.1.3.5	Ethylen-Acrylsäure-Copolymere	26
2.1.3.6	Polyvinylacetale	26
2.1.3.7	Polystyrol	27
2.1.3.8	Polyvinylchlorid	27
2.1.3.9	Polyvinylidenchlorid	27
2.1.4	Kautschukpolymere	28
2.1.4.1	Styrol-Butadien-Kautschuk	28
2.1.4.2	Chloroprenkautschuk	30

2.1.4.3	Nitrilkautschuk	31
2.1.4.4	Butylkautschuk	31
2.1.5	Sonstige Thermoplaste	32
2.1.5.1	Polyethylen	32
2.1.5.2	Polypropylen	32
2.1.5.3	Fluorierte Kohlenwasserstoffe	33
2.2	Polyadditionsklebstoffe	33
2.2.1	Epoxidharzklebstoffe	33
2.2.1.1	Aufbau der Epoxidharze	33
2.2.1.2	Kalthärtende Epoxidharzklebstoffe	35
2.2.1.3	Warmhärtende Epoxidharzklebstoffe	36
2.2.1.4	Zweikomponenten-Epoxidharzklebstoffe	37
2.2.1.5	Einkomponenten-Expoxidharzklebstoffe	38
2.2.1.6	Lösungsmittelhaltige Epoxidharzklebstoffe	38
2.2.1.7	Zäh-harte ("toughened") Epoxidharzklebstoffe	38
2.2.2	Polyurethanklebstoffe	39
2.2.2.1	Zweikomponenten-Polyurethanklebstoffe	39
2.2.2.2	Einkomponenten-Polyurethanklebstoffe	40
2.2.2.3	Thermisch aktivierbare Polyurethanklebstoffe	41
2.2.2.4	Reaktive Polyurethan-Schmelzklebstoffe	42
2.2.2.5	Lösungsmittelhaltige Polyurethanklebstoffe	42
2.3	Polykondensationsklebstoffe	42
2.3.1	Formaldehydkondensate	43
2.3.1.1	Phenol-Formaldehydharz-Klebstoffe	43
2.3.1.2	Kresol-/Resorzin-Formaldehydharz-Klebstoffe	45
2.3.1.3	Harnstoff-Formaldehydharz-Klebstoffe	45
2.3.1.4	Melamin-Formaldehydharz-Klebstoffe	47
2.3.2	Polyamide	48
2.3.3	Polyester	50
2.3.3.1	Gesättigte Polyester und Copolyester	50
2.3.3.2	Ungesättigte Polyester	51
2.3.4	Silikone	52
2.3.4.1	Einkomponenten-RTV-Systeme	52
2.3.4.2	Zweikomponenten-RTV-Systeme	54
2.3.5	Polyimide	55
2.3.6	Polybenzimidazole	56
2.3.7	Polysulfone	57
2.4	Zusammenfassende Darstellung der Polyreaktionen	58
2.5	Klebstoffe auf natürlicher Basis	60
2.5.1	Klebstoffe auf Basis tierischer Naturprodukte	61
2.5.2	Klebstoffe auf Basis pflanzlicher Naturprodukte	62
2.6	Klebstoffe auf anorganischer Basis	62
2.7	Klebstoffzusätze und haftvermittelnde Substanzen	65
2.7.1	Härter	65
2.7.2	Vernetzer	66
2.7.3	Beschleuniger und Katalysatoren	67
2.7.4	Weichmacher	67

2.7.5	Harze	68
2.7.6	Füllstoffe	68
2.7.7	Stabilisatoren	70
2.7.8	Haftvermittler	70
2.7.9	Primer	73

3	**Klebstoffarten**	75
3.1	Reaktionsklebstoffe	75
3.1.1	Reaktionskinetische und physikalische Grundlagen	75
3.1.1.1	Einfluß der Zeit	76
3.1.1.2	Einfluß der Temperatur	78
3.1.1.3	Einfluß des Drucks	79
3.1.1.4	Abhängigkeit der Klebschichtdicke vom Anpreßdruck	81
3.1.1.5	Topfzeit	82
3.1.2	Blockierte Reaktionsklebstoffe	85
3.1.2.1	Chemisch blockierte Reaktionsklebstoffe	85
3.1.2.2	Mechanisch blockierte Reaktionsklebstoffe	86
3.1.3	Kalt- und warmhärtende Reaktionsklebstoffe	86
3.1.3.1	Kalthärtende Reaktionsklebstoffe	86
3.1.3.2	Warmhärtende Reaktionsklebstoffe	87
3.1.4	Lösungsmittelhaltige Reaktionsklebstoffe	87
3.2	Lösungsmittelklebstoffe	88
3.3	Kontaktklebstoffe	92
3.4	Haftklebstoffe	93
3.4.1	Grundlagen der Haftklebung	94
3.4.1.1	Haftung als Folge des strömungsmechanischen Verhaltens von Flüssigkeiten	95
3.4.1.2	Haftung als Folge des Oberflächenspannungsverhaltens von Flüssigkeiten	96
3.4.2	Klebrigkeit (Tack)	97
3.5	Dispersionsklebstoffe	98
3.6	Schmelzklebstoffe	100
3.6.1	Aufbau der Schmelzklebstoffe	100
3.6.2	Charakteristische Merkmale der Schmelzklebstoffe	100
3.6.3	Verarbeitung der Schmelzklebstoffe	103
3.6.4	Eigenschaften der Schmelzklebstoffe	105
3.7	Wärmebeständige Klebstoffe	106
3.8	Leitfähige Klebstoffe	110
3.8.1	Elektrisch leitende Klebstoffe	110
3.8.2	Wärmeleitende Klebstoffe	111
3.9	Mikroverkapselte Klebstoffe	112
3.10	Plastisole	113
3.11	Klebstoffolien	114
3.12	Klebebänder	115
3.12.1	Aufbau der Klebebänder	115
3.12.2	Aufbau der Klebestreifen	116

4	**Eigenschaften der Klebschichten**	118
4.1	Allgemeine Betrachtungen	118
4.2	Schubmodul	119
4.3	Das Schubspannungs-Gleitungs-Verhalten	121
4.4	Die thermomechanischen Eigenschaften	125
4.4.1	Zustandsbereiche	125
4.4.2	Abhängigkeit des Schubmoduls und des mechanischen Verlustfaktors von der Temperatur	129
4.4.3	Abhängigkeit der Klebfestigkeit von der Temperatur	131
4.5	Elastizitätsmodul	133
4.6	Kriechen	137
4.7	Kristallinität	143
4.8	Klebschichtinhomogenitäten	144
5	**Klebtechnische Eigenschaften der Fügeteilwerkstoffe**	145
5.1	Oberflächeneigenschaften	145
5.1.1	Oberflächenschichten	145
5.1.2	Molekularer Aufbau und Polarität der Grenz- und Reaktionsschichten	146
5.1.3	Geometrische Struktur	147
5.1.4	Oberflächenspannung und Benetzungsvermögen	152
5.1.5	Diffusions- und Lösungsverhalten	152
5.2	Werkstoffeigenschaften	152
5.2.1	Festigkeit	152
5.2.2	Chemischer Aufbau	153
5.2.3	Wärmeleitfähigkeit	154
5.2.4	Wärmeausdehnungskoeffizient	155
6	**Bindungskräfte in Klebungen**	156
6.1	Die Natur der Bindungskräfte	157
6.1.1	Homöopolare Bindung	157
6.1.2	Heteropolare Bindung	158
6.1.3	Metallische Bindung	158
6.1.4	Zwischenmolekulare Bindungen	158
6.1.4.1	Dipolkräfte	158
6.1.4.2	Induktionskräfte	160
6.1.4.3	Dispersionskräfte	161
6.1.4.4	Wasserstoffbrückenbindung	161
6.1.5	Sorption	162
6.2	Adhäsion	164
6.2.1	Spezifische Adhäsion	165
6.2.2	Mechanische Adhäsion	169
6.3	Kohäsion	170
6.4	Benetzung von Oberflächen durch Klebstoffe	172
6.4.1	Allgemeine Betrachtungen	172
6.4.2	Thermodynamische Grundlagen	173
6.4.2.1	Benetzungswinkel	173
6.4.2.2	Oberflächenspannung	173

6.4.2.3	Oberflächenenergie	174
6.4.2.4	Kritische Oberflächenspannung	175
6.4.2.5	Grenzflächenspannung	175
6.4.2.6	Adhäsionsarbeit	175
6.4.2.7	Kohäsionsarbeit	176
6.4.2.8	Benetzungsgleichgewicht	176
6.4.3	Zusammenhang zwischen Benetzung und Adhäsionsarbeit	179
7	**Eigenschaften von Metallklebungen**	**183**
7.1	Vorteile und Nachteile von Klebungen	183
7.1.1	Vorteile von Klebungen	184
7.1.2	Nachteile von Klebungen	188
7.2	Eigenspannungen in Klebungen	190
7.2.1	Eigenspannungen durch unterschiedliche Wärmeausdehnungskoeffizienten von Fügeteilwerkstoff und Klebschicht	190
7.2.2	Eigenspannungen durch Schrumpfung der Klebschicht	192
7.2.3	Eigenspannungen durch unterschiedliche Temperaturverteilungen	193
7.2.4	Eigenspannungen durch Temperaturwechselbeanspruchung	193
7.2.5	Eigenspannungen durch Alterungsvorgänge der Klebschicht	194
7.3	Bruchverhalten von Klebungen	194
7.3.1	Adhäsionsbruch	196
7.3.2	Kohäsionsbruch	197
7.3.3	Bruchmechanische Betrachtungsweise	198
7.4	Verhalten von Metallklebungen bei Beanspruchungen durch mechanische Belastungen und Umgebungseinflüsse	200
7.4.1	Allgemeine Betrachtungen	200
7.4.2	Beanspruchungseinflüsse als Grundlage für die Berechnung von Metallklebungen	204
8	**Festigkeiten von Metallklebungen**	**208**
8.1	Allgemeine Festigkeitsbetrachtungen	208
8.2	Einflußgrößen auf die Festigkeit von Metallklebungen	209
8.3	Spannungen in Metallklebungen	210
8.3.1	Zugspannungen – Zugfestigkeit	211
8.3.1.1	Zugspannungen bei senkrechter und zentrischer (momentenfreier) Belastung	211
8.3.1.2	Spannungen beim Auftreten eines Biegemoments	212
8.3.1.3	Zugspannungen bei exzentrischer Belastung	212
8.3.2	Schubspannungen – Schubfestigkeit	215
8.3.3	Zugscherspannungen – Klebfestigkeit	216
8.3.3.1	Spannungsverteilung bei unendlich starren Fügeteilen mit elastischer Klebschichtverformung ohne Auftreten eines Biegemoments	216
8.3.3.2	Spannungsverteilung bei elastischen Fügeteilen mit elastischer Klebschichtverformung ohne Auftreten eines Biegemoments	217
8.3.3.3	Spannungsverteilung bei elastischen Fügeteilen mit elastisch-plastischer Klebschichtverformung und Auftreten eines Biegemoments	219
8.3.3.4	Klebfestigkeit	220

8.3.3.5	Zusammenhang zwischen Klebfestigkeit und Klebschichtverformung	223
8.3.3.6	Abhängigkeit der Spannungsverteilung von der Temperatur	225
8.3.3.7	Experimentelle Bestimmung der Spannungsverteilung durch Schubspannungs-Gleitungs-Diagramme	226
8.3.4	Schälspannungen – Schälwiderstand	229
8.4	Einfluß der geometrischen Gestaltung der Klebfuge auf die Klebfestigkeit einschnittig überlappter Klebungen	232
8.4.1	Überlappungslänge	232
8.4.1.1	Abhängigkeit der übertragbaren Last von der Überlappungslänge	235
8.4.1.2	Abhängigkeit der übertragbaren Last von der Überlappungslänge und der Temperatur	238
8.4.2	Fügeteildicke	239
8.4.3	Gestaltfaktor	240
8.4.4	Überlappungsverhältnis	241
8.4.5	Überlappungsbreite	241
8.4.6	Klebfläche	242
8.4.7	Klebschichtdicke	242
8.4.8	Einfluß der Überlappungslänge, Fügeteildicke und Klebschichtdicke auf das Biegemoment	245
8.4.9	Schäftung	247
8.5	Berechnung der Spannungsverteilung in einschnittig überlappten Klebungen	248
8.5.1	Spannungsverteilung bei Annahme eines linearen Spannungs-Verformungs-Verhaltens der Klebschicht	249
8.5.1.1	Spannungsverteilung nach Volkersen	249
8.5.1.2	Spannungsverteilung nach Goland und Reissner	250
8.5.1.3	Vergleich der Berechnungsansätze nach Volkersen sowie Goland und Reissner mit experimentellen Ergebnissen	251
8.5.1.4	Spannungsverteilung nach Hart-Smith	252
8.5.2	Spannungsverteilung bei Annahme eines nichtlinearen Spannungs-Verformungs-Verhaltens der Klebschicht	253
8.5.3	Spannungsverteilung auf der Grundlage theoretischer und experimenteller Ergebnisse	254
8.5.3.1	Verfahren nach Frey	254
8.5.3.2	Verfahren nach Winter und Meckelburg	255
8.5.3.3	Verfahren nach Müller	255
8.5.3.4	Verfahren nach Tombach	255
8.5.3.5	Verfahren nach Eichhorn und Braig	256
8.5.3.6	Verfahren nach Schlegel	256
8.5.3.7	Verfahren nach Cornelius und Stier	256
8.6	Festigkeit bei statischer Langzeitbeanspruchung	257
8.7	Festigkeit bei dynamischer Langzeitbeanspruchung	259
8.7.1	Zugschwellfestigkeit	260
8.7.2	Dauerschwingfestigkeit	261
8.8	Festigkeit bei schlagartiger Beanspruchung	264
8.9	Erhöhung der Festigkeit durch Kombinationsklebungen	266

8.10	Abschließende Bemerkungen zum Festigkeitsverhalten von Metallklebungen	268
9	**Berechnung von Metallklebungen**	**270**
9.1	Allgemeine Betrachtungen	270
9.2	Berechnungsansätze	271
9.2.1	Einfluß der unterschiedlichen Festigkeiten von Fügeteilwerkstoff und Klebschicht	271
9.2.2	Einflußparameter für die Berechnung von Metallklebungen	273
9.2.3	Berechnung auf Grundlage der Klebfestigkeit	273
9.2.4	Berechnung auf Grundlage der Volkersen-Gleichung nach Schliekelmann	275
9.2.5	Abhängigkeit der übertragbaren Last von der Überlappungslänge nach der Volkersen-Gleichung	280
9.2.6	Berechnungsbeispiele	281
9.2.7	Berechnung unter Einbeziehung von Abminderungsfaktoren	283
9.2.8	Klebnutzungsgrad	285
9.2.9	Ergänzende Betrachtungen zu der Berechnung von Metallklebungen	288
10	**Kleben runder Klebfugengeometrien**	**289**
10.1	Kleben rohrförmiger Fügeteile	290
10.1.1	Einfluß der Klebschichtdicke auf die Festigkeit	290
10.1.2	Einfluß der Fügeteildicke und der Überlappungslänge auf die Festigkeit	291
10.1.3	Berechnung der in axialer Richtung übertragbaren Last bei überlappten Rohrklebungen	292
10.2	Kleben von Welle-Nabe-Verbindungen	292
10.2.1	Allgemeine Betrachtungen	292
10.2.2	Berechnung von Welle-Nabe-Verbindungen	293
10.2.2.1	Einfluß der Nabenbreite	294
10.2.2.2	Einfluß der Klebschichtdicke und der Rauhtiefe	295
10.2.2.3	Übertragbares Torsionsmoment	297
10.2.2.4	Berechnungsbeispiel	298
10.2.3	Festlegung von Abminderungsfaktoren	299
10.3	Klebschrumpfen	303
11	**Konstruktive Gestaltung von Metallklebungen**	**304**
11.1	Vorhandensein ausreichender Klebflächen	304
11.2	Vermeidung von Spannungsspitzen	305
12	**Technologie des Klebens**	**308**
12.1	Allgemeine Betrachtungen	308
12.2	Oberflächenbehandlung der Fügeteile	308
12.2.1	Oberflächenvorbereitung	309
12.2.2	Oberflächenvorbehandlung	310
12.2.2.1	Mechanische Oberflächenvorbehandlung	310
12.2.2.2	Chemische Oberflächenvorbehandlung	311

12.2.2.3	Elektrochemische Oberflächenvorbehandlung	312
12.2.3	Oberflächennachbehandlung	312
12.2.4	Zusammensetzung der wichtigsten Beizlösungen	313
12.3	Klebstoffverarbeitung	314
12.3.1	Vorbereitung der Klebstoffe	314
12.3.1.1	Viskosität der Klebstoffe	315
12.3.1.2	Thixotropie der Klebstoffe	316
12.3.2	Mischen der Klebstoffe	316
12.3.3	Auftragen der Klebstoffe	318
12.3.4	Abbinden der Klebstoffe	319
12.3.5	Kenndaten des Klebvorgangs	322
12.4	Voraussetzungen zur Erzielung optimaler Klebungen	322
12.5	Sicherheitsmaßnahmen bei der Verarbeitung von Klebstoffen	323
12.6	Kombinierte Fügeverfahren	323
12.6.1	Punktschweißkleben	324
12.6.1.1	Vorteile gegenüber reinen Punktschweißverbindungen	324
12.6.1.2	Vorteile gegenüber reinen Klebungen	324
12.6.1.3	Verfahrensdurchführung	324
12.6.1.4	Einfluß der Fügeteilwerkstoffe	325
12.6.2	Nieten – Kleben und Schrauben – Kleben	326
12.6.3	Falzen – Kleben	327
13	**Anwendungen des Klebens**	**328**
13.1	Allgemeine Betrachtungen	328
13.2	Kleben metallischer Werkstoffe	329
13.2.1	Allgemeine Betrachtungen	329
13.2.2	Klebbarkeit wichtiger Metalle	329
13.2.2.1	Aluminium und Aluminiumlegierungen	329
13.2.2.2	Beryllium	330
13.2.2.3	Blei	330
13.2.2.4	Chrom, verchromte Werkstoffe	330
13.2.2.5	Edelmetalle	330
13.2.2.6	Kupfer	331
13.2.2.7	Magnesium	331
13.2.2.8	Messing	332
13.2.2.9	Nichtrostende Stähle, Edelstähle	332
13.2.2.10	Nickel, vernickelte Werkstoffe	332
13.2.2.11	Stähle, allgemeine Baustähle	332
13.2.2.12	Titan	332
13.2.2.13	Zink, verzinkte Stähle	333
13.2.3	Kleben von Metallkombinationen	334
13.2.4	Kleben lackierter Bleche	335
13.3	Kleben der Kunststoffe	335
13.3.1	Grundlagen	335
13.3.2	Oberflächenbehandlung	341
13.3.3	Klebstoffe für Kunststoffe	344
13.3.3.1	Lösungsmittelklebstoffe	344

13.3.3.2	Diffusionsklebung	344
13.3.3.3	Reaktionsklebstoffe	345
13.3.4	Klebbarkeit wichtiger Kunststoffe	345
13.3.4.1	Polyethylen	345
13.3.4.2	Polypropylen	346
13.3.4.3	Polytetrafluorethylen	346
13.3.4.4	Polyamide	346
13.3.4.5	Phenol-Formaldehydharze	346
13.3.4.6	Polycarbonate	346
13.3.4.7	Polymethylmethacrylat (Arcylglas)	347
13.3.4.8	Polyvinylchlorid	347
13.3.4.9	Polystyrol	347
13.3.4.10	Polyoxymethylen (Polyacetale)	348
13.3.4.11	Polyethylenterephthalat	348
13.3.4.12	Polyurethanschaum	348
13.3.4.13	Faserverstärkte Kunststoffe	348
13.3.5	Kleben von Kunststoffen mit Metallen	349
13.3.6	Festigkeit und konstruktive Gestaltung von Kunststoffklebungen	350
13.4	Kleben von Glas	351
13.4.1	Grundlagen	351
13.4.2	Oberflächenbehandlung	353
13.4.3	Klebstoffe	353
13.4.4	Kleben von Glas mit Metallen	353
13.5	Kleben von Gummi	353
13.5.1	Gummi/Gummi-Klebung	354
13.5.1.1	Klebstoffe	354
13.5.1.2	Oberflächenvorbehandlung vulkanisierter Kautschuktypen	354
13.5.1.3	Bindung unvulkanisierter Kautschuktypen	355
13.5.2	Gummi/Metall-Bindung	355
13.5.2.1	Vernetzung mittels Resorzin-Formaldehyd	355
13.5.2.2	Vernetzung durch Polyisocyanate	356
13.6	Kleben von Holz	357
13.6.1	Allgemeine Betrachtungen	357
13.6.2	Klebstoffe	357
13.7	Kleben poröser Werkstoffe	358
13.8	Anwendungen des Klebens bei Reparaturen	359
14	**Prüfung von Klebungen**	**361**
14.1	Allgemeine Betrachtungen	361
14.2	Zerstörende Prüfverfahren	362
14.2.1	Prüfverfahren für statische Kurzzeitbeanspruchungen	363
14.2.1.1	Beanspruchung auf Zugscherung	363
14.2.1.2	Beanspruchung auf Schub	363
14.2.1.3	Beanspruchung auf Zug	365
14.2.1.4	Beanspruchung auf Druckscherung	365
14.2.1.5	Beanspruchung auf Torsion	365

14.2.1.6	Beanspruchung auf Schälung	366
14.2.2	Prüfverfahren für statische und dynamische Langzeitbeanspruchungen	369
14.2.2.1	Prüfung der Zeitstandfestigkeit	369
14.2.2.2	Prüfung der Dauerschwingfestigkeit	369
14.2.2.3	Abkürzungsverfahren für Langzeitbeanspruchungen	369
14.2.3	Prüfung bei schlagartiger Beanspruchung	370
14.2.4	Prüfung bei besonderen Umweltbedingungen	371
14.2.5	Prüfung mittels Schallemissionsanalyse	371
14.3	Zerstörungsfreie Prüfverfahren	372
14.3.1	Akustische Verfahren auf Basis Ultraschall	373
14.3.1.1	Resonanzverfahren	373
14.3.1.2	Impuls-Echo-Verfahren	373
14.3.1.3	Durchschallungsverfahren	374
14.3.2	Elektrische Verfahren	374
14.3.3	Thermische Verfahren	374
14.3.4	Strahlungsverfahren	375
14.3.5	Holographische Verfahren	375
14.4	Prüfung von Klebschichtpolymeren	375
15	**Anhang**	377
15.1	Verzeichnis der erwähnten DIN-Normen	377
15.2	Verzeichnis wichtiger ASTM-Methoden und Empfehlungen für die Prüfung von Klebstoffen und Klebungen	378
15.3	Kurzzeichen für Klebstoffgrundstoffe und wichtige Kunststoffe (nach DIN 7728 Teil 1)	379
15.4	Ausgewählte deutsch-englische und englisch-deutsche Begriffe aus dem Gebiet des Klebens	380
Literaturverzeichnis		388
Sachverzeichnis		417

Verzeichnis der Formelzeichen

Größe	Einheit	Bedeutung
a	mm, cm	Probenlänge
a_s	$cm\,N\,cm^{-2}$	spezifische Schlagarbeit
b	mm, cm	Probenbreite, Überlappungsbreite
d	mm	Klebschichtdicke
d	—	mechanischer Verlustfaktor
f	$mm^{-0,5}$	Gestaltfaktor
f	—	Abminderungsfaktor
f_k	—	Kapillaritätskennzahl
k	—	Reaktionsgeschwindigkeitskonstante
$l_ü$	mm, cm	Überlappungslänge
n	—	Spannungsspitzenfaktor
p	Pa, bar	Druck
p_A	$N\,cm^{-1}$	absoluter Schälwiderstand
p_S	$N\,cm^{-1}$	relativer Schälwiderstand
r	mm, cm	Radius
s	mm	Fügeteildicke
t	s, min, h	Zeit
ü	—	Überlappungsverhältnis
v	mm	Verschiebung, Kriechverformung
v	$cm^3\,g^{-1}$	spezifisches Volumen
v_s	$m\,s^{-1}$	Schlaggeschwindigkeit
x	mm	Koordinate in Belastungsrichtung
y	mm	Koordinate senkrecht zur Belastungsrichtung in der Fügeebene
z	mm	Koordinate senkrecht zur Klebfläche
A	mm^2, cm^2	Klebfläche
A_B	Nm	Bruch-Schlagarbeit
B	mm, cm	Nabenbreite
D	mm, cm	Durchmesser
D_a	mm, cm	äußerer Durchmesser
D_i	mm, cm	innerer Durchmesser
E	$N\,mm^{-2}$	Elastizitätsmodul

Größe	Einheit	Bedeutung
E_F	$N\,mm^{-2}$	Elastizitätsmodul des Fügeteilwerkstoffs
E_K	$N\,mm^{-2}$	Elastizitätsmodul der Klebschicht
E_S	$N\,mm^{-2}$	Elastizitätsmodul der reinen Polymersubstanz
F	N	Prüfkraft, Last
$\bar{F}$	N	mittlere Trennkraft
F_B	N	Bruchlast
F_B	$N\,cm^{-1}$	Einheitsbruchlast
F_{max}	N	Höchstkraft
G	$N\,mm^{-2}$	Schubmodul
G_K	$N\,mm^{-2}$	Schubmodul der Klebschicht
G_S	$N\,mm^{-2}$	Schubmodul der reinen Polymersubstanz
$G(t)$	$N\,mm^{-2}$	Kriechmodul
$J(t)$	$mm^2\,N^{-1}$	Kriechnachgiebigkeit
M_b	Nmm	Biegemoment
M_t	Nmm, Nm	Torsionsmoment, Drehmoment
N	–	Schwingspielzahl
R_e	$N\,mm^{-2}$	Streckgrenze des Fügeteilwerkstoffs
R_m	$N\,mm^{-2}$	Zugfestigkeit des Fügeteilwerkstoffs
$R_{p\,0,2}$	$N\,mm^{-2}$	0,2-Dehngrenze des Fügeteilwerkstoffs
R_{max}	µm	maximale Rauheit
R_z	µm	Rauhtiefe
T	°C, K	Temperatur
T_g	°C	Glasübergangstemperatur
T_s	°C	Schmelztemperatur
T_z	°C	Zersetzungstemperatur
W_p	cm^3	polares Widerstandsmoment
α	–, °	Benetzungswinkel bzw. Fügeteilbiegung bzw. Schäftungswinkel
α	$10^{-6}\cdot K^{-1}$	Wärmeausdehnungskoeffizient
β	$mm^2\,N^{-1}$	Schubzahl
γ	–, °	Verschiebungswinkel
$\tan\gamma$	–	Gleitung, elastische Winkelverformung der Klebschicht
$\tan\gamma_B$	–	Bruchgleitung
γ_{KF}	$mN\,m^{-1}$, $mJ\,m^{-2}$	Grenzflächenspannung (Grenzflächenenergie Klebstoff-Fügeteil
δ	–	Klebnutzungsgrad (Ausnutzungsgrad)
ε	–, %	Dehnung

Größe	Einheit	Bedeutung
ε_B	$-, \%$	Bruchdehnung
η	m Pa s, Pa s	Viskosität
λ	$W\,cm^{-1}K^{-1}$	Wärmeleitfähigkeit
Λ	$-$	logarithmisches Dekrement
μ_F	$-$	Querkontraktionszahl (Poisson-Zahl) des Fügeteilwerkstoffs
μ_K	$-$	Querkontraktionszahl (Poisson-Zahl) der Klebschicht
ϱ	$\Omega\,cm$	spezifischer Widerstand
σ	$N\,mm^{-2}$	Zugspannung
σ_b	$N\,mm^{-2}$	Biegespannung
σ_B	$N\,mm^{-2}$	Bruchspannung, Zugfestigkeit der Polymersubstanz
σ_{FG}	$mN\,m^{-1}, mJ\,m^{-2}$	Oberflächenspannung (Oberflächenenergie) Fügeteil
σ_{KG}	$mN\,m^{-1}, mJ\,m^{-2}$	Oberflächenspannung (Oberflächenenergie) flüssiger Klebstoff
σ_{max}	$N\,mm^{-2}$	maximale Spannung
σ_z	$N\,mm^{-2}$	Normalspannung in der Klebschicht
τ_B	$N\,mm^{-2}$	Klebfestigkeit
τ_{Bm} ($=\tau_B$)	$N\,mm^{-2}$	mittlere Zugscherspannung beim Bruch der Klebung
$\tau_{B\,max}$	$N\,mm^{-2}$	maximale Zugscherspannung beim Bruch der Klebung
τ_m	$N\,mm^{-2}$	mittlere Zugscherspannung innerhalb des Festigkeitsbereichs
τ_{max}	$N\,mm^{-2}$	maximale Zugscherspannung innerhalb des Festigkeitsbereichs
τ_D	$N\,mm^{-2}$	Druckscherfestigkeit
τ_T	$N\,mm^{-2}$	Torsionsscherfestigkeit
τ_V	$N\,mm^{-2}$	Verdrehscherfestigkeit
τ_{Mt}	$N\,mm^{-2}$	Schubspannung infolge Torsionsbelastung
$\tau_{B/t}$	$N\,mm^{-2}$	Zeitstand-Klebfestigkeit (Zeitstandfestigkeit)
τ_0	$N\,mm^{-2}$	Dauerfestigkeit
τ_{schw}	$N\,mm^{-2}$	Schwellfestigkeit
τ_∞	$N\,mm^{-2}$	Dauerstand-Klebfestigkeit (Dauerstandfestigkeit)
τ'	$N\,mm^{-2}$	Schubspannung in der Klebschicht
τ'_B	$N\,mm^{-2}$	Bruchschubspannung
τ'_m	$N\,mm^{-2}$	mittlere Schubspannung in der Klebschicht
τ'_ε	$N\,mm^{-2}$	Schubspannung infolge Fügeteildehnung
τ'_v	$N\,mm^{-2}$	Schubspannung infolge Fügeteilverschiebung

Einleitung

Die Vorteile, die das Kleben im Vergleich zu anderen Fügeverfahren bietet, werden heute vor allem in den Bereichen genutzt, in denen die Kenntnis der ingenieurmäßigen und der chemischen bzw. physikalischen Zusammenhänge gleichermaßen vorhanden ist. Als Beispiel kann der durch das Kleben ermöglichte Leichtbau als Voraussetzung für konstruktive Gestaltungen in der Luft- und Raumfahrtindustrie dienen.

Bemerkenswert ist, daß sich diese Technologie im Vergleich zum Schweißen und Löten durch eine sehr geringe Zeitspanne in der praktischen Anwendung auszeichnet. Als wesentlicher Grund hierfür ist hervorzuheben, daß die Entwicklung der heute am meisten eingesetzten künstlichen Klebstoffe untrennbar mit der Chemie der Kunststoffe verbunden ist, die erst in den vergangenen Jahrzehnten die Grundlage einer breiten Anwendung der Polymere in den verschiedenen Industriebereichen gelegt hat. Die seit dem Altertum bekannten Klebstoffe auf natürlicher Basis sind wegen der sehr begrenzten Festigkeits- und Alterungseigenschaften für Klebungen im konstruktiven Bereich nicht geeignet. Ihre Anwendung ist weiterhin auf Werkstoffe beschränkt, die aufgrund ihrer porösen Struktur die nach dem Vereinigen der Fügeteile erforderliche Entfernung von Restanteilen der notwendigen Lösungsmittel durch Diffusion ermöglichen. Der Einsatz des Klebens für Werkstoffe mit undurchlässigen Oberflächen, wie sie insbesondere durch die Metalle charakterisiert werden, erforderte die Bereitstellung lösungsmittelfreier Klebstoffsysteme, wie sie in ihren Reaktionsmechanismen den Kunststoffen entsprechen. Aus diesem Grund ist für das Verständnis des heutigen Standes des Klebens eine ausführliche Darstellung der chemischen Grundlagen der wichtigsten „Kunststoff-Klebstoffe" hinsichtlich ihrer Entstehungs- und Härtungsreaktionen sowie der klebtechnisch wesentlichen Eigenschaften erforderlich. Die Kapitel 1 bis 4 sind diesem Vorhaben gewidmet.

In der Vergangenheit ist in umfangreichen theoretischen und experimentellen Arbeiten der Versuch unternommen worden, allgemeingültige Theorien für eine umfassende Beschreibung der beim Kleben ablaufenden Vorgänge zu finden. Die Komplexität der Einflußgrößen aus Klebschicht- und Fügeteileigenschaften sowie den Beanspruchungsbedingungen hat dazu geführt, daß diesen Bemühungen nur in sehr vereinzelten Fällen ein Erfolg beschieden wurde. Es hat sich erwiesen, daß statt einer allumfassenden Theorie die detaillierte Kenntnis der einzelnen Einflußgrößen dem gewünschten Verständnis in geeigneterer Form zu dienen vermag. Hier sollen die Kapitel 5 bis 7 über die klebtechnischen Eigenschaften die Fügeteilwerkstoffe, die Bindungskräfte und das Beanspruchungsverhalten von Klebungen die notwendigen Informationen vermitteln.

Gegenüber dem Schweißen und Löten unterscheidet sich das Kleben durch seinen besonderen interdisziplinären Charakter von Ingenieurwissenschaften und Chemie.

Um diese Technologie optimal zu nutzen — wie es der Flugzeugbau in eindrucksvoller Weise seit Jahrzehnten bestätigt — ist es erforderlich, auch das Kleben zu einem für den Ingenieur verläßlichen Fügeverfahren zu entwickeln. Wenn es gelingt, dem Kleben eine Berechenbarkeit im Sinne ingenieurmäßigen Denkens sowie einen definierbaren Qualitätsstandard zuzuordnen, können entscheidende Hindernisse für eine breitere Anwendung beseitigt werden. Die Kapitel 8 bis 11 mit den Ausführungen über die Festigkeiten, deren Berechnung sowie der konstruktiven Gestaltung sollen diesem Zweck dienen.

Dem äußeren Anschein nach ist das Kleben im Vergleich zum Schweißen und Löten in seiner Durchführung für einen großen Anwenderkreis ein „einfaches" Fügeverfahren. Diese Ansicht ergibt sich zum einen aus dem in der Regel relativ geringen apparativen Aufwand für die Herstellung von Klebungen und zum anderen aus den z.T. überzeichneten Beanspruchungsmöglichkeiten und unvollständigen Informationen seitens der klebstoffherstellenden Industrie. Diese Fakten haben in vielen Fällen zu der falschen Einstellung geführt, bei der Herstellung von Klebungen auf die Einhaltung der für diese Technologie wichtigen Verfahrensvoraussetzungen und einem spezifischen handwerklichen Kenntnisstand verzichten zu können. Als Folge stellten sich dann zwangsläufig Zweifel an der mangelnden Zuverlässigkeit des Klebens als Fügeverfahren ein. In den Kapiteln 12 bis 14 werden daher die Technologie des Klebens, die Anwendungsmöglichkeiten und die Prüfungen von Klebungen besonders behandelt.

Die Wiedergabe der Literatur erfolgt nach zwei verschiedenen Kriterien. Neben den mit dem Text in direktem Zusammenhang stehenden und dort erwähnten Quellen finden sich im Anschluß an einzelne oder einen Themenbereich umfassende Abschnitte ergänzende Literaturangaben. Diese können dem an Einzeldarstellungen interessierten Leser die Möglichkeit einer individuellen Vertiefung geben. Auf diese Weise soll das Ziel erreicht werden, einen vertretbaren Kompromiß zwischen einer weitgehend verständlichen Darstellung der komplexen Zusammenhänge und dem Wunsch nach vertieften wissenschaftlichen Einzeldarstellungen zu finden. Die häufig angegebenen Verweise auf zusammenhängende Sachverhalte verfolgen darüberhinaus den Zweck einer optimalen Nutzung der in diesem Buch enthaltenen Informationen.

Die aus älteren Arbeiten stammenden Diagramme für die funktionellen Zusammenhänge entsprechender Größen wurden unter Berücksichtigung der SI-Einheiten z.T. neu gestaltet. Einer schematischen Darstellung wurde bewußt dort der Vorzug gegeben, wo für die Erklärung wesentlicher Zusammenhänge experimentelle Daten nicht zwingend erforderlich sind.

Die Verzeichnisse über DIN-Normen und ASTM-Methoden sollen die Möglichkeiten der ergänzenden Informationsbeschaffung abrunden. Weiterhin ließ die vielfach zitierte Literatur aus dem angelsächsischen Sprachraum eine Wiedergabe ausgewählter Begriffe in deutsch-englischer und englisch-deutscher Übersetzung sinnvoll erscheinen.

1 Einteilung und Aufbau der Klebstoffe

1.1 Begriffe und Definitionen

Aus dem täglichen Sprachgebrauch sind zur Beschreibung klebender Substanzen verschiedene Ausdrücke, wie z.B. Leim, Kleister, Kleber oder sonstige Namen, die ihren Ursprung z.T. in alten Zunfttraditionen oder Anwendungsmöglichkeiten haben, bekannt. Ergänzend hierzu finden auch Begriffe Verwendung, die in Zusammenhang mit verarbeitungstechnischen Gesichtspunkten, z.B. Lösungsmittelklebstoff, Haftklebstoff, oder nach der auftretenden Verfestigungsart, z.B. Reaktionsklebstoff, Schmelzklebstoff gewählt werden. Als einheitlichen Oberbegriff, der die anderen gebräuchlichen Begriffe für die verschiedenen Klebstoffarten einschließt, definiert DIN 16 920 [D1] einen *Klebstoff* als einen *"nichtmetallischen Stoff, der Fügeteile durch Flächenhaftung und innere Festigkeit (Adhäsion und Kohäsion) verbinden kann"*. Unter Klebstoffen sind demnach Produkte zu verstehen, die gemäß ihrer jeweiligen chemischen Zusammensetzung und dem vorliegenden physikalischen Zustand zum Zeitpunkt des Auftragens auf die zu verbindenden Fügeteile eine Benetzung der Oberflächen ermöglichen und in der Klebfuge die für die Kraftübertragung zwischen den Fügeteilen erforderliche Klebschicht ausbilden. Ergänzend sind die folgenden Definitionen zu erwähnen:

- *Kleben*: Fügen unter Verwendung eines Klebstoffes;
- *Klebung*: Verbindung von Fügeteilen, hergestellt mit einem Klebstoff (der Begriff „Klebung" ist also an die Stelle der bisher allgemein gebrauchten Bezeichnung „Klebverbindung" getreten);
- *Klebfläche*: Die zu klebende oder geklebte Fläche eines Fügeteils;
- *Klebfuge*: Zwischenraum zwischen zwei Klebflächen, der durch eine Klebschicht ausgefüllt wird;
- *Klebschicht*: Abgebundene oder noch nicht abgebundene Klebstoffschicht zwischen den Fügeteilen (Bemerkung: Um eine einheitliche Beschreibung sicherzustellen, wird in diesem Buch, wenn nicht anders vermerkt, unter der Klebschicht ausschließlich die abgebundene, also im festen Zustand vorliegende Klebschicht verstanden);
- *Fügeteil*: Körper, der an einen anderen Körper geklebt werden soll oder geklebt ist.

1.2 Einteilung der Klebstoffe

Es hat in der Vergangenheit nicht an Bemühungen gefehlt, die bekannten Klebstoffe nach bestimmten Kriterien mittels allgemein verständlicher und aussagekräftiger Ordnungsprinzipien zu systematisieren. Hierbei hat sich gezeigt, daß mit zunehmender Universalität der Darstellungen die Aussagekraft für den interessierten Anwender gemindert wird. Eine Beschreibung der Systematik der Klebstoffe soll sich daher darauf beschränken, zwei der wichtigsten Ordnungsprinzipien darzustellen und die für diese charakteristischen Zusammenhänge in kurzer Form zu erläutern.

1.2.1 Einteilung nach der chemischen Basis

Wie Bild 1.1 zeigt, werden zwei Gruppen unterschieden, und zwar die auf organischen und anorganischen Verbindungen basierenden Klebstoffe. Von diesen beiden Gruppen stellen die organischen Klebstoffe den weitaus größten Anteil dar und von diesen werden wiederum die Klebstoffe auf künstlicher Basis am häufigsten eingesetzt.

Als wesentliche Unterscheidungskriterien ergeben sich nach der Einteilung nach Bild 1.1:
• Die unterschiedlichen Klebfestigkeiten innerhalb der organischen Verbindungen, die bei Klebstoffen auf künstlicher Basis wesentlich höhere Werte aufweisen.
• Die Verarbeitungs- und Anwendungstemperaturen. Klebstoffe auf organischer Basis besitzen im Vergleich zu den anorganischen Verbindungen nur eine begrenzte thermische Beständigkeit.

Die Silikone stellen ihrer Art nach Verbindungen mit organischen und anorganischen Merkmalen dar.

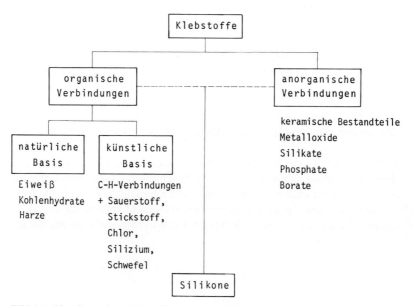

Bild 1.1. Einteilung der Klebstoffe nach der chemischen Basis.

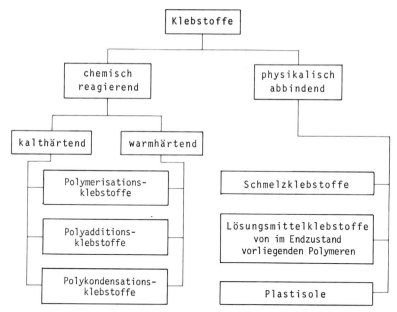

Bild 1.2. Einteilung der Klebstoffe nach dem Abbindemechanismus.

1.2.2 Einteilung nach dem Abbindemechanismus (Bild 1.2)

Dieser Einteilung liegen die folgenden Kriterien zugrunde:
• Molekülzustand zu Beginn des Klebens. Bei den *chemisch reagierenden Systemen* liegen reaktionsbereite Monomermoleküle gleicher oder verschiedener Art vor, die zeit- und/oder temperaturabhängig, ggf. unter Anwendung von Druck, miteinander zu der polymeren Klebschicht reagieren. Die *physikalisch abbindenden Systeme* bestehen bereits aus Polymerverbindungen, die über Lösungsmittelsysteme oder erhöhte Temperaturen in einen benetzungsfähigen Zustand gebracht werden. In der Klebfuge findet demnach keine chemische Reaktion mehr statt.
• Anzahl der an der Reaktion beteiligten Komponenten. Bei den *chemisch reagierenden Systemen* sind in der Regel zwei (ggf. zusätzlich noch Beschleuniger oder Katalysatoren) Reaktionspartner vorhanden (zur Definition des Begriffes Einkomponenten-Reaktionsklebstoff s. Abschn. 2.2.1.5 und 3.1.2). Die *physikalisch abbindenden Systeme* bestehen grundsätzlich aus einer Komponente, nämlich dem bereits im endgültigen Zustand befindlichen Polymer (Einkomponentenklebstoff).

Weitere Ordnungskriterien, die in diesem Zusammenhang nicht näher behandelt werden sollen, wären z.B. die Einteilung nach der Verarbeitungsmethode, dem thermischen Verhalten, dem Einsatzzweck, den Klebeigenschaften oder den Lieferformen.

Die Zuordnung der verschiedenen Basismonomere zu den einzelnen Klebstoffarten erfolgt bei der Einzelbeschreibung der Klebstoffe.

Ergänzende Literatur zu Abschnitt 1.2: [F19, K81, K82].

1.3 Aufbau der Klebstoffe

Der chemische Aufbau der Klebstoffe ist dem der Kunststoffe sehr eng verwandt. Die Klebstoffe und die hieraus sich ausbildenden Klebschichten sind daher den organischen Polymerverbindungen zuzuordnen, die durch entsprechende chemische Reaktionen aus den Monomeren entstehen. Diese als Polyreaktionen bezeichneten Bildungsmechanismen führen zu vernetzten Strukturen, die nach Art und Dichte ihrer Vernetzung die Eigenschaften der Klebschichten sehr wesentlich bestimmen. Für das Verständnis des chemischen Aufbaus von Klebstoffen und Klebschichten ist daher die Kenntnis der folgenden Zusammenhänge wichtig:
– Der chemische Aufbau der jeweiligen Monomere,
– die vom Monomer zum Polymer führenden Reaktionsmechanismen,
– die Struktur der Polymere.

Für die Begriffe Monomer und Polymer gelten folgende Definitionen:
• *Monomer*: Ausgangsprodukt, dessen Moleküle einzeln vorliegen und die infolge Vorhandenseins von mindestens zwei funktionellen (reaktionsfähigen) Gruppen in der Lage sind, durch eine chemische Reaktion ein Polymer zu bilden.
• *Polymer*: Organischer Stoff, dessen hohes Molekulargewicht auf der vielfachen Wiederkehr eines Grundmoleküls oder weniger Grundmoleküle (Monomere) beruht. Als *Homopolymer* bezeichnet man ein Polymer, das nur aus einer Art von Monomereinheiten bei gleichartiger Verknüpfungsweise der Monomere aufgebaut ist. Unter einem *Copolymer* ist ein Polymer zu verstehen, das sich aus verschiedenartigen (mindestens zwei) Monomereinheiten aufbaut.

Der Schwerpunkt der folgenden Betrachtungen liegt wegen der Vielfalt in der Anwendung bei den Klebstoffen auf Basis der künstlichen organischen Verbindungen.

1.3.1 Chemischer Aufbau der Monomere

Als wesentliche Elemente sind am Aufbau der organischen Klebstoffe Kohlenstoff (C), Wasserstoff (H), Schwefel (S), Sauerstoff (O), Stickstoff (N), Chlor (Cl) und Silizium (Si) beteiligt. Die in Tabelle 1.1 dargestellten kennzeichnenden Bindungsarten dieser Elemente untereinander sind für Klebstoffe charakteristisch. Der Zusammenhalt der Atome oder Atomgruppen untereinander erfolgt dabei über Hauptvalenzbindungen (Abschn. 6.1).

Die Vielfalt der Reaktionsmöglichkeiten der erwähnten Elemente mit- und untereinander ergibt außerordentlich große Variationen zur Erzielung spezifischer Klebstoffeigenschaften. Entscheidend für die Reaktionsfähigkeit der Monomermoleküle zu Polymerverbindungen ist das Vorhandensein funktioneller, d.h. reaktionsfähiger Atomgruppierungen in einem Monomer. An diesen Stellen erfolgt bei der Reaktion die Verknüpfung der Einzelmoleküle zu dem Makromolekül.

Die wichtigsten funktionellen Gruppen für Klebstoffe sind in Tabelle 1.2 wiedergegeben. Neben der Vereinigung der Monomere zu der Polymerklebschicht als lastübertragende Komponente in einer Klebung müssen die Monomere ebenfalls in der Lage sein, während der Aushärtung der Klebschicht im Grenzschichtbereich zu den Fügeteilen ausreichende Adhäsionskräfte zu bilden. Wie bei der Beschreibung der Adhäsion noch näher erläutert wird (Abschn. 6.1.4 und 6.2.1), ist hierfür das Vorhandensein von Atomen oder Atomgruppierungen mit polaren Eigenschaften

Tabelle 1.1. Charakteristische Bindungsarten der am Aufbau von Klebstoffen beteiligten Elemente.

Bindungsart	chemische Struktur	Beispiele
Kohlenstoff-Kohlenstoff-Einfach- und Doppelbindung	$-\overset{\vert}{\underset{\vert}{C}}-\overset{\vert}{\underset{\vert}{C}}-\overset{\vert}{\underset{\vert}{C}}-\quad \overset{\vert}{C}=\overset{\vert}{C}$ ebenfalls verzweigte Ketten und -C-C- Ringstrukturen	Polyethylen Polyisobutylen Phenol-Formaldehyd-Harz
Esterbindung	$-\underset{\underset{O}{\|\|}}{C}-O-$	Polyester
Ätherbindung	$-\overset{\vert}{\underset{\vert}{C}}-O-\overset{\vert}{\underset{\vert}{C}}-$	Epoxide
Amidbindung	$-\underset{\underset{O}{\|\|}}{C}-\underset{H}{N}-$	Polyamide
Urethanbindung	$-CH_2-\underset{H}{N}-\underset{\underset{O}{\|\|}}{C}-O-CH_2-$	Polyurethane

Tabelle 1.2. Funktionelle Gruppen in Monomermolekülen.

Gruppe:	Formel:
Hydroxyl	$-OH$
Amino	$-NH_2$
Säure	$-COOH$
Aldehyd	$-CHO$
Cyan	$-CN$
Merkapto	$-SH$
Chlorid	$-Cl$
Vinyl	$-CH=CH_2$
Allyl	$-CH_2-CH=CH_2$
Isocyanat	$-N=C=O$
Epoxid	$-HC\underset{\underset{O}{\diagdown\diagup}}{-}CH_2$

sowie ihre gegenseitige Zuordnung innerhalb eines Moleküls eine wesentliche Voraussetzung.

Diese Zusammenhänge und der strukturelle Aufbau der Klebstoffe werden bei der Behandlung der verschiedenen Klebstoffsysteme im einzelnen erläutert, da es sich als zweckmäßig erwiesen hat, den Aufbau der Klebstoffe nach ihrer chemischen Formulierung zu beschreiben. Von diesem grundsätzlichen Aufbau leiten sich dann ebenfalls die entsprechenden Reaktionsmechanismen ab, die zu den Klebschichten mit ihren jeweiligen Eigenschaften führen.

Es ist jedoch bereits an dieser Stelle wichtig zu erwähnen, daß es nicht möglich ist, aus der Kenntnis der Zusammensetzung eines Klebstoffs oder aus dem strukturellen Aufbau der Basismonomere Rückschlüsse auf das Verhalten der Klebschicht in der Klebung zu ziehen. Für eine Aussage müssen in jedem Fall die Reaktionsbedingungen

1 Einteilung und Aufbau der Klebstoffe

Temperatur, Zeit und Druck berücksichtigt werden, da sie die Art der Reaktion und das entstehende Polymerprodukt entscheidend beeinflussen (Abschn. 3.1.1).

Bei der Betrachtung des chemischen Aufbaus der Klebstoffe ist weiterhin festzustellen, daß zur Erzielung optimaler Klebschichteigenschaften auch Monomermischungen eingesetzt werden können, um die jeweils vorteilhaften Eigenschaften der Basismonomere miteinander zu kombinieren oder gegensätzliche Eigenschaften in ihren Auswirkungen (z.B. sprödes – flexibles Verhalten) zu kompensieren. Als weitere Maßnahmen der Beeinflussung der Klebschichteigenschaften und der Reaktionsmechanismen bieten sich die vielen Möglichkeiten des Zusatzes ergänzender Klebstoffkomponenten an, wie z.B. Stabilisatoren, Katalysatoren, Antioxidantien, Weichmacher usw. Diese einzelnen Möglichkeiten werden in Zusammenhang mit den entsprechenden Klebstoffen noch detaillierter beschrieben.

Bei der Konzeption des chemischen Aufbaus eines Klebstoffs stehen demnach die folgenden beiden Überlegungen im Vordergrund:
- Monomere zu finden, die aufgrund des inneren Zusammenhaltes der aus ihnen entstehenden Molekülketten oder -vernetzungen eine ausreichende Festigkeit aufweisen, um die entsprechenden Kräfte zwischen den Fügeteilen übertragen zu können;
- Monomere zu finden, die auf Basis ihres strukturellen Aufbaus ein adhäsives Verhalten zu den Fügeteiloberflächen aufweisen.

1.3.2 Aufbau der Polymere

1.3.2.1 Reaktionsmechanismen zur Polymerbildung

Es gibt verschiedene Reaktionsmechanismen, allgemein als Polyreaktionen bezeichnet, die von den niedermolekularen (monomeren) zu den hochmolekularen (polymeren) Verbindungen führen. Voraussetzung für den Ablauf dieser Polyreaktionen ist in jedem Fall, daß es sich bei den Monomermolekülen um bifunktionelle Verbindungen handelt.

Beispiel 1:
Reaktion durch eine einfache Verknüpfung einer Säuregruppe mit einer Hydroxylgruppe unter Wasserabspaltung zu einem Ester:

$$R_1-\underset{\underset{O}{\|}}{C}-OH + HO-R_2 \longrightarrow R_1-\underset{\underset{O}{\|}}{C}-O-R_2 + H_2O \quad (1.1)$$

Säure   Alkohol   Ester

Da sowohl die Säure- als auch die Hydroxylgruppe monofunktionell ist, kommt es nicht zur Ausbildung einer Polymerverbindung.

Beispiel 2:
Reaktion an mehreren Verknüpfungsstellen aufgrund des Vorhandenseins von mindestens zwei funktionellen Gruppierungen zu einem Polyester:

$$HO-\underset{\underset{O}{\|}}{C}-R_1-\underset{\underset{O}{\|}}{C}-OH + HO-CH_2-R_2-CH_2-OH$$

bifunktionelle Säure   bifunktioneller Alkohol

$$\downarrow -H_2O \quad (1.2)$$

$$HO-\underset{\underset{O}{\|}}{C}-R_1-\underset{\underset{O}{\|}}{C}-O-CH_2-R_2-CH_2-OH$$

bifunktioneller Ester

Dieser primäre (saure) Ester hat wegen seiner freien Säure- und Alkoholgruppen wiederum zwei Verknüpfungsstellen, so daß es bei der Weiterreaktion infolge des kontinuierlichen Molekülwachstums zum Entstehen eines Polyesters der allgemeinen Formel

$$\left[-O-\underset{\underset{O}{\|}}{C}-R_1-\underset{\underset{O}{\|}}{C}-O-CH_2-R_2-CH_2-O- \right]_n \quad \text{Polyester} \tag{1.3}$$

kommt.

Beispiel 3:
Reaktionen von Molekülen mit einer Kohlenstoff-Kohlenstoff-Doppelbindung miteinander:

$$n \; \underset{\underset{Cl}{|}\;\underset{H}{|}}{\overset{\overset{H}{|}\;\overset{H}{|}}{C=C}} \longrightarrow n \left[\cdots \underset{\underset{Cl}{|}\;\underset{H}{|}}{\overset{\overset{H}{|}\;\overset{H}{|}}{C-C}} \cdots \right] \longrightarrow \left[\underset{\underset{Cl}{|}\;\underset{H}{|}}{\overset{\overset{H}{|}\;\overset{H}{|}}{C-C}} \right]_n \tag{1.4}$$

Vinylchlorid   bifunktionelle   Polyvinyl-
                Zwischenstufe   chlorid

Bei dieser Reaktion entsteht aufgrund des Vorhandenseins der bifunktionellen Vinylgruppe als Polymer das Polyvinylchlorid. Polyreaktionen sind demnach nur dann möglich, wenn die monomeren Ausgangsverbindungen mindestens bifunktionell sind. Als mögliche Reaktionsarten zur Polymerbildung werden generell unterschieden:
— Polymerisation (Abschn. 2.1),
— Polyaddition (Abschn. 2.2),
— Polykondensation (Abschn. 2.3).

Die genaue Beschreibung dieser drei Reaktionsarten erfolgt zweckmäßigerweise in Verbindung mit den für diese Reaktionen typischen Klebstoffsystemen, die in den genannten Abschnitten behandelt werden. Eine zusammenfassende Darstellung findet sich in Abschn. 2.4.

Bemerkung: Der Vollständigkeit halber sei noch auf eine vierte Reaktionsart, die der Vulkanisation, hingewiesen. Nach dieser Reaktion entstehen beispielsweise polymere Kautschukverbindungen. Für Klebstoffe ist sie ohne Interesse.

1.3.2.2 Struktur der Polymere

Je nach Funktionalität der reaktionsfähigen Gruppen in einem Monomermolekül kommt es zur Ausbildung unterschiedlicher Polymerstrukturen (Bild 1.3):
• Verbinden sich Monomermoleküle an je zwei Stellen (bifunktionell) miteinander, so entstehen fadenförmige oder auch lineare Makromoleküle;
• Reagieren einzelne Monomere an mehr als zwei Stellen, so kommt es zu Verzweigungen an den Molekülketten;
• Verbinden sich Monomere oder Zwischenprodukte überwiegend an je drei Stellen (trifunktionell) miteinander, so entstehen räumlich vernetzte Makromoleküle. Im idealen Endzustand besteht das gebildete Polymer aus einem einzigen in sich chemisch gebundenen Molekülnetz.

In Abhängigkeit von dem strukturellen Aufbau der Makromoleküle können die chemischen, physikalischen und mechanischen Eigenschaften der Polymerschichten

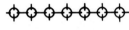

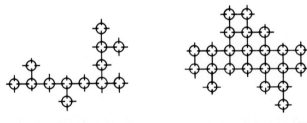

verzweigtes Makromolekül   vernetztes Makromolekül

Bild 1.3. Makromolekülanordnungen.

sehr unterschiedlich sein. Als wesentliches Kriterium gilt hierbei das Verhalten unter Temperaturbeanspruchung, auf das bei der Beschreibung der wärmebeständigen Klebstoffe detailliert eingegangen wird (Abschn. 3.7). Eine generelle Einteilung der Polymere bezüglich ihrer mit der Molekülstruktur zusammenhängenden Eigenschaften sieht die folgenden Arten vor:

• *Thermoplaste:* Linear oder verzweigt aufgebaute Makromoleküle, die bei Erwärmung bis zur Fließbarkeit erweichen und sich durch Abkühlung wieder verfestigen. Sie sind also in der Lage, reversible Zustandsänderungen zu durchlaufen (z.B. Polyamide). Je nach Kettenaufbau können sie in amorphem oder teilkristallinem Zustand vorliegen.

• *Duromere*: Räumlich eng vernetzte Makromoleküle, die sich auch bei hohen Temperaturen nicht plastisch verformen lassen, also nach dem irreversiblen Aushärtungsprozeß in einem starren, z.T. auch spröden, amorphen Zustand vorliegen. Ursache für die geringe Verformbarkeit ist die Tatsache, daß wegen der allseitigen miteinander chemisch gebundenen Moleküle kein gegenseitiges Verschieben in der Polymerstruktur mehr möglich ist (z.B. Phenol-Formaldehyd-Harze).

• *Elastomere*: Weitmaschig vernetzte Makromoleküle, die bis zum Temperaturbereich chemischer Zersetzung nicht fließbar werden, sondern weitgehend temperaturunabhängig gummielastisch reversibel verformbar sind (z.B. Kautschukderivate).

Für die Verwendung als Klebstoffe kommen mit Ausnahme einiger Silikone nur Basismonomere, die thermoplastische und duromere Klebschichten auszubilden in der Lage sind, zum Einsatz.

Eine schematische Darstellung der Makromolekülanordnungen von Thermoplasten und Duromeren zeigt Bild 1.4. Die Struktur der Makromoleküle wird hinsichtlich der in ihnen vorhandenen Bindungsverhältnisse demnach bestimmt durch
− die Struktur der Monomereinheiten,
− die Art ihrer Verknüpfung (Bild 1.3),
− die Verteilung von Hauptvalenzbindungen längs der Polymerkette und Nebenvalenzbindungen zwischen den Polymerketten (Abschn. 6.1).

Die formelmäßige Beschreibung eines Polymers wird in einfacher Weise durch die Darstellung einer Monomereinheit vorgenommen. In Formel (2.22) bezeichnet z.B. die eckige Klammer die Monomereinheit, der Index n gibt den Polymerisationsgrad

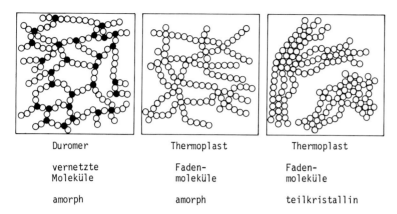

Bild 1.4. Aufbau von Polymerstrukturen aus Monomeren.

an, d.h. die Anzahl der sich im Makromolekül wiederholenden Monomereinheiten. Die Darstellung der Strukturformeln für die einzelnen Klebstoffe kann aus technischen Gründen nur in einer Ebene geschehen. Es ist aber grundsätzlich davon auszugehen, daß alle Moleküle in Wirklichkeit dreidimensional aufgebaute räumliche Konfigurationen bilden. Aus den angegebenen Strukturformeln ist daher die wirkliche sterische Anordnung der einzelnen Atome bzw. Atomgruppierungen nicht erkennbar. Diese Möglichkeit ist nur bei Verwendung sog. Kalottenmodelle gegeben, wie sie z.B. in [B22] beschrieben sind.

Der Aufbau der natürlichen Klebstoffe und der Klebstoffe auf anorganischer Basis wird in Verbindung mit den jeweiligen Einzelbeschreibungen erörtert (Abschn. 2.5 und 2.6). Die für das Verhalten der Klebschichten wichtigsten Eigenschaften dieser Polymere werden in Kapital 4 „Eigenschaften der Klebschichten" beschrieben.

Ergänzende Literatur zu Abschnitt 1.3.2.2: [B2, T15].

2 Klebstoffgrundstoffe

Nach DIN 16 920 wird unter einem Grundstoff der Klebstoffbestandteil verstanden, der die Eigenschaft der Klebschicht wesentlich bestimmt oder mitbestimmt. Es handelt sich also um die Monomere, Prepolymere (vorvernetzte Monomere als Vorstufe zu Polymeren) oder Polymere, die an der Ausbildung der Klebschicht beteiligt sind, d.h. die das Grundgerüst der makromolekularen Struktur bilden.

Für die Vielzahl der bekannten und verwendeten Klebstoffe sind aus dem großen Spektrum der Polymerchemie gezielte Grundstoffentwicklungen durchgeführt worden, deren wichtigste im folgenden beschrieben werden sollen. Die Darstellungen bedürfen dabei, um trotz der Vielfalt der chemischen Verbindungen die Übersichtlichkeit so weitgehend wie möglich zu erhalten, der folgenden Beschränkungen:
• Die angegebenen Formeln können nur das grundlegende Reaktionsprinzip aufzeigen, so daß mögliche Variationen bzw. Nebenreaktionen durch verschiedene Substituenten, funktionelle Gruppen usw. nicht im einzelnen berücksichtigt werden können.
• Nicht alle denkbaren Monomerkombinationen, die zu Klebstoffen führen, können detailliert beschrieben werden.

Die Beschreibung der einzelnen Grundstoffe und der zuzuordnenden Klebstoffarten erfolgt nach den in Bild 1.2 dargestellten Reaktionsmechanismen der Polymerisation, Polyaddition und Polykondensation.

2.1 Polymerisationsklebstoffe

Das charakteristische Merkmal der für Polymerisationsklebstoffe in Frage kommenden Ausgangsmonomere ist das Vorhandensein von einer oder mehreren Kohlenstoff-Kohlenstoff-Doppelbindungen im Molekül, die gegenüber der Einfachbindung einen höheren Energieinhalt besitzen. Zu einer Polymerisation kommt es durch die Aufrichtung dieser Doppelbindung als Folge der allgemeinen Tendenz, von einem energiereicheren in einen energieärmeren Zustand überzugehen. Für eine Vinylgruppe stellt sich dieser Vorgang beispielsweise wie folgt dar:

$$R-CH=CH_2 \longrightarrow \underset{HH}{\overset{RH}{C=C}} \longrightarrow \underset{HH}{\overset{RH}{-C-C-}} \tag{2.1}$$

Die Bifunktionalität der Vinylgruppe oder anderer Moleküle, die Kohlenstoff-Kohlenstoff-Doppelbindungen enthalten, ermöglicht auf diese Weise eine Aneinanderreihung vieler Moleküle zu einem Polymer. Das Aufrichten der Doppelbindung

bedarf einer gewissen Aktivierung der Bindungsverhältnisse im Monomermolekül. Diese Aktivierung kann erreicht werden durch
- geeignete Katalysatoren, die entweder eine kationische, anionische oder radikalische Polymerisation herbeiführen (Abschn. 2.1.1.1 und 2.1.1.2);
- Wärme (warmhärtende Polymerisationsklebstoffe);
- Strahlung (UV-Strahlung, Elektronenstrahl) (Abschn. 2.1.1.3).

Der Reaktionsart entsprechend wird unterschieden in Ein- und Zweikomponenten-Polymerisationsklebstoffe.

2.1.1 Einkomponenten-Polymerisationsklebstoffe

Bei diesen Systemen sind die Monomere in der Weise stabilisiert, daß die Polymerisation erst durch Einflüsse, die während des Auftragens auf die Fügeteile wirksam werden, beginnt. Als Einflußfaktoren werden sowohl Spuren von Feuchtigkeit und somit OH^--Ionen wirksam (Cyanacrylate, Abschn. 2.1.1.1), als auch Metallionen bei gleichzeitigem Ausschluß von Sauerstoff (anaerobe Klebstoffe, Abschn. 2.1.1.2). Für die Monomeraushärtung ist, wie aus diesen beiden Beispielen hervorgeht, zwar eine zweite Komponente erforderlich, diese wird dem Monomer aber im Gegensatz zu den klassischen Zweikomponentensystemen vor der Verarbeitung nicht besonders hinzugegeben. Da der Klebstoff selbst als eine Komponente gehandhabt wird, ist der Begriff Einkomponenten-Polymerisationsklebstoff gerechtfertigt.

2.1.1.1 Cyanacrylatklebstoffe

Die chemische Konstitution der Cyanacrylatklebstoffe (in Kurzform „Cyanacrylate" genannt), leitet sich von der α-Cyanacrylsäure ab, in der R verschiedene Substituenten, wie z.B. Methyl-(CH_3-), Ethyl-(C_2H_5-), oder gelegentlich n-Butyl-(C_4H_9-) und Allyl-($CH_2=CH-CH_2-$) bedeuten kann:

$$\begin{array}{ccc} \text{H} & \text{C≡N} & \text{C≡N} \\ | & | & | \\ H_2C=C-C=O & \longrightarrow H_2C=C-C=O & \longrightarrow H_2C=C-C=O \\ | & | & | \\ \text{OH} & \text{OH} & \text{OR} \end{array} \qquad (2.2)$$

Acrylsäure   α-Cyanacryl-   Ester der
                   säure   α-Cyanacrylsäure

Die Ausbildung des Polymers erfolgt nach Art einer Ionenkettenpolymerisation, die wie folgt zu beschreiben ist:

Bei dem in Formel (2.2) dargestellten Cyanacrylsäureester ist das Ladungsgleichgewicht der Acryldoppelbindung durch die am gleichen Kohlenstoffatom befindliche Cyan- und Estergruppe verschoben, so daß die Möglichkeit der Anlagerung von negativ geladenen Atomgruppierungen ($R_x^\ominus$) besteht:

$$R_x^\ominus \longrightarrow \begin{array}{c} H \;\; C≡N \\ | \;\;\; | \\ C=C \\ | \;\;\; | \\ H \;\; C=O \\ | \\ OR \end{array} \longrightarrow \begin{array}{c} H \;\; C≡N \\ | \;\;\; | \\ R_x-C-C^\ominus \\ | \;\;\; | \\ H \;\; C=O \\ | \\ OR \end{array} \qquad (2.3)$$

Cyanacryl-
säureester

Es entsteht ein aktiviertes Addukt, an dessen reaktivem Ende eine elektrische Ladung sitzt. Für die Polymerisation bei den Cyanacrylaten dienen als Initiator für diese Aktivierung OH^--Ionen, wie sie aufgrund des gegebenen Dissoziationsgleichgewichts in Wasser vorhanden sind. Bereits die geringen auf den Fügeteiloberflächen oder in der umgebenden Luft befindlichen Wassermengen reichen für die erforderliche OH^--Ionenkonzentration aus. Die Kette wächst dann durch Anlagerung weiterer Monomermoleküle an das bereits aktivierte Addukt:

$$HO-\underset{\underset{OR}{H\,\overset{|}{C}=O}}{\overset{H\,C\equiv N}{\underset{|}{C}-C^\ominus}} + \underset{\underset{OR}{H\,\overset{|}{C}=O}}{\overset{H\,C\equiv N}{\underset{|}{C}=C^\ominus}} + \underset{\underset{OR}{H\,\overset{|}{C}=O}}{\overset{H\,C\equiv N}{\underset{|}{C}=C^\ominus}} \longrightarrow HO-\left[\underset{\underset{OR}{H\,\overset{|}{C}=O}}{\overset{H\,C\equiv N}{\underset{|}{C}-C}}\right]_n \underset{\underset{OR}{H\,\overset{|}{C}=O}}{\overset{H\,C\equiv N}{\underset{|}{C}-C^\ominus}} \quad (2.4)$$

Bei dieser Ionenkettenpolymerisation handelt es sich um einen anionischen Mechanismus, da am reaktiven Ende eine negative elektrische Ladung sitzt. Das Kettenwachstum endet durch Aufhebung des Ionencharakters nach verschiedenen Reaktionsmechanismen, die in diesem Zusammenhang nicht näher erläutert werden sollen.

Das Ausmaß der erwähnten Ladungsverschiebung und somit die Geschwindigkeit zur Bildung des aktivierten Adduktes wird entscheidend durch die vorhandene Estergruppierung beeinflußt. So lassen sich durch Wahl der zur Veresterung eingesetzten Alkohole (z.B. Methyl- oder Ethylalkohol) differenzierte Eigenschaften in der Aushärtungsgeschwindigkeit der Cyanacrylatklebstoffe erzielen. Der beschriebene Reaktionsmechanismus läuft mit hoher Geschwindigkeit ab, bereits nach wenigen Sekunden besitzt die Klebung eine für die weitere Verarbeitung ausreichende Anfangsfestigkeit. Aufgrund dieser Tatsache werden Cyanacrylate auch als sog. „Sekundenklebstoffe" bezeichnet. Die Endfestigkeiten werden nach ca. 24 h erreicht.

Bei der Verarbeitung der Cyanacrylate sind folgende besondere Merkmale zu beachten:
- Da bereits Spuren von Feuchtigkeit für die Einleitung der Polymerisation ausreichen, müssen diese Klebstoffe trotz eingearbeiteter Stabilisatoren absolut feuchtigkeitsfrei aufbewahrt werden.
- Die Polymerisation ist von einer ausreichenden Feuchtigkeitskonzentration (optimal ca. 50 bis 80% rel. F.) abhängig.
- Die Wirksamkeit des an den Fügeteiloberflächen adsorbierten Wassers reicht nur für die Polymerisation begrenzter Klebschichtdicken aus, daher sollen diese 0,2 mm nicht überschreiten. Hieraus folgt weiterhin, daß die Aushärtegeschwindigkeit eine Funktion der Klebschichtdicke ist, größere Dicken härten langsamer als geringe Dicken.
- Nach Auftragen des Klebstoffs müssen die Fügeteile umgehend vereinigt werden, um eine Vorabpolymerisation und somit verringerte Klebschichtfestigkeit zu vermeiden. Hierdurch ergeben sich auch Beschränkungen beim Herstellen großflächiger Klebungen.
- Bei Vorhandensein geringer Viskositäten (ca. <100 mPa s) ist ein Kleben poröser Werkstoffe erschwert, da der Klebstoff vom Fügeteil je nach Porosität schnell aufgesaugt wird. Zur Behebung dieses Nachteils werden mit Polymethylmethacrylat modifizierte Produkte höherer Viskositäten angeboten.
- Direkter Kontakt von Klebstoff und Hautpartien (z.B. Fingerspitzen) ist zu vermeiden, da durch die auf der Haut vorhandene Feuchtigkeit innerhalb kürzester Zeit ein Zusammenkleben erfolgt (sofort mit viel Wasser spülen!).

- Cyanacrylate stellen vom Aufbau her Thermoplaste dar, mit allerdings z.T. relativ geringer Flexibilität und — im Vergleich zu Zweikomponenten-Reaktionsklebstoffen — geringerer Wärme- und Feuchtigkeitsbeständigkeit.
- Vorteilhaft ist die durch das Einkomponentensystem bedingte bequeme Verarbeitbarkeit mittels einfacher Dosiervorrichtungen, die schnelle Anfangshaftung und die aufgrund der geringen Viskosität ausgezeichnete Benetzung der (fettfreien) Fügeteiloberflächen.

Cyanacrylate haben sich neben Anwendungen in der industriellen Praxis ebenfalls vorteilhaft als Gewebeklebstoffe in der Medizin eingeführt [G1, L1].

Ergänzende Literatur zu Abschnitt 2.1.1.1: [B74, I1, I2, K1, M1].

2.1.1.2 Anaerobe Klebstoffe (Diacrylsäureester)

Kennzeichnendes Merkmal dieser als Einkomponenten-Polymerisationsklebstoffe verarbeitbaren Systeme ist ein Aushärtungsmechanismus, der in Abwesenheit von Sauerstoff stattfindet (anaerob: aus der Biologie stammende Bezeichnung für ohne Sauerstoff lebende Mikroorganismen). Diese Klebstoffe verbleiben so lange in einem flüssigen Zustand (daher auch die Bezeichnung „Flüssigkunststoffe"), wie sie in Kontakt mit dem Sauerstoff der Luft stehen. Nach der Eliminierung des Sauerstoffs während des Zusammenbringens der Fügeteilpartner setzt unter dem gleichzeitigen Einfluß von Metallionen aus den metallischen Fügeteilen in sehr kurzer Zeit die Polymerisationsreaktion ein.

Ausgangsprodukte für die Grundstoffe sind Monomere, die sich von der Methacrylsäure (Formel (2.14) durch Veresterung mit Tetraethylenglykol ableiten, z.B. das Tetraethylenglykoldimethacrylat (TEGMA):

$$4 \text{ HO-CH}_2\text{-CH}_2\text{-OH} \xrightarrow[\text{zum}]{\text{Verätherung}} \text{HO+CH}_2\text{-CH}_2\text{-O}\overline{\uparrow_3}\text{CH}_2\text{-CH}_2\text{-OH} \quad (2.5)$$

Ethylenglykol → Tetraethylenglykol

$$\underset{\text{Methacryl-säure}}{\text{H}_2\text{C=C-C-OH}} + \underset{\text{Tetraethylenglykol}}{\text{HO+CH}_2\text{-CH}_2\text{-O}\overline{\uparrow_3}\text{CH}_2\text{-CH}_2\text{OH}} + \underset{\text{Methacryl-säure}}{\text{HO-C-C=CH}_2}$$

$$\downarrow -2\text{ H}_2\text{O} \quad (2.6)$$

$$\text{H}_2\text{C=C-C-O+CH}_2\text{-CH}_2\text{-O}\overline{\uparrow_3}\text{CH}_2\text{-CH}_2\text{-O-C-C=CH}_2$$

Tetraethylenglykoldimethacrylat (TEGMA)

Durch Ersatz der Methylgruppe (CH_3-) der Methacrylsäure und von Wasserstoffatomen der Ethylengruppierung durch andere Alkylreste oder sonstige Substituenten läßt sich eine große Vielfalt an Monomeren aufbauen, deren Vinylgruppen aufgrund der durch die Estergruppierung vorhandenen Ladungsverschiebung zu mannigfachen Polymerisationsreaktionen nach dem Prinzip der Radikalkettenpolymerisation in der Lage sind. (Unter Radikalen versteht man Molekülteile, die ein ungepaartes freies

Elektron besitzen). Als radikalbildende Substanz dient, wie auch bei den Methylmethacrylatklebstoffen, ein organisches Peroxid, und zwar in der Regel das Dimethylbenzylhydroperoxid (=Cumolhydroperoxid):

$$\text{C}_6\text{H}_5-\underset{\underset{\text{CH}_3}{|}}{\overset{\overset{\text{CH}_3}{|}}{\text{C}}}-\text{O}-\text{O}-\text{H} \tag{2.7}$$

Der genaue Reaktionsmechanismus dieser komplizierten Radikalkettenpolymerisation ist noch nicht vollständig aufgeklärt, kann aber im Prinzip wie folgt angenommen werden:

(1) Metallionenkatalysierende Zersetzung des Hydroperoxids als Quelle zur Bildung freier Radikale

$$\begin{aligned} \text{Me}^\oplus + \text{R-O-O-H} &\longrightarrow \text{Me}^{\oplus\oplus} + \text{R-O}\cdot + \text{OH}^\ominus \\ \text{Me}^{\oplus\oplus} + \text{R-O-O-H} &\longrightarrow \text{Me}^\oplus + \text{R-O-O}\cdot + \text{H}^\oplus \end{aligned} \tag{2.8}$$

$$\text{Me}^\oplus = \text{Metall-Ion} \qquad \text{R} = \text{C}_6\text{H}_5-\underset{\underset{\text{CH}_3}{|}}{\overset{\overset{\text{CH}_3}{|}}{\text{C}}}- \tag{2.9}$$

Die Geschwindigkeit der Reaktion, d.h. die für die Aushärtung der Klebschicht erforderliche Zeit, ist dabei abhängig von der Stellung der zu fügenden Metalle in der elektrochemischen Spannungsreihe. Die Neigung, Elektronen abzugeben und somit die für die Radikalbildung erforderlichen Metallionen zu bilden, ist bei edleren Metallen geringer als bei unedleren. Hieraus folgt, daß letztere sich mit anaeroben Klebstoffen leichter verkleben lassen müßten. Eine Einschränkung erfährt dieser Zusammenhang allerdings dadurch, daß die zu fügenden Metalle nicht mit einer metallisch reinen Oberfläche vorliegen, sondern mit Oxidschichten wechselnder Zusammensetzungen bedeckt sind. Weiterhin bestehen die Fügeteile im allgemeinen aus Metallegierungen mit Komponenten unterschiedlichen elektrochemischen Verhaltens. Die verschiedene Aktivität der von den jeweiligen Substraten resultierenden Metallionen auf die Radikalbildung erklärt somit das unterschiedliche Verhalten der metallischen Werkstoffe bei der Verklebung mit anaeroben Klebstoffen.

(2) Die gebildeten freien Radikale $R-O\cdot$ und $R-O-O\cdot$ leiten die Polymerisation der TEGMA-Monomere durch eine Anlagerung an eine der beiden endständigen Doppelbindungen ein (TEGMA-Radikal):

$$\begin{aligned} &\text{R-O}\cdot + \text{H}_2\text{C}=\underset{\underset{\text{O}}{||}}{\overset{\overset{\text{CH}_3}{|}}{\text{C}}}-\text{C}-\text{O}\underset{4}{+}\text{CH}_2-\text{CH}_2-\text{O}\underset{}{+}\underset{\underset{\text{O}}{||}}{\overset{\overset{\text{CH}_3}{|}}{\text{C}}}-\text{C}=\text{CH}_2 \\ &(\text{R-O-O}\cdot) \\ &\qquad\qquad\downarrow \\ &\text{R-O-CH}_2-\underset{\underset{\text{O}}{||}}{\overset{\overset{\text{CH}_3}{|}}{\text{C}}}-\text{C}-\text{O}\underset{4}{+}\text{CH}_2-\text{CH}_2-\text{O}\underset{}{+}\underset{\underset{\text{O}}{||}}{\overset{\overset{\text{CH}_3}{|}}{\text{C}}}-\text{C}=\text{CH}_2 \\ &(\text{R-O-O}+) \qquad\uparrow \\ &\qquad\qquad\text{hier Anlagerung} \\ &\qquad\qquad\text{weiterer Monomer-Moleküle} \end{aligned} \tag{2.10}$$

Das nach dieser Gleichung entstandene TEGMA-Radikal kann sich nun an die endständige Doppelbindung eines weiteren TEGMA-Monomers unter Kettenverlängerung anlagern. Dieser Prozeß schreitet über nachfolgende Anlagerungen des wachsenden Radikals entsprechend fort, bis ein Kettenabbruch erfolgt. Da die sich gemäß (2.10) ausbildenden Polymerketten pro TEGMA-Molekül eine weitere endständige aktive Doppelbindung enthalten, die ebenfalls entsprechenden Polymerisationsreaktionen zugänglich ist, kommt es zur Ausbildung stark vernetzter dreidimensionaler Polymerstrukturen, die über sehr gute Temperatur- und Lösungsmittelbeständigkeiten verfügen.

(3) Die nach (2.10) ablaufende Reaktion tritt nun aber nur dann ein, wenn in dem Reaktionssystem kein Sauerstoff vorhanden ist. Bei Vorhandensein von Sauerstoff reagieren TEGMA-Radikale, die auch ohne Vorhandensein von Metallionen durch Einfluß von UV-Strahlung und/oder Temperatur auf das Hydroperoxid in dem Klebstoff in geringsten Mengen kontinuierlich gebildet werden, aufgrund ihrer hohen Reaktivität gegenüber Sauerstoff mit diesem unter Bildung peroxidhaltiger TEGMA-Radikale, so daß die Polymerisation behindert wird:

$$\text{TEGMA} \cdot + O_2 \xrightarrow{k_1} \text{TEGMA-O-O} \cdot \qquad (2.11)$$

$$\text{TEGMA-O-O} \cdot + \text{TEGMA} \xrightarrow{k_2} \text{TEGMA-O-O-TEGMA} \cdot \qquad (2.12)$$

Von den beiden Reaktionen (2.11) und (2.12) besitzt (2.11) mit k_1 die wesentlich höhere Geschwindigkeitskonstante, so daß die Reaktion bei Anwesenheit von Sauerstoff auf dieser Stufe stehen bleibt und die Reaktion entsprechend (2.10) nicht stattfinden kann. Dieser latent stabile Zustand wird im Klebstoff dadurch erzielt, daß er nur in Verpackungen mit großem Kopfraum (hohes Sauerstoffangebot) und für Sauerstoff in ausreichendem Maße durchlässigen Kunststoffbehältern (dünne Wandungen) angeboten wird.

(4) Wird der Klebstoff nun zwischen zwei Fügeteile gebracht, entfällt die Stabilisierung bereits gebildeter TEGMA-Peroxid-Radikale nach (2.11), und die Radikalkettenpolymerisation startet wie unter Punkt (1) beschrieben.

Zusammenfassend sind diese komplexen Reaktionsmechanismen somit wie folgt darzustellen:

Vor Verarbeitung des Klebstoffs (unter Einfluß von Sauerstoff)
— TEGMA-Monomer und Peroxid liegen in Mischung nebeneinander vor;
— Peroxidzersetzung durch UV-Einwirkung und/oder Temperatur kann Polymerisation nach (2.10) einleiten;
— Reaktion wird jedoch nach (2.11) durch Sauerstoff behindert.

Während Verarbeitung des Klebstoffs (bei Ausschluß von Sauerstoff)
— Unter Einfluß von Metallionen auf Peroxid Bildung von Peroxidradikal (Formeln (2.8) und (2.9));
— Reaktion von Peroxidradikal mit TEGMA-Monomer zu TEGMA-Radikal (Formel (2.10));
— Reaktion von TEGMA-Radikal mit weiteren TEGMA-Monomeren zum TEGMA-Polymer (Formel (2.10)).

Wegen der erwähnten unterschiedlichen Reaktivität der Metallionen auf das Polymerisationssystem werden den anaeroben Klebstoffen zur Erzielung praxisbezogener

Abbindezeiten häufig noch Reaktionsbeschleuniger, z.B. Dimethyl-p-toluidin, zugesetzt. Die Verarbeitung der anaeroben Klebstoffe als Einkomponenten-Polymerisationsklebstoffe bedingt nach den vorstehenden Erklärungen das Vorhandensein der aus den Fügeteilen stammenden Metallionen. Diese Forderung würde im Prinzip das Kleben inaktiver Oberflächen nichtmetallischer Werkstoffe, wie z.B. Glas und Kunststoffe mit diesen Klebstoffen ausschließen. Daher wendet man in derartigen Fällen zusätzlich sog. Aktivatoren an, die als Lösungen von Metallionen (z.B. Kupfersalze) vorher auf mindestens eine Fügeteiloberfläche aufgebracht werden. Auf diese Weise ist dann die katalysierende Wirkung von Metallionen sichergestellt.

Die anaeroben Klebstoffe lassen sich in unterschiedliche Viskositätsbereiche einstellen, um eine Anpassung an die verschiedenartigen Klebfugenspalte zu ermöglichen (Tabelle 2.1). Die Festigkeiten der Klebschichten können ebenfalls in weitem Rahmen variiert werden, um eine konstruktionsbedingte spätere Demontage (z.B bei Schraubensicherungen, Welle-Nabe-Verbindungen, Klebdichtungen) zu erleichtern oder zu erschweren (Tabelle 2.2)

Klebungen mit anaeroben Klebstoffen zeichnen sich durch eine hohe Stoß- und Vibrationsfestigkeit aus. Vorteilhaft ist weiterhin, daß der während des Klebens aus der Klebfuge austretende Klebstoff aufgrund des gegebenen Kontakts mit Sauerstoff lange Zeit flüssig bleibt und somit später problemlos entfernt werden kann.

Neben den in der beschriebenen Weise anaerob abbindenden Klebstoffen sind auch Modifikationen im Einsatz, die über zugesetzte Photoinitiatoren eine ergänzende UV-Härtung (Abschn. 2.1.1.3) ermöglichen. Diese Systeme besitzen den Vorteil, daß ausreichende Klebschichtfestigkeiten im Sekundenbereich zu erzielen sind, so daß

Tabelle 2.1. Viskositätsbereiche anaerober Klebstoffe.

Viskosität	mPa s
sehr dünnflüssig	10 ... 20
dünnflüssig	20 ... 200
mittelviskos	200 ... 2000
dickflüssig	2 000 ... 20 000
pastös	20 000 ... 100 000

Tabelle 2.2. Klebfestigkeiten anaerober Klebstoffe.

Klebfestigkeit	Nmm^{-2}
gering fest	2 ... 4
mäßig fest	4 ... 8
mittelfest	8 ... 15
höherfest	15 ... 30
hochfest	30 ... 40

bereits eine weitere Bearbeitung der geklebten Teile bis zum endgültigen anaeroben Abbinden der Klebschicht erfolgen kann.

Die Aushärtezeit ist von der katalytischen Aktivität der jeweiligen Metalloberfläche und der Temperatur abhängig, bei Raumtemperatur härtende Systeme benötigen bis zum Erreichen ihrer funktionellen Sicherheit ca. 5 bis 10 h.

Ergänzende Literatur zu Abschnitt 2.1.1.2: [D19, F1, F2, F3, H1, H7, L2, S1, W1, U2].

2.1.1.3 Strahlungshärtende Klebstoffe

Bei den UV-strahlungshärtenden Klebstoffen erfolgt die Anregung zur Radikalkettenpolymerisation durch Radikale, die jedoch nicht, wie z.B. bei den Methacrylatsystemen (Abschn. 2.1.2.1), durch Anwesenheit von Beschleunigern aus den Grundmolekülen durch Spaltung entstehen, sondern durch Photoinitiatoren gebildet werden. Diese Photoinitiatoren zerfallen erst unter Einwirkung von UV-Strahlen zu Radikalen, sind also zunächst im Gemisch mit den weiteren Reaktionspartnern unter Lichtausschluß stabil. Im allgemeinen handelt es sich bei diesen Initiatoren um Azoverbindungen, die bei Bestrahlung gemäß (2.13) in Radikale zerfallen:

$$-\overset{|}{\underset{|}{C}}-N=N-\overset{|}{\underset{|}{C}}- \longrightarrow -\overset{|}{\underset{|}{C}}\cdot + N_2 + \cdot\overset{|}{\underset{|}{C}}- \qquad (2.13)$$

Azoverbindung

Als Monomere sind vorwiegend vinylgruppenhaltige Verbindungen (Acrylderivate) im Einsatz. Strahlungshärtende Klebstoffe zeichnen sich durch extrem kurze Abbindezeiten aus, sie bedürfen im Fall der UV-Einwirkung allerdings mindestens eines für die Strahlung durchlässigen Fügeteilpartners, z.B. Glas oder klare Kunststoffe.

Die Aushärtung ist abhängig von der UV-Durchlässigkeit der Fügeteile, der Dicke der zu verklebenden Fügeteile (wegen ihrer UV-Absorption) und dem Abstand der UV-Strahlungsquelle. Im einzelnen richtet sich die Aushärtung nach der Anzahl der polymerisationsfähigen Doppelbindungen im Klebstoffmonomer, dem Anteil an Photoinitiator und der Monomerreaktivität. Die UV-Quelle, im allgemeinen eine Hochdruckentladungslampe mit Zusätzen von Metallhalogeniden zur Erzeugung spezifischer Strahlungsspektren, beeinflußt die Aushärtung durch ihre Strahlungsleistung und die Wellenlängenverteilung. Die üblicherweise angewandten Wellenlängen liegen im Bereich von 280 bis 400 nm. Schichtdicken kleiner als 3 mm lassen sich je nach dem eingesetzten Photoinitiator in Zeiten unterhalb 30 s voll durchhärten. UV-härtende Klebstoffsysteme haben sich in Ergänzung zu anderen Anwendungen auch bei Haftklebstoffen eingeführt, da in diesem Fall die auf das Substrat aufgebrachten flüssigen Klebschichten der Härtung durch die UV-Strahlung direkt zugänglich sind.

Für die Elektronenstrahlhärtung sind ebenfalls die polymerisationsfähigen Klebstoffgrundstoffe (ungesättigte Polyester, Acrylate) geeignet. Im Gegensatz zu den UV-härtenden Systemen werden keine Photoinitiatoren benötigt, da die energiereiche Strahlung die Startradikale für die Härtungsreaktion aus den Monomeren selbst bildet. Die durch Spannungen von 150 bis 300 kV beschleunigten Elektronen, deren kinetische Energie die Bindungs- und Ionisationsenergien organischer Moleküle um ein Vielfaches übersteigt, schlagen aus der Elektronenhülle der Moleküle Sekundärelektronen heraus. Diese Sekundärelektronen mit hohen Energien (sog. α-Strahlen) übertragen ihre Energie auf weitere Moleküle, die dann in Radikale als Ausgangspunkte der Polymerisationsreaktionen zerfallen. Zu beachten sind bei diesen Anlagen die wegen der Röntgenstrahlung erforderlichen Sicherheitsvorkehrungen für den Strahlenschutz.

Ergänzende Literatur zu Abschnitt 2.1.1.3: [B71, B72, C17, C18, G25, H73, N12, N13, S88, T20, Z18].

2.1.2 Zweikomponenten-Polymerisationsklebstoffe

Bei diesen Systemen erfolgt die Aktivierung bzw. Startreaktion durch das Aufrichten der Kohlenstoff-Kohlenstoff-Doppelbindung eines Monomers infolge der Anlagerung eines Radikals. Somit entsteht ein Monomer mit Radikalcharakter, an das sich ein zweites und daran weitere Monomere anlagern können. Den Monomeren wird also vor der Verarbeitung die radikalerzeugende Substanz, der sogenannte Härter, in entsprechender Menge zugegeben. Auf die Fügeteile wird demnach ein aus zwei miteinander vermischten Komponenten bestehendes Klebstoffsystem aufgetragen. Die wichtigsten Vertreter dieser Systeme sind die im folgenden beschriebenen Methacrylatklebstoffe. Weiterhin sind die mittels einer Stryrolkomponente härtenden ungesättigten Polyester wenigstens teilweise zu den Zweikomponenten-Polymerisationsklebstoffen zu zählen (Abschn. 2.3.3.2).

2.1.2.1 Methacrylatklebstoffe

Wie die Cyanacrylate, so leiten sich auch diese Klebstoffe von der Acrylsäure ab. Besondere Bedeutung als Grundstoff hat für diese Systeme der Methylester der Methacrylsäure, das Methylmethacrylat:

$$\underset{\text{Acrylsäure}}{H_2C=\overset{H}{\underset{}{C}}-C=O}\overset{}{\underset{OH}{}} \longrightarrow \underset{\text{Methacrylsäure}}{H_2C=\overset{CH_3}{\underset{}{C}}-C=O}\overset{}{\underset{OH}{}} \quad \underset{\substack{\text{Methacrylsäure-}\\\text{Ester}}}{H_2C=\overset{CH_3}{\underset{}{C}}-C=O}\overset{}{\underset{OR}{}} \qquad (2.14)$$

$$\underset{\text{Methylmethacrylat}}{H_2C=\overset{CH_3}{\underset{}{C}}-C=O}\overset{}{\underset{OCH_3}{}} \qquad (2.15)$$

Durch das Vorhandensein der Vinylgruppe und die durch die Estergruppe vorhandene Ladungsverschiebung innerhalb der Kohlenstoff-Kohlenstoff-Doppelbindung handelt es sich um sehr polymerisationsfreudige Monomere. Kennzeichnendes Merkmal für die Polymerbildung ist bei diesen Grundstoffen im Gegensatz zu der Ionenkettenpolymerisation bei den Cyanacrylaten die Radikalkettenpolymerisation, bei der die Aufspaltung der Kohlenstoff-Kohlenstoff-Doppelbindung durch eine Radikalanlagerung erfolgt. Hierbei entsteht ein neues Radikal, an das sich nun ein zweites und weitere Monomere anlagern können:

$$R\cdot \; + \; \overset{|}{\underset{|}{C}}=\overset{|}{\underset{|}{C}} \longrightarrow R-\overset{|}{\underset{|}{C}}-\overset{|}{\underset{|}{C}}\cdot \qquad (2.16)$$

$$R-\overset{|}{\underset{|}{C}}-\overset{|}{\underset{|}{C}}\cdot \quad + \quad \overset{|}{\underset{|}{C}}=\overset{|}{\underset{|}{C}} \quad \longrightarrow \quad R-\overset{|}{\underset{|}{C}}-\overset{|}{\underset{|}{C}}-\overset{|}{\underset{|}{C}}-\overset{|}{\underset{|}{C}}\cdot \qquad (2.17)$$

$$R-\overset{|}{\underset{|}{C}}-\overset{|}{\underset{|}{C}}-\overset{|}{\underset{|}{C}}-\overset{|}{\underset{|}{C}}\cdot \; + \; n \; \overset{|}{\underset{|}{C}}=\overset{|}{\underset{|}{C}} \quad \longrightarrow \quad R-\overset{|}{\underset{|}{C}}-\overset{|}{\underset{|}{C}}{\left[\overset{|}{\underset{|}{C}}-\overset{|}{\underset{|}{C}}\right]}_n\overset{|}{\underset{|}{C}}-\overset{|}{\underset{|}{C}}\cdot \qquad (2.18)$$

Der Kettenabbruch kann durch Kombination zweier Radikale oder einer anderen Abbruchreaktion erfolgen. Im einzelnen gestaltet sich diese Reaktion bei dem Methylmethacrylatmonomer (MMA) wie folgt:
• Als radikalbildende Substanz dient das Benzoylperoxid, das als zugegebene Härterkomponente durch einen sog. Beschleuniger in zwei Radikale aufgespalten wird. Als Beschleuniger finden tertiäre aromatische Amine der allgemeinen Formel $(R_x)_3N$ Verwendung, wie z.B. das Dimethyl-p-toluidin:

$$H_3C-\underset{}{\bigcirc}-N{\overset{CH_3}{\underset{CH_3}{\diagdown}}} \qquad (2.19)$$

$$\underset{\text{Benzoylperoxid}}{\bigcirc-\overset{O}{\overset{\|}{C}}-O-O-\overset{O}{\overset{\|}{C}}-\bigcirc} \quad \xrightarrow{\text{Beschleuniger}} \quad \bigcirc-\overset{O}{\overset{\|}{C}}-O\cdot \; + \; \cdot O-\overset{O}{\overset{\|}{C}}-\bigcirc \qquad (2.20)$$

• Die Radikalkettenpolymerisation des MMA-Monomers verläuft anschließend entsprechend der Reaktionsgleichung (2.21), bis es zu einem Kettenabbruch kommt:

$$\bigcirc-\overset{O}{\overset{\|}{C}}-O\cdot + n \; \overset{H}{\underset{H}{C}}=\overset{CH_3}{\underset{\underset{OCH_3}{C=O}}{C}} \quad \longrightarrow \quad \bigcirc-\overset{O}{\overset{\|}{C}}-O-{\left[\overset{H}{\underset{H}{\overset{|}{C}}}-\overset{CH_3}{\underset{\underset{OCH_3}{C=O}}{\overset{|}{C}}}\right]}_{n-1}\overset{H}{\underset{H}{\overset{|}{C}}}-\overset{CH_3}{\underset{\underset{OCH_3}{C=O}}{\overset{|}{C}}}\cdot \qquad (2.21)$$

Die durchschnittliche Molekülgröße des Polymers hängt im wesentlichen von der Anzahl der auftretenden Abbruchreaktionen ab, dieses wiederum ist eine Frage der vorhandenen Radikalkonzentration und der Reaktionstemperatur.

Aus dem in (2.21) dargestellten Reaktionsablauf ergibt sich, daß es — theoretisch — nur eines Härterradikals bedarf, um eine Menge von n Monomermolekülen zu polymerisieren, d.h. es ist keine mengenmäßige Abhängigkeit beider Reaktionspartner im Sinne einer stöchiometrisch verlaufenden Reaktion (Abschn. 2.2.1.4) erforderlich. In praxi ist natürlich infolge der eintretenden Abbruchreaktionen mit höheren Radikalkonzentrationen zu rechnen, sie liegen aber grundsätzlich im Bereich von nur wenigen Prozent des dem Molekulargewicht des Polymers entsprechenden Anteils. Bild 2.1 zeigt, daß die Festigkeit der Klebung nur sehr geringfügig, die Härtungszeit nur bis ca. 3% von der Härterkonzentration abhängig ist.

2.1.2.2 Verarbeitungssysteme der Methylmethacrylatklebstoffe

Die Tatsache, daß es sich bei dieser Radikalkettenpolymerisation nach Vereinigen der Komponenten Monomer, Härter und Beschleuniger um sehr schnell verlaufende Reaktionen handelt, die für eine praktische Anwendung hinderlich sind, hat zu

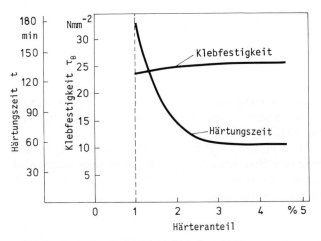

Bild 2.1. Abhängigkeit der Klebfestigkeit und Härtungszeit vom Härteranteil bei Methacrylatklebstoffen.

mehreren Entwicklungen einer fertigungsgerechten Verarbeitung geführt. In diesem Zusammenhang sind verschiedene „Generationen" (1., 2. ggf. eine 3. Generation) dieser auch vereinfacht Acrylatklebstoffe (besserer Ausdruck: Methacrylatklebstoffe) genannten Systeme vorgestellt worden. Eingebürgert haben sich z.B. Bezeichnungen wie „modified acrylics" oder „second generation acrylics", die sog. SGA-Typen. Im wesentlichen handelt es sich bei diesen Bezeichnungen um die verschiedenen Variationen der Mischungsmöglichkeiten von Monomer, Härter und Beschleuniger im Sinne einer für die praktische Verarbeitung vertretbaren Topfzeit (Abschn. 3.1.1.5) sowie Weiterentwicklungen im Hinblick auf verbesserte Festigkeits- und Verformungseigenschaften. Scharfe Abgrenzungen zwischen und genaue Definitionen bei den einzelnen Entwicklungsstufen liegen nicht vor, aus diesem Grunde können diese Bezeichnungen auch nicht als Qualitätsmerkmale angesehen werden.

Die Verarbeitung der Methacrylatsysteme erfolgt heute im wesentlichen nach zwei Verfahrensarten:
- *A — B-Verfahren*

Komponente A enthält als Hauptanteil das MMA-Monomer sowie die erforderliche Menge des Beschleunigers. Diese Mischung ist stabil und lagerfähig, d.h. nicht an eine vorgegebene Topfzeit gebunden. Komponente B enthält als Hauptbestandteil in gleicher Menge wie bei A ebenfalls das MMA-Monomer, als zweiten Bestandteil jedoch den Härter, allerdings in doppelter Menge ausreichend für den Monomeranteil sowohl in A als auch in B. Auch diese Mischung ist stabil und lagerfähig. Beide Komponenten A und B werden entweder direkt vor dem Auftragen auf die Fügeteile in gleichen Anteilen gemischt oder auch gleichzeitig in gleicher Menge auf die Fügefläche dosiert und durch den Anpreßdruck der Fügeteile in sich vermischt. Es ist ebenfalls möglich, die Komponente A auf die eine, die Komponente B auf die andere Fügeteiloberfläche aufzubringen, die Durchmischung erfolgt dann ebenfalls nach dem Vereinigen der Fügeteile (Bild 2.2). Die Aushärtung bis zu einer ausreichenden Anfangsfestigkeit findet anschließend innerhalb weniger Minuten statt.

2.1 Polymerisationsklebstoffe   23

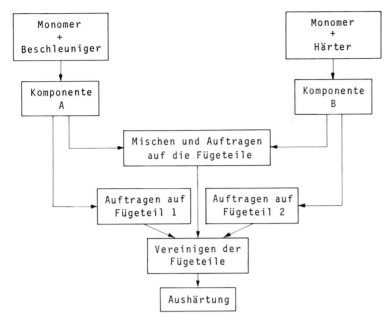

Bild 2.2. Verarbeitung von Methacrylatklebstoffen nach dem A-B-Verfahren.

• *Härterlack-Verfahren*
Bei diesem Verfahren, auch „No-Mix"-Verfahren genannt, wird der Härter in einem leichtflüchtigen organischen Lösungsmittel gelöst („Härterlack") und in dieser Form auf eines der beiden Fügeteile aufgetragen. Nach Verdunsten des Lösungsmittels innerhalb weniger Minuten ist dieses Fügeteil lagerungsstabil, braucht bei entsprechender sauberer Lagerung also nicht sofort dem Klebevorgang zugeführt zu werden. Auf das andere Fügeteil wird zum gewünschten Zeitpunkt die Monomer-Beschleuniger-Mischung aufgebracht. Nach dem Vereinigen der beiden Fügeteile tritt dann innerhalb kurzer Zeit die beschriebene Reaktion und somit Verfestigung der Klebschicht ein. Nachteilig gegenüber dem A−B-Verfahren ist bei dem „No-Mix"-System allerdings eine beschränkte Klebschichtdicke von ca. 0,3 bis 0,4 mm, da von der dünnen Härterschicht ausgehend die Polymerisationsreaktion einseitig nach den Gesetzen der Diffusion in die Klebschicht fortschreiten muß. Man kann diesen Nachteil zwar dadurch ausgleichen, daß der Härterlack auf beide Fügeteile aufgetragen wird, begibt sich dann allerdings des Vorteils der langen Topfzeit, da nach Aufbringen der Monomer-Beschleuniger-Mischung auf die bereits mit Härterlack beschichtete Seite sofort verklebt werden muß.

Der große Vorteil der Klebstoffe auf Methacrylatbasis liegt gegenüber anderen Zweikomponentensystemen, die eine stöchiometrische Mischung der Komponenten erfordern, in der einfachen Handhabungsweise und den kurzen Aushärtungszeiten. Weitere Vorteile sind die hohen Festigkeiten der Klebungen, sowie relative Unempfindlichkeit gegenüber fetthaltigen Oberflächen.

Ergänzende Literatur zu Abschnitt 2.1.2.2: [K2, K3, K4, W2].

2.1.3 Polymere als Grundstoffe für Polymerisationsklebstoffe

Neben den beschriebenen chemisch reagierenden Polymerisationsklebstoffen findet ebenfalls eine große Gruppe physikalisch abbindender Klebstoffe Verwendung, die zum Zeitpunkt der Verarbeitung bereits als Polymerisate vorliegen. Die wichtigsten dieser Polymerisate leiten sich von vinylgruppenhaltigen Monomeren oder von Kautschuktypen ab. Weiterhin sind noch einige gesättigte Kohlenwasserstoffpolymere von Interesse.

2.1.3.1 Polyvinylacetat (PVAC)

Polyvinylacetat ist das Polymerisationsprodukt des Vinylacetats (VAC):

$$\underset{\text{Vinylacetat}}{\begin{array}{c} H \\ H_2C=C \\ O \\ C=O \\ CH_3 \end{array}} \longrightarrow \begin{array}{c} H\,H\ \ H\,H\ \ H\,H \\ -C-C-C-C-C-C- \\ H\,O\ \ H\,O\ \ H\,O \\ C=O\ C=O\ C=O \\ CH_3\ \ CH_3\ \ CH_3 \end{array} \longrightarrow \underset{\text{Polyvinylacetat}}{\left[\begin{array}{c} H\,H \\ -C-C- \\ H\,O \\ C=O \\ CH_3 \end{array}\right]_n} \quad (2.22)$$

Aufgrund der in dem Molekül vorhandenen stark polaren Acetatgruppe besitzt das Polyvinylacetat sehr gute Haftungseigenschaften auf vielen Fügeteiloberflächen:

$$\begin{array}{c} H\ H \\ -C-C- \\ H\ O \\ {}^{\oplus}C-\overline{\underline{O}}|^{\ominus} \\ CH_3 \end{array} \quad (2.23)$$

Eine Verwendung erfolgt vorwiegend als Dispersionsklebstoff (Abschn. 3.5) mit ca. 50 bis 60% Festkörpergehalt, z.T. auch auf Basis von Vinylacetat-Copolymerisaten (z.B. mit Vinylchlorid).

Ergänzende Literatur zu Abschnitt 2.1.3.1: [S2]

2.1.3.2 Polyvinylalkohol (PVAL)

Polyvinylalkohol entsteht als Verseifungsprodukt des Polyvinylacetats oder anderer Polyvinylester:

$$\underset{\text{Polyvinylalkohol}}{\left[\begin{array}{c} H\ H \\ -C-C- \\ H\ OH \end{array}\right]_n} \quad (2.24)$$

Je nach Molekulargewicht liegt der Polvinylalkohol als mehr oder weniger hochviskose Flüssigkeit vor. Verwendet wird er z.B. zum Kleben cellulosehaltiger Werkstoffe wie Papier, Pappe, Holz u.dgl., weiterhin als Schutzkolloid zur Stabilisierung und Erhöhung der Abbindegeschwindigkeit von Dispersionsklebstoffen (Abschn. 3.5).

2.1.3.3 Polyvinyläther

Von den Polyvinyläthern sind insbesondere die folgenden drei Polymere als Klebstoffgrundstoffe von Interesse:

$$n \; H_2C=\overset{H}{\underset{|}{C}}-O-CH_3 \qquad n \; H_2C=\overset{H}{\underset{|}{C}}-O-C_2H_5 \qquad n \; H_2C=\overset{H}{\underset{|}{C}}-O-C_4H_9$$

$$\downarrow \qquad\qquad\qquad \downarrow \qquad\qquad\qquad \downarrow \qquad\qquad (2.25)$$

$$\left[\begin{array}{c} H\;H \\ -C-C- \\ H\;O-CH_3 \end{array}\right]_n \qquad \left[\begin{array}{c} H\;H \\ -C-C- \\ H\;O-C_2H_5 \end{array}\right]_n \qquad \left[\begin{array}{c} H\;H \\ -C-C- \\ H\;O-C_4H_9 \end{array}\right]_n$$

Polyvinylmethyl-   Polyvinylethyl-   Polyvinylisobutyläther (PVM)   äther (PVE)   äther (PVI)

Bei den Polyvinyläthern mittlerer Polymerisationsgrade handelt es sich um klebrige Weichharze, die sehr gute Haftungseigenschaften an porösen und glatten Oberflächen aufweisen. Der Polyvinylmethyläther zeichnet sich besonders dadurch aus, daß er aufgrund seiner Wasserlöslichkeit auch wieder anfeuchtbar ist und somit z.B. im Gemisch mit Dextrin (Abschn. 2.5.2) oder tierischen Leimen (Abschn. 2.5.1) als Gummierung auf Etikettenpapieren diesen eine verbesserte Haftung verleiht. Wegen ihrer permanenten Klebrigkeit sind Polyvinyläther auch in druckempfindlichen Klebstoffen (Haftklebstoffe, Abschn. 3.4) im Einsatz.

Ergänzende Literatur zu Abschnitt 2.1.3.3: [A1, M2].

2.1.3.4 Ethylen-Vinylacetat (EVA)

Copolymerisat aus Ethylen und Vinylacetat:

$$n \; H_2C=CH_2 \; + \; m \; H_2C=\overset{}{\underset{\underset{\underset{CH_3}{|}}{\underset{C=O}{|}}}{\overset{|}{C}H}} \longrightarrow \left[\begin{array}{c} H\;H \\ -C-C- \\ H\;H \end{array}\right]_n \left[\begin{array}{c} H\;H \\ -C-C- \\ H\;\underset{\underset{CH_3}{|}}{\underset{C=O}{O}} \end{array}\right]_m \qquad (2.26)$$

Ethylen   Vinylacetat   Ethylen-Vinylacetat-Copolymer

In dem Molekülaufbau sind die Vinylacetatmoleküle statistisch in die Ethylenkette eingebaut. Während das reine Polyvinylacetat gegenüber Temperaturbeanspruchung aufgrund von Essigsäureabspaltung relativ instabil ist, sind die Copolymerisate mit Ethylen im Hinblick auf Oxidation und thermischen Abbau wesentlich beständiger. Aus diesem Grund gehören EVA-Copolymere (bei ca. 40% Vinylacetatanteil) zu einer wichtigen Gruppe von Schmelzklebstoffrohstoffen (Abschn. 3.6). Sie besitzen ebenfalls im Bereich tiefer Temperaturen (bis ca. $-70°C$) noch ein ausreichendes elastisch-plastisches Verhalten. Mit zunehmendem Anteil an Vinylacetat (ab ca. 60%) besitzen die EVA-Copolymere plastisch fließende, dauerklebrige Eigenschaften mit abnehmender thermischer Beständigkeit, diese Produkte sind als Grundstoffe für Haftschmelzklebstoffe (Abschn. 3.4) im Einsatz. EVA-Copolymere lassen sich im Hinblick auf ihre Verwendung als Klebstoffgrundstoffe durch die beiden Grundgrößen Schmelzindex und Vinylacetatgehalt charakterisieren: Ein niedriger Schmelzindex (geringer VAC-Gehalt) erhöht die Kohäsionsfestigkeit der Klebschicht, steigende Schmelzindices (höherer VAC-Gehalt) führen zu einem Ansteigen des Fließverhaltens der Klebschicht. So lassen sich durch entsprechende Monomeranteile im Copolymerisat den jeweiligen Anwendungsfällen zugeordnete Eigenschaften gestalten. Aufgrund der sehr guten durch die Acetatgruppe bedingten Haftungseigenschaften werden die EVA-Copolymerisate wiederum als Basispolymere für die Modifikation mit anderen Polymeren eingesetzt.

Ergänzende Literatur zu Abschnitt 2.1.3.4: [B3, E1, R1, T1, W3]

2.1.3.5 Ethylen-Acrylsäure-Copolymere

Copolymerisate aus Ethylen und Acrylsäure bzw. Acrylsäureestern:

$$n \begin{array}{c} H\ H \\ C{=}C \\ H\ H \end{array} + n \begin{array}{c} H\ H \\ C{=}C \\ H\ C{=}O \\ OH\ (OR) \end{array} \longrightarrow \left[\begin{array}{cccc} H\ H\ H\ H & H\ H\ H\ H \\ C{-}C{-}C{-}C & C{-}C{-}C{-}C \\ H\ H\ H\ C{=}O & H\ H\ H\ C{=}O \\ OH & OH \end{array} \right]_n \qquad (2.27)$$

Ethylen Acrylsäure   Ethylen-Acrylsäure-Copolymer
       (Acrylsäureester)

Diese Copolymere, die die chemische Resistenz des Polyethylens mit den guten Haftungeigenschaften der Säure- bzw. Estergruppierung in sich vereinigen, stellen wichtige Basispolymere für Schmelzklebstoffe dar. Als Esterkomponente wird vorzugsweise der Acrylsäureethylester eingesetzt (Ethylenethylacrylat).

Ergänzende Literatur zu Abschnitt 2.1.3.5: [K5].

2.1.3.6 Polyvinylacetale

Polyvinylacetale entstehen durch Einwirkung von Aldehyden auf Alkohole nach folgendem (schematisch dargestellten) Reaktionsprinzip:

$$\begin{array}{c} -R-CH_2-CH-CH_2-CH- \\ OHOH \\ + \\ H-C{\lessgtr}^O_R \\ -\big\downarrow H_2O \\ -R-CH_2-CH-CH_2-CH- \\ OO \\ \diagdown_{H}\diagup \\ C \\ R \end{array} \qquad (2.28)$$

Die für die Klebstoffherstellung wichtigsten Acetale sind das
- Polyvinylformal (PVFM) (R = H)
- Polyvinylbutyral (PVB) (R = $-CH_2-CH_2-CH_3$).

Beide dienen als plastifizierende Komponente für Klebstoffe auf Phenolharzbasis (Abschn. 2.3.1.1), das Polyvinylbutyral findet weiterhin als Klebfolie für Mehrschichtensicherheitsglas Anwendung.

2.1.3.7 Polystyrol (PS)

Polymerisationsprodukt des Styrols:

$$n\ H\text{-}C\text{=}CH_2 \longrightarrow \cdots \longrightarrow \quad (2.29)$$

Styrol   Polystyrol

Das Monomer (Monostyrol) ist als Bestandteil für Klebstoffgrundstoffe vorwiegend in zwei Bereichen im Einsatz:
• Als Copolymer mit weichmachenden Monomeren, insbesondere Butadien, für die Herstellung von Styrol-Butadien-Dispersionen (Abschn. 3.5).
• Als polymerisationsfähiges „Lösungsmittel" für die Copolymerisation mit ungesättigten Polyestern (Abschn. 2.3.3.2).

2.1.3.8 Polyvinylchlorid (PVC)

Polyvinylchlorid ist das Polymerisationsprodukt des Vinylchlorids (VC):

$$H_2C\text{=}CH\text{–}Cl \longrightarrow \quad (2.30)$$

Vinylchlorid   Polyvinyl-
               chlorid

Verwendung als Grundstoff insbesondere für Plastisolklebstoffe (Abschn. 3.10), weiterhin als Copolymerisat mit Vinylacetat zu Vinylchlorid/Vinylacetat-Copolymeren in Lösungsmittelklebstoffen (Abschn. 3.2), Dispersionsklebstoffen (Abschn. 3.5), Heißsiegelklebstoffen (Abschn. 3.2) und als Hochfrequenz-Schweißhilfsmittel (Abschn. 3.2).

2.1.3.9 Polyvinylidenchlorid (PVDC)

Polyvinylidenchlorid wird aus asymmetrischen Dichlorethylen polymerisiert:

$$n\ H_2C\text{=}C(Cl)_2 \longrightarrow \quad (2.31)$$

asym. Dichlor-   Polyvinyliden-
ethylen   chlorid

Wegen der nicht ausreichenden Stabilisierungsmöglichkeiten wird Vinylidenchlorid in Mischpolymerisation gemeinsam mit Vinylchlorid, Vinylacetat, Acrylsäure, Acrylnitril u.ä. verwendet. Die aus den Dispersionen erhaltenen Schichten sind bei 120 bis 130°C heißsiegelbar (Abschn. 3.11); da sie wegen ihrer sehr guten Wasserdampfundurchlässigkeit außerdem vorteilhaft für Beschichtungen von Verpackungspapieren eingesetzt werden können, ergibt sich eine gute Kombination von heißsiegelfähiger Beschichtung für rationelle Verarbeitungen.

2.1.4 Kautschukpolymere

Neben Monomeren, die ihre Kohlenstoff-Kohlenstoff-Doppelbindung als Voraussetzung für eine Polymerisation der im Molekül eingebauten Vinylgruppe verdanken, sind als Klebstoffgrundstoffe auch Monomere mit Doppelbindungen, die sich von Kautschuktypen ableiten, besonders interessant. Kautschuke sind allgemein Produkte, die bei Raumtemperatur weitgehend amorph und sehr weitmaschig vernetzt sind und die eine niedrige Glasübergangstemperatur (Abschn. 4.4.1) besitzen. Neben dem Naturkautschuk (NR), einem Polymerisat des Isoprens (gewonnen aus dem Hevea brasiliensis), sind in den vergangenen Jahrzehnten künstliche Kautschuke entwickelt worden, die gegenüber dem Naturprodukt den Vorteil gleichmäßigerer Qualität und Verfügbarkeit aufweisen. In reiner Form haben diese Polymere weitgehend elastomere Eigenschaften, die für die Festigkeitsanforderungen an Klebschichten wenig geeignet sind. Aus diesem Grund werden vielfach entsprechende Copolymerisate als „thermoplastische Elastomere" (Abschn. 2.1.4.1) eingesetzt.

Diese mit sehr guten Klebeeigenschaften versehenen Produkte sind im allgemeinen jedoch zu viskos, um in dieser Form verarbeitet werden zu können. Daher werden sie über entsprechende Lösungsmittelsysteme in niedrigere Viskositäten überführt und als Lösungsmittelklebstoffe (Abschn. 3.2) oder Dispersionsklebstoffe (Abschn. 3.5) mit den entsprechenden Hafteigenschaften eingesetzt.

Als Klebstoffgrundstoffe auf künstlicher Kautschukbasis sind die folgenden Synthesekautschukarten wichtig:
− Styrol-Butadien-Kautschuk (SBR),
− Chloroprenkautschuk (CR),
− Nitrilkautschuk (NBR),
− Butylkautschuk (IIR).

2.1.4.1 Styrol-Butadien-Kautschuk (SBR)

Der Styrol-Butadien-Kautschuk ist ein typisches Beispiel für ein thermoplastisches Elastomer, das die Anwendungseigenschaften von Elastomeren mit denen von Thermoplasten vereinigt. In diesen Polymeren sind die gummielastisch deformierbaren Fadenmoleküle mit „Domänen" von bei höheren Temperaturen aufschmelzenden Thermoplasten lose vernetzt. Die Ursache für einen derartigen Aufbau liegt in der weitgehenden Unverträglichkeit der thermoplastischen Komponenten mit den elastischen Fadenmolekülen, so daß erstere sich in den Domänen zusammenballen und im Gesamtmolekül statistisch verteilt vorliegen (Bild 2.3).

Bei dem Styrol-Butadien-Copolymer (SBS) bzw. dem Styrol-Isopren-Copolymer (SIS) (Formeln (2.32) und (2.33)) handelt es sich um sog. Dreiblock-Copolymere, die linear aus aufeinanderfolgenden gleichen Monomereinheiten in einzelnen Blöcken aufgebaut sind und die sich dann entsprechend Bild 2.4 orientieren.

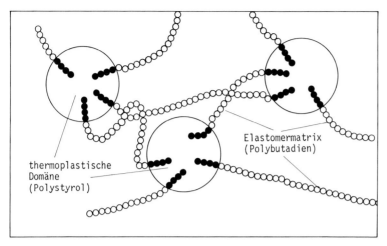

Bild 2.3. Thermoplastische Domänen in gummielastisch deformierbaren Fadenmolekülen.

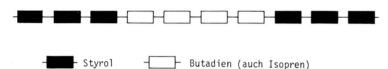

Bild 2.4. Schema eines Blockpolymerisats.

$$\left[\begin{array}{c} H \quad H \\ -C-C- \\ H \quad \bigcirc \end{array}\right]_n \left[\begin{array}{c} H \; H \; H \; H \\ -C-C=C-C- \\ H \quad\quad H \end{array}\right]_m \left[\begin{array}{c} H \quad H \\ -C-C- \\ H \quad \bigcirc \end{array}\right]_n \quad (2.32)$$

S B S

$$\left[\begin{array}{c} H \quad H \\ -C-C- \\ H \quad \bigcirc \end{array}\right]_n \left[\begin{array}{c} H \; CH_3 \; H \; H \\ -C-C=C-C- \\ H \quad\quad H \end{array}\right]_m \left[\begin{array}{c} H \quad H \\ -C-C- \\ H \quad \bigcirc \end{array}\right]_n \quad (2.33)$$

S I S

Die Endblöcke sind Polystyrolsegmente, der Mittelblock Polybutadien (Styrol-Butadien-Styrol-Blockpolymer SBS) oder auch Isopren (Styrol-Isopren-Styrol-Blockpolymer SIS). Das Verhältnis von Styrol- zu Butadien-(Isopren-)Anteil liegt bei ca. 1:3. Im Gegensatz zu Klebschichtpolymeren, die ihre elastischen Eigenschaften einem Weichmacherzusatz verdanken, wird auf diese Weise eine sog. „innere Weichmachung" erreicht (Abschn. 4.4.3).

Ein besonderer Vorteil dieser Kautschuk-Copolymerisate ist ihre Fähigkeit, Klebschichten mit guten Haftungseigenschaften und hoher Flexibilität zu bilden. Aus diesem Grunde liegt eine wesentliche Anwendung dort, wo die miteinander verklebten Fügeteile im praktischen Einsatz hohen Verformungsbeanspruchungen unterliegen, z.B. bei Schuhwaren oder Gummi/Gummi- bzw. Gummi/Metall-Klebungen.

Möglichkeiten der Eigenschaftsbeeinflussung in bezug auf den thermoplastischen Charakter dieser Polymere ist durch die sog. Pfropfpolymerisation gegeben. Hierunter versteht man die nachträgliche Anlagerung („Aufpfropfen") von Seitenketten an bestehende lineare Molekülketten. Durch diese Molekülmodifikation vergrößert sich der Abstand zwischen den Makromolekülen, dadurch vermindern sich die Anziehungskräfte zwischen den Molekülketten, was wiederum eine erhöhte Flexibilität bzw. Abnahme der Kettensteifigkeit des Polymers zur Folge hat.

Ergänzende Literatur zu Abschnitt 2.1.4.1: [H2, H3, S3].

2.1.4.2 Chloroprenkautschuk (CR)

Der Chloroprenkautschuk (Polychloropren) entsteht als Polymerisations- und Copolymerisationsprodukt des Chloroprens (2-Chlorbutadien):

$$n\ H_2C=C-CH=CH_2 \xrightarrow{} {\left[\begin{array}{c} H\ \ H\ H \\ |\ \ \ |\ \ | \\ C-C=C-C \\ |\ \ \ |\ \ \ | \\ H\ \ Cl\ \ H \end{array}\right]}_n \quad (2.34)$$

2-Chlorbutadien   Polychloropren
(Chloropren)

Neben den guten Haftungseigenschaften (bedingt durch das stark polare Chloratom) besitzen die linearen Makromoleküle eine starke Neigung zur Kristallisation, die zu einer relativ hohen Festigkeit der Klebschicht beiträgt. Diese Kristallisation ist allerdings reversibel und läßt bei höherer Temperatur (ca. 60°C) nach, so daß höhere Warmfestigkeitseigenschaften, wie z.B. bei den ebenfalls in teilweise kristallisierender Form vorliegenden Polyamiden, nicht erwartet werden können.

Polychloropren wird in verschiedenen Kristallinitätsgraden je nach vorgesehenem Verwendungszweck angeboten. Nach ihrer Kristallisationsneigung unterscheidet man stark (hohe Anfangsfestigkeit, rasches Abbinden), mittel (elastisches Verhalten, geringere Kohäsionsfestigkeit) und gering (sehr flexible Klebschichten, geringe Kohäsionsfestigkeit) kristallisierende Produkte. Diese Polymere bzw. Copolymere sind wichtige Grundstoffe für Kontaktklebstoffe (Abschn. 3.3). Hierfür geht man in der Regel von den stark kristallisierenden Typen aus und mischt ihnen zur Verbesserung der klebtechnischen Eigenschaften Klebrigmacher wie z.B. Kolophoniumharze oder Harzester (Abschn. 2.7.5) zu. Die Stabilisierung für den Fall einer Salzsäureabspaltung erfolgt durch Zugabe von Metalloxiden (ZnO, MgO) als Säureakzeptoren, sehr hochgefüllte Mischungen (Quarz, Asbest, Calciumcarbonat) sind als Klebkitte im Einsatz.

Die im Polychloroprenmolekül vorhandene Doppelbindung ermöglicht es, mit entsprechend reaktiven Molekülgruppen weitere Vernetzungen durchzuführen. Durch Zugabe von z.B. thermisch härtenden Monomeren gelingt es auf diese Weise bei wesentlicher Beibehaltung der durch die elastomere Basiskomponente bedingten Elastizitätseigenschaften zu verbesserten Klebschichtfestigkeiten und Temperaturbeständigkeiten zu kommen. Als thermisch härtende Komponenten dienen hierfür Polyisocyanate (Abschn. 2.2.2) und Phenolharze (Abschn. 2.3.1.1). Derartige Klebstoffe kommen als Zweikomponentensysteme zum Einsatz. Im Falle der Isocyanatvernetzung wird neben der Erhöhung der Klebschichtfestigkeit vor allem auch die Anfangsfestigkeit erheblich verbessert, so daß höhere Produktionsgeschwindigkeiten möglich sind.

Die bei der Verarbeitung der lösungsmittelhaltigen Polychloroprenklebstoffe häufig vorhandenen Nachteile durch diese Lösungsmittel lassen sich durch wasserbasierende Systeme vermeiden. Bei diesen Polychloroprenlatizes werden die Basispolymere mit den entsprechenden Zusatzstoffen (klebrigmachende Harze etc.) mittels geeigneter Emulgatoren und/oder Schutzkolloiden in wäßriger Phase dispergiert. (Latizes = Feinverteilungen von Polymeren in Wasser, Teilchengröße 0,1 bis 1μm feindisperse, 1 bis 10 μm grobdisperse Dispersionen).

Chloroprenkautschuk ist nicht zu verwechseln mit Chlorkautschuk, ein ebenfalls für Klebstoffe eingesetztes Basispolymer, welches insbesondere zum Kleben von Metall/Kautschuk im Einsatz ist. Es handelt sich hierbei um ein durch Chlorierung aus Naturkautschuk gewonnenes Produkt mit einem Chlorgehalt von ca. 60 bis 70%, welches eine hohe Weichmacher- und Chemikalienbeständigkeit aufweist.

Ergänzende Literatur zu Abschnitt 2.1.4.2: [A2, D2, F18, J1, L3].

2.1.4.3 Nitrilkautschuk (NBR)

Nitrilkautschuk ist ein Copolymerisat von Butadien mit einem Anteil von ca. 20 bis 40% Acrylnitril:

$$n \ H_2C=CH-CH=CH_2 \ + \ m \ H_2C=CH-C\equiv N$$

$$\downarrow$$

$$\left[\begin{array}{cccc} H & H & H & H \\ -C-C=C-C- \\ H & & & H \end{array} \right]_n \left[\begin{array}{cc} H & H \\ -C-C- \\ H & C\equiv N \end{array} \right]_m \tag{2.35}$$

Der hohe Acrylnitrilanteil verleiht diesen Polymeren eine gute Weichmacherbeständigkeit, so daß sie sich z.B. für das Kleben von weichgemachten Kunststoffen gut eignen.

Ergänzende Literatur zu Abschnitt 2.1.4.3: [H4].

2.1.4.4 Butylkautschuk (IIR)

Butylkautschuk ist ein Copolymerisat aus einem überwiegenden Anteil (>97%) von Isobutylen mit Isopren (<5%):

$$n \ H_2C=C-CH_3 \ + \ H_2C=C-CH=CH_2 \ + \ n \ H_2C=C-CH_3$$
$$\qquad CH_3 \qquad\qquad CH_3 \qquad\qquad\qquad CH_3$$
$$\text{Isobutylen} \qquad \text{Isopren} \qquad \text{Isobutylen}$$

$$\downarrow \tag{2.36}$$

$$\left[\begin{array}{cc} H & CH_3 \\ -C-C- \\ H & CH_3 \end{array} \right]_n \left[\begin{array}{cccc} H & H & H \\ -C-C=C-C- \\ H & CH_3 & H \end{array} \right] \left[\begin{array}{cc} H & CH_3 \\ -C-C- \\ H & CH_3 \end{array} \right]_n$$

In diesem linearen Kettenmolekül liegen in Form der langen Polyisobutylensegmente sehr hohe Kettenanteile an gesättigtem Charakter vor, an denen keine weiteren Vernetzungen möglich sind. Die einzige vernetzungsfähige Komponente ist das Isoprenmolekül, somit werden die Gesamteigenschaften des Butylkautschuks durch den Anteil der durch das Isopren vorgegebenen Zahl an Doppelbindungen bestimmt.

Ergänzende Literatur zu Abschnitt 2.1.4.4: [D4, J2, K24].

2.1.5 Sonstige Thermoplaste

2.1.5.1 Polyethylen (PE)

Wird als Polymerisationsprodukt des Ethylens hergestellt:

$$n\ H_2C{=}CH_2 \longrightarrow \left[\begin{array}{c} H\ H \\ -C-C- \\ H\ H \end{array} \right]_n \qquad (2.37)$$

Ethylen   Polyethylen

Die niedrigmolekularen Typen mit Schmelzindizes im Bereich von 2 bis 2000 g/10 min (DIN 53 735) [D1] haben in Kombination mit klebrigmachenden Harzen und Mikrowachsen (veredelte Rohölfraktionen mit kleinen kristallinen Anteilen) als Schmelzklebstoffe (Abschn. 3.6) in der Papier- und Pappenindustrie Einsatz gefunden.

Ergänzende Literatur zu Abschnitt 2.1.5.1: [D3].

2.1.5.2 Polypropylen (PP)

Polypropylen ist als Grundstoff für Schmelzklebstoffe mit mittleren Festigkeitseigenschaften (Abschn. 3.6) im Einsatz und zwar als ataktisches Polypropylen (APP). Unter ataktischen Polymeren werden Produkte verstanden, bei denen die jeweiligen Substituenten in statistischer Verteilung teils oberhalb und teils unterhalb der Hauptkette liegen (isotaktisch: R immer auf der gleichen Seite; syndiotaktisch: R alternierend einmal oberhalb und einmal unterhalb der Hauptkette):

$$\left[\begin{array}{c} H\ CH_3\ \ H\ H\ \ \ \ H\ CH_3\ H\ CH_3\ H\ H \\ -C-C-\ \ C-C-\ \ C-C-\ \ C-C-\ \ C-C- \\ H\ H\ \ \ \ \ H\ CH_3\ H\ H\ \ \ \ H\ H\ \ \ H\ CH_3 \end{array} \right]_n \qquad (2.38)$$

ataktisches Polypropylen (APP)

Die Wärmestandfestigkeit (Abschn. 3.7) liegt im Bereich von 50 bis 80°C, der Erweichungsbereich bei 110 bis 160°C und die Verarbeitungstemperatur bei 150 bis 190°C.

2.1.5.3 Fluorierte Kohlenwasserstoffe

Aus der Gruppe der fluorierten Kohlenwasserstoffe ist das Polyfluor-Ethylen-Propylen (PFEP oder FEP) als Grundstoff für Schmelzklebstoffe untersucht worden [G2]. Es handelt sich hierbei allgemein um Verbindungen mit thermoplastischen Eigenschaften, in denen der Wasserstoff der C−H-Verbindungen durch Fluor ersetzt ist:

$$\left[-CF_2-\underset{F}{\overset{CF_3}{C}}-CF_2-CF_2-CF_2-CF_2-\underset{F}{\overset{CF_3}{C}}- \right]_n \qquad (2.39)$$

Polyfluor - Ethylen - Propylen

Das Polyfluor-Ethylen-Propylen ist ein Copolymer aus Tetrafluorethylen und Hexafluorpropylen.

Klebungen von Stahlblechen ergaben bei Verklebungstemperaturen zwischen 350 und 400°C Klebfestigkeiten von 7 bis 12 Nmm^{-2}. Der Vorteil dieser Produkte liegt in der hohen Dauertemperaturbelastbarkeit, nachteilig wirken sich die hohen Verarbeitungstemperaturen auf die Gefügestruktur wärmeempfindlicher Metallegierungen aus; weiterhin verdient das Auftreten möglicher Spannungen in der Klebfuge wegen der unterschiedlichen Ausdehnungskoeffizienten besondere Beachtung.

2.2 Polyadditionsklebstoffe

Bei den Polyadditionsklebstoffen beruht die Verknüpfung der Monomermoleküle nicht auf der Aufspaltung von Kohlenstoff-Kohlenstoff-Doppelbindungen wie bei den Polymerisationsklebstoffen, sondern auf der Aneinanderlagerung von (meistens zwei) verschiedenen reaktiven Monomermolekülen unter gleichzeitiger Wanderung eines Wasserstoffatoms von der einen Komponente zu der anderen. Die wichtigsten Polyadditionsklebstoffe basieren auf den Epoxidharzen und den Polyurethanen.

2.2.1 Epoxidharzklebstoffe (EP)

2.2.1.1 Aufbau der Epoxidharze

Die Epoxidharze verdanken ihren Namen der endständigen, sehr reaktionsfreudigen Epoxidgruppe, an der sich die Polyadditionsreaktionen zur Polymerbildung mit anderen Molekülgruppierungen im wesentlichen abspielen:

$$H-\underset{\underset{O}{\diagdown \diagup}}{\overset{H}{C}}\underset{}{\overset{H}{C}}- \qquad (2.40)$$

Epoxid-Gruppe

2 Klebstoffgrundstoffe

Beispielhaft erfolgt die Herstellung der Epoxidharze aus dem Epichlorhydrin durch Umsetzung im alkalischen Medium mit Verbindungen, die alkoholische oder phenolische Hydroxylgruppen enthalten; von sehr großer praktischer Bedeutung ist hierbei das Bisphenol A (p,p'-Dihydroxydiphenyl-2,2-propan):

$$\text{Cl-CH}_2\text{-CH(O)-CH}_2 + \text{HO-C}_6\text{H}_4\text{-C(CH}_3)_2\text{-C}_6\text{H}_4\text{-OH} + \text{CH}_2\text{-CH(O)-CH}_2\text{-Cl}$$

Epichlorhydrin   Bisphenol A

↓

$$\text{H}_2\text{C(Cl)-CH(OH)-CH}_2\text{-O-C}_6\text{H}_4\text{-C(CH}_3)_2\text{-C}_6\text{H}_4\text{-O-CH}_2\text{-CH(OH)-CH}_2\text{(Cl)}$$ (2.41)

+ NaOH
− HCl ↓

$$\text{H}_2\text{C(O)CH-CH}_2\text{-O-C}_6\text{H}_4\text{-C(CH}_3)_2\text{-C}_6\text{H}_4\text{-O-CH}_2\text{-CH(O)CH}_2$$

Epoxidharz

Bei dieser Reaktion bildet sich ein neues mit Epoxidgruppen versehenes reaktionsfähiges Molekül, das wiederum mit dem Bisphenol A reagieren kann, bis die gewünschte Kettenlänge erhalten ist:

$$\text{H}_2\text{C-CH-} \left[\text{O-C}_6\text{H}_4\text{-C(CH}_3)_2\text{-C}_6\text{H}_4\text{-O-CH}_2\text{-CH(OH)-CH}_2 \right]_n \text{-O-CH}_2\text{-CH-CH}_2$$ (2.42)

Außer den Epoxidgruppen sind in diesen Molekülen auch die Hydroxylgruppen für weitere Vernetzungsreaktionen zugänglich. Ausschlaggebend für das sich endgültig einstellende mittlere Molekulargewicht ist der bei der Reaktion vorhandene Anteil an Epichlorhydrin. Die auf diese Weise erhaltenen Epoxidharze (auch Ethoxylinharze genannt, da man sie sich rein formell auch vom Ethylenoxid abgeleitet vorstellen kann) weisen wegen der vorhandenen endständigen Epoxidgruppen eine sehr große Reaktivität auf, die sie zu weiteren Reaktionen befähigen.

Bemerkung: Aus dem Ausgangsprodukt Epichlorhydrin kann in den Epoxidharzen ein im ppm-Bereich liegender Chlorgehalt resultieren. In Fällen, in denen durch Einfluß von Wasser eine Hydrolyse unter Bildung von Salzsäure eintreten kann, ist dieser Sachverhalt als Ursache möglicher Korrosionen zu beachten. Kritisch sind hier besonders Klebungen und Fixierungen in der Elektronik; für diese Anwendungen sind Harze mit besonderem Reinheitsgehalt im Handel.

Neben den in (2.41) und (2.42) dargestellten Epoxidharzen mit aromatischen Ringstrukturen im Molekül sind ebenfalls epoxidierte cycloaliphatische Polyolefine als Harze für Klebstoffgrundstoffe bekannt. In diesen Fällen liegen Epoxidgruppen vor, deren Kohlenstoffatome cycloaliphatischen Kohlenwasserstoffen angehören, z.B. das Vinylcyclohexenmonoxid, aus dem durch Oxidation eine weitere reaktionsfähige Epoxidgruppe erhalten werden kann:

$$\text{Vinylcyclohexenmonoxid} \quad \xrightarrow{O} \quad \text{(Diepoxid)} \tag{2.43}$$

Zur Addition an die in den Epoxidharzen vorhandene Epoxidgruppe sind praktisch alle Verbindungen mit beweglichen Wasserstoffatomen geeignet, wie Polyamine, Polyamidoamine, Polycarbonsäuren, Polycarbonsäureanhydride, hydroxylhaltige Harze, wie z.B. Phenolharze.

Die für Epoxidharze typische Additionsreaktion läßt sich auf das folgende einfache Reaktionsschema zurückführen:

$$\sim\!\!\!\sim\!\!\!\sim\!\!C\!\!-\!\!C\!\!-\!\!H \;+\; H\!-\!X \;\longrightarrow\; \sim\!\!\!\sim\!\!\!\sim\!\!C\!\!-\!\!C\!\!-\!\!X \tag{2.44}$$

(X = z.B. -NH-R; -OOC-R; -O-R)

Der Epoxidring wird unter Ausbildung einer Hydroxylgruppe geöffnet, wobei das für die Hydroxylgruppe erforderliche Wasserstoffatom von dem zweiten an der Reaktion beteiligten Molekül an die Epoxidgruppe wandert. Über die sich nunmehr ausbildenden freien Valenzen erfolgt die Anlagerung (Addition) der entsprechenden Molekülgruppe.

Die Reaktionsgeschwindigkeit der Polyaddition bei den Epoxidharzklebstoffen hängt nun in entscheidender Weise von der „Beweglichkeit" des an der Umlagerung beteiligten Wasserstoffatoms ab. Diese Beweglichkeit wiederum ist durch die Bindungsverhältnisse in der funktionellen Molekülgruppe bestimmt. Durch Auswahl der chemischen Struktur des für die Reaktion mit dem Epoxidharz erforderlichen zweiten Reaktionspartners (zweite Komponente) gelingt es nun, je nach Wasserstoffbeweglichkeit, schnell oder langsam ablaufende Reaktionssysteme (kurze oder lange Topfzeit, Abschn. 3.1.1.5) einzustellen. Da die Reaktionszeiten wiederum auch entscheidend von der Temperatur abhängen und langsam ablaufende Reaktionen durch Temperaturerhöhung verkürzt werden können, unterscheidet man in diesem Zusammenhang auch zwischen kalt- und warmhärtenden Klebstoffsystemen.

2.2.1.2 Kalthärtende Epoxidharzklebstoffe

Für kalthärtende Epoxidharzklebstoffe kommen vorwiegend primäre oder sekundäre Amine in Frage, wobei der Reaktionsablauf schematisch wie folgt dargestellt werden kann:

2 Klebstoffgrundstoffe

$$\underset{\text{Amin}}{R-NH_2} + \underset{\text{Epoxidharz}}{H_2C-CH-CH_2-O-\text{Ph}-C(CH_3)_2-\text{Ph}-O-CH_2-CH-CH_2} + \underset{\text{Amin}}{H_2N-R}$$

(2.45)

$$R-N-C-C-CH_2-O-\text{Ph}-C(CH_3)_2-\text{Ph}-O-CH_2-C-C-N-R$$

Eine weitere Vernetzung erfolgt in Fortsetzung der Addition weiterer Epoxidgruppen am Stickstoffatom:

$$\sim\sim C-C-N-H + H-C-C\sim\sim$$

(2.46)

$$\sim\sim C-C-N-C-C\sim\sim$$

Bedingt durch eine gezielte Polyfunktionalität der zur Anwendung gelangenden Amine bzw. Polyamine gelingt eine weitere Verknüpfung der linearen Epoxidharzketten untereinander zum ausgehärteten Netzwerk. Derartige Polyamine können z.B. sein
− Diethylentriamin ($H_2N-CH_2-CH_2-NH-CH_2-CH_2-NH_2$),
− Triethylentetramin
($H_2N-CH_2-CH_2-NH-CH_2-CH_2-NH-CH_2-CH_2-NH_2$).

2.2.1.3 Warmhärtende Epoxidharzklebstoffe

Bei warmaushärtenden Systemen ist der Reaktionsablauf bei Raumtemperatur wesentlich träger. Typische Reaktionspartner hierfür sind Carbonsäureanhydride, die den Säuren gegenüber vielfach bevorzugt werden, da bei letzteren auch Kondensationsreaktionen (Abschn. 2.3 und 2.4) unter Wasserbildung (Veresterung mit vorhandenen Hydroxylgruppen) möglich sind. Zur Einleitung der Polyaddition muß zunächst eine Öffnung des Carbonsäureanhydridringes erfolgen, was z.B. durch Reaktion mit Hydroxylgruppen ermöglicht wird; anschließend erfolgt die Anlagerung der Epoxidharzkomponente:

(2.47)

Carbonsäure-
anhydrid

Epoxidharzkette
mit Hydroxylgruppe

Epoxid-
gruppe

Weitere Reaktionen der Epoxidgruppe mit Polyaminoamiden (Epoxid-Polyaminoamid-Klebstoffe, Epoxid-Nylon-Klebstoffe), Dicyandiamid sowie mit Phenolharzen (Epoxid-Phenolharz-Klebstoffe) ergeben je nach der durch die Molekülstruktur bedingten Wasserstoffreaktivität die verschiedenartigsten Möglichkeiten, Klebstoffsysteme hinsichtlich Klebschichteigenschaften und Aushärtungsbedingungen den speziellen Erfordernissen anzupassen. In entscheidendem Maße werden durch die jeweiligen Formulierungen auch die Verarbeitungsbedingungen, speziell die Topfzeit (Abschn. 3.1.1.5) bestimmt. Aufgrund der vorhandenen Hydroxylgruppe und der Äthergruppierung besitzen diese Polymermoleküle eine hohe Polarität (Abschn. 6.1.4.1). Hierin liegt eine wesentliche Ursache für die ausgezeichneten Haftungseigenschaften dieser Klebstoffe, die weiterhin durch die Möglichkeit der umfangreich gegebenen Formulierungsalternativen zu den am häufigsten angewandten Klebstoffsystemen gehören.

2.2.1.4 Zweikomponenten-Epoxidharzklebstoffe

Die Epoxidharzklebstoffe sind typische Vertreter der Zweikomponentensysteme. Diese bedürfen jedoch gegenüber den bereits bei den Polymerisationsklebstoffen erwähnten, aus Monomer und Härter bestehenden Systemen (Abschn. 2.1.2.1), einer besonderen Betrachtung. Aus den Reaktionsgleichungen, beispielsweise (2.45), ist ersichtlich, daß im Gegensatz zu der beschriebenen Methacrylatpolymerisation die beteiligten Reaktionspartner Epoxidharz und Amin in einem genau definierten Gewichtsverhältnis entsprechend dem gegebenen Molekulargewicht zur Reaktion gebracht werden müssen. Bei Abweichungen von diesem stöchiometrischem Verhältnis verbleiben entweder von der Komponente A oder B Anteile, die nicht an der Reaktion teilgenommen haben. Zweifellos erlauben diese Reaktionsmechanismen eine gewisse Toleranz in den Abweichungen der stöchiometrischen Verhältnisse, ohne daß es zu bemerkenswerten Eigenschaftsänderungen der Klebschicht kommt; im Prinzip sollten

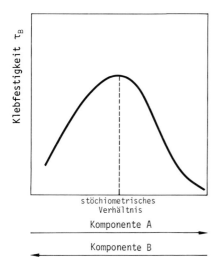

Bild 2.5. Abhängigkeit der Klebfestigkeit vom Mischungsverhältnis der Komponenten.

die gegebenen Mischungsvorschriften jedoch eingehalten werden. Zu grosse Anteile von Monomeren, die an der Reaktion aufgrund des Fehlens von Reaktionspartnern nicht haben teilnehmen können, wirken sich, wie aus Bild 2.5 ersichtlich, auf die Festigkeit der Klebung negativ aus. Es ist davon auszugehen, daß neben den Epoxidharzkomponenten die jeweils beteiligten Reaktionspartner eine gleichermaßen große Bedeutung auf die Eigenschaften der resultierenden Klebschicht besitzen.

Die ausgehärteten Epoxidharzklebschichten sind in die Gruppe der Duromere einzustufen. Sie weisen je nach Art der Ausgangsmonomere hohe Kohäsionsfestigkeiten mit abgestuften spröden bis elastischen Eigenschaften auf, außerdem verfügen sie über ein sehr gutes Adhäsionsvermögen den meisten Fügeteilwerkstoffen gegenüber.

2.2.1.5 Einkomponenten-Epoxidharzklebstoffe

Durch entsprechende Auswahl der Komponenten ist es möglich, Systeme anzubieten, die bereits als Reaktionsgemisch aus beiden Komponenten vorliegen, aufgrund ihrer Reaktionsträgheit oder ihres (z.B. bei einigen Polyaminoamiden) festen Zustandes bei Raumtemperatur oder unter Kühlung (bis $-20°C$) nicht miteinander reagieren. Diese Systeme bedürfen dann der Erwärmung, damit die Reaktion „anspringt". Auf diese Weise lassen sich z.B. Klebstoffolien herstellen, die zwischen die Fügeteile gebracht und dann durch Temperatureinwirkung ausgehärtet werden. (Abschn. 3.11). Da die aus beiden Komponenten bestehende Reaktionsmischung hierbei vom verarbeitungstechnischen Gesichtspunkt als eine Komponente angesehen werden kann, werden derartige Systeme auch als Einkomponenten-Reaktionsklebstoffe bezeichnet. Diese sind nicht zu verwechseln mit den Einkomponentenklebstoffen (Abschn. 1.2.2), bei denen das Polymer ja bereits in seinem Endzustand vorliegt. Die Einkomponenten-Reaktionsklebstoffe besitzen den Vorteil, daß Dosierungsfehler bei der Anwendung ausgeschlossen sind, da die beiden Komponenten bereits beim Klebstoffhersteller gemischt werden.

2.2.1.6 Lösungsmittelhaltige Epoxidharzklebstoffe

Liegen die Reaktionspartner im Monomerzustand als feste Substanzen vor, die in dieser Form nicht zu einer Reaktion befähigt sind, können sie in entsprechenden Lösungsmitteln gelöst werden. Auf diese Weise wird sowohl die Reaktionsbereitschaft der Moleküle nach Auftragen auf die Fügeteile als auch die erforderliche Benetzung der Fügeteiloberfläche erreicht. Derartige Systeme werden als Lösungsmittel-Reaktionsklebstoffe bezeichnet (Abschn. 3.1.4).

2.2.1.7 Zäh-harte ("toughened") Epoxidharzklebstoffe

Eine besondere Entwicklung hat in den vergangenen Jahren zu Klebstoffen geführt, die als „zäh-hart" („toughened") einzustufen sind und einen guten Kompromiß für Klebstoffe darstellen, von denen eine hohe Festigkeit in Verbindung mit einer ausreichenden Verformbarkeit erwartet wird. Da eine hohe Kohäsionsfestigkeit häufig mit einer entsprechenden Sprödigkeit der Klebschicht erkauft werden muß, gilt es, die Polymermatrix zu flexibilisieren. Das wird durch Zugabe geringer Mengen an Kautschukverbindungen, z.B. Butadien-Acrylnitril-Kautschuk, erreicht. Die Kautschukpartikel verteilen sich in dem Polymer und behindern bei einer Überbelastung der Klebschicht die vom Überlappungsende her beginnende Rißausbreitung durch die

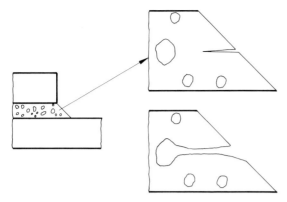

Bild 2.6. Wirkungsweise von Kautschukpartikeln in der Polymermatrix auf die Rißausbreitung.

Aufnahme und Verteilung der an den Rißspitzen vorhandenen Bruchenergie, wie schematisch aus Bild 2.6 ersichtlich.

Die vorstehend beschriebene Modifikation wird außer bei Epoxidharzen auch bei Klebstoffen auf Acrylatbasis eingesetzt.

Ergänzende Literatur zu Abschnitt 2.2.1: [E2, H5, H6, J3, J4, L4, N1, N2].

2.2.2 Polyurethanklebstoffe (PUR)

Die Polyurethane, auch Polyisocyanatharze genannt, leiten sich von der Isocyansäure ($H-N=C=O$) ab. Als eine äußerst reaktionsfreudige Verbindung addiert sie sehr leicht Verbindungen, die über ein aktives (bewegliches) Wasserstoffatom verfügen, z.B. das Wasserstoffatom einer OH^--Gruppe. Es werden Zwei- und Einkomponentensysteme unterschieden.

2.2.2.1 Zweikomponenten-Polyurethanklebstoffe

Von den vielfältigen Reaktionsmöglichkeiten der Isocyanate sind für die Anwendung als Klebstoffpolymere die Umsetzungen mit alkoholischen Hydroxylgruppen nach dem Mechanismus der Urethanbildung die wichtigsten:

$$R_1-N{=}C{=}O \;+\; R_2-OH \;\longrightarrow\; R_1-\underset{\underset{H}{|}}{N}-\underset{\underset{O}{\|}}{C}-O-R_2 \tag{2.48}$$

$$\text{Isocyanat} \qquad \text{Alkohol} \qquad \text{Urethan}$$

Bei dieser Reaktion wird die Doppelbindung zwischen dem Stickstoff und dem Kohlenstoff aufgespalten, wobei der aktive Wasserstoff an den Stickstoff und die R_2-O-Gruppe an den Kohlenstoff gebunden wird. Um zu höhermolekularen vernetzten Polymeren zu gelangen, wie sie für Klebschichten erforderlich sind, sind als Reaktionspartner Ausgangsprodukte mit mindestens zwei funktionellen Gruppen wie Di- oder Triisocyanate und höherwertige Alkohole (Diole bzw. Polyole) vorzusehen.

Derartige Alkohole können z.B. auch in Form gesättigter Polyester (Abschn. 2.3.3.1) vorliegen, die mit einem Überschuß von Polyalkoholen hergestellt werden. Die Polyaddition eines Diisocyanats mit einem zweiwertigen Alkohol zu einem linearen Polyurethan erfolgt schematisch nach der Reaktionsgleichung:

$$O=C=N-R_1-N=C=O + HO-R_2-OH + O=C=N-R_1-N=C=O + HO-R_2-OH + O=C=N-R_1-N=C=O$$

$$\text{Diisocyanat} \qquad \text{Diol} \qquad \text{Diisocyanat} \qquad \text{Diol} \qquad \text{Diisocyanat}$$

$$\downarrow$$

$$\begin{array}{c} H \;\; H \qquad\qquad H \;\; H \qquad\qquad H \;\; H \\ -C-N-R_1-N-C-O-R_2-O-C-N-R_1-N-C-O-R_2-O-C-N-R_1-N-C- \\ \| \qquad\qquad \| \qquad\qquad \| \qquad\qquad \| \qquad\qquad \| \qquad\qquad \| \\ O \qquad\qquad O \qquad\qquad O \qquad\qquad O \qquad\qquad O \qquad\qquad O \end{array}$$

$$\text{Polyurethan}$$

(2.49)

Wie bei den Epoxidharzklebstoffen ist auch bei diesen Zweikomponentensystemen auf die Einhaltung stöchiometrischer Verhältnisse der Reaktionspartner (Abschn. 2.2.1.4) zu achten. Je nach der Reaktivität der Ausgangsmonomere lassen sich Systeme mit unterschiedlichen Topfzeiten einstellen, ggf. können zu lange Reaktionszeiten durch die Zugabe von Beschleunigern (z.B. Triethylamin, Bleioleat) abgekürzt werden. Durch gezielte Auswahl der Monomere lassen sich die klebschichtbestimmenden Eigenschaften wie Festigkeit, Elastizität, deformationsmechanisches Verhalten, Beständigkeit gegenüber chemischen Einflüssen, gezielt steuern.

2.2.2.2 Einkomponenten-Polyurethanklebstoffe

Der für die Verarbeitung von Zweikomponentensystemen erforderliche technische Aufwand hinsichtlich genauer Dosierung und Mischung der Komponenten hat dazu geführt, einfacher zu verarbeitende Einkomponentensysteme zu entwickeln. Ausgangsbasis für derartige Überlegungen ist die Tatsache, daß neben alkoholischen OH^--Gruppen ebenfalls die im Wassermolekül ($H-O-H$) vorhandene OH^--Gruppe Vernetzungen der Isocyanatkomponente ermöglicht. Im Grunde handelt es sich zwar auch hier um zwei miteinander reagierende Komponenten, der Klebstoffverarbeitung wird aber nur eine Komponente zugeführt. Da die einfachen, niedrigmolekularen Polyisocyanate bei einer Reaktion mit Feuchtigkeit relativ harte und spröde Klebschichten mit niedrigen Festigkeitswerten bilden, geht man bei den Einkomponentensystemen von vorvernetzten Polymeren, sog. Prepolymeren, aus. Diese Verbindungen werden aus höhermolekularen Polyolen mit einem stöchiometrischen Überschuß an Isocyanat hergestellt. Auf diese Weise liegen Verbindungen vor, die bereits über Urethanbindungen verfügen, die aber andererseits noch reaktionsfähige Isocyanatgruppen (sog. Isocyanatopolyurethane) besitzen, die der Reaktion mit Feuchtigkeit zugänglich sind.

Die Aushärtung der Einkomponentensysteme erfolgt in der Klebfuge ausschließlich durch Feuchtigkeitszutritt. Aus diesem Grund ist eine ausreichende Luftfeuchtigkeit (mindestens 40% rel. F.) in den Verarbeitungsräumen erforderlich. Für Klebungen metallischer oder anderer für Feuchtigkeit undurchlässiger Fügeteile sind diese Klebstoffe daher nur bedingt einsetzbar. Die Reaktion mit Wasser verläuft unter

Ausbildung einer Harnstoffbindung schematisch wie folgt ab:

$$R\text{-}N\text{=}C\text{=}O + H\text{-}OH \longrightarrow R\underset{H}{\text{-}N\text{-}}\underset{O}{\overset{\|}{C}}\text{-}OH$$

Isocyanat   Wasser   substituierte Carbaminsäure

$$R\underset{H}{\text{-}N\text{-}}\underset{O}{\overset{\|}{C}}\text{-}OH \longrightarrow R\text{-}NH_2 + CO_2\uparrow$$

Amin

$$R\text{-}NH_2 + O\text{=}C\text{=}N\text{-}R \longrightarrow R\underset{H}{\text{-}N\text{-}}\underset{O}{\overset{\|}{C}}\underset{H}{\text{-}N\text{-}}R \tag{2.50}$$

substituierter Harnstoff

$$R_1\underset{H}{\text{-}N\text{-}}\underset{O}{\overset{\|}{C}}\text{-}O\text{-}R_2 \qquad R_1\underset{H}{\text{-}N\text{-}}\underset{O}{\overset{\|}{C}}\underset{H}{\text{-}N\text{-}}R_2$$

Urethanbindung   Harnstoffbindung

Die bei der Zerfallsreaktion entstehenden primären Amine setzen sich unmittelbar mit weiteren Isocyanatgruppen zu Polyharnstoffen um. Kritisch kann bei dieser Reaktion die Bildung von Kohlendioxid durch den Zerfall der instabilen Carbaminsäurederivate dann sein, wenn dickere Klebstoffschichten mit höheren Viskositäten vorliegen und die Gasblasen in der Klebschicht eingeschlossen werden. Aus diesem Grund ist ein kontrollierter Klebstoffauftrag notwendig. Bei den Einkomponentensystemen liegen im ausgehärteten Polymer demnach sowohl Urethanbindungen (aus dem Prepolymer) als auch Harnstoffbindungen (aus der Vernetzung mit Wasser) vor. Die Reaktion der Isocyanatkomponenten mit Feuchtigkeit, gleichgültig, ob sie in Ein- oder Zweikomponentensystemen vorliegen, stellt an die Verpackung dieser Produkte während Transport und Lagerung hinsichtlich des Feuchtigkeitsausschlusses hohe Anforderungen. Es ist auf jeden Fall erforderlich, jeglichen Feuchtigkeitszutritt zu unterbinden, damit nicht bereits vor der Verarbeitung Polyharnstoffverbindungen in dem Klebstoff vorliegen. Ähnliche Maßnahmen sind auch bei der Verarbeitung dieser Klebstoffe erforderlich, z.B. Trockenheit der Mischgefäße, Arbeitsgeräte etc.

2.2.2.3 Thermisch aktivierbare Polyurethanklebstoffe

Die besonderen Vorkehrungen bei der Verarbeitung der Zweikomponentensysteme lassen sich weitgehend durch Verwendung von thermisch aktivierbaren Isocyanatkomponenten vermeiden. In diesem Fall liegt die Isocyanatgruppe „verkappt" bzw. „blockiert" (Abschn. 3.1.2) in einer Verbindung vor, die die Isocyanatkomponente erst bei höherer Temperatur abspaltet. Man spricht von einem „thermischen Estergleichgewicht", beispielsweise bei einer Blockierung mit Phenol:

$$R_1\text{-}N\text{=}C\text{=}O + HO\text{-}\bigcirc \rightleftharpoons R_1\underset{H}{\text{-}N\text{-}}\underset{O}{\overset{\|}{C}}\text{-}O\text{-}\bigcirc \tag{2.51}$$

Isocyanat   Phenol   mit Phenol "verkapptes" Isocyanat

Mit zunehmender Temperatur verschiebt sich dieses Gleichgewicht zugunsten der Ausgangskomponenten; auf diese Weise wird die Isocyanatkomponente für Reaktionen mit der Polyolkomponente freigesetzt, so daß die Vernetzungsreaktion zur Klebschichtbildung eintreten kann. Für die Klebstoffverarbeitung kommt in diesem Fall nur eine Substanz zur Anwendung, nach der gegebenen Terminologie demnach ein warmhärtender Einkomponenten-Reaktionsklebstoff auf Polyurethanbasis.

2.2.2.4 Reaktive Polyurethan-Schmelzklebstoffe

Bei Verwendung höhermolekularer, kristallisierender und schmelzbarer Diol- und Isocyanatkomponenten gelingt es, schmelzbare Prepolymere herzustellen, die bei Temperaturen von ca. 70 bis 120°C auf die Fügeteile als Schmelzklebstoffe (Abschn. 3.6) aufgetragen werden. Nach der Abkühlung (physikalisch abbindend) erhält die Klebung eine ausreichende Anfangsfestigkeit, die eine schnelle Weiterverarbeitung ermöglicht. Anschließend erfolgt dann durch zusätzliche Feuchtigkeitseinwirkung auf die noch vorhandenen reaktionsfähigen Isocyanatgruppen die Vernetzung über Harnstoffbindungen (chemische Reaktion) zu dem Klebschichtpolymer. Dieser zweite Prozeß ist entscheidend von der Feuchtigkeitskonzentration und -zufuhr in die Klebschicht abhängig, aus diesem Grund sind großflächige Klebungen von undurchlässigen Fügeteilen nur sehr bedingt durchführbar.

2.2.2.5 Lösungsmittelhaltige Polyurethanklebstoffe

Polyurethane sind in vielfältiger Form ebenfalls als lösungsmittelhaltige Systeme im Einsatz. Hierbei können physikalisch abbindende und chemisch reagierende Systeme unterschieden werden. Bei den physikalisch abbindenden Systemen liegt das Polymer als hochmolekulares Hydroxyl-Polyurethan vor, als Lösungsmittel dient Methylethylketon (Butanon − 2). Die chemisch reagierenden Systeme beinhalten außer dem Hydroxyl-Polyurethan noch ein Polyisocyanat als zweite Komponente in dem Lösungsmittelsystem. In beiden Fällen ist die Entfernung des Lösungsmittels erforderlich, je nach Aufbau der vorliegenden Komponenten kann die Ausbildung der Klebschicht bei normaler oder höherer Temperatur erfolgen.

Polyurethanklebstoffe zeichnen sich generell durch sehr gute Haftungseigenschaften an den verschiedenen Werkstoffoberflächen aus. Die Festigkeitseigenschaften sind eine Folge des jeweiligen Vernetzungsgrades, gleiches gilt auch für die sehr guten Beständigkeiten gegenüber Lösungsmitteln, Weichmachern, Fetten, Ölen, Wasser. Die Wärmebeständigkeit ist geringer als bei Epoxidharzklebstoffen, hervorzuheben ist allerdings die hohe Flexibilität der Klebschichten auch bei tiefen Temperaturen.

Ergänzende Literatur zu Abschnitt 2.2.2: [B4, D5, D6, E3, K6, K7, S4].

2.3 Polykondensationsklebstoffe

Die wesentliche Abgrenzung der Polykondensationsklebstoffe zu den Polymerisations- und Polyadditionsklebstoffen besteht darin, daß die Reaktion von zwei Monomermolekülen zu einem Polymermolekül unter Abspaltung eines einfachen Moleküls, z.B. Wasser oder Alkohol, erfolgt. Die als Reaktionsprodukt entstehende polymere Klebschicht liegt also gemeinsam mit einem bei der Reaktion entstehenden

Nebenprodukt vor, dessen gleichzeitige Anwesenheit bei der Verarbeitung dieser Klebstoffe entsprechende Maßnahmen zu seiner Entfernung aus der Klebschicht erfordert (Abschn. 3.1.1.3). Auch bei den Polykondensationsreaktionen gilt als Voraussetzung die Anwesenheit von Molekülen mit mindestens bifunktionellen Eigenschaften. Die für die Verwendung als Klebstoffe wichtigsten Polykondensate sind die
— Formaldehydkondensate,
— Polyamide,
— Polyester,
— Silikone.

2.3.1 Formaldehydkondensate

Aufgrund seiner Bifunktionalität ist Formaldehyd in der Lage, als verknüpfende Komponente zu Molekülen mit funktionellen Gruppen zu dienen:

$$\underset{\text{Formaldehyd}}{\overset{H}{\underset{H}{|}}C=O} \longrightarrow \overset{H}{\underset{H}{|}}C\overset{O^-}{\underset{}{\diagdown}} \qquad (2.52)$$

Als wichtige Reaktionspartner für das Formaldehyd sind aus dem Gebiet der Klebstoffchemie zu nennen:
—Phenol bzw. Phenolderivate,
—Verbindungen mit Aminogruppen (NH_2-), speziell Harnstoff und Melamin.

2.3.1.1 Phenol-Formaldehydharz-Klebstoffe (PF)

Die als Grundstoffe für Klebstoffe verwendeten Phenolharze, auch Phenoplaste genannt, gehören zu den Polymerverbindungen, die in entscheidender Weise die Entwicklung der Kunststoffe durch gezielte Synthesen mit dem Ziel „künstliche Werkstoffe" herzustellen, mitbestimmt haben. Bahnbrechend waren hier die Forschungen von Baekeland, der mit dem nach ihm benannten „Bakelite" zu Beginn dieses Jahrhunderts einen der ersten industriell verwendbaren Phenol-Formaldehydharz-Kunststoffe entwickelt hat. Diese Polymere stellen ebenfalls die Ausgangsbasis für eine Vielfalt industriell verwendeter Klebstoffe dar; die ersten im Flugzeugbau eingesetzten Klebstoffe basierten auf diesen Polymersystemen. Schematisch kann die Reaktion zwischen Phenol und Formaldehyd wie folgt dargestellt werden:

(2.53)

Die Verknüpfung der beiden Phenolmoleküle erfolgt also nach Abspaltung eines Moleküls Wasser über eine Methylenbrücke ($-CH_2-$). Die vorstehend beschriebene Reaktion kann nun, je nachdem in welcher Anzahl und Stellung die OH^-- und $-CH_2OH$-Gruppen am Benzolring lokalisiert sind, in vielfältiger Weise ablaufen und hochvernetzte Polykondensate bilden:

$$\text{(Strukturformeln der Ausgangsverbindungen und Polykondensate)} \quad (2.54)$$

Die Phenolharze werden demnach durch eine fortlaufende Verknüpfung von Phenolkernen gebildet. Als Verknüpfungsglied fungiert dabei entweder
- eine Methylengruppe (Formel (2.53)), wenn jeweils ein Molekül Phenol und Formaldehyd miteinander reagieren, oder
- eine Dimethylenätherbrücke, wenn zwei Methylolphenolmoleküle gleichzeitig an der Reaktion teilnehmen:

$$\text{(Reaktionsschema mit Dimethylen-Ätherbrücke)} \quad (2.55)$$

Die Kondensation der beschriebenen Verbindungen miteinander oder auch mit Phenol ergibt im Endeffekt Phenol-Formaldehyd-Kondensationsprodukte, deren Eigenschaften je nach Reaktionszeit und -temperatur von wasserlöslichen bis zu wasserunlöslichen, dreidimensional vernetzten Polykondensaten reichen. Für die Verwendung als Klebstoffe kommen nur die sog. Resole in Frage. Das sind härtbare Phenolharze, die im Anfangsstadium zwar löslich und schmelzbar sind, die aber in der Klebfuge durch Hitze oder Katalysatoreinwirkung in den unlöslichen, unschmelzbaren Zustand, die sog. Resite, mit hohem Vernetzungsgrad übergeführt werden können. Bei den neben der Gruppe der Resole noch bekannten sog. Novolake handelt es sich um nicht selbsthärtende Phenolharze, die dauernd löslich und schmelzbar sind.

Reine Phenol-Formaldehydharze weisen im allgemeinen eine hohe Sprödigkeit auf, die dazu führt, daß die bei Belastung in einschnittig überlappten Klebungen

auftretenden Spannungsspitzen (Abschn. 8.3.3.4) nicht oder nur in geringem Maße abgebaut werden können. Aus diesem Grunde werden Phenol-Formaldehydharze je nach den spezifischen Anforderungen hinsichtlich Festigkeit, Verformbarkeit und Alterungsbeständigkeit mit weiteren Verbindungen durch Copolymerisationen bzw. Mischkondensationen mit geeigneten, vorwiegend thermoplastische Polymere ergebenden Monomeren modifiziert, z.B. mit:
• Polyvinylformal (Abschn. 2.1.3.6), diese Modifikationen haben aufgrund ihrer hohen Festigkeiten und Alterungsbeständigkeiten das Kleben im Flugzeugbau maßgebend gestaltet;
• Polyvinylbutyral (Abschn. 2.1.3.6), zur Erhöhung der Temperaturbeständigkeit der Klebschicht;
• Elastomeren, z.B. Polychloropren (Abschn. 2.1.4.2) und Nitrilkautschuk (Abschn. 2.1.4.3), zur Steigerung der Elastizitäts- und Verformungseigenschaften der Klebschicht sowie, insbesondere bei Nitrilkautschuk, der Verbesserung der Alterungsbeständigkeit bei erhöhten Temperaturen;
• Polyamiden (Abschn. 2.3.2) zur Verbesserung der Schlagfestigkeit;
• Epoxidharzen (Abschn. 2.2.1) zur Erhöhung der Temperaturbeständigkeit. Epoxid-Phenolharzklebstoffe weisen zwar sehr hohe Klebfestigkeitswerte bei tiefen und hohen Temperaturen auf, besitzen aber dagegen sehr geringe Schälwiderstände.

Die Eigenschaftsbeeinflussung der Polymerschicht durch derartige Verbindungen kann man sich durch eine sterische Behinderung der Polykondensationsreaktion erklären, so daß, abweichend von der dreidimensionalen Vernetzung, in hohem Anteil auch kettenförmige Strukturen mit zweidimensionaler Struktur und teilweise thermoplastischen Eigenschaften entstehen.

Ergänzende Literatur zu Abschnitt 2.3.1.1 im Anschluß an Abschnitt 2.3.1.2.

2.3.1.2 Kresol-/Resorzin-Formaldehydharz-Klebstoffe

Neben Phenol als Ausgangsmonomer für die Formaldehydkondensation finden auch Phenolderivate, wie Kresole (o-, m-, p-Methylphenol) und Resorzin (m-Dihydroxybenzol) als Reaktionspartner Verwendung. Diese Kresol- bzw. Resorzin-Formaldehydharze zeichnen sich generell durch höhere Härtungsgeschwindigkeiten aus, die reinen Harze sind relativ spröde und bedürfen für Metallklebungen entsprechender Modifizierungen. Vorteilhaft ist die gegenüber Phenol-Formaldehydharzklebstoffen größere Beständigkeit gegenüber Wasser und Witterungseinflüssen, aus diesem Grunde werden sie vorwiegend zum Kleben von Holzkonstruktionen eingesetzt (Abschn. 13.6).

Ergänzende Literatur zu Abschnitt 2.3.1.1 und 2.3.1.2: [A3, D7, H8, H75, K8, L32].

2.3.1.3 Harnstoff-Formaldehydharz-Klebstoffe (UF)

Eine große Anzahl stickstoffenthaltender organischer Verbindungen ist zur Polykondensation mit Aldehyden befähigt. Für die Anwendung als Klebstoffe haben insbesondere Harnstoff und Melamin Bedeutung erlangt. Beiden Verbindungen ist gemeinsam, daß in ihnen die Aminogruppe ($-NH_2$) entweder in Form der Aminbindung ($R-NH_2$) oder der Amidbindung ($R-CO-NH_2$) enthalten ist.

Hieraus leitet sich für Kondensationsprodukte mit Formaldehyd bei diesen Verbindungen die Bezeichnung „Aminoplaste" ab. Bei der Reaktion mit Formaldehyd findet in einer ersten Stufe eine Additionsreaktion statt:

$$-\underset{|}{\overset{|}{C}}-NH_2 \;+\; \underset{H}{\overset{H}{C}}=O \;\longrightarrow\; -\underset{|}{\overset{|}{C}}-\underset{H}{N}-CH_2OH$$

Amin   Formaldehyd

oder

$$-\underset{|}{\overset{|}{C}}-NH_2 \;+\; 2\underset{H}{\overset{H}{C}}=O \;\longrightarrow\; -\underset{|}{\overset{|}{C}}-N\underset{CH_2OH}{\overset{CH_2OH}{\diagdown}}$$

Amin   Formaldehyd

(2.56)

Die entstehenden Alkylolverbindungen kann man bei Betrachtung der Phenol-Formaldehydharze (Formel (2.53)) mit den vorhandenen Phenolalkoholen (Methylolphenol) vergleichen, die dort wie im vorliegenden Fall die Ausgangssubstanzen für die eigentlichen zur Verharzung führenden Polykondensationsreaktionen darstellen.

Bei den Harnstoff-Formaldehydharzen (auch Harnstoffharze genannt, Kurzbezeichnung *UF* von „Urea") erfolgt der Reaktionsablauf zunächst in Form einer Additionsreaktion in schwach saurer Lösung, wobei sich in Abhängigkeit von dem Molverhältnis Harnstoff zu Formaldehyd Methylol- und Dimethylolverbindungen bilden

$$\begin{array}{c} NH_2 \\ | \\ C=O \\ | \\ NH_2 \end{array} + H-C\overset{H}{\underset{O}{\lessgtr}} \;\longrightarrow\; \begin{array}{c} H-N-CH_2OH \\ | \\ C=O \\ | \\ NH_2 \end{array}$$

Harn-   Form-   Monomethylol-
stoff   aldehyd   harnstoff

(2.57)

$$\begin{array}{c} H-N-CH_2OH \\ | \\ C=O \\ | \\ NH_2 \end{array} + H-C\overset{H}{\underset{O}{\lessgtr}} \;\longrightarrow\; \begin{array}{c} H-N-CH_2OH \\ | \\ C=O \\ | \\ H-N-CH_2OH \end{array}$$

Dimethylol-
harnstoff

Die eigentliche Polykondensationsreaktion, die zur Ausbildung der polymeren Klebschicht führt, tritt bei einem niedrigen pH-Wert ein und führt entweder über die Ausbildung einer Ätherbrücke

$$\begin{array}{c} -N-CH_2O\underline{H} \\ | \\ C=O \\ | \\ NH_2 \end{array} + \begin{array}{c} \underline{HO}-CH_2-N- \\ | \\ C=O \\ | \\ NH_2 \end{array} \xrightarrow{-H_2O} \begin{array}{cc} -N-CH_2-O-CH_2-N- & \\ | & | \\ C=O & C=O \\ | & | \\ NH_2 & NH_2 \end{array}$$

(2.58)

oder einer Methylenbrücke

$$\begin{array}{c} -N-\underline{H} \\ | \\ C=O \\ | \\ NH_2 \end{array} + \begin{array}{c} \underline{HO}-CH_2-N- \\ | \\ C=O \\ | \\ NH_2 \end{array} \xrightarrow{-H_2O} \begin{array}{cc} -N-CH_2-N- & \\ | & | \\ C=O & C=O \\ | & | \\ NH_2 & NH_2 \end{array}$$

(2.59)

bei ebenfalls gleichzeitig möglichen Parallelreaktionen miteinander oder mit Harnstoff zu stark vernetzten Polymerstrukturen.

Als Ausgangsprodukt für Klebstoffe auf dieser Basis geht man von vorkondensierten Systemen aus, in denen das gebildete Kondensat noch ausreichend wasserlöslich ist und noch über eine genügende Anzahl reaktionsfähiger Methylolgruppen verfügt. Die endgültige Aushärtung in der Klebfuge erfolgt nach Senkung des pH-Wertes durch einen Säurehärter, der der Kleblösung entweder hinzugefügt (Untermischverfahren) oder auf eines der zu verklebenden Fügeteile aufgestrichen wird (Vorstrichverfahren).

Die Anwendung dieser Harnstoff-Formaldehydharzklebstoffe erfolgt vorwiegend bei der Holzverleimung (in der Holzindustrie hat sich der Begriff „Kleben" noch nicht allgemein durchgesetzt), insbesondere zur Herstellung von Spanplatten, Sperrholz, Furnierverklebungen, im Boots- und Segelflugzeugbau, insbesondere auch dort, wo ein Feuchtigkeitszutritt nicht auszuschließen ist; allerdings erreicht die Wasserfestigkeit nicht diejenige der Phenol-/Resorzinharzsysteme. Durch Zusatz von Melamin (Abschn. 2.3.1.4) läßt sich die Wasserfestigkeit jedoch in gewissem Rahmen erhöhen. Die Aushärtung muß für die erforderliche Verdampfung des Wassers oberhalb 100°C erfolgen.

Ergänzende Literatur zu Abschnitt 2.3.1.3: [H9].

2.3.1.4 Melamin-Formaldehydharz-Klebstoffe

Wie Harnstoff (Abschn. 2.3.1.3) reagiert auch das Melamin mit Formaldehyd unter Ausbildung von Methylolverbindungen, wobei es möglich ist, bis zu sechs Mole Formaldehyd pro Mol Melamin einzuführen. Für die Klebstoffherstellung wird allerdings ein Molverhältnis Melamin:Formaldehyd 1:3 bevorzugt, da methylolreichere Harze bei der Erwärmung leicht wieder Formaldehyd abgeben:

$$\text{Melamin} + 3\ \text{Formaldehyd} \longrightarrow \text{Trimethylolmelamin} \quad (2.60)$$

Die Polykondensationsreaktion verläuft auch bei diesen Verbindungen wie bei den Harnstoffreaktionen über Methylen- und Methylenäther-Verknüpfungen zu hochmolekularen, stark vernetzten, harten und z.T spröden Klebschichten. Im Gegensatz zu den Harnstoffharzen erfolgt die Kondensation in der Wärme ohne Säurehärter. Durch Zusatz von Mischpolymerisaten auf Basis Polyvinylchlorid und/oder Polyvinylalkohol erreichen die Klebschichten eine verbesserte Flexibilität und besitzen ein schnelleres Abbindevermögen (Weißleime). Auch diese Klebstoffe finden vorwiegend bei der Holzverleimung Anwendung, die Festigkeit und Alterungseigenschaften liegen zwischen denen von Harnstoff- und Phenolharzklebstoffen. Besonders hinzuweisen ist bei der Verarbeitung der Formaldehydkondensate auf das bei der Vernetzung in geringen Mengen freiwerdende Formaldehyd, das sich an dem Reaktionsablauf nicht beteiligt hat. Aus diesem Grund ist für eine ausreichende Absaugung zu sorgen.

2.3.2 Polyamide (PA)

Die Polyamide werden im Hinblick auf ihre Polymerstruktur den Thermoplasten (Abschn. 1.3.2.2) zugeordnet, sie bestehen im wesentlichen aus linearen Makromolekülen, deren Zusammenhalt vorwiegend durch Verklammerungen, Schlaufenbildung bzw. Verhakung der Molekülketten sowie über die Wasserstoffbrückenbindung (Abschn. 6.1.4.4) erfolgt. Sie stellen eine der wichtigsten Grundstoffe für die physikalisch abbindenden Schmelzklebstoffe (Abschn. 3.6) dar. Zur Darstellung der Polyamide sind die im folgenden beschriebenen Umsetzungen, die üblicherweise in der Schmelze unter Stickstoffatmosphäre ablaufen, geeignet:

• *Polykondensation von Diaminen mit Dicarbonsäuren*
Schematisch verläuft diese Reaktion nach der Formel

$$n \; H_2N-R_1-NH_2 \; + \; n \; HOOC-R_2-COOH \xrightarrow{-n H_2O} \left[\begin{matrix} -N-R_1-N-C-R_2-C- \\ H \quad\; H \;\; O \quad\;\; O \end{matrix} \right]_n \quad (2.61)$$

Diamin   Dicarbonsäure   Polyamid

Kennzeichnend für diese Art der Polykondensation ist die Tatsache, daß in Abhängigkeit von der Kettenlänge der Ausgangsmonomere zwischen den für Polyamide typischen Säureamidgruppen ($-NH-CO-$) unterschiedlich lange Methylenketten ($-CH_2-$) vorhanden sind. In der Praxis hat die Umsetzung von Adipinsäure mit Hexamethylendiamin zu linearen Polyamiden vom Nylontyp auch für Klebstoffgrundstoffe große Bedeutung erlangt:

$$n \; HOOC-(CH_2)_4-COOH \; + \; n \; H_2N-(CH_2)_6-NH_2$$

Adipinsäure   Hexamethylendiamin

$$\xrightarrow{-\mid n H_2O}$$

$$\left[-OC-(CH_2)_4-CO-NH-(CH_2)_6-NH- \right]_n \quad (2.62)$$

Polyamid 6,6

Zur Kennzeichnung der Polyamide dient vereinbarungsgemäß die Anzahl der Kohlenstoffatome zwischen den funktionellen Gruppen, im Beispiel der Formel (2.62) demnach Polyamid 6,6; ein Polyamid aus Hexamethylendiamin und Sebacinsäure [$HOOC-(CH_2)_8-COOH$] hätte die Bezeichnung Polyamid 6,10.

• *Polykondensation von ω-Aminocarbonsäuren*
Diese Verbindungen enthalten in einem Molekül gleichzeitig die Amin- und Säuregruppe. In einem auf diese Weise gebildeten Polyamid ist die Säureamidgruppe innerhalb der Kette stets zwischen gleichlangen Methylenketten angeordnet:

$$H_2N+CH_2\!\!\!+_{\overline{n}}\!COOH \; + \; H_2N+CH_2\!\!\!+_{\overline{n}}\!COOH \; + \; \cdots$$

ω-Aminocarbonsäure

$$\downarrow -H_2O$$

$$\left[-NH+CH_2+_{\overline{n}}CO-NH+CH_2+_{\overline{n}}CO- \right] \quad (2.63)$$

Polyamid (n+2)

• *Polykondensation aus Laktamen*
Die Laktame sind als cyclische Säureamide aufzufassen, Bedeutung hat das ε-Caprolaktam als Polyamidrohstoff gefunden:

$$H_2C\begin{smallmatrix}CH_2-CH_2-C=O\\ ----|---\\ CH_2-CH_2-N-H\end{smallmatrix} \tag{2.64}$$

ε - Caprolaktam

An der durch die gestrichelte Linie gekennzeichneten Stelle erfolgt unter geeigneten Kondensationsbedingungen die Aufspaltung des Laktams zur ε-Aminocapronsäure und die Bildung von Polyamid 6 (Perlon).

• *Polykondensation von Diaminen mit dimerisierten Fettsäuren*
Diese Polykondensationsprodukte spielen als Klebstoffgrundstoffe eine besonders wichtige Rolle. Ausgangsprodukte sind Ethylendiamine oder Polyethylenamine, die mit einer höheren ungesättigten Dicarbonsäure, vornehmlich dimerisierter Linolsäure, zur Reaktion gebracht werden (Dimerisation = Zusammenlagerung zweier gleicher Monomermoleküle):

$$CH_3 \text{+} CH_2 \text{+}_4 \text{-} CH=CH-CH_2-CH=CH \text{+} CH_2 \text{+}_7 \text{-} COOH$$

Linolsäure

$$\begin{matrix} CH_3\text{+}CH_2\text{+}_4\text{-}CH_2 & & CH=CH\text{+}CH_2\text{+}_7\text{-}COOH \\ & HC\text{-}CH & \\ & HC \quad CH & \\ CH_3\text{+}CH_2\text{+}_4\text{-}CH_2 & HC=CH & (CH_2)_7\text{-}COOH \end{matrix} \tag{2.65}$$

dimerisierte Linolsäure

Bei der nachfolgenden Polykondensation mit den Aminen entstehen die als Polyamidharze bezeichneten Polyaminoamide. Neben dem Einsatz als Schmelzklebstoffe dienen die niedrigmolekularen Polyaminoamide auch als funktionelle Komponenten für Epoxidharze (Abschn. 2.2.1.1). Für sie ist charakteristisch, daß in ihnen noch primäre und sekundäre Aminogruppen enthalten sind, die mit den Epoxidgruppen reagieren können.

Neben diesen nach den beschriebenen Reaktionen in ihrer Molekülstruktur mehr oder weniger definiert aufgebauten (Homo-) Polyamiden sind für viele Anwendungen auch Copolyamide im Einsatz. Bei diesen Verbindungen können z.B. zwei verschiedene ω-Aminocarbonsäuren oder auch deren Laktame miteinander reagieren; weiterhin ergeben sich auch Reaktionen von verschiedenen Diaminen mit Dicarbonsäuren, wobei zusätzlich noch die jeweilige Menge der einzelnen Partner das entstehende Polymer in seinen Eigenschaften bestimmt. Eine genaue Strukturformel ist bei diesen Substanzen nicht anzugeben, die Polymerkette setzt sich während der Polykondensation nach Wahrscheinlichkeitsgesetzen zusammen. Das durchschnittliche Molekulargewicht liegt bei den Homopolyamiden im Bereich zwischen 5000 bis 8000, bei den Copolyamiden bei 8000 bis 16000. Kondensationsprodukte mit Molekulargewichten über 16000 werden als sog. „Super-Polyamide" bezeichnet. Polyamidtypen, die über längere Molekülteile symmetrisch aufgebaut sind (lange Methylengruppensegmente), neigen zur Kristallisation. Dieses Kristallisationsvermögen ist z.T. bestimmend für die Kohäsionsfestigkeit der Klebschicht.

Wichtige physikalische Parameter für den Einsatz als Schmelzklebstoffe (Abschn. 3.6) sind der Erweichungspunkt und die Schmelzviskosität. Als Modifizierungsmittel zur Erzielung spezifischer Klebschichteigenschaften dienen Harze (Kolophonium-, Phenolharze) Weichmacher, Füllstoffe.

Ergänzende Literatur zu Abschnitt 2.3.2: [C1, D8, I3, I4]. Weitere wichtige Literatur ist in Zusammenhang mit dem Einsatz der Polyamide für Schmelzklebstoffe erschienen, s. Abschn. 3.6.

2.3.3 Polyester

Unter Polyestern versteht man Produkte, die durch Veresterung mehrbasischer organischer Säuren mit mehrwertigen Alkoholen entstehen. Die ebenfalls häufig verwendete Bezeichnung Alkydharze (aus *al*cohol und a*cid* mit leichter Abweichung gebildet) deutet ebenfalls auf diese Ausgangsprodukte hin. Es werden gesättigte und ungesättigte Polyester unterschieden.

2.3.3.1 Gesättigte Polyester und Copolyester

Sie entstehen gemäß der Reaktionsgleichung (2.66) und bilden eine spezifische Gruppe als Grundstoffe für Schmelzklebstoffe (Abschn. 3.6). Für diese Anwendung werden bevorzugt aromatische Dicarbonsäuren eingesetzt, z.B. gemäß Formel (2.67) die Terephthalsäure.

$$n\ HOOC-R_1-COOH\ +\ n\ HO-CH_2-R_2-CH_2-OH$$

Dicarbonsäure $\quad -\bigg|n\ H_2O \quad$ Diol

$$\left[-\underset{O}{\overset{\|}{C}}-R_1-\underset{O}{\overset{\|}{C}}-O-CH_2-R_2-CH_2-O-\right]_n \quad (2.66)$$

Polyester

$$n\ HO-\underset{O}{\overset{\|}{C}}-\!\!\left\langle\bigcirc\right\rangle\!\!-\underset{O}{\overset{\|}{C}}-OH\ +\ n\ HO-CH_2-CH_2-OH$$

Terephthalsäure $\qquad\qquad$ Ethylenglykol

$$-\bigg|n\ H_2O$$

$$\left[-O-\underset{O}{\overset{\|}{C}}-\!\!\left\langle\bigcirc\right\rangle\!\!-\underset{O}{\overset{\|}{C}}-O-CH_2-CH_2-\right]_n \quad (2.67)$$

Polyethylenterephthalat (PETP)

Die Terephthalsäure kann bei diesen Reaktionen ganz oder teilweise durch andere aromatische oder auch aliphatische Dicarbonsäuren ersetzt werden, außerdem können an Stelle des Ethylenglykols auch andere Diole verwendet werden. Diese Vielzahl der Kombinationsmöglichkeiten erlaubt die Herstellung von Copolyestern als Schmelzklebstoffe mit den unterschiedlichsten Eigenschaften, die wiederum vielfältig von dem mittleren Molekulargewicht (ca. 8000 bis 15000) und der Kristallinität abhängen.

2.3.3.2 Ungesättigte Polyester

Sie werden durch eine Polykondensationsreaktion von ungesättigten Di- oder Polycarbonsäuren mit Polyalkoholen erhalten, z.B. aus Maleinsäure und Propylenglykol:

$$n\ HOOC-CH=CH-COOH\ +\ n\ HO-\underset{|}{\overset{CH_3}{CH}}-CH_2OH\ \xrightarrow{-n\ H_2O}$$

Maleinsäure   Propylenglykol

$$\left[-O-\underset{\overset{\|}{O}}{C}-CH=CH-\underset{\overset{\|}{O}}{C}-O-\underset{|}{\overset{CH_3}{CH}}-CH_2- \right]_n \qquad (2.68)$$

ungesättigter Polyester

Bei geeigneter Reaktionsführung bleiben die Doppelbindungen in der Säure und/oder dem Alkohol erhalten und ermöglichen auf diese Weise Reaktionen mit ungesättigten Monomeren nach dem Prinzip der Polymerisation (Abschn. 2.1.2). In praxi verläuft diese Kombination einer Polykondensations- und einer Polymerisationsreaktion wie folgt ab:
- Zunächst wird über eine Polykondensation in der ersten Stufe ein ungesättigter Polyester gebildet, den man sich auch als ein „höhermolekulares Monomer" mit polymerisierfähigen Doppelbindungen vorstellen kann.
- Dieses Monomer, das je nach den verwendeten Ausgangsprodukten fest oder zähflüssig sein kann, wird in einem zur Mischpolymerisation fähigen „Lösungsmittel" gelöst und in dieser Form als Klebstoff eingesetzt. Als Initiator für den nach dem Prinzip der Radikalkettenpolymerisation (Abschn. 2.1.1.2) erfolgenden Ablauf der Polymerbildung wird ein Peroxidhärter verwendet, es handelt sich demnach um typische Zweikomponentensysteme.

In diesem Zusammenhang ist der Begriff „Lösungsmittel" genau zu definieren. Es besteht aus einem Monomer mit ungesättigten Kohlenstoff-Kohlenstoff-Bindungen, das drei Funktionen erfüllt:
- Es vermag den festen bzw. hochviskosen ungesättigten Polyester zu lösen;
- es verleiht dem System somit die für eine einwandfreie Benetzung der Fügeteile erforderliche niedrige Viskosität;
- es entweicht nicht wie ein „normales" Lösungsmittel sondern wird als copolymerisierfähige Komponente in das Klebschichtpolymer mit eingebaut. (Es handelt sich bei diesen Klebstoffen im Grunde also um lösungsmittelfreie Systeme).

Typische reaktive Lösungsmittel in dem angesprochenen Sinn sind Vinyl- und Acrylverbindungen, insbesondere das Monostyrol (Abschn. 2.1.3.7).

$$(2.69)$$

Durch Einwirkung von Wärme oder Katalysatoren erfolgt eine Verknüpfung der Polyesterketten über die Styrolkomponente miteinander zu stark vernetzten Polymeren (2.69). Wie bei vielen Reaktionen, die zu einer Polymerbildung führen, läßt sich auch hier je nach Struktur der Ausgangskomponenten die Eigenschaft der Klebschicht in weitem Umfang variieren, die Klebschichtfestigkeiten reichen vom gummielastischen bis zu hartem und sprödem Verhalten. Die vernetzten Polyester sind in ihrem thermomechanischen Verhalten als Duromere, die linearen als Thermoplaste einzustufen.

Ergänzende Literatur zu Abschnitt 2.3.3: [B5, B6, G3, R2, R31]

2.3.4 Silikone

Die Silikone unterscheiden sich grundsätzlich von allen anderen organischen Polymersubstanzen, die aus Kohlenstoffketten oder -ringen aufgebaut sind. Zwei Merkmale sind für die Silikone typisch:
– Der Aufbau aus Silizium-Sauerstoff-Bindungen (Siloxanbindungen) als molekülverknüpfende Elemente;
– ein Gehalt an Kohlenwasserstoffgruppen als Substituenten.
Im Prinzip läßt sich den Silikonen der folgende Molekülaufbau zuordnen:

$$\text{HO-}\underset{\underset{R}{|}}{\overset{\overset{R}{|}}{Si}}\left[\text{O-}\underset{\underset{R}{|}}{\overset{\overset{R}{|}}{Si}}\right]_n\text{O-}\underset{\underset{R}{|}}{\overset{\overset{R}{|}}{Si}}\text{-OH} \qquad (2.70)$$

Es handelt sich in der dargestellten Form um linear oder überwiegend linear aufgebaute Moleküle, die Diorganopolysiloxane, die über endständige Silanol-Endgruppen verfügen. Die Substituenten R sind im allgemeinen Methylgruppen, in selteneren Fällen Phenylgruppen. Nach der chemischen Terminologie sind die Silikone als Polyorganosiloxane aufzufassen, sie weisen im Grundgerüst eine rein anorganische Struktur auf, die durch Einbau organischer Gruppen ergänzt wird; dabei ist das Siliziumatom in der Lage, ein oder mehrere organische Gruppen an sich zu binden:

$$\underset{\text{Silanol}}{\text{R-}\underset{\underset{R}{|}}{\overset{\overset{R}{|}}{Si}}\text{-OH}} \qquad \underset{\text{Silandiol}}{\text{HO-}\underset{\underset{R}{|}}{\overset{\overset{R}{|}}{Si}}\text{-OH}} \qquad \underset{\text{Silantriol}}{\text{HO-}\underset{\underset{OH}{|}}{\overset{\overset{R}{|}}{Si}}\text{-OH}} \qquad (2.71)$$

Es ist zu bemerken, daß die Silanole mit zunehmender Anzahl an OH^--Gruppen sehr instabil werden und spontan eine Kondensation unter Ausbildung von $-Si-O-Si$-Bindungen erfolgt.

Für die Aushärtung zu Klebschichten bzw. Klebdichtungen sind die beiden folgenden Reaktionsmechanismen möglich:

2.3.4.1 Einkomponenten-RTV-Systeme

Der Abbindevorgang erfolgt bei Raumtemperatur durch Luftfeuchtigkeit (=RTV−1, *R*aum-*T*emperatur-*V*ernetzung). Ausgangsprodukte sind Polydimethylsiloxane. Um die beschriebene Eigenkondensation an den Hydroxylgruppen und somit vorzeitige Polymerbildung zu verhindern, werden die endständigen

2.3 Polykondensationsklebstoffe 53

OH$^-$-Gruppen durch sog. Vernetzer blockiert. Diese Vernetzer haben zwei Aufgaben: Zum einen, die erwähnte OH$^-$-Gruppenblockierung bis zur Anwendung des Klebstoffs sicherzustellen, zum anderen bei Zutritt von Feuchtigkeit in die mit dem Klebstoff gefüllte Klebfuge eine Vernetzung zum Polymer zu ermöglichen. Im einzelnen sieht dieser Mechanismus wie folgt aus:

$$\underset{\text{Vernetzer}}{\text{R-Si(X)(X)-X}} + \underset{\text{Siloxan}}{\text{HO-Si(R)(R)-[O-Si(R)(R)]}_n\text{-O-Si(R)(R)-OH}} + \underset{\text{Vernetzer}}{\text{X-Si(X)(X)-R}}$$

$$\downarrow -2\,XH$$

$$\underset{\text{blockiertes Siloxan}}{\text{R-Si(X)(X)-O-Si(R)(R)-[O-Si(R)(R)]}_n\text{-O-Si(R)(R)-O-Si(X)(X)-R}}$$

(2.72)

In diesem Stadium wirkt der Vernetzer als „Blockierer" der OH$^-$-Gruppen unter gleichzeitiger Vermehrung der funktionellen Gruppen für die spätere Vernetzung. (Der Vernetzer erfüllt hier weiterhin noch die Aufgabe ggfls. in der Verpackung vorhandene oder in die Verpackung eindringende Feuchtigkeit chemisch zu binden). Vom chemischem Aufbau betrachtet sind die Vernetzer hydrolyseempfindliche Substanzen, d.h. sie werden durch Reaktion mit Wasser unter Bildung entsprechender Spaltprodukte zersetzt. Unterschieden wird in basische (Verbindungen mit primären Aminogruppen $-NH_2$), saure (Verbindungen mit einer Acetoxygruppe $-OOC-CH_3$) und neutrale (Verbindungen mit z.B. Alkoxygruppen $-O-R$ oder Säureamidgruppen $-NH-CO-R$) Vernetzer. Der Abbindevorgang erfolgt unter Einfluß von Feuchtigkeit, die zu einer Hydrolyse des Vernetzers und der Freisetzung des resultierenden Spaltproduktes unter gleichzeitiger Vernetzung der Siloxanketten über Sauerstoffbrücken führt. In dieser Phase erfüllt der Vernetzer die ihm von Namen her gegebene Funktion:

(2.73)

In dem Einkomponentensystem wirkt das nach der Auftragung des Klebstoffs zutretende Wasser als zweite, die Polymerbildung auslösende Komponente. Bei der Verwendung von sauren Vernetzern ist z.B. das Auftreten des Spaltproduktes Essigsäure an dem typischen Geruch zu erkennen. Die Reaktionsgeschwindigkeit richtet sich primär nach der Feuchtigkeitskonzentration, die mindestens 50% rel. F. betragen sollte. Eine Temperaturerhöhung ohne gleichzeitige Erhöhung der Feuchtigkeitskonzentration führt nicht zu einer Reaktionsbeschleunigung der Polymerbildung. Ein weiteres Kriterium für die Abbindezeit ist die Klebschichtdicke und die Größe der Klebfläche. Grundsätzlich ist davon auszugehen, daß die durch Diffusionsvorgänge bedingten Abbindezeiten minimal im Stundenbereich liegen und sich auf Tage ausdehnen können.

2.3.4.2 Zweikomponenten-RTV-Systeme

Diese als RTV–2 bezeichneten Systeme finden insbesondere da Anwendung, wo die RTV–1–Systeme aufgrund zu geringer Luftfeuchtigkeit oder zu großer Klebschichtdicken bzw. -flächen nicht mehr oder zu langsam aushärten. Es werden zwei Reaktionsarten unterschieden:

• Kondensationsvernetzung:
Die beiden Komponenten bestehen A) aus einem Kieselsäureester und B) aus einem Hydroxypolysiloxan. Der Kieselsäureester vermag unter der Einwirkung eines ihm zugegebenen Katalysators (zinnorganische Verbindung) vier Siloxanmoleküle bei gleichzeitiger Alkoholabspaltung zu binden. Auf diese Weise entstehen sehr verzweigte Netzstrukturen:

$$R_1O-\underset{\underset{OR_1}{|}}{\overset{\overset{OR_1}{|}}{Si}}-OR_1 \;+\; 4\; HO-\underset{\underset{R_2}{|}}{\overset{\overset{R_2}{|}}{Si}}-O- \;\xrightarrow{-4R_1OH}\; \text{verzweigte Netzstruktur} \qquad (2.74)$$

A)   B)

Die Geschwindigkeit dieser Reaktion liegt je nach Katalysatorkonzentration im Minuten- bis Stunden-Bereich.

• Additionsvernetzung: In diesem Fall bestehen die beiden Komponenten A) aus einem Siloxan mit endständiger Vinylgruppe und B) aus einem Siloxan mit Silizium-Wasserstoff-Bindungen. Unter Katalysatoreinwirkung erfolgt eine Additionsvernetzung ohne Bildung eines Nebenprodukts:

$$\begin{array}{c} -O-\underset{R}{\overset{R}{Si}}-CH=CH_2 \\ -O-\underset{R}{\overset{R}{Si}}-CH=CH_2 \\ -O-\underset{R}{\overset{R}{Si}}-CH=CH_2 \end{array} \;+\; H-\underset{O}{\overset{O}{Si}}-R \;\longrightarrow\; \begin{array}{c} -O-\underset{R}{\overset{R}{Si}}-CH_2-CH_2-\underset{O}{\overset{O}{Si}}-R \\ -O-\underset{R}{\overset{R}{Si}}-CH_2-CH_2-\underset{O}{\overset{O}{Si}}-R \\ -O-\underset{R}{\overset{R}{Si}}-CH_2-CH_2-\underset{O}{\overset{O}{Si}}-R \end{array} \qquad (2.75)$$

A)   B)

Die Siliziumatome werden also wechselseitig sowohl über Sauerstoffatome als auch über zwei Methylengruppen miteinander verknüpft.

Basierend auf ihrer anorganischen Grundstruktur weisen die Silikone als Klebschichten gegenüber den auf rein organischer Basis aufgebauten Klebstoffen einige bemerkenswerte Eigenschaften auf:
• Erhöhte Temperaturbeständigkeit, bei entsprechenden Formulierungen sind Dauertemperaturbeständigkeiten bis zu 200°C, kurzzeitige Beanspruchungen bis zu 300°C möglich. Diese hohe Wärmebeständigkeit ist insbesondere auf die mit 374 J/mol sehr hohe Atombindungsenergie der Si–O-Bindung gegenüber 245 J/mol der C–C–Bindung zurückzuführen;
• sehr hohe Flexibilität auch bei tiefen Temperaturen;
• hohe Alterungsbeständigkeit gegenüber schwachen Säuren und Alkalien sowie polaren Lösungsmitteln und Salzlösungen.

Mit Silikonen lassen sich elastische Klebschichten bei relativ hoher Kohäsions- und guter Adhäsionsfestigkeit herstellen. Diese Eigenschaft ist von großem Vorteil bei Klebungen von Fügeteilen mit sehr unterschiedlichen Wärmeausdehnungskoeffizienten, wie es z.B. bei Silizium-Solarzellen oder Keramikfliesen auf metallischen Fügeteilen in der Luft- und Raumfahrttechnik der Fall ist.

Ergänzende Literatur zu Abschnitt 2.3.4: [D9, G27, K9, L5, M3, M4, R3].

2.3.5 Polyimide (PJ)

Die Versuche zur Anwendung der Polyimide entstammen den Bemühungen, auf organischer Basis aufgebaute Klebstoffe für hohe Temperaturbeanspruchungen zur Verfügung zu haben (Abschn. 3.7).

Die Herstellung technisch nutzbarer Polyimide erfolgt durch Umsetzung der Anhydride 4-basischer Säuren, z.B. Pyromellithsäureanhydrid mit aromatischen Diaminen, z.B. Diaminodiphenyloxid:

Pyromellithsäure (Benzol-1,2,4,5-tetracarbonsäure) $\xrightarrow{-2\,H_2O}$ Pyromellithsäureanhydrid (2.76)

Pyromellithsäureanhydrid + H_2N–⌬–O–⌬–NH_2 Diaminodiphenyloxid

$\downarrow -H_2O$

Polypyromellith-Imid (2.77)

Als Zwischenstufe der in dieser Formel dargestellten Reaktion erfolgt zunächst eine Addition des aromatischen Amins an das Carbonsäureanhydrid unter Aufspaltung des Säureanhydridringes und Bildung einer Polyamidocarbonsäure, aus der dann durch einen thermischen Ringschluß bei gleichzeitiger Wasserabspaltung langkettige hochmolekulare Polymere entstehen. Die hohe Wärmebeständigkeit, Unlöslichkeit sowie auch Unschmelzbarkeit ist im wesentlichen eine Folge der Kombination von einem Kohlenstoff-6-Ringsystem mit einem stickstoffhaltigen 5-Ringsystem unter gleichzeitiger Anwesenheit der Phenylenoxidstruktur. Diese Kombination führt zu einer äußerst großen Rotationsbehinderung (Abschn. 3.7) des Gesamtmoleküls.

Die Anwendung als Klebstoff erfolgt ausgehend von einem Vorkondensat in Form von Lösungen oder Filmen, die wegen ihrer Unbeständigkeit bei −20°C gelagert werden müssen. Die Filme werden im allgemeinen auf Glasgewebeträgermaterial, ggf. unter Zusatz von Stabilisatoren (Arsenverbindungen) und gefüllt mit Aluminiumpulver unter kontinuierlicher Aufrechterhaltung der Kühlkette in den Handel gebracht. Die Aushärtungstemperaturen liegen bei ca. 230 bis 250°C unter gleichzeitiger Anwendung eines hohen Drucks von 0,8 bis 1 MPa. Durch diese Verarbeitungsvoraussetzungen ist die Anwendung der Polyimide sehr beschränkt, sie finden in Spezialanwendungen des Flugzeugbaus Verwendung, so z.B. bei Klebungen von Titan und Edelstählen im Überschallbereich. Das Kleben der Aluminiumlegierungen führt bei den erforderlichen hohen Temperaturen bereits zu merklichen Gefügebeeinflussungen und somit Festigkeitsverlusten. Die Dauerwärmebeständigkeit ist bis ca. 260°C gegeben, nach 8000 h Temperaturbelastung wurden noch Restfestigkeiten von 20 Nmm^{-2} gemessen. Kurzzeitige Temperaturbeanspruchungen sind bis zu 500°C möglich.

Ergänzende Literatur zu Abschnitt 2.3.5: [B7, D10, D11, H10, K10, K11, P3, S5 bis S9, V1].

2.3.6 Polybenzimidazole

Die Polybenzimidazole sind ebenfalls den hochwärmebeständigen Klebstoffen zuzuordnen. Sie entstehen durch eine Polykondensationsreaktion aus aromatischen Tetraminen mit Dicarbonsäureestern

$$(2.78)$$

Auch in diesem Fall erfolgt die in der Klebfuge stattfindende Kondensation über die Zwischenstufe einer Polyamidocarbonsäure. Wie bei den Polyimiden ist auch bei den Polybenzimidazolen die Verarbeitung sehr aufwendig. Aushärtetemperaturen bis 300°C bei Haltezeiten von einer Stunde und ebenfalls hohe Anpreßdrucke erfordern sehr aufwendige Autoklaven. Die Dauerwärmebeständigkeit liegt z.B. bei 300°C bei ca. 500 h. In Gegenwart von Sauerstoff wird das Polybenzimidazol schnell oxidiert. Da es jedoch auf Metalloberflächen sehr gute Haftung besitzt und in der Klebfuge dem Sauerstoffeinfluß entzogen ist, ist dieser Klebstoff für hochwertige und wärmebeständige Metallklebungen in Spezialfällen, z.B. Flugzeugbau, im Einsatz.

Ein in ähnlicher Weise aufgebautes Polymer, das ebenfalls eine hohe Temperaturbeständigkeit aufweist, wird in [H11, H12, D4] als Polyphenylquinoxalin (PPQ) für Klebungen von Titan und kohlefaserverstärkten Kunststoffen beschrieben.

Ergänzende Literatur zu Abschnitt 2.3.6: [H10, L6, L7, S4].

2.3.7 Polysulfone

Die Polysulfone gehören ebenfalls in die Gruppe der wärmebeständigen Klebstoffe. Sie werden beispielsweise durch eine Polykondensationsreaktion aus Dihydroxydiphenylsulfon und Bisphenol A erhalten:

$$\text{HO}-\text{C}_6\text{H}_4-\underset{\underset{O}{\|}}{\overset{\overset{O}{\|}}{S}}-\text{C}_6\text{H}_4-\text{OH} + \text{HO}-\text{C}_6\text{H}_4-\underset{\underset{CH_3}{|}}{\overset{\overset{CH_3}{|}}{C}}-\text{C}_6\text{H}_4-\text{OH} \xrightarrow{-H_2O}$$

Dihydroxydiphenylsulfon Bisphenol A

$$\left[-\text{O}-\text{C}_6\text{H}_4-\underset{\underset{O}{\|}}{\overset{\overset{O}{\|}}{S}}-\text{C}_6\text{H}_4-\text{O}-\text{C}_6\text{H}_4-\underset{\underset{CH_3}{|}}{\overset{\overset{CH_3}{|}}{C}}-\text{C}_6\text{H}_4-\text{O}-\right]_n$$

Polysulfon

(2.79)

Ergänzend zu diesen Monomeren sind weitere aromatische Grundstrukturen möglich, bei denen die lineare Verknüpfung von Benzolringen über Äther- oder Oxidbrücken, abgewandelt durch Zwischenglieder und Seitengruppen, erfolgt.

Die Polysulfone gehören als Thermoplaste zu den polyaromatischen Verbindungen, die trotz ihrer hohen Warmfestigkeit (bis ca. 200°C) noch schmelzbar sind (Schmelzbereich ca. 260° bis 290°C) und daher als Schmelz- oder Heißsiegelklebstoffe verwendet werden können. Die Anwendung ist wegen der hohen Verarbeitungstemperatur allerdings begrenzt. Eine Verarbeitung als Lösungsmittelsystem ist im Prinzip möglich, nur lassen sich Restlösungsmittel relativ schwer aus dem flüssigen Klebstoffilm entfernen, so daß dadurch, ähnlich wie durch Weichmacher, die Klebschichtfestigkeit herabgesetzt wird.

Ergänzende Literatur zu Abschnitt 2.3.7: [S10].

2.4 Zusammenfassende Darstellung der Polyreaktionen

Für einen ergänzenden Überblick werden im folgenden nochmals die wichtigsten unterschiedlichen Kriterien der drei erwähnten Polyreaktionen zusammengefaßt.
- *Polymerisation*
— *Ausgangssubstanzen*: Reaktionspartner gleicher oder gleichartiger Struktur, gekennzeichnet durch reaktionsfähige $C=C$-Doppelbindungen.
— *Aufbau der Makromoleküle*: Erfolgt ausschließlich über Kohlenstoff-Kohlenstoff-Bindungen.
— *Reaktionsmechanismus*: Zusammenschluß der Monomere nach Spaltung der $C=C$-Doppelbindung.
- *Polyaddition*
— *Ausgangssubstanzen*: Reaktionspartner gleichartiger oder verschiedener Struktur, die über reaktionsfähige Endgruppen oder Molekülgruppierungen verfügen.
— *Aufbau der Makromoleküle*: Erfolgt nicht ausschließlich über Kohlenstoff-Kohlenstoff-Bindungen sondern auch über Sauerstoff- und Stickstoffatome in der Hauptkette.
— *Reaktionsmechanismus*: Addition der Monomere unter Wanderung eines Wasserstoffatoms innerhalb der reagierenden Endgruppen.
- *Polykondensation*
— *Ausgangssubstanzen*: Reaktionspartner gleichartiger oder verschiedener Struktur, die über reaktionsfähige, in der Regel wenigstens bei einem Partner mit einer OH-Anordnung versehene Endgruppen oder Molekülgruppierungen verfügen.
— *Aufbau der Makromoleküle*: Erfolgt nicht ausschließlich über Kohlenstoff-Kohlenstoff-Bindungen, sondern auch über Sauerstoff- und Stickstoffatome in der Hauptkette.
— *Reaktionsmechanismus*: Verknüpfung der Reaktionspartner bei gleichzeitiger Abspaltung von niedermolekularen Spaltprodukten (in den häufigsten Fällen Wasser).

Generell ist festzuhalten, daß die nach den beschriebenen Reaktionsmechanismen gebildeten kettenförmigen und/oder vernetzten Polymere hinsichtlich ihres Molekülaufbaus nicht als einheitliche Substanzen aufgefaßt werden können. Sie stellen stets ein Gemisch verschieden großer Moleküle mit gleichem oder sehr ähnlichem Aufbau dar. Die für ihre Charakterisierung meßbaren physikalischen, chemischen oder mechanischen Parameter sind daher nur als Mittelwerte anzusehen. Bei der Übertragung dieser grundlegenden Zusammenhänge auf Klebschichten ergibt sich daher die Forderung, die die Polymerstrukturen und somit Klebschichteigenschaften bestimmenden Reaktionsbedingungen Temperatur, Zeit und Druck so genau und reproduzierbar wie möglich einzuhalten. Das gilt besonders für den zeitlichen Ablauf der beginnenden Polymerbildung. In diesem Reaktionsschritt sind die Eigenschaften in hohem Maße von dem jeweils vorhandenen mittleren Molekulargewicht abhängig. Erst beim Erreichen eines für ein jedes Polymer spezifischen Wertes der Molekulargewichtsgröße (= kritischer Polymerisationsgrad) kann von weitgehend konstanten Eigenschaftswerten ausgegangen werden; so beginnt auch erst in diesem Punkt die Ausbildung der gewünschten hohen Kohäsionsfestigkeit einer Klebschicht (Bild 2.7). Die Molekulargewichte der nach den jeweiligen Reaktionsmechanismen entstehenden Polymere liegen je nach Basismonomer in der Größenordnung von 1000 bis 1000000.

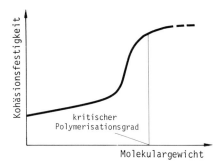

Bild 2.7. Kohäsionsfestigkeit als Funktion des Molekulargewichts.

Für die Klebstoffgrundstoffe, die räumlich vernetzte Molekülstrukturen ausbilden, also den Duromeren zuzuordnen sind, haben sich z.T. spezielle Klebstoffbezeichnungen eingeführt. So z.B. der Begriff *"Konstruktionsklebstoffe"* („structural oder engineering adhesives"). Hierunter werden dem Sprachgebrauch folgend Klebstoffe verstanden, die im ausgehärteten Zustand über mechanische Eigenschaften verfügen, die von der Höhe dieser Werte und ihrer reproduzierbaren Einstellung für die Berechnung und Dimensionierung von Klebungen verwertet werden können. Im weiteren Sinn gestatten diese Klebstoffe, unter Berücksichtigung der zu fordernden Beanspruchungsbedingungen und bei entsprechender Bauteilkonstruktion, eine Klebung unter möglichst wirtschaftlicher Fügeteilausnutzung herzustellen. In ähnlicher Form sind auch die Begriffe *Montage-* oder *Festklebstoffe* zu betrachten. Es handelt

Tabelle 2.3. Zuordnung der Klebstoffe nach ihrer Entstehungsreaktion und Polymerstruktur.

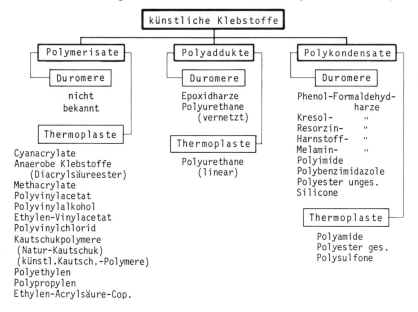

sich um Bezeichnungen, die im wesentlichen der Abgrenzung zu Klebstoffsystemen geringerer Klebschichtfestigkeiten, z.B. bei Kontakt- oder Haftklebstoffen (Abschn. 3.3 und 3.4) dienen.

Die beschriebenen Zusammenhänge machen deutlich, daß bei der Wahl eines Klebstoffs eine alleinige Orientierung an den Klebstoffgrundstoffen in den meisten Fällen keine Entscheidungshilfe geben kann. Die Gründe dafür sind vielfältig, z.B. können gleiche Klebstoffgrundstoffe je nach Verarbeitungsbedingungen unterschiedliche Eigenschaften aufweisen oder geringfügige Modifikationen bei den vernetzenden Komponenten ergeben unterschiedliche Polymerstrukturen und somit ein differenziertes Beanspruchungsverhalten. Eine Klebstoffauswahl nach Art der Grundstoffe ist dann zweckmäßig, wenn verarbeitungstechnische Gesichtspunkte im Vordergrund stehen. So kann es z.B. erforderlich sein, wegen der festgelegten Produktionszeiten einem schnell abbindenden Schmelzklebstoff auf Polyamidbasis den Vorzug vor einem langsamer härtenden Reaktionsklebstoff auf Epoxidharzbasis zu geben.

In Tabelle 2.3. sind die in den Abschn. 2.1 bis 2.3 beschriebenen Klebstoffe nach ihren Entstehungsreaktionen und ihrer Zuordnung in die Gruppe der Duromere oder Thermoplaste nochmals zusammenfassend dargestellt.

2.5 Klebstoffe auf natürlicher Basis

Im Vergleich zu den „jungen" Klebstoffen auf künstlicher Basis sind die sich von Naturprodukten ableitenden Klebstoffe z.T. seit Jahrtausenden bekannt. Ihre natürliche Basis hat demzufolge auch dazu geführt, daß nur noch in sehr seltenen Fällen praktische Beweise ihrer Anwendung vorhanden sind, da Klimate und Mikroorganismen sie mit den geklebten Werkstoffen wieder in den natürlichen Kreislauf integriert haben. Die geringe Alterungsbeständigkeit und die niedrigen Festigkeitswerte der Klebschichten sind in Verbindung mit den stark gestiegenen Anforderungen im Bereich des konstruktiven Klebens die Ursache dafür, daß Klebstoffe auf natürlicher Basis für das Kleben metallischer Werkstoffe nicht eingesetzt werden. Sie besitzen aber nach wie vor einen großen Marktanteil beim Kleben von Holz, Pappe, Papieren und ähnlichen, meistens porösen Werkstoffen.

Gerade im Bereich der Anwendung natürlicher Klebstoffe haben sich die traditionellen Begriffe „Kleister" statt „Klebstoff" oder „leimen" statt „kleben" trotz aller Normungsbestrebungen aufrechterhalten. In der DIN 16 920 wird hierzu wie folgt definiert:
• *Leim*: Klebstoff, bestehend aus tierischen, pflanzlichen oder synthetischen Grundstoffen und Wasser als Lösungsmittel.
• *Kleister*: Klebstoff in Form eines wäßrigen Quellungsprodukts, das zum Unterschied von Leimen schon in geringer Grundstoffkonzentration eine hochviskose nichtfadenziehende Masse bildet.

Die Ausbildung der Klebschicht folgt dem Prinzip der physikalischen Abbindung unter gleichzeitiger Verdunstung oder Aufsaugung des Wassers durch die Fügeteile. Der Adhäsionsmechanismus (Abschn. 6.2) wird hierbei in hohem Maße durch die mechanische Verklammerung zwischen Klebschicht und Fügeteiloberfläche bestimmt.

Da die natürlichen Klebstoffe wasserlöslich bzw. quellbar sind, besitzen sie auch nur eine begrenzte Beständigkeit in feuchter Atmosphäre.

Die Gliederung dieser Produkte erfolgt zweckmäßigerweise nach ihrer Herkunft in tierische (Grundsubstanz vorwiegend Eiweißverbindungen) und pflanzliche (Grundsubstanz vorwiegend Kohlenhydrate oder natürlicher Kautschuk) Leime. Als *Mischleime* werden Kombinationen von tierischen und/oder pflanzlichen Leimen mit synthetischen Klebstoffen bezeichnet.

2.5.1 Klebstoffe auf Basis tierischer Naturprodukte

Das in den tierischen Leimen als Grundsubstanz vorliegende Glutin wird aus den verschiedenen Kollagen (lat.: leimgebende Substanz) enthaltenden tierischen Körperteilen (Bindegewebe, Knorpel, Knochen, Sehnen) durch Hydrolyse dieser eiweißhaltigen Verbindungen unter Druck und erhöhter Temperatur gewonnen. Als Glutin (lat.: glutinosus = leimig; agglutinare = kleben) bezeichnet man das bei dieser Hydrolyse in Wasser entstehende kolloidal lösliche Eiweißabbauprodukt. Es besitzt eine kompliziert aufgebaute Proteinstruktur und kommt gewöhnlich in körniger, pulverförmiger oder plattenförmiger Form mit gelblicher bis bräunlicher Farbe in den Handel. Für den Gebrauch werden diese Produkte mit kaltem Wasser zusammengebracht, dabei quellen sie zu einer gallertartigen Masse auf (Solbildung), eine anschließende Erwärmung auf ca. 60 bis 70°C ergibt dann den verarbeitungsfertigen Leim („Leimflotte"). Bei der Abkühlung erfolgt die Gelbildung. Das bekannte schnelle Abbinden der Glutinleime beruht auf dieser reversiblen Sol- und Gelbildung. (DIN 53 260 [D1]).

Die reversible Wasseraufnahme und -abgabe ist bei dieser Klebstoffart von hohem praktischen Nutzen für die Herstellung anfeuchtbarer Klebestreifen (Abschn. 3.12.2), bei denen die aufgebrachte Klebschicht durch Befeuchtung für eine durchzuführende Klebung reaktivierbar ist. Je nach tierischer Herkunft werden spezielle Leime hergestellt, ihnen allen ist der Oberbegriff „Glutinleime" gemeinsam:

- *Hautleim*: Aus Rohhautabfällen und Bindegeweben hergestellt; unter *Chromleimen* werden Hautleime aus den Teilen von Häuten verstanden, die teilweise chromgegerbt sind.
- *Knochenleim, Lederleim, Blutalbuminleim* bezeichnen weitere Leimsorten je nach Ausgangsprodukt.
- *Fischleim*: Hergestellt aus den Häuten von Fischen, wird in großem Maße mit anderen tierischen Leimen gemeinsam für die Herstellung gummierter Klebestreifen verwendet, da durch Fischleim die Wiederanfeuchtbarkeit der Leimschicht verbessert wird. Eine besondere Variante ist der *Hausenblasenleim*, der sich durch eine besonders hohe Klebschichtfestigkeit auszeichnet. Er wird hergestellt aus der Innenhaut der Schwimmblasen von Hausen und Stör und ist als „Juwelierkitt" zum Einkleben von Edelsteinen bekannt.
- *Kaseinleim*: Hergestellt aus Säurekasein, Verwendung speziell als Etikettierleim.
- *Glutinschmelzleim*: Wasserarme Leimgallerten in hochkonzentrierter Form, deren Verfestigung durch Gelieren aus der schmelzflüssigen Phase (ca. 70°C) auf Raumtemperatur unter gleichzeitiger Diffusion des vorhandenen Wassers in das Substrat erfolgt. Aus diesem Grund sollte wenigstens einer der beiden Fügeteilpartner eine für die erforderliche Wasserdampfdiffusion durchlässige Oberfläche aufweisen. Gegenüber

Schmelzklebstoffen auf künstlicher Basis zeichnen sie sich vorteilhaft durch niedrigere Verarbeitungstemperaturen aus (Buchbinderei).

Ergänzende Literatur zu Abschnitt 2.5.1: [C2, L8, S11, S12, T2, W4].

2.5.2 Klebstoffe auf Basis pflanzlicher Naturprodukte

Ausgangssubstanzen bei den pflanzlichen Leimen sind als Kohlenhydrate die *Stärke* und deren Abbauprodukt, das *Dextrin*, sowie die *Cellulose*. Weiterhin *Pflanzensäfte* mit ihren Grundsubstanzen an ungesättigten Verbindungen. Die bekanntesten Leime sind:
• *Stärkeleim*: Wäßrige Lösung aus aufgeschlossener Stärke. Da die native Stärke nicht wasserlöslich ist, wird sie bei erhöhter Temperatur (Verkleisterungstemperatur ca. 65°C) oder durch Alkalieinwirkung in eine lösliche Form überführt. Je nach dem Grad des erfolgten Abbaues ergeben sich Leime unterschiedlicher Klebkraft und Verarbeitungseigenschaften. Eine Verbesserung der Wasserfestigkeit kann durch Zusatz von Melaminformaldehyd- oder Harnstoffformaldehydharzen erreicht werden.
• *Dextrinleim*: Wäßrige Lösung aus dem Stärkeabbauprodukt Dextrin. Der Stärkeabbau erfolgt thermisch oder säurehydrolytisch, zur Erhöhung der Klebschichtfestigkeit können Alkali und Borax zugesetzt werden (Schnellbinder).
• *Celluloseleim*: Besteht aus dem Methyläther der Cellulose in wäßriger Phase. Der Methoxylgehalt liegt zwischen 25 und 35% und ergibt in diesem Bereich ein Maximum an Wasserlöslichkeit. Methylcellulose kommt in feinfaseriger Form in den Handel und ist nach Lösen in Wasser als Tapetenkleister bekannt. Weitere Derivate der Cellulose als Ausgangsprodukt für Klebstoffe sind die
• *Carboxymethylcellulose*: Klebtechnische Anwendung ähnlich wie Methylcellulose.
• *Cellulosenitrat*: Hergestellt durch Veresterung mit Salpetersäure. Unter Zusatz von Weichmachern und klebrig machenden Harzen früher besonders für Lederklebungen im Einsatz, weiterhin Verwendung in Mischung mit Polyvinylacetat und dessen Mischpolymerisaten.
• *Gummi arabicum*: Klebstoffe auf Basis erhärteter Pflanzensäfte. Wird als weißes Pulver in Wasser gelöst, Zusatz von Glycerin und/oder Ethylenglykol zur Erhöhung der Klebschichtelastizität.

Ergänzende Literatur zu Abschnitt 2.5.2: [B8, N3].

2.6 Klebstoffe auf anorganischer Basis

Die Verwendung von Klebstoffen auf anorganischer Basis folgt der Erkenntnis der diesen Produkten innewohnenden hohen Temperaturbeständigkeiten. Auf der Suche nach hoch wärmebeständigen Klebstoffen auf organischer Basis stößt man bei Dauerbelastungen in der Größenordnung von 250 bis 350°C (Polyimide, Polybenzimidazole, teilweise Silikone) an Grenzen, aus diesem Grunde sind kohlenstoffhaltige Polymere oberhalb dieser Bereiche nicht mehr anwendbar. Wenn Klebstoffe auf anorganischer Basis hier eine Lücke füllen, muß man sich jedoch darüber im klaren

2.6 Klebstoffe auf anorganischer Basis

sein, daß ein wesentlicher Vorteil des Klebens, als ein wärmearmes Fügeverfahren zu gelten, nicht mehr zutrifft. Die Verarbeitungstemperaturen der Klebstoffe liegen in Bereichen, in denen es bei metallischen Fügeteilen, z.B. bei den vielfältig angewendeten Aluminiumlegierungen, bereits zu wesentlichen Gefügeveränderungen und somit Erniedrigung der Festigkeitswerte kommt. Derartige Klebstoffe sind sinnvoll nur dort einsetzbar, wo die erforderlichen Verarbeitungs- und Beanspruchungstemperaturen in einer metallurgisch und festigkeitsmäßig gut abgewogenen Relation zu den Eigenschaften der Fügeteile stehen. Aus diesem Grunde bedarf auch der Begriff „Klebstoff", dem definitionsgemäß eine organische Struktur zugrunde liegt, einer erweiterten Beschreibung; so geben Begriffe wie „Glaslote", „anorganische Gläser" oder „Kleblöten" die praxisnahen Bedingungen besser wieder.

Bei diesen anorganischen Klebstoffen handelt es sich um Gemenge aus den Grundbestandteilen der Gläser, z.B. Siliziumdioxid (SiO_2), Natriumcarbonat (Na_2CO_3), Borsäure (B_2O_3), Aluminiumoxid (Al_2O_3), z.T. mit metallischen Bestandteilen wie Nickel, Eisen, Kupfer oder auch pulverisierten Loten gemischt. Bei Zusatz von Hochtemperaturloten zu der Glasmischung entsteht als verbindende Schicht eine kombinierte Kleb/Löt-Verbindung, bei der das Glas als Flußmittel wirkt und die Festigkeit der Verbindung gleichzeitig erhöht. Die Verarbeitungstemperaturen, deren Höhe sich jeweils aus den beteiligten Komponenten ergibt, insbesondere aus dem Verhältnis von Alkalioxid zu Siliziumdioxid, werden auf die Ausdehnungsverhältnisse der zu verbindenden Fügeteilwerkstoffe eingestellt und liegen bei Werten oberhalb ca. 400°C. Das Auftragen erfolgt normalerweise in einer Aufschlämmung des pulverisierten Glases (ca. 0,1 mm Korngröße) in kolloidaler Kieselsäure oder auch als Formteil.

Entscheidend bei der Verwendung anorganischer Gläser als Klebstoffe ist eine genaue Abstimmung auf die an der Klebung beteiligten Fügeteile hinsichtlich ihrer Ausdehnungskoeffizienten (Verschmelzanpassung), um Spannungen in der Klebfuge zu vermeiden. Im Vergleich zu einem Borsilicatglas (38% SiO_2, 5% Na_2O, 57% B_2O_3) mit einem Ausdehnungskoeffizienten $\alpha = 6{,}9 \cdot 10^{-6} \cdot K^{-1}$ liegen die vergleichbaren Werte bei Aluminium: $23 \cdot 10^{-6} \cdot K^{-1}$, Eisen: $11{,}5 \cdot 10^{-6} \cdot K^{-1}$ und Edelstahl X5 CrNi 18 9: $19 \cdot 10^{-6} \cdot K^{-1}$. Die Verschmelzanpassung und die damit zusammenhängende Verschmelztemperatur berücksichtigen diese unterschiedlichen Ausdehnungskoeffizienten. Die Abhängigkeit ergibt sich in dem Sinn, daß mit kleiner werdendem Ausdehnungskoeffizienten höhere Verschmelztemperaturen angewendet werden können. In Abhängigkeit der Verarbeitungstemperatur zu der thermischen Ausdehnung werden nach [P5] drei verschiedene Arten von Glasloten unterschieden (Bild 2.8):

- *Stabile Glaslote*: Anwendbar für Ausdehnungsbereiche bis herab zu ca. $6 \cdot 10^{-6} \cdot K^{-1}$. Kennzeichnend sind hohe Verarbeitungstemperaturen; sie besitzen eine amorphe Struktur, die Fügestellen können reversibel wieder erweicht werden.
- *Kristallisierende Glaslote*: Zeichnen sich für ähnliche Ausdehnungsbereiche durch etwas geringere Verarbeitungstemperaturen aus; die bei Abkühlung einsetzende Kristallisation führt zu einem polykristallinen keramikartigen Zustand. Dadurch ergibt sich eine thermische Belastbarkeit, die bis in die Höhe der Verarbeitungstemperatur reicht, da im Gegensatz zu den amorphen Strukturen der stabilen Glaslote die Kristallinität dieser Verbindungen einen relativ eng begrenzten Erweichungsbereich zur Folge hat.

64 2 Klebstoffgrundstoffe

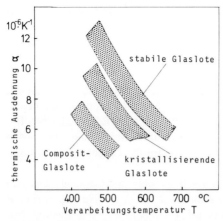

Bild 2.8. Abhängigkeit der Verarbeitungstemperatur der Glaslote vom thermischen Ausdehnungskoeffizienten der Fügeteile (nach [P5]).

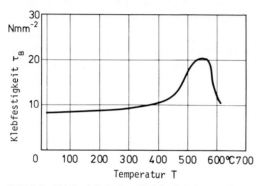

Bild 2.9. Abhängigkeit der Klebfestigkeit von der Temperatur bei Glasloten (nach [A5].

- *Composit-Glaslote*: Bestehen aus stabilen Glasloten mit Zusätzen von Füllstoffen mit geringen Ausdehnungskoeffizienten. Sie erlauben die Anwendung niedrigerer Verarbeitungstemperaturen (ca. 400 bis 500°C).

Generell ist festzustellen, daß für die Anwendung der Glaslote eine Mindesttemperatur von 400°C erforderlich ist und daß aufgrund der diesen Materialien eigenen Ausdehnungskoeffizienten Fügeteilwerkstoffe mit Werten von $\alpha < 4 \cdot 10^{-6} \cdot K^{-1}$ nur bedingt zu fügen sind.

Die Klebfestigkeitswerte von Glasloten können je nach Oberflächenvorbehandlung der Fügeteile im Bereich zwischen 10 bis 20 Nmm^{-2} liegen. Prüft man die Abhängigkeit der Klebfestigkeit von der Temperatur, so tritt nach [A5] im Bereich zwischen 450 und 550°C ein starker Anstieg auf, der zu einer Verdoppelung gegenüber dem Wert bei Raumtemperatur führt. Anschließend nimmt die Festigkeit der Verbindung wieder ab (Bild 2.9).

Die Erklärung für diesen Festigkeitsverlauf liegt in dem mechanisch-thermischen Verhalten der Gläser. Bei niedrigen Temperaturen vermag der spröde Zustand die bei Belastung in der Klebung auftretenden Spannungsunterschiede (Abschn. 8.3.3.4) durch eine Eigenverformung nicht auszugleichen. Mit zunehmender Temperatur erweicht das Glas nach Überschreiten des Transformationspunktes (Temperaturbereich eines Glases, in dem sich die physikalischen und mechanischen Eigenschaften stark ändern) und läßt so elastisch-plastische Verformungen zu, die wiederum die festigkeitsbegrenzenden Spannungsunterschiede auszugleichen vermögen. Durch die oberhalb 550°C verstärkt zunehmende Plastizität der beginnenden Schmelze nimmt die Festigkeit dann kontinuierlich ab. Ergänzend zu diesen rein anorganischen Glasloten sind auch Kombinationen mit organischen Polymeren, z.B. Methacrylaten bekannt. Diese Produkte erreichen allerdings nicht die erwähnten hohen Temperaturbeständigkeiten.

Neben diesen durch einen Schmelzvorgang zu verarbeitenden anorganischen Gläsern ist das Natronwasserglas zu erwähnen, das auf einer ähnlichen chemischen Basis aufgebaut ist und in Form einer wäßrigen Lösung des Natriumsilikats (ca. 25% Na_2O und 75% SiO_2) für das Kleben von Papieren und Pappen im Einsatz ist.

Ergänzende Literatur zu Abschnitt 2.6: [A4, D12 bis D15, L9].

2.7 Klebstoffzusätze und haftvermittelnde Substanzen

Die beschriebenen Grundstoffe bilden in den seltensten Fällen die alleinige Basis für Klebstoffrezepturen. Zur Erzielung spezieller Eigenschaften, wie z.B. Verformungsfähigkeit, Haftvermögen, Verarbeitungseigenschaften, Viskosität, Festigkeit, Aushärtungsgeschwindigkeit, Klebrigkeit, Lagerstabilität usw. sind ergänzende Rezepturbestandteile erforderlich. Die nach Art und Funktion wichtigsten Bestandteile sind Härter, Vernetzer, Beschleuniger, Weichmacher, Harze, Füllstoffe und Stabilisatoren.

Neben diesen Substanzen definiert DIN 16 920 [D1] weitere Klebstoffbestandteile, die keine spezielle Erklärung erfordern, wie folgt:
- *Lösungsmittel, Lösemittel*: Flüssigkeit, die die Grundstoffe und übrigen löslichen Klebstoffbestandteile ohne chemische Veränderung löst.
- *Dispersionsmittel*: Flüssigkeit, in der die Grundstoffe und die übrigen Klebstoffbestandteile dispergierbar sind.
- *Verdünnungsmittel*: Lösungs- oder Dispersionsmittel zum Herabsetzen der Konzentration und/oder der Viskosität eines Klebstoffs.

2.7.1 Härter

Der Begriff „Härter" unterliegt bei den chemisch reagierenden Klebstoffarten hinsichtlich seiner Funktion als Klebstoffbestandteil verschiedenen Bezeichnungen. Unter einem Härter wird u.a. verstanden:
(1) Eine der beiden Komponenten (meistens diejenige mit dem geringeren Volumen- oder Gewichtsanteil) bei Zweikomponenten-Reaktionssystemen, z.B. die Aminkomponente bei Epoxidharzen.
(2) Ein Zusatz, um eine Polymerisationsreaktion einzuleiten, z.B. organische Peroxide bei den Methacrylatklebstoffen.
(3) Säuren, die der Erniedrigung des pH-Wertes zur Einleitung von Polykondensationsreaktionen dienen, z.B. bei Formaldehydkondensaten.
(4) Aktivatoren, z.B. Metallionen, für das Einsetzen der Radikalkettenpolymerisation bei den anaerob härtenden Klebstoffen.

Für alle vier Beispiele trifft die in DIN 16 920 gegebene Definition für einen Härter als „Klebstoffbestandteil, der eine Vernetzung des Klebstoffs bewirkt" zwar zu, hinsichtlich der Beteiligung am Reaktionsablauf gibt es jedoch grundsätzliche Unterschiede. Die wesentliche Differenzierung liegt darin, daß z.B. im Fall (1) die als Härter bezeichnete Komponente nach den stöchiometrischen Gesetzen durch die gemeinsame Vernetzung mit der anderen Komponente einen wesentlichen Bestandteil der ausgehärteten Klebschicht bildet, während das für die Substanzen in (2), (3) und (4) nicht zutrifft. In diesen letzteren Fällen ist zum einen der wirksame Anteil des Härters am Reaktionsgeschehen gegenüber dem Basismonomer sehr gering, zum anderen bildet er keinen die Eigenschaft der Klebschicht bestimmenden Polymeranteil.

In den Fällen, in denen also beide Komponenten gemeinsam die polymere Klebschicht ausbilden, ist es im Sinne einer einheitlichen Terminologie vorteilhaft, von den beiden Klebstoffkomponenten A und B, bzw. I und II und nicht von „Harz" und „Härter" zu sprechen.

Als Härter wäre demzufolge in Anlehnung an DIN 16 920 zu definieren: „Klebstoffbestandteil, der eine Vernetzung des Klebstoffs bewirkt, ohne jedoch nach Art und Menge an dem molekularen Aufbau des Klebschichtpolymers beteiligt zu sein". Auf diese Zusammenhänge hat im übrigen Michel ebenfalls bereits in [M5, Seite 77] hingewiesen.

2.7.2 Vernetzer

Der Begriff „Vernetzer" wird häufig (u.a. auch in DIN 16 920) mit einem Härter gleichgestellt, obwohl es hinsichtlich der Funktion Unterschiede gibt. Unter Vernetzern sind im eigentlichen Sinn Substanzen zu verstehen, die in der Lage sind, lineare Molekülketten mit reaktionsfähigen Molekülgruppen zu versehen, damit durch Ausbildung intermolekularer Brücken aus den zweidimensionalen Strukturen dreidimensionale vernetzte Strukturen entstehen können. Typisches Beispiel hierfür sind die Vernetzer bei den Einkomponenten-RTV-Silikonen (Abschn. 2.3.4.1) oder auch Substanzen, die ähnlich wie Haftvermittler (Abschn. 2.7.8) an den beiden Molekülenden zwei unterschiedliche funktionelle Gruppen aufweisen und somit Moleküle unterschiedlicher Struktur miteinander vernetzen können. So ist beispielsweise das Isocyanatoethyl-methacrylat in der Lage, über die Isocyanatgruppe Moleküle mit aktivem Wasserstoff (z.B. Alkohole, Amine) und über die Vinylgruppe Moleküle mit anderen polymerisationsfähigen Gruppen zu vernetzen:

$$O=C=N-\underset{\underset{H}{|}}{\overset{\overset{H}{|}}{C}}-\underset{\underset{H}{|}}{\overset{\overset{H}{|}}{C}}-O-\overset{\overset{O}{\|}}{C}-\overset{\overset{CH_3}{|}}{C}=CH_2 \qquad (2.80)$$

Isocyanatoethyl-methacrylat

Ein Vernetzer kann durchaus mit einem Monomermolekül reagieren, ohne daß es bei dieser Reaktion bereits zu einer Polyreaktion kommt. In Abgrenzung zu dem Begriff „Härter" in der in Abschn. 2.7.1 gegebenen Definition können Vernetzer oder Teile ihrer Molekülstruktur in anteilmäßigem Verhältnis mit in das Polymernetzwerk eingebaut werden.

Ergänzende Literatur zu Abschnitt 2.7.2: [F4].

2.7.3 Beschleuniger und Katalysatoren

Hierbei handelt es sich um Verbindungen, die einen Reaktionsablauf z.T. erst ermöglichen oder beschleunigen bzw. ihn in positivem Sinn beeinflussen können. Die Beschleuniger befinden sich bei der Verarbeitung im allgemeinen gleichzeitig mit einem Härter in der Klebstoffrezeptur, um die Härtung zu beschleunigen oder auch bei tieferen Temperaturen zu initiieren. Beispielhaft ist die Beschleunigerfunktion der tertiären Amine bei den Methacrylatklebstoffen (Abschn. 2.1.2.1). Beschleuniger (auch Akzelleratoren genannt) bilden ebenfalls keinen integralen Bestandteil des Polymernetzwerks. In ähnlicher Weise ist ebenfalls die Funktion der *Katalysatoren* zu sehen.

2.7.4 Weichmacher

Bei Klebstoffen, deren Klebschichten nur eine geringe Verformungsfähigkeit aufweisen, läßt sich diese durch Zusatz von Weichmachern erhöhen. Unter Weichmachern versteht man niedrigmolekulare Verbindungen, insbesondere Phthalsäureester (Dibutylphthalat DBP; Dioctylphthalat DOP), die sich aufgrund ihrer gegenüber den Polymermolekülen geringen Molekülgröße in das Polymernetzwerk einlagern, ohne jedoch an der Aushärtungsreaktion, die sie z.T. behindern können, direkt teilzunehmen. Somit ermöglichen sie eine gewisse Beweglichkeit der Makromoleküle im Netzwerk gegeneinander und erhöhen damit das Verformungsvermögen. Die Anwendung dieser als „äußere Weichmachung" bezeichneten Möglichkeit der Klebschichtplastifizierung (innere Weichmachung, s. Abschn. 4.4.3) hat jedoch Grenzen.

Der Nachteil weichmacherhaltiger Klebschichten liegt in den verminderten Alterungs- und Haftungseigenschaften, weiterhin in den reduzierten Klebschichtfestigkeiten, deren Kriechneigung unter Langzeitbeanspruchung entsprechend zunimmt. Ein weiterer Nachteil liegt in dem Verhalten der Weichmacher, unter ungünstigen klimatischen und physikalischen Einflüssen aus der Klebschicht auszuwandern. Somit kann nach einer gewissen Zeit erneut eine Versprödung der Klebschicht bzw. eine Veränderung der Fügeteiloberfläche herbeigeführt werden, letzteres insbesondere bei Klebungen von Kunststoffen. Hinzuweisen ist in diesem Zusammenhang aber auch auf die Tatsache, daß umgekehrt aus miteinander oder mit anderen Werkstoffen verklebten weichmacherhaltigen Kunststoffolien Weichmacher in die Klebschicht eindiffundieren können, die dann zu verminderten Haftungseigenschaften und Festigkeiten führen. Aus diesen Zusammenhängen ergibt sich also, daß der Zusatz von Weichmachern zu mechanisch hochbelasteten Klebstoffen nur nach einer wohlabgewogenen Prüfung der Prioritäten zwischen Verformbarkeit und Festigkeit erfolgen kann.

Üblich ist der Weichmacherzusatz bei Klebstoffen, die von sich aus eine dauernde eigene Klebkraft besitzen, z.B. auf Basis natürlicher oder künstlicher Kautschukarten (Haftklebstoffe, Abschn. 3.4). Hier wirken die mit einer hohen Polarität versehenen Weichmachermoleküle in der Weise, daß sie sich an die Polymerketten (physikalisch) anlagern, ihnen somit eine erhöhte Beweglichkeit gegeneinander verleihen und durch die erhöhte Polarität zu verbesserten Klebrigkeitseigenschaften führen.

2.7.5 Harze

Der Begriff „Harze" läßt sich im Hinblick auf eine einheitliche Systematik nur unvollkommen definieren. Als Klebstoffbestandteil kann eine Unterscheidung in Naturharze und Kunstharze getroffen werden, wobei der Begriff „Harz", der auch für einige Klebstoffgrundstoffe in Gebrauch ist, in diesem Zusammenhang nicht Gegenstand der Beschreibung sein soll.

Harze werden als Additive zu Klebstoffrezepturen dann eingesetzt, wenn bestimmte Eigenschaften der Klebschicht, z.B. eine besondere Klebrigkeit und/oder Haftungsverbesserung bei Kontaktklebstoffen (Abschn. 3.3) verlangt werden. Eine weitere Beeinflussung durch Harze ist für das Fließ- bzw. Kriechverhalten der Klebschichten sowie auch der Klebstoffviskosität gegeben. Eine durch Harzzusatz bedingte geringere Klebstoffviskosität ermöglicht Formulierungen mit erhöhtem Festkörpergehalt und durch den somit geringeren Lösungsmittelanteil kürzere Trocknungs- bzw. Abbindezeiten.

Im einzelnen handelt es sich bei diesen Harzen um polymere Stoffgemische uneinheitlichen Charakters von meist amorpher Beschaffenheit, die normalerweise einen Schmelz- oder Erweichungsbereich besitzen und in organischen Lösungsmitteln löslich sind. Als das wichtigste Naturharz kann das Kolophonium angesehen werden. Es stellt ein Gemisch verschiedener Harzsäuren dar, die aus dem Rückstand der Destillation von Kiefernharzen oder durch Extraktion von Wurzelharzen gewonnen werden. Die chemische Hauptkomponente ist Abietinsäure.

Von den aus Erdölfraktionen gewonnenen Kohlenwasserstoffharzen sind als Klebstoffbestandteile von besonderem Interesse:
- *Kumaron-Inden-Harze*: Sie entstammen den Fraktionen der Steinkohlenteerdestillation und stellen historisch die älteste und bekannteste Gruppe der Kohlenwasserstoffharze dar.
- *Polyterpenharze*: Sie entstehen durch Polymerisation von Bestandteilen des Terpentinöls, vorwiegend des α- und β-Pinens. In Kombination mit Naturkautschuk im Einsatz bei Haftklebstoffen.
- *Petroleumharze*: Diese sind Crackprodukte der Erdölfraktionen. Petroleumharze entstehen durch Polymerisation niedriger ungesättigter Kohlenwasserstoffe (Ethylen, Propylen, Butylen, i-Butylen) als sog. C_5-Harze mit mittleren Molekulargewichten von ca. 1200 bis 1500. Durch Polymerisation von ungesättigten Kohlenwasserstoffen mit 9 Kohlenstoffatomen, z.B. Inden, Methylinden, Styrolderivaten, erhält man die sog. C_9-Harze. Mischpolymerisationen von C_5- und C_9-Harzen führen, z.T. über eine nachfolgende Hydrierung, zu beständigen thermoplastischen Harzen mit Erweichungspunkten zwischen 70 und 120°C.

Ergänzende Literatur zu Abschnitt 2.7.5: [J5, W5].

2.7.6 Füllstoffe

Mit dem Zusatz von Füllstoffen werden verschiedene Eigenschaftsänderungen der Klebstoffe angestrebt. Im Gegensatz zu Streckmitteln, die vielfach unter dem Hintergrund einer Verbilligung und z.T. auch einer Qualitätsminderung der Klebstoffe gesehen werden müssen, dienen Füllstoffzusätze ausschließlich dem Zweck, den

Klebschichten genau definierte mechanische, physikalische und chemische Eigenschaften zu verleihen. Unter Füllstoffen sind solche festen und nichtflüchtigen Substanzen zu verstehen, die den Polymermolekülen gegenüber ein inertes Verhalten aufweisen, d.h. sie weder anlösen, anquellen oder klebrig machen; sie befinden sich jeglichen Reaktionen der Monomer- und Polymermoleküle gegenüber unbeteiligt in der Polymersubstanz. Grundsätzlich ist bei der Zugabe von Füllstoffen zu beachten, daß eine möglichst dichte und homogene Verteilung bei gleichzeitiger optimaler Benetzung der Füllstoffpartikel durch die Monomeranteile erfolgt. Nur so sind Hohlräume in der ausgehärteten Klebschicht, die zu einer Minderung der Kohäsionsfestigkeit führen, zu vermeiden. Weiterhin sind vor der Klebstoffverarbeitung ggf. durch Sedimentation vorhandene Konzentrationsunterschiede durch erneutes Mischen wieder auszugleichen.

Die wichtigsten Eigenschaften der Füllstoffe sind in Abhängigkeit der jeweiligen Anwendung deren chemische Zusammensetzung, Korngrößenverteilung, Dichte, Benetzbarkeit, Wärmeleitfähigkeit, Wärmeausdehnungskoeffizient und ggf. elektrische Leitfähigkeit. Als Füllstoffe werden vorwiegend folgende Substanzen angewendet: Kieselsäure, Quarzmehl, Kreide, Schwerspat, Glas-/Asbestfasern, Metallpulver. Es handelt sich in der Regel also um anorganische, meist kristalline Partikel, die aufgrund der ihnen eigenen Eigenschaften diese in der entsprechenden Konzentration auch auf die Polymersubstanz zu übertragen vermögen.

Wichtige Eigenschaftsänderungen, die durch Füllstoffe herbeigeführt werden können, sind z.B.:

- *Ausweitung des Temperaturanwendungsbereichs*: Die erweiterte Temperaturbeständigkeit der Klebschicht kann darauf zurückgeführt werden, daß die in dem Polymer eingebetteten Füllstoffpartikel je nach ihrer Art bei Wärmebeanspruchung infolge ihrer geringeren Wärmeausdehnung den zeit- und temperaturbedingten Schrumpfungseigenschaften der Klebschicht entgegenwirken. Hierdurch werden auftretende Eigenspannungen und ggf. Risse in der Klebschicht vermieden.
- *Verstärkung der Klebschicht*: Aufgrund der höheren Festigkeit der Füllstoffe gegenüber den Polymeren ergeben sich in vielen Fällen auch höhere Klebschichtfestigkeiten. Besonders ausgeprägt ist dieser Sachverhalt bei der Schälbeanspruchung durch Einlage von Glasfasergeweben. Die Stützwirkung des Gewebes ermöglicht eine bessere Weiterleitung und somit Herabsetzung der auftretenden Schälspannungen. Aber auch die Klebfestigkeitswerte können in positivem Sinne beeinflußt werden.
- *Herabsetzung der Schrumpfung*: Hier wirken sich die im allgemeinen viel geringeren Ausdehnungskoeffizienten der Füllstoffe ausgleichend auf den Schrumpfungsvorgang der Klebschicht während der Aushärtung und Abkühlung aus. Eine Herabsetzung der Schrumpfung ist zur Vermeidung innerer Spannungen in der Klebschicht Voraussetzung für ein optimales Festigkeitsverhalten (Abschn. 7.2). In gleicher Weise wirken sich die Füllstoffe naturgemäß auch auf eine Verminderung des thermischen Ausdehnungskoeffizienten der reinen Klebschicht aus.
- *Erzielung besonderer elektrischer und physikalischer Eigenschaften*: Diese Eigenschaften, insbesondere durch metallische Füllstoffe erzielt, spielen bei Klebstoffanwendungen in der Elektronik für die Strom- und Wärmeleitung eine besondere Rolle (Abschn. 3.8).
- *Einsatz als verbindende Füllmassen*: Mit Metallpulvern in hohem Anteil (bis zu 80%) gefüllte Klebstoffe, meistens kalthärtende Epoxidharzsysteme, dienen vorteilhaft zum

Ausfüllen von Lunkern, Hohlräumen und Rissen in Werkstücken aus Gußeisen, Gußaluminium, Rotguß etc. und zu sog. „Reparaturklebungen" (Abschn. 13.8). Nach Aushärtung können diese Massen, die einen metallähnlichen Charakter aufweisen, mechanisch durch Schleifen, Sägen usw. bearbeitet werden.

Trotz gewisser Vorteile, die gefüllte Klebstoffe aufweisen, ist dennoch auf zwei Einschränkungen hinzuweisen:
• Mit zunehmendem Füllstoffanteil in einem Klebstoff ist im allgemeinen eine Reduzierung der Aushärtungsgeschwindigkeit verbunden. Diese Reduzierung der Reaktionsgeschwindigkeit bei Zweikomponentenklebstoffen kann damit begründet werden, daß durch einen „Verdünnungseffekt" die für die Reaktionsgeschwindigkeit maßgebende Konzentration der Reaktionspartner herabgesetzt wird. Um diesen Nachteil auszugleichen, ist gegenüber dem ungefüllten Klebstoff eine höhere Verarbeitungstemperatur vorzusehen.
• Füllstoffzusätze führen zwangsläufig zu vergrößerten Klebschichtdicken. Die Klebschichtdicke hat wiederum einen maßgebenden Einfluß auf die Festigkeit der Klebung und zwar in dem Sinn, daß mit zunehmender Klebschichtdicke die Festigkeit abnimmt (Abschn. 8.4.7).

Diese beiden Einschränkungen ergeben die Notwendigkeit einer genauen Abstimmung der in jedem Einzelfall geforderten Eigenschaftsprioritäten.

Ergänzende Literatur zu Abschnitt 2.7.6: [E4, H13 bis H15, I5, K12, K13, M6, M7, N1, P6, S13, S14, Z1].

2.7.7 Stabilisatoren

Die in Klebstoffen eingesetzten Stabilisatoren, die hinsichtlich ihres chemischen Aufbaus und ihrer Reaktionsmechanismen in diesem Zusammenhang nicht näher beschrieben werden können, haben im Prinzip die folgenden Aufgaben:
— Reaktionsfähige Monomere an einer unerwünschten bzw. vorzeitigen Reaktion zu hindern;
— Polymere während der Verarbeitung vor Zersetzung zu schützen (z.B. bei Schmelzklebstoffen);
— Polymere mit restlichen Doppelbindungen vor Alterung durch Wärme oder Sauerstoff zu bewahren (z.B. Klebschichten auf Basis von Kautschuk).

Eine bestimmte Art von Stabilisatoren, die Antioxidantien, sind Zusätze, die den oxidativen Abbau von Polymeren dadurch verhindern, daß sie rascher als das Polymer mit dem einwirkenden Sauerstoff reagieren.

2.7.8 Haftvermittler

Für die Verbesserung der Haftungseigenschaften von Klebschichten auf den Fügeteiloberflächen werden Oberflächenvorbehandlungen durchgeführt, die in Form mechanischer und/oder chemischer Verfahren dazu dienen, die Ausbildung von physikalischen und chemischen zwischenmolekularen Kräften entweder zu ermöglichen oder zu verstärken. In Ergänzung zu diesen Vorbehandlungen, zu denen ebenfalls das Auftragen sog. Primer (Abschn. 2.7.9) gehört, sind auch Haftvermittler auf Basis siliziumorganischer Verbindungen (Silane) im Einsatz. Diese Haftvermittler, auch

2.7 Klebstoffzusätze und haftvermittelnde Substanzen

„chemische Brücken" genannt, werden entweder auf die Fügeteiloberfläche aufgetragen oder dem Klebstoff zugesetzt; sie sind in der Lage, die Festigkeit von Klebungen und insbesondere deren Alterungsverhalten gegenüber feuchter Atmosphäre zu verbessern. Derartige Haftvermittler sind z.B. seit langem bei der Herstellung glasfaserverstärkter Kunststoffe im Einsatz, um die Adhäsion zwischen Glasfasern und dem entsprechenden Matrixharz (kohärente, durchgehende Phase eines Mehrphasenpolymeren) zu verbessern. Aufgabe der Haftvermittler ist es also, die Wirkung der üblichen chemischen Oberflächenbehandlungen zu ergänzen oder sogar, insbesondere in Kombination mit mechanischen Verfahren, diese ggf. zu ersetzen.

Auf dem Gebiet des Klebens sind Silan-Haftvermittler der allgemeinen Formel

$$\begin{array}{c} R_1O \\ R_1O\!-\!Si\!-\!R_2X \\ R_1O \end{array} \qquad (2.81)$$

im Einsatz. Als R_1O-Substituenten sind die Methoxyl-, Ethoxyl- oder β-Methoxyethoxylgruppe gebräuchlich, als verbindende Gruppe R_2 wird meistens die Propylengruppe verwendet. Die reaktionsfähige Endgruppe X kann in Abstimmung zu dem Klebschichtpolymer z.B. eine Amino-(NH_2-), Hydroxi-(OH^--), Vinyl-($CH_2=CH-$), Methacryl-($CH_2=C-CH_3$) oder Epoxid-(H_2C-CH-)
Gruppe sein.

Die Verbesserung der Haftung zwischen Klebschicht und Fügeteiloberfläche hat man sich in der Weise vorzustellen, daß durch die Bifunktionalität des gemäß (2.81) beschriebenen Molekülaufbaus sowohl eine Reaktion mit der Fügeteiloberfläche als auch mit dem Polymer der Klebschicht erfolgt:

• *Reaktion mit der Fügeteiloberfläche*: Der Molekülteil $(R_1O-)_3Si-$ unterliegt aufgrund der in den Alkoxygruppen vorhandenen Silizium-Sauerstoff-Bindungen bei Anwesenheit von Wasser — hier genügen bereits Spuren von Feuchtigkeit auf der Fügeteiloberfläche — der Hydrolyse unter Ausbildung von Silanolen:

$$-Si\!\!\begin{array}{c}OR_1\\OR_1\\OR_1\end{array} + 3\ HOH \xrightarrow{-3\ R_1OH} -Si\!\!\begin{array}{c}OH\\OH\\OH\end{array} \qquad (2.82)$$

Silanol

Diese sehr unbeständigen Verbindungen können teilweise zu Polysiloxanen und/oder über die verbleibenden $HO-Si$-Gruppen mit den OH^--Gruppen eines anorganischen Substrats kondensieren (z.B. bei Glas, keramischen Werkstoffen oder mit OH^--Gruppen versehene chemische Oberflächenschichten auf metallischen Fügeteilen). Weiterhin spielen in bezug auf die Festigkeit der Klebung Kondensationen mit den an metallischen Fügeteilen chemisorbierten Wassermolekülen (Abschn. 6.1.5) eine besondere Rolle. Als niedrigmolekulare Spaltprodukte treten bei dieser Reaktion bei Anwesenheit von Alkoxygruppen Alkohole auf. Die formelmäßigen Einzelheiten zeigt Bild 2.10.

• *Reaktion mit der Klebschicht*: Die Vielzahl der Auswahlmöglichkeiten erlaubt es, die reaktionsfähige Endgruppe X in ihrem Reaktionsvermögen dem Basispolymer des Klebstoffs anzupassen, z.B. eine vinylgruppenhaltige für eine Copolymerisation mit einem Polymerisationsklebstoff oder eine aminhaltige für eine Polyadditionsreaktion mit einem Epoxidharzklebstoff. In jedem Fall handelt es sich bei diesen Gruppen wegen der $Si-C$-Bindung um nicht hydrolisierbare Bindungen.

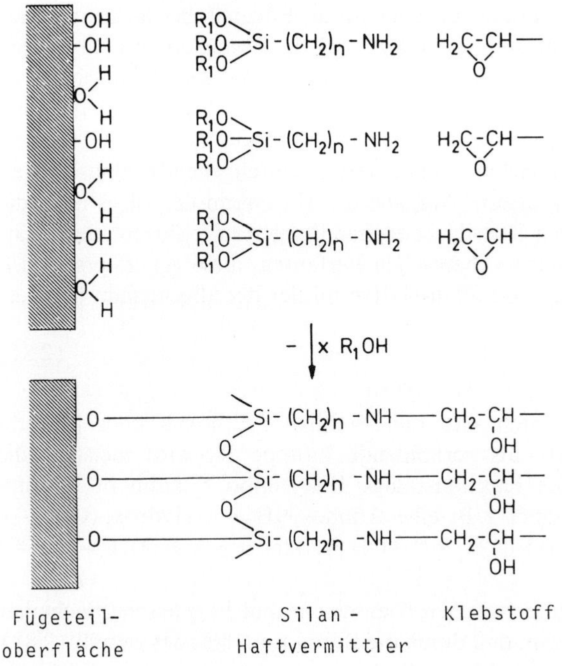

72 2 Klebstoffgrundstoffe

[Schema: Fügeteiloberfläche — Silan-Haftvermittler — Klebstoff]

Bild 2.10. Reaktionsmechanismus von Silan-Haftvermittlern.

Einen vereinfachten, schematisch dargestellten Zusammenhang dieser beiden Reaktionsarten zeigt am Beispiel eines aminhärtenden Epoxidsystems Bild 2.10. Die bifunktionellen Haftvermittler bilden demnach einerseits über eine Silizium-Sauerstoff-Brücke durch eine Hydrolyse und nachfolgende Polykondensation feste Bindungen zu der Fügeteiloberfläche aus, andererseits werden sie als Moleküle direkt in die Klebschicht eingebaut.

Einige der in der Praxis eingesetzten Silan-Haftvermittler sind:
— Methacryl-propyl-trimethoxysilan

$$H_2C=C(CH_3)-C(O)-O-(CH_2)_3-Si(OCH_3)_3 \tag{2.83}$$

— Mercapto-propyl-trimethoxysilan

$$HS-(CH_2)_3-Si(OCH_3)_3 \tag{2.84}$$

— Aminoethyl-aminopropyl-trimethoxysilan

$$H_2N-(CH_2)_2-NH-(CH_2)_3-Si(OCH_3)_3 \tag{2.85}$$

Die nachgewiesene Verbesserung der Haftfestigkeitseigenschaften ist mit Sicherheit auf das gezielte Herbeiführen von chemischen Bindungen zwischen Klebschicht und Silan bzw. Silan und Fügeteil zurückzuführen. Bei den metallischen Fügeteilen ist hier jedoch die Einschränkung zu machen, daß die an den chemisorbierten Feuchtigkeitsschichten verankerten Bindungskräfte geringer sind als die chemischen Bindungen im

Bereich der Klebschichtgrenzfläche; so stellt in diesem System die dem Metall zugewandte Grenzfläche das schwächste Glied dar. Wesentlich günstiger ist aus diesem Grund die Verwendung von Silan-Haftvermittlern in Ergänzung zu einer chemischen Oberflächenbehandlung, bei der über die chemisch mit der metallischen Oberfläche verbundenen Oxid- und Hydroxidschichten wesentlich festere Bindungen zwischen Haftvermittler und Oberfläche resultieren. Die Anwendung der Haftvermittler erfolgt entweder als Auftrag direkt auf die Fügeteiloberflächen (Sprühen, Tauchen, Walzen) oder als Zusatz zu den Klebstoffen in Größenordnungen von 1 bis 3%. Wichtig ist, daß die Schichtdicke des Haftvermittlers möglichst dünn ist, da die intermolekularen Kräfte zwischen den Silanmolekülen verhältnismäßig schwach sind. Im Prinzip reicht in Kenntnis des beschriebenen Haftmechanismus bereits eine monomolekulare Schicht aus.

Die erzielbaren Festigkeitserhöhungen auf Werkstoffen wie Glas, Stahl, Aluminium können je nach Klebstoffart und Oberflächenvorbehandlung bis zu 50% betragen, sehr vorteilhaft ist in fast allen Fällen die nachgewiesene Verbesserung der Feuchtigkeitsalterung. Die bei der Hydrolyse entstehenden polymeren Produkte besitzen einen stark hydrophoben Charakter, so daß das Eindringen von Wasser in die Klebfuge erschwert wird. Nach Untersuchungen von Kornett [K14] erreichen Klebungen mit dem Fügeteilwerkstoff AlMg3 F26 auf pickling-gebeizten Oberflächen durch Zusatz eines Silan-Haftvermittlers bis zu 30% höhere Klebfestigkeiten. Bei nur entfetteten Oberflächen wird durch Silan-Haftvermittler nahezu die gleiche Festigkeit erzielt wie an gebeizten Oberflächen ohne Haftvermittler.

Dem Mechanismus der verbesserten Haftfestigkeiten liegen verschiedene Theorien zugrunde, die von Walker [W6] näher beschrieben werden. Wenn trotz verschiedener nachgewiesener Vorteile die Anwendung der Silan-Haftvermittler sich für das Kleben nicht allgemein durchgesetzt hat, so liegt das u.a. auch an der sehr präzise durchzuführenden Verarbeitung dieser Produkte, die ohne ausreichende chemische Kenntnisse nicht möglich ist. Hinzu kommen bei den Methoxygruppen enthaltenden organofunktionellen Silanen besondere Arbeitsschutzmaßnahmen.

Ergänzende Literatur zu Abschnitt 2.7.8: [G4, K15, K16, L10, M8].

2.7.9 Primer

Durch die Oberflächenbehandlung (Abschn. 12.2) der Fügeteile werden Oberflächenzustände erzeugt, die die Voraussetzungen für optimale Haftungseigenschaften der Klebschichten bieten sollen. Aus diesem Grund ist es erforderlich, die Klebung der vorbehandelten Fügeteile entweder direkt anschließend oder in einem möglichst kurzen zeitlichen Abstand durchzuführen, um eine erneute Desaktivierung der Oberfläche zu vermeiden. Es kann jedoch Situationen geben, in denen die Oberflächenvorbehandlung zweckmäßigerweise bei dem Materialhersteller im kontinuierlichen Ablauf der Materialherstellung durchgeführt wird und die Klebung getrennt bei dem Verbraucher oder in anderen Bereichen des Betriebs erfolgt. Dann liegen zwischen Oberflächenbehandlung und Verarbeitung längere Zeitspannen. In diesen Fällen kann die aktivierte Oberfläche direkt anschließend an die Oberflächenbehandlung durch einen dünnen organischen Überzug, dem sog. Primer, geschützt werden.

Primer bestehen in den meisten Fällen aus verdünnten Lösungen der Klebstoffgrundstoffe, die auch für die nachfolgende Klebung verwendet werden sollen. Sie werden in der Regel im Walz- oder Tauchverfahren auf die Fügeteile aufgebracht und bei Temperaturen (bei Primern auf Basis von chemisch reagierenden Klebstoffsystemen) unterhalb der später erforderlichen Aushärtetemperatur des Klebstoffs ausgehärtet. Durch diese Vorgehensweise wird sowohl eine gute Haftung der Primerschicht auf der Fügeteiloberfläche erreicht, als auch eine spätere ergänzende Härtung zur Ausbildung einer gemeinsamen Polymerstruktur mit dem aufgebrachten Klebstoff sichergestellt. Als Primer kommen vor allem Systeme auf Epoxidbasis und auf Basis von Mischpolymerisaten zum Einsatz. Primer werden auch verwendet, um einen zusätzlichen Schutz in der Klebfuge vor dem Eindiffundieren von Feuchtigkeit und somit dem Auftreten von Unterwanderungskorrosionen zu bieten. Hiervon wird insbesondere im Flugzeugbau beim Kleben von Aluminiumlegierungen Gebrauch gemacht.

3 Klebstoffarten

Aufbauend auf den Klebstoffgrundstoffen gibt es eine Vielzahl von Klebstoffarten, die sich unabhängig von einem bestimmten Grundstoff durch spezifische Eigenschaften, Verarbeitungsverfahren oder Reaktionsweisen auszeichnen. Schmelzklebstoffe können z.B. auf verschiedener Grundstoffbasis (Polyamide, Polyester oder Copolymerisate) aufgebaut sein, charakteristisch ist für sie die Verarbeitung aus der Schmelze. Für Reaktionsklebstoffe, gleichgültig, ob sie durch Polymerisation, -addition oder -kondensation aushärten, ist der Ablauf einer chemischen Reaktion während der Klebschichtbildung das kennzeichnende Merkmal. Die Bezeichnung der Klebstoffart ermöglicht demnach eine den verschiedenen charakteristischen Merkmalen zugeordnete Klassifizierung. Diese kann sich u.a. beziehen auf
— die Basis des Grundstoffs (z.B. Polyurethan-Reaktionsklebstoff),
— die Verarbeitungsweise (z.B. Lösungsmittelklebstoff),
— die Verarbeitungstemperatur (z.B. kalthärtender Epoxidharzklebstoff),
— die Lieferform (z.B. Klebstoffolie),
— den Verwendungszweck (z.B. Holzleim).
Im folgenden werden die für die wichtigsten Klebstoffarten spezifischen Merkmale hinsichtlich Aufbau, Verarbeitung und Eigenschaften beschrieben.

3.1 Reaktionsklebstoffe

Die Reaktionsklebstoffe basieren insgesamt auf den Klebstoffgrundstoffen, die nach den Prinzipien der Polymerisation (Abschn. 2.1), Polyaddition (Abschn. 2.2) und Polykondensation (Abschn. 2.3) aushärten. Sie bilden den Hauptanteil aller verarbeiteten Klebstoffe. Ergänzend zu den bereits beschriebenen Monomeren, Polymeren und deren Reaktionsmechanismen sind einige Merkmale für alle chemisch reagierenden Klebstoffarten charakteristisch, die einer gemeinsamen Beschreibung bedürfen.

3.1.1 Reaktionskinetische und physikalische Grundlagen

Chemische Reaktionen unterliegen allgemein den Parametern Zeit, Temperatur, Druck und Konzentration. Diese Parameter werden auch bei der Polymerbildung in Klebschichten (Härtung) wirksam und sind für die Festigkeit der Klebung von grundlegender Bedeutung. Unter der Härtung ist der irreversible Übergang von flüssigen oder auch weichen Ausgangsprodukten in einen harten Zustand zu verstehen, in dem die dreidimensional engmaschig vernetzten Polymere (Duromere) auch bei hohen Temperaturen nicht mehr erweichen oder schmelzen.

3.1.1.1 Einfluß der Zeit

Für die Anwendung des Klebens ist der zeitliche Ablauf der Härtungsreaktion in den meisten Fällen ein bestimmender Faktor. Bei Annahme einer zunächst konstanten Temperatur während der Aushärtung ergibt sich die Reaktionszeit im wesentlichen aus den Konzentrationsverhältnissen der an der Reaktion beteiligten Partner. Im vorliegenden Fall der aus zwei Komponenten A und B bestehenden Reaktionsklebstoffe handelt es sich um bimolekulare Reaktionen (Reaktionen 2. Ordnung), für die die folgende Beziehung gilt:

$$\frac{dx}{dt} = k(a-x)(b-x). \tag{3.1}$$

(a Anfangskonzentration von A; b Anfangskonzentration von B; x Konzentration der aus A und B nach der Zeit t gebildeten Polymermoleküle; k von der Konzentration unabhängige Reaktionsgeschwindigkeitskonstante oder auch spezifische Reaktionsgeschwindigkeit.)

Bei den stöchiometrisch verlaufenden Reaktionen, d.h. dem Vorliegen der Ausgangsstoffe in gleichen molaren Konzentrationen, ist a = b und somit

$$\frac{dx}{dt} = k(a-x)^2 \tag{3.2}$$

und integriert

$$\frac{1}{(a-x)} = kt + C. \tag{3.3}$$

Für t = 0 ist x = 0 und daher C = 1/a. Damit ergibt sich

$$k\,t = \frac{x}{a(a-x)}. \tag{3.4}$$

Die in Abhängigkeit von der Zeit jeweils vorhandenen Anteile an Ausgangsmonomer zu gebildeter Polymermenge folgen demnach der in Bild 3.1 schematisch dargestellten Kurve. Aus diesem Zusammenhang läßt sich für die praktische Anwendung folgendes ableiten:

• Die Konzentrationsabnahme der Ausgangsmonomere (c_A, c_B) bzw. die Konzentrationszunahme des polymeren Reaktionsprodukts (c_P) folgt keiner linearen Proportionalität. Mit fortschreitender Reaktionszeit verringert sich die pro Zeiteinheit gebildete Menge an Polymer entsprechend einer umgekehrt quadratischen Funktion (3.4). Aus

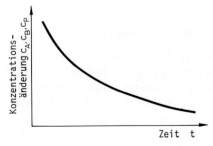

Bild 3.1. Einfluß der Zeit auf die Konzentrationsänderungen bei Reaktionsklebstoffen.

3.1 Reaktionsklebstoffe   77

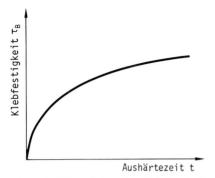

Bild 3.2. Abhängigkeit der Klebfestigkeit von der Aushärtezeit bei Reaktionsklebstoffen.

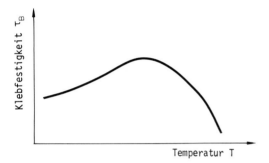

Bild 3.3. Abhängigkeit der Klebfestigkeit von der Temperatur bei Reaktionsklebstoffen.

dieser Gesetzmäßigkeit resultieren z.B. die bei kalthärtenden Zweikomponentensystemen z.T. sehr langen Zeiten bis zur endgültigen Aushärtung. Das Erreichen der Endfestigkeit erfolgt demnach gemäß der in Bild 3.2. dargestellten Weise.
• Jedem Reaktionssystem läßt sich bei einer konstanten Temperatur bis zur Beendigung der Reaktion eine definierte und reproduzierbare Reaktionsgeschwindigkeit zuordnen, die in (3.4) durch die jeweilige Reaktionsgeschwindigkeitskonstante k festgelegt ist. Diese Geschwindigkeitskonstante ergibt sich in hohem Maße aus der Reaktivität der Monomere.

Durch die ständige Konzentrationsabnahme kann in speziellen Fällen, insbesondere bei kalthärtenden Systemen, ein Stadium erreicht werden, in dem die Reaktion wegen der verringerten Monomerkonzentration trotz Vorhandenseins von Monomeren zum Stillstand kommt (sog. „eingefrorene Systeme"). Dieser Zustand führt gegenüber voll ausgehärteten Polymeren zu geringeren Klebschichtfestigkeiten. Eine eingefrorene Reaktion kann durch Temperaturerhöhung (Nachhärtung) wieder beschleunigt werden. Die hierdurch verursachte Erhöhung der Molekülbeweglichkeit ergibt die Möglichkeit des Einbaus noch vorhandener Restmonomere in das Netzwerk. Diese Vorgänge führen bei den kalthärtenden Systemen zu der Erscheinung, daß die Klebfestigkeit mit ansteigender Temperatur zunächst zunimmt, um dann infolge einsetzender Thermoplastizität oder auch beginnender chemisch/thermischer Zersetzung der Klebschicht wieder abzunehmen (Bild 3.3).

Bemerkung: Der hier dargestellte Zusammenhang darf nicht mit einer ähnlichen Abhängigkeit infolge des Spannungsabbaus in Klebschichten von einschnittig überlappten Klebungen bei Zugscherbeanspruchung (Tempern der Klebschicht (Abschn. 7.2.5)) verwechselt werden.

3.1.1.2 Einfluß der Temperatur

Die Abhängigkeit der Reaktionsgeschwindigkeitskonstanten k von der Temperatur ist durch die von Arrhenius aufgestellte Beziehung gegeben:

$$k = ae\exp\left(-\frac{A}{RT}\right) \qquad (3.5)$$

bzw.

$$\ln k = -\frac{A}{RT} + C \qquad (3.6)$$

(A Aktivierungsenergie; R Gaskonstante; T absolute Temperatur; a stoffabhängiger Faktor, der von der Zahl der Zusammenstöße zwischen den Molekülen abhängt.)

Die diesen beiden Gleichungen entsprechenden Abhängigkeiten k von T bzw. $\ln k$ von $1/T$ sind in den Bildern 3.4a und b wiedergegeben. Die Aktivierungsenergie stellt dabei den Mehrbetrag an Energie dar, der über dem durchschnittlichen Energieinhalt der Moleküle hinaus notwendig ist, um die Reaktion auszulösen. Die zum Starten einer spezifischen Reaktion erforderliche Aktivierungsenergie wird dabei durch äußere Energiezufuhr (z.B. Erwärmung) zur Verfügung gestellt, sie kann hinsichtlich der notwendigen Höhe durch geeignete Katalysatoren herabgesetzt werden. Aus der Arrhenius-Gleichung folgert, daß eine Temperaturerhöhung um 10 K die Reaktionsgeschwindigkeit in den für Aushärtungsvorgänge interessanten Temperaturbereichen in etwa zu verdoppeln vermag. Für die Praxis ergibt sich hieraus die wichtige Erkenntnis, daß die Härtungszeiten von Reaktionsklebstoffen durch erhöhte Temperaturen beträchtlich herabgesetzt werden können. Zeit, Temperatur und Konzentration sind demnach die für den Reaktionsablauf bestimmenden Größen, die bei chemisch reagierenden Klebstoffen die „Abbindegeschwindigkeit" (früher auch „Anzugsgeschwindigkeit", „Klebkraftentwicklung" genannt) charakterisieren.

Bei kalthärtenden Klebstoffen wird die infolge des exothermen Reaktionsablaufs resultierende Temperaturerhöhung durch die Wärmeleitfähigkeit und die Geometrie der Fügeteile sowie durch die Dicke der Klebschicht bestimmt. Wegen der gegenüber den Fügeteilen sehr viel geringeren Klebschichtdicken und den hohen Wärmeleitfähig-

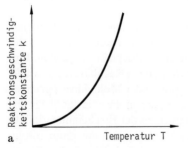
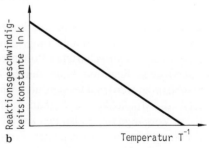

Bild 3.4. Abhängigkeit der Reaktionsgeschwindigkeit von der Temperatur bei der Härtung von Reaktionsklebstoffen.

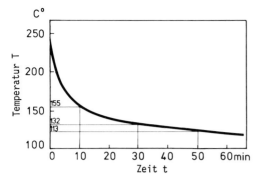

Bild 3.5. Zusammenhang zwischen Reaktionszeit und Aushärtungstemperatur bei Reaktionsklebstoffen.

keiten der Metalle kommt es praktisch nicht zu einer Temperatursteigerung und somit einer Steigerung der Reaktionsgeschwindigkeit in der Klebfuge. Bei warmhärtenden Klebstoffen bestimmt allein die von außen auf die Klebfuge einwirkende Wärme den zeitlichen Reaktionsablauf. Ein typischer Zusammenhang zwischen Reaktionszeit und Temperatur ist für einen ausgewählten Epoxidharzklebstoff in Bild 3.5 wiedergegeben. Die einzelnen chemisch reagierenden Klebstoffe härten demnach bei einer bestimmten Temperatur mit einer definierten, für das jeweilige System charakteristischen, reproduzierbaren Geschwindigkeit aus.

Den Einfluß der Aushärtungszeit und -temperatur auf die resultierende Klebfestigkeit gibt Bild 12.3 wieder.

Ergänzende Literatur zu Abschnitt 3.1.1.1 und 3.1.1.2: [K17, M10].

3.1.1.3 Einfluß des Drucks

Die Anwendung von Druck während des Abbindens eines Klebstoffs erfolgt aus mehreren Gründen:
• Bei Polykondensationsklebstoffen zum Austreiben der niedermolekularen Spaltprodukte (in den meisten Fällen Wasser) aus der Klebfuge. Hier ist darauf zu achten, daß der angewandte Druck höher ist als der Dampfdruck des Wassers bei der Aushärtungstemperatur, da bei einem zu geringen Druck durch Verbleiben der Spaltprodukte in der Klebschicht Inhomogenitäten entstehen können. Bei einer Temperatur von 150°C muß der Druck somit mindestens 0,48 MPa, bei 170°C mindestens 0,79 MPa betragen.
• Bei Lösungsmittelklebstoffen zum Austreiben der Restlösungsmittel aus der Klebfuge. Hinsichtlich der Höhe des Drucks gelten auch hier die der jeweiligen angewandten Temperatur entsprechenden Dampfdruckwerte der Lösungsmittel als Mindestwerte.
• Zur Erzielung einer verbesserten Adhäsion und somit auch Haftfestigkeit zwischen Klebschicht und Substrat. Durch die Verringerung des Abstands der Moleküle von Klebstoff und Fügeteiloberfläche erhöht sich die Adhäsionsenergie (Abschn. 6.4.3) durch eine Verstärkung der Adsorption. Nach den thermodynamischen Gesetzen geht der Druck in die Adsorptionsisotherme und in die durch die Clausius-Clapeyronsche-Gleichung dargestellte Temperaturabhängigkeit des Gleichgewichtsdrucks bei Phasengleichgewichten ein.

- Zur Erhöhung der Festigkeit der Klebung. Allgemein ist davon auszugehen, daß durch die Anwendung von Druck die wirksame Oberfläche (Abschn. 5.1.3) vergrößert wird, weil der Klebstoff die im Grund der Oberflächenvertiefungen der Fügeteile vorhandene Luft herauspreßt. In diesem Zusammenhang sind zwei Arten der Druckanwendung zu unterscheiden:
  — Allseitiges Aufbringen des Drucks in einem Autoklaven. In diesem Fall kommt es nicht zu einem Austritt des flüssigen Klebstoffs aus der Klebfuge, die Klebschichtdicke bleibt weitgehend konstant, der Druck dient der Entfernung der Spaltprodukte und der Fixierung der Fügeteile. Der Festigkeitsanstieg folgt aufgrund der Vergrößerung der wirksamen Oberfläche und der Adhäsionsenergien schematisch einer Kurve entsprechend Bild 3.6a. Die Höhe des für die maximale Klebfestigkeit erforderlichen Drucks ergibt sich im wesentlichen aus der Anfangsviskosität des Klebstoffs und dessen Abbindezeit. Mit größerer Viskosität ist ein höherer Druck verbunden.
  — Beidseitig auf die Klebfuge wirkender Druck. In diesem Fall ist das Austreten von flüssigem Klebstoff aus der Klebfuge während der Zeit, in der sich der Klebstoff noch in einem niedrigviskosen Zustand befindet, zu berücksichtigen. Dadurch kommt es zu einer Verringerung der Klebschichtdicke. Die Abhängigkeit der Klebfestigkeit vom Anpreßdruck folgt dann in etwa der in Bild 3.6b dargestellten Kurve. Nach einem anfänglichen Ansteigen aufgrund der zunehmenden wirksamen Oberfläche und Adhäsionsenergie erfolgt eine Festigkeitsabnahme durch die Reduzierung der Klebschichtdicke in Bereiche, in denen in Abhängigkeit von der Rauheit der Fügeteiloberflächen direkte Oberflächenberührungen und somit Diskontinuitäten (Mikrorisse, innere Spannungen) in der Klebschicht auftreten (Abschn. 5.1.3 und 7.2). Es existiert demnach ein durch Versuche zu ermittelndes Druckoptimum, wobei eine Überschreitung dieses Optimums im Hinblick auf die Höhe der Klebfestigkeit weniger kritisch ist als eine Unterschreitung.
- Zur Fixierung der Fügeteile, um sicherzustellen, daß insbesondere während des Härtungsbeginns, wenn der Klebstoff noch in niedrigviskosem Zustand vorliegt, kein Abgleiten der Fügeteile infolge der „Schmierwirkung" der flüssigen Klebschicht erfolgt. In diesem Zusammenhang fällt dem Anpreßdruck auch die Aufgabe zu, die durch Fertigungstoleranzen möglichen Klebfugendicken zur Erzielung gleichmäßiger Klebschichtdicken auszugleichen.

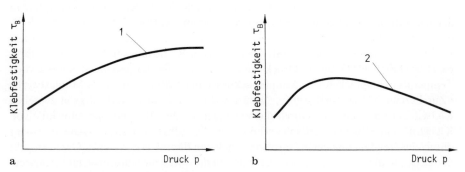

Bild 3.6. Abhängigkeit der Klebfestigkeit vom Anpreßdruck. a) Kurve 1: allseitig wirkender Druck; b) Kurve 2: beidseitig wirkender Druck.

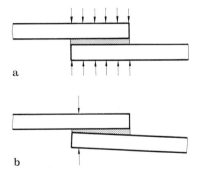

Bild 3.7. Druckanwendung bei der Härtung von Klebschichten.

• Zur Erzielung gleichmäßiger Klebschichtdicken, da es je nach Art der Härtungsreaktion zu einer Vergrößerung oder Verringerung des Klebschichtvolumens kommen kann. Hier befinden sich die Parameter Druck, Viskosität des Klebstoffs, Klebfugengeometrie und Temperatur in einem direkten Zusammenhang (Abschn. 3.1.1.4).
Die Druckaufbringung sollte vor dem Beginn des Aufheizens erfolgen und auf der gesamten Klebfläche gleichmäßig wirken (Bild 3.7a). Weiterhin ist der Druck so lange konstant zu halten, bis die Aushärtung beendet und beim Abkühlen eine Temperatur von ca. 80°C erreicht ist. In Abhängigkeit von der Fügeteilgeometrie und Klebstoffviskosität werden normalerweise folgende Anpreßdrucke angewandt:
—ca. 0,7 bis 1,5 MPa bei Polykondensationsklebstoffen,
—ca. 0,1 bis 0,5 MPa bei Polyadditions- und Polymerisationsklebstoffen,
—ca. 0,05 bis 0,25 MPa für reine Fixierungshilfen.

Ergänzende Literatur zu Abschnitt 3.1.1.3: [I6, K18].

3.1.1.4 Abhängigkeit der Klebschichtdicke vom Anpreßdruck

Auf der Grundlage der Gesetze der Strömungslehre besteht die Möglichkeit, eine Beziehung zwischen der geforderten Klebschichtdicke und der Höhe des anzuwendenden Anpreßdruckes abzuleiten. Somit können bei Klebungen mit der Forderung hoher Reproduzierbarkeit der einzuhaltenden Klebschichtdicken die erforderlichen Fertigungsparameter Anpreßkraft F, Zeit t, Temperatur T und Klebstoffviskosität η aufeinander abgestimmt werden. Als Ausgangsbasis für eine Berechnung kann die für die Grundlagen der Haftklebung (Abschn. 3.4.1) erwähnte Formel von Stefan [S15] herangezogen werden, die die Trennkraft für eine Flüssigkeitsschicht in Abhängigkeit der Parameter Plattenabstand d, Zeit der Krafteinwirkung t, Plattenradius r und Viskosität η beschreibt. Betrachtet man umgekehrt statt der Trennkraft die Anpreßkraft F auf die zu verklebenden Flächen, als Plattenabstand die gewünschte Klebschichtdicke d und als Plattenradius die Überlappungslänge $l_{ü}$ bzw. die Überlappungsbreite b als charakteristische Größen, so ergibt sich unter Einführen der Größe d_0 als Ausgangsdicke der flüssigen Klebschicht:

$$F = \frac{3 l_{ü}^3 b \eta}{2t} \left(\frac{1}{d^2} - \frac{1}{d_0^2} \right), \tag{3.7}$$

und unter der Annahme $d_0 \gg d$

bzw.
$$F = \frac{3 l_ü^3 b \eta}{2 t d^2} \qquad (3.8)$$

$$t = \frac{3 l_ü^3 b \eta}{2 F d^2}. \qquad (3.9)$$

Eine genaue Ableitung der Gl. (3.8) findet sich in [K19, M11]. (Bemerkung: Der Faktor 2 im Nenner der Gl. (3.8) ergibt sich in Abweichung der in [M11] dargestellten Gl. (8) durch Verwendung von $l_ü$ statt $2l$ für die Überlappungslänge und d statt $2h$ für die Klebschichtdicke).

Berechnungsbeispiel: Für die Herstellung einer einschnittig überlappten Klebung mit einer Überlappungslänge $l_ü = 50$ mm und einer Überlappungsbreite $b = 250$ mm soll ein kalthärtender Klebstoff mit einer Viskosität $\eta = 20$ Pa s verwendet werden. Die Anpreßkraft beträgt konstant 1500 N, nach welcher Zeit ist die gewünschte Klebschichtdicke $d = 0{,}15$ mm erreicht?

$$t = \frac{3 \cdot 50^3 \cdot 250 \cdot 20}{2 \cdot 1500 \cdot 0{,}15^2 \cdot 10^6} = 28 \text{ s}.$$

Dieses Berechnungsbeispiel setzt zunächst voraus, daß sich die Viskosität des Klebstoffs während der Anpreßzeit nicht ändert. Wegen der beginnenden Reaktion erfolgt jedoch ein Viskositätsanstieg. Dieser zeitlichen Viskositätsänderung ist durch die für jeden Klebstoff charakteristische Beziehung

$$\eta = \eta_0 e^{\alpha t} \qquad (3.10)$$

Rechnung zu tragen. Dabei ist η_0 die Ausgangsviskosität und α eine klebstoffspezifische Konstante. Da letztere im allgemeinen nicht als bekannt vorausgesetzt werden kann, sind exakte Angaben nach dieser Berechnung nicht in jedem Fall zu erwarten. Die abgeleitete Formel gibt aber einerseits die Möglichkeit, die Anpreßzeit bzw. den Anpreßdruck der Größenordnung nach abzuschätzen, andererseits für konstant ablaufende Fertigungsprozesse diese nach einer anfänglichen Parametereinstellung kontinuierlich zu regeln. Kleinert und Richter schlagen in [K20] Nomogramme zur Klebschichtdickenberechnung vor, die über die Eingabe der erforderlichen Parameter die Einzelberechnung zu eliminieren vermögen.

Ergänzende Literatur zu Abschnitt 3.1.1.4: [E5, K21].

3.1.1.5 Topfzeit

Für die Verarbeitung der Reaktionsklebstoffe ist die Topfzeit eine entscheidene Größe. Als Topfzeit wird nach DIN 16 920 [D1] definiert: „Zeitspanne, in der ein Ansatz eines Reaktionsklebstoffs nach dem Mischen aller Klebstoffbestandteile für eine bestimmte Verwendung brauchbar ist". Die Topfzeit bezeichnet also die Gebrauchsdauer der fertigen Klebstoffmischung als Verarbeitungszeit bei Raumtemperatur. Die wiedergegebene Definition gibt keinen Hinweis auf die Auslegung des Begriffs „Verwendung". Die Grenze der Verwendungsfähigkeit einer Reaktionsklebstoffmischung wird durch die beiden Faktoren *Viskositätsanstieg* und *Haftungseigenschaften* bestimmt.

Viskositätsanstieg: Nach dem Mischen der erforderlichen Komponenten bzw. Zugabe von Härter und Beschleuniger beginnt die entsprechende Reaktion, bei der

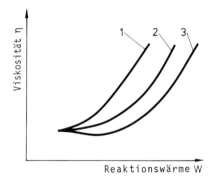

Bild 3.8. Viskositätsänderung in Abhängigkeit von der auftretenden Reaktionswärme.

zunehmend größere Moleküle unter Kettenverlängerung und/oder Molekülvernetzung entstehen. Mit dieser Molekülvergrößerung geht in den meisten Fällen ein Viskositätsanstieg einher, der nach dem endgültigen Reaktionsablauf zum Gelieren bzw. zu einer Verfestigung der Klebstoffmischung in Form eines thermoplastischen oder duromeren Polymers führt. Der zeitliche Ablauf dieses Vorganges wird dabei durch die bei der Reaktion entstehende Wärme (die meisten Polyreaktionen sind exotherme Reaktionen) beeinflußt. Diese Reaktionswärme führt zu einem verzögerten Viskositätsanstieg oder ggf. sogar zu einem vorübergehenden Viskositätsabfall, wie in Bild 3.8 schematisch dargestellt ist. Die Kurve 1 in Bild 3.8 gibt einen normalen Viskositätsanstieg bei gleichbleibender Temperatur wieder, die Kurve 2 zeigt einen verzögerten Viskositätsanstieg infolge Auftretens einer geringen Reaktionswärme, und die Kurve 3 weist einen Viskositätsabfall aufgrund einer stark exothermen Reaktion auf.

Durch den Einfluß der Reaktionswärme wird demnach ein Erscheinungsbild des Klebstoffs vorgetäuscht, das noch weitgehend von Monomeren bzw. niedrigmolekularen Polymeren bestimmt sein könnte, während der Klebstoff in Wirklichkeit jedoch bereits einen fortgeschrittenen Vernetzungszustand erreicht hat. Wird z.B. ein Klebstoffansatz entsprechend der Kurve 3 auf die Fügeteile aufgebracht, kann durch die dann eintretende Abkühlung und die damit verbundene schnelle Viskositätserhöhung eine einwandfreie Benetzung beeinträchtigt werden. Der zeitliche Ablauf der Viskositätsänderung geht aus Bild 3.9 hervor. Die Kurve 1 in Bild 3.9 charakterisiert den Viskostitätsabfall infolge der Erwärmung des Klebstoffansatzes, während die Kurve 2 den Viskositätsanstieg aufgrund der einsetzenden Polymerbildung widerspiegelt. Als Resultierende ergibt sich die Kurve 3. Die Verwendungsfähigkeit des Klebstoffansatzes, d.h. die für die Topfzeit charakteristische Höhe der Viskosität liegt in dem gestrichelten Bereich, hier kann von weitgehend konstanten Verarbeitungseigenschaften des Klebstoffs ausgegangen werden.

Das Ausmaß der entstehenden Wärme richtet sich im wesentlichen nach
— der Art der Reaktionsteilnehmer;
— der Menge des jeweiligen Klebstoffansatzes. Je größer die angesetzte Menge, desto größer ist bei einem vergleichbaren Volumen/Oberflächen-Verhältnis des „Topfes" wegen der schlechten Wärmeleitfähigkeit der Mischung die Wärmeentwicklung;

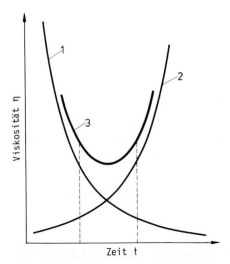

Bild 3.9. Viskositätsänderung in Abhängigkeit von der Zeit bei Reaktionsklebstoffen.

– Art und Dauer der Durchmischung beim und nach dem Zusammengeben der Komponenten.

Haftungseigenschaften: Die sehr guten Haftungs- und Festigkeitseigenschaften der Reaktionsklebstoffe auf den verschiedenen Fügeteiloberflächen werden in entscheidendem Maße durch die Ausbildung zwischenmolekularer Bindungen während des Aushärtevorganges bestimmt. (Abschn. 6.1.4 und 12.1) In den Fällen jedoch, in denen der Aushärtungsgrad vor dem Kontakt mit der Fügeteiloberfläche bereits zu weit fortgeschritten ist, nehmen durch die erfolgte Vernetzung die an den Monomeren verfügbaren, für die Haftungsausbildung verantwortlichen funktionellen Molekülgruppen ab. Als Folge reduziert sich die Anzahl zwischenmolekularer Bindungsmöglichkeiten und es ergeben sich verminderte Haftfestigkeiten. Aus diesem Grunde ist es z.B. ein Fehler, zu versuchen, eine bereits im Verarbeitungsgefäß ausreagierte Klebstoffmischung in einem entsprechenden Lösungsmittel zu lösen um dann mit dieser „Klebstofflösung" Klebungen herstellen zu wollen. Ein derartiges Vorgehen ergäbe praktisch keine Haftfestigkeit mehr.

Besondere Beachtung erfordert die Topfzeit bei lösungsmittelhaltigen Reaktionsklebstoffen (Abschn. 3.1.4) aus zwei Gründen:
• Durch den größeren Abstand der Monomere voneinander, bedingt durch die „trennende" Wirkung der Lösungsmittelmoleküle, besitzen diese Systeme gegenüber lösungsmittelfreien Ansätzen im allgemeinen eine längere Topfzeit.
• Eine beginnende Reaktion führt wegen der Anwesenheit des Lösungsmittels nicht sofort zu einer meßbaren Viskositätserhöhung, so daß die Gefahr einer Überschreitung der Topfzeit bestehen kann. In diesem Fall wird dann ein bereits sehr weit ausgehärtetes Polymer auf die Fügeteiloberfläche mit den nachteiligen Folgen für die Haftungseigenschaften aufgetragen.

Optimale Klebungen erhält man daher nur unter Beachtung der vom Klebstoffhersteller vorgeschriebenen Topfzeit, bei der allerdings die vorstehend beschriebenen

Zusammenhänge zu berücksichtigen sind. Eine Topfzeitangabe ist demnach nur dann aussagekräftig und sinnvoll, wenn gleichzeitig auch Angaben über deren Ermittlung hinsichtlich Menge, Durchmischung, Umgebungstemperatur und Gefäßform gemacht werden.

Reaktionsklebstoffe mit sehr geringen Topfzeiten werden im allgemeinen nicht vor der Verarbeitung in einem Gefäß gemischt, sondern mittels Dosiervorrichtungen, in denen die Klebstoffbestandteile aus getrennten Behältern zusammengeführt und gemischt werden, direkt auf die Fügeteile aufgetragen (Abschn. 12.3.3).

Die Prüfmethoden zur Kennzeichnung der Reaktivität von Reaktionsharzmassen sind in DIN 16 945 [D1] festgelegt.

Ergänzende Literatur zu Abschnitt 3.1.1.5: [L11, T3].

3.1.2 Blockierte Reaktionsklebstoffe

Bei den zwei- oder mehrkomponentigen Reaktionsklebstoffen spielt die Einhaltung der mit der Topfzeit zusammenhängenden Faktoren eine ausschlaggebende Rolle. Da deren Berücksichtigung besondere Vorkehrungen im Produktionsablauf erfordert, liegt es nahe, Klebstoffsysteme anzubieten, bei denen die einzelnen Bestandteile bis zum Zeitpunkt der Verarbeitung an einer Reaktion miteinander gehindert werden. Diese Systeme werden als Einkomponenten-Reaktionsklebstoffe bezeichnet. Die Blockierung der Reaktionen vor der Verarbeitung kann auf chemische oder mechanische Weise erfolgen, das Ziel ist in jedem Fall, daß die Klebschicht sich erst unter definierten Bedingungen in der Klebfuge aus den Klebstoffbestandteilen ausbildet.

3.1.2.1 Chemisch blockierte Reaktionsklebstoffe

Bei der chemischen Blockierung wird die Reaktionsbereitschaft der an sich mit einer hohen Reaktivität ausgestatteten Monomere durch chemische Molekülbeeinflussungen inhibiert. Die Moleküle der Klebstoffgrundstoffe werden dabei durch entsprechende Modifikationen in der Weise verändert, daß sie erst während des Klebeprozesses aufgrund der dann herrschenden Reaktionseinflüsse in der Klebfuge zu den gewünschten Reaktionen befähigt werden.

Typische Beispiele für eine chemische Blockierung sind:
• Anaerobe Klebstoffe (Abschn. 2.1.1.2). Inhibierung der in den monomeren Diacrylsäureestern vorhandenen reaktiven Gruppen durch Sauerstoff.
• Silikone (Abschn. 2.3.4.1). Blockierung der Eigenkondensation durch angelagerte Vernetzer.
• Thermisch aktivierbare Klebstoffe. In diesen Fällen erfolgt die Inhibierung durch Einbau von Gruppen in das Basismonomer, die aufgrund ihrer Struktur für eine Reaktionsbereitschaft einer hohen Aktivierungsenergie bedürfen und somit bei Raumtemperatur oder tieferen Temperaturen wegen der vorhandenen Reaktionsträgheit nicht oder nur unendlich langsam reagieren. Erst erhöhte Temperaturen führen zu einer Molekülspaltung und somit zu entsprechenden Reaktionen. Hierzu gehören u.a. die warmhärtenden Einkomponenten-Epoxidharzklebstoffe (Abschn. 2.2.1.3 und 2.2.1.5), Phenolharze oder auch die thermisch aktivierbaren Polyurethansysteme (Abschn. 2.2.2.3). Zu dieser Gruppe sind auch Systeme zu zählen, die unter Einfluß

von Katalysatoren zur Reaktion gebracht werden, bei denen jedoch der Katalysator chemisch blockiert ist und erst bei höheren Temperaturen seinen wirksamen Anteil abspaltet. Als Beispiel seien die Komplexverbindungen der Friedel-Crafts-Katalysatoren (Bor-, Aluminiumhalogenide) mit Pyridin, Monoethanolamin oder Harnstoff bei Epoxidharzvernetzungen genannt.

Häufig werden auch die Cyanacrylate (Abschn. 2.1.1.1) in diese Systeme mit einbezogen. Das Merkmal der chemischen Blockierung trifft allerdings auf sie nicht zu, da das Monomer ja nicht chemisch vor der Reaktion mit Wasser geschützt ist und diese Inhibierung erst auf der Fügeteiloberfläche entfallen würde. Durch die Forderung nach Feuchtigkeitsausschluß, die vor der Verarbeitung über die Verpackung sicherzustellen ist, kann man eher von einer mechanischen Blockierung sprechen.

3.1.2.2 Mechanisch blockierte Reaktionsklebstoffe

Bei der mechanischen Blockierung werden die Reaktionspartner durch Trennwände aus inerten Materialien an einer Reaktion gehindert. Das kann im einfachsten Fall entweder durch verschiedene Packungseinheiten oder in getrennten Bereichen eines Behälters geschehen, der durch einen Einsatz oder eine Metallfolie unterteilt ist. Nach Durchstoßen und anschließendem Mischen ist der Klebstoff bei dieser Verpackungsart dann gebrauchsfertig; der Vorteil ist durch die bereits beim Klebstoffhersteller aufeinander abgestimmten Mengenverhältnisse der Klebstoffbestandteile gegeben. Bei Vorhandensein verschiedener Packungseinheiten sind mögliche Abweichungen im Verhältnis der Komponenten zueinander durch die bei dem Anwender durchzuführende Mischung nicht auszuschließen. In ähnlicher Weise sind für geringe Klebstoffanwendungen unterteilte Folienheftchen im Handel.

Eine relativ junge Art der mechanischen Blockierung von Reaktionsklebstoffen ist die Mikroverkapselung (Abschn. 3.9), die sich insbesondere für Schraubensicherungssysteme durchgesetzt hat.

3.1.3 Kalt- und warmhärtende Reaktionsklebstoffe

Je nachdem, ob die Reaktion nach dem Mischen der Reaktionspartner bei Raumtemperatur erfolgt oder einer Wärmezufuhr bedarf, unterscheidet man kalt- und warmhärtende Reaktionsklebstoffe. Maßgebend für die eine oder andere Reaktionsart ist entweder die Reaktivität der Basismonomere oder auch eine gezielt vorgenommene chemische Blockierung (Abschn. 3.1.2.1). Weiterhin sind auch Fälle möglich, in denen ein Reaktionspartner bei Raumtemperatur in festem Aggregatzustand vorliegt und erst nach Erwärmen auf seinen Schmelzpunkt in Reaktion tritt (z.B. Vernetzung von Epoxidverbindungen mit Phthalsäureanhydrid, Schmelzpunkt 132°C).

3.1.3.1 Kalthärtende Reaktionsklebstoffe

Sie besitzen sehr reaktive Molekülgruppierungen, z.B. Epoxidverbindungen mit aliphatischen Aminen (Abschn. 2.2.1.2), Diacrylsäureester (Abschn. 2.1.1.2), Cyanacrylate (Abschn. 2.1.1.1), Polymethylmethacrylate (Abschn. 2.1.2.1), Polyurethane (Abschn. 2.2.2). Der Vorteil dieser Klebstoffe liegt einerseits in dem geringen Verarbeitungsaufwand, da keine Wärmequellen benötigt werden und andererseits in den relativ kurzen Zeiten bis zur Erzielung einer ausreichenden Anfangsfestigkeit. Allgemein ist festzustellen, daß die erzielbaren Festigkeiten dieser Klebungen geringer als bei warmhärtenden Klebstoffen sind, daher erfolgt ein Einsatz häufig auch dort, wo geringere Festigkeitsansprüche an die Klebung gestellt werden oder wo die Festigkeiten der zu verbindenden Fügeteile an sich niedriger liegen.

Kalthärtende Klebstoffe sind auch dort vorteilhaft im Einsatz, wo die Fügeteile keiner thermischen Belastung unterliegen dürfen, z.B. bei Kunststoffen, oder wo sehr unterschiedliche Wärmeausdehnungskoeffizienten der Fügeteile zu berücksichtigen sind. Bei fast allen kalthärtenden Klebstoffen finden nach Erreichen der Anfangsfestigkeit noch Nachhärtungen statt, die bis zu der maximal erreichbaren Festigkeit mehrere Tage dauern können. (Abschn. 3.1.1.1.1). Eine Verringerung dieser Zeit kann ggf. durch ein kurzzeitiges „Wärmeaktivieren" bei ca. 50°C erfolgen, damit die Reaktion schneller „anspringt" (s. auch Abschn. 12.3.4).

3.1.3.2 Warmhärtende Reaktionsklebstoffe

Diese Klebstoffart härtet oberhalb Raumtemperatur aus, vorwiegend in Bereichen zwischen 100 bis 150°C, darüberhinaus als „heißhärtende Klebstoffe" bei Temperaturen bis ca. 250°C. Die erforderliche Reaktionszeit ist bei diesen Systemen stark von der Temperatur abhängig, höhere Temperaturen ergeben geringere Reaktionszeiten und umgekehrt (Abschn. 3.1.1.2). Aufgrund der vorliegenden Reaktionsmechanismen ist es in den meisten Fällen möglich, die Faktoren Temperatur und Zeit im vorbeschriebenen Sinn zu variieren, ohne daß es zu kritischen Festigkeitsverlusten der Klebung kommt. Dabei dürfen allerdings spezifische Temperaturwerte, wie z.B. der Schmelzpunkt eines Reaktionspartners oder die Zerfallstemperatur eines blockierten Katalysators nicht unterschritten werden. Man kann grundsätzlich davon ausgehen, daß die angebotene Wärmemenge, die sich aus den jeweiligen Größen von Temperatur und Zeit ergibt, weitgehend konstant sein soll.

Vorteilhaft bei der Verarbeitung warmhärtender Reaktionsklebstoffe ist der von der Topfzeit weitgehend unabhängige Fertigungsablauf. Da der Aushärtungsvorgang erst bei Temperatureinwirkung einsetzt, kann dieser Zeitpunkt dem Produktionsprozeß angepaßt und unabhängig von dem Klebstoffauftrag gewählt werden. Wegen des temperaturbedingten erhöhten Vernetzungsgrades besitzen warmhärtende Reaktionsklebstoffe in der Regel höhere Festigkeiten als die kalthärtenden Systeme.

3.1.4 Lösungsmittelhaltige Reaktionsklebstoffe

Diese Systeme sind von den „Lösungsmittelklebstoffen" (Abschn. 3.2) und den „Kleblösungen" (Abschn. 3.2 und 13.3.3.2), bei denen es sich um physikalisch abbindende Klebstoffe handelt, streng zu trennen. Die Unterscheidung der Reaktionsklebstoffe in lösungsmittelhaltige und lösungsmittelfreie Systeme ergibt sich im wesentlichen auf Grund der verschiedenen möglichen Viskositäten der Basismonomere bzw. Prepolymere. Da für die optimale Benetzung der Fügeteile eine entsprechend niedrige Viskosität Voraussetzung ist, gelingt es häufig nur über geeignete Lösungsmittelgemische, die Monomer- bzw. Prepolymerviskositäten zu reduzieren. Weiterhin sind nur über derartige Verdünnungseffekte die Möglichkeiten gegeben, geringere Klebschichtdicken, z.B. bei großflächiger Kaschierung (Abschn. 3.5), einzuhalten oder die Reaktionsklebstoffe auf die spezifischen Verarbeitungsanforderungen der Auftragsanlagen einzustellen. In jedem Fall sind die als Verarbeitungshilfe dienenden Lösungsmittel nach dem Auftragen des Klebstoffs durch Ablüften wieder zu entfernen, hierfür gelten die gleichen physikalischen Gesetzmäßigkeiten wie für die Lösungsmittelklebstoffe (Abschn. 3.2).

Bei den lösungsmittelfreien Reaktionsklebstoffen sind die beteiligten Monomere selbst derart niedrigviskos, daß sie zum Verarbeiten und zum Benetzen der Oberfläche keiner Lösungsmittel bedürfen.

3.2 Lösungsmittelklebstoffe

Unter Lösungsmittelklebstoffen (auch „Kleblösungen" genannt) werden solche Klebstoffe verstanden, bei denen die Polymere in ihrem molekularen Endzustand in flüchtigen organischen Lösungsmitteln gelöst sind. Bei speziellen Klebstoffarten (z.B. Dispersionsklebstoffe, Abschn. 3.5) wird als Lösungsmittel auch Wasser verwendet. Das Lösungsmittel dient lediglich als Verarbeitungshilfe und wird – im Gegensatz zu den reaktiven Lösungsmitteln (Abschn. 2.3.3.2) – kein Bestandteil der Klebschicht. In jedem Fall handelt es sich um physikalisch abbindende Systeme. Je nach den Eigenschaften der Werkstoffe müssen die Lösungsmittel vor dem Zusammenbringen der Fügeteile verdunsten (z.B. bei undurchlässigen Werkstoffen wie Metallen, Glas etc.), sie können auch ganz oder teilweise in die Klebfuge eingebracht werden und verdunsten anschließend (bei porösen oder „aufsaugenden" Werkstoffen wie z.B. Papier, Pappe, Holz, Keramik etc.). Für eine Entfernung ggf. vorhandener Restlösungsmittel ist die Anwendung von Druck auf die Klebfuge erforderlich. In diesem Zusammenhang ist festzuhalten, daß, solange noch Lösungsmittel anwesend ist, dieses die Klebstoffmoleküle daran hindert, mit der zu klebenden Oberfläche in ausreichender Menge in Kontakt zu kommen. Somit verzögert sich die vollständige Benetzung der Oberfläche durch die Klebstoffmoleküle.

Zum Lösen der Polymere in organischen Lösungsmitteln müssen die Lösungsmittelmoleküle die zwischen den Makromolekülen wirkenden physikalischen Kräfte (Abschn. 6.3) überwinden. Daher sind die Eigenschaften der verwendeten Lösungsmittel (u.a. ihre Polarität) für die Löslichkeit der Polymere von entscheidender Bedeutung. Eine Aussage über das Lösungsvermögen von Lösungsmitteln oder Lösungsmittelgemischen ist über deren Löslichkeitsparameter

$$\delta = \sqrt{\frac{\Delta E}{V_m}} \qquad (3.11)$$

möglich. In dieser Gleichung bedeuten ΔE die molare Verdampfungsenthalpie und V_m das Molvolumen. Eine Ableitung zur Ermittlung des Löslichkeitsparameters aus der Verdampfungswärme eines Lösungsmittels ist in [M12] wiedergegeben. Im physikalischen Sinn erfaßt der Löslichkeitsparameter das „Anziehungsmaß" der Moleküle eines Lösungsmittels untereinander, die sogenannte Kohäsionsenergiedichte. Diese kann man als die für die Verdampfung eines Molvolumens erforderliche Wärmemenge definieren bzw. in erweitertem Sinn als ein Maß dafür angeben, inwieweit die Lösungsmittelmoleküle sich für die erforderliche Aufnahme fremder, zu lösender Moleküle voneinander trennen lassen. Die Kohäsionsenergiedichte wird um so größer sein, je größer die für die Verdampfung benötigte Wärmemenge ist. Die Löslichkeit eines Polymers in einem Lösungsmittel ist somit durch den Vergleich beider

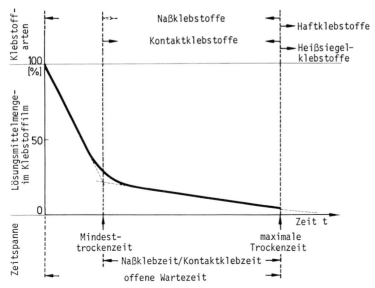

Bild 3.10. Abhängigkeit der Lösungsmittelmenge in der flüssigen Klebschicht von der Zeit.

Löslichkeitsparameter gegeben. Die Löslichkeit ist um so besser, je ähnlicher sich diese Werte sind, so daß die Löslichkeitsbedingung resultiert:

δ Lösungsmittel $\sim \delta$ Polymer.

Es kann weiterhin festgestellt werden, daß Polymere mit einer hohen Kristallinität auf Grund der regelmäßigen Molekülanordnung und somit schwierigeren „Lösungsmitteldurchdringung" schwerer löslich sind als amorphe Polymere, wie die Beispiele verschiedener Polyamide, Polyester sowie das Polytetrafluorethylen zeigen.

Für die auf Lösungsmittelbasis aufgebauten Klebstoffarten ist der zeitliche Zusammenhang von Fügeteilvereinigung und dem jeweiligen Grad der noch vorhandenen Lösungsmittelkonzentration in der flüssigen Klebschicht ein entscheidendes Kennzeichen. Die folgenden Begriffe sind in diesem Zusammenhang zu definieren (Bild 3.10):

• *Mindesttrockenzeit*: Während der Mindesttrockenzeit entweicht der größte Anteil des in dem flüssigen Klebstoff enthaltenen Lösungsmittelsystems. Diese Zeit sollte vor dem Vereinigen der Fügeteile in jedem Fall verstreichen, auch wenn es sich um lösungsmitteldurchlässige Werkstoffe handelt. Diese Forderung ergibt sich aus Gründen der Produktionsgeschwindigkeit, da die Festigkeit der Klebfuge erst mit zunehmender Entfernung des Lösungsmittels aus der Klebschicht ansteigt. Ein weiterer Grund besteht in der Möglichkeit, auf diese Weise die größten Lösungsmittelanteile in hoher Konzentration den gegebenen Auflagen entsprechend „unschädlich" zu machen.

• *Naßklebzeit*: Die Naßklebzeit (früher „offene" Zeit) ist definiert als die Zeitspanne, innerhalb derer nach dem Klebstoffauftrag ein Naßkleben bzw. Kontaktkleben möglich ist, ohne daß die Endfestigkeit verringert wird. Sie liegt zwischen der Mindesttrockenzeit und der maximalen Trockenzeit.

- *Kontaktklebzeit*: Früher ebenfalls als „offene" Zeit definiert, die Zeitspanne nach einer Mindesttrockenzeit, während der die beim Berühren scheinbar trockenen Klebstoffilme vereinigt werden können (Abschn. 3.3).
- *Maximale Trockenzeit*: Sie ist gekennzeichnet durch die Zeitspanne bei Naß- und Kontaktklebstoffen, die gerade noch eine Klebung ermöglicht. Wird die maximale Trockenzeit überschritten, haben sich die Polymerschichten bereits so verfestigt, daß keine „Klebrigkeit" (Abschn. 3.4.2) mehr vorhanden ist und nur über eine erneute Lösungsmittelaktivierung wieder erzielbar wäre. Bei der maximalen Trockenzeit sind die für eine einwandfreie Klebung erforderlichen Anteile an Restlösungsmitteln im Klebstoffilm noch enthalten.
- *Wartezeit (offene)*: Zeitspanne, die zwischen dem Klebstoffauftrag und dem Vereinigen der Fügeteile liegt, sie schließt also die Zeitspanne der Mindesttrockenzeit mit ein.
- *Wartezeit (geschlossene)*: Zeitspanne, während der eine Klebung durch Fixieren gehalten werden muß, bis die Festigkeit so groß ist, daß die Fügeteile aufgrund von Eigenspannungen oder äusseren Krafteinwirkungen nicht mehr gegeneinander verschoben werden können.

Die Form der in Bild 3.10 dargestellten Kurve ist abhängig von der Art und der Menge des aufgetragenen Klebstoffs und von der Temperatur. Zunächst entweichen die grösseren Lösungsmittelanteile mit niedrigen Siedepunkten, zum Ende der maximalen Trockenzeit liegen die noch vorhandenen Lösungsmittelreste z.T. an den Polymermolekülen physikalisch gebunden (Adsorption) vor und würden zu ihrer vollständigen Entfernung außerordentlich langer Zeiten bedürfen. Eine Verkürzung der offenen Wartezeit kann, wie Bild 3.11 zeigt, über erhöhte Temperaturen erfolgen. Hierbei ist allerdings darauf zu achten, daß die Höhe der Temperatur und die Zeit sorgfältig aufeinander abgestimmt werden, da anderenfalls durch eine mögliche beginnende Verfestigung der Oberfläche des Klebstoffilms Lösungsmitteleinschlüsse erfolgen können. Bei weiter steigender Temperatur würden diese dann zu einer Blasenbildung in der Klebschicht führen.

Bemerkung: Der Begriff „Trocknen" bei diesen physikalisch abbindenden Klebstoffarten darf nicht mit dem Begriff „Vorhärten" bzw. auch „Vortrocknen" bei den chemisch reagierenden

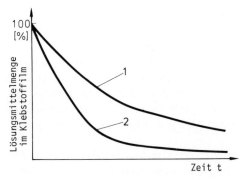

Bild 3.11. Einfluß der Temperatur auf die Lösungsmittelverdunstung aus flüssigen Klebschichten. Kurve 1: Raumtemperatur, Kurve 2: erhöhte Temperatur.

Klebstoffen verwechselt werden, da im vorliegenden Fall ja keine chemische Härtungsreaktion stattfindet.

Die in der erwähnten Weise definierten Begriffe ergeben eine Möglichkeit, die auf Lösungsmittelbasis bekannten physikalisch abbindenden Klebstoffarten gegeneinander abzugrenzen. Bild 3.10 zeigt die entsprechende Zuordnung.
• *Naßklebstoffe*: Vereinigen der Fügeteile zwischen Mindesttrockenzeit und maximaler Trockenzeit. Bei sehr lösungsmitteldurchlässigen Werkstoffen können die Fügeteile auch direkt nach dem Klebstoffauftrag vereinigt werden, als zeitliche Abhängigkeit ergibt sich dann die offene Wartezeit. Nach Überschreiten der maximalen Trockenzeit besitzen die Naßklebstoffe — im Gegensatz zu den Haftklebstoffen — keine Klebrigkeit mehr, so daß die Einhaltung dieser zeitlichen Grenze von großer Wichtigkeit ist.
Festigkeitskriterium: Geringe Anfangsfestigkeit.
Bemerkung: Die Bezeichnung „Naßklebstoff" wird nur in diesem Zusammenhang in Abgrenzung zu „Kontaktklebstoff" erwähnt, sie stellt keine allgemein übliche Klebstoffartbezeichnung dar.
• *Kontaktklebstoffe*: Vereinigen der Fügeteile zwischen Mindesttrockenzeit und maximaler Trockenzeit. Zusätzliche Anwendung von Druck auf die Klebfuge.
Festigkeitskriterium: Hohe Anfangsfestigkeit.
• *Haftklebstoffe*: Bei diesen Klebstoffen erfolgt die Vereinigung der Fügeteile normalerweise nach Ablauf der maximalen Trockenzeit, weil die entstehenden Klebschichten auch nach restloser Entfernung der Lösungsmittel eine permanente Klebrigkeit aufweisen.
Festigkeitskriterium: Anfangsfestigkeit $\sim$ Endfestigkeit.
• *Heißsiegelklebstoffe*: In diesem Fall müssen alle vorhandenen Lösungsmittel verdunsten. Die verbleibende Klebschicht wird nach der Vereinigung der Fügeteile durch Wärme wieder aktiviert.
Festigkeitskriterium: Anfangsfestigkeit $\sim$ Endfestigkeit.

Im Gegensatz zu der hier beschriebenen Klebschichtverfestigung durch äußere Wärmezufuhr wird bei den *Hochfrequenz-Schweißhilfsmitteln* die Siegeltemperatur durch eine Eigenerwärmung der Klebschicht bei Anwendung von Hochfrequenz erzielt. Voraussetzung ist dabei jedoch, daß die Klebschicht einen hohen dielektrischen Verlustfaktor aufweist, erreicht wird diese Forderung durch polare Polymere wie z.B. Vinylchlorid- und Vinylacetat-Copolymere.

Als Basispolymere für Lösungsmittelklebstoffe kommen vorwiegend zum Einsatz: Polyvinylacetat und Copolymere, Polychlorbutadien, Nitrilkautschuk, Styrol-Butadien-Kautschuk, jeweils allein oder in Mischungen, Nitrocellulose, weiterhin kautschukähnliche Thermoplaste wie Polyisobutylen, Polyvinyläther, Polyvinylester, Polyacrylsäureester. Die Lösungsmittelgemische bestehen hauptsächlich aus Estern und Ketonen, ggf. mit Alkoholanteilen. Die Zusammensetzung wird durch die erwähnten Lösungs- und Verarbeitungseigenschaften bestimmt.

Von den Lösungsmittelklebstoffen zu unterscheiden sind die „anlösenden Klebstoffe" oder auch „Quellschweißmittel" (Abschn. 13.3.3.2), die speziell beim Kleben von Kunststoffen Anwendung finden.

Ergänzende Literatur zu Abschnitt 3.2: [S16].

3.3 Kontaktklebstoffe

Kontaktklebstoffe zeichnen sich dadurch aus, daß sie sich als scheinbar trockene Klebstoffilme auf den Fügeteiloberflächen dennoch durch Anwendung von Druck in sehr kurzer Zeit zu einer Klebschicht relativ großer Festigkeit vereinigen lassen. Es lassen sich zwei Möglichkeiten der Klebschichtverfestigung unterscheiden:
• Der in einem Lösungsmittelgemisch oder auch als Dispersion vorliegende Klebstoff wird auf beide Fügeteile aufgebracht (im Unterschied zu den einseitig aufgetragenen Haftklebstoffen) und anschließend getrocknet. Solange noch Lösungsmittelanteile vorhanden sind, sind die Moleküle der beiden Klebfilme nicht orientiert. Dadurch ergibt sich zunächst die Voraussetzung für die Ausbildung der Haftungseigenschaften zu der Fügeteiloberfläche. Mit weiterer Abnahme des Lösungsmittelanteils beginnen bei den kristallisierenden Polymeren die Makromoleküle sich zu orientieren, d.h. die Verfestigung der Klebschicht tritt infolge beginnender Kristallisation ein. Hierbei ist es nun wichtig, daß die Vereinigung der Fügeteile zu einem Zeitpunkt erfolgt, zu dem die Moleküle beider Klebschichten aufgrund des noch vorhandenen Lösungsmittelrestes ausreichend beweglich sind. Dann können sie sich orientieren, um ein gemeinsames Kristallgitter und somit die entsprechende Kohäsionsfestigkeit der Klebschicht aufzubauen. Diese Art der Ausbildung von Kohäsionskräften bezeichnet man bei der Vereinigung kautschukelastischer Schichten des gleichen Materials auch als „Autohäsion". Es ist also wichtig, den zeitlichen Ablauf der Kontaktklebzeit genau einzuhalten. Bei Überschreitung der maximalen Trockenzeit tritt bereits weitgehend eine getrennte Orientierung bzw. Kristallisation in beiden Klebschichten ein, so daß geringere Festigkeitswerte resultieren. Diese Voraussetzungen gelten insbesondere bei dem zur Kristallisation fähigen Polychloropren (Abschn. 2.1.4.2). Durch Zugabe ausgewählter Harze kann durch deren Kristallisationsverzögerung die Kontaktklebzeit bei den Polychloroprenklebstoffen verlängert werden.
• Neben der Klebschichtverfestigung durch Kristallisation ist für nicht kristallisierende Polymere die Ausbildung der gemeinsamen Klebschicht über eine Diffusion der Makromoleküle beider Schichten jeweils in die andere erklärbar. Die Notwendigkeit der erforderlichen Diffusion ergibt sich durch die Vorstellung, daß eine nur oberflächlich gegebene Aneinanderlagerung der Moleküle keine ausreichenden zwischenmolekularen Kräfte für die vorgesehene Klebschichtfestigkeit bewirken würde. Da für die gegenseitige Diffusion und anschließende Verknäuelung der Moleküle untereinander wiederum eine gewisse Beweglichkeit der Makromoleküle erforderlich ist, gewinnt auch in diesem Fall die Einhaltung der Kontaktklebzeit eine besondere Wertigkeit.

Zwischen den beiden Parametern Kontaktklebzeit und Anfangsfestigkeit besteht ein Zusammenhang in dem Sinn, daß eine (allgemein gewünschte) lange Kontaktklebzeit zu einer geringen Anfangsfestigkeit bei gleichzeitigem langsamen Abbinden führt und umgekehrt. Je nach vorgesehenem Fertigungsablauf läßt sich die erforderliche Kontaktlebzeit über die eingesetzten Lösungsmittelsysteme und/oder verwendeten Harze beeinflussen. Einer der Faktoren, der für die „Klebrigkeitsdauer" von Bedeutung ist, besteht in der Retention von Lösungsmittelspuren, die vorübergehend als Weichmacher wirken und somit die Rheologie der trocknenden Klebschicht im Moment der Klebung bestimmen.

Ein typisches Beispiel für eine Kontaktklebung ist die Reparatur eines Reifens, bei dem der Kontaktklebstoff (die „Gummilösung") auf beide Gummiflächen aufgetragen wird. Nach Erreichen der Mindesttrockenzeit ergibt ein starkes Zusammendrücken der beiden Fügeflächen sofort eine feste Klebung.

Die Zusammensetzung der Kontaktklebstoffe ist sehr vielfältig. Als Grundstoffe dienen in erster Linie Polychloropren-, Nitril- oder Styrol-Butadien-Kautschuktypen, als klebrigmachende Harze Kolophonium-, Phenol- und auch Kohlenwasserstoffharze.

Ergänzende Literatur zu Abschnitt 3.3:[A2, D2, L3, W5].

3.4 Haftklebstoffe

Im Gegensatz zu den Klebstoffen, die wegen der erforderlichen Benetzung der Fügeteiloberflächen in niedrigviskosem Zustand verarbeitet werden müssen, basieren die Haftungsvorgänge und Festigkeitseigenschaften bei Haftklebstoffen auf anderen Grundlagen. Sie unterscheiden sich gegenüber den sog. „Festklebstoffen" (Abschn. 2.4), die in der Klebfuge durch chemische Reaktionen aushärten, dadurch, daß sie aus dauerhaft klebrigen und permanent klebfähigen Produkten bestehen. Sie sind dadurch charakterisiert, daß sie lediglich durch Andrücken an die Oberfläche der zu verklebenden Fügeteile eine „Benetzung" herbeiführen, die ausreichende Haftungskräfte ergibt. Entscheidend ist also die Anwendung eines Anpreßdruckes. Die angelsächsische Bezeichnung „*Pressure Sensitive Adhesives* (PSA)" für diese Klebstoffart kennzeichnet diese Verarbeitungsweise deutlich.In diesem Zusammenhang ist grundsätzlich zu bemerken, daß die durch Anpressen entwickelten Haftungskräfte und Festigkeitseigenschaften nicht in der Größenordnung liegen, wie sie von den chemisch reagierenden Klebstoffen bekannt sind, bei denen sich die Adhäsionskräfte aus direkten Wechselwirkungen zwischen Klebstoff und Fügeteiloberfläche aus der flüssigen Phase heraus bilden. Zu erwähnen ist weiterhin, daß sich Haftklebschichten meistens ohne Zerstörung der geklebten Substrate von der Fügeteiloberfläche wieder abziehen lassen. Sie werden aus diesem Grunde vielfältig auch dort bevorzugt eingesetzt, wo eine spätere Trennung der Klebung erwünscht ist.

Als Basispolymere sind eine Vielzahl an Klebstoffgrundstoffen in Kombination mit entsprechenden Zusätzen (klebrigmachende Harze, Weichmacher, Antioxidantien) im Einsatz, so u.a. Naturkautschuk, Butylkautschuk, Styrol-Butadien-Copolymere (SBR-Kautschuk), Acrylnitril-Copolymere, Polychloropren, Polyisobutylen, Polyvinyläther, SBS- und SIS-Blockpolymere, Acrylate, Polyester, Polyurethane, Silikone.

Die verschiedenen Haftklebstoffe haben von der Formulierung her gesehen alle einen ähnlichen Aufbau, das Basispolymer als kohäsionsbestimmende Komponente, klebrige Harze und Weichmacher als adhäsionsbestimmende Bestandteile und die Zusatzstoffe als Substanzen für spezifische Eigenschaftsbildungen. Kennzeichnend ist für diese Systeme, daß die Klebschicht dauernd im Zustand einer „Flüssigkeit" mit sehr hoher Viskosität verbleibt. Das setzt in jedem Fall niedrige Einfriertemperaturen (Abschn. 4.4.1) voraus, die beträchtlich unterhalb der Anwendungstemperatur liegen müssen, damit sich die Klebschichten im Anwendungsfall auch wie hochviskose Flüssigkeiten verhalten können (pseudoliquider Zustand). Die wichtigsten Parameter für die Verarbeitungseigenschaften der Haftklebstoffe sind

- die spezifische Haftkraft, d.h. die Ausbildung ausreichender Haftungseigenschaften an der Fügeteiloberfläche;
- das Benetzungsvermögen im Hinblick auf eine schnelle Anfangshaftung;
- die Klebschicht-(Kohäsions-) festigkeit;
- die thermische und chemische Belastbarkeit.

Die Haftklebstoffe können auf verschiedene Weise auf die Trägermaterialien aufgetragen werden, und zwar
- aus organischen Lösungsmittelsystemen,
- aus wäßrigen Dispersionen,
- aus der Schmelze.

Die jeweilige Verfahrensanwendung wird sowohl von der Art des Basispolymers als auch von den Substraten sowie den gegebenen Fertigungsvoraussetzungen bestimmt. Zur Vermeidung der durch lösungsmittelhaltige Systeme bedingten Umweltschutzauflagen haben sich strahlenvernetzende Formulierungen (Acrylatbasis) und das Auftragen aus der Schmelze verstärkt eingeführt. Im letzteren Fall spricht man von Haftschmelz- oder auch Schmelzhaftklebstoffen; der Auftrag aus der Schmelze hat den Vorteil, höhere Klebschichtdicken (bis ca. 100 g/m^2) auftragen zu können (*Hot Melt Pressure Sensitive Adhesives* HMPSA).

Die wesentliche Anwendung der Haftklebstoffe liegt auf dem Gebiet der ein- und doppelseitig klebenden Klebebänder (Abschn. 3.12.1) sowie der Haft- bzw. Selbstklebeetikette. Für die Haftklebstoffe sind weitere ergänzende Bezeichnungen üblich, wie z.B. *„druckempfindliche Klebstoffe"*, *„schnellhaftende Klebstoffe"*, *„Selbstklebemassen"*. Auch die Bezeichnung *„Trockenklebstoff"* wird gelegentlich für diese Klebstoffart angewendet, die man ebenfalls von anderen lösungsmittelfreien Klebstoffen, wie z.B Heißsiegelklebstoffen oder auch von Klebstoffolien kennt.Die ebenfalls für Haftklebstoffe verwendeten Begriffe Adhäsionsklebstoffe oder Adhäsionsklebung stellen im Prinzip Bezeichnungen dar, die für alle Klebstoffe anwendbar sind und die daher als Beschreibung für eine einzelne Klebstoffart wenig sinnvoll erscheinen. Sie finden ihre Berechtigung in der Abgrenzung zu der bei den Kunststoffen angewandten „Diffusionsklebung" (Abschn.13.3.3.2). Als *„Kaltsiegelklebstoffe"* bezeichnet man Produkte, die auf vergleichbarer Basis wie die Haftklebstoffe aufgebaut sind und die insbesondere in der Verpackungsindustrie für Folien und flexible Verpackungen im Einsatz sind. Ihr Vorteil liegt darin, daß sich bei der Herstellung der Fügeverbindung („versiegeln") keine thermische Belastung des abgepackten Produkts ergibt. Sie zeichnen sich durch sehr hohe Verarbeitungsgeschwindigkeiten aus, da die Kaltsiegelung nur druck- und nicht zeitabhängig ist. Das Basismonomer ist vorwiegend Neopren.

Ergänzende Literatur zu Abschnitt 3.4 [B3, B9, B10, D16, G5, M2 bis M4, M13, M14, P7, P8, S3, S17 bis S19, V2, Z19].

3.4.1 Grundlagen der Haftklebung

Wie in Abschnitt 3.4 erwähnt, basieren die Haftungsvorgänge und die Festigkeitseigenschaften bei den Haftklebstoffen wegen der hohen Viskositäten auf anderen Grundlagen als sie bei dünnflüssigen Klebstoffen gegeben sind. Im letzteren Fall ist über eine ausreichende Benetzung die Annäherung der Moleküle bzw. Atome in den atomaren Abstandsbereich (10^{-8} cm) gegeben, in dem sich die zwischenmolekularen Kräfte ausbilden können (Abschn. 6.1.4). Es erhebt sich daher die Frage, wie die Entstehung der die Festigkeit der Klebung bestimmenden Kräfte bei den hochviskosen Haftklebstoffen erklärt werden kann. Hierzu sind zwei physikalische Deutungen möglich, die mit gewissen Einschränkungen die grundlegenden Zusammenhänge zu beschreiben vermögen. Die eine geht von dem strömungsmechanischen Verhalten von Flüssigkeiten aus, wie es von Stefan [S15] beschrieben wurde, die andere basiert auf dem Oberflächenspannungsverhalten von Flüssigkeiten.

3.4.1.1 Haftung als Folge des strömungsmechanischen Verhaltens von Flüssigkeiten

Diese Theorie geht von dem folgenden Modell aus (Bild 3.12):
- Zwischen zwei als kreisförmig mit dem Radius r angenommenen parallelen und ebenen Platten befindet sich ein Flüssigkeitsfilm, der auch über den Bereich der Kontaktfläche hinausgeht, in seinem Volumen also nicht begrenzt ist. (In dieser Vorgabe liegt ein diese Theorie in ihrer Aussagekraft für die Haftklebung einschränkendes Merkmal).
- Beim Angreifen der Kraft F vergrößert sich der Abstand d auf $d + d_x$ (Bezeichnung d in Analogie zur Klebschichtdicke d) und somit das Volumen zwischen den beiden Platten. Das hat eine Abnahme des hydrostatischen Drucks der Flüssigkeit zwischen den beiden Platten und ein Einströmen der Flüssigkeit von außen zur Folge.
- Diese Strömungsgeschwindigkeit wird bei gegebener Druckdifferenz um so kleiner sein,
  - je geringer der Strömungsquerschnitt d (also die Klebschichtdicke) ist. Hier wirkt sich der Einfluß der Flüssigkeitsreibung an den Grenzflächen aus;
  - je länger die Strömungsbahn, gekennzeichnet durch den Plattenradius r (also die Klebfläche) ist, ebenfalls durch die Flüssigkeitsreibung an den Grenzflächen beeinflußt;
  - je höher die Viskosität der Flüssigkeit (der Klebschicht) ist.
- Die Geschwindigkeit, mit der die beiden Platten voneinander getrennt werden können, wird demnach um so kleiner sein, je geringer der Abstand zwischen ihnen ist (enge Strombahn), und je größer die Platten sind (lange Strombahn).
- Die Größe der Kraft, mit der die beiden Platten voneinander getrennt werden können (die Haftfestigkeit der Klebung) wird also maßgebend von dem „Nachfließen" der

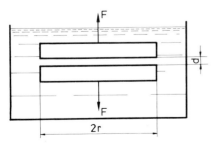

Bild 3.12. Modell zur Beschreibung der Festigkeit von Haftklebungen (nach Stefan).

Flüssigkeit, also deren Strömungsgeschwindigkeit bestimmt; je schneller die Flüssigkeit (die Klebschicht) nachfließen kann, desto geringer die Trennkraft.
Aufgrund experimenteller Untersuchungen dieser Zusammenhänge hat Stefan die folgende Gleichung abgeleitet:

$$F = \frac{3\pi r^4 \eta}{4 t d^2}. \tag{3.12}$$

(F aufzuwendende Trennkraft in N; r Plattenradius in cm; η Viskosität der Flüssigkeit in Nscm^{-2}; t Zeit der Krafteinwirkung in s; d Abstand der Platten in cm).
Die Diskussion dieser Gleichung zeigt trotz der erwähnten Einschränkung die prinzipielle Anwendbarkeit auf Haftklebungen:
• Die aufzuwendende Trennkraft ist proportional der Viskosität, somit verursachen hohe Viskositäten auch große Trennkräfte, die Festigkeit der Klebung steigt also mit zunehmender Klebschichtviskosität.
• Die Trennkraft ist umgekehrt proportional dem Quadrat des Plattenabstands. Da dieser Plattenabstand (Klebschichtdicke) gegenüber dem Plattenradius (Klebfläche) sehr klein ist, ergeben sich ebenfalls hohe Werte für die Trennkraft.
• Die Trennkraft ist umgekehrt proportional der Zeit, die Trennung einer Haftklebung ist demnach ein zeitabhängiger Fließvorgang.

Gerade die letzte Beziehung stimmt mit den Erfahrungen aus der Praxis gut überein, bei denen sich Haftklebungen bei statischer Langzeitbelastung durch Fließen der Klebschicht (Kriechen) lösen. Auf der anderen Seite vermögen sie hohe kurzzeitig wirkende Kräfte zu ertragen, was an Beispielen von Fügeteilbrüchen bei Schlagbeanspruchung demonstriert werden kann. Trotz der notwendigen Einschränkung charakterisieren die Zusammenhänge der Stefanschen Gleichung in hohem Maße das Verhalten von Haftklebungen.

3.4.1.2 Haftung als Folge des Oberflächenspannungsverhaltens von Flüssigkeiten

Für die Erklärung dieser Zusammenhänge dient das Modell Bild 3.13:
• Zwischen zwei parallelen ebenen Flächen befindet sich eine kreisförmige Flüssigkeitsschicht vom Radius r_1 und der durch den Plattenabstand vorgegebenen Dicke d (Bild a).
• Bei vollständiger Benetzung der Oberfläche durch die Flüssigkeit wird die Flüssigkeitsschicht die in Bild b dargestellte Form annehmen und durch eine nach innen gekrümmte Fläche begrenzt sein, deren Krümmung angenähert als Halbkreis mit dem Radius r_2 angesehen werden kann, somit wird $d \sim 2r_2$. Der Radius r_2 ist dabei gegenüber dem Radius r_1 um ein Vielfaches kleiner.

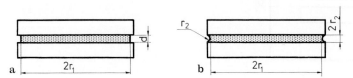

Bild 3.13. Modell zur Beschreibung der Festigkeit von Haftklebungen (nach Laplace).

• Durch das Bestreben, die Oberfläche der Platten zu benetzen (Abschn. 6.4), kommt es zu einer Verringerung der Dicke der Flüssigkeitsschicht d bei gleichzeitiger geringfügiger Vergrößerung von $2r_1$. Das führt zu einer von innen über die Flüssigkeitsschicht wirkenden Zugkraft auf die Platten. Dieser Vorgang ist mit einem von außen auf die Platten wirkenden Druck p, durch den die Platten zusammengehalten werden, zu vergleichen.

Diese Zusammenhänge finden in der auf Laplace zurückgehenden Gleichung (Ableitung in [J14, Seite 196–201]) ihren Ausdruck wie folgt:

$$p = \sigma \left(\frac{1}{r_2} - \frac{1}{r_1} \right). \tag{3.13}$$

(σ Oberflächenspannung der Flüssigkeit)

Bei $r_2 \ll r_1$ ergibt sich aus (3.13), daß bei Annahme einer konstanten Oberflächenspannung der Druck, mit dem die Flächen zusammengepreßt werden, und aus dem die äquivalente Trennkraft abzuleiten ist, um so größer ist, je geringer bei gleichem r_1 die Flüssigkeitsschicht r_2 ($\sim d/2$) ist.

Bei der Übertragung auf Haftklebungen ergibt sich aus dieser Deutung der Nachteil, daß die Viskosität der Klebschicht in die Gleichung nicht mit eingeht. Die Möglichkeit einer Verringerung der Klebschicht- (= Flüssigkeitsschicht-)dicke ist ja um so größer, je geringer die Viskosität und je größer das Benetzungsvermögen der Klebflächen durch den Klebstoff ist. Gerade Haftklebstoffe verfügen jedoch über relativ hohe Viskositäten. Weiterhin gibt (3.13) den bereits beschriebenen zeitlichen Einfluß auf die Festigkeit der Klebschicht nicht wieder, so daß die Stefansche Betrachtungsweise trotz ihrer Einschränkungen für Haftklebstoffe als die allgemein gültigere angesehen werden kann.

Ergänzende Literatur zu Abschnitt 3.4.1: [B11, K22, K38].

3.4.2 Klebrigkeit (Tack)

Die Eigenschaft der Haftklebstoffe, eine sofortige Haftung an fast allen Werkstoffen zu bewirken, faßt man unter der Bezeichnung „Klebrigkeit" oder „Tack" zusammen. Eine klare Definition existiert für diesen Begriff bisher nicht. Substanzen werden als „klebrig" bezeichnet, wenn sie an anderen Werkstoffen „ankleben", das kann mit oder ohne zusätzliche Druckeinwirkung geschehen. Klebstoffe können unterschieden werden in solche, die eine permanente Klebrigkeit aufweisen und solche, die diese Eigenschaft nur für einen begrenzten Zeitraum besitzen. Klebstoffe, die durch eine chemische Reaktion aushärten, weisen keine permanente Klebrigkeit mehr auf, die Klebschichten befinden sich in einem festen Aggregatzustand. Klebschichten mit einer permanenten Klebrigkeit sind dem flüssig/hochviskosen Aggregatzustand zuzuordnen. Ihre Kohäsionsfestigkeit ist geringer als die der chemisch ausgehärteten Klebschichten. Die Klebrigkeit eines Klebstoffs wird durch Zugabe von klebrigmachenden Harzen, Weichmachern und Lösungsmitteln zu den Basismonomeren bzw. -polymeren erreicht, diese Zusätze gehen aber stets zu Lasten der Kohäsionsfestigkeit. Daher weisen derartige Klebstoffe bei einer Zeitstandbelastung stets eine gewisse Kriechneigung auf. Eine Definition des Begriffs „Klebrigkeit" wäre über die sog. „Initialhaftung" möglich, ein solches Vorgehen würde allerdings neben den Klebschichteigenschaften ebenfalls die — variablen — Oberflächeneigenschaften der Fügeteile mit einschließen.

Die Klebrigkeit einer Klebschicht setzt eine relativ große Beweglichkeit der Makromoleküle voraus, daher besitzen kristalline oder stark vernetzte Polymere diese Eigenschaft nicht. Aus der praktischen Anwendung ist dieser Zusammenhang bei den Schmelzklebstoffen zu erkennen, die im Gegensatz zur Raumtemperatur bei höheren Temperaturen auf Grund der gegebenen Molekülbeweglichkeit eine Klebrigkeit aufweisen. Klebrigkeit und Adhäsionsvermögen verringern sich wegen der abnehmenden Benetzungsfähigkeit proportional zu der inneren Verfestigung der Klebschicht. Entscheidend für eine praxisnahe Anwendung dieser Klebstoffarten ist zum einen eine schnelle Verfestigung (Kohäsion), zum anderen aber eine lange Klebrigkeitsdauer, um bei den vorgegebenen Fertigungszeiten variabel zu sein. Diese z.T. widersprüchlichen Forderungen lassen sich durch Zugabe höher siedender Lösungsmittel, träger kristallisierender Polymere sowie die Klebrigkeit erhöhende Harze erfüllen.

Neben der — sehr empirischen — Fingerdruckprüfung basieren reproduzierbare Meßmethoden zur Bestimmung der Klebrigkeit z.T. auf der Messung des Weges, den ein metallischer Zylinder oder eine Kugel auf der auf einer schiefen Ebene aufgebrachten klebrigen Schicht zurücklegt.

Ergänzende Literatur zu Abschnitt 3.4.2: [G6, J6, L12, L13, P9, S20, S21].

3.5 Dispersionsklebstoffe

Bei den Dispersionsklebstoffen befinden sich die für die Klebschichtbildung in Frage kommenden Polymere als feste Partikel in einem wäßrigen Dispersionsmittel. Die Ausbildung der Klebschicht erfolgt nach Verdunsten oder Verdampfen der flüssigen Phase. Physikalisch betrachtet liegen kolloiddisperse Sole vor, deren Komponenten bei Raumtemperatur aus festen Körpern und einer Flüssigkeit bestehen. Die äußere, durchgehende (kohärente) Phase wird als Dispersionsmittel, die innere, zerteilte (inkohärente) Phase als disperse Phase bezeichnet. Der Dispersionscharakter bedingt trotz hoher Festkörpergehalte (bis zu ca. 70%) dennoch relativ geringe Viskositäten, die für eine gute Benetzung erforderlich sind.

Bei der Herstellung der Dispersionsklebstoffe werden die Basismonomere zunächst in einer wäßrigen Phase emulgiert und darin anschließend polymerisiert. Das Polymerisat liegt in Form kleiner Partikel mit unterschiedlichen Teilchengrößen (10^{-4} bis 10^{-7}cm) (molekulardispers bis grobdispers) vor. Die einzustellende Partikelgröße richtet sich u.a. auch nach der vorgesehenen Anwendung im Hinblick auf die Fügeteiloberfläche, damit die dispergierten Teilchen in ihrer Mehrheit nicht in vorhandene Poren eindringen, sondern auf der Fügeteiloberfläche die Klebschicht ausbilden.

Das Abbinden der Dispersion, d.h. die Ausbildung der Klebschicht erfolgt dadurch, daß auf Grund des thermoplastischen Charakters der Polymerpartikel diese mit zunehmender Verdunstung des Wassers in immer dichteren Kontakt unter sich und mit der Fügeteiloberfläche kommen, bis eine Verknäuelung bzw. Verfilzung der Kettenmoleküle und die Ausbildung der Haftkräfte neben einer (bei porösen Werkstoffen) mechanischen Verklammerung die Klebung ergibt. Voraussetzung ist in jedem Fall, daß das Wasser aus dem Dispersionsverband entweder vor der Vereinigung (bei glatten Oberflächen) oder nach der Vereinigung (bei porösen bzw. saugfähigen Oberflächen) entweichen kann. Abhängig ist der Abbindevorgang ergänzend von der Temperatur und Luftfeuchtigkeit sowie von dem inneren Aufbau der Dispersion (Weichmachergehalt, Art und Menge ggf. anteiliger organischer Lösungsmittel, klebrigmachende Harze, Füllstoffe).

Die Vorteile der Dispersionsklebstoffe liegen vor allem in der Möglichkeit des Verwendens von Wasser als einem billigen, nicht brennbaren und nicht toxischen Lösungsmittel. Nachteilig kann daher allerdings auch eine verminderte Feuchtigkeitsbeständigkeit der Klebungen sein. Das Vorhandensein der für den Aufbau der Dispersion erforderlichen Schutzkolloide (z.B. Polyvinylalkohol), Emulgatoren (z.B. Kaliumoleat), Stabilisatoren und Oberflächenaktivierungsmittel in der Klebschicht führt weiterhin im Vergleich zu chemisch reagierenden Systemen zu geringeren Klebschichtfestigkeiten.

Die Dispersionsklebstoffe können aus verschiedenen Basispolymeren aufgebaut sein. Für einige ausgewählte Anwendungen sind die wichtigsten Polymere nachstehend aufgeführt:

• *Homopolymere Polyvinylacetat-Dispersionen* werden wegen ihrer besonders guten Haftung an cellulosehaltigen Substraten vielfältig für Holz- und Papierklebungen eingesetzt. Eine Unterscheidung erfolgt in kolloid geschützte Systeme (Schutzkolloid Polyvinylalkohol) und schutzkolloidfreie, tensid geschützte Systeme. Bei den letzteren findet die Polymeristion unter Zusatz oberflächenaktiver Tenside statt.

• *Copolymere Vinylacetat-Dispersionen* besitzen gegenüber reinen Polyvinylacetat-Dispersionen eine höhere Flexibilität ohne Weichmacherzusatz. Verwendung finden Acrylat-, Maleinat-, Ethylen-Copolymere.

• *Acrylat-Dispersionen* kommen bevorzugt für Haft- bzw. Permanentklebstoffe zum Einsatz.

• *Polyvinyliden-Dispersionen* werden wegen ihrer physiologischen Unbedenklichkeit insbesondere für Beschichtungen und Kaschierungen im Bereich von Lebensmittelverpackungen eingesetzt.

• *Butadien-Styrol-Dispersionen* finden zum Kaschieren von Aluminiumfolien auf Papier Anwendung.

• *Kautschuk-Dispersionen* kommen zum Einsatz als Alternative zu lösungsmittelhaltigen Kontaktklebstoffen (Abschn. 3.3); in ähnlicher Weise erfolgt ebenfalls Verwendung von Polychloropren-Latices. Bei den entsprechend bezeichneten *Latexklebstoffen* unterscheidet man solche auf Basis von Naturlatex und auf Basis der verschiedenen Synthesekautschuktypen. Die Vielfalt der für Klebstoffe interessanten dispergierbaren Polymere und die verschiedenen Dispergierverfahren haben es ermöglicht, praktisch für jeden Anwendungszweck maßgeschneiderte Dispersionen zur Verfügung zu stellen.

Unter *Hotmelt-Dispersionen* versteht man Systeme, bei denen das Polymer für die spätere Anwendung als Schmelzklebstoff (Abschn. 3.6) aus einer wäßrigen Phase abgeschieden wird. Sie werden auf der Basis verschiedener Thermoplaste, wie EVA-Copolymere (Abschn. 2.1.3.4), Polyamide (Abschn. 2.3.2) u.ä. unter Zusätzen von Harzen und Wachsen hergestellt.

Die Hauptanwendungsgebiete der Dispersionsklebstoffe liegen beim Kleben großflächiger Verbundsysteme, insbesondere bei flexiblen Fügeteilwerkstoffen im Folienbereich, z.B. Mehrschichtaufbauten aus Aluminium- und Kunststofffolien mit oder ohne Papierlagen. Klebstoffe für derartige Anwendungen werden auch als *Kaschier-* bzw. *Laminierklebstoffe* bezeichnet. Voraussetzung ist in jedem Fall, daß die Flexibilität der Klebschicht an die der Fügeteile angepaßt ist.

Ergänzende Literatur zu Abschnitt 3.5: [B12, G7, G8, T4].

3.6 Schmelzklebstoffe

Die Schmelzklebstoffe gehören zu den physikalisch abbindenden Klebstoffarten. Sie liegen bei Raumtemperatur einkomponentig in fester und lösungsmittelfreier Form vor, in Anlehnung an die angelsächsische Bezeichnung „Hotmelts" werden sie vielfach auch in der Überbetonung des Begriffes als „Heiß"-Schmelzklebstoffe bezeichnet.

Charakteristisch für alle Schmelzklebstoffe ist deren Zuordnung in die Gruppe der Thermoplaste (Abschn. 1.3.2.2) mit ihrem vorwiegend linearen kettenförmigen Aufbau und amorphem oder teilkristallinem Zustand.

3.6.1 Aufbau der Schmelzklebstoffe

Die wichtigsten für Schmelzklebstoffe eingesetzten Polymere sind:
— Polyamide, Copolyamide und Polyaminoamide (Abschn. 2.3.2),
— gesättigte Polyester (abgeleitet von PETP) (Abschn. 2.3.3.1),
— Ethylen-Vinylacetat-Copolymerisate (Abschn. 2.1.3.4).

Diese Polymere bestimmen im wesentlichen die eigentlichen Klebschichteigenschaften in bezug auf Haftung, Festigkeit und Temperaturverhalten. Für die Erzielung weiterer spezieller Eigenschaften (z.B. Kohäsionsfestigkeit, Viskosität, Erweichungspunkt, Abbindegeschwindigkeit) dienen Zusätze verschiedener Bestandteile, die wichtigsten sind:
• *Klebrigmachende Harze (Abschn. 2.7.5)* zur Erhöhung der Klebrigkeit der Schmelze bei der Verarbeitungstemperatur („Hitzeklebrigkeit", „Hot Tack") und der Adhäsionssteigerung;
• *Weichmacher (Abschn. 2.7.4)* zur Anwendung bei Polymeren, die über keine ausreichende Flexibilität verfügen;
• *Stabilisatoren, Antioxidantien (Abschn. 2.7.7)* zur Verminderung des oxidativen Abbaus während der Verarbeitung der Schmelze unter Sauerstoffeinfluß;
• *Füllstoffe, Streckmittel (Abschn. 2.7.6)* zur Festigkeitserhöhung und ggf. der Kostenreduzierung.

Unter *reaktiven Schmelzklebstoffen* sind Formulierungen zu verstehen, die eine Kombination aus physikalisch abbindenden und chemisch reagierenden Systemen darstellen. Ihr Aufbau und ihre Wirkungsweise ist — auf Basis der Polyurethane — in Abschn. 2.2.2.4 beschrieben.

3.6.2 Charakteristische Merkmale der Schmelzklebstoffe

Gegenüber den chemisch reagierenden Klebstoffen zeichnen sich die Schmelzklebstoffe als Thermoplaste durch die im folgenden beschriebenen charakteristischen Eigenschaftsparameter aus:

- *Erweichungstemperatur*: Definiert als die Temperatur, bei der sich ein Polymer unter dem Einfluß seiner eigenen Schwere verformt. In vielen Fällen, insbesondere bei Copolymeren, existiert keine definierte Erweichungstemperatur sondern ein entsprechender Temperaturbereich. Ganz allgemein ändern sich bei thermoplastischen Polymeren die wesentlichen mechanischen Eigenschaften, wie z.B. Zugfestigkeit und Elastizitätsmodul bis zum Erweichungsbereich weitgehend linear, im Erweichungsbereich tritt dann oft eine sprunghafte Abnahme um mehrere Zehnerpotenzen ein (Bild 4.7). Die Kenntnis des Erweichungspunktes ist für die Anpassung des Schmelzklebstoffs an die Temperaturanforderungen des Anwendungsfalles wichtig. In diesem Zusammenhang wird als Wärmestandfestigkeit das Vermögen einer Klebschicht definiert, einer Temperaturbeanspruchung gegenüber langzeitig ohne Deformation zu widerstehen. Bei Schmelzklebstoffen liegt diese Temperatur in jedem Fall unterhalb der Erweichungstemperatur.
- *Schmelztemperatur*: Diese ist bei Schmelzklebstoffen in ähnlicher Weise wie die Erweichungstemperatur nur als Schmelz- oder Erweichungsbereich vorhanden.
- *Fließtemperatur*: Grenztemperatur zwischen dem festen und dem flüssigen Zustand. Auch hier ist eine definierte Temperatur nur selten meßbar, da die Thermoplaste bei Temperaturerhöhung allmählich vom festen über einen quasi-gummielastischen in den Schmelzzustand übergehen. Die Fließtemperatur charakterisiert daher die mittlere Temperatur zwischen diesen beiden Grenzzuständen, bei den Schmelzklebstoffen ist sie außer von dem Molekulargewicht auch von der ggf. vorhandenen Kristallinität abhängig.
- *Verarbeitungstemperatur*: Temperatur, die einerseits infolge der mit ihr verbundenen Viskosität der Schmelze eine optimale Benetzung der Fügeteiloberflächen ermöglicht, die andererseits aber nicht so hoch sein darf, daß es zu thermisch/oxidativen Schädigungen der Schmelze kommt. Je größer die Differenz zwischen der Erweichungs- bzw. Schmelztemperatur und der Verarbeitungstemperatur ist, desto länger ist wegen der erforderlichen Wärmeabgabe des Systems die Zeit zur Erzielung der gewünschten Anfangsfestigkeit für die weitere Verarbeitung der geklebten Fügeteile. Die Verarbeitungstemperaturen sind von der Art des Grundstoffs und dessen mittlerem Molekulargewicht abhängig, sie liegen im Bereich zwischen ca. 120 bis 240°C, in Ausnahmefällen bei ca. 260°C, erst im Bereich der Verarbeitungstemperatur entwickeln die Schmelzklebstoffe ihre Klebrigkeit.
- *Schmelzviskosität*: Bei der Verarbeitungstemperatur muß die Schmelze so niedrigviskos sein, daß eine ausreichende Benetzung der Fügeteile gewährleistet ist. Zu niedrige Verarbeitungstemperaturen ergeben als Folge der zu hohen Viskosität unzureichende Benetzungseigenschaften und somit Haftungseinbußen. Die bei der jeweiligen Temperatur vorliegenden Viskositätswerte sind abhängig von dem mittleren Molekulargewicht des Polymers und der Höhe der Glasübergangstemperatur (Abschn. 4.4.1). Mit ansteigendem Molekulargewicht und mit höheren T_g-Werten ergeben sich bei vergleichbaren Temperaturen auch höhere Viskositäten. Die optimale Schmelzviskosität ist außer für das Benetzungsverhalten auch für das gewählte Auftragsverfahren (Walzen-, Düsenauftrag) eine wichtige Kenngröße.
- *Schmelzstabilität*: Sie kennzeichnet die Widerstandsfähigkeit der Schmelze gegen einen thermischen und oxidativen Abbau. Mit zunehmendem Abbau verfärben sich die ursprünglich gelblichen Schmelzen zunehmend braun. Die thermische Stabilität wird durch Zusatz von Stabilisatoren und Antioxidantien sichergestellt (Abschn. 2.7.7).

102 3 Klebstoffarten

- *Erstarrungsgeschwindigkeit (Abbindegeschwindigkeit)*: Dieser Begriff wird bei Schmelzklebstoffen normalerweise anstelle der bei Reaktionsklebstoffen üblichen Bezeichnung „Härtungsgeschwindigkeit" verwendet. Die Erstarrungsgeschwindigkeit gibt an, in welcher Zeitspanne ein Schmelzklebstoff nach dem Auftrag der Schmelze auf die Fügeteile mechanisch belastbar ist. Die Erstarrungsgeschwindigkeit hängt von den folgenden Faktoren ab:
- *Kristallisations- bzw. Erstarrungsverhalten*: Hier bestehen zwischen amorphen und kristallinen bzw. teilkristallinen Polymeren grundsätzliche Unterschiede. Bei den nicht kristallisierenden, amorphen Polymeren hängt die Erstarrungszeit von dem Anstieg der Viskosität, ausgehend von der Verarbeitungsviskosität, während der Abkühlung ab. Hierbei erfolgt eine kontinuierliche Verfestigung, bis bei der Glasübergangstemperatur T_g die maximale Festigkeit erreicht wird. Zeigt die Schmelzviskosität mit abnehmender Temperatur einen starken Anstieg (Kurve 1 in Bild 3.14), so besitzt der Schmelzklebstoff ein schnelleres Abbindeverhalten als bei einem geringeren Anstieg (Kurve 2). Bei kristallisierenden Polymeren bestimmt die eintretende Rekristallisation die Abbindegeschwindigkeit erheblich. Oberhalb der Rekristallisationstemperatur (Abschn. 4.7) verhalten sie sich zunächst wie amorphe Polymere, je schneller die Rekristallisationstemperatur des Polymers bei der Abkühlung jedoch erreicht wird, desto schneller erfolgt die Verfestigung. Ein Polymer mit einem Kristallitschmelzpunkt (Temperaturbereich, in dem durch die bei steigender Temperatur zunehmende Molekülbewegung die kristallinen Anteile eines Polymers schmelzen) von z.B. 200°C bindet bei Abkühlung von der Verarbeitungstemperatur schneller ab als ein Polymer mit einem Kristallitschmelzpunkt von 160°C. Somit sind die Erstarrungszeiten kristalliner Polymere mit hohen Kristallitschmelzpunkten im allgemeinen kürzer als die von amorphen Polymeren.
- *Differenz zwischen der Verarbeitungstemperatur (T_v) und der Temperatur des zu verklebenden Fügeteils*: Die Abkühlungsgeschwindigkeit einer Schmelze ist um so größer, je größer die Differenz ihrer Temperatur zu der Temperatur der Umgebung, in diesem Fall also der des Fügeteils, ist. Aus diesem Grunde erstarren thermoplastische Polymere mit hohen Schmelzpunkten und somit hohen Verarbeitungstemperaturen schneller als solche mit niedrigen Verarbeitungstemperaturen, auch wenn die

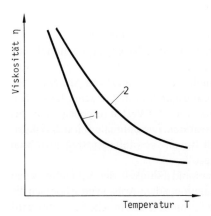

Bild 3.14. Viskositätsverhalten von zwei unterschiedlichen Schmelzklebstoffen.

Tabelle 3.1. Verarbeitungs- und Glasübergangstemperatur von zwei unterschiedlichen Schmelzklebstoffen.

Schmelzklebstoff	T_v °C	T_g °C
A	150	10
B	220	80

Tabelle 3.2. Charakteristische Verarbeitungsparameter einiger Schmelzklebstoffpolymere.

Klebstoff-Grundstoff	Erweichungs-bereich (n.Ring u.Ball) °C	Schmelz-viskosität Pa s	Verarbeitungs-temperatur °C
Polyamid	95 ... 175	1 ... 20	120 ... 240
Polyester	50 ... 230	20 ... 2 000	150 ... 240
E V A	90 ... 200	20 ... 10 000	max. 200

in Temperaturgraden gemessene Differenz zwischen Verarbeitungs- und Glasübergangstemperatur gleich ist. Von den beiden Schmelzklebstoffen A und B nach Tabelle 3.1 wird bei gleicher Differenz $T_v - T_g$ von 140 K das Produkt B demnach schneller erstarren.

— *Wärmeleitfähigkeit der Fügeteile*: Da die Abkühlungsgeschwindigkeit eine Funktion der Wärmeleitfähigkeit ist, werden flüssige Schmelzklebstoffschichten auf Metallen schneller erstarren als z.B. auf Kunststoffen.

In Tabelle 3.2 sind einige für die Verarbeitung von Schmelzklebstoffen charakteristische Werte zusammengestellt. Durch die vielfältigen Möglichkeiten der Polymerauswahl ergeben sich relativ große Bereiche.

3.6.3 Verarbeitung der Schmelzklebstoffe

Die Verarbeitung der Schmelzklebstoffe unterliegt im Hinblick auf optimale Klebschichteigenschaften einigen grundsätzlichen Kriterien, die sich aus dem Viskositätsverhalten ergeben und die daher eine abgestimmte Wärmeführung erfordern. In Bild 3.15 ist schematisch eine typische Viskositätskurve wiedergegeben. Diese Viskositätskurve kann man in zwei Bereiche I und II mit einer sehr starken (I) und einer geringen (II) Temperaturabhängigkeit der Viskosität einteilen. Im Bereich I bewirken bereits geringe Temperaturdifferenzen, z.B. eine Abkühlung von nur einigen Graden, einen außerordentlich großen Viskositätsanstieg. Das kann bei einer unregelmäßigen Temperaturführung der Verarbeitungsanlage bereits bei geringen Temperaturabfällen zu einer unzureichenden Benetzung und somit mangelnder Abhäsionsfestigkeit führen.

Im Bereich II wirken sich Temperaturschwankungen nicht kritisch aus, man kann von relativ konstanten Viskositätswerten ausgehen, die sich ergänzend zu der

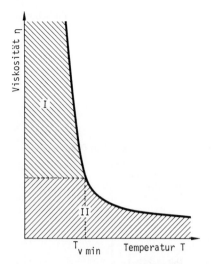

Bild 3.15. Abhängigkeit der Viskosität von der Temperatur bei einem Schmelzklebstoff.

Benetzung auch in gleichmäßigen Klebschichtdicken niederschlagen. Die Verarbeitungstemperatur eines Schmelzklebstoffs sollte daher oberhalb der durch die Trennungslinie dieser beiden Bereiche gegebenen Temperatur ($T_{v\ min}$) liegen. Als obere Grenze der Verarbeitungstemperatur ist der Temperaturbereich der Schmelzstabilität zu berücksichtigen. Die in Bild 3.15 gezeigte Kurve ist für jeden Schmelzklebstoff spezifisch und kann vom Hersteller zur Verfügung gestellt werden.

Ein weiteres charakteristisches Verarbeitungsmerkmal ergibt sich aus der Wärmeleitfähigkeit der zu verklebenden Fügeteile. Es ist bekannt, daß für die Ausbildung der Adhäsionsfestigkeit und somit der Gesamtfestigkeit der Klebung eine optimale Benetzung der Fügeteiloberfläche die entscheidende Voraussetzung ist. Daher muß auf jeden Fall vermieden werden, daß es bei dem Kontakt der Schmelze mit dem wesentlich kälteren Fügeteil infolge der schnellen Wärmeabfuhr im Grenzschichtbereich zu einem spontanen, die Benetzungsfähigkeit behindernden Viskositätsanstieg kommt. Diese Möglichkeit ist insbesondere bei metallischen Werkstoffen gegeben und kann durch eine abgestimmte Wärmeführung des Systems, z.B. ein Vorwärmen der Fügeteile – im allgemeinen auf die Verarbeitungstemperatur des Schmelzklebstoffs – verhindert werden. Für schlecht wärmeleitende Fügeteile, z.B. Kunststoffe, Pappe, Papier, Leder, ist dieses Verarbeitungsmerkmal nicht im gleichen Maße kritisch.

Der reversible Übergang der Schmelzklebstoffe vom festen in den flüssigen Aggregatzustand in Abhängigkeit von der Temperatur ergibt die Möglichkeit, Klebungen im Prinzip nach zwei verschiedenen Verfahrensvarianten herzustellen:
• Klebung „aus einer Wärme", d.h. das Fügen der Fügeteile direkt nach dem Auftrag des Schmelzklebstoffs.
• Herstellung der Klebung in zeitlichem Abstand vom Klebstoffauftrag. In diesem Fall werden die bereits mit der Schmelzklebstoffschicht versehenen Fügeteile fixiert und unter Druck (eine Druckanwendung ist bei der Verarbeitung von Schmelzklebstoffen allgemein üblich) auf die Verarbeitungstemperatur des Klebstoffs erwärmt. Die

erzielbaren Festigkeiten sind in beiden Fällen von vergleichbarer Größenordnung, das Auftragen erfolgt normalerweise einseitig (sog. „One-way-Verklebungen"). Für diese Verfahrensvariante werden Schmelzklebstoffe neben der Bereitstellung als Pulver, Granulat, oder in Block- bzw. Stangenform auch in Folienform angeboten. Die Folien werden entsprechend der Klebfläche zugeschnitten, zwischen die Fügeteile gelegt und anschließend durch Temperatureinwirkung in der Klebfuge aufgeschmolzen. Eine besondere Anwendungsform stellen Schmelzklebstoffnetze dar. Gegenüber der Folienform ermöglicht die Netzform z.B. die Herstellung flexibler Laminate; beim Kleben poröser Werkstoffe (z.B. Textilien, Filterlaminate) bleibt die gewünschte Durchlässigkeit der Fügeteilwerkstoffe erhalten.

3.6.4 Eigenschaften der Schmelzklebstoffe

Die Festigkeitseigenschaften der mit Schmelzklebstoffen hergestellten Klebungen werden, ähnlich wie bei anderen Klebstoffen, außer durch die Haftungseigenschaften in besonderem Maße durch das deformations- und thermomechanische Verhalten bestimmt. Wegen der Grundsätzlichkeit dieser Parameter, auch im Hinblick auf andere Klebstoffe, werden diese Zusammenhänge in Abschn. 4.4 getrennt beschrieben. Hinzuweisen ist ergänzend noch auf den Einfluß der Kristallinität der Schmelzklebstoffe. Bei der Kristallisation (Abschn. 4.7) kann je nach Molekülstruktur während der Abkühlung oder auch noch nach längerer Zeit eine Volumenkontraktion auftreten, die zu einer Verminderung der adhäsiven Bindung führt.

Die Festigkeit der Klebungen in Abhängigkeit von der Temperatur ist im wesentlichen eine Folge der durch das Molekulargewicht mitbestimmten Viskosität. Je höher die Viskosität bei der Verarbeitungstemperatur ist, desto größer ist auch die Klebschichtfestigkeit bei erhöhten Temperaturen. Bild 3.16 gibt diesen Zusammenhang für zwei Schmelzklebstoffe mit unterschiedlichem Viskositätsverhalten schematisch wieder. Der Schmelzklebstoff entsprechend Kurve 1 verfügt über ein höheres Molekulargewicht als derjenige entsprechend Kurve 2 und somit auch über eine höhere Viskosität bei der Verarbeitungstemperatur. Die höhermolekularen bzw.

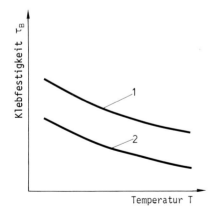

Bild 3.16. Abhängigkeit der Klebfestigkeit von der Temperatur bei zwei Schmelzklebstoffen mit unterschiedlichem Molekulargewicht.

höherviskosen Polymere besitzen hinsichtlich ihrer Klebfestigkeit insgesamt ein höheres Niveau und weisen auch bei Temperaturen im Bereich um 120°C noch eine für viele Fälle ausreichende Festigkeit auf. Bei Raumtemperatur liegen die Werte der Klebfestigkeit je nach Basispolymer und Fügeteiloberfläche in Bereichen zwischen 15 und 35 N mm^{-2}.

Gegenüber chemisch reagierenden und lösungsmittelhaltigen Klebstoffen besitzen die Schmelzklebstoffe einige bemerkenswerte Vorteile:
- Freiheit von Lösungsmitteln (keine Flammpunktkennzeichnung!) und flüchtigen Monomeren und somit keine oder nur geringe Anforderungen an Umwelt- und Arbeitsschutz;
- keine Dosier- und Mischvorgänge und somit auch kein Verlust an Klebstoff infolge überschrittener Topfzeiten;
- sehr kurze Abbindezeiten im Sekundenbereich, daher Erzielung hoher Produktionsgeschwindigkeiten; thermisch lösbare und wiederherstellbare Klebungen.

Diesen Vorteilen stehen die folgenden Nachteile gegenüber:
- Aufgrund des thermoplastischen Charakters Neigung zum Kriechen bei erhöhter Temperatur und/oder statischer Dauerbelastung;
- hohe Wärmebelastung der Fügeteile durch die Schmelze und ggf. erforderliche Vorwärmung;
- Bereitstellung von Aufschmelzanlagen;
- gegenüber vernetzten Polymeren geringere Temperaturbeständigkeit;
- im Vergleich zu lösungsmittelhaltigen und auf Monomeren basierenden Klebstoffen z.T. beträchlich höhere Verarbeitungsviskositäten.

Die Verarbeitung der Schmelzklebstoffe erfolgt für die wichtigen Werkstoffe in praktisch allen Industriezweigen, eine Aufzählung geeigneter Anwendungen müßte in jedem Fall unvollkommen sein. Im Grundsatz ist davon auszugehen, daß die Anwendungsmerkmale durch die beschriebenen Vor- und Nachteile anderer Klebstoffarten gegenüber festgelegt sind.

Ergänzende Literatur zu Abschnitt 3.6: [A6, B5, B6, B13, B14, C1, D8, E6, E7, G3, G9 bis G11, H2, H16, H17, I3, I4, I7, I8, K23, K24, L14, M15, N7, R2, R4, R5, R31, R32, V16, W7, Z2].

3.7 Wärmebeständige Klebstoffe

Für einen Klebstoff ist dessen Verhalten unter Temperaturbeanspruchung eine der wichtigsten Eigenschaften im Hinblick auf seine Einsatzmöglichkeiten. Die Objektivität im Vergleich mit den beiden anderen stoffschlüssigen Fügeverfahren Schweißen und Löten gebietet die Feststellung, daß Klebungen im Hinblick auf Dauertemperaturbeständigkeiten unter wesentlich eingeschränkteren Anwendungsmöglichkeiten gesehen werden müssen und daß die Auswahl eines Klebstoffs daher nach Maßgabe der Temperaturbeanspruchung des geklebten Bauteils sehr spezifisch zu erfolgen hat.
Bei der Betrachtung der thermischen Beständigkeit sind die folgenden beiden Eigenschaftskriterien zu unterscheiden:
• Die *Formbeständigkeit*: Sie kennzeichnet das Bestreben einer Klebschicht, ihre Form unter dem Einfluß deformierender Kräfte auch bei erhöhten Temperaturen beizube-

halten und durch elastische Rückfederung nach Wegfall dieser Kräfte ihre ursprüngliche Form wiederherzustellen. Hierzu ist zu erwähnen, daß mit zunehmender Erwärmung unter gleichzeitiger mechanischer Belastung die Formbeständigkeit der Klebschichten und somit die Festigkeit der Klebung abnimmt. Duromere verhalten sich in dieser Beziehung günstiger als Thermoplaste.

• Die *chemische Beständigkeit*: Im Gegensatz zu den relativ engen Temperaturbereichen, die die Formbeständigkeit stark beeinflussen, ist die chemische Beständigkeit einer Klebschicht in der Wärme nicht von einer bestimmten Temperatur abhängig. Die chemischen Reaktionen, die zu einer thermischen Veränderung einer Klebschicht führen, können bereits bei niedrigen Temperaturen beginnen. Sie steigern sich je nach Art der Reaktion, z.B. Oxidation, Spaltung von Doppel- und Einfachbindungen (Abbau der Molekülkettenlänge) sowie zyklischer Ringstrukturen mit zunehmender Temperatur. Für die Angabe der chemischen Beständigkeit in der Wärme ist daher in jedem Fall ergänzend die Zeit festzulegen, die der ausgehärtete Klebstoff ohne chemische Beeinflussung bei der angegebenen Temperatur auszuhalten vermag. Bei kurzzeitigen Wärmeeinwirkungen im Bereich der Aushärtungstemperatur ist im allgemeinen davon auszugehen, daß durch chemische Abbaureaktionen keine thermischen Schädigungen der Klebschicht auftreten, kritisch werden erst hohe Temperaturen unter Langzeitbeanspruchungen.

Die Beschreibung der wärmebeständigen Klebstoffe muß zwei Gesichtspunkte berücksichtigen. Zum einen ist die Struktur der Makromoleküle, d.h. der chemische Aufbau, der als Voraussetzung für eine thermische Beständigkeit gegeben sein muß, zu behandeln. Zum anderen gilt es, das physikalische Verhalten der Polymerschichten bei Temperaturbeanspruchung darzustellen. Dieser letztere Punkt ist zweckmäßigerweise in Zusammenhang mit weiteren charakteristischen Eigenschaften von Klebschichten zu sehen, seine Beschreibung erfolgt daher in Kapitel 4.

Ein entscheidendes Merkmal für die Formbeständigkeit einer Klebschicht in der Wärme ist die durch die Molekülstruktur vorgegebene Bewegungsmöglichkeit der Moleküle. Mit zunehmender Temperatur steigt die Molekülbeweglichkeit im Rahmen der makrobrownschen Bewegungen an, sie erfolgt sowohl in Richtung der Kette als Translation als auch um die Bindungsachse als Rotation. Parallel dazu vergrößeren sich die Abstände der Moleküle zueinander, was zu einer Verringerung der zwischenmolekularen Kräfte und somit der Kohäsionsfestigkeit führt. Je beweglicher ein Molekül oder ein Molekülverband in sich selbst ist, desto geringer ist seine Formbeständigkeit gegenüber zunehmender Temperatur.

Eine ausreichende Formbeständigkeit in der Wärme erreicht man demnach durch eine Herabsetzung der Molekülkettenbeweglichkeit. Das ist in gewissem Rahmen durch eine geeignete Monomerauswahl möglich. Bei den Duromeren ist die Bewegungseinschränkung durch die räumliche Vernetzung der Molekülketten weitgehend gegeben. Diese Klebschichten weisen gegenüber Thermoplasten daher auch eine höhere Formbeständigkeit auf. Bei den Thermoplasten ist eine gegenseitige Vernetzung der Makromoleküle nicht vorhanden. Hier kann nur eine Einschränkung der Molekülbeweglichkeit sowohl hinsichtlich der Translation als auch Rotation zu einer bei steigender Temperatur erhöhten Formstabilität führen. Möglich ist diese Einschränkung durch eine sterische Behinderung der Moleküle untereinander durch den Einbau von verzweigten Seitenketten oder auch aromatischen Ringstrukturen. Die Einschränkung der Rotationsbeweglichkeit kann weitgehend ebenfalls durch Verzicht

Tabelle 3.3. Einfluß der Molekülstruktur auf die Lage des Schmelzbereichs.

Molekülstruktur	Beispiel	Schmelzbereich °C
lineares, "glattes" Kettenmolekül	Polyethylen (2.37)	110 ... 130
lineares Kettenmolekül mit kurzen Seitenketten	Polypropylen (2.38)	160 ... 165
lineares Kettenmolekül mit Heteroatomen	Polyamid 6,6 (2.62)	220 ... 240
lineares Kettenmolekül mit Ringstrukturen	Polyethylen-therephthalat (2.67)	250 ... 260
aromatische Ringstruktur	Polysulfon (2.79)	260 ... 320
aromatische und heterocyklische Ringstruktur	Polyimid (2.77)	380 ... 400

(Die Zahlen in Klammern unter den Polymerbezeichnungen geben die Nummern der in den einzelnen Abschnitten wiedergegebenen Strukturformeln für diese Polymere an)

auf den Einbau der wegen der bivalenten Eigenschaften des Sauerstoffs zu einer Rotation neigenden $-C-O-C-$ Bindung erfolgen. Tabelle 3.3 zeigt anhand einiger ausgewählter Polymere diese Zusammenhänge. Mit zunehmender Verzweigung der Molekülketten, Einbau von Heteroatomen (z.B. Stickstoff) in die Kette und Vorhandensein aromatischer und heterocyklischer Ringstrukturen kommt es zu einer Erhöhung des Schmelzbereichs.

Ein weiteres Kriterium für die thermische Beständigkeit von Polymerverbindungen liegt in der Höhe der Bindungsenergien der am Molekülaufbau beteiligten Atome untereinander. Mit zunehmender Höhe der Bindungsenergien geht im allgemeinen eine vergrößerte thermische Beständigkeit einher [A7]. Ein typisches Beispiel hierfür sind die hohen Temperaturbeständigkeiten der Silikone (Abschn. 2.3.4).

Zur Kennzeichnung der Temperaturbeständigkeit werden die folgenden Temperaturbereiche definiert:

unterhalb $-150°C$	kryogener Bereich
$-150°C$ bis $0°C$	tiefe Temperatur
$0°C$ bis $60°C$	normale Temperatur
$60°C$ bis $150°C$	erhöhte Temperatur
$150°C$ bis $300°C$	hohe Temperatur
oberhalb $300°C$	höchste Temperatur.

Die Mehrzahl der verwendeten Klebstoffe ist für Anwendungen im Bereich der normalen Temperatur zwischen 0 und 60°C formuliert. Für den Einsatz bei *erhöhten Temperaturen* (60 bis 150°C) kommt es bei der Auswahl darauf an, ob die Beanspruchung kurz- oder langzeitig erfolgen soll. Während die vernetzten Duromere und teilweise auch die hochmolekularen Thermoplaste bis zu Temperaturen von 150°C ihre Festigkeitseigenschaften bei kurzzeitiger Beanspruchung nur wenig ändern, bewirkt eine länger anhaltende Temperatureinwirkung einen zeitabhängigen Festigkeitsabfall. Hier spielen beginnende chemische Abbaureaktionen und einsetzende

Tabelle 3.4. Charakteristische Temperaturbereiche für die Beanspruchungsgrenzen verschiedener Klebstoffgrundstoffe.

Klebstoffgrundstoff	Temperaturbereich °C
Epoxid-Dicyandiamid (warmhärtend)	110 ... 130
Epoxid-Polyamid (kalthärtend)	60 ... 90
Phenolharze (warmhärtend)	80 ... 120
Polymethylmethacrylat (kalthärtend)	80 ... 100
Polyurethane	80 ... 100
Polyester	60 ... 80
Cyanacrylate	70 ... 80
Polydiacrylsäureester (anaerob härtend)	120 ... 150
Polyamide	120 ... 140
Polyimide	200 ... 300
R T V -Silikone	180 ... 190

Kriechvorgänge eine wesentliche Rolle. Als Klebstoffe für *hohe Temperaturen* (bis 300°C) kommen vorwiegend Polymere mit aromatischen Strukturen, Polybenzimidazole, Polyimide (Abschn. 2.3.5 und 2.3.6), z.T. auch Silikone in Frage. Man muß jedoch davon ausgehen, daß mit steigender Temperaturbeständigkeit die Aushärtungsbedingungen hinsichtlich Temperatur, Zeit und Druck aufwendige Autoklaven erfordern und in vielen Fällen die Belastungsgrenze der Fügeteilwerkstoffe infolge Gefügeveränderungen erreicht wird. Für *höchste Temperaturbeanspruchungen* (über 300°C) sind bei Langzeiteinwirkungen wegen des verstärkt einsetzenden chemischen Abbaus ggf. noch die Polyimide und Polybenzimidazole geeignet, daneben finden Klebstoffe auf anorganischer Basis (Abschn. 2.6) Verwendung.

Tabelle 3.4 gibt für einige ausgewählte Klebstoffgrundstoffe charakteristische Werte an, die für Betriebsbeanspruchungen als obere Temperaturbereiche anzusehen sind. Die angegebenen Grenzen umfassen z.T. einen weiten Bereich, der von den jeweiligen Ausgangsmonomeren und den vorliegenden Aushärtungsbedingungen bestimmt wird. Die angegebenen Werte können daher nur für eine grobe Abschätzung der zu erwartenden Beanspruchungsgrenzen dienen, durch spezielle Modifikationen sind teilweise erheblich höhere Grenzwerte zu erzielen.

Allgemein kann man davon ausgehen, daß mit zunehmenden Härtungstemperaturen auch die Formbeständigkeit der Klebschicht bei erhöhten Temperaturen zunimmt, kalthärtende Klebstoffe weisen daher normalerweise geringere Formbeständigkeiten in der Wärme auf als warmhärtende Klebstoffe. Werden dagegen hochvernetzte und temperaturbeständige Klebschichten bei niedrigen Temperaturen beansprucht, so kann die verringerte Verformungsfähigkeit durch das Auftreten von Spannungsspitzen zu niedrigeren Festigkeiten führen. Es ergibt sich demnach die Feststellung, daß ein universeller Klebstoff, der bei allen Beanspruchungstemperaturen in gleicher Weise hohe und gleichmäßige Festigkeitswerte aufweist, auf Basis *eines* vorgegebenen Polymeraufbaus nicht denkbar ist. Daraus ergibt sich die Notwendigkeit, für den einzelnen Beanspruchungsfall den jeweiligen optimal geeigneten Klebstoff auszuwählen bzw. ergänzend die Verarbeitungsbedingungen, insbesondere die Härtungsparameter, vorzugeben.

Ergänzende Literatur zu Abschnitt 3.7: [A5, A8, A9, B2, B15, B16, D17, E8, E9, H10, L6, L15, N8, S7, S38, T5, V1, V3].

3.8 Leitfähige Klebstoffe

Leitfähige Klebstoffe gehören zu den Klebstoffarten, denen mittels spezieller Füllstoffe besondere Eigenschaften in bezug auf die Leitung des elektrischen Stroms und der Wärme zugeordnet sind. Sie haben sich in der Vergangenheit als Alternative bzw. in Ergänzung zum Weichlöten insbesondere in der Elektronik eingeführt. Die Gründe hierfür sind wie folgt zu sehen:
– Geringe Temperaturbeanspruchung von Bauteilen und Substraten,
– kein Einsatz von Flußmitteln,
– einfache Handhabung und Verarbeitung.
Als Basispolymere kommen vorwiegend Epoxidharzsysteme (kalt und warmhärtend) und Silikone, in selteneren Fällen Polyimide zum Einsatz.

3.8.1 Elektrisch leitende Klebstoffe

Die wichtigsten Füllstoffe sind Silber und Gold in Plättchen- bzw. Flockenform, daneben, allerdings mit verringerten Leitfähigkeiten, finden Nickel, Kupfer und Kohlenstoff Verwendung. Der Füllstoffanteil liegt bezogen auf die ausgehärtete Polymersubstanz bei 60 bis 80 Gew.-%, die Plättchen besitzen eine durchschnittliche Größe von 10 bis 50µm. Die Leitung des elektrischen Stroms erfolgt in den sich gegenseitig berührenden Metallpartikeln, die Polymermatrix ist nicht oder nur sehr unwesentlich in diesen Leitungsmechanismus einbezogen. Entscheidend für die Leitfähigkeit ist die durchschnittliche Zahl von Kontakten der einzelnen Partikel untereinander, aus diesem Grund werden flache, stäbchenförmige Teilchen mit ggf. verzweigten Geometrien bevorzugt. Mit zunehmendem Füllstoffgehalt steigt die Leitfähigkeit innerhalb der Klebfuge bis zu einem Maximalwert an. Bei einem weiter zunehmenden Metallanteil tritt keine Verbesserung der elektrischen Leitfähigkeit mehr auf, da die dichteste Packung erreicht ist und damit keine Erweiterung der gesamten Kontaktfläche erfolgen kann. Die Höhe der Gesamtleitfähigkeit wird von der Summe der Übergangswiderstände zwischen den Metallpartikeln und somit von der Metallart bestimmt. Oxidschichten haben daher einen starken Einfluß auf den Widerstand, der im Fall von vorhandenen Silberoxiden wegen der ebenfalls gegebenen guten Leitfähigkeit des Silberoxids allerdings vernachlässigt werden kann. Einen Schnitt durch eine mit Silber gefüllte Klebschicht zeigt Bild 3.17.

Einen wesentlichen Einfluß auf die Leitfähigkeit der Klebschicht besitzen die Härtungsbedingungen. Da die Vernetzung des Polymers die Ausbildung einer festen Matrix bewirkt, in die die Metallpartikel eingebettet sind, kann ein zu geringer Vernetzungsgrad bei äußeren mechanischen Einflüssen eine Verschiebung der Metallpartikel gegeneinander und somit Widerstandsänderungen zur Folge haben. Wichtig

Bild 3.17. Leitfähige Klebschicht mit Silberpartikeln.

sind ebenfalls gleichmäßige Aushärtungsbedingungen, die innerhalb der Polymermatrix keine Spannungen entstehen lassen, da auch diese, z.B. bei einer Temperaturbelastung der Klebschicht, zu Widerstandsänderungen führen. Eine über die gesamte Klebschicht geforderte gleichmäßige Leitfähigkeit setzt demnach eine homogene Füllstoffverteilung und reproduzierbare, gleichmäßige Aushärtungsbedingungen voraus. Der spezifische Widerstand von mit Silber gefüllten leitfähigen Klebschichten kann je nach Metallgehalt und Aushärtungsbedingungen in grösseren Bereichen schwanken. Da die Kenntnis exakter Werte Voraussetzung für die Widerstandsberechnung leitgeklebter Verbindungen ist, werden diese von den Herstellern in Kombination mit den für die Grundstoffe geltenden Aushärtungsbedingungen zur Verfügung gestellt.

Die spezifischen Widerstände leitfähiger Klebschichten liegen im Bereich von $1 \cdot 10^{-3}$ bis $5 \cdot 10^{-5}$ Ω cm. (Zum Vergleich: Silber $1,5 \cdot 10^{-6}$ Ω cm; Kupfer $1,6 \cdot 10^{-6}$ Ω cm; Aluminium $2,4 \cdot 10^{-6}$ Ω cm). Eine elektrisch leitende Klebschicht mit einem spezifischen Widerstand $\varrho = 2,5 \cdot 10^{-5}$ Ω cm besitzt bei einer Klebschichtdicke von 0,15 mm bei Klebung eines Chips von 4 mm × 4 mm demnach ohne Berücksichtigung der Übergangswiderstände Klebschicht/Substrate einen Widerstand von

$$R = \varrho \frac{l}{A} = 2,5 \cdot 10^{-5} \cdot \frac{0,015}{0,16} = 2,34 \cdot 10^{-6} \Omega$$

(l Länge des Leiters = Klebschichtdicke d; A Klebfläche.)
Für das Bonden von Halbleiterchips spielt bei silbergefüllten Klebschichten der spezifische Widerstand des Leitklebstoffs im Hinblick auf den Gesamtwiderstand der Verbindung nur eine untergeordnete Rolle, entscheidend sind die jeweiligen, durch entsprechende Oberflächenbehandlungen zu beeinflussenden Übergangswiderstände.

3.8.2 Wärmeleitende Klebstoffe

Als wärmeleitende Füllstoffe dienen in erster Linie Aluminiumoxid und Bornitrid, weiterhin weisen natürlich auch die metallgefüllten Klebstoffe höhere Wärmeleitfähigkeiten auf (allerdings bei gleichzeitiger hoher elektrischer Leitfähigkeit). Der Füllstoffanteil liegt bei 60 bis 75 Gew.-%, bezogen auf die ausgehärtete Polymermatrix. Der Gesamtwärmewiderstand ergibt sich auch hier aus der Summe von Klebschichtwiderstand und Übergangswiderständen, so daß für praktische Anwendungen die Höhe des Wärmewiderstands zwischen Substrat und Klebschicht berücksichtigt werden muß. Typische Werte der Wärmeleitfähigkeit liegen für wärmeleitfähige Klebschichten mit Aluminiumoxid bzw. Bornitrid in der Größenordnung 0,7 bis 1,5 W/mK, mit metallischen Füllstoffen bei 1,5 bis 3,5 W/mK. (Zum Vergleich: ungefüllte Epoxidharze $\lambda \sim 0,3$ W/mK).

Allgemein sind bei den Klebstoffen für den Einsatz in der Elektronik ergänzend zu anderen Anwendungen zu beachten:
• *Ausgasungscharakteristik*: Hierunter versteht man das Freisetzen von Monomeranteilen, die an der Reaktion nicht teilgenommen haben, ggf. auch das Auftreten von gasförmigen Spaltprodukten während der Aushärtung. Derartige Substanzen können sich auf den elektronischen Bauteilen niederschlagen und die Widerstandsverhältnisse ändern, in Einzelfällen sogar Korrosionen herbeiführen. Normalerweise soll der durch eine Ausgasung herbeigeführte Substanzverlust bei einer Erwärmung um 10 K/min bis 250°C in Stickstoffatmosphäre unterhalb 0,3 Gew.-% liegen.
• *Chlorid- und Natriumgehalt*: Beide Elemente liegen als Verunreinigungen in Epoxidharzen aus der Umsetzung des Epichlorhydrins (Abschn. 2.2.1.1) vor. Unter Einwirkung von Feuchtigkeit können durch hydrolytische Reaktionen korrosionsfördernde Produkte, z.B. Salzsäure, entstehen. Aus diesem Grund sind für diese Verunreinigungen Grenzwerte von < 10 ppm festgelegt.

Ergänzende Literatur zu Abschnitt 3.8: [A10, B17, B18, B73, D18, G12, J7, J8, K25 bis K28, L16, L17, M16, S22 bis S24, V6, W8, W9, DIN 53 276].

3.9 Mikroverkapselte Klebstoffe

Durch die Mikroverkapselung erfolgt eine mechanische Blockierung (Abschn. 3.1.2.2) reaktionsfähiger Monomere oder Prepolymere, um unbegrenzte Lagerzeiten zu ermöglichen. Auf diese Weise lassen sich durch eine Mischung verschiedener verkapselter Grundstoffe Einkomponenten-Reaktionsklebstoffe herstellen. Erst bei einer gewollten Zerstörung der Kapseln werden die reaktiven Komponenten freigesetzt, die dann eine je nach Molekülart und Reaktionsmechanismus ablaufende Reaktion eingehen. Äußere Anlässe für eine Kapselzerstörung können sein: Druck, Scherung, Wärme, Auflösen in entsprechenden Lösungsmitteln, Zerstörung durch chemisch reagierende Substanzen.

Die Mikroverkapselung erfolgt nach physikalisch-chemischen Gesetzmäßigkeiten in fünf verschiedenen Stufen:
• Herstellung einer Dispersion der zu umhüllenden Substanz in einer geeigneten Dispersionsflüssigkeit, in der auch das Material für die Kapselwand gelöst ist.
• Aus diesem Zweiphasensystem wird das zunächst gelöste Kapselmaterial durch eine pH-Wert- oder Temperaturänderung (ggf. auch Aussalzen) in eine flüssige, aber in der Dispersionsflüssigkeit unlösliche Phase überführt (Koazervat).
• Diese flüssige Phase baut sich infolge definierter Grenzflächenspannungen und Benetzungsparameter als Flüssigkeitsfilm um die zu umhüllende dispergierte Substanz auf.
• Die Verfestigung dieser flüssigen Hülle gelingt dann durch Gelierung und chemische Vernetzung.
• Abschließend erfolgt die Abtrennung, Trocknung und Klassifizierung der Mikrokapseln.
Die Kapselgröße kann in Abhängigkeit von der Prozeßsteuerung bei einigen Mikrometern bis herauf in den Millimeterbereich liegen. Die mikroverkapselten

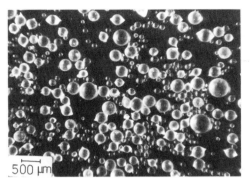

Bild 3.18. Mikroverkapselte Einkomponenten-Reaktionsklebstoffmischung. Große Kapseln: ungesättigter Polyester; kleine Kapseln: Peroxidhärter

Substanzen liegen dann als trockenes, freifließendes „Pulver", das aus den verkapselten Einzelkomponenten entsprechend den stöchiometrischen Gesetzen zusammengemischt wird, vor. Sie können auch mittels geeigneter Lösungsmittel, die dem Kapselmaterial gegenüber inert sind, als Pasten (Slurry) für Beschichtungszwecke zur Anwendung gelangen. Bild 3.18 zeigt die mikroverkapselten Komponenten einer Klebstoffmischung. Bei Annahme ideal kugelförmiger Kapselformen läßt sich das Verhältnis von Wanddicke zu verkapselter Substanz als „Prozent interne Phase" (% IP) berechnen. 80% IP bedeutet z.B. 80 Gewichtsteile verkapselter Substanz und 20 Gewichtsteile Wandmaterial. Im allgemeinen wird ein Kapselwandanteil von 10% angestrebt.

Mikroverkapselte Klebstoffe finden heute vorwiegend als sog. „chemische Schraubensicherungen" Anwendung. Die beim Schraubenhersteller mit den Kapseln beschichteten Schrauben werden während der Verarbeitung infolge der zwischen Schraube und Mutter wirkenden Scherbeanspruchung zerstört, so daß die reaktiven Substanzen in dem Gewindegang zu einer Klebschicht aushärten können.

Als mikroverkapselte Klebstoffe werden u.a. die Grundstoffe Epoxidharze, Polyester und Polyurethane angeboten. Das Verfahren bringt es mit sich, daß das Kapselmaterial quasi als „Füllstoff" in der Klebschicht verbleibt. Diese spezifische Eigenschaft bedarf im Einzelfall, z.B. bei besonderen Festigkeitsbetrachtungen, einer Berücksichtigung.

Ergänzende Literatur zu Abschnitt 3.9: [B19, E10, E11, F5, F6, H18, K29, M17].

3.10 Plastisole

Bei den Plastisolen handelt es sich um lösungsmittelfreie Systeme, die in den meisten Fällen aus einer Dispersion von feinverteiltem Polyvinylchlorid in Weichmachern in Verhältnissen von 50:50 bis 80:20 bestehen. Dabei bilden die Polyvinylchloridteilchen die innere, dispergierte Phase und der Weichmacher das Dispersionsmittel bzw. die äußere Phase. Die Verfestigung der Klebschicht erfolgt bei Temperaturen im Bereich von ca. 150 bis 180°C (Geliertemperatur). Bei dieser Temperatur tritt eine Umwandlung des flüssigen PVC/Weichmacher-Sols in ein festes, irreversibles Gel ein. Das ursprünglich zweiphasige System wandelt sich durch Quellen des Polyvinylchlorids in ein einphasiges System um, wobei sich die polaren Gruppen der Weichmachermoleküle an die polaren Chloratome des Polyvinylchlorids anlagern. Die ausgehärtete Klebschicht entspricht in ihrer Struktur dem weichgemachten Polyvinylchlorid. Nach Abkühlung aus dem Bereich der Geliertemperatur bildet sich eine sog. „eingefrorene Lösung". Die Entstehung der Klebschicht ist ein rein physikalischer Vorgang, chemische Reaktionen laufen bei der Verfestigung nicht ab.

Als Weichmacher kommen im wesentlichen Trikresylphosphat, Dibutylphthalat und Dioctylphthalat zum Einsatz, weiterhin werden als Haftvermittler Epoxid- und Phenolharze, als Wärmestabilisatoren zur Verhinderung der Salzsäureabspaltung epoxidierte Ester und metallorganische Phenolverbindungen eingesetzt. Zusätze von Füllstoffen erhöhen die Fähigkeit der Spaltüberbrückbarkeit.

Der beschriebene Aufbau der Plastisole führt zu einer sehr hohen Flexibilität und einem hohen Schälwiderstand der Klebschichten bei allerdings geringen Klebfestigkeiten (ca. 2 bis 6 $N mm^{-2}$). Die Plastisole zeichnen sich durch eine einfache Verarbeitbarkeit aus (kein Mischen bzw. Dosieren von Komponenten), im Bereich des Metallklebens werden sie vorzugsweise im Pkw-Karosseriebau eingesetzt. Der Grund liegt einmal in dem relativ hohen Aufnahmevermögen für die auf den Blechen befindlichen Zieh- und Walzöle, zum anderen in der Möglichkeit der gleichzeitigen Klebschichtverfestigung bei dem anschließenden Lacktrocknungsprozeß. Um während der Zeit bis zur Verfestigung durch Wärmeeinfluß bereits ausreichende Anfangsfestigkeiten zu erzielen, sind in jüngster Zeit Plastisole entwickelt worden, die durch Anteile strahlungshärtender Polymerisationssysteme (Acrylate) über UV-Strahlen teilweise vorpolymerisiert werden können.

Ergänzende Literatur zu Abschnitt 3.10: [G13, M18, W10].

3.11 Klebstoffolien

Klebstoffolien sind gegenüber den Klebebändern und Klebestreifen streng abzugrenzen. Während bei den letzteren die Anfangs- und Langzeithaftung ohne Wärmezufuhr bei einem entsprechenden Anpreßdruck sofort gegeben ist, bedürfen die Klebstoffolien für die Klebschichtausbildung in praktisch allen Fällen einer Wärme- und ggf. Druckanwendung. Als Klebstoffgrundstoffe werden sowohl chemisch reagierende als auch physikalisch abbindende Systeme eingesetzt. Im ersten Fall handelt es sich um Einkomponenten-Reaktionsklebstoffe (vorwiegend auf Basis Epoxid-Polyamid, Epoxid-Phenolharz, Phenolharz-Nitrilkautschuk), die auch mit einem als Bestandteil der Klebschicht verbleibenden Trägermaterial, z.B. Glasfaservlies, verstärkt sein können; im zweiten Fall um thermoplastische Polymere (vorwiegend Polyamide, Polyester, Polyethylen und Ethylen-Copolymerisate, Polyvinylacetat-Polyvinylchlorid-Acrylat-Copolymerisate). Die Lagerung der chemisch reagierenden Folien muß zur Vermeidung beginnender Reaktionen bei tiefen Temperaturen (ca. $-20°C$) erfolgen.

Der erste Verarbeitungsschritt zur Herstellung der Klebung besteht in der Konfektionierung. Hierunter versteht man das Zusammenbringen eines auf Maß geschnittenen Folienabschnittes mit einem Fügeteil. Dieser Vorgang kann zur Erzielung einer ausreichenden Anfangshaftung durch eine Wärme- oder Lösungsmittelaktivierung erfolgen. Das Abbinden der Klebschicht geschieht dann nach Vereinigung mit dem zweiten Fügeteil unter dem Einfluß von Wärme und ggf. Druck („Trockenkleben"). Die Folie geht mit steigender Temperatur zunächst in einen plastischen Zustand und anschließend in die für die Benetzung erforderliche niedrige Viskosität über. Parallel dazu beginnt bei den chemisch reagierenden Systemen die Aushärtungsreaktion, die in Abhängigkeit von den Ausgangsmonomeren normalerweise bei Temperaturen um 160 bis 170°C abläuft. Vorteilhaft bei der Verarbeitung der Klebstoffolien ist der Entfall jeglichen Mischvorgangs, die Einhaltung gleichmäßiger Klebschichtdicken, eine saubere Verarbeitung und einfache Anwendung. Neben vollflächigen Folien werden — insbesondere bei den thermoplastischen Klebstoffen — auch geschlitzte oder perforierte Folien angeboten, die den Vorteil höherer Flexibilität aufweisen und eine gewisse Durchlässigkeit für Gase bei entsprechend porösen Werkstoffen gestatten (Textil-, Filterklebungen).

Ergänzende Literatur zu Abschnitt 3.11: [D54, H19, M23].

3.12 Klebebänder

Nach DIN 55 405 [D1] werden uterschieden:
• *Klebeband*, auch Selbstklebeband genannt, bestehend aus einem Kunststoff-, Papier- oder Textilband mit oder ohne Verstärkung, meistens einseitig mit einer Haftklebstoffschicht versehen.
• *Klebestreifen*, Papierstreifen, meist aus Kraftpapier, ggf. verstärkt und mit einer durch Wasser oder Wärme aktivierbaren Klebstoffschicht versehen.

3.12.1 Aufbau der Klebebänder

• *Klebschicht*: Verleiht dem Klebeband die spezifischen Klebeeigenschaften (Haftklebstoffe, Abschn. 3.4).
• *Vorstrich*: Oberflächenvorbehandlung des Trägermaterials, um eine gute Haftung der Klebschicht darauf zu erreichen, damit das Band von der Rolle abziehbar und von einem festen Untergrund ggf. ohne Rückstand wieder entfernbar ist. Die Möglichkeit des Verarbeitens von der Rolle setzt aber auch voraus, daß kein „Blocken", d.h. Haften der Klebschicht an der gegenüberliegenden Seite des Klebebandes erfolgt. Im Gegensatz zu der „klebenden Seite" muß die Rückseite daher eine Oberflächenbehandlung erfahren, die antiadhäsive Eigenschaften besitzt. Das wird durch Oberflächenbehandlungsverfahren erreicht, die auf jeder Seite unterschiedliche Oberflächenenergien und somit Adhäsionskräfte erzeugen (Abschn. 6.4.2.8). Die Klebschicht verbleibt bei einer Trennung an der Oberfläche, die über die höhere Oberflächenenergie verfügt.
• *Trägermaterial*: Wichtigste Folien sind Zellglas, PVC-, Polypropylen- und Polyesterfolien, weiterhin Leinengewebe und Krepp-Papiere. Das Trägermaterial bestimmt im

wesentlichen die mechanischen und physikalischen Eigenschaften des Klebebandes (Reißfestigkeit, Isolationsvermögen, Dehnung).
- *Trennschicht*: Ermöglicht das erwähnte leichte Abrollen des Klebebandes. Die Trennschichten bestehen in der Regel aus siliziumorganischen Verbindungen, die über einen kontrollierten Abweisungsgrad, d.h. sehr niedrige Oberflächenenergien verfügen.

Das wesentliche Kriterium für die Beschreibung der Haftungseigenschaften von Klebebändern ist die Schälfestigkeit (Abschn. 8.3.4). Sie stellt die kritische Festigkeit dar, da Klebungen allgemein gegenüber Schälbeanspruchungen besonders empfindlich sind. Bei weichgemachten Trägerfolien ist zu beachten, daß die Möglichkeit der Weichmacherwanderung in die Klebschicht besteht (Abschn. 2.7.4), so daß in Abhängigkeit von der Zeit die Festigkeit der Klebung beeinträchtigt werden kann.

3.12.2 Aufbau der Klebestreifen

- *Klebschicht*: Durch Wasser (z.T. auch durch Wärme) reaktivierbare Klebschicht aus tierischen und pflanzlichen Leimen (Abschn. 2.5).
- *Trägermaterial*: Der größte Teil der gummierten Klebstreifen wird aus unverstärktem Papier hergestellt (Kraftpapier ungebleicht, braun oder gebleicht). Die weiterhin verwendeten verstärkten Rohpapiere bestehen aus zwei Papierlagen mit dazwischenliegenden Verstärkungen aus Glas- oder Kunstgarnen.

Die Endfestigkeit der Klebestreifen wird erst nach vollständigem Verdampfen des Wassers erreicht, aus diesem Grunde geht die erforderliche Zeit für die Entfernung des Wassers in den Klebeprozeß mit ein.

Zusammenfassend ist festzustellen, daß Klebebänder und Klebestreifen gegenüber den Klebstoffolien (Abschn. 3.11) abgegrenzt werden müssen. Letztere stellen in der Regel reaktive Klebstoffgrundstoffe dar, die, ggf. mit eingebettetem Trägermaterial (z.B. Glasfaser), in der Klebfuge durch eine chemische Reaktion unter Wärmeeinwirkung zu einer Klebschicht aushärten. Sie können auch aus thermoplastischen Polymeren bestehen, z.B. Polyamide, die bei Wärmezufuhr in der Klebfuge aufschmelzen und nach Abkühlung eine Klebung ergeben (Abschn. 3.6.3).

Die Vorteile der Klebebänder liegen in einer Reduzierung der Fertigungszeiten sowie in einer sauberen Verarbeitung, da kein flüssiger Klebstoff eingesetzt wird. Klebebänder können auch in Kombination mit Reaktionsklebstoffen angewandt werden. Sie übernehmen dann die Verbindungsfunktion der Fügeteile solange, bis der ebenfalls in die Klebfuge eingebrachte Reaktionsklebstoff ausgehärtet ist. Auf diese Weise ist es ebenfalls möglich, Fertigungszeiten abzukürzen. In den Fällen, in denen eine nachträgliche Lösung der Klebung erforderlich ist, z.B. bei Reparaturen, werden Klebebänder mit unterschiedlichen Klebstoffarten eingesetzt. Die Klebebänder bestehen dann aus zwei verschiedenen Schichten, einem Haftklebstoff auf der einen und einem durch Wärme aktivierbaren Klebstoff auf der anderen Seite. Sowohl das Verkleben als auch das Lösen erfolgt unter Wärmeeinwirkung. Als Trägermaterial für beidseitig klebende Klebebänder dienen ebenfalls Schaumstoffe. Diese haben den Vorteil, aufgrund ihrer Flexibilität Unterschiede in den Klebfugendicken zwischen den Fügeteilen ausgleichen zu können. Wegen seiner Formstabilität und Alterungsbeständigkeit hat sich Neoprenschaum in Kombination mit Klebstoffen auf Acrylbasis besonders bewährt. In Ergänzung zu den fertig ausvulkanisierten Schaumstoffbändern werden klebende Dichtungsbänder auf Kautschukbasis angeboten, die unter den Vulkanisationsbedingungen zu einem geschlossenzelligen Schaum expandieren. Über einen eingebauten Haftvermittler wird eine gute Adhäsion zu den Fügeteilen erreicht. Dieses System bedarf für die Aushärtungsreaktion jedoch einer zusätzlichen Wärmeeinwirkung.

Ergänzende Literatur zu Abschnitt 3.12: [B20, G14 bis G17, G19, H20, N4, R6, S25, S26, Z3].

4 Eigenschaften der Klebschichten

4.1 Allgemeine Betrachtungen

Während des Abbindeprozesses entstehen aus den Klebstoffen die Klebschichten, die in ihren Eigenschaftsmerkmalen den Kunststoffen zuzuordnen sind. Wegen der vorhandenen Wechselwirkungen lassen sich die Eigenschaften der Klebschichten nur zum Teil losgelöst von den Eigenschaften der Fügeteile betrachten, sie können für sich allein demnach das Verhalten der Klebungen nur unvollkommen beschreiben. Erst die Kombination von Klebschicht und Fügeteiloberfläche ergibt die entsprechenden Haftungskräfte und somit die Gesamteigenschaften, die für die Festigkeit einer Klebung von entscheidendem Einfluß sind. Dennoch gibt es Eigenschaftsmerkmale, die die einzelnen Klebstoffe in ihrer zur Klebschicht ausgehärteten Form unterscheiden. Als vorwiegend klebschichtspezifische Faktoren sind in diesem Zusammenhang der Schubmodul, das Schubspannungs-Gleitungs-Verhalten, der Elastizitätsmodul, das Kriechverhalten, die Kristallinität und die Klebschichthomogenität zu sehen. Aus diesen Faktoren ergibt sich dann das von Klebstoff zu Klebstoff unterschiedliche mechanische, physikalische und chemische Verhalten.

Die besonderen Anforderungen an Klebschichten bestehen darin, die durch die entsprechenden Belastungen über die Fügeteile aufgebrachte Spannung übertragen zu können und dabei entstehende Spannungsspitzen abzubauen. Je mehr eine Klebschicht diese Spannungsspitzen durch plastische Verformungen auszugleichen vermag, desto größer wird der Anteil der lastübertragenden Klebfläche und um so höher ist bei einer möglichst großen inneren Festigkeit (Kohäsionsfestigkeit) die Festigkeit der Klebung. So gewinnt das deformationsmechanische Verhalten der Klebschichtpolymere für die Festigkeitsbetrachtungen besonderes Gewicht. Da die Eigenschaften der Klebschichten sehr maßgebend von den Aushärtungsparametern Temperatur, Zeit und Druck bestimmt werden, sind keine konstanten werkstoffspezifischen Kennwerte verfügbar, die als Berechnungsgrundlage dienen könnten. Allgemein ist festzustellen, daß die Duromere aufgrund ihres Vernetzungszustands höhere Klebschichtfestigkeiten aufweisen als die Thermoplaste, bei letzteren kommt noch die Kriechneigung (Abschn. 4.6) hinzu. Die optimalen Eigenschaftskriterien für Klebschichten lassen sich somit wie folgt definieren:
• Ausbildung stabiler und fester Haftungskräfte zu den Fügeteiloberflächen (zu erreichen u.a. durch Einbau polarer Gruppierungen in das Makromolekül);
• hohe Kohäsionsfestigkeit bei gleichzeitigem Vorhandensein eines begrenzten plastischen Verformungsvermögens als Voraussetzung für den Abbau von Spannungsspitzen in der Klebfuge (zu erreichen u.a. durch „innere Weichmachung" hochvernetzter Makromoleküle, Abschn. 4.4.3);

- geringe Kriechneigung bei Zeitstandbelastung (bei Thermoplasten zu erreichen durch Anteile vernetzter Makromoleküle im Polymer);
- hohe thermische Beständigkeit (Abschn. 3.7) (zu erreichen durch eine weitgehende Vernetzung der Makromoleküle);
- hohe Beständigkeit gegenüber Feuchtigkeitsaufnahme sowie Angriff korrosiver Agenzien (zu erreichen durch optimal ausgebildete Haftungskräfte und hohen Anteil vernetzter Makromoleküle).

Aus dieser Darstellung ist ersichtlich, daß aus vernetzten Duromeren aufgebaute Klebschichten thermoplastischen Klebschichten gegenüber Vorteile aufweisen. Aus diesem Grunde werden erstere auch für hochbeanspruchte Konstruktionsklebungen bevorzugt, zu ihnen zählen in erster Linie die Epoxid- und Phenolharze sowie die vernetzten Polyurethane (Tabelle 2.1).

Zusammenfassend ist somit festzustellen, daß bei Festigkeitsbetrachtungen nicht von einer Klebschichtfestigkeit ausgegangen werden kann, sondern unter Einbeziehung der Fügeteile die Festigkeit der Klebung (Klebfestigkeit nach DIN 53283) zu betrachten ist.

4.2 Schubmodul

Der Schubmodul ist definiert als Quotient aus der Schubspannung τ^l und der durch sie verursachten elastischen Winkelverformung $\tan \gamma$ (Gleitung) bei sehr kleinen Deformationen innerhalb des linear-viskoelastischen Bereichs:

$$G = \frac{\tau^l}{\tan \gamma} \tag{4.1}$$

Da die Gleitung $\tan \gamma = v/d$ ist, ergibt sich $G = (\tau^l/v)d$ (Bild 4.1a und b). Die Schubspannung beansprucht den Quader der Klebschicht aus $l_ü$, b und d auf Scherung, d.h. sie bewirkt eine Verschiebung der einzelnen Flächensegmente ohne Volumenänderung gegeneinander um den Gleitungswinkel γ, der durch die Verschiebung und die Klebschichtdicke gegeben ist. Bei geringer Belastung bleibt die Gestaltänderung der Klebschicht elastisch, bei stärkerer Belastung tritt eine plastische Verformung und schließlich ein Bruch ein. Die Schubspannung ist um so größer, je ideal-elastischer sich die Klebschicht verhält, denn bei Klebschichten mit plastischen Anteilen wird die Schubspannung durch Fließvorgänge innerhalb der Klebschicht weitgehend abgebaut.

Bemerkung: Zur Bezeichnung der Schubspannung mit τ^l Abschn. 8.3.3.4.

Die bei einer vorhandenen Schubspannung τ^l in der Klebschicht auftretende Gleitung $\tan \gamma$ ist sehr stark von der dieser innewohnenden Verformungsmöglichkeit abhängig, diese ist wiederum eine Funktion der Molekülbeweglichkeit. Wie in Abschn. 4.4.1 beschrieben wird, ist die in einem Polymer vorhandene Molekülbeweglichkeit eine von der Temperatur und vom strukturellen Aufbau des Polymers (Thermoplast, Duromer) abhängige Größe. Somit besteht die Möglichkeit, über den Schubmodul das thermomechanische Verhalten der Klebschichten zu beschreiben (Abschn. 4.4.2),

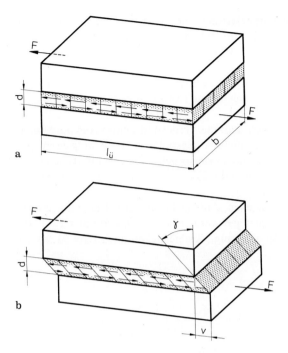

Bild 4.1. Schubverformung in Klebschichten.

insbesondere die Zustands- und Übergangsbereiche, die die Klebschicht mit zu- oder abnehmender Temperatur durchläuft.

Für die Klebschichtpolymere sind Werte der Schubmoduln in der Größenordnung von 10^2 bis 10^4 N mm^{-2} charakteristisch. Unterschiede bestehen in den Werten des Schubmoduls warm- und kalthärtender Klebstoffe. Sie liegen bei den ersteren im Bereich von $1\cdot 10^3$ bis $1{,}5\cdot 10^3$ N mm^{-2}, bei letzteren bei ca. $0{,}5\cdot 10^3$ N mm^{-2}. Da der Schubmodul nach DIN 53 445 an reinen Polymerproben bestimmt wird, ergibt sich der Vorteil, für die Messungen verschiedene Aushärtebedingungen zugrunde legen zu können, um auf diese Weise die Parameter für die optimalen Klebschichteigenschaften zu ermitteln. Die Höhe und die Temperaturabhängigkeit des Schubmoduls ergeben dann einen guten Überblick über das elastisch-plastische Verhalten von Klebschichten. Aus einer derartigen Darstellung lassen sich dann die für das deformationsmechanische Verhalten charakteristischen Temperaturbereiche wie Glasübergangs- und Fließbereich sowie die Grenztemperatur bei kurzzeitiger Beanspruchung entnehmen.

Als Bezeichnung für den Schubmodul werden ebenfalls die Begriffe Gleitmodul, Gestaltmodul, Schubelastizitätsmodul und bei Torsionsbeanspruchung Torsionsmodul verwendet.

Der Schubmodul wird experimentell aus dem Torsionsschwingversuch nach DIN 53 445 [D1] ermittelt.

Ergänzende Literatur zu Abschn. 4.2:[A11].

4.3 Das Schubspannungs-Gleitungs-Verhalten

Die Verformungs- und Festigkeitseigenschaften von Werkstoffen, insbesondere von Metallen, werden im allgemeinen durch den Zugversuch nach DIN 50 145 [D1] ermittelt. Hierfür kommen definierte Materialproben aus den zu untersuchenden Werkstoffen zum Einsatz, an denen dann die interessierenden Werkstoffkenngrößen wie Elastizitäts- oder Schubmodul, Streckgrenze und Bruchdehnung gemessen werden. Diese Werkstoffkenngrößen lassen sich ebenfalls an Proben ausgehärteter Klebstoffe ermitteln, allerdings ist hierbei zu beachten, daß für Polymere das Hookesche Gesetz, d.h. die Proportionalität zwischen Last und Dehnung, in den meisten Fällen nur bei niedrigen Belastungen gilt. (Abschn. 4.5).

Das sehr unterschiedliche Verformungsverhalten der verschiedenen Klebschichtpolymere ist auf den unterschiedlichen chemischen und strukturellen Aufbau sowie auf den Vernetzungsgrad zurückzuführen. Während die metallischen Fügeteilwerkstoffe im Einsatzbereich bei Metallklebungen ein weitgehend von der Zeit unabhängiges Spannungs-Dehnungs-Verhalten aufweisen, trifft dieses Merkmal auf Polymere nicht zu. Durch ihr viskoelastisches Verhalten (Abschn. 4.6) verformen sie sich nicht nur last- sondern auch zeitabhängig. Weiterhin ist zu berücksichtigen, daß bei reinen Substanzproben die durch die Fügeteilwerkstoffe bedingte Verformungsbehinderung der Grenzschichtbereiche und der daraus resultierende Einfluß auf den Festigkeitswert entfällt. Als typisches Beispiel hierfür sind die verschiedenen Werte von Elastizitätsmoduln, gemessen an reinen Substanzproben und als Klebschichten, anzusehen (Abschn. 4.5).

Für die Klebstoffe, die insbesondere für konstruktive Klebungen bei hoher Belastung eingesetzt werden sollen, ist es erforderlich, das Spannungs-Verformungs-Verhalten der aus ihnen gebildeten Klebschicht bei einem definierten Spannungszustand zu kennen. Aus diesem Verhalten lassen sich dann die jeweils interessierenden klebstoffspezifischen Kenngrößen, die das deformationsmechanische Verhalten bestimmen, ableiten. Die Kenntnis derartiger Diagramme für Zug- bzw. Schubbeanspruchung bis zum Bruch vermag in wesentlich eindeutigerer Weise Informationen über die Spannungsverteilung in Klebungen zu geben. Ein reiner Schubspannungszustand in Klebungen ist mit der in DIN 53 281 Blatt 2 [D1] festgelegten Probengeometrie aufgrund der sich an den Überlappungsenden ausbildenden Spannungsspitzen nicht zu erreichen. Eine Eliminierung von Spannungsspitzen setzt Fügeteile mit einem quasi ideal-starren Verhalten voraus, diese Voraussetzung ist bei stumpfgeklebten rohrförmigen Proben (Abschn. 14.2.1.2) und bei der Probengeometrie nach DIN 54451 [D1] gegeben. Für die erste Möglichkeit ist der experimentelle Aufwand allerdings sehr hoch, so daß als Alternative die in DIN 54 451 festgelegte Probengeometrie, die auf Arbeiten von Althof und Neumann [A12] zurückgeht, gewählt wurde. Diese Probengeometrie eliminiert gegenüber DIN 53 281 die Fügeteilverformung durch eine größere Fügeteildicke (6,0 mm statt 1,5 mm) und das Biegemoment durch eine geringere Überlappungslänge (5,0 mm statt 12,0 mm) sowie eine quasi-zentrische Belastung (Abschn. 8.3.3.1). Durch die in der Probe bei Zugscherbeanspruchung durch die gegeneinander wirkenden und in der gleichen Ebene liegenden, eine Relativbewegung verursachenden Kräfte, tritt in der Klebschicht praktisch eine reine Schubbeanspruchung ein. Die auf diese Weise ermittelten Klebschichtkennwerte sind

4 Eigenschaften der Klebschichten

für die Berechnung der Spannungsverteilung in Klebungen weit besser geeignet als die nach DIN 53 283 ermittelten Werte der statischen Klebfestigkeit (Bild 8.9).

In der Literatur findet man verschiedene Angaben über die Bezeichnung der Gleitung, und zwar

- Gleitung $\tan \gamma = v/d$ als Quotient aus v und d, z.B. ergibt sich für $d = 0{,}15$ mm und $v = 0{,}075$ mm die Gleitung $\tan \gamma$ zu $\frac{0{,}075}{0{,}15} = 0{,}5$.

- Gleitung $\tan \gamma$ als Prozentangabe, z.B. Gleitung $\tan \gamma = \frac{0{,}075}{0{,}15} \cdot 100 = 50\%$.

- Absolute Zahl der Verschiebung v, z.B. $v = 0{,}075$ mm.

Die *Bruchgleitung* $\tan \gamma_B$ ist als die bei einem Bruch der Klebschicht erfolgte Gleitung definiert. Die Messung der Verschiebung v erfolgt während der Belastung durch die optische Verfolgung von vorher in die Seitenflächen der Fügeteile eingebrachte Strichmarken (Abschn. 8.3.3.7).

Die Größe der Klebschichtdicke hat, wie Bild 4.2 zeigt, einen wesentlichen Einfluß auf die Verschiebung. Mit zunehmender Klebschichtdicke wird bei gleicher Verschiebung v der Verschiebungswinkel γ kleiner. Daraus folgt, daß bei größeren Klebschichtdicken kleinere Schubspannungen vorhanden sind (bei gleichem Klebstoff) und somit aufgrund dieses Zusammenhangs mit größeren Klebschichtdicken auch höhere Klebfestigkeiten erwartet werden könnten. Diese Folgerung trifft aber aus den folgenden Gründen nicht zu:

— Zunahme des Biegemoments, durch das an den Überlappungsenden zusätzliche Normal- bzw. Schälspannungen auftreten (Abschn. 8.3.3.3 und 8.4.8).

— Erhöhte Möglichkeit der Querkontraktion gegenüber geringen Klebschichtdicken (Abschn. 4.5).

— Auftreten von Schrumpfspannungen und Inhomogenitäten bei größeren Klebschichtdicken (Abschn. 7.2).

Bild 4.3 zeigt ein typisches Schubspannungs-Gleitungs-Diagramm. Zunächst ergibt sich ein fast linearer Verlauf des Schubspannungs-Gleitungs-Verhaltens, dann

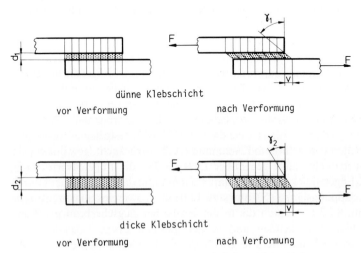

Bild 4.2. Schubverformung bei dünnen und dicken Klebschichten.

4.3 Das Schubspannungs-Gleitungs-Verhalten 123

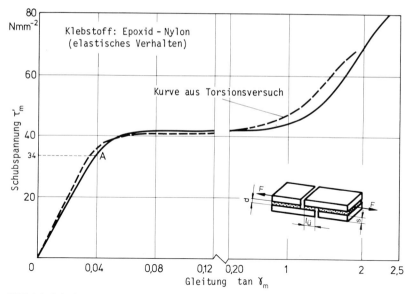

Bild 4.3. Schubspannungs-Gleitungs-Diagramm (nach [A12]).

folgt ein langer Fließbereich, der das große Verformungsvermögen des untersuchten Klebstoffs charakterisiert. Eine sich anschließende Klebschichtverfestigung führt dann zu einer ansteigenden Schubspannung. Im Punkt A läßt sich für den elastischen Bereich der Schubmodul für eine gemessene Klebschichtdicke $d=0,1$ mm und eine Klebschichtverformung $v=0,004$ mm ermitteln:

Zunächst ergibt sich aus den Meßwerten die Gleitung zu

$$\tan\gamma = v/d = 0,004 : 0,1 = 0,04.$$

Diesem Wert ist die Schubspannung $\tau^l = 34$ N mm^{-2} zuzuordnen, so daß für den Schubmodul resultiert

$$G = \frac{\tau^l}{v} d = \frac{34}{0,004} \cdot 0,1 = 850 \text{ N mm}^{-2}.$$

In der erwähnten Arbeit weisen Althof und Neumann nach, daß das nach DIN 54451 erhaltene Schubspannungs-Gleitungs-Diagramm mit dem aus dem (nicht genormten) Torsionsversuch zur Bestimmung der Verdrehscherfestigkeit erhaltenen gleichen Diagramm eine gute Übereinstimmung aufweist. Man kann demnach davon ausgehen, daß in beiden Fällen vergleichbare gleichmäßige Schubspannungsverteilungen in der Klebfuge vorliegen (siehe gestrichelte Kurve in Bild 4.3).

Bemerkung: Die Bezeichnungen τ_m^l und $\tan\gamma_m$ weisen darauf hin, daß es sich bei den einzelnen Meßwerten jeweils um mittlere Schubspannungen bzw. Gleitungen handelt, wie sie in Abschnitt 8.3.3.7 beschrieben sind.

Bild 4.4 zeigt für einen spröden, wärmebeständigen Klebstoff ebenfalls das entsprechende Schubspannungs-Gleitungs-Diagramm im Vergleich der Ergebnisse

124 4 Eigenschaften der Klebschichten

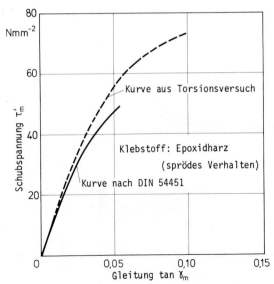

Bild 4.4. Schubspannungs-Gleitungs-Diagramm einer spröden Klebschicht (nach [A12]).

aus dem Torsions- und Zugscherversuch. Hier tritt deutlich die Sprödigkeit der Klebschicht hervor. Ein Fließbereich ist nicht vorhanden. Während bei dem verformungsfreudigen Klebstoff nach Bild 4.3 der Bruch erst nach ca. 200 bis 230% Gleitung eintritt, beträgt die Bruchgleitung bei dem spröden Klebstoff nur 5 bis 10%. Im Fall des spröden Klebstoffs ist die Übereinstimmung der Kurven aus dem Torsions- und Zugscherversuch nicht so gut wie im ersteren Fall. Die Ursache ist darin zu sehen, daß sich bei der Zugscherbeanspruchung trotz weitgehender Annäherung der Versuchsbedingungen zur Erzielung einer reinen Schubbeanspruchung geringfügige Abweichungen bei spröden Klebschichten stärker als bei elastischen bemerkbar machen.

Über diese Prüfmethode ist es, wenn auch mit geringfügigen Einschränkungen, möglich, die verschiedenen Klebstoffe in ihrem für die praktische Anwendung wichtigen Verformungsverhalten zu charakterisieren. Man erkennt aus diesen Ergebnissen, daß mit den nach DIN 54 451 festgelegten „dicken" Zugscherproben Festigkeitskennwerte von Klebschichten eindeutiger und reproduzierbarer ermittelt werden können, als das mit der Probengeometrie nach DIN 53 281 wegen der Fügeteildehnung und der unterschiedlichen Spannungsverhältnisse möglich ist. Auch sind vergleichende Klebschichtuntersuchungen hinsichtlich Temperatur- und Klimabelastung zur Ermittlung von Langzeitfestigkeiten auf diese Weise besser möglich, weil nach diesen Versuchsbedingungen „echte" Klebschichtfestigkeiten ermittelt werden können. Da eine klebgerechte Konstruktion (Kapitel 11) so ausgelegt sein sollte, daß eine Klebung weitgehend nur auf Schub beansprucht wird, ist über ein Schubspannungs-Gleitungs-Diagramm eine wesentlich größere Vergleichbarkeit mit der Praxis sowie eine genauere Berechnungsgrundlage gegeben. Die Verfügbarkeit der Schubspannungs-Gleitungs-Diagramme für Klebstoffe an Stelle von Festigkeitswerten basierend auf der statischen Kurzzeitbeanspruchung nach DIN 53 283 würde für die

Berechnung von Metallklebungen große Vorteile bieten. Allein die Kenntnis des Verformungsverhaltens einer Klebschicht, die sich aus der normalen Zugscherfestigkeitsprüfung nicht ableiten läßt, ist ein großer Vorteil der Schubspannungs-Gleitungs-Ermittlung.

Ergänzende Literatur zu Abschnitt 4.3:[A13, A14, K30, V4].

4.4 Die thermomechanischen Eigenschaften

4.4.1 Zustandsbereiche

Bei den Polymeren ändern sich mit steigender Temperatur, wenn auch bei Duromeren und Thermoplasten in unterschiedlichem Ausmaß, die physikalischen und mechanischen Eigenschaften. Unter Berücksichtigung des Molekülaufbaus lassen sich diese Zusammenhänge durch die Abhängigkeit wichtiger mechanischer Parameter von der Temperatur beschreiben. Während die Duromere aufgrund ihres hohen Vernetzungsgrades bei Temperaturänderungen keine charakeristischen Zustandsbereiche durchlaufen, unterliegen die Thermoplaste wesentlichen physikalischen Zustandsänderungen. Bild 4.5 zeigt zunächst für Duromere die Abhängigkeit des Elastizitätsmoduls, der Zugfestigkeit und der Bruchdehnung von der Temperatur. Es erfolgt eine quasi-lineare Ab- bzw. Zunahme dieser Parameter bis zum Bereich der Zersetzungstemperatur. Die jeweils eingetretenen Änderungen der Molekülstruktur sind dabei irreversibel.

Bei den Thermoplasten ist zu unterscheiden, ob sie amorph oder teilkristallin vorliegen. Für beide Möglichkeiten sind in den Bildern 4.6 und 4.7 die temperaturabhängigen Zustandsbereiche wiedergegeben, diese können wie folgt beschrieben werden:
• *Glaszustand*: Kennzeichnend für den Glaszustand ist ein energieelastisches Verhalten der Polymere, d.h. die Polymere folgen in ihrem Verformungsverhalten nahezu dem Hookeschen Gesetz mit entsprechend hohen Elastizitätsmoduln. Das Polymer verhält

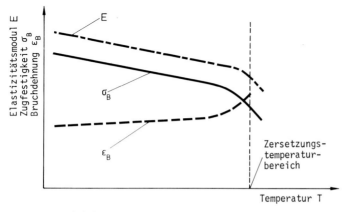

Bild 4.5. Festigkeitsparameter von Duromeren in Abhängigkeit von der Temperatur.

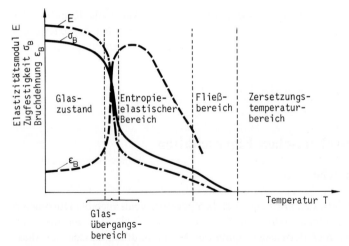

Bild 4.6. Festigkeitsparameter von amorphen Thermoplasten in Abhängigkeit von der Temperatur.

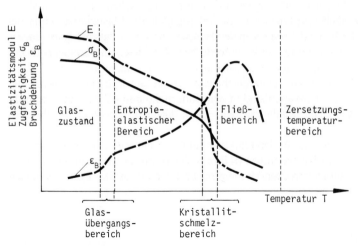

Bild 4.7. Festigkeitsparameter von teilkristallinen Thermoplasten in Abhängigkeit von der Temperatur.

sich weitgehend glasartig-spröde, die physikalischen und mechanischen Eigenschaften (z.B. der Schubmodul) sind nur in geringem Maße temperaturabhängig. Mikro- und makrobrownsche Molekülbewegungen finden nicht statt, die mechanischen Eigenschaften werden allein durch die Hauptvalenzbindungen benachbarter Atome bestimmt.

• *Glasübergangstemperatur* T_g (Glastemperatur, Einfriertemperatur): Sie ist definiert als die mittlere Temperatur des Einfrierbereiches von Polymeren, in dem die *mikrobrownsche Bewegung* der Molekülketten bei der Abkühlung einfriert. Die mikrobrownsche Bewegung kennzeichnet eine thermische Bewegung von Kettensegmenten und Seitenketten eines Makromoleküls, ohne daß jedoch das Makromolekül als solches im Sinne eines Platzwechsels in eine dafür ausreichende Bewegung gerät. Letzteres ist erst bei der *makrobrownschen Bewegung* der Moleküle bei Temperaturen oberhalb der Fließtemperatur der Fall. Die mikrobrownsche Bewegung beruht auf der Torsionsmöglichkeit der Kohlenstoff-Kohlenstoff-Bindung um ihre Bindungsachse, die makrobrownsche Bewegung ermöglicht die freie Beweglichkeit ganzer Moleküle bzw. Molekülketten. Beide Bewegungsmöglichkeiten sind oberhalb der Glasübergangstemperatur bei den Thermoplasten besonders ausgeprägt, da praktisch keine gegenseitigen Molekülvernetzungen und somit Bewegungsbehinderungen vorhanden sind. Bei den Duromeren treten diese Bewegungen wegen des im allgemeinen hohen Vernetzungsgrades nur in sehr geringem Umfang auf. Mit zunehmender Temperatur erfolgt ausgehend vom Glaszustand bei der Glasübergangstemperatur der Beginn wesentlicher mechanischer und physikalischer Eigenschaftsänderungen.

Einige hinsichtlich der Größenordnung charakteristische Werte der Glasübergangstemperatur gibt Tabelle 4.1 wieder. Für das Verhalten von Klebschichten ist die Höhe der Glasübergangstemperatur ein wichtiger Parameter. Liegt diese beispielsweise bei einem Polymer für einen Kontaktklebstoff oberhalb Raumtemperatur, so wäre dieses System nicht verwendungsfähig, da es bei der Anwendungstemperatur in einem glasähnlichen Zustand vorliegt und die Beweglichkeit der Makromoleküle bei Druckanwendung für eine gegenseitige Durchdringung und somit Klebschichtfestigkeit nicht ausreicht. Liegt andererseits bei Klebstoffen für den Einsatz bei erhöhten Temperaturen die Glasübergangstemperatur zu niedrig, sind aufgrund der hohen Kautschukelastizität zu geringe Festigkeitswerte zu erwarten. Die in Abschn. 2.7.4 erwähnte „äußere Weichmachung" geht in ihren Auswirkungen letzten Endes auf eine Verschiebung der Glasübergangstemperatur der Klebschicht zu niedrigeren Temperaturwerten zurück.

• *Entropieelastischer Bereich*: Zunehmende Bewegung der Molekülkettensegmente. Die Entropieelastizität (Gummielastizität) beruht auf translatorischen Bewegungsmechanismen von Molekülkettensegmenten, ohne daß dabei bereits eine räumliche Verlagerung des Schwerpunktes des Gesamtmoleküls erfolgt. Die Gummielastizität ist

Tabelle 4.1. Glasübergangstemperaturen verschiedener Klebstoffgrundstoffe.

Klebstoffgrundstoff	Glasübergangstemperatur °C
Polyethylen	-100
Silikone	-90
natürlicher Kautschuk	-70
Polyisobutylen	-50 ... -60
Polyvinylacetat	30
Polyamide	60
Polyvinylchlorid	75
Polymethylmethacrylat	90 ... 110
Epoxide	100

infolge der gegebenen Molekülvernetzung zumeist thermostabil im Gegensatz zu der Kautschukelastizität, die als thermolabil anzusehen ist.

• *Kristallitschmelzbereich*: Die Kristallinität (Abschn. 4.7) beeinflußt die Eigenschaften eines Thermoplasten in charakteristischer Weise. Neben den mechanischen Parametern ist beispielsweise das spezifische Volumen (cm^3/g) eine Größe, mittels derer sich die in dem Kristallitschmelzbereich ablaufenden Zustandsänderungen beschreiben lassen (Bild 4.8). Bei einem im Glaszustand amorphen Polymer folgt die Volumenänderung der Geraden $A-B$. Unterhalb der Glasübergangstemperatur ist diese Gerade wegen der sehr geringen Abhängigkeit der mikrobrownschen Bewegungen von der Temperatur flacher ($A-C$), bei höheren Temperaturen wegen der zusätzlichen, das Volumen vergrößernden makrobrownschen Bewegungen steiler ($C-B$). Zwischen den beiden Geraden liegen die erhaltenen Meßwerte im allgemeinen in einem Übergangsbereich von ca. 20 bis 30 K auf einer die beiden Geraden verbindenden Kurve. Den eingezeichneten Knickpunkt C ($=T_g$) erhält man durch Verlängerung der beiden Geraden bis zu ihrem Schnittpunkt. Bei einem (theoretisch) vollständig kristallinen Polymer würden alle Molekülketten in einem System dreidimensionaler Ordnung (Kristallit) eingebaut sein. Da keine die mikrobrownschen Bewegungen verursachenden ungeordneten Ketten vorhanden sind, ist auch kein charakteristischer Übergang aus dem Glaszustand zu beobachten. Das kristalline Polymer folgt bei Temperaturerhöhung der Kurve $D-T_{s1}-B$, die Kristallite schmelzen und das Polymer geht bei T_{s1} in den viskosen Zustand mit einem zunehmenden spezifischen Volumen über. Da in der Praxis vollständig kristalline Polymere als Klebstoffgrundstoffe nicht angetroffen werden, sondern amorphe und kristalline Anteile in wechselnden Verhältnissen vorhanden sind, zeigt die Temperaturabhängigkeit des spezifischen Volumens ein Verhalten gemäß Kurve $F-H-B$. Im Punkt G wird bei zunehmender Temperatur die Glasübergangstemperatur der amorphen Anteile erreicht, im Bereich $G-H-B$ erfolgt die Zustandsänderung des Polymers in den viskosen Zustand der Schmelze. Die Temperatur T_{s1} ist normalerweise ein definierter Schmelzpunkt eines kristallinen Polymers, während T_{s2} wegen der Vielfalt von Molekülen unterschiedlicher Kettenlänge sowie Kristallite verschiedener Größen im allgemeinen einen Schmelzbereich darstellt.

• *Fließtemperatur*: Grenztemperatur zwischen dem festen und flüssigen Zustand. Bei Erreichen der Fließtemperatur sind die zwischenmolekularen Kräfte durch die

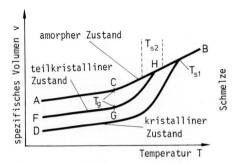

Bild 4.8. Abhängigkeit des spezifischen Volumens verschiedener Polymerstrukturen von der Temperatur.

makrobrownschen Bewegungen soweit überwunden, daß die Molekülketten sich frei bewegen und aneinander abgleiten können.
- *Viskoses Verhalten*: Für auftretende Kriechvorgänge in Klebschichten (Abschn. 4.6) ist insbesondere das viskose Fließen, welches auf irreversiblen Verschiebungen benachbarter Makromoleküle beruht, verantwortlich. Weitere Temperaturerhöhungen bestimmen dann das für Thermoplaste entscheidende Viskositätsverhalten für eine optimale Benetzung.
- *Zersetzungstemperatur bzw. Zersetzungsbereich*: Beginn der Zerstörung der chemischen Bindungen innerhalb der Makromoleküle.

Je nach dem Grad der Temperaturbeanspruchung liegt die Formbeständigkeit einer Klebschicht zwischen der Glasübergangstemperatur und der Fließtemperatur als oberster Grenze.

Ergänzende Literatur zum Abschnitt 4.4 im Anschluß an Abschnitt 4.4.3.

4.4.2 Abhängigkeit des Schubmoduls und des mechanischen Verlustfaktors von der Temperatur

Die Temperaturabhängigkeit dieser beiden Parameter und der entsprechende Kurvenverlauf bei amorphen und teilkristallinen Klebschichten geht aus den Bildern 4.9a und b hervor. Die kristallinen Bereiche befinden sich in einem niedrigeren Energiezustand als die amorphen Bereiche, daher erfordern erstere für die Erreichung einer entsprechenden Molekülbeweglichkeit eine höhere Wärmeenergie. Das bedeutet wiederum, daß bei Wärmezufuhr die Moleküle der amorphen Bereiche einer teilkristallinen Klebschicht zuerst beweglicher werden. Diese Zustandsänderung wird durch einen ersten Abfall des Schubmoduls gekennzeichnet (Punkt X). Ein nichtkristallines, amorphes Polymer verliert hier seinen Zusammenhalt und mit steigender Temperatur fällt der Schubmodul sehr stark ab. Bei einem teilkristallinen Polymer bleibt der Zusammenhalt dagegen bestehen, solange noch Kristallite vorhanden sind. Mit

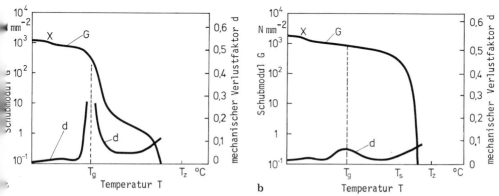

Bild 4.9. Temperaturabhängigkeit des Schubmoduls und des mechanischen Verlustfaktors bei amorphen (a) und teilkristallinen (b) Thermoplasten.

steigender Temperatur schmelzen dann mehr und mehr Kristallitanteile und der Schubmodul sinkt anfänglich flach und dann immer steiler ab, bis beim Aufschmelzen der letzten Kristalle auch der letzte Zusammenhalt verlorengeht.

In ähnlicher Weise, wie die Temperaturabhängigkeit des Schubmoduls die Zustandsbereiche der Polymere zu charakterisieren vermag, ist dieses auch mittels des mechanischen Verlustfaktors und dem mit ihm zusammenhängenden logarithmischen Dekrement der mechanischen Dämpfung möglich. Beide Werte können experimentell nach DIN 53 445 „Torsionsschwingungsversuch" ermittelt werden. Unter dem mechanischen Verlustfaktor d versteht man die inneren Energieverluste, welche die mechanische Dämpfung (innere Reibung) eines schwingenden Polymerstabs verursachen. Diese bei einer Schwingung infolge der inneren Reibung auftretenden Energieverluste, die zu einer Schwingungsdämpfung führen, werden durch das Verhältnis zweier, um eine Schwingungsdauer auseinanderliegender Schwingungsamplituden oder auch durch den natürlichen Logarithmus dieses Dämpfungsverhältnisses, das logarithmische Dekrement, beschrieben:

$$\varLambda = \ln \frac{A_1}{A_2}. \tag{4.2}$$

(A_1, A_2 zwei aufeinanderfolgende Schwingungsamplituden).

Das elastische Verhalten der Klebschichten unterhalb der Glasübergangstemperatur führt dazu, daß bei einer mechanischen Belastung, wie sie im Torsionsschwingversuch erfolgt, diese Energie nicht in Wärme umgewandelt wird und somit in diesem Bereich praktisch auch keine Dämpfung auftritt. Im Bereich der Glasübergangstemperatur steigt die Dämpfung aufgrund der sehr stark abnehmenden Elastizität zunächst sehr stark an, der mechanische Verlustfaktor pendelt sich dann im entropieelastischen Bereich auf einen höheren Wert ein. Bei einer Temperatur $T_1 > T_g$ absorbiert die Probe also den größten Teil der Energie und die Dämpfung ist hoch, während bei einer viel tieferen Temperatur $T_2 < T_g$ die Probe die Energie speichern kann, und die Dämpfung daher viel niedriger wird. Charakteristisch für die verschiedenen Klebstoffe sind nun die Zuordnungen der Temperaturbereiche zu den signifikanten Größenänderungen von Schubmodul und Dämpfungseigenschaften. So werden diese Bereiche z.B. bei warmaushärtenden gegenüber kaltaushärtenden Klebstoffen zu höheren Temperaturen verschoben, d.h. daß eine größere Temperaturbeständigkeit der Klebschicht erwartet werden kann.

Diese Zusammenhänge gehen aus den Bildern 4.10 und 4.11, die einer experimentellen Arbeit von Otto [O1] entnommen sind, in eindeutiger Weise hervor. Die Aushärtungsparameter waren bei dem Epoxid-Polyaminoamidklebstoff 100°C/30 min und bei dem cycloaliphatischen Epoxidharz 200°C/150 min. Die Werte der anderen Klebstoffe lagen in systematischer Weise zwischen diesen beiden Grenzen. Es ist erkennbar, daß die durch den Schubmodul und den mechanischen Verlustfaktor zu charakterisierenden Klebschichteigenschaften eine Funktion der Molekülstruktur sind, die bei höheren Härtungstemperaturen einen verstärkten Vernetzungsgrad aufweist. Somit eignet sich die Bestimmung dieser Parameter für vergleichende Untersuchungen von Klebstoffen bezüglich ihrer Molekülstruktur (Vernetzungsgrad) sowie ihres Verhaltens unter Einwirkung von Temperatur und/oder auch klimatischen Beanspruchungen.

Ergänzende Literatur zu Abschnitt 4.4 im Anschluß an Abschnitt 4.4.3.

4.4 Die thermomechanischen Eigenschaften   131

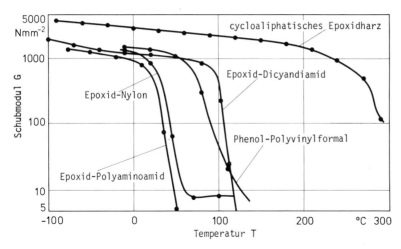

Bild 4.10. Schubmodul verschiedener Klebstoffe in Abhängigkeit von der Temperatur (nach [O1]).

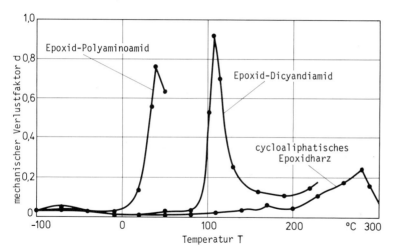

Bild 4.11. Mechanischer Verlustfaktor verschiedener Klebstoffe in Abhängigkeit von der Temperatur (nach [O1]).

4.4.3 Abhängigkeit der Klebfestigkeit von der Temperatur

Betrachtet man die Abhängigkeit der Klebfestigkeit von der Temperatur, so zeigen die ausgehärteten Klebschichten der bekanntesten Grundstoffe (z.B. Phenolharz, Epoxid-Phenolharz, Epoxid-Nylon, Polyurethan) in weiten Bereichen ein ähnliches Verhalten (Bild 4.12):
• Bei tiefen Temperaturen ist zunächst nur ein geringfügiger, in vielen Fällen kaum meßbarer Anstieg der Klebfestigkeit zu erkennen (Glaszustand). Umgekehrt erfolgt die Abnahme der Festigkeit mit abnehmender Temperatur durch die zunehmende

132   4 Eigenschaften der Klebschichten

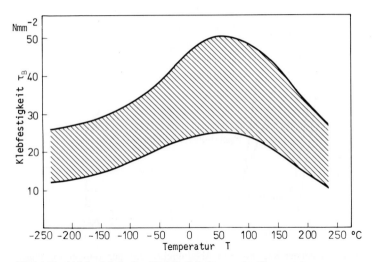

Bild 4.12. Abhängigkeit der Klebfestigkeit von der Temperatur.

Versprödung der Klebschicht, die einen Spannungsabbau an den Überlappungsenden nicht mehr zuläßt. Die Dauer der Kälteeinwirkung hat auf die Festigkeit einer Klebung keinen Einfluß. Da sich die Polymere im Glaszustand befinden und keine Wärme zugeführt wird, sind Strukturänderungen nicht zu erwarten. Über ausreichende Verformungseigenschaften bei tiefen Temperaturen verfügen Klebstoffe auf Basis Polyurethan sowie die Silikone.
• Mit zunehmender Temperatur erfolgt dann im Bereich der normalen Temperatur ein Anstieg der Klebfestigkeit bis zu einem Maximum, welches je nach der chemischen Grundstruktur einen großen Bereich überdecken kann (kautschukelastischer Bereich). Durch die zunehmende Plastizität der Klebschicht kann hier ein Abbau der die Festigkeit begrenzenden Spannungsspitzen an den Überlappungsenden erfolgen (Abschn. 8.3.3.4).
• Nach Durchlaufen dieses Maximums fällt im Bereich der erhöhten Temperaturen die Klebfestigkeit durch auftretende Fließvorgänge und beginnende Zersetzungserscheinungen der Polymermoleküle ab.

Diese schematische Darstellung macht das sehr unterschiedliche Verhalten der aus den jeweiligen Polymeren aufgebauten Klebschichten deutlich. Die für eine mechanisch belastete Klebung in Abhängigkeit von der Temperatur erforderlichen Festigkeitseigenschaften werden zu tiefen Temperaturen durch den Bereich der Glasübergangstemperatur begrenzt. In diesen komplexen Zusammenhängen liegt u.a. die Ursache dafür, daß die Formulierung einer einheitlichen Zustandsgleichung, die das deformationsmechanische Verhalten der Klebschichten bei verschiedenen Temperaturen für konstruktive Bemessungen eindeutig wiedergibt, nicht möglich ist. Für eine vorgegebene Beanspruchung sind daher in jedem Fall die klebstoffspezifischen Eigenschaften entsprechend zu berücksichtigen und die Klebstoffe nach diesen Grundsätzen auszuwählen. Hinzu kommt weiterhin, daß die Lage des Maximumsanstiegs und -abfalls ebenfalls von der Beanspruchungsgeschwindigkeit und der Höhe der angelegten Belastung abhängig ist und in gewissen Bereichen schwanken kann.

Auch diese Tatsache macht deutlich, daß die exakte Einbeziehung der Temperaturabhängigkeit von Klebschichteigenschaften in die Dimensionierung einer geklebten Konstruktion nur über spezifische, mit den entsprechenden Fügeteilwerkstoffen durchgeführte Versuche möglich ist. Jede Klebstoffart besitzt hinsichtlich ihres Temperaturverhaltens besondere Eigenschaften und es ist erforderlich, diese durch geeignete Untersuchungen zu erkennen und sinnvoll zu nutzen. Einen Klebstoff, der allen Beanspruchungen gerecht wird, kann es aus diesen Gründen nicht geben. Klebstoffe mit guten thermomechanischen Eigenschaften zeichnen sich dadurch aus, daß sie bei hohen Temperaturen eine ausreichende Eigenfestigkeit und Zähigkeit, kombiniert mit einem entsprechenden plastisch-elastischen Verhalten, aufweisen, um die bei Zugscherbeanspruchung auftretenden Spannungsspitzen abbauen zu können (Abschn. 8.3.3.6).

Geeignete Möglichkeiten, um im Rahmen der gegebenen Monomere zu „universellen" Klebschichteigenschaften zu kommen, bestehen in der Kombination von Grundstoffen, die harte − dann aber meistens auch spröde − Klebschichten ausbilden mit solchen, die flexibilisierende oder plastifizierende Eigenschaften aufweisen. Die in Abschnitt 2.2.1.7 erwähnten zäh-harten Epoxidharze und die Modifizierung der spröden Phenol-Formaldehydharze mit Polyacetalen (Abschn. 2.3.1.1) stellen Beispiele für diese Vorgehensweise, die auch als „innere Weichmachung" bezeichnet wird, dar. Es gelingt auf diese Weise, Klebschichten mit optimalen Kombinationen von Festigkeit und Verformbarkeit zu erzielen, die allerdings auch zu Lasten der thermischen Formbeständigkeit gehen können. Diese Zusammenhänge lassen erkennen, daß ein Klebstoff für den jeweiligen Anwendungsfall speziell formuliert werden muß. Die Forderung einer hohen Formbeständigkeit in der Wärme kann nur mit hochvernetzten aromatischen Polymeren mit allerdings weitgehend verringerten Verformungseigenschaften bei Normaltemperatur erfüllt werden. Werden andererseits hohe statische und dynamische Festigkeiten bei Normaltemperatur erwartet, ist es erforderlich, zum Zweck des Spannungsabbaus Klebschichten mit vermehrten elastisch-plastischen Eigenschaften einzusetzen.

Ergänzende Literatur zu Abschnitt 4.4: [A9, A15, V5], DIN 7724 [D1].

4.5 Elastizitätsmodul

Für die Betrachtung des deformationsmechanischen Verhaltens von Klebschichten ist die Kenntnis des elastischen Verformungsbereiches, der durch den Elastizitätsmodul charakterisiert wird, eine wichtige Voraussetzung. Das sehr unterschiedliche Verformungsverhalten der metallischen Fügeteilwerkstoffe im Vergleich zu den Klebschichten läßt sich deutlich am Spannungs-Dehnungs-Diagramm (Bild 4.13) erkennen.

Während beispielsweise der Werkstoff AlCuMg 2 bei Zugspannungen bis in den Bereich von ca. 200 N mm^{-2} noch ein durch den gegebenen Elastizitätsmodul bestimmtes elastisches Verhalten aufweist, ergibt sich eine Linearität von Spannung und Dehnung in der Klebschicht nur im Bereich sehr geringer Spannungen. Polymere zeichnen sich generell dadurch aus, daß der größte Teil des Kurvenverlaufs im Spannungs-Dehnungs-Diagramm nicht linear ist und daß die einzelnen Polymere

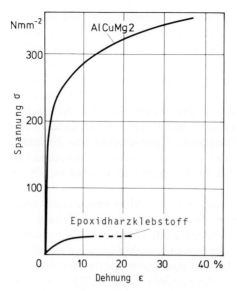

Bild 4.13. Spannungs-Dehnungs-Diagramm von AlCuMg 2 und einem Epoxidharzklebstoff.

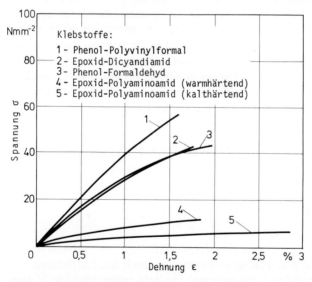

Bild 4.14. Spannungs-Dehnungs-Verhalten verschiedener Klebstoffe (nach [U1]).

selbst ein sehr unterschiedliches Spannungs-Dehnungs-Verhalten aufweisen. Für einige kalt- und warmhärtende Klebstoffe sind in Bild 4.14 die entsprechenden Kurven zusammengestellt. Der Klebstoff 1 besitzt eine weitgehende Proportionalität zwischen Spannung und Dehnung bis zu hohen Spannungen. Im Vergleich dazu zeigt der Klebstoff 5 vom Belastungsbeginn bis zum Bruch ein nichtlineares Verhalten. Die

Klebstoffe 2 bis 4 liegen zwischen diesen beiden Extremen. Die Kenntnis des Verformungsverhaltens ist insbesondere bei der mathematischen Erfassung der Spannungsverteilung in der Klebfuge wichtig (Abschn. 9.2).

Ein wesentlicher Unterschied ergibt sich außerdem durch das verschiedenartige Temperaturverhalten. Im Vergleich zu den meisten metallischen Werkstoffen, die für den im praktischen Einsatz üblichen Temperaturbereich im allgemeinen einen annähernd konstanten Elastizitätsmodul aufweisen, unterliegt dieser bei den Klebschichten in Abhängigkeit von der Temperatur, wie bei Kunststoffen üblicherweise gegeben, sehr starken Änderungen. Wie aus den Bildern 4.6 und 4.7 hervorgeht, tritt diese Änderung bei thermoplastischen Klebschichten besonders beim Übergang vom Glaszustand in den entropieelastischen Bereich bzw. Fließbereich über z.T. mehrere Zehnerpotenzen auf. Da bei einigen Klebstoffarten die Glasübergangstemperatur im Bereich praktischer Temperaturbeanspruchung der Klebung liegt (z.B. Polyamide ca. 60°C, Epoxide und Polymethylmethacrylate ca. 100°C, Tabelle 4.1), können bereits geringe Temperaturunterschiede in diesen Bereichen große Änderungen im Festigkeitsverhalten der Klebung bewirken. Für die Temperaturabhängigkeit des Elastizitätsmoduls ist nun wiederum der Vernetzungsgrad des Polymers von großer Bedeutung. Polymere mit einem niedrigen Vernetzungsgrad, wie er bei den Thermoplasten vorliegt, zeigen eine wesentlich stärkere Abhängigkeit als die durch einen hohen Vernetzungsgrad charakterisierten Duromere. Es ist davon auszugehen, daß hochvernetzte Klebschichtpolymere gegenüber niedrig vernetzten auch einen hohen Elastizitätsmodul aufweisen (Tabelle 13.1). Das führt dazu, daß erstere bei gleicher Belastung einer größeren Spannung in der Klebschicht unterliegen als Klebschichten mit einem geringeren Elastizitätsmodul, daß aber bei letzteren die kritischen Grenzverformungen bereits bei geringen Spannungen erreicht werden. Somit ergibt sich, daß für Anwendungsfälle mit vorwiegend statischer Beanspruchung Klebschichten mit einem hohen Elastizitätsmodul geeigneter sind. Aufgrund ihrer geringeren Verformungseigenschaften setzen sie dem Angriff von deformierenden Kräften einen größeren Widerstand entgegen, so daß sich der Festigkeitsabfall bei langzeitiger statischer Belastung in Grenzen hält.

Bei der experimentellen Bestimmung des Elastizitätsmoduls von Klebschichtpolymeren muß generell unterschieden werden, ob die Polymersubstanz als solche oder in der Klebfuge, also in Kontakt mit den Fügeteilwerkstoffen, vorliegt. Bei der Zugbeanspruchung einer reinen Polymerprobe ist eine ungehinderte Querkontraktion möglich, somit resultiert ein geringerer Elastizitätsmodul als bei der gleichen Substanz innerhalb einer Klebfuge. Im letzteren Fall ist die Querkontraktion behindert und kann höchstens im Bereich der Kontraktion der Fügeteile liegen. Aus diesem Grunde ergibt sich sowohl ein Elastizitätsmodul an der Polymersubstanz E_S und ein solcher in einer Klebfuge E_K. Messungen an verschiedenen Klebstoffen haben bei den Elastizitätsmoduln in einer Klebfuge Werte ergeben, die ca. 30 bis 50% über denen der reinen Polymersubstanz lagen [W11]. Diese Unterschiede bestätigen einmal mehr den großen Einfluß der Fügeteileigenschaften auf die Klebschichtverformung. Auf der anderen Seite wird der Elastizitätsmodul der Klebschicht auch von der Klebschichtdicke beeinflußt. Die bei dickeren Klebschichten relativ größere Querkontraktion führt zu abnehmenden Elastizitätsmoduln; nach Untersuchungen von Meckelburg [M19] bei einem Epoxidharzklebstoff z.B. von 4300 N mm^{-2} bei $d=0,5$ mm auf 3100 N mm^{-2} bei $d=4,0$ mm.

Tabelle 4.2. Abhängigkeit des Elastizitätmoduls eines Epoxidharzklebstoffs von den Aushärtungsbedingungen.

Temperatur °C	Zeit h	Elastizitätsmodul Nmm^{-2}
80	2,5	1400
120	2,5	1800
160	2,5	2100
80	10	1800
120	10	2600
160	10	2800

Der Elastizitätsmodul einer Klebschicht ist weiterhin von den Aushärtungsbedingungen abhängig. Nach Heuer [in H21] ergaben sich für einen Zweikomponenten-Epoxidharzklebstoff die in Tabelle 4.2 wiedergegebenen Werte. Es ist deutlich zu erkennen, daß mit ansteigender Temperatur und Zeit der Elastizitätsmodul höhere Werte annimmt, begründet in dem zunehmenden Vernetzungsgrad. Zu ähnlichen Abhängigkeiten kommen Matting und Hahn [M20, M21] auch für Reaktionsklebstoffe auf Basis von Methacrylsäureester-Mischpolymerisaten.

Ein weiterer Zusammenhang ergibt sich in der Abhängigkeit des Elastizitätsmoduls von der angelegten Zugspannung. Bei den meisten Klebstoffen fallen die Elastizitätsmoduln mit zunehmender Zugspannung ab, wobei nach Untersuchungen von Matting und Hahn [M21] diese Verminderungen bei angelegten Zugspannungen im Bereich von 20 bis 30 N mm^{-2} bis zu 50% betragen können. Je größer der Abfall des Elastizitätsmoduls mit zunehmender Zugspannung ist, desto verformungsfreudiger ist eine derartige Klebschicht.

Für die Berechnung des Elastizitätsmoduls eines Klebschichtpolymers aus dem Schubmodul (und umgekehrt) ist die Kenntnis der *Querkontraktionszahl* μ (Querdehnzahl, Poisson-Zahl) wichtig. Diese läßt sich bei isotropen Körpern durch die Längenänderung pro Einheitslänge (ε_x) und der daraus resultierenden Breitenänderung ($\varepsilon_y; \varepsilon_z$) (= negative Dehnung) pro Einheitslänge experimentell bestimmen:

$$\mu = \frac{dy/y_0}{dx/x_0} = -\frac{\varepsilon_y}{\varepsilon_x}. \tag{4.3}$$

Zwar kann man Klebschichten nicht exakt als isotrope Körper bezeichnen, im Rahmen der gegebenen Berechnungsgenauigkeiten ist diese Tatsache aber ohne größeren Einfluß. Der Zusammenhang zwischen Elastizitäts- und Schubmodul ergibt sich dann im linear-elastischen Bereich wie folgt:

$$E = 2G(1+\mu) \tag{4.4}$$

bzw.

$$G = \frac{E}{2(1+\mu)}. \tag{4.5}$$

Die Querkontraktionszahlen von Klebschichten der am häufigsten angewandten Klebstoffgrundstoffe liegen im Bereich von $\mu = 0,25$ bis $0,45$. So ergibt sich beispiels-

Tabelle 4.3. Experimentell ermittelte Festigkeitsparameter verschiedener Klebstoffe (nach [W12]).

Klebschichtpolymer	Zug-festigkeit σ_B Nmm^{-2}	Elastizi-tätsmodul E Nmm^{-2}	Poisson-zahl μ	Schubmodul G Nmm^{-2}
warmhärtend				
Epoxid-Dicyandiamid	50	3050	0,385	1100
Epoxid-Polyester	70	4220	0,395	1520
Epoxid-Polyamid	59	2500	0,405	900
Phenol-Polyvinylformal	71	3250	0,385	1170
kalthärtend				
Epoxid-Polyester	42	2070	0,440	720
Epoxid-Polyamid	25	1500	0,425	530
PMMA-Neopren/Styrol	39	2550	0,385	920

weise für eine kalt ausgehärtete Epoxidharzklebschicht mit einem Schubmodul von $G = 1000$ N mm^{-2} und einer Querkontraktionszahl $\mu = 0,4$ ein Elastizitätsmodul von $E = 2800$ N mm^{-2}.

Nach [K31] ergibt sich als Elastizitätsmodul für die Klebschicht E_K unter der Annahme gleicher Querkontraktion wie im Fügeteil (Index F)

$$E_K = \frac{E_S - 4G_S}{\frac{E_S}{G_S} - 3 - \frac{2\mu_F}{E_F}(E_S - 2G_S)}. \qquad (4.6)$$

Winter und Meckelburg [W12] haben für einige typische Klebstoffgrundstoffe den Elastizitätsmodul und die Poisson-Zahl experimentell bestimmt und aus den ermittelten Werten nach (4.5) den Schubmodul berechnet. Die entsprechenden Werte sind in Tabelle 4.3 wiedergegeben. Gleichzeitig sind in der Tabelle auch noch die gemessenen Werte der Zugfestigkeit enthalten.

Zusammenfassend ist festzuhalten, daß die interessierenden festigkeitsbezogenen Werkstoffkenngrößen, die an reinen Polymersubstanzen ermittelt werden, das Verhalten der Polymere als Klebschicht in einer Klebfuge nicht eindeutig zu charakterisieren vermögen. Ergänzend sind in jedem Fall die Ergebnisse aus Untersuchungen in Kombination mit den Fügeteilen zu berücksichtigen. Hier bietet sich insbesondere die Ermittlung des Schubspannungs-Gleitungs-Verhaltens an.

Ergänzende Literatur zu Abschnitt 4.5: [A11, M22, W13].

4.6 Kriechen

Die Neigung einer Klebschicht zum Kriechen bestimmt in weiten Grenzen das Zeitstandverhalten von Klebungen. Unter Kriechen versteht man die zeitlich verzögerte, aber noch reversible Deformation viskoelastischer Substanzen unter konstanter

Belastung, dabei stellt sich asymptotisch ein von der Spannung abhängiger Dehnungsgrenzwert ein. Die Klebschicht erleidet also unter ruhender Beanspruchung in Abhängigkeit von der Zeit eine Formänderung. Im Gegensatz zum Kriechen wird die bei höherer Belastung auftretende irreversible Verformung als Fließen bezeichnet. Das Kriechen von Klebschichten bzw. allgemein von Polymeren kann durch das in zeitlicher Folge eintretende Versagen einzelner Bindungen zwischen den Polymermolekülen durch die von außen aufgezwungene Belastung erklärt werden. Diese Belastung bewirkt eine Molekülverschiebung, die aufgelösten Bindungen werden dabei nur teilweise durch neue Bindungen ersetzt. Mit fortschreitender Lockerung bzw. Aufhebung dieser zwischenmolekularen Bindungen erschöpft sich die Verformungsmöglichkeit der Klebschicht nach einer gegebenen Zeit und es kommt zum Bruch. Die kontinuierlich angreifende statische Belastung führt somit zu einem Festigkeitsverlust. Die für das Kriechen wesentlichen Einflußgrößen sind die Temperatur, die Höhe und die Geschwindigkeit der Belastung, die Art und die Eigenschaften der Fügeteilwerkstoffe sowie der chemische Aufbau der Klebschicht, insbesondere der Vernetzungsgrad. Auch bei kleinen angreifenden Kräften zeigen Klebschichten kein absolut elastisches Verhalten, es tritt ebenfalls eine plastische Verformung auf, die dann bei konstant einwirkender Belastung zum Kriechen führt. Die Kriechvorgänge sind umso größer, je höher die Beanspruchung und die Temperatur sind.

Das nicht nur last-, sondern auch zeitabhängige Verformungsverhalten von Polymerschichten, als *Viskoelastizität* bezeichnet, besitzt im Hinblick auf Klebungen wichtige Konsequenzen:

• Die inneren Spannungen (Abschn. 7.2) werden bei hinreichend hohen Temperaturen über die molekularen Relaxationsvorgänge im Laufe der Zeit abgebaut, der Ablauf des Kriechvorganges somit in meßbarer Weise durch die Relaxation innerhalb der Klebschicht beeinflußt. Bei rein elastischen Körpern wird die zur Gestaltänderung verbrauchte Verformungsarbeit bei Entlastung vollständig wiedergewonnen. Im Gegensatz dazu wird bei den Polymerschichten mit vorhandener Spannungsrelaxation durch den Zeitverzug die Wiedergewinnung der Energie unvollständig und um so kleiner, je länger mit der Entlastung gewartet wird. Daher können die inneren Spannungen in der Klebschicht im Extremfall völlig abgebaut werden. Die Relaxation ist insbesondere für den Abbau der Spannungsspitzen an den Überlappungsenden verantwortlich.

• Bei Dauerbelastung nimmt die Deformation der Klebschicht infolge des Kriechens allmählich zu.

• Bei Belastung mit einer konstanten Geschwindigkeit nimmt die innere Spannung nicht linear, sondern allmählich schwächer werdend zu. Die Spannungs-Dehnungs-Kurven sind daher im allgemeinen gekrümmt (Bild 4.14).

• Schnelle Belastungen (z.B. durch Schlag oder Stoß) führen zu einer Störung des Gleichgewichtszustands der Polymermoleküle in dem Sinne, daß keine Relaxation durch Molekülumlagerungen möglich ist und sich kein neuer Gleichgewichtszustand einstellen kann. Somit kommt es durch das Fehlen der zeitlich verzögerten Verformung zum Überschreiten der Grenzverformung, die zum Bruch der Klebung führt. Bild 4.15 zeigt schematisch in einer dreidimensionalen Darstellung diese gegenseitigen Abhängigkeiten von Spannung, Dehnung und Beanspruchungszeit.

Die viskoelastischen Eigenschaften von Klebschichten werden durch Messen der zeitabhängigen Verformungen mittels optischer oder elektrischer Meßwertaufnehmer

4.6 Kriechen   139

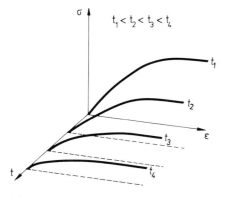

Bild 4.15. Spannungs-Dehnungs-Verhalten von Klebschichten in Abhängigkeit von Zeit.

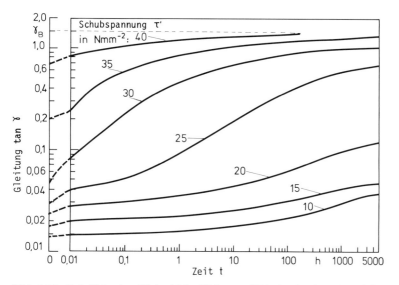

Bild 4.16. Zeitabhängige Klebschicht-Gleitung (Kriechen) eines Epoxidharzklebstoffs im Zeitstandversuch bei Raumtemperatur (nach [A16]).

bestimmt. Für diese Messungen ist allerdings die in DIN 53 281 festgelegte Probengeometrie wegen des aus Schub- und Normalspannungen zusammengesetzten Spannungsverlaufs nicht geeignet, man verwendet daher die in DIN 54 451 festgelegte Probengeometrie mit dicken Fügeteilen und geringen Überlappungslängen (Abschn. 4.3). Ausführliche Untersuchungen zum Kriechverhalten von Klebschichten unter konstanter Last sind insbesondere von Althof [A16] sowie von Matting und Mitarbeitern [M21, M24, M25] durchgeführt worden. Als typisches Beispiel sind in Bild 4.16 mit einem Epoxidharzklebstoff bei verschiedenen Schubspannungen im Zeitstandversuch bei Raumtemperatur gemessene Klebschicht-Schubverformungen als Gleitungs-Zeit-Kurven (Kriechkurven) dargestellt, wobei die doppeltlogarithmische Wiedergabe deutlich den exponentiellen Charakter des Kriechverlaufs zum Ausdruck bringt.

Aus der Darstellung ist ersichtlich, daß für den untersuchten Klebstoff bei Schubspannungen von mehr als 20 N mm^{-2} Verformungswerte erreicht werden, die sich nach ca. 1000 h sehr stark dem Bruchwert, im vorliegenden Fall der Bruchgleitung tan γ_B von 1,5 nähern. Die Tatsache, daß bereits kleine Spannungen nach entsprechender Zeit zum Kriechen führen können, zwingt zu der Forderung, für die Bemessung der Klebungen bei konstanter, kontinuierlicher Belastung nur von den Festigkeitswerten auszugehen, die durch Langzeituntersuchungen ermittelt worden sind und nicht von denen der statischen Kurzzeitfestigkeit nach DIN 53 283. In gleicher Weise, wie aus Bild 4.16 hervorgeht, weisen auch weitere praktische Erfahrungen aus, daß eine ausreichende Lebensdauer des Bauteils bei konstanten Dauerbelastungen dann erwartet werden kann, wenn diese unterhalb 50% der kurzzeitigen statischen Klebfestigkeit liegen.

Die für das Kriechverhalten einer Klebschicht wesentlichen viskoelastischen Eigenschaften können linear oder nichtlinear sein. Da sich im linearen Bereich die Verhältnisse durch mathematisch-physikalische Berechnungen (Feder-Dämpfer-Modelle) relativ einfach beschreiben lassen, diese Beziehungen im nichtlinearen Bereich jedoch nicht gelten, ist es erforderlich, den Spannungszustand in einer Klebschicht an der Grenze der linearen Viskoelastizität zu kennen. Dieser Zusammenhang läßt sich wie folgt ableiten:

• Zunächst ergibt sich als Voraussetzung eines linearen Viskoelastizitätsverhaltens, daß die Klebschichtverformung nur von der Zeit und nicht gleichzeitig ergänzend von der Temperatur und ggf. Fügeteilverformungen abhängig ist.

• Dann gilt für eine Kurzzeitverformung, z.B. bei der statischen Ermittlung der Schubfestigkeit nach DIN 54 451 bei Vorhandensein einer Linearproportionalität

$$\beta \ (\text{Schubzahl}) = \frac{\text{Gleitung}}{\text{Schubspannung}} = \frac{\tan\gamma}{\tau^l} \qquad (4.7)$$

bzw.

$$G \ (\text{Schubmodul}) = \frac{1}{\beta} = \frac{\tau^l}{\tan\gamma}, \qquad (4.8)$$

wobei der Schubmodul den Proportionalitätsfaktor darstellt.

• In ähnlicher Weise läßt sich für zeitabhängige Verformungen das Verhältnis der während des Kriechens zeitabhängigen Gleitung tan γ(t) zur konstanten Schubspannung τ^l als Kriechnachgiebigkeit J (t) (auch Schubnachgiebigkeit genannt), der reziproke Wert als Kriechmodul G (t) definieren:

$$\beta(t) = \frac{\tan\gamma(t)}{\tau^l} = J(t) \qquad (4.9)$$

bzw.

$$G(t) = \frac{1}{J(t)}. \qquad (4.10)$$

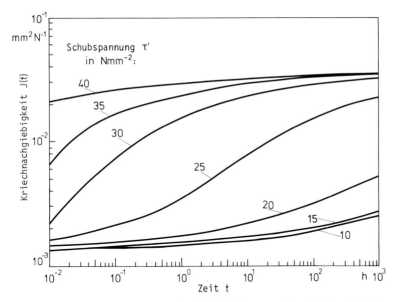

Bild 4.17. Zeitabhängige Kriechnachgiebigkeit eines Epoxidharzklebstoffs bei unterschiedlichen Schubspannungen im Zeitstandversuch (nach [A16]).

Beide Größen hängen im linear-viskoelastischen Beanspruchungsbereich nur von der Zeit und nicht von der Spannung bzw. von der Dehnung ab. Der Proportionalitätsfaktor ist in diesem Fall der zeitabhängige Kriechmodul oder die Kriechnachgiebigkeit.

Bild 4.17 zeigt für den bereits erwähnten Epoxidharzklebstoff die Kriechnachgiebigkeit in Abhängigkeit von verschiedenen Schubspannungen. Die in diesem Diagramm gezeigten Kurven weisen aus, daß nur im Bereich relativ niedriger Schubspannungen bis 15 N mm^{-2} die Kriechnachgiebigkeit annähernd gleiche Werte ergibt und somit für den untersuchten Klebstoff eine Schubspannung von 15 N mm^{-2} die Grenze der linearen Viskoelastizität darstellt.

Die in Bild 4.18 gezeigte schematische Darstellung eines Kriechverformungsdiagramms ergibt nach Späth [S27] die Möglichkeit der Beschreibung der einzelnen Kriechbereiche:
- *Bereich 1*: Primäres Kriechen (Übergangskriechen). Hierbei handelt es sich um ein elastisches Nachformen der Molekülstruktur, welches sowohl bei kristallinen als auch bei amorphen Klebschichten beobachtet wird und bei allen Klebstoffen nachweisbar ist. Dieses zu Beginn der Belastung eintretende Kriechen ist auf das Lösen von Nebenvalenzbindungen und Umlagern von Kettensegmenten zurückzuführen. Es entstehen keine plastischen Deformationen.
- *Bereich 2*: Sekundäres (stationäres) Kriechen. Dieser Bereich wird durch eine konstante Kriechgeschwindigkeit charakterisiert. Bei Polymeren lösen sich in diesem Bereich schwache und starke Molekülbindungen nacheinander, wobei sich jedoch nach erfolgter Molekülverschiebung wieder neue zwischenmolekulare Kräfte ausbilden können. (Im Gegensatz zum Abgleiten bevorzugter Kristallebenen bei Metallen,

142   4 Eigenschaften der Klebschichten

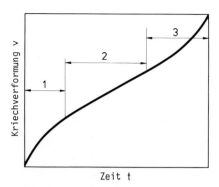

Bild 4.18. Schematische Darstellung der Kriechverformung von Klebschichten (nach [S27]).

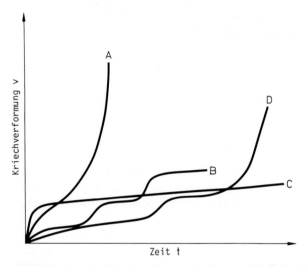

Bild 4.19. Arten der Kriechverformung bei unterschiedlichen Klebstoffen (nach [B21]).

bei denen keine neuen Bindungen entstehen, sondern eine Nachverformung eintritt). Die Verformungsbeträge sind konstant, während dieser Zeit herrschen innerhalb des Molekülverbands Gleichgewichtszustände hinsichtlich des Lösens und Neubildens von Bindungen.
• *Bereich 3*: Tertiäres (beschleunigtes) Kriechen. In dieser Phase wird der Bruch der Klebung eingeleitet. Er erfolgt, wenn die Verformungsmöglichkeit der Klebschicht erschöpft ist.
In umfangreichen Versuchen hat Brockmann [B21] festgestellt, daß die in Abhängigkeit von dem jeweiligen Klebstoff und Fügeteilwerkstoff resultierenden Kriechkurven in vier verschiedene Typen, die schematisch in Bild 4.19 wiedergegeben sind, eingeordnet werden können:
• *Typ*A: Stetiges Gleiten der Fügeteile infolge einer Klebschicht mit ausgeprägt plastischem Verhalten. Schnelles Versagen der Probe.
• *Typ*B: Stufenförmiger Kriechverlauf, besonders häufig bei Epoxid-Polyamidharzen, Ursache wahrscheinlich nacheinander erfolgende Molekülverstreckungen.

- *Typ*C: Langsames gleichförmiges Kriechen, das sich nach anfänglich langsamer Zunahme in der dargestellten Weise einpendelt.
- *Typ*D: Kombination von A und B. Nach einem stufenförmigen Kriechen kommt es anschließend zu einem langsamen Abgleiten der Fügeteile.

Zusammenfassend ergeben sich in bezug auf das Kriechen von Klebschichten die folgenden wesentlichen Zusammenhänge:
- Klebschichten weisen bei Belastung ein individuelles Kriechverhalten auf, das durch die Molekülverschiebungen und die teilweise neu entstehenden Bindungen einen Spannungsabbau an den Überlappungsenden dann ermöglichen kann, wenn die Relaxationseigenschaften der Klebschicht groß genug sind, um den Spannungszuwachs kompensieren zu können. In diesem Fall ist die Klebschicht in der Lage, sich unter dem Einfluß der Last plastisch zu verformen. Somit werden auch die in der Mitte der Klebfläche liegenden Klebschichtanteile zur Lastübertragung mit herangezogen und die Spannungsverteilung wird günstiger.
- Für den Fall, daß die der Klebschicht während der Zeitstandbelastung aufgezwungene Verformung in der zur Verfügung stehenden Zeit nicht durch die Relaxationseigenschaften kompensiert werden kann, stellt sich ein Gleichgewichtszustand zwischen Relaxation und erneutem Spannungszuwachs ein. Dadurch bleibt in diesem Fall die Spannungsverteilung mit den Spannungsspitzen an den Überlappungsenden weitgehend bestehen.
- Ein Maß für die Relaxationseigenschaften einer Klebschicht ist deren viskoelastisches Verhalten. Zu einem Bruch der Klebung kommt es dann, wenn die Verformungsmöglichkeit der Klebschicht erschöpft ist, d.h. wenn die Grenze der linearen Viskoelastizität überschritten wird.

Ergänzende Literatur zu Abschnitt 4.6: [A16 bisA18, B21, E12 G18, H22, H23, K32, K80, M20, M21, M24, M25, R7, W14].

4.7 Kristallinität

Die Kristallinität der die Klebschicht bildenden Polymere beeinflußt entscheidend die Festigkeit sowie das deformationsmechanische Verhalten der Klebung. Unter der Kristallinität eines polymeren Materials versteht man den kristallinen Anteil am Gesamtsystem. Voraussetzung für eine Kristallisation bei Polymeren ist ein weitgehend regelmäßiger Molekülaufbau ohne eine sterische Behinderung der Molekülketten. Bei geradlinigen oder nur mit kleinen Seitenketten versehenen Makromolekülen oder Molekülsegmenten kommt es bei der Abkühlung aus der Schmelze zu einer Orientierung parallel gelagerter Teile der Molekülketten, wobei sich insbesondere Atome bzw. Molekülgruppen mit polaren oder wasserstoffbrückenbildenden Substituenten einander nähern. Die Tatsache des Kristallisationsvorganges aus der Schmelze unterstreicht die Aussage, daß nur thermoplastische Klebschichten zu einer Kristallisation fähig sind, duromere Klebschichten sind grundsätzlich amorph (Bild 1.4). Da die Anlagerung der Molekülketten nicht über die gesamte Kettenlänge erfolgen kann, bestehen zwischen den kristallinen Bereichen auch solche amorpher Struktur. Dieser teilkristalline Aufbau, der z.T. aus Micellen, d.h. aus geordneten, relativ kleinen Teilchen, besteht, ist je nach Ausbildung des Polymermoleküls sehr unterschiedlich.

Polymere, die zu einer Kristallisation neigen, sind z.B. Polyethylen, Polypropylen, Polyamide und Polyester. Mit zunehmender Molekülkettenlänge wird die Kristallisation dadurch erschwert, daß aus den verknäulten Molekülbereichen nur geringe Anteile in eine parallele Anordnung als Grundlage für eine Kristallisation gebracht werden können. Während die kristallinen Bereiche durch den Ordnungszustand der Molekülketten eine hohe Festigkeit aufweisen, sind in den amorphen Bereichen die Kettensegmente beweglich und verleihen dadurch dem Gesamtsystem eine gewisse Plastizität und Zähigkeit.

Mit steigender Kristallinität ist im allgemeinen ein Anwachsen der Zugfestigkeit und des Elastizitätsmoduls verbunden. Wie aus Bild 4.7 hervorgeht, ändern sich bei einer Temperaturerhöhung im Kristallitschmelzbereich die mechanischen Parameter der Klebschicht erheblich. Für Klebschichten, die hohen Temperaturbelastungen ausgesetzt sind, empfiehlt es sich daher, Polymere mit hohen Kristallitschmelzpunkten einzusetzen. Die Kristallinität einer thermoplastischen Klebschicht ist durch den Temperaturgradienten bei der Abkühlung beeinflußbar, eine schnelle Abkühlung ergibt einen geringen, eine langsame Abkühlung einen hohen Kristallinitätsgrad.

4.8 Klebschichtinhomogenitäten

Neben den Grenzschichtinhomogenitäten durch unvollständige Benetzung der Fügeteiloberfläche wirken sich Querschnittsverminderungen durch Luftblasen oder auch Lösungsmittelreste über erhöhte Eigenspannungen in der Klebschicht festigkeitsmindernd aus. Bei dem Mischvorgang von Reaktionsklebstoffen sind Luftblaseneinschlüsse, insbesondere bei hochviskosen Klebstoffen, nicht immer zu vermeiden. Über Ergebnisse mit einem Klebstoff auf Basis Epoxid-Polyaminoamid berichtet Klingenfuß [K33]. Er weist nach, daß Klebschichten mit Luftblasen niedrigere Klebfestigkeitswerte (−17%) und niedrigere Zugfestigkeitswerte (−22%) besitzen, da die lastübertragende Klebschichtfläche durch die Luftblasen vermindert ist. Im Gegensatz zu diesen Werten stehen die Ergebnisse des Schälwiderstandes. Klebschichten mit Luftblasen weisen bei dem bei Raumtemperatur ausgehärteten Klebstoff eine Steigerung des Schälwiderstandes um ca. 550% auf. Erklärt wird diese Erscheinung durch die spezifische linienförmige Beanspruchung bei dem Schälversuch, bei der nach den Erfahrungen der Festigkeitslehre neben anderen Faktoren der Radius einer Fehlstelle im Rißgrund die Höhe der ertragbaren Beanspruchung bestimmt. Je größer dieser Radius ist, desto größer muß die Kraft sein, um einen weiteren Fortschritt des Risses hervorzurufen (praktisches Beispiel: Anbohren des Rißendes zum Stoppen eines Risses).

Ergänzende Literatur zu Abschnitt 4.8: [H24].

5 Klebtechnische Eigenschaften der Fügeteilwerkstoffe

Die Eigenschaften der Fügeteilwerkstoffe bestimmen neben der Auswahl der Klebstoffe die Festigkeit einer Klebung in hohem Maße. Die im folgenden beschriebenen Einflußgrößen der Oberflächeneigenschaften und der Werkstoffeigenschaften gehen in das Verbundsystem ein.

5.1 Oberflächeneigenschaften

5.1.1 Oberflächenschichten

Die an dem Aufbau einer Oberfläche beteiligten Schichten lassen sich hinsichtlich ihrer Entstehungs- und Verhaltensweise beschreiben. Ausgehend von dem Grundwerkstoff mit seiner je nach Herstellungsbedingungen spezifischen Gefügeausbildung und Festigkeit sind zu unterscheiden (Bild 5.1):

• *Die Grenzschicht* mit gegenüber dem Grundstoff veränderten physikalischen und/oder mechanischen Eigenschaften, z.B. verursacht durch eine nachträgliche Kaltverformung und somit höherer Härte. Sie wirkt sich auf die Verformungsbehinderung der Klebschicht (Abschn. 8.4.7) im Grenzschichtbereich aus.

• *Die Reaktionsschicht*, entstanden durch eine natürliche oder künstliche chemische Veränderung der Grenzschicht. Sie ist aufgrund der chemischen Hauptvalenzbindungen mit dem Grundwerkstoff fest verbunden und stellt die eigentliche Zone für die Ausbildung der Adhäsionskräfte (Abschn. 6.2) zu der Klebschicht dar.

• *Die Adsorptionsschicht*, gebildet durch Aufnahme artfremder Moleküle (z.B. Wasser, Gase). Im Gegensatz zu der Reaktionsschicht handelt es sich hierbei um eine

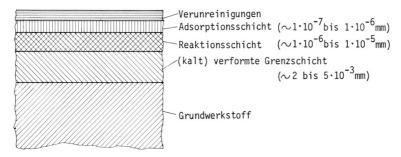

Bild 5.1. Oberflächenschichten metallischer Fügeteilwerkstoffe (schematische Darstellung).

weitgehend reversible Schichtenbildung, die den Gesetzen der Temperatur- und Druckabhängigkeit bei Adsorptionsvorgängen folgt.
• *Verunreinigungen*, die sich in nicht zu definierender Schichtdicke in Form fester (Staub, Schmutz) oder flüssiger (Öle, Fette, Feuchtigkeit) Substanzen auf der Oberfläche befinden können. Sie stellen, wenn sie vor dem Auftrag des Klebstoffs nicht entfernt werden, die eigentliche Ursache für mangelhafte Festigkeiten einer Klebung dar.

Weitere Oberflächenschichten können zusätzlich durch metallische Beschichtungswerkstoffe (verzinkte und verzinnte Bleche, plattierte Aluminiumlegierungen) gebildet werden, die dann zwischen der Grenzschicht und der Reaktionsschicht liegen.

5.1.2 Molekularer Aufbau und Polarität der Grenz- und Reaktionsschichten

Die verschiedenen Formen der Ausbildung von Haftungskräften (Abschn. 6.1) erfordern in jedem Fall energetische Zustände der Fügeteiloberfläche, die die entsprechenden Wechselwirkungen zwischen den beteiligten Atomen und Molekülen ermöglichen. Eine Oberfläche kann nur dann Fremdmoleküle an sich binden, wenn sie die für die Ausbildung der Haftungskräfte erforderlichen energetischen und strukturellen Eigenschaften besitzt. Dieses sind bei den rein metallischen Grenzschichten die in den einzelnen Kristallebenen wirkenden Oberflächenenergien. Ihr Auftreten erklärt sich aus der unvollständigen Valenzabsättigung der an der Oberfläche gelegenen Atome. Bei kubisch-raumzentrierten (z.B. α-Eisen) und auch bei kubisch-flächenzentrierten (z.B. γ-Eisen, Edelstähle, Aluminium) Gittern hat jedes in der Grenzschichtoberfläche gelegene Atom vier unbesetzte Koordinationsstellen. Entsprechendes gilt für die in anderen Gittern kristallisierenden Werkstoffe. Bei den auf Kanten oder in Ecken gelegenen Atomen ist die Anzahl der für Anlagerungsreaktionen zugänglichen unbesetzten Koordinationsstellen noch größer. Die Oberflächenenergie, die durch Absättigen dieser freien koordinativen Valenzen in der Oberfläche (einschließlich der Kanten und Ecken der Kristallite) eines Fügeteils gewonnen werden kann, ist somit von der Form dieser Oberfläche, d.h. dem Vorhandensein von „aktiven Zentren" sehr stark abhängig. Durch eine mechanische Bearbeitung oder durch chemisches Ätzen ist diese Mikrostruktur der Oberfläche und somit der Energieinhalt sehr stark beeinflußbar. Mit zunehmender „Zerklüftung" der Oberfläche nimmt nicht nur die wirksame Oberfläche (Abschn. 5.1.3) zu, sondern im Hinblick auf die Oberflächenenergie insbesondere die Gesamtzahl der energetisch bevorzugten Kanten und Ecken der Kristallite. Bild 5.2 zeigt die rasterelektronenmikroskopische Aufnahme der Mikrostruktur einer geätzten Reinaluminiumoberfläche Al 99,5 weich, geätzt nach Barrett und Levenson; (Forschungsinstitut der Alusuisse, Zürich).

Bei den Reaktionsschichten sind es insbesondere die Dipolmomente (Abschn. 6.1.4.1) der — in den meisten Fällen — oxidischen und/oder hydratisierten Moleküle, die die Größe der Bindungskräfte bestimmen. Da die meisten der durch eine chemische Reaktion erzeugten Reaktionsschichtmoleküle aus mindestens zwei verschiedenen Atomen (z.B. Metall und Sauerstoff) asymmetrisch aufgebaut sind, verfügen sie über permanente Dipolmomente, da die Elektronendichte in der Umgebung von zwei Atomkernen mit verschiedener Kernladung niemals die gleiche ist. Unter der

Bild 5.2. Mikrostruktur einer Aluminiumoberfläche.

"Aktivität" ist demnach die Reaktionsfähigkeit von Oberflächen zu verstehen, die im wesentlichen infolge von Gitterstörungen, Kristallversetzungen, Korngrenzenbehinderungen, Stellen künstlicher Oberflächenstrukturdefekte und vorhandener Dipole bedingt ist. Sie kann generell erreicht werden durch
— eine Säuberung der Oberfläche,
— eine Vergrößerung der Oberfläche,
— eine Erzeugung von Gitterstörungen,
— eine Änderung des chemischen Aufbaus.

Der Bereich, in dem die genannten physikalisch-chemischen Oberflächeneigenschaften bei Metallen wirksam werden, liegt bei ca. $1 \cdot 10^{-8}$ bis $10 \cdot 10^{-8}$ cm. Hieraus ergibt sich grundsätzlich, daß als Voraussetzung für das Zustandekommen adhäsiver Bindungen eine Annäherung der an dem Verbund beteiligten Atome und Moleküle in den atomaren bzw. molekularen Abstandsbereich zu erfolgen hat (Abschn. 6.4). Durch diese Forderung gewinnt die Notwendigkeit einer guten Benetzung der Fügeteiloberfläche durch den flüssigen Klebstoff eine besondere Bedeutung.

Die Atome bzw. Moleküle im Grenzschichtbereich haben das Bestreben, einen thermodynamisch günstigen Zustand niedrigsten Energieniveaus einzunehmen, d.h. die von der Oberfläche in den Raum wirkenden Valenzkräfte abzusättigen. Daher treten sie bei längerer Lagerung nach der Oberflächenvorbehandlung (Abschn. 12.2) mit den entsprechenden Kraftfeldern gasförmiger, flüssiger oder fester Stoffe aus der Umgebung in Wechselwirkungen, um diese an der Oberfläche zu binden. Dieser Vorgang führt bei einer zeitlichen Verzögerung des Klebstoffauftrages zwangsläufig zu einer Verminderung der Haftungskräfte zwischen Klebschicht und Fügeteiloberfläche und somit zu einer Herabsetzung der Festigkeit der Klebung.

5.1.3 Geometrische Struktur

Durch die Morphologie der Metalloberfläche werden in hohem Ausmaß die Oberflächenenergie der Grenzschicht, die wirksame Oberfläche für die Ausbildung von Haftungskräften und die — in ihrem Beitrag zur Gesamtfestigkeit einer Metallklebung allerdings gering anzusetzende — mechanische Verankerung der Klebschicht in der Fügeteiloberfläche bestimmt. Für die Betrachtung des Einflusses der Oberflächenrau-

148 5 Klebtechnische Eigenschaften der Fügeteilwerkstoffe

geometrische Oberfläche   wahre Oberfläche   wirksame Oberfläche

Bild 5.3. Oberflächenarten.

heit auf die Eigenschaften einer Klebung werden drei verschiedene Arten der Oberfläche unterschieden (Bild 5.3):
• *Die geometrische Oberfläche*, sie ergibt sich aus den gemessenen Werten der die Klebfläche bestimmenden Fügeteilbreite b und der Überlappungslänge $l_ü$ zu $A = bl_ü$.
• *Die wahre Oberfläche*, auch Mikrooberfläche genannt, schließt zusätzlich zu der geometrischen Oberfläche noch die durch die Rauheit bedingte Oberflächenvergrößerung mit ein. Sie ist in ihrer wirklichen Größenordnung meßtechnisch nur mit großem Aufwand zu ermitteln (z.B. über Adsorptionsmessungen [B22]). Die durch die Oberflächenrauheit charakterisierte wahre Oberfläche bestimmt insofern die Haftungseigenschaften der Klebung mit, weil mit größer werdender Oberfläche die Anzahl der möglichen Grenzschichtanteile, die zu zwischenmolekularen Bindungen führen, ebenfalls vergrößert wird. Für klebtechnische Betrachtungen handelt es sich bei der wahren Oberfläche mehr oder weniger um einen theoretischen Begriff, da nicht die gesamte dem zu adsorbierenden Klebstoff zur Verfügung stehende Oberfläche auch tatsächlich benetzt werden kann.
• *Die wirksame Oberfläche*, sie stellt den Anteil der wahren Oberfläche dar, der durch den Klebstoff benetzt wird, zur Ausbildung von Grenzschichtreaktionen in der Lage ist und wirklich zu der Festigkeit der Klebung beiträgt. Zusammenfassend ergibt sich demnach die Beziehung:
Wahre Oberfläche > wirksame Oberfläche > geometrische Oberfläche.

Es hat in der Vergangenheit nicht an Versuchen gefehlt, die Zusammenhänge zwischen der Morphologie der Oberfläche und der Klebfestigkeit systematisch zu ermitteln und in aussagekräftige Abhängigkeiten zu bringen. Als Feststellung ergibt sich, insbesondere aus den Arbeiten von Brockmann, Matting und Ulmer über Adsorptions- und Exoelektronenemissionsmessungen [B22, B,32, M24], daß der Grad der technischen Rauheit, den ein Oberflächenvorbehandlungsverfahren hervorruft, und der Grad der Haftfestigkeit, den es ergibt, in keinerlei eindeutigem Zusammenhang miteinander stehen. Eine Erklärung für diese Tatsache ist u.a. darin zu sehen, daß die z.B. durch eine mechanische Aufrauhung vergrößerte Oberfläche nicht vollständig für die Benetzung ausgenutzt werden kann. Infolge seiner eigenen Oberflächenspannung und des in den Oberflächenstrukturen eingeschlossenen Luftvolumens füllt der eindringende Klebstoff die Hohlräume nicht vollständig aus. Weiterhin ergibt sich, wie aus den Ausführungen zu Bild 5.5 hervorgeht, um die Spitzen des Oberflächenprofils abzudecken eine die Festigkeit verringernde größere Klebschichtdicke.

Das Eindringen eines Klebstoffs in die durch die Rauheit bedingte Oberflächenstruktur ist sehr von deren Gestalt abhängig. In bezug auf die Benetzung muß zwischen zwei grundsätzlich verschiedenen Arten der Topographie unterschieden werden und zwar

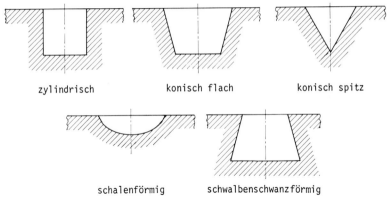

Bild 5.4. Oberflächenstrukturen (schematische Darstellung).

— parallele oder kreuzende „Kanäle", wie sie z.B. durch spanabhebende Oberflächenbearbeitungen entstehen;
— verschieden ausgebildete kapillarähnliche Oberflächenvertiefungen, wie sie z.B. durch Sandstrahlen oder auch chemische Oberflächenbehandlungsmethoden erzielbar sind.

Beide Gestaltarten können sich auch überlagern. Im ersten Fall ist davon auszugehen, daß die Ausbreitung des flüssigen Klebstoffs in Richtung der Oberflächenkanäle, bedingt durch den kapillaren Fülldruck, gegenüber der Ausbreitung senkrecht zu dieser Richtung beschleunigt wird. Die „Kanaldämme" wirken als mechanische Barrieren. Gegenüber einer ideal glatten Oberfläche kommt es somit insgesamt zu einer schnelleren richtungsabhängigen Benetzung. Im zweiten Fall können im Prinzip die in Bild 5.4 dargestellten verschiedenen Geometrien der Vertiefungen unterschieden werden. Die Geometrien sind für den flächenbezogenen Unterschied zwischen wahrer und wirksamer Oberfläche entscheidend, da das Eindringen des Klebstoffs in diese kapillarähnlichen Vertiefungen sowohl von der jeweiligen spezifischen Geometrie und von der Möglichkeit, die in der Vertiefung vorhandene Luft verdrängen zu können, abhängig ist. Hier gewinnt die Anwendung von Druck bei der Aushärtung zum Austreiben der Luftanteile (Abschn. 3.1.1.3) besondere Bedeutung. Auf die Größe der wahren Oberfläche hat demnach die Form und die Anzahl der vorhandenen Vertiefungen bzw. Kapillaren wesentlichen Einfluß. Aus dem Verhältnis der wahren Oberfläche O_w zu der geometrischen Oberfläche O_g ergibt sich der *Oberflächenvergrößerungsfaktor* $f_v = O_w/O_g$. Bei den herkömmlichen Methoden der mechanischen und chemischen Oberflächenbehandlung besitzt dieser Faktor Werte zwischen 1,2 und 1,6.

Eine weitere kennzeichnende Größe ist die *Kapillaritätskennzahl* f_k, die sich aus dem Verhältnis von Rauhtiefe R_z zur Öffnungsgröße d (bei runden Vertiefungen) bzw. zur Seitenlänge l (bei eckigen Vertiefungen) zu $f_k = R_z/d$ bzw. R_z/l ergibt. Die Kapillaritätskennzahl kann als Maß für das Benetzungsvermögen von Kapillaren durch Flüssigkeiten herangezogen werden, sie liegt in Abhängigkeit von der geometrischen Form in Bereichen zwischen 0,3 und 1,0. Es muß jedoch betont werden, daß dieser Wert im wesentlichen theoretische Bedeutung hat, da es kaum möglich ist, die Vielzahl der gegebenen Geometrien mathematisch genau für eine Berechnung zu erfassen.

Legt man dem Benetzungsverhalten einer Oberfläche den Randwinkel der benetzenden Flüssigkeit auf dieser Oberfläche zugrunde, so kann nachgewiesen werden [K34], daß die Benetzbarkeit mit steigender Aufrauhung abnimmt. Ursache ist der randwinkelvergrößernde Einfluß der mechanischen Barrierewirkung. Infolge der Kapillarwirkung ergibt sich aber auch ein randwinkelvermindernder Einfluß. Ergänzend ist die mit dem Aufrauhen einhergehende Aktivierung der Oberfläche zu berücksichtigen, die zu einer Erhöhung der Festkörperoberflächenspannung und somit zu einer Verringerung des Benetzungswinkels führt. Als Resultierende aus diesen drei Einflußgrößen ergibt sich je nach deren Höhe hinsichtlich Randwinkelvergrößerung oder -verminderung ein spezifisches Benetzungsverhalten der Oberfläche. Hinzuweisen ist jedoch auf die Tatsache, daß eine optimale Benetzung zwar für die Ausbildung der Haftungskräfte unabdingbar ist, daß aber zwischen Benetzungsvermögen einer Fügeteiloberfläche und der Festigkeit der Klebung keine definierbaren Beziehungen bestehen. (Abschn. 6.4.1).

In Ergänzung zu den vorstehenden Betrachtungen läßt sich der Einfluß der Oberflächenrauheit auf die Festigkeit einer Klebung wie folgt beschreiben:

Bei den vorwiegend angewandten mechanischen Bearbeitungsverfahren (Drehen, Fräsen, Schleifen, Schmirgeln, Strahlen) werden Werte der maximalen Rauhtiefe R_{max} im Bereich von 10 bis 150 µm erhalten. Geht man beispielsweise von einem Wert $R_{max} = 50$ µm aus, wird deutlich, daß bei Klebschichtdicken im Bereich von 0,1 mm (= 100 µm) bereits die Möglichkeit besteht, daß es zu Spitzenberührungen der Fügeteiloberfläche kommen kann (Bild 5.5b). Mit zunehmender maximaler Rauhtiefe sind demnach höhere Klebschichtdicken erforderlich, um einen „Einebnungseffekt" zur Vermeidung der Spitzenberührung zu erzielen. In dem Beispiel des Bildes 5.5a ergibt eine Klebschichtdicke von 150 µm optimale Verhältnisse. Als Richtwert kann gelten, daß die Klebschichtdicke ungefähr den dreifachen Wert der maximalen Rauhtiefe betragen sollte.

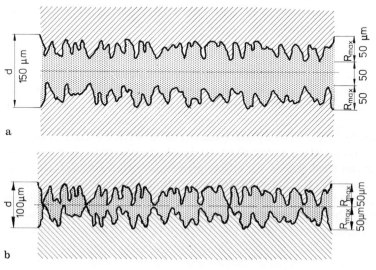

Bild 5.5. Zusammenhang von Klebschichtdicke und Oberflächenrauheit.

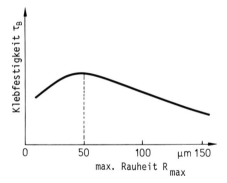

Bild 5.6. Abhängigkeit der Klebfestigkeit von der Oberflächenrauheit.

In Abhängigkeit von der Rauheit zeigt sich demnach am Beispiel einer konstanten Klebschichtdicke von 150μm der in Bild 5.6 dargestellte Zusammenhang mit der Klebfestigkeit. Zunächst erfolgt mit zunehmender Rauheit ein Anstieg der Klebfestigkeit. Hierfür sind als Gründe die Aktivierung der Oberfläche und die Vergrößerung der wahren Oberfläche maßgebend. Durch beide Einflußgrößen ergibt sich eine die Haftungskräfte positiv beeinflussende Vermehrung der Möglichkeit zur Ausbildung zwischenmolekularer Kräfte. Mit weiter zunehmender Rauheit erfährt die Klebfestigkeit nach Durchlaufen eines Maximums einen allmählichen Abfall, der dadurch zu begründen ist, daß es zu direkten Berührungen von Rauheitsspitzen der beiden Fügeteilpartner kommt. Die aus dem „Oberflächengebirge" herausragenden vereinzelten Spitzen durchdringen die Klebschicht, was eine Kerbwirkung zur Folge hat und wegen der Ausbildung von örtlichen Spannungsspitzen zu Störungen im Kraftlinienverlauf führt. Legt man als Optimum der Klebschichtdicke Werte zwischen 100 bis 200 μm zugrunde, ergeben sich im günstigsten Fall Rauhtiefenbereiche von 30 bis 70 μm.

In diesem Zusammenhang ist der Hinweis erforderlich, daß die über eine Oberflächenbehandlung erzielbare Rauhtiefe allein nicht als Maßstab für die erreichbare Klebfestigkeit betrachtet werden kann. Eine wesentliche, ergänzende Rolle spielen die spezifische Geometrie der Oberfläche, das Benetzungsvermögen, die Klebschichtdicke sowie in besonderem Maße der verwendete Klebstoff.

Ergänzend zu diesen Betrachtungen ist zu erwähnen, daß die mit zunehmender Rauheit sich an den Stellen gegenüberliegender Täler ausbildenden sehr großen Klebschichtdicken ebenfalls zu einer örtlichen Minderung der Klebfestigkeit infolge der hohen kohäsiven Bindungsanteile in der Klebschicht führen können (Abschn. 8.4.7). Bedingt durch die sehr ungleichmäßigen Klebschichtdicken führt die Beanspruchung durch Scherung weiterhin dazu, daß in den dünnen Schichtenanteilen die Schubverformung und somit auch die Spannung größer wird als in den dicken Schichtanteilen (Abschn. 4.3, Bild 4.2.). Insgesamt resultiert also bei gegebener Klebschichtdicke mit zunehmender Rauheit eine ungleichmäßige Spannungsausbildung.

Ergänzende Literatur zu Abschnitt 5.1.3:[B22 bis B24, H25, M24].

5.1.4 Oberflächenspannung und Benetzungsvermögen

Diese Einflußgröße wird wegen der engen thematischen Verwandtschaft zu den Bindungskräften in Klebungen in Abschn. 6.4 behandelt.

5.1.5 Diffusions- und Lösungsverhalten

Diese Oberflächeneigenschaft ist speziell für Kunststoffklebungen von Interesse und wird in Abschn. 13.3.3 beschrieben.

5.2 Werkstoffeigenschaften

5.2.1 Festigkeit

Die auf eine Klebung einwirkende Kraft (z.B. Zugscherbeanspruchung bei einer einschnittig überlappten Klebung) erzeugt sowohl in der Klebschicht als auch in den Fügeteilen eine Spannung. Je nach Dimensionierung der Klebfuge und der gegebenen Fügeteilfestigkeit kann diese Spannung zu einer elastischen oder plastischen Fügeteilverformung führen. Maßgebend hierfür ist als wichtige Kenngröße die Streck- bzw. 0,2%-Dehngrenze der Fügeteile. Mit einer zunehmenden Fügeteilverformung vor allem im Bereich der Überlappungsenden kommt es zu einer die Klebfestigkeit vermindernden Ausbildung von Spannungsspitzen in der Klebschicht, wobei die Höhe dieser Spannungsspitzen dadurch bestimmt wird, ob die eintretende Fügeteilverformung im elastischen oder im plastischen Bereich liegt. Wird die Streckgrenze überschritten, beginnt der Werkstoff zu fließen, die Klebschicht wird dann an den Überlappungsenden sehr stark beansprucht. Klebungen von Fügeteilen mit hohen Festigkeitswerten besitzen bei sonst konstanten Bedingungen wie Klebschicht, Höhe der Bindungskräfte und Klebfugengeometrie höhere Klebfestigkeiten als solche mit Fügeteilen geringerer Festigkeit. Im ersten Fall vermögen die Klebungen den äußeren Belastungen gegenüber besser zu widerstehen und können höher belastet werden, bis es zu der kritischen, zum Bruch führenden Klebschichtverformung kommt. Die Belastung der Klebschicht durch Dehnung ist somit bei festeren Fügeteilen geringer als bei weicheren. Bild 5.7 zeigt schematisch den Einfluß des unterschiedlichen Festigkeitsverhaltens der Fügeteilwerkstoffe auf die Klebschichtverformung.

Als charakteristische Größe für das Spannungs-Dehnungs-Verhalten der Fügeteile ist der Elastizitätsmodul anzusehen, mit steigenden Werten werden die der Klebschicht aufgezwungenen Dehnungen geringer. In die theoretischen Berechnungen über die

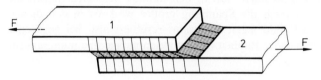

Bild 5.7. Klebschichtverformung in Abhängigkeit von der Fügeteilfestigkeit. Fügeteil 1: starr, nicht verformbar; Fügeteil 2: elastisch, verformbar.

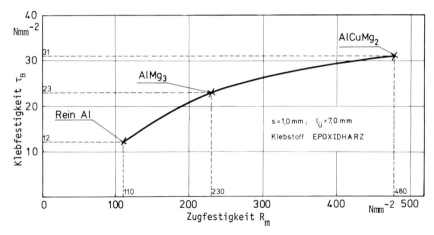

Bild 5.8. Abhängigkeit der Klebfestigkeit von der Fügeteilfestigkeit am Beispiel einschnittig überlappter Klebungen verschiedener Aluminiumlegierungen (nach [K35]).

Spannungsverteilung geht der Elastizitätsmodul daher auch als fügeteilbezogener Faktor mit ein (Abschn. 9.2).

Die Abhängigkeit der Klebfestigkeit von Fügeteilen unterschiedlicher Festigkeiten ist am Beispiel verschiedener Aluminiumlegierungen in Bild 5.8 dargestellt. Einen vergleichbaren Zusammenhang haben Eichhorn und Braig bei dem Fügeteilwerkstoff St 60.23 mit verschiedenen Härtegraden ermittelt [E13].

Die Fügeteilfestigkeit beeinflußt ebenfalls die an den Überlappungsenden infolge der exzentrischen Belastung auftretende Fügeteilbiegung. Das von dem Fügeteil aufgebrachte Reaktionsmoment $-M_b = WR_{p0,2}$ ist proportional der Dehngrenze. Bei gleichen geometrischen Verhältnissen können hochfeste Fügeteile der Biegung besser standhalten und somit die Klebfestigkeit positiv beeinflussen.

5.2.2 Chemischer Aufbau

Mit Ausnahme der zwischenmolekularen Reaktionen im Grenzschichtbereich zwischen Fügeteiloberfläche und Klebschicht zur Ausbildung der Haftungskräfte treten chemische Reaktionen zwischen Klebstoff und Substrat im Sinne meßbarer Stoffumsetzungen bei Metall- und Kunststoffklebungen nicht auf. Bei den Metallen kann eine grobe Unterscheidung nach ihrer Fähigkeit erfolgen, überhaupt Haftungskräfte mit Polymerschichten ausbilden zu können. Hier ist eine Relation zu ihrem chemischen Reaktionsverhalten allgemein zu sehen. So ist bekannt, daß Edelmetalle mit ihren inaktiven und auch über eine Oberflächenvorbehandlung vielfach nicht zu aktivierenden Oberflächen wesentlich schwerer verklebbar sind als chemisch reaktionsfreudigere Metalle.

Einen wesentlichen Einfluß übt das chemische Reaktionsverhalten metallischer Fügeteile bei den metallkatalysierten Polymerisationsklebstoffen aus. Bei den anaerob härtenden Klebstoffen (Abschn. 2.1.1.2) spielt die Art des Metallions hinsichtlich der Vernetzung und Aushärtungsgeschwindigkeit eine Rolle. So weisen praktische Erfahrungen nach, daß Eisenionen durch ihre katalysierende Wirkung höhere Klebschichtfestigkeiten ergeben als z.B. Aluminium- oder Kupferionen. Am reaktivsten im Hinblick auf den katalysierenden Einfluß sind frisch spanabhebend bearbeitete Oberflächen.

Der chemische Aufbau ist demnach insbesondere für die Ausbildung chemischer Oberflächenschichten sowie der Möglichkeit deren Veränderung, z.B. Hydratation durch Wasser, Oxidation durch Sauerstoff sowie Stabilität der gebildeten chemischen Oberflächen verantwortlich. Bei den Kunststoffen kommen hinsichtlich des chemischen Einflusses noch die ggf. auf den Oberflächen vorhandenen Chemikalien aus der Verarbeitung (Blasform, Trennmittel) in Betracht.

Neben den chemischen spielen noch einige physikalisch-chemische Eigenschaften für die Haftungsbedingungen eine Rolle, so u.a.

- das Sorptionsverhalten, d.h. die Fähigkeit, artfremde Moleküle aus der Umgebung anzuziehen und mit einer bestimmten Kraft festzuhalten (Abschn. 6.1.5). Ein wichtiges Kennzeichen hierfür ist die Elektronenkonfiguration des betreffenden Elements, z.B. die Dichte und Anordnung der Ladungsträger sowie Gitterpotentiale;
- die Oberflächenspannung und Oberflächenenergie (Abschn. 6.4.2), aus der sich das Benetzungsvermögen einer Oberfläche ergibt.

5.2.3 Wärmeleitfähigkeit

Die Wärmeleitfähigkeit der Fügeteile beeinflußt die Temperaturverhältnisse in der Klebfuge während der Aushärtung des Klebstoffs. Sie ist insbesondere bei kalthärtenden Systemen mit einem exothermen Reaktionsmechanismus für mögliche Eigenspan-

Tabelle 5.1. Wärmeausdehnungskoeffizienten und Wärmeleitfähigkeiten einiger Metalle und Klebschichtpolymere.

Werkstoff	Wärmeausdehnungskoeffizient α $10^{-6} K^{-1}$	Wärmeleitfähigkeit λ $\frac{W}{cm \cdot K}$
Rein - Al	23,5	2,32
AlMg 3	23,7	1,3 ... 1,7
AlCuMg 2	22,8	1,3 ... 1,7
St 37	11,1	0,50
X 5 CrNi 18 8	16,0	0,16
Klebschicht		
Epoxidharz	60	0,0036
Phenolharz	20 ... 30	0,006 ... 0,009
Polymethylmethacrylat	70	0,0019
Polyamid	90 ... 100	0,0030
Polyurethan	110 ... 210	0,0032
Polyvinylchlorid	70 ... 80	0,0015

nungsausbildungen durch Schrumpfungen in der Klebschicht mit verantwortlich. Eine besondere Rolle spielt die Wärmeleitfähigkeit der Fügeteile beim Auftragen von Schmelzklebstoffen wegen der schnellen Erstarrung der Klebstoffschmelze im Grenzschichtbereich und möglicher Beeinträchtigung der Adhäsionsverhältnisse (Abschn. 3.6.3). Werte für einige ausgewählte Werkstoffe und Klebschichtpolymere sind in Tabelle 5.1 wiedergegeben.

5.2.4 Wärmeausdehnungskoeffizient

Die Wärmeausdehnung ist als Kenngröße der Fügeteilwerkstoffe insofern bei den Festigkeitsbetrachtungen von Klebungen zu berücksichtigen, als unterschiedliche Werte des Wärmeausdehnungskoeffizienten von Fügeteil und Klebschicht beim Abkühlen aus dem Bereich der Härtungstemperaturen Eigenspannungen in der Klebschicht verursachen können, die die Belastbarkeit der Klebung herabsetzen (Abschn. 7.2.1). In Tabelle 5.1 sind für einige wichtige metallische Werkstoffe und Klebschichtpolymere die Wärmeausdehnungskoeffizienten zusammengestellt. Man erkennt, daß die Ausdehnungskoeffizienten der Klebschichtpolymere gegenüber denen der Metalle ca. 5 bis 10fache höhere Werte aufweisen.

Zusammenfassend kann die Wirkung der Fügeteilwerkstoffe unter den folgenden zwei verschiedenen Aspekten gesehen werden:
• Eigenschaften, die den Klebvorgang direkt beeinflussen können. Hierzu gehören insbesondere die geometrische Struktur und die chemische Reaktivität der Oberfläche mit ihrer spezifischen Einflußnahme auf die Haftung und Aushärtung.
• Eigenschaften, die die Klebung indirekt beeinflussen können. In diesem Fall sind das Festigkeitsverhalten, insbesondere auch die Oberflächenhärte und die thermischen Eigenschaften wichtige Parameter. Im Gegensatz zu den Oberflächeneigenschaften werden diese Größen auch als Volumeneigenschaften der Fügeteile bezeichnet.

6 Bindungskräfte in Klebungen

Bei den Klebungen handelt es sich um Verbundsysteme, deren Festigkeit neben der geometrischen Gestaltung und der Beanspruchung von den folgenden in Bild 6.1 schematisch dargestellten Einzelfestigkeiten bestimmt wird:
— Festigkeit der Fügeteile 1 und 2;
— Festigkeit der Grenzschichten 1 und 2;
— Festigkeit der Klebschicht.

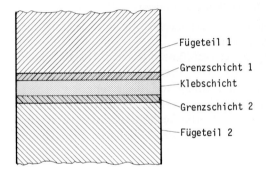

Bild 6.1. Aufbau einer Klebung.

Wie in jedem Verbundsystem mit verschiedenen Gliedern ist auch in diesem Fall die Gesamtfestigkeit durch das schwächste Glied vorgegeben. Nach DIN 53 283 wird diese Gesamtfestigkeit für einschnittig überlappte Klebungen als Klebfestigkeit τ_B definiert (Abschn. 8.3.3). Bei dieser Definition wird nicht nach den Einzelfestigkeiten unterschieden; die Höchstkraft ist erreicht, wenn der Bruch eintritt, dieser kann in einem der Fügeteile, einer Grenzschicht oder auch in der Klebschicht erfolgen. Neben dem bereits beschriebenen Einfluß der Fügeteilfestigkeit (Abschn. 5.2.1) spielen die Festigkeitsverhältnisse in den Grenzschichten und in der Klebschicht insofern die überragende Rolle, da sie im Vergleich zu den Fügeteilfestigkeiten bei den in der Praxis eingesetzten Metallklebungen die beiden schwächsten Glieder darstellen. Im Rahmen der folgenden Betrachtungen sollen unter den *Bindungskräften* sowohl die in der Grenzschicht als auch in der Klebschicht wirkenden Kräfte verstanden werden; es sind demnach die die Festigkeit der Grenzschicht bestimmenden *Adhäsionskräfte* (Haftungskräfte) und die die Festigkeit der Klebschicht bestimmenden *Kohäsionskräfte* zu unterscheiden:

6.1 Die Natur der Bindungskräfte

Die Bindungskräfte bewirken allgemein den Zusammenhalt von zwei oder mehreren Atomen bzw. Atomgruppen innerhalb von Molekülen und auch Phasengrenzen. Die hierbei wirksam werdende Bindungsenergie ergibt sich aus der Differenz zwischen der Summme der Einzelenergien der beteiligten Partner, wenn sie sich in unendlicher Entfernung voneinander befinden und der Energie beider Partner nach der erfolgten Bindung. Die Natur dieser Bindungskräfte beruht auf den verschiedenen Arten der chemischen Bindung sowie auf den zwischenmolekularen Kräften infolge der Wechselwirkungen zwischen gesättigten Molekülen (Bild 6.2).

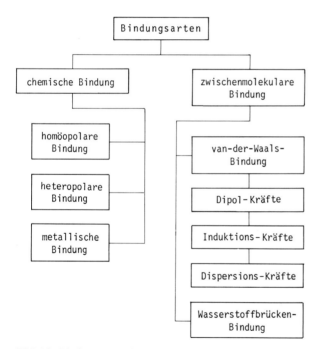

Bild 6.2. Bindungsarten in Klebungen.

6.1.1 Homöopolare Bindung (Atombindung, unpolare Bindung, kovalente Bindung)

Auf dieser Bindungsart beruhen die Verbindungen zwischen Nichtmetallen, d.h. denen der organischen Chemie, sie schließt demnach die Monomere und Polymere der

Klebstoffe ein. Sie ist eine Folge der Austauschwechselwirkung der Valenzelektronen der Bindungsparter und wird durch ein Elektronenpaar vermittelt, das den beiden miteinander verbundenen Atomen gemeinsam angehört. Als Symbol der homöopolaren Bindung werden der Valenzstrich oder die Punktschreibweise verwendet:

$$\begin{aligned} -\overset{|}{\underset{|}{C}}-H \quad &\text{oder} \quad :\overset{..}{C}:H \\ \overset{|}{\underset{|}{C}}=\overset{|}{\underset{|}{C}} \quad &\text{oder} \quad \overset{..}{C}::\overset{..}{C} \end{aligned}$$

(6.1)

Mehrfachbindungen werden durch mehrere gemeinsame Elektronenpaare gebildet.

6.1.2 Heteropolare Bindung (Ionenbindung, polare Bindung, elektrostatische Bindung)

Diese Bindung beruht auf der Wirkung elektrostatischer Kräfte zwischen entgegengesetzt geladenen Ionen und spielt im Gegensatz zu der homöopolaren Bindung bei der Erklärung der Bindungskräfte in Klebungen keine große Rolle.

6.1.3 Metallische Bindung

Sie stellt den Bindungstyp von Metallen und Legierungen dar und ist durch die im Metallgitter auftretenden quasifreien Elektronen (Elektronengas) charakterisiert, die den Raum zwischen den positiven Ionen ausfüllen und diese zusammenhalten. Für die Ausbildung der Adhäsionskräfte sind insbesondere die in den freien Raum hineinwirkenden, elektrisch nicht abgesättigten Elektronen der Atome bzw. Moleküle an der Oberfläche von Einfluß.

Die drei Bindungsarten der homöopolaren, heteropolaren und metallischen Bindung werden als Hauptvalenzbindungen bezeichnet. Im Gegensatz zu diesen stehen die im folgenden beschriebenen Nebenvalenzbindungen, die den Zusammenhalt von hauptvalenzmäßig abgesättigten Molekülen bewirken.

6.1.4 Zwischenmolekulare Bindungen

Diese Bindungsart beruht auf den Anziehungs- und Abstoßungskräften, die zwischen valenzmäßig ungesättigten Molekülen wirksam werden. Die Anziehungskräfte werden auch als *van-der-Waalssche Kräfte* bezeichnet und vor allem durch die nachstehend beschriebenen Dipol-, Induktions- und Dispersionskräfte hervorgerufen.

6.1.4.1 Dipolkräfte

In Molekülen vom Typ A B mit ungleichen Atomen besitzt die homöopolare Bindung wegen der unterschiedlichen Elektronegativitäten polaren Charakter. Die Moleküle erhalten somit ein permanentes elektrisches Dipolmoment und die zwischen den einzelnen Dipolen vorhandenen Kräfte wirken auf die Moleküle sowohl richtend als auch anziehend. Benachbarte Moleküle suchen ihre Dipolmomente so auszurichten, daß der positiv geladenen stets die negativ geladene Seite des Nachbarmoleküls zugekehrt ist und umgekehrt. Aus diesem Grunde spricht man auch von *Orientierungs-*

kräften (Keesom-Kräfte). Die metallischen Fügeteile sind selbst zwar unpolar, aber durch Dipole stark polarisierbar. Wird demnach eine elektrische Ladung in die ausreichende Nähe einer Metalloberfläche gebracht, so wird das Metall so polarisiert, daß sofort ein elektrisches Feld entsteht. Ein Molekül mit einem stark positiven Dipolmoment (Produkt aus Ladung e und Ladungsabstand d eines polaren Atoms oder Moleküls $\mu = ed$) induziert in der Metalloberfläche eine stark negative Ladung und es erfolgt eine Anziehung. Aus diesem Grunde werden polare Substanzen besonders gut an Metalloberflächen gebunden. Die Anziehungskraft beruht somit auf einer elektrostatischen Wechselwirkung zwischen den polaren Gruppen, sie nimmt mit der dritten Potenz der Entfernung ab. Da der Orientierungstendenz die mit steigender Temperatur verstärkte makrobrownsche Bewegung der Moleküle entgegenwirkt, fallen die Dipolkräfte mit zunehmender Temperatur stark ab. Grundsätzlich muß zwischen polaren und unpolaren Stoffen unterschieden werden. Zwischen unpolaren und/oder nicht polarisierbaren Oberflächen einerseits und polaren Klebstoffmolekülen andererseits bestehen keine oder nur sehr geringe Kraftwirkungen, während sich polare Komponenten untereinander je nach dem Grad ihrer Polarität und ihrer Entfernung mehr oder weniger stark anziehen. Wenn man davon ausgeht, daß Klebstoffe meistens über polare Gruppierungen verfügen, besteht im Fall unpolarer Fügeteiloberflächen die Möglichkeit, die für eine gegenseitige Anziehung erforderliche Polarität über eine chemische Veränderung der Oberfläche zu erzielen (Oberflächenvorbehandlung, (Abschn. 12.2.2.2)). Die Bindungsenergien liegen im Bereich von ca. 50 bis 60 kJ/mol.

In bezug auf die Ausbildung der Polarität können die Moleküle in vier Gruppen eingeteilt werden (Bild 6.3):

0 0	unpolare Moleküle,
P 0	positiv polare Moleküle,
N 0	negativ polare Moleküle,
P N	positiv und negativ polare Moleküle.

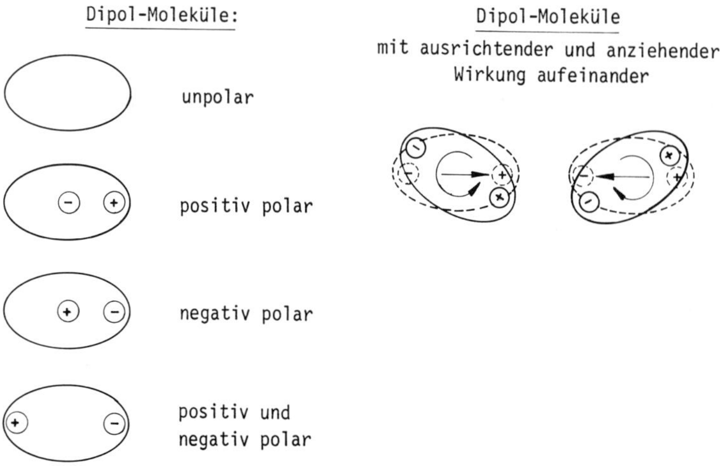

Bild 6.3. Polarität von Molekülen.

160   6 Bindungskräfte in Klebungen

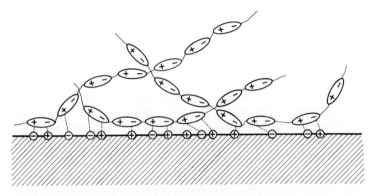

Bild 6.4. Ausbildung von Adhäsionskräften infolge Dipolwirkungen zwischen den Molekülen.

Zu den *unpolaren Verbindungen* zählen in erster Linie die Kohlenwasserstoffe und ihre Polymere z.B. Polyethylen, Polypropylen, aber auch z.B. der Tetrachlorkohlenstoff CCl_4 infolge seiner symmetrischen Konfiguration. *Positiv polare* Dipole entstehen vorwiegend dort, wo sich negativ geladene Atome in der Nähe von Wasserstoffatomen befinden und dem Wasserstoffatom somit ein positives Dipol aufzwingen. Da dieses einen sehr kleinen Radius besitzt, bilden sich sehr starke positive Dipole aus, z.B. im Chloroform $CH Cl_3$. *Negativ polare* Dipole findet man in Estern, Ketonen, Äthern. In diesen Verbindungen sind die vorhandenen positiven Ladungen gegenüber den negativen relativ schwach ausgebildet, um wirksam zu sein. Über *positiv und negativ polare Dipole* verfügen aufgrund der Ladungsverteilung insbesondere Amine, Amide, Säuren und Alkohole.

Die wichtigsten polaren Gruppen in Klebstoffen sind in Tabelle 1.2 wiedergegeben. Außer der Art ist auch die sterische Anordnung der polaren Gruppen und anderer Seitenketten im Molekül von Einfluß auf die Polaritätseigenschaften eines Klebstoffs. Diese lassen sich ebenfalls durch einen vermehrten Einbau polarer Gruppen z.B. OH^- oder $-COOH$ erhöhen, was zu verbesserten Haftungseigenschaften führt. Voraussetzung für ein Wirksamwerden der Dipolkräfte ist in jedem Fall, daß sich die polaren Molekülgruppen des Klebstoffs denjenigen der Fügeteiloberfläche auf Abstände in der Größenordnung von 10^{-8} cm (0,1 nm) zu nähern vermögen. Hieraus ergibt sich, wie auch bei den anderen zwischenmolekularen Bindungskräften, die Forderung nach einer sehr intensiven Benetzung der Oberfläche durch den flüssigen Klebstoff.

Schematisch läßt sich die Wirkung der Dipole auf die Bindungskräfte wie in Bild 6.4 dargestellt, erklären. Die im flüssigen Klebstoff als Monomere vorhandenen Moleküle bzw. bei physikalisch abbindenden Systemen die Polymermoleküle, vermögen mit ihren reaktiven Gruppen auf die beschriebene Weise mit den in der Grenzschicht der Fügeteile befindlichen polaren Molekülen in Wechselwirkung zu treten.

6.1.4.2 Induktionskräfte

Die Induktionskräfte werden wirksam, wenn ein dipolloses Molekül ($\mu=0$) in das Feld eines permanenten Dipols gebracht wird. Durch das permanente Dipol wird in dem dipollosen Nachbarmolekül ein Dipolmoment solcher Orientierung induziert, daß in ihm dadurch erneute Anziehungskräfte entstehen. Diese Wechselwirkungskräfte wurden ergänzend zu den Dipolkräften von Debye beschrieben, sie treten immer dann auf, wenn mindestens einer der Partner ein Dipolmolekül ist (Debye-Kräfte). Die Induktionskräfte sind im allgemeinen kleiner als die Dipolkräfte; liegen jedoch Moleküle besonders großer Polarisierbarkeit vor, so können die Induktionskräfte die Dipolkräfte erreichen.

6.1.4.3 Dispersionskräfte

Den Hauptanteil an den zwischenmolekularen Bindungskräften liefert der Dispersionseffekt. Die von London (London-Kräfte) erkannten Dispersionskräfte beruhen darauf, daß als Folge der inneren Elektronenbewegung auch in Atomen und dipollosen Molekülen fluktuierende Dipole entstehen, die die Elektronensysteme benachbarter Atome und Moleküle polarisieren und so eine Wechselwirkung hervorrufen. In fast allen organischen Verbindungen machen die Dispersionskräfte 80 bis 100% der gesamten Kohäsionskräfte aus, sie allein sind für das Zusammenhalten aller Moleküle verantwortlich, die keine permanenten Dipole enthalten. Die Bindungsenergien liegen bei ca. 5 bis 10 kJ/mol.

6.1.4.4 Wasserstoffbrückenbindung

Die Wasserstoffbrückenbindung stellt eine besondere Art der zwischenmolekularen Bindungskräfte dar. Es handelt sich um eine Wechselwirkung zwischen einer Gruppe A−H (Protonendonator) und einer Gruppe B (Protonenakzeptor): A−H$\cdots$B. Sie wird vor allem bei Verbindungen beobachtet, die OH-, NH- oder andere Gruppen enthalten, in denen ein Wasserstoffatom mit besonders elektronegativen und kleinen Atomen verbunden ist. Die Wechselwirkungsenergie einer Wasserstoffbrückenbindung kann bis zu 40 kJ/mol betragen und liegt damit beträchtlich über den für die sonstigen zwischenmolekularen Wechselwirkungen gefundenen Werten. Sie stellt aus diesem Grunde einen für die Adhäsionsfestigkeit bei Metallklebungen nicht unerheblichen Anteil am Gesamtsystem der Bindungskräfte dar. Das Zustandekommen einer Wasserstoffbrückenbindung läßt sich auf den stark polaren Charakter der A-H-Gruppe zurückführen, die, mit dem positiven Ende am Wasserstoffatom, elektronegative Atome B, z.B. Sauerstoff, Stickstoff, zu sich heranzieht. Die relativ zu den Dipol-Dipol-Wechselwirkungen sehr viel stärkere Wechselwirkung der Wasserstoffbrückenbindung liegt darin begründet, daß wegen des kleinen Wasserstoffatoms eine besonders gute Annäherung der Dipole möglich ist. Das Wasserstoffatom nimmt in dieser Bindungsart demnach eine Mittelstellung („Brücke") zwischen seinem ursprünglichen Bindungspartner und dem neuen Partner ein. So ist die Wasserstoffbrückenbindung beispielsweise verantwortlich für die hohe Kohäsionsfestigkeit der Polyurethane, der natürlichen Cellulosefasern und der relativ niedrigmolekularen Polyamide. Für die letzteren läßt sich die Wasserstoffbrückenbindung wie in Bild 6.5 gezeigt darstellen.

Wasserstoffbrücken können sich ebenfalls von Polymeren zu der Fügeteiloberfläche ausbilden, wenn diese oxidiert ist, also Sauerstoffatome enthält oder auch über adsorbierte Wassermoleküle verfügt:

$$\text{Me=O}\cdots\text{HO-R} \qquad \begin{array}{l}\text{Me = Metall}\\ \text{R = Polymerrest}\end{array} \qquad (6.2)$$

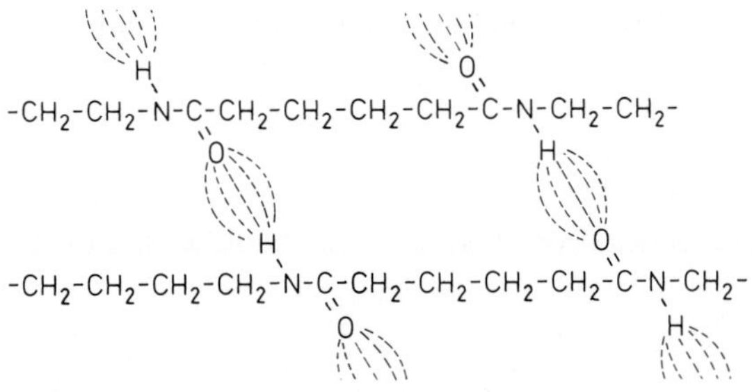

```
    \\\\              \\\\
    ''H               ''O
     \                 \
-CH₂-CH₂-N-C-CH₂-CH₂-CH₂-CH₂-C-N-CH₂-CH₂-
           \\                  \
            O''                 H
             ''\\               /''
              H                O
              \                 \\
-CH₂-CH₂-CH₂-CH₂-N-C-CH₂-CH₂-CH₂-CH₂-C-N-CH₂-
                   \\                  \
                    O''                 H''
```

Bild 6.5. Prinzip der Wasserstoffbrückenbindung am Beispiel eines Polyamids.

Zusammenfassend ist festzustellen, daß meistens mehrere dieser vier beschriebenen Arten zwischenmolekularer Kräfte gleichzeitig zwischen den Molekülen wirken. Die jeweilige Art und Intensität der Bindung richtet sich dabei nach der Temperatur und den Molekülabständen, eine eindeutige Zuordnung für die Bindungskräfte in jedem Einzelfall ist nicht möglich.

Wichtig ist die Tatsache, daß für die Bindungskräfte zwischen den Molekülen einerseits und den Molekülen zu der Fügeteiloberfläche andererseits praktisch nur die beschriebenen zwischenmolekularen Kräfte zur Verfügung stehen, deren Bindungskräfte mit Werten < 50 kJ/mol gegenüber den Hauptvalenzbindungskräften, die zwischen 100 und 800 kJ/mol liegen können, sehr viel geringer sind. Eine Nutzung dieser hohen Kräfte ist nur möglich, wenn es gelingt, zwischen Klebstoffmonomer bzw. -polymer und der Fügeteiloberfläche homöopolare oder heteropolare Bindungsmechanismen durch chemische Reaktionen zu erzeugen. Das ist jedoch wegen der grundsätzlichen Verschiedenheit im atomaren bzw. molekularen Aufbau von Metallen und Polymeren nur mit sehr großen Einschränkungen (z.B. starker Säurecharakter des Polymers) möglich. Über die Chemisorption (Abschn. 6.1.5) ist eine gewisse Annäherung an die Ausbildung von Hauptvalenzbindungen zwischen Fügeteiloberfläche und Klebschicht nachgewiesen, die Bindungskräfte liegen jedoch auch hier noch weit unter den o.e. Werten. Auch der Einsatz von Haftvermittlern (Abschn. 2.7.8) hat bisher nicht zu Haftungskräften geführt, die in der Größenordnung der Hauptvalenzbindungskräfte liegen.

Ergänzende Literatur zu Abschnitt 6.1.4: [B25, B26, S28, T6, W15, W16 und im Anschluß an Abschnitt 6.2.1].

6.1.5 Sorption

Die Fähigkeit von Oberflächen, mit Substanzen aus der Umgebung Reaktionen einzugehen, äußert sich insbesondere in ihrem Sorptionsverhalten. Da auch die Adhäsionsvorgänge ihre Grundlagen in Sorptionserscheinungen haben, besitzt deren Betrachtung für das Verständnis der Bindungskräfte in Klebungen besondere Bedeutung. Grundsätzlich sind die folgenden Sorptionserscheinungen zu unterscheiden:

• *Absorption*: Eindringen von Gasen oder Flüssigkeiten in Flüssigkeiten bzw. feste Stoffe (Absorptionsmittel). Die Absorption spielt bei der Betrachtung der Bindungskräfte in Klebungen praktisch keine Rolle.

6.1 Die Natur der Bindungskräfte

- *Adsorption*: Anreicherung von Stoffen an den Grenzflächen fester oder flüssiger Körper. Die Adsorption ist stets als Gesamtheit vieler molekularer Einzelprozesse zu sehen, im Gegensatz zur Adhäsion, mit der man das Haften eines zusammenhängenden Körpers als Ganzes an der Oberfläche eines anderen bezeichnet.

Je nach der Natur der Bindungskräfte zwischen der adsorbierenden Fläche (Adsorbens) und dem adsorbierten Stoff (Adsorbat) unterscheidet man weiterhin die physikalische und chemische Adsorption:

- *Physikalische Adsorption*: Begründet nur durch physikalische, van-der-Waalssche Bindungskräfte mit Bindungsenergien < 50 kJ/mol. Die physikalische Adsorption ist in Abhängigkeit von Temperatur und Druck ein reversibler Prozeß, je nach Größe dieser beiden Parameter stellt sich zwischen Adsorbens und Adsorbat ein Adsorptionsgleichgewicht ein. Ein charakteristisches Merkmal dieser physikalischen Bindungsarten ist die Tatsache, daß zwischen den beteiligten Atomen kein Elektronenaustausch stattfindet, die beteiligten Partner also ihren chemischen Charakter beibehalten. Die Reichweite der physikalischen Bindungskräfte beträgt ca. 0,3 bis 0,4 nm, ihre Wirksamkeit nimmt mit der sechsten Potenz der Entfernung der Dipolschwerpunkte ab.
- *Chemische Adsorption*: Begründet durch Ausbildung chemischer Bindungskräfte mit Bindungsenergien von ca. 50 bis 500 kJ/mol. Bei der chemischen Adsorption, auch *Chemisorption* genannt, handelt es sich um einen irreversiblen Prozeß. Bei einer Änderung der Parameter Temperatur und Druck verbleiben bei einer stattfindenden Desorption eine oder mehrere durch chemische Bindungskräfte an die Oberfläche gebundene monomolekulare Schichten.

Die Zusammenhänge zwischen Adsorption/Chemisorption und den Bindungskräften im Grenzschichtbereich von Metallklebungen sind insbesondere von Brockmann [B22] sehr ausführlich untersucht worden. Danach liegt ein beträchtlicher Anteil der Klebschichtmoleküle an der Oberfläche chemisch gebunden vor. Adsorptionsversuche mit radioaktiv markierten Phenolharzen wiesen aus, daß 30 bis 50% der insgesamt sorbierten Klebstoffmoleküle sich nicht desorbieren ließen und somit als chemisorbiert zu bezeichnen sind. Über eine Abschätzung der molekularen Schichtdicke mittels des mittleren Molekulargewichtes und des Platzbedarfs der Adsorptionsmoleküle ergab sich, daß eine Mehrschichtenchemisorption vorlag. Die Chemisorption ist demnach als eine Hauptvalenzbindung zu den Oberflächenatomen anzusehen die zu Bindungszuständen führt, die der chemischen Bindung in Molekülen entsprechen.

Die Adsorption der Makromoleküle an den Oberflächen hat man sich nach Jenckel und Rumbach [J9] so vorzustellen, daß nur bestimmte Segmente der Kettenmoleküle an der Grenzfläche gebunden werden. Aus Versuchen hatte sich gezeigt, daß an Materialien mit relativ kleiner Oberfläche (Aluminiumgries, Quarzsand, Glaswolle) erheblich größere Mengen des untersuchten Polymers adsorbiert wurden als einer monomolekularen Schicht entsprach. Die Autoren definierten in diesem Zusammenhang den Belegungsfaktor, der angibt, wieviel Monomermoleküle in der Adsorptionsschicht übereinander anzunehmen sind. Aus gemessenen Werten, die meistens zwischen 20 und 30 lagen, war zu folgern, daß die Makromoleküle nicht flach an der Oberfläche gebunden sind, sondern nur an bestimmten Stellen adsorbiert werden. Auf Klebschichten übertragen bedeutet das, daß die anderen Teile der Ketten in Form von Schlaufen ohne sorptive Bindungen zunächst in den flüssigen Klebstoff hineinragen.

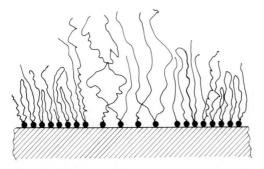

Bild 6.6. Anlagerungsmechanismus von Makromolekülen an Oberflächen (nach [J9]).

Beim Aushärten bilden diese nicht adsorbierten Kettenbereiche unter Ausbildung zwischenmolekularer Kräfte die feste Klebschicht, die durch die Sorptionskräfte an der Oberfläche gebunden ist (Bild 6.6).

Nach diesen Überlegungen, die durch experimentelle und theoretische Arbeiten bestätigt worden sind, ist die Adhäsion einer Klebschicht an einer Oberfläche neben den in Abschn. 6.1 beschriebenen Bindungskräften auch als eine Übertragung von Kräften aus dem durch Sorptionsvorgänge gebundenen Grenzbereich der Klebschicht in das Innere der Klebschicht aufzufassen.

Es ist somit festzustellen, daß neben den beschriebenen zwischenmolekularen Kräften auch die Chemisorption einen relativen Anteil an der Ausbildung der Haftungskräfte besitzt. Die in jedem Fall vorhandenen Anteile und deren Größenordnungen lassen sich meßtechnisch jedoch nicht ermitteln, so daß von der insgesamt vorhandenen Adhäsionskraft zu sprechen ist, die als übergeordneter Begriff die jeweiligen Einzelhaftkräfte beschreibt.

Ergänzende Literatur zu Abschnitt 6.1.5:[M26, P1].

6.2 Adhäsion

Über die Gesetzmäßigkeiten der Haftung von Klebschichten an den Fügeteiloberflächen existieren in der Literatur außerordenlich viele theoretische und experimentelle Arbeiten. Grundlage dieser Arbeiten ist schwerpunktmäßig, die Festigkeit adhäsiver Bindungen aufgrund der beteiligten Bindungsmechanismen zu berechnen und sie ergänzend meßtechnisch zu erfassen. Die Ergebnisse aller Arbeiten weisen aus, daß es keine universell anwendbare Adhäsionstheorie, die sämtliche bisher ermittelten Erkenntnisse einbezieht und berücksichtigt, gibt und wegen der Komplexität aller zusammenwirkenden Faktoren auch nicht geben kann. Bei der Deutung der Adhäsionsvorgänge kristallisieren sich insbesondere zwei Fragestellungen heraus, deren Beantwortung zumindest einen vertieften Einblick in die Natur der Adhäsion in Klebungen ermöglichen kann:

• Welcher Art sind die Voraussetzungen, daß es zu einem die Adhäsionskräfte ausbildenden Kontakt zwischen Fügeteiloberfläche und Klebstoff überhaupt kommen kann?

- Welcher Art sind die sich ausbildenden Kräfte und wie lassen sie sich im Hinblick auf ihre Festigkeitswerte einordnen?

Während die Vorstellungen über die Haftung von Klebschichten früher eine mechanische Verankerung bzw. Verklammerung des in Poren oder Kapillaren der Oberflächenstruktur ausgehärteten flüssigen Klebstoffs vorsah, läßt sich diese makroskopische Anschauung nach dem heutigen Erkenntnisstand für Metallklebungen nicht mehr aufrechterhalten. Die z.T. ausgezeichneten Adhäsionswerte von Klebschichten an sehr ebenen Metallflächen erforderten weitere, über die Theorie der mechanischen Adhäsion hinausgehende Erklärungen. Somit unterscheidet man heute die folgenden Adhäsionsarten:

- *Spezifische Adhäsion*: Hierunter werden alle chemischen und physikalischen auf Haupt- und Nebenvalenzkräften beruhenden Adhäsionserscheinungen verstanden. Sie stellen praktisch die Hauptursache für die Adhäsionskräfte in Metallklebungen dar und sind im Abschn. 6.2.1 ausführlich beschrieben. Ihr Wirkungsbereich liegt bei ca. 0,2 bis 1,0 nm.
- *Mechanische Adhäsion*: Hierbei handelt es sich vorwiegend um die mechanische Verankerung der Klebschichten von ursprünglich flüssigen Klebstoffen in Poren, Kapillaren sowie Hinterschneidungen der Fügeteiloberfläche. Ergänzend können auch auf spezifischer Adhäsion beruhende Adhäsionskräfte wirksam werden. Für Metallklebungen ist diese Art der Adhäsion von untergeordneter Bedeutung.
- *Autohäsion*: Sie tritt fast ausschließlich bei der Vereinigung kautschukelastischer Polymerschichten des gleichen Materials auf. Voraussetzung ist eine große Beweglichkeit der Makromoleküle, die unter Druckanwendung zu einer gegenseitigen Diffusion mit nachfolgender Verklammerung von Kettensegmenten fähig sind (Abschn. 3.3).

6.2.1 Spezifische Adhäsion

Eine eingehende Beschreibung aller Theorien und Versuchsergebnisse, die mit dem Ziel einer eindeutigen Definition der Adhäsionsmechanismen in Metallklebungen erarbeitet worden sind, läßt sich im Rahmen dieses Buches nicht geben. Die erwähnten Literaturquellen geben die Möglichkeit einer individuell gewünschten Vertiefung dieses Gebietes. Nachfolgend soll jedoch versucht werden, die dem heutigen Stand der Erkenntnisse in der Adhäsionsforschung zu Grunde liegenden Sachverhalte in ihren wichtigsten Aussagen zu beschreiben.. Die Betrachtungsweise kann dabei gemäß der folgenden Kriterien erfolgen:

— Adhäsion durch Ausbildung zwischenmolekularer Kräfte im Grenzschichtbereich;
— Adhäsion durch Ausbildung chemischer Bindungen zwischen Klebstoffmolekülen und Fügeteilatomen bzw. deren Oberflächenmolekülen;
— Adhäsion durch „Mikroverzahnung" von Polymermolekülen und den Reaktionsschichten der Fügeteiloberfläche;
— Adhäsion aufgrund thermodynamischer Vorgänge im Grenzschichtbereich, insbesondere durch Benetzungskräfte;
— Adhäsion durch Diffusionsvorgänge von Klebschicht- und Fügeteilmolekülen im Grenzschichtbereich;
— Adhäsion durch eine mechanische formschlüssige Verbindung.

Allein diese vielfältigen Betrachtungsmöglichkeiten machen deutlich, daß es keine einheitliche Beschreibung der Adhäsion geben kann. Hinzu kommt, daß die Grenzschicht zwischen Klebschicht und Fügeteiloberfläche meßtechnisch nicht zugänglich ist.

Zusammenfassend läßt sich der Stand der Adhäsionsforschung wie folgt beschreiben:
• Für die Erzielung optimaler Adhäsionskräfte ist die Aktivierung der Oberfläche (Abschn. 5.1.2) Voraussetzung. Durch diesen Vorgang, der auf mechanischem oder chemischem Wege durchgeführt werden kann, erfolgt das Freilegen oder Erzeugen physikalisch oder chemisch reaktiver Stellen an der Oberfläche als Voraussetzung für die den Adhäsionskräften zugrundeliegenden atomaren und molekularen Wechselwirkungen. Grundsätzlich ist davon auszugehen, daß die zu klebenden Werkstoffe in ihrem Inneren zwar mehr oder weniger homogen sind, daß diese Homogenität an ihrer Oberfläche jedoch nicht oder nur in den seltensten Fällen auch nach erfolgter Oberflächenbehandlung vorhanden ist. Unabhängig von der vorhergehenden Oberflächenbehandlung ergeben sich durch die jeweiligen Umweltbedingungen von Fall zu Fall unterschiedliche Voraussetzungen für die Ausbildung der Adhäsionskräfte.
• Die Ursache der Adhäsion in Metallklebungen kann durch primäre chemische Bindungskräfte, d.h. durch Hauptvalenzbindungen, nicht erklärt werden, da eine chemische Reaktion, die zu einem Ionengitter (heteropolare Bindung) führt, wegen der überwiegend makromolekularen Struktur der Klebschichten nicht möglich ist. Voraussetzungen hierfür wären chemische Reaktionen, die in der Regel spontan mit einem beträchtlichen Energieumsatz, z.B. als Metall-Säure-Reaktion, verlaufen; diese werden bei Metallklebungen aber nicht beobachtet. Homöopolare Bindungen sind nicht denkbar, da weder die Metalle noch die Klebstoffmoleküle gerichtete freie Valenzen unbesetzt bereithalten. Die Tatsache, daß sowohl die Fügeteile als auch die Klebstoffe nach erfolgter Adhäsion im Grenzschichtbereich keine chemischen Veränderungen erfahren haben und auch keine neuen, aus beiden Partnern gebildeten Verbindungen nachgewiesen werden können, eliminiert diese Möglichkeit der Adhäsionsbildung. Es ist demnach davon auszugehen, daß zwischenmolekulare Kräfte für die Grenzschichtfestigkeiten verantwortlich sind.
• Neben physikalischen und zwischenmolekularen Bindungskräften lassen sich zwischen Fügeteiloberfläche und Klebschicht auch Bindungen auf Basis einer Chemisorption nachweisen. Eine experimentelle Bestätigung für diese Aussage liegt in den hohen Bindungsenergien sowie der fehlenden vollständigen Desorbierbarkeit. Der Nachweis des Vorhandenseins chemisorptiver Bindungen gibt eine Erklärung für die in Klebungen nachweisbaren hohen Fesigkeitswerte der Grenzschicht, die bei dem Auftreten von Kohäsionsbrüchen die Klebschichtfestigkeit überschreiten. Die Dicke der chemisorbierten Schicht ist allerdings kein Maßstab für die erzielbare Grenzschichtfestigkeit. Für ein bestimmtes Metall lassen sich jedoch für unterschiedliche Oberflächenvorbehandlungen vergleichbare, charakteristische Änderungen des Sorptionsvermögens und der Haftfreudigkeit dann feststellen, wenn als Adsorbat eine dem Klebstoff gleiche oder ähnliche Substanz Verwendung findet. Die Ursache liegt in den jeweiligen spezifischen Bindungsenergien begründet. Der Nachweis der Chemisorption und die Übertragung auf die Adhäsionsfestigkeit erlauben die Feststellung, daß wenigstens zwischen der ersten Moleküllage der Klebschicht und der Oberfläche Bindungsenergien vorliegen müssen, die denen der Eigenfestigkeit chemischer Verbindungen vergleichbar sind. Die begrenzte Reichweite dieser Bindungskräfte in die

Klebschicht hinein erlaubt allerdings keine Übertragung dieser hohen Festigkeitseigenschaften in das System der gesamten Klebung.
- Die eigentliche — monomolekulare — Grenzschicht ist, selbst bei Vorhandensein durch Chemisorption verursachter hoher Bindungskräfte, für die Gesamtfestigkeit einer Klebung nicht charakteristisch, da das „schwächste Glied" in die angrenzenden Molekularschichten verlagert wird und sich dort in Form von Kohäsionsbrüchen äußert. Es befindet sich demnach in der Grenzschichtnähe ein Schwachstellenbereich, in dem ein Versagen bei mechanischer Beanspruchung zu erwarten ist. Falls keine Chemisorption stattfindet, liegt die Schwachstelle direkt in der Phasengrenze, in der nur zwischenmolekulare Kräfte wirken. Falls eine vollständige Chemisorption erfolgt, ist der durch zwischenmolekulare Kräfte ausgezeichnete Schwachstellenbereich in die Klebschicht verschoben.
- Zwischen der Menge adsorbierter Monomermoleküle an Fügeteiloberflächen und den vorhandenen Adsorptionskräften bestehen zwar qualitative Zusammenhänge, die Menge an adsorbierten Molekülen steht allerdings zu der gemessenen Adhäsionsfestigkeit nicht in einem direkt proportionalen, eine Festigkeitsberechnung ermöglichenden Verhältnis. Adsorptionsmessungen erlauben demnach nur, vergleichende Bewertungen von Oberflächen und Oberflächenbehandlungen im Hinblick auf ihre Fähigkeit, Adhäsionskräfte zu beeinflussen, zu ermöglichen.
- Die Kräfte, die von Oberflächen für die erforderlichen Wechselwirkungen ausgehen, besitzen eine Reichweite von maximal 0,3 bis 0,5 nm, in diesem Bereich spielen sich also die für die Festigkeit einer Klebung entscheidenden Grenzflächenreaktionen ab.
- Die Deutung der Adsorptionsvorgänge aufgrund thermodynamischer Betrachtungen, wie sie von Sharpe und Schonhorn [S29] beschrieben wurden, geht von den Grundlagen der Benetzungsvorgänge aus (Abschn. 6.4). Eine befriedigende Antwort vermögen diese Überlegungen, bei denen die Oberflächenenergie des Fügeteils, des flüssigen Klebstoffs und die daraus resultierende Grenzflächenenergie zwischen Fügeteiloberfläche und Klebstoff betrachtet werden, allerdings nicht zu geben. Der Grund liegt in der Tatsache, daß die für thermodynamische Berechnungen erforderliche Grundvoraussetzung der Reversibilität des Benetzungsvorgangs zwischen Klebstoff und Oberfläche nicht gegeben ist. Im thermodynamischen Sinne besteht wegen der durch die Chemisorption gegebenen chemischen Bindungen keine „reine" Phasengrenze, die Grenzschicht ist „thermodynamisch verwischt" und nach der Trennung sind beide Partner an ihren Phasengrenzen nicht wieder in ihrem ursprünglichen Zustand. Somit ist ein Zusammenhang zwischen der Energie der Oberfläche und ihrem Benetzungsvermögen als alleinige Deutung der Adhäsionskräfte nicht gegeben, wenn auch die mathematisch zu formulierende Aussage, daß die Oberflächenenergie des Fügeteils größer als die des Klebstoffs sein muß, in vielen Fällen eine Berechtigung besitzt (Abschn. 6.4.2.8).
- Die Polarisationstheorie, wie sie von de Bruyne [B26] entwickelt worden ist, beruht auf der Kraftwirkung der den Atomen/Molekülen zuzuordnenden Dipole (Abschn. 6.1.4.1). Sie unterliegt allerdings der Beschränkung, daß sie die auch an unpolaren Substanzen vorhandenen Adhäsionskräfte nicht zu deuten und zu beschreiben vermag. Der Grundgedanke dieser Theorie, daß die Polarität einen wesentlichen Einfluß auf die Adhäsion besitzt, bleibt trotz dieser Einschränkung gültig und es ist davon auszugehen, daß diese Theorie zwar nicht den gesamten, so doch einen wichtigen Teil

der Adhäsionsvorgänge zu beschreiben in der Lage ist. Experimentell konnte beispielsweise nachgewiesen werden, daß durch eine Erhöhung der Polarität der Klebstoffmoleküle durch Einbau von OH- oder COOH-Gruppen eine Verbesserung der Adhäsionsfestigkeit erreicht werden konnte.

• Die Möglichkeit der Ausbildung von Adhäsionskräften durch eine gegenseitige Diffusion der Makromoleküle von Klebschicht und Fügeteil ist von Woyutskij [W17] aufgestellt worden. Die Theorie erklärt den Adhäsionseffekt durch gegenseitige mikrobrownsche Molekülbewegungen in den Phasengrenzflächen. Die wesentliche Voraussetzung für diese Theorie, nämlich die weitgehende Affinität der beiden Partner zueinander und die noch wichtigere Bewegungsmöglichkeit der Moleküle setzt dieser Theorie bei Metallklebungen eindeutige Grenzen. Bei Kunststoffklebungen ist sie hingegen anwendbar, wie am Beispiel der Diffusionsklebung (Abschn. 13.3.3.2) nachzuweisen ist.

• Neueste Untersuchungen von Brockmann und Mitarbeitern [B33, B34, B37] weisen aus, daß der Morphologie der Oxidschichten, wie sie bei Aluminium untersucht wurden, für die Ausbildung der Bindungskräfte eine große Bedeutung beigemessen werden muß. Die ausgeprägte Mikromorphologie vergrößert nicht nur die wahre Oberfläche und damit die Zahl der reaktionsfähigen Stellen, sondern übt auch einen selektiven Einfluß im Hinblick auf die in die Mikroporen der Oxidschicht eindringenden Molekülgrößenverteilung aus. Somit entstehen Unterschiede in der Polymerzusammensetzung, die sich positiv oder negativ auf die Adhäsionsfestigkeit auswirken können. Eine weitere Beeinflussung des Polymergefüges in der Grenzschichtnähe erfolgt durch die Reaktion einzelner Molekülgruppen mit dem Aluminiumoxid, die somit der Polymerschicht entzogen werden. Mittels raster- und transmissionselektronenmikroskopischer Aufnahmen gelang es, diese Zonen mit gestörter Polymerisation, in der Literatur auch als „weak boundary layer" bezeichnet, nachzuweisen. Auch die Tatsache, daß die nach theoretischen Berechnungen erzielbaren Adhäsionsfestigkeiten bei der Prüfung einer Klebung in der Praxis im allgemeinen bei weitem nicht erreicht werden, bestätigt die Erkenntnis, daß in den grenzflächennahen Schichten durch ungleichmäßige Reaktionen bedingte Störstellen vorhanden sein müssen. Eine Bestätigung erfahren diese Untersuchungen darin, daß bei Adhäsionsbruchflächen erhebliche Polymerreste auf der Fügeteiloberfläche zurückbleiben. Es ergibt sich demnach, daß für die Entstehung der Adhäsion in Klebungen die Möglichkeit der Durchdringung der Adsorptions- und chemischen Oberflächenschichten durch den flüssigen Klebstoff, eine sog. „mikromechanische Verzahnung", eine maßgebende Rolle spielt. Hinzu kommen die Ausbildung der Wasserstoffbrückenbindungen und die chemischen Bindungen mit der Reaktionsschicht.

• Neben der Morphologie der Oxidschichten ist nach Untersuchungen von Hahn und Kötting [H26, H27, K36] in gleicher Weise auch die Klebschichtmorphologie in die Adhäsionsbetrachtungen einzubeziehen. In den fügeteilnahen Zonen liegt nach den vorliegenden Ergebnissen an Epoxidharzklebstoffen eine von der Metalloberfläche ausgehende lamellenförmig orientierte Struktur vor, deren Mikrogestalt von der Metalloxidschicht beeinflußt wird. Im Anschluß an diesen Bereich bilden sich in Richtung Klebschichtmitte über kornartige Strukturen globulare Strukturen aus, die sich hinsichtlich ihrer Vernetzungsdichte unterscheiden.

Zusammenfassend ist zu den heutigen Kenntnissen über die spezifische Adhäsion festzustellen, daß keine der erwähnten Sachverhalte und Theorien alle bisher beobachteten Erscheinungen allgemein erklären und konkrete Aussagen hinsichtlich der Adhäsionsfestigkeit geben können. Dieses liegt im wesentlichen darin begründet, daß ihnen mehr oder weniger idealisierte Bedingungen zugrunde liegen. Man muß davon ausgehen, daß es sich bei diesen Vorgängen um eine Summe von chemischen, physikalischen und mechanischen Wirkungen handelt, die sich einander überlagern und die sich gegenseitig beeinflussen. Sie lassen sich gegeneinander nicht abgrenzen und somit hinsichtlich ihrer spezifischen Wirkung definieren. Eine Metallklebung kommt durch den relativen Anteil der verschiedenen erwähnten Kräfte zustande. Die einzelnen Theorien stehen dabei nicht im Gegensatz zueinander sondern ergänzen sich; sie leiden jedoch z.T. daran, daß sie nur für speziell herausgesuchte Faktoren eine Deutung zulassen und die Vorgänge in ihrer Gesamtheit nicht gleichzeitig zu beschreiben vermögen. Da die beschriebenen Wechselwirkungen und deren Kräfte in der molekularen Struktur der Grenzschicht sowohl chemischer als auch physikalischer Art sind, kann man sie nur in ihrer Summe als maßgebende Adhäsionskräfte betrachten. Voraussetzung für alle Theorien und somit für den Klebprozeß im speziellen ist die Forderung, daß die Moleküle der an der Klebung beteiligten Partner sich soweit nähern können, daß sie überhaupt in den Einflußbereich der verschiedenen Kräfte kommen. Weiterhin besteht die Notwendigkeit, daß eine Orientierung der Moleküle im Nahbereich erfolgen kann, hier gewinnt das Vorliegen einer flüssigen Phase während der Annäherung eine spezielle Bedeutung. Beide Forderungen belegen den großen Wert optimaler Benetzungsbedingungen.

Für den Praktiker mögen diese Darstellungen unbefriedigend sein und dazu führen, dem Kleben als stoffschlüssigem Fügeverfahren nicht mit dem notwendigen Vertrauen zu begegnen. Hier ist aber grundsätzlich zu unterscheiden zwischen der einer jeden wissenschaftlichen Disziplin gestellten Aufgabe, weitere Zusammenhänge im Mikro- und Makrokosmos zu erforschen und dem Status quo der Praxis. Während die Grundlagenforschung bemüht ist, den vorhandenen Wissensstand zu vermehren, zeigen die vielfältigen Anwendungen des Klebens trotz der auf einigen Gebieten noch vorhandenen Wissenslücken, daß diese Technologie eine sehr hohe Verläßlichkeit aufweist.

Ergänzende Literatur zu Abschnitt 6.2.1:[B25 bis B37, H27 bis H30, K37, M22, M27, M80, P2, S28, S30 bis S33, T6, W15 bis W17, Z4 bis Z6].

6.2.2 Mechanische Adhäsion

Unter der mechanischen Adhäsion wird eine mechanische Verklammerung der verfestigten Klebschicht in den Poren bzw. Kapillaren der Fügeteiloberfläche verstanden. Sie tritt auf, wenn sich der während des Auftragens flüssige Klebstoff in den Vertiefungen einer porösen Oberfläche verfestigt und insbesondere durch Hinterschneidungen oder gebogene Kapillaren an einem Herausgleiten bei Belastung gehindert wird (Bild 6.7). Bei einer Beanspruchung senkrecht oder parallel zur Klebfläche kann − ohne Berücksichtigung einer ggf. zusätzlich vorhandenen spezifischen Adhäsion − höchstens eine Last übertragen werden, die bei der gegebenen Klebschichtfestigkeit durch den vorhandenen Formschluß in den Hinterschneidungen der Fügeteiloberfläche bestimmt wird. Bei der Betrachtung der mechanischen Adhäsion gilt es zu differenzieren zwischen einer echten mechanischen Verklamme-

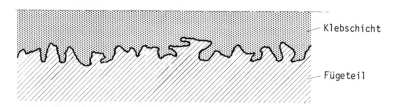

Bild 6.7. Mechanische Adhäsion.

rung der Klebschicht in der beschriebenen Weise und der durch die Rauheit einer mechanisch vorbehandelten metallischen Oberfläche vergrößerten Haftfestigkeit. Letztere bietet im allgemeinen keine Voraussetzungen für wirkliche Hinterschneidungen als Grundlage für die Klebschichtverklammerung, sondern stellt nur eine Vergrößerung der Oberfläche dar.

Anders verhält es sich mit künstlich aufgebrachten Reaktionsschichten, die, wie von Brockmann nachgewiesen werden konnte [B33, B34, B37], je nach Bildungsbedingungen eine „Mikroverklammerung" der Klebschicht zulassen und so einen wesentlichen Beitrag zur Festigkeit einer Klebung geben.

Von einer mechanischen Adhäsion kann auch dann gesprochen werden, wenn die Fügeteiloberfläche durch den flüssigen Klebstoff angelöst oder angequollen wird, so daß im Bereich der Grenzfläche ein Diffusionsprozeß und somit eine Molekülverklammerung zwischen den beteiligten Partnern stattfindet (Abschn. 13.3.3.2). Die Existenz der mechanischen Adhäsion ist unbestritten, bei metallischen, d.h. nicht porösen Oberflächen ist ihr wirkungsmäßiger Anteil an der Gesamtadhäsion jedoch relativ unbedeutend.

6.3 Kohäsion

Unter der Kohäsion oder auch der „inneren Festigkeit" versteht man das Wirken von Anziehungskräften zwischen *gleichartigen* Atomen bzw. Molekülen ein und desselben Stoffs. Somit unterscheidet sich die Kohäsion von der Adhäsion, bei der Anziehungskräfte zwischen *verschiedenen* Stoffen wirksam werden. Die Art der Bindungskräfte, die für die Kohäsionsfestigkeit eines Stoffs verantwortlich sind, sind identisch mit denen bereits bei der Adhäsion beschriebenen Wechselwirkungen. So sind in Polymerschichten im wesentlichen Haupt- und Nebenvalenzbindungen (Primär- und Sekundärbindungen) ausgebildet.

Weiterhin wird die Kohäsion, besonders bei den Kettenmolekülen der Thermoplaste, durch eine mechanische Verklammerung bzw. Verknäuelung der fadenförmigen linearen, ggf. mit Seitenketten versehenen Moleküle, maßgebend beeinflußt. Wichtig ist die Tatsache, daß bei der Kohäsion ebenfalls homöopolare Bindungen vorhanden sind, die ja aufgrund der Molekülstruktur von Polymerschicht und metallischer Oberfläche bei der Adhäsion auszuschließen sind. Die hohe Kohäsionsfestigkeit von vernetzten Polymeren beruht im wesentlichen auf dieser Bindungsart an den Stellen, an denen die einzelnen Molekülketten durch homöopolare Bindungen miteinander verbunden sind (Bild 1.4, linke Darstellung).

Weiterhin sind die sehr verschiedenen Abhängigkeiten der mechanischen Festigkeitswerte von Duromeren und Thermoplasten bei erhöhten Temperaturen auf das Vorhandensein bzw. Nichtvorhandensein homöopolarer Bindungen der Molekülkettenverknüpfung zurückzuführen. Somit stellt die Kohäsion von Klebschichten ein Zusammenwirken von homöopolaren und zwischenmolekularen Bindungskräften dar. Die Kohäsionsenergie der Polymere wird durch die gegenseitigen Wechselwirkungen der Moleküle untereinander und durch ihren Aufbau bestimmt. Sie liegt bei den wichtigsten Monomergruppen zwischen etwa 3 bis 40 kJ/mol. Als Kohäsionsenergiedichte wird das Verhältnis der inneren molaren Verdampfungswärme zum Molvolumen bezeichnet (Abschn. 3.2).

Die Kohäsionsfestigkeit ist eine werkstoff- und temperaturabhängige Größe. Die höchsten Kohäsionsfestigkeiten weisen Metalle auf, die geringsten Werte besitzen Flüssigkeiten und Gase. Quantitative Anhaltspunkte für die Kohäsionsfestigkeit erhält man über die Zugfestigkeit und das Dehnungsvermögen der Werkstoffe. Bei Klebschichten ist die Kohäsionsfestigkeit insbesondere für das Kriechen bzw. Fließen unter mechanischer Belastung eine charakteristische Eigenschaft. Mit zunehmender Temperatur nimmt die Kohäsionsfestigkeit ab. Der Grund liegt in dem durch die steigende Molekülbeweglichkeit abnehmenden Molekülzusammenhalt. Umgekehrt entsteht die Kohäsionsfestigkeit einer Klebschicht bei dem Übergang des flüssigen Klebstoffs in das erstarrte Polymer. Sie hängt u.a. davon ab, in welchem Maße bei der Abkühlung der „Ordnungsgrad" des makromolekularen Strukturgefüges, das sich aus den Grundbausteinen (Monomeren) zusammensetzt, hergestellt wird. Fehlstellen vermindern das Festigkeitsniveau durch die Ausbildung von Eigenspannungen und bilden Ausgangspunkte für Klebschichtbrüche bei Belastung. Sie können entstehen durch eine ungleichmäßige Vernetzung, die u.a. durch zu geringe oder zu hohe Härtungstemperaturen bedingt sein kann, weiterhin durch eingeschlossene Restlösungsmittel, nicht an der Reaktion teilgenommene Monomeranteile oder sehr unterschiedliche Kettenlängen. Je größer der Ordnungsgrad ist, desto größer ist im allgemeinen auch die Kohäsionsfestigkeit einer Klebschicht. Aus diesem Grunde sind die Bedingungen für die Verfestigung der Klebschicht diesen Zusammenhängen entsprechend angemessen zu gestalten; schroffe Temperaturwechsel, z.B. Schockhärtung oder schnelle Abkühlung sollten nicht stattfinden.

Ein wesentlicher, die Kohäsionsfestigkeit bestimmender Faktor ist das Molekulargewicht des Polymers. Für Polymere ist charakteristisch, daß sie erst oberhalb eines bestimmten Vernetzungsgrades über meßbare Festigkeitseigenschaften verfügen. Dieser „kritische Polymerisationsgrad" liegt bei den meisten Polymeren zwischen 50 bis 100 aneinander gelagerter Moleküle. Sobald dieser kritische Polymerisationsgrad überschritten wird, tritt eine starke Vergrößerung der Kohäsionsfestigkeit und somit der mechanischen Eigenschaften auf (Abschn. 2.4, Bild 2.7).

Ergänzend sind für thermoplastische Polymere der ggf. vorhandene Kristallisationsgrad und für duromere Polymere der Verbund der Molekülketten untereinander durch Hauptvalenzbindungen entscheidende Faktoren für die Kohäsionsfestigkeit.

Für die Festigkeit einer Klebung spielt das Verhältnis von Kohäsionsfestigkeit der Klebschicht zu der Adhäsionsfestigkeit der Grenzschicht eine besonders wichtige Rolle. Eine Klebschicht mit einer noch so großen Kohäsionsfestigkeit kann die Festigkeit einer Klebung nicht wirksam zur Entfaltung bringen, wenn sich keine Adhäsionskräfte an der Fügeteiloberfläche ausbilden. Umgekehrt gilt das gleiche. Ziel bei der Herstellung einer Klebung muß es daher sein, im Hinblick auf die Klebstoffformulierung, Oberflächenbehandlung und Klebstoffverarbeitung grundsätzlich eine möglichst große Ausgewogenheit nach Ausbildung von Adhäsions- und Kohäsionskräften der beteiligten Moleküle sicherzustellen. Nur aus dieser Doppelwirkung optimaler Adhäsion und Kohäsion setzen sich die Kräfte zusammen, die eine Klebung zu übertragen in der Lage ist. In den Fällen, in denen über die Oberflächenvorbehandlungsverfahren optimale Adhäsionskräfte vorausgesetzt werden können, wird die Kohäsionsfestigkeit der Klebschicht das entscheidende Kriterium für die Festigkeit der Klebung sein. Bei der Interpretation ist jedoch zu unterscheiden, ob für die Festigkeitsprüfung eine schälende Beanspruchung oder der Zugscherversuch herangezogen wird (Abschn. 8.3.4). Die charakteristischen Brucharten Adhäsions-, Kohäsions- und gemischter Bruch zeigt Bild 7.4.

Ergänzende Literatur zu Abschnitt 6.3:[B38, H31, M27, S34, Z7].

6.4 Benetzung von Oberflächen durch Klebstoffe

6.4.1 Allgemeine Betrachtungen

Die Grenzschichtreaktionen, die für die Ausbildung der Bindungskräfte erforderlich sind, laufen in Abstandsbereichen ab, die Atom- bzw. Molekülabständen entsprechen und in denen Haupt- und Nebenvalenzkräfte überhaupt wirksam werden können. Sie liegen zwischen 0,1 und 1,0 nm. Die Ausbildung von Bindungskräften kann daher nur dann erfolgen, wenn die an einer Klebung beteiligten Atome und Moleküle von Fügeteilwerkstoff und Klebstoff in die Lage versetzt werden, sich in diesem Bereich einander zu nähern. Das setzt ein ausreichendes Benetzungsvermögen der Fügeteiloberfläche und die Möglichkeit sich ausbildender Bindungskräfte voraus. Maßgebend für eine optimale Benetzung ist der sich in der Grenzschicht ausbildende Energiezustand. Bei der Annäherung zweier an einer Klebung beteiligter Atome und/oder Moleküle beginnt von einem bestimmten Abstand eine sich überlagernde Wechselwirkung zwischen den sich anziehenden und abstoßenden Dipolen. Die hierbei wirkenden Kräfte bedingen eine gegenseitige Orientierung in der Weise, daß das für beide Teilchen energetisch günstigste Niveau eingenommen wird. Dieser Zustand ist dann erreicht, wenn die Teilchen ihre niedrigste Stufe an potentieller Energie erreicht haben, also keine Bewegung der Teilchen gegeneinander mehr vorhanden ist. Zwei Voraussetzungen sind hierfür erforderlich:
• Möglichkeit der Annäherung an den jeweils anderen Partner in den Abstandsbereich dieser Kräfte. Das bedeutet ein ausreichendes Benetzungsvermögen der Fügeteiloberfläche.
• Ausreichende Beweglichkeit mindestens eines Partners, damit die Dipolorientierungen erfolgen können. Hierfür ist eine entsprechend niedrige Viskosität erforderlich, damit die Klebstoffmoleküle möglichst viele Freiheitsgrade in ihrer Bewegung besitzen.

Grundsätzlich ist in diesem Zusammenhang festzustellen, daß eine optimale Benetzung die Voraussetzung für die Haftung ist und die Ausbildung einer festen Verbindung zwischen Klebschicht und Fügeteiloberfläche vom Erreichen der zwischenmolekularen Abstände zwingend abhängt. Sie kann jedoch nicht als ein Maß für die resultierenden Haftungskräfte angesehen werden.

6.4.2 Thermodynamische Grundlagen

In die thermodynamische Betrachtung des Benetzungsvorgangs gehen die in Bild 6.8 aufgeführten Größen ein.

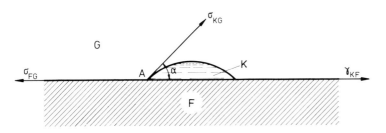

K = Klebstoff (flüssig)
F = Fügeteil
G = Gasatmosphäre der Umgebung
α = Benetzungswinkel
σ_{FG} = Oberflächenspannung des Fügeteils
σ_{KG} = Oberflächenspannung des flüssigen Klebstoffes
γ_{KF} = Grenzflächenspannung zwischen Fügeteiloberfläche und dem flüssigen Klebstoff

Bild 6.8. Oberflächen- und Grenzflächenspannung bei Benetzungsvorgängen.

6.4.2.1 Benetzungswinkel

Bringt man einen Tropfen einer Flüssigkeit, im vorliegenden Fall eines flüssigen Klebstoffs, auf eine feste Oberfläche, so kann er je nach den vorliegenden Benetzungsverhältnissen verschiedene Formen annehmen. Der Winkel, den die an die Flüssigkeitsoberfläche geneigte Tangente mit der Fügeteiloberfläche bildet, wird als Benetzungswinkel α (Kontaktwinkel, Randwinkel) bezeichnet. In Punkt A halten sich die verschiedenen Oberflächen- bzw. Grenzflächenspannungen in vektorieller Weise zwischen den drei Phasen
— Klebstoff/Fügeteil KF,
— Klebstoff/Gasatmosphäre KG,
— Fügeteil/Gasatmosphäre FG
das Gleichgewicht. Für eine Benetzung oder Nichtbenetzung sind die energetischen Verhältnisse des Gesamtsystems, die sich in den nachfolgend beschriebenen Größen darstellen, ausschlaggebend.

6.4.2.2 Oberflächenspannung

Unter der Oberflächenspannung versteht man die an einer flüssigen oder festen Oberfläche wirkende Spannung, die bestrebt ist, die Oberfläche zu verkleinern, um den energetisch günstigsten Zustand der Oberfläche in bezug auf ein gegebenes Volumen (Kugelform) einzunehmen. Sie tritt am auffälligsten an der Oberfläche von Flüssigkeiten auf, da diese, im Gegensatz zu festen Körpern, der Wirkung der Oberflächenspannung nachzugeben vermögen. Die Oberflächenspannung beruht darauf, daß die

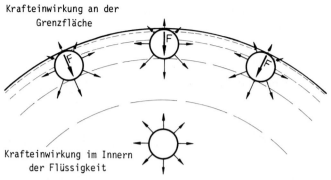

Bild 6.9. Entstehung der Oberflächenspannung.

an einer Oberfläche befindlichen Atome oder Moleküle nur auf ihrer in das entsprechende Medium wirkenden Seite gleichartige Nachbarn haben und daher auch nur von dieser Seite her gleichartigen Anziehungskräften unterliegen. Im Fall der sich im Inneren des Mediums befindlichen Moleküle sind die Kraftwirkungen allseitig gleich. Als Resultierende aller zwischen den Teilchen vorhandenen Kräfte wirkt auf die an der Oberfläche liegenden Teilchen stets eine in das Innere des Mediums gerichtete Kraft F, was bedeutet, daß die Moleküle der Oberfläche eine höhere potentielle Energie als die im Inneren des Körpers liegenden haben. Diese nach innen gerichtete Kraft hat das Bestreben, die Oberfläche so klein wie möglich zu gestalten (Bild 6.9). Somit bildet sich eine Oberflächenspannung aus, die mit senkrecht zur Oberfläche in das Innere gerichteten Kräften verbunden ist.

Der Wirkungsbereich dieser Kräfte beschränkt sich auf eine Entfernung entsprechend einer Kugel vom Radius $r \sim 10^{-6}$ cm um das Molekül herum. Von Einfluß ist dabei auch die an die Flüssigkeits- oder Festkörperoberfläche angrenzende gasförmige Phase (in Bild 6.8 mit G bezeichnet), die von dem mehr oder weniger hohen Dampfdruck der Flüssigkeit (Lösungsmittel- oder Monomeranteile aus dem Klebstoff und/oder den Luftmolekülen) herrührt, deren Moleküle die nach dem Innern der Flüssigkeit gerichtete Kraft entsprechend schwächen. Aus diesem Grunde ist es stets erforderlich, bei Angaben der Oberflächenspannung eines Stoffs das umgebende Medium mit zu benennen (z.B. Wasser/Luft = 72,8 mN/m). Technisch gesehen, stellt die Oberflächenspannung eine an der Oberfläche einer Flüssigkeit angreifene Zugkraft je Längeneinheit (Länge zur Kraftrichtung senkrecht) dar. Die Oberflächenspannung wird bestimmt durch die physikalischen Eigenschaften der Flüssigkeit und die Art des diese umgebenden Mediums.

6.4.2.3 Oberflächenenergie

Aufgrund der Tatsache, daß die an der Oberfläche einer Flüssigkeit befindlichen Moleküle eine höhere potentielle Energie als die im Innern der Flüssigkeit befindlichen Moleküle haben, ist für eine Oberflächenvergrößerung stets eine bestimmte Energie, die Oberflächenenergie, erforderlich, da Moleküle mit einem niedrigeren Energieniveau an die neue, zu vergrößernde Oberfläche gebracht werden müssen. Diese Energie ist gegen die der Flüssigkeit eigenen Kohäsionskraft gerichtet. Daher haben alle flüssigen und festen Körper das Bestreben, möglichst kleine Oberflächen auszubilden.

Die mechanische Arbeit, die aufgewendet werden muß, um eine Oberfläche um 1 cm² zu vergrößern, ist gleich der spezifischen freien Oberflächenenergie (auch Kapillarkonstante genannt) mit der Einheit mJ/m². Diese Energie ist mit der Oberflächenspannung identisch, da die Einheiten mJ/m² und mN/m gleich sind. Die in (6.3) und (6.6) wiedergegebenen Bezeichnungen σ_{KG} und σ_{FG} stellen somit Energiegrößen dar, die für die Oberflächenvergrößerung, d.h. für die Benetzung durch den flüssigen Klebstoff, erforderlich sind. Während sich die Oberflächenspannung des flüssigen Klebstoffs σ_{KG} in der unterschiedlichen Ausbildung des Benetzungswinkels α deutlich bemerkbar macht, ist die sehr viel größere Oberflächenspannung des festen Fügeteils σ_{FG} infolge der vorhandenen Starrheit nicht zu beobachten.

6.4.2.4 Kritische Oberflächenspannung

Die Rauheit einer Oberfläche vermag ihr Benetzungsvermögen zu beeinflussen. Aus diesem Grunde hat Zismann [Z8] den Begriff der kritischen Oberflächenspannung eingeführt. Sie gilt als Grenzwert für die durch die Flüssigkeit gegebene Benetzungsfähigkeit einer Oberfläche. Wenn die Oberflächenspannung der Flüssigkeit σ_{fl} unter Berücksichtigung der Geometrie der Oberfläche niedriger als die kritische Oberflächenspannung σ_{krit} ist, ist eine optimale Benetzung möglich. Ist σ_{fl} jedoch größer als σ_{krit}, kommt es zur Ausbildung eines mehr oder weniger großen Randwinkels mit entsprechend schlechter Benetzung. Die kritische Oberflächenspannung ist keine Materialkonstante im eigentlichen Sinne, sondern eine Kenngröße für das System Klebstoff und Fügeteil in dem gerade vorliegenden Oberflächenzustand.

Demnach geht aus der Kenntnis der reinen Oberflächenspannung als klebstoffspezifischer Größe nicht hervor, ob dieser in der Lage ist, die Fügeteiloberfläche vollständig zu benetzen. Für eine derartige Aussage ist die Kenntnis der kritischen Oberflächenspannung erforderlich. Besonders wichtig ist dieser Zusammenhang beim Kleben von Kunststoffen (Abschn. 13.3), die im Sinne der Grenzflächenterminologie als niedrigenergetisch gelten und bei denen die Benetzung allgemein problematisch ist. Die kritische Oberflächenspannung ist experimentell bestimmbar [Z9].

6.4.2.5 Grenzflächenspannung

Die an einer Grenzfläche fest/gasförmig bzw. flüssig/gasförmig auftretende Spannung wird als Oberflächenspannung bezeichnet. Bei der an einer Grenzfläche fest/flüssig vorhandenen Spannung spricht man dagegen von Grenzflächenspannung (γ_{KF}). Auch diese hat, wie die Oberflächenspannung, das Bestreben, die Grenzfläche zu verkleinern. Die Einheit ist ebenfalls mJ/m² bzw. mN/m. Analog wird die mechanische Arbeit, die für eine Vergrößerung der Grenzfläche um 1cm² aufgewendet werden muß, als die spezifische freie Grenzflächenenergie bezeichnet.

6.4.2.6 Adhäsionsarbeit

Die Adhäsionsarbeit (W_A) ist definiert als die Arbeit, die aufgewendet werden muß, um zwei Phasen mit einer Berührungsfläche von 1 cm² voneinander zu trennen. Hierbei entstehen zwei Oberflächen, die im Fall eines Klebstofftropfens K und der Fügeteiloberfläche F beide mit der umgebenden Atmosphäre G in Kontakt sind. Da die jeweiligen Energien der Grenzflächenspannung γ_{KF} zwischen dem noch nicht getrennten System Klebstofftropfen/Fügeteiloberfläche und den beiden Oberflächenspannungen nach der Trennung σ_{KG} (Klebstofftropfen/Gasatmosphäre sowie σ_{FG}

(Fügeteil/Gasatmosphäre) nicht gleich sind, tritt in der Energiebilanz entweder ein positiver Wert (Energieüberschuß) oder ein negativer Wert (Energieaufwand) auf. Dieser Zusammenhang wird durch die Dupré-Gleichung wiedergegeben:

$$W_A = \sigma_{KG} + \sigma_{FG} - \gamma_{KF} \quad \text{(Dupré-Gleichung)}. \tag{6.3}$$

Diese Gleichung läßt sich in der folgenden Weise interpretieren: Wenn ein flüssiger Klebstofftropfen mit einer festen Fügeteiloberfläche in Kontakt gebracht wird, tritt ein Energiegewinn dadurch ein, daß die der Kontaktfläche entsprechende Klebstofftropfenoberfläche und die der Kontaktfläche entsprechende Fügeteiloberfläche verschwinden. Ein Energieaufwand resultiert ergänzend dadurch, daß eine neue Grenzfläche zwischen Klebstofftropfen und Fügeteiloberfläche erzeugt werden muß. Somit ergibt sich bei einer Benetzung an
– gewonnener Energie: $\sigma_{KG} + \sigma_{FG}$ sowie an
– aufgewandter Energie: γ_{KF}
und als Adhäsionsarbeit:

$$W_A = \sigma_{KG} + \sigma_{FG} - \gamma_{KF}. \tag{6.3}$$

Die Adhäsionsarbeit stellt demnach die Arbeit dar, die sich aus der Differenz der Summe der Oberflächenenergie der Partner vor der Benetzung und der aus ihnen bei der Benetzung entstehenden Grenzflächenenergie ergibt. Sie wird bei der Benetzung frei und muß bei einer Trennung in gleicher Weise aufgebracht werden.

6.4.2.7 Kohäsionsarbeit

Bestehen die in Kontakt gebrachten Körper aus dem gleichen Stoff (z.B. zwei gleiche Mengen einer Flüssigkeit), entsteht keine neue Grenzfläche. Die dabei gewonnene Energie wird als Kohäsionsarbeit W_K bezeichnet. Umgekehrt muß eine Kohäsionsarbeit aufgewandt werden, um ein einphasiges System zu trennen, beispielsweise für die Trennung einer Flüssigkeitssäule mit einem Querschnitt von 1 cm² zur Gewinnung einer neuen Oberfläche von 2 cm². Gleichung (6.3) wird dann im Fall von

– Flüssigkeiten: $W_K = 2\sigma_{KG}$, (6.4)

– Festkörpern: $W_K = 2\sigma_{FG}$. (6.5)

Die Kohäsionsarbeit eines Klebstoffs ist demnach gleich seiner doppelten Oberflächenenergie.

6.4.2.8 Benetzungsgleichgewicht

Aus Bild 6.8 läßt sich ableiten:
– An der Phasengrenze F/G wirkt die Kraft σ_{FG}, die den Klebstofftropfen über die Fügeteiloberfläche auszubreiten versucht.
– An der Phasengrenze K/F wirkt die Kraft γ_{KF}, die bestrebt ist, dem Klebstofftropfen die geringst mögliche Oberfläche zu geben.
– Die Kraft σ_{KG}, die an der Phasengrenze K/G wirkt, ist auf die Tropfenoberfläche gerichtet.

Im Punkt A herrscht Gleichgewicht, wenn

$$\sigma_{FG} = \gamma_{KF} + \sigma_{KG}\cos\alpha \quad \text{(Young-Gleichung)}, \tag{6.6}$$

oder

$$\cos\alpha = \frac{\sigma_{FG} - \gamma_{KF}}{\sigma_{KG}} \tag{6.7}$$

ist, denn für $\alpha = 90°$ (Gleichgewicht) ergibt sich $\cos\alpha = 0$ und somit

$$\sigma_{FG} = \gamma_{KF}. \tag{6.8}$$

In der umgestellten Young-Gleichung

$$\sigma_{FG} - \gamma_{KF} = \sigma_{KG}\cos\alpha \tag{6.9}$$

bezeichnet man die Differenz $\sigma_{FG} - \gamma_{KF} = \gamma_H$ als Haftspannung. Diese Haftspannung nimmt mit kleinerem Benetzungswinkel α zu, sie stellt die freie Energie dar, die gewonnen wird, wenn 1 cm² einer Festkörperoberfläche benetzt wird, ohne daß die Größe der Flüssigkeitsoberfläche dabei geändert wird. Experimentell ist das z.B. dann möglich, wenn eine zylindrische, in eine Flüssigkeit eintauchende Kapillare, etwas tiefer in die Flüssigkeit gesenkt wird.

Der Benetzungswinkel α ist demnach ein Maß für die Benetzbarkeit von Fügeteiloberflächen durch den flüssigen Klebstoff. Die Diskussion der Gl. (6.6) ergibt die folgenden Zusammenhänge:
• Ist die Oberflächenenergie der Fügeteiloberfläche an der Phasengrenze zur Atmosphäre σ_{FG} größer als die der Grenzflächenenergie Klebstofftropfen zur Fügeteiloberfläche γ_{KF} ergibt sich

$$\sigma_{FG} > \gamma_{KF} \rightarrow \cos\alpha > 0 \rightarrow \alpha < 90°$$

und somit eine Benetzung der Fügeteiloberfläche durch den Klebstofftropfen.
• Ist die Grenzflächenenergie an der Phasengrenze Fügeteiloberfläche/Klebstofftropfen γ_{KF} größer als die Oberflächenenergie Fügeteiloberfläche/Atmosphäre σ_{FG}, tritt keine Benetzung ein, denn es ergibt sich

$$\sigma_{FG} < \gamma_{KF} \rightarrow \cos\alpha < 0 \rightarrow \alpha > 90°.$$

• Im Idealfall von $\cos\alpha = 1$ wird $\alpha = 0°$, es herrscht eine vollkommene Benetzung der Fügeteiloberfläche, die auch als Spreitung (spontane Ausbreitung einer Flüssigkeit auf einer verfügbaren Oberfläche ohne äußere Beeinflussung, z.B. Druck, Walzen etc.) bezeichnet wird.
• Eine völlige Unbenetzbarkeit (Entnetzung) herrscht bei $\alpha = 180° \rightarrow \cos\alpha = -1$. In diesem Fall fehlt die Adhäsion; es ist allerdings festzuhalten, daß ein Winkel von 180° in praxi nicht möglich ist, da immer eine geringe Adhäsion wirkt.

Optimale bis ausreichende Benetzungsverhältnisse liegen vor, wenn der Benetzungswinkel α Werte $< 30°$ annimmt. Dieses läßt sich durch geeignete Oberflächenbe-

178 6 Bindungskräfte in Klebungen

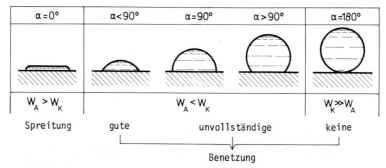

Bild 6.10. Zusammenhang zwischen Benetzungswinkel und Benetzungsverhalten von Klebstoffen.

handlungen der Fügeteile (insbesondere sorgfältiges Entfetten) und entsprechende Viskositätseinstellungen der Klebstoffe grundsätzlich erreichen. Für die Benetzung der Fügeteiloberflächen ergeben sich zusammenfassend also die Bedingungen aus dem Gleichgewicht der Oberflächen- bzw. Grenzflächenspannungen der beteiligten Partner (Bild 6.10).

Ein wesentlicher Zusammenhang, der sich aus (6.6) ergibt, ist das Verhältnis der Oberflächenenergie des Fügeteils zu der des Klebstoffs. Die Forderung nach einem möglichst geringem Benetzungswinkel α (und somit hohem Wert von $\cos \alpha$) ist dann erfüllt, wenn σ_{KG} gegeböber σ_{FG} (da für ein gegebenes System γ_{KF} als konstant angesehen werden kann) klein ist bzw. die Oberflächenenergie des Fügeteils gegenüber der des Klebstoffs sehr groß ist. Dann resultiert ein großer Energiegewinn, der

Tabelle 6.1. Oberflächenenergien einiger Polymere und Metalle.

Werkstoff	Oberflächenenergie σ mNm^{-1}
Polytetrafluorethylen	18,5
Polypropylen	29
Polyethylen	31
Polymethylmethacrylat	33 ... 44
Polystyrol	33 ... 35
Polycarbonat	34 ... 37
Polyvinylchlorid	40
Polyethylenterephthalat	43
Polyamid 6,6	46
Epoxidharz	47
Wasser	72,8
Aluminium	1200
Blei	610
Chrom	2400
Eisen	2550
Gold	1550
Kupfer	1850
Nickel	2450
Silber	1250
Titan	2050
Zink	1020
Zinn	710

durch einen kleinen Benetzungswinkel angezeigt wird. Diese Voraussetzung ist bei Metallklebungen im allgemeinen gegeben. Kritisch wird diese Forderung bei Kunststoffklebungen, da Kunststoffe Oberflächenenergien in ähnlicher Größenordnung wie die Klebstoffe aufweisen (Abschn. 13.3.1). In Tabelle 6.1 sind die Oberflächenenergien einiger wichtiger Polymere und Metalle, letztere aus [H76], enthalten.

6.4.3 Zusammenhang zwischen Benetzung und Adhäsionsarbeit

Da die Oberflächenspannungen gemäß Definition Energiegrößen sind, läßt sich nach der Gleichung von Dupré eine Adhäsionsarbeit berechnen, die im Fall der Benetzung einer Fügeteiloberfläche durch einen Klebstoff frei wird. Diese Adhäsionsarbeit wird dann frei, wenn die Grenzflächenenergie γ_{KG} geringer als die Summe der Oberflächenenergien σ_{KG} und σ_{FG} ist. Nur dann wird in der Dupré-Gleichung W_A positiv. Durch eine Zusammenfassung der Gl. (6.3) und (6.6) läßt sich der Zusammenhang zwischen Benetzung und Adhäsionsarbeit beschreiben:

$$W_A = \sigma_{KG}(1+\cos\alpha) \quad \text{(Young-Dupré-Gleichung)}. \tag{6.10}$$

Da jedes System den jeweils energieärmsten Zustand anstrebt, wird eine Benetzung um so spontaner erfolgen, je größer die bei der Benetzung freiwerdende Adhäsionsarbeit ist. Diese ist, wie erwähnt, dann sehr groß, wenn die Oberflächenenergie der Fügeteiloberfläche σ_{FG} gegenüber der des Klebstoffs σ_{KG} groß und der Energieverbrauch zur Bildung der neuen Grenzfläche klein ist. Die Adhäsionsarbeit zwischen der Fügeteiloberfläche und dem flüssigen Klebstoff läßt sich demnach aus dem experimentell bestimmbaren Benetzungswinkel und der Oberflächenspannung des Klebstoffs berechnen.

Diskussion der Young-Dupré-Gleichung:
- Der größte Wert für die Adhäsionsarbeit, d.h. der größte Energiegewinn resultiert bei einem Benetzungswinkel $\alpha = 0$, also bei vollkommener Benetzung ($\cos\alpha = 1$):

$$W_A = 2\sigma_{KG}. \tag{6.11}$$

Der Klebstoff breitet sich wie ein Film über der gesamten Oberfläche aus (Spreitung).
- Bei einem Benetzungswinkel $\alpha = 90°$ ($\cos\alpha = 0$) ergibt sich

$$W_A = \sigma_{KG}. \tag{6.12}$$

Es besteht also ein Gleichgewicht zwischen der Adhäsionsarbeit und der Oberflächenspannung des Klebstoffs, es findet nur eine unzureichende Benetzung statt.
- Bei einem Benetzungswinkel $\alpha = 180°$ ($\cos\alpha = -1$), also Kugelform, wird die Adhäsionsarbeit

$$W_A = 0,$$

es besteht (theoretisch) nur ein punktförmiger Kontakt zwischen Klebstoff und Fügeteiloberfläche (Beispiel Quecksilbertropfen).

6 Bindungskräfte in Klebungen

- Die Kohäsionsarbeit war als $W_K = 2\sigma_{KG}$ (6.4)

definiert worden.
Da für $\alpha = 0$ (Spreitung) auch

$$W_A = 2\sigma_{KG} \tag{6.11}$$

ist, ergibt sich

$$W_A = 2\sigma_{KG} = W_K; \tag{6.13}$$

bei vollständiger Benetzung bzw. Spreitung ist demnach die Kohäsionsarbeit gleich der Adhäsionsarbeit.
- Als Spreitungsdruck wird die Differenz zwischen σ_{FG} und der Summe von $\gamma_{KF} + \sigma_{KG}$ bezeichnet:

$$P_{spr} = \sigma_{FG} - (\gamma_{KF} + \sigma_{KG}). \tag{6.14}$$

Addition von $+ (\sigma_{KG} - \sigma_{KG})$ ergibt

$$P_{spr} = \underbrace{\sigma_{FG} + \sigma_{KG} - \gamma_{KF}}_{W_A \,(6.3)} \underbrace{- \sigma_{KG} - \sigma_{KG}}_{W_K \,(6.4)} \tag{6.15}$$

$$P_{spr} = W_A - W_K, \tag{6.16}$$

d.h. der Spreitungsdruck ist gleich der Differenz zwischen Adhäsionsarbeit und Kohäsionsarbeit. Eine Spreitung tritt demnach immer dann auf, wenn die Adhäsionsarbeit größer ist als die Kohäsionsarbeit.
- Für den Fall $\alpha \neq 90°$, also kein Gleichgewichtszustand, wird der Randwinkel unter Zugrundelegung der Gl. (6.10) und (6.4) bestimmt durch das Verhältnis der Adhäsionsarbeit W_A zwischen Klebstoff und Fügeteiloberfläche zur Kohäsionsarbeit W_K des Klebstoffs:

$$\frac{W_A}{W_K} = \frac{\sigma_{KG}(1+\cos\alpha)}{2\sigma_{KG}} = \frac{1+\cos\alpha}{2} \tag{6.17}$$

$$\cos\alpha = \frac{2W_A}{W_K} - 1. \tag{6.18}$$

Für die Praxis des Klebens bedeutet dieser Zusammenhang in bezug auf das Verhältnis flüssiger Klebstoff zu Fügeteiloberflächen,
- daß die Adhäsionsarbeit gleich oder größer als die Kohäsionsarbeit des flüssigen Klebstoffs sein soll

$$W_A > 2\sigma_{KG} > W_K, \tag{6.19}$$

- daß der Klebstoff vor dem Auftragen auf die Fügeteiloberfläche in einen Zustand gebracht werden muß, in dem die zwischenmolekularen Anziehungskräfte zwischen

6.4 Benetzung von Oberflächen durch Klebstoffe

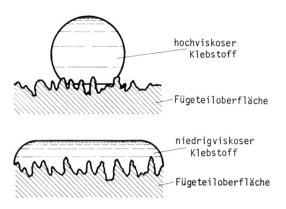

Bild 6.11. Benetzungsverhalten hoch- und niedrigviskoser Klebstoffe.

den Klebstoffmolekülen und der Fügeteiloberfläche größer oder mindestens gleich groß sind als die zwischenmolekularen Anziehungskräfte innerhalb des Klebstoffs. Aus dieser Forderung ergibt sich die große Bedeutung des rheologischen Verhaltens eines Klebstoffs bei der Verarbeitung. Wie Bild 6.11 darstellt, wird diese Forderung durch die Rauheitsverhältnisse der Oberfläche noch zusätzlich unterstützt.

Das Benetzungsvermögen einer Fügeteiloberfläche durch einen Klebstoff kann in einfacher Weise durch das Verhalten eines Wassertropfens geprüft werden. Wenn ein Wassertropfen sich auf der vorbehandelten Oberfläche sofort gleichmäßig verteilt, liegt ein gutes Benetzungsvermögen auch durch einen Klebstoff vor, da die Oberflächenspannung des Wassers größer als die der flüssigen Klebstoffe ist.

Als bemerkenswerte Erkenntnisse zu den Grundlagen der Benetzung sind zusammenfassend folgende Punkte festzuhalten:
• Der wichtigste, das Benetzungsverhalten Fügeteil/Klebstoff beschreibende Zusammenhang, ist durch die Dupré-Gleichung gegeben. Sie erlaubt die Berechnung der Größe der Adhäsionsarbeit als der Energie, die bei der Entstehung dieser Grenzfläche gegenüber der unbenetzten Fügeteiloberfläche frei wird.
• Der Benetzungswinkel α stellt kein Maß für die Höhe der an der Grenzschicht vorhandenen Bindungskräfte dar, da er mit der sich in ihr ausdrückenden Energiebilanz lediglich die Benetzungsverhältnisse, nicht aber die sich anschließend ausbildenden Haupt- und Nebenvalenzkräfte zu beschreiben vermag. Bisher ist es nicht gelungen, die Festigkeit der Grenzschichtbindung einer Klebung aus den grenzflächenenergetischen Größen zu berechnen; die in diesem Zusammenhang bekannten Festigkeitswerte beruhen auf empirisch gefundenen Daten.
• Die von Sharpe und Schonhorn [S29] aufgestellte Hypothese, nach der die Grenzschichtbindungskräfte umso größer sein müßten, je größer die Oberflächenenergie des Festkörpers gegenüber der des Klebstoffs ist, ist nicht allgemein haltbar. Das ergibt sich z.B. aus der Tatsache, daß Polyethylen mit einer gegenüber Metallen niedrigen Oberflächenenergie diese zwar benetzt, die Haftung aber außerordentlich gering ist. Trotz guter Benetzungseigenschaften fehlen dem Polyethylen als unpolarem Stoff die für die Ausbildung der Bindungkräfte erforderlichen Dipol-Molekülgruppen. Neben dem Benetzungsvermögen muß in dem System Fügeteil/Klebstoff demnach

auch die grundsätzliche Möglichkeit der Ausbildung zwischenmolekularer Kräfte gegeben sein.

• Die Oberflächenenergie reinster metallischer Oberflächen σ_{FG} wird durch Sorptionsvorgänge (Abschn. 6.1.5) sehr schnell erniedrigt. Das wirkt sich in der Young-Gleichung im Sinne eines größeren Benetzungswinkels α, also schlechterer Benetzung der Oberfläche, aus.

• Die festen Stoffe lassen sich in solche mit hoher und niedriger Oberflächenenergie einteilen. Als kritische Grenze für eine durch Klebstoffe mögliche Benetzung kann ein Wert von ca. 100 mJ/m^2 angenommen werden. Unter diesem Wert liegen praktisch alle Kunststoffe, darüber die Metalle.

• Außer durch die beschriebenen thermodynamischen Zusammenhänge wird die Benetzung noch durch weitere Faktoren, z. B. Temperatur, geometrische Struktur der Oberflächen, ggf. im Klebstoff vorhandene Füllstoffe und Benetzungshilfsmittel, bestimmt.

Ergänzende Literatur zu Abschnitt 6.4:[B24, B26, B38, B39, D20, G19, H28, H32, I9, J14, K38, K39, M24, N5, S35, Z5, Z8 bis Z12].

7 Eigenschaften von Metallklebungen

Die Eigenschaften von Metallklebungen werden im wesentlichen durch die folgenden Einflußfaktoren bestimmt:
— Spannungsausbildung in der Klebung bei mechanischer Belastung als Grundlage für das Festigkeitsverhalten;
— Vorhandensein von Eigenspannungen in der Klebfuge;
— Bruchverhalten;
— Verhalten bei Beanspruchungen durch mechanische Einflüsse und Umgebungseinflüsse (Alterung).

Wegen der besonderen Wertigkeit der Spannungsausbildung als maßgebende Grundlage für die Festigkeit von Metallklebungen wird dieser Punkt in Kapitel 8 gesondert behandelt.

7.1 Vorteile und Nachteile von Klebungen

Um eine Bewertung des Klebens als stoffschlüssiges Fügeverfahren dem Schweißen und Löten sowie auch den mechanischen Verbindungsverfahren (Schrauben, Nieten) gegenüber durchführen zu können, ist es erforderlich, die Vorteile und Nachteile gegeneinander abzuwägen. Die entscheidende Abgrenzung erfährt das Kleben dabei in erster Linie durch die grundsätzlich andere Wahl des „Zusatzwerkstoffs", d.h. des Klebstoffs, dem wegen seiner Basis als ein organisches Polymerprodukt von Natur aus andere Eigenschaften als den metallischen Werkstoffen innewohnen.

DIN 8580 und DIN 8593 [D1] beschreiben die Zuordnung der verschiedenen Fertigungsverfahren (Bild 7.1). Während bei den kraft- und formschlüssigen Verbindungsverfahren gezielte Verformungen und/oder Formgebungen der Fügeteile als Grundlage für die Verbindungsherstellung dienen, liegen die Bindungsursachen bei den stoffschlüssigen Verfahren im Mikrobereich atomarer und/oder molekularer Abstände bzw. Energien, die durch Schmelz-, Diffusions- oder Benetzungsvorgänge erzeugt werden. Die einzelnen Fügeverfahren sind allerdings nicht exakt gegeneinander abzugrenzen, auch werden bewußt Kombinationsverfahren gewählt, wie die Beispiele des Schrumpfklebens, des kraft- bzw. formschlußunterstützten Klebens oder der vorgespannten Klebungen (VK-Kombination von Schrauben und Kleben) zeigen.

Die Entscheidung, welches Fügeverfahren für eine Konstruktion eingesetzt werden soll, bedarf der Kenntnis der jeweiligen Vor- und Nachteile. Diese sind in den Tabellen 7.1. und 7.2. aus der Sicht der Klebtechnik zusammengestellt. Die in der Literatur vielfältig beschriebenen Vor- und Nachteile von Klebungen gegenüber den anderen

184   7 Eigenschaften von Metallklebungen

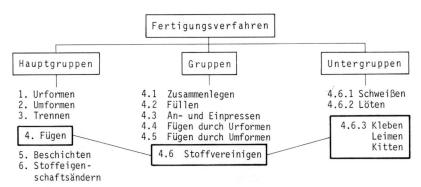

Bild 7.1. Einordnung des Klebens in die Fertigungsverfahren nach DIN 8580 und DIN 8593.

ebenfalls in Frage kommenden Fügeverbindungen sind häufig sehr pauschal und z.T. auch unvollständig dargestellt. Die folgende Beschreibung beschränkt sich auf die wesentlichen, objektiv erfaßbaren Kriterien.

7.1.1 Vorteile von Klebungen

• *Gleichmäßige Spannungsverteilung senkrecht zur Belastungsrichtung*: Häufig wird ganz allgemein von einer gleichmäßigen Spannungsverteilung innerhalb einer Klebfuge gesprochen. Hierzu ist jedoch einschränkend zu bemerken, daß diese Feststellung für die am meisten eingesetzte einschnittige Überlappung nur für den Spannungszustand senkrecht zur Beanspruchungsrichtung (also parallel zur Überlappungsbreite) gilt. In Beanspruchungsrichtung treten als Folge von Fügeteildehnungen und dem Auftreten eines Biegemoments je nach Art des Fügeteilwerkstoffs und der Geometrie der Klebfuge an den Überlappungsenden Spannungsspitzen auf (Abschn. 8.3.3.3, Bild 8.14). Bei geschäfteten oder zweischnittig überlappten Klebungen liegen die Spannungsverteilungen in Beanspruchungsrichtung zwar günstiger, ihre Anwendung ist bei dünnen Fügeteilquerschnitten allerdings begrenzt. Die gleichmäßige Spannungsverteilung senkrecht zur Beanspruchungsrichtung ist einerseits in dem Fehlen von Materialschwächungen durch Niet- und Schraubenlöcher, andererseits durch die gleichmäßige Gefügestruktur der Fügeteilwerkstoffe ohne spezielle wärmebeeinflußte Zonen, wie

Tabelle 7.1. Vorteile von Klebungen.

```
 1. Gleichmäßige Spannungsverteilung senkrecht zur Belastungsrichtung;
 2. Keine thermische Gefügebeeinflussung;
 3. Kein thermisch bedingter Bauteilverzug;
 4. Verbindungsmöglichkeit für unterschiedliche Materialkombinationen;
 5. Verbindungsmöglichkeit für sehr dünne Fügeteile (z.B. Folien);
 6. Gewichtsersparnis, Leichtbau;
 7. Verbindungsmöglichkeit für sehr wärmeempfindliche Werkstoffe;
 8. Verbindungsmöglichkeit für Metalle unterschiedlicher elektrochemischer
    Eigenschaften (isolierende Wirkung der Klebschicht);
 9. Festigkeitserhöhung in Verbindung mit Schrauben, Nieten, Punktschweißen
    (Eliminierung von Spaltkorrosion);
10. Hohe dynamische Festigkeit; hohe Schwingungsdämpfung.
```

7.1 Vorteile und Nachteile von Klebungen

z.B. bei Schweißverbindungen, begründet. Bei den Schweißverbindungen kommt ergänzend noch ein ungleichmäßiger Kraftfluß durch die unterschiedliche Geometrie der Schweißnaht aufgrund möglicher Schwankungen der Höhe und Breite hinzu. In Beanspruchungsrichtung bieten Klebungen trotz der ungleichmäßigen Spannungsverteilung dennoch Vorteile dem Nieten und Schrauben gegenüber, da die Lastübertragung sehr viel gleichmäßiger auf die gesamte Fügefläche verteilt ist und sich nicht auf einzelne Punkte, die in den Fügeteilen Materialschwächungen darstellen, konzentriert. Zwar hat die Nietverbindung den Vorteil einer höheren statischen und auch temperaturmäßigen Beanspruchbarkeit, bei dynamischer Beanspruchung ist sie den Klebungen jedoch infolge des erheblich gestörten Kraftlinienflusses unterlegen. Die Verengung der Kraftlinien in den Nietlochstegen ruft Spannungsspitzen als mögliche Ausgangspunkte für einen Dauerbruch hervor, die somit die dynamische Festigkeit der Nietverbindungen ungünstig beeinflussen. Bei richtig ausgeführten Klebungen werden die Kräfte, die durch die Verbindung hindurchzuleiten sind, gleichmäßiger auf die Fügeflächen verteilt, als das beim Nieten, Schrauben oder auch Punktschweißen der Fall ist. Bild 7.2 zeigt die entsprechenden Spannungsverläufe bei den erwähnten Verbindungsformen.

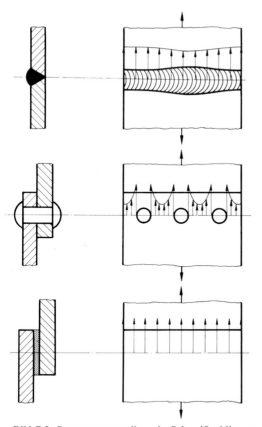

Bild 7.2. Spannungsverteilung in Schweiß-, Niet- und Klebverbindungen.

- *Keine thermische Gefügebeeinflussung*: Dieser Vorteil bezieht sich insbesondere auf den Vergleich mit Schweiß- und z.T. auch Hartlötverbindungen. Durch die vergleichsweise geringe Wärmezufuhr bei warmaushärtenden Klebstoffen treten keine mit einer Gefügeumwandlung bzw. -änderung einhergehenden Festigkeitsänderungen des Fügeteilwerkstoffs auf. In diesem Vorteil liegt einer der Gründe für die vielfältige Anwendung des Klebens im Flugzeugbau, da die dort eingesetzten Aluminiumlegierungen im Bereich einer Schweißnaht unvertretbar hohe Festigkeitseinbußen erleiden. Somit lassen sich die statischen und dynamischen Fügeteilfestigkeiten voll erhalten bzw. ausnutzen und es ist nicht erforderlich, wegen einer durch das Fügeverfahren verursachten Festigkeitsminderung in der Fügezone von vornherein insgesamt höhere Materialdicken einzusetzen. Die geringe Wärmeeinbringung wirkt sich insbesondere auch da aus, wo Fügeteile bereits in ihrer endgültigen Oberflächenausführung vorliegen, z.B. verchromte oder auf andere Weise geschützte Stahloberflächen, eloxiertes Aluminium, deren Aussehen durch die hohen Temperaturen beim Schweißen und Löten beeinträchtigt würde.
- *Kein thermisch bedingter Bauteilverzug*: Da das Auftreten von Wärmespannungen, wie sie beim Schweißen unumgänglich sind, eliminiert ist, ist eine hierdurch bedingte Fügeteilverformung nicht gegeben.
- *Verbindungsmöglichkeit für unterschiedliche Materialkombinationen*: Für die Herstellung von Materialkombinationen aus metallischen und nichtmetallischen, natürlichen oder künstlichen Werkstoffen, die sich anderen Fügeverfahren weitgehend entziehen und die sich z.T. durch sehr unterschiedliche Schmelztemperaturen oder Oberflächenstrukturen (porös, glatt) auszeichnen, ist das Kleben die einzige Möglichkeit zur Herstellung dichter und flächiger Verbindungen. Im Gegensatz zum Schweißen und Löten ist das Kleben nahezu unabhängig von der Art der Fügeteilwerkstoffe und bietet die Möglichkeit, die jeweils vorteilhaften Eigenschaften der beteiligten Fügeteilpartner in technologisch und wirtschaftlich optimierter Form miteinander zum Einsatz zu bringen.
- *Verbindungsmöglichkeit für sehr dünne Fügeteile*: Fügeteile mit geringen Dicken erfahren wegen ihrer geringen Stabilität bei Beanspruchung durch Wärme häufig Verformungen, aus diesem Grunde werden Konstruktionen mit Werkstoffen im Folienbereich (das gilt auch für Kombinationen mit großen Dickenunterschieden, z.B. Folien/Blech-Verbindungen) im allgemeinen geklebt. Hinzu kommt die Möglichkeit, große Flächen in einem Arbeitsgang zu verbinden, z.B. erlaubt die Vielfalt an Fügestellen bei Wabenkernkombinationen und deren begrenzte Zugänglichkeit keine Anwendung anderer Fügeverfahren. Insbesondere der Leichtbau profitiert von diesem Vorteil.
- *Gewichtsersparnis, Leichtbau*: Auf vielen Gebieten des konstruktiven Ingenieurbaus hat sich in den vergangenen Jahren die Leichtbauweise durchgesetzt, das gilt insbesondere für den Flugzeugbau und den allgemeinen Fahrzeugbau. Dieses Prinzip ermöglicht durch ein günstiges Verhältnis von Werkstoffestigkeit, spezifischem Gewicht und geometrischer Gestaltung eine optimale Ausnutzung der statischen und dynamischen Festigkeitseigenschaften des Werkstoffs. Durch das Kleben dieser Verbundsysteme ist eine große Gleichmäßigkeit der Fügeflächengeometrie vorhanden.
- *Verbindungsmöglichkeit für sehr wärmeempfindliche Werkstoffe*: Hier ist speziell das Fügen der Kunststoffe zu erwähnen, weiterhin die zunehmende Verklebung wärmeempfindlicher Bauelemente in der Elektronik.

- *Verbindungsmöglichkeit für Metalle unterschiedlicher elektrochemischer Eigenschaften*: Durch die Isolationswirkung der Klebschicht entfällt gegenüber dem Schweißen und Löten ein direkter metallischer Kontakt zwischen den Fügeteilen und somit bei Anwesenheit von Elektrolyten die Gefahr von Bimetallkorrosionen. Die Wirkung einer Klebschicht als Dielektrikum ermöglicht weiterhin vorteilhaft das Kleben bei der Herstellung von Metallschichtverbunden für Transformatoren bzw. Magnetkernen.
- *Festigkeitserhöhung in Verbindung mit Schrauben, Nieten, Punktschweißen*: Die in dem Fügebereich vorhandene Klebschicht trägt in hohem Maße zur Festigkeitserhöhung bei. Besonders vorteilhaft ist in diesem Fall die Dichtungsfunktion der Klebschicht zur Vermeidung der in aggressiver Umgebung auftretenden Spaltkorrosion.
- *Hohe dynamische Festigkeit, hohe Schwingungsdämpfung:* Die mechanischen Eigenschaften der Klebschichten erlauben beträchtliche elastische Deformationen unter Wechselbelastung, die in Verbindung mit der Homogenität in der Klebfuge infolge fehlender Querschnittsbeeinträchtigungen hohe dynamische Beanspruchungen ermöglichen. Weiterhin vermögen geklebte Verbindungen Schwingungen in den jeweiligen Konstruktionen zu dämpfen, da die Klebschicht als Verbundpartner zwischen den Fügeteilen einen wesentlich geringeren Elastizitätsmodul aufweist. Beispielhaft kann sich dieses Verhalten auf die Beanspruchbarkeit von Blechpaketklebungen im Vergleich zu massiven, aus einem vollen Materialquerschnitt gefrästen Bauteilen positiv auswirken. Insbesondere bei dynamisch hoch belasteten massiven Konstruktionen kann eine Rißbildung und speziell der Rißfortschritt zu frühzeitigen Ausfällen dann führen, wenn eine Erkennung nicht rechzeitig erfolgt. Wenn ein gleicher Riß in einer geklebten Verbindung auftritt, wird er sich zunächst nur in der ersten Blechlage fortsetzen und infolge der elastisch-plastischen Eigenschaften der Klebschicht durch Abbau der Spannungskonzentrationen an der Rißspitze im allgemeinen nicht sofort auf die folgende Blechlage übergehen. Auf diese Weise ist die Möglichkeit gegeben, bei regelmäßigen Kontrollen einen Riß noch in seinen Anfängen festzustellen, bevor er ein gefährliches Ausmaß angenommen hat. Durch die Herabsetzung der Kerbwirkung trägt die Klebschicht demnach zu einer höheren Bruchsicherheit bei (Bild 7.3).

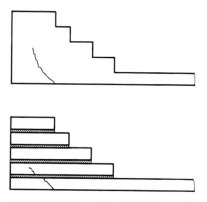

Bild 7.3. Rißfortschrittsbehinderung in einem geklebten Blechpaket.

7.1.2 Nachteile von Klebungen

Den dargestellten Vorteilen stehen naturgemäß auch Nachteile gegenüber. Tabelle 7.2 gibt die wesentlichen Kriterien wieder.

• *Einfluß der Zeit auf den Verfahrensablauf*: Im Gegensatz zum Schweißen und Löten spielt der Faktor „Zeit" beim Kleben eine wichtige Rolle. Bei Anwendung von Reaktionsklebstoffen (Abschn. 3.1.1) tritt die Verfestigung zu einer beanspruchbaren Klebschicht erst nach Ablauf einer bestimmten Zeit ein, die von der Reaktivität der Monomere und der Temperatur abhängig ist. Die große Vielfalt angebotener Reaktionsklebstoffe erlaubt zeitmäßig zwar eine weitgehende Anpassung an die Fertigungsbedingungen, gegenüber dem Erstarren von Metallschmelzen beim Schweißen und Löten und der damit gegebenen sofortigen Fugenfestigkeit ist aber dennoch mit anderen Zeitabläufen zu rechnen. Eine Ausnahme bilden die physikalisch abbindenden Schmelzklebstoffe (Abschn. 3.6), bei denen die Endfestigkeit weitgehend direkt nach der Abkühlung vorhanden ist. Die erforderliche Zeit ist allerdings dann von untergeordneter Bedeutung, wenn die Aushärtung der Klebschicht in weitere Produktionsprozesse integriert werden kann, z.B. beim Automobilbau in den Zeit-Temperatur-Zyklus während der Trocknung von Grundierungen und Lackierungen.

• *Oberflächenbehandlung der Fügeteile*: Für Klebungen mit hohen Sicherheitsanforderungen bzw. bei hohen mechanischen Beanspruchungen ist eine sehr sorgfältige und oftmals aufwendige Oberflächenvorbehandlung erforderlich. Diese ergibt sich z.T. auch aus der Notwendigkeit, Angriffe korrosiver Medien auf die Klebfuge aus der Umgebung zu eliminieren, die zu einer Zerstörung der Klebung infolge einer Klebschichtunterwanderung führen können (Bild 7.5).

• *Begrenzte thermische Formbeständigkeit*: Für die Beanspruchung bei hohen Temperaturen sind die auf organischer Basis aufgebauten Polymere den metallischen Zusatzwerkstoffen beim Schweißen und Löten gegenüber unterlegen. Diese Einschränkung muß daher in Kenntnis der Beanspruchungskriterien bei der Wahl des anzuwendenden Fügeverfahrens berücksichtigt werden.

• *Genaue Einhaltung vorgegebener Prozeßparameter*: Hier sind besonders die Temperatur und die Zeit genau einzuhalten, um reproduzierbare Klebschichteigenschaften zu gewährleisten. Über den Druck wird die Gleichmäßigkeit der Klebschichtdicke gesteuert.

• *Alterungsabhängigkeit der Klebschicht und Grenzschicht*: Die Abhängigkeit der Klebschichten von Umwelteinflüssen ist in ihrem chemischen Aufbau begründet. Sie weisen zwar ein relativ inertes chemisches Verhalten auf, sind aber dennoch in der

Tabelle 7.2. Nachteile von Klebungen.

```
1.  Einfluß der Zeit auf den Verfahrensablauf;
2.  Oberflächenvorbehandlung der Fügeteile;
3.  Begrenzte thermische Formbeständigkeit;
4.  Genaue Einhaltung vorgegebener Prozeßparameter;
5.  Alterungsabhängigkeit der Klebschicht und Grenzschicht;
6.  Aufwendige Kontrollverfahren;
7.  Geringe Schälfestigkeiten; Kriechneigung;
8.  Kompensation der niedrigen Klebschichtfestigkeiten über Fügeflächengröße;
9.  Begrenzte Reparaturmöglichkeiten;
10. Aufwendige Festigkeitsberechnungen.
```

Lage, Wechselwirkungen mit der umgebenden Atmosphäre einzugehen. Die Alterungsabhängigkeit bezieht sich dabei nicht nur auf mögliche nachträgliche Eigenschaftsänderungen durch Feuchtigkeit, Gase, Chemikalien u.s.w., sondern auch auf eine Änderung der Grenzschichteigenschaften zwischen Klebschicht und Fügeteiloberfläche durch eindiffundierende Medien mit der Folge einer Abnahme der Haftungskräfte.

- *Aufwendige Kontrollverfahren*: Für hochbeanspruchte Klebungen ist die Überwachung der Klebfugenqualität z.T. nur über eine prozeßbegleitende Qualitätskontrolle mit Proben aus gleichen Materialien und Herstellung unter den gleichen Fertigungsbedingungen möglich. Diese Proben werden anschließend einer zerstörenden Qualitätsprüfung zugeführt. Der Grund liegt in der Tatsache, daß es bis heute kein direktes zerstörungsfreies Prüfverfahren zur Bestimmung der Haftfestigkeit zwischen Klebschicht und Fügeteil gibt. Die verfügbaren zerstörungsfreien Prüfverfahren (z.B. Ultraschallprüfung) ermöglichen nur indirekte Festigkeitsangaben, z.B. bei der Ermittlung der Klebschichtkontinuität durch Prüfung auf Fehlstellen, Lunker oder dgl.. In diesem Punkt weisen Schweißverbindungen einen besonderen Vorteil auf, da sie praktisch vollständig zerstörungsfrei geprüft werden können und daß eine festgestellte Freiheit von Poren, Lunkern oder Rissen in praktisch allen Fällen Rückschlüsse auf die Festigkeit der Schweißnaht erlaubt. In Klebungen kann die Freiheit von den erwähnten Fehlstellen im Gegensatz dazu dennoch verminderte Festigkeiten zur Folge haben. Als Ursache sind die möglicherweise vorhandenen und meßtechnisch praktisch nicht zu erfassenden Störungen im Adhäsions- und Kohäsionsbereich zu sehen.
- *Geringe Schälfestigkeiten, Kriechneigung*: Diese nachteilige Eigenschaft läßt sich durch geeignete konstruktive Maßnahmen eliminieren bzw. verringern (Abschn. 11.2).
- *Niedrige Klebschichtfestigkeiten*: Gegenüber Schweiß- und Lötverbindungen besitzen Klebungen bezogen auf vergleichbare Fügeflächenabmessungen entscheidend geringere Festigkeiten. Dieser Nachteil kann jedoch durch entsprechende konstruktive Gestaltungen kompensiert werden. Grundlage bei allen Maßnahmen ist dabei, die fehlende Klebschichtfestigkeit über die Geometrie der Klebfuge in einer Weise zu kompensieren, daß bei entsprechenden Beanspruchungen Brüche sowohl in der Klebfuge als auch in den Fügeteilwerkstoffen auftreten können. Ein entscheidender Parameter ist dabei die optimale Überlappungslänge (Abschn. 8.4.1). Aus diesen Zusammenhängen ergibt sich die große Bedeutung des klebgerechten Konstruierens.
- *Begrenzte Reparaturmöglichkeiten*: In gleicher Weise, wie bei der Herstellung einer Klebung die Einhaltung der vorgegebenen Prozeßparameter für die Klebfestigkeit ausschlaggebend ist, trifft das auch für die Beseitigung von Schäden an Klebungen durch eine Neugestaltung zu. Oftmals sind die notwendigen Voraussetzungen in Werkstätten oder Reparaturbetrieben nicht gegeben, so daß schon wegen dieser Situation der ursprünglich gedachte Einsatz einer Klebung in einer Konstruktion eingeschränkt ist.
- *Aufwendige Festigkeitsberechnungen*: Diese Zusammenhänge werden in Kapitel 9 ausführlich behandelt.

Zusammenfassend ist festzustellen, daß nur eine genaue Abwägung der für einen speziellen Anwendungsfall vorliegenden Vor- und Nachteile letzten Endes darüber zu entscheiden vermag, ob das Kleben als Fügeverfahren gegenüber den anderen in Frage kommenden Verfahren aus konstruktiven und wirtschaftlichen Überlegungen eingesetzt werden kann. Hierbei wird die Wirtschaftlichkeit des Verfahrens entscheidend von dem einzusetzenden Klebstoff bestimmt, durch den die Fertigungsvoraussetzungen im Hinblick auf die Bereitstellung von Wärme und Druck und die Verfügbarkeit der Produktionszeit festgelegt sind.

Ergänzende Literatur zu Abschnitt 7.1:[B40].

7.2 Eigenspannungen in Klebungen

Die als Eigenspannungen definierten Spannungszustände sind in einer Klebung ohne Einwirkung äußerer Beanspruchungen ständig vorhanden, sie überlagern sich den durch die Beanspruchung resultierenden Spannungen und können in ungünstigen Fällen eine Verminderung der Klebfestigkeit verursachen. Für das Auftreten von Eigenspannungen gibt es die nachfolgend beschriebenen Gründe.

7.2.1 Eigenspannungen durch unterschiedliche Wärmeausdehnungskoeffizienten von Fügeteilwerkstoff und Klebschicht

Wie aus Tabelle 5.1 hervorgeht, liegen die Wärmeausdehnungskoeffizienten ausgehärteter Klebschichten in vielen Fällen um ein Mehrfaches über denen der metallischen Fügeteile. Bei einer Temperaturbelastung der Klebung kommt es daher zu unterschiedlichen Verformungen von Klebschicht und Fügeteilwerkstoff und bei Voraussetzung optimaler Bindungsverhältnisse im Grenzschichtbereich zu Spannungen in der Klebschicht. Die Höhe dieser Spannungen ist von der jeweiligen Werkstoffpaarung abhängig, sie kann in ungünstigen Fällen Werte annehmen, die bis zu 50% der Klebfestigkeit einer Klebung liegen. Das folgende Beispiel möge diese Verhältnisse verdeutlichen:

— *Klebschicht*: Warmgehärtetes Epoxid-Polyamidharz

$\alpha_K = 60 \cdot 10^{-6} K^{-1}; E_K = 3100$ Nmm^{-2};

— *Fügeteilwerkstoff*: Aluminiumlegierung AlCuMg 2

$\alpha_{Al} = 22,8 \cdot 10^{-6} K^{-1}$;

— *Aushärtungstemperatur*: 200°C, ergibt zur Raumtemperatur eine Temperaturdifferenz ΔT von 180 K;
— *Überlappungslänge*: (nach DIN 53 281) 12 mm, d.h. 6 mm für die der Längendifferenz zugrundeliegende Länge;
— *Längenausdehnung Klebschicht*: $6 \cdot 60 \cdot 10^{-6} \cdot 180 = 0{,}0648$ mm;
— *Längenausdehnung Fügeteil*: $6 \cdot 22{,}8 \cdot 10^{-6} \cdot 180 = 0{,}0246$ mm;
— *Längendifferenz am Überlappungsende*: 0,0402 mm;
— *Resultierende Spannung in der Klebschicht am Überlappungsende*:

$$\sigma = E_K \varepsilon = E_K \frac{L - L_o}{L_o} = 3100 \frac{6{,}0402 - 6{,}0}{6{,}0} = 20{,}8 \text{ N mm}^{-2}.$$

Allgemein läßt sich die durch eine thermische Ausdehnung resultierende Eigenspannung nach der Formel

$$\sigma = E_K (\alpha_K - \alpha_M) \Delta T \tag{7.1}$$

berechnen (Index M für metallisches Fügeteil, K für Klebschicht).

Für eine exakte Berechnung ist zusätzlich die Querkontraktion der Klebschicht mittels der Poisson-Zahl μ zu berücksichtigen:

$$\sigma_{th} = \frac{E_K}{1 - \mu_K} (\alpha_K - \alpha_M) \Delta T. \tag{7.2}$$

Vergleicht man den berechneten Wert mit den Klebfestigkeiten von warmhärtenden Epoxidharzklebstoffen, so kommt man bei den Eigenspannungen in die bereits erwähnte Größenordnung von ca. 50% der Klebfestigkeit.

Dieses Berechnungsbeispiel basiert auf rein theoretischen und vereinfachenden Betrachtungen, in dem es ein ideal-elastisches Verhalten der Klebschicht voraussetzt und die Temperaturabhängigkeit des Wärmeausdehnungskoeffizenten nicht berücksichtigt. In der Praxis werden die Eigenspannungen aufgrund des durch das elastisch-plastische Verhalten der Klebschicht möglichen Spannungsabbaus geringere Werte annehmen. Unterstützt wird diese Aussage durch das Festigkeitsverhalten von Klebungen bei zunehmender Temperatur (Abschn. 4.4.3, Bild 4.12). Der anfänglich nachzuweisende Anstieg der Klebfestigkeit hängt u.a. auch mit dem Abklingen von Eigenspannungen bei einer Temperaturerhöhung zusammen. Eine Annahme in (7.1) ist weiterhin, daß der Elastizitätsmodul der Klebschicht sich im Bereich der Temperaturdifferenz ΔT nicht ändert. Nur dann lassen sich mit ausreichender Genauigkeit die thermischen Spannungen abschätzen. Hier nun unterscheiden sich die thermoplastischen entscheidend von den duromeren Klebschichten. Bei den ersteren (Bild 4.6) erfährt der Elastizitätsmodul im Glasübergangs- bzw. Kristallitschmelzbereich sehr starke Abnahmen, während er bei den letzteren bis zum Zersetzungstemperaturbereich praktisch eine lineare Funktion der Temperatur darstellt (Bild 4.5). Solange sich eine thermoplastische Klebschicht im Temperaturbereich oberhalb des Glasübergangsbereichs befindet, können sich keine bleibenden Spannungen ausbilden, da diese wegen der freien Verschiebbarkeit der Moleküle sofort abgebaut und die Volumenänderungen durch ein Näherrücken der Fügeteile ausgeglichen werden. Erst unterhalb der Glasübergangstemperatur ist in der Klebschicht eine so weitgehende Strukturfixierung vorhanden, die bei den thermoplastischen in gleicher Weise wie bei den duromeren Klebschichten eine lineare Funktion des Elastizitätsmoduls von der Temperatur ergibt. Eigenspannungen können sich daher in meßbaren Ausmaßen nur unterhalb dieses Bereichs aufbauen, in dem der sich einstellende Spannungszuwachs durch den Spannungsabbau nicht mehr kompensiert wird. Die thermischen Spannungen lassen sich also nur dann hinreichend genau abschätzen, wenn die zu der Temperaturdifferenz ΔT gehörende Maximaltemperatur unterhalb der Glasübergangs- und insbesondere der Kristallitschmelztemperatur liegt. Somit lassen sich diese Berechnungen für praktische Anwendungen nur bei Klebschichten mit hohen Glasübergangstemperaturen (Tabelle 4.1) anwenden, da der Elastizitätsmodul der Klebschicht oberhalb der erwähnten Bereiche so niedrig ist, daß sich keine nennenswerten Eigenspannungen aufbauen können.

7.2.2 Eigenspannungen durch Schrumpfung der Klebschicht

Die Schrumpfung der Klebschichten in der Klebfuge während der Klebstoffaushärtung, die durch das Aneinanderrücken der Moleküle auf ihren Bindungsabstand bedingt ist, hat mehrere Ursachen:
- Volumenverringerung als Folge der höheren Dichte der ausgehärteten Klebschicht gegenüber den flüssigen Ausgangsmonomeren;
- Volumenverringerung durch Abgabe von Spaltprodukten (z.B. Wasser bei Polykondensationsklebstoffen);
- Volumenverringerung durch nachträgliche Abgabe von Restlösungsmitteln, da nur in den seltensten Fällen die Lösungsmittel vor der Verklebung vollständig entweichen.

Die Gesamtschrumpfung ergibt sich bei Reaktionsklebstoffen somit aus der durch die Härtungsreaktion verursachten Schrumpfung ε_R und der Abkühlungsschrumpfung ε_A, hierin bedeutet $\varepsilon = \Delta V/V$ (V Ausgangsvolumen):

$$\varepsilon_{ges} = \varepsilon_R + \varepsilon_A. \tag{7.3}$$

Für den wirksamen Anteil der Abkühlungsschrumpfung, der auf der rein physikalischen Wärmeausdehnung beruht, ist

$$\varepsilon_A = (\alpha_K - \alpha_M)\Delta T. \tag{7.4}$$

Somit ergibt sich die allgemeine Gleichung zur Ermittlung von Schrumpfspannungen σ_s

$$\sigma_s = E_K \varepsilon_{ges} = E_K [\varepsilon_R + (\alpha_K - \alpha_M)\Delta T]. \tag{7.5}$$

Auch diese Schrumpfspannungen können örtlich an die Eigenfestigkeit der Klebschichten herankommen, wie z.B. durch Rißbildung in Epoxidharzgießmassen bei konstanten Volumenverhältnissen nachgewiesen werden kann. Zu der rechnerisch ermittelten Höhe der Schrumpfspannungen ist jedoch zu bemerken, daß in der Praxis die Aushärtung nicht bei konstantem Volumen von flüssiger Klebschicht und fester Klebschicht erfolgt, so daß sich der auftretende Reaktionsschwund durch die Bewegung der Fügeteile senkrecht zueinander in gewissem Rahmen ausgleicht. Da bei Welle-Nabe-Verbindungen (Abschn. 10.2) keine Fügeteilbewegungen zum Volumenausgleich möglich sind, können die Spannungen durch den Reaktionsschwund in diesem Fall je nach eingesetztem Klebstoff entsprechende Werte annehmen.

Die Haftfestigkeit einer Klebschicht an einem Substrat ist somit auch eine Folge der mit einer Aushärtungsreaktion einhergehenden Klebschichtschrumpfung. Dabei erfolgen Wachstum, Anordnung und gegenseitige Annäherung der Makromoleküle zu Beginn der Reaktion regellos. Dieser Vorgang wird gegen Ende der Aushärtung durch die ansteigende Viskosität der Klebschicht behindert, so daß es zu Verspannungen kommt. Im allgemeinen kann man jedoch davon ausgehen, daß die zwischenmolekularen Kräfte im Grenzschichtbereich groß genug sind, um diese Schrumpfspannungen kompensieren zu können. Eine Schwächung der Klebung wird vorzugsweise dann eintreten, wenn es zu örtlichen Spannungskonzentrationen (z.B. durch unterschiedliche Klebschichtdicken oder Temperaturführung) oder Fehlstellen in der Grenzschicht

kommt. Eine von Eigenspannungen durch Schrumpfung geprägte mehr oder weniger große Vorbelastung der Klebung bleibt jedoch in den meisten Fällen erhalten.
Für eine Verhinderung bzw. Verminderung der Schrumpfspannungen sind folgende Maßnahmen geeignet:
• Verwendung von Füllstoffen (Abschn. 2.7.6). Durch eine „Verdünnung" der Monomeranteile wird der Reaktionsschwund reduziert, außerdem erfolgt je nach Art des Füllstoffes eine Verringerung der Differenz der Wärmeausdehnungskoeffizienten. Nachteilig kann sich jedoch die erhöhte Viskosität auf die Verarbeitung auswirken.
• Verringerung der Aushärtungstemperatur durch Auswahl entsprechender Basismonomere, dadurch ebenfalls Verringerung von ΔT und Reaktionsschwund.
• Auswahl von Klebstoffen, die Klebschichten mit geringen Elastizitätsmoduln bilden, dadurch Möglichkeit des Abbaus von Spannungen in der Klebfuge.
• Änderung des Arbeitsablaufes dahingehend, daß ein Teil der Aushärtungsreaktion bereits auf einer Fügeteiloberfläche vor dem Zusammenbringen mit dem zweiten Fügeteil erfolgt. Auf diese Weise wird ein wesentlicher Teil der Schrumpfung vorweggenommen. Der Klebvorgang muß dann allerdings in seiner zeitlichen Folge sehr exakt gesteuert werden, um die für eine ausreichende Benetzung des zweiten Fügeteils noch ausreichende Viskosität sicherzustellen.

Bei den Lösungsmittelklebstoffen kann die Klebschicht einen gewissen Teil der Lösungsmittel während einer längeren Zeit festhalten (Bild 3.10). In diesem Zustand kann sie aufgrund der vorwiegend plastischen Eigenschaften noch gewisse Deformationen der Fügeteile ausgleichen. Durch den allmählichen Verlust der Lösungsmittelreste entsteht dann unter gleichzeitiger Schrumpfung eine weniger verformbare Klebschicht mit entsprechenden Eigenspannungen. Bei Reaktionsklebstoffen können Restmonomere, die z.B. wegen nicht eingehaltener stöchiometrischer Mischungsverhältnisse der Reaktionskomponenten an der Reaktion nicht teilgenommen haben, eine ähnliche Wirkung zeigen.

7.2.3 Eigenspannungen durch unterschiedliche Temperaturverteilungen

Eigenspannungen, die ihre Ursache in unterschiedlichen Temperaturverteilungen während der Aushärtungsreaktion haben, treten vorwiegend bei stark exothermen Reaktionen auf. Es kommt dabei zu einem Temperaturabfall von der Klebschichtmitte in Richtung der Grenzfläche Klebschicht-Metall. Wenn in der zur Verfügung stehenden Zeit kein ausreichender Temperaturausgleich erfolgt, resultieren verschiedenartige Vernetzungszustände in der Klebschicht, verbunden mit unterschiedlichen Spannungsausbildungen. Eine vergleichbare Erscheinung kann auch bei den physikalisch abbindenden Schmelzklebstoffen dann auftreten, wenn hohe Verarbeitungstemperaturen vorliegen und die metallischen Fügeteile nicht vorgewärmt sind.

7.2.4 Eigenspannungen durch Temperaturwechselbeanspruchung

Die durch Temperaturwechsel entstehenden Eigenspannungen in einer Klebung sind wie folgt zu erklären:
• In Abhängigkeit von der Höhe der Aufheiztemperatur bauen sich infolge der unterschiedlichen Wärmeausdehnungskoeffizienten von Klebschicht und Fügeteil-

werkstoff zunächst Druckspannungen im Grenzschichtbereich auf. Diese Druckspannungen relaxieren allerdings je nach Länge der Aufheiz- und Haltezeit aufgrund der elastisch-plastischen Eigenschaften der Klebschicht, so daß es bereits während dieser Phase wieder zu einem teilweisen Druckspannungsabbau kommt.
• Während des Abkühlens auf und anschließendem Verweilen bei Raumtemperatur tritt eine Zugspannung auf, die der Höhe der nach der Relaxation bei der hohen Temperatur verbleibenden Druckspannung entspricht. Diese Zugspannung kann aber wegen der im Verhältnis zum Aufheizen niedrigen Temperatur entweder garnicht oder nur sehr langsam relaxieren, somit verbleibt ein gewisser Spannungsrest, der für die Klebung eine Zeitstandbelastung darstellt und nach jedem Temperaturwechsel in etwa gleicher Höhe wieder auftritt.

Diese Art der Eigenspannungen ist besonders bei Klebstoffen zu erwarten, die unter Druck aushärten, da in diesen Fällen die Fügeteile fixiert sind und dem Druck in der Klebfuge nicht nachgeben können.

7.2.5 Eigenspannungen durch Alterungsvorgänge der Klebschicht

Diese Erscheinung tritt dann auf, wenn es infolge von Umwelteinflüssen, besonders bei Feuchtlagerung, zu einer Wasseraufnahme der Klebschicht und somit zu einer Volumenvergrößerung kommt. In vielen Fällen wirkt eine Feuchtigkeitsaufnahme der Klebschicht jedoch auch plastifizierend, so daß hieraus ein Spannungsabbau resultiert. Gegenüber den anderen beschriebenen Eigenspannungsursachen tritt die hier erwähnte Einflußgröße zurück.

Zusammenfassend ist festzustellen, daß bereits bei der Herstellung der Klebung entscheidend auf einen möglichst geringen Eigenspannungszustand der Klebschicht hingewirkt werden kann. Die wichtigste Maßnahme ist eine optimal auf den Reaktionsverlauf abgestimmte Temperaturführung und nach Möglichkeit die Vermeidung höherer Temperaturen als sie für die Reaktionen erforderlich sind. Besondere Bedeutung ist hierbei dem Abkühlungsvorgang beizumessen. Die Wirkung einer langsamen Abkühlung kann mit einem „Tempern" der Klebschicht wegen der über eine längere Zeit einwirkenden Temperatur mit der Folge eines Spannungsabbaus verglichen werden. Die durch die physikalischen Gesetzmäßigkeiten bedingten Unterschiede der Wärmeausdehnungskoeffizienten lassen sich allerdings auch durch das Tempern nicht beseitigen.

Grundsätzlich ist festzustellen, daß ein großer Teil der Eigenspannungen bereits während des Härtungs- und Abkühlvorganges abgebaut wird. Das für einen Ausgleich des Spannungszustandes bei einer späteren Belastung notwendige Verformungsvermögen der Klebschicht wird durch die verbleibenden Restspannungen beeinträchtigt.

Ergänzende Literatur zu Abschnitt 7.2:[B41, C3, D21, E14, S36 bis S39, T7]

7.3 Bruchverhalten von Klebungen

Bei der Betrachtung des Bruchverhaltens von Klebungen ist grundsätzlich zu unterscheiden, ob der Bruch im Grenzschichtbereich Klebschicht/Fügeteiloberfläche

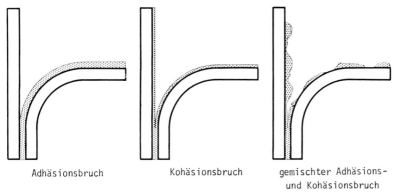

Adhäsionsbruch　　　　Kohäsionsbruch　　　gemischter Adhäsions-
　　　　　　　　　　　　　　　　　　　　　　und Kohäsionsbruch

Bild 7.4. Brucharten von Klebungen.

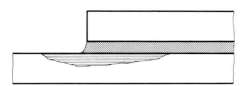

Bild 7.5. Unterwanderungskorrosion von Klebschichten.

(Adhäsionsbruch), innerhalb der Klebschicht (Kohäsionsbruch) oder als gemischter Adhäsions- und Kohäsionsbruch vorliegt (Bild 7.4).

Der Adhäsionsbruch ist zu ergänzen durch die Möglichkeit, daß durch korrosive Medien eine Zerstörung des Fügeteils und somit eine Unterwanderung der Klebschicht erfolgt. Ein derartiger Bruch würde demnach nicht auf einem direkten Versagen der ursprünglichen Bindungskräfte, sondern auf einer durch eine chemische oder eklektrochemische Reaktion verursachten Materialzerstörung beruhen (Bild 7.5). Aus diesem Grunde gewinnt z.B. die Oberflächenbehandlung (Abschn. 12.2) für den Schutz der Fügeteile in der Umgebung der Klebfuge neben der Verbesserung der Haftungskräfte eine zweite wichtige Bedeutung.

Für den Bruch von Klebungen sind verschiedene Versagensformen möglich, wie Trennbruch, Fließen oder auch Einsetzen eines nichtlinearen Spannungs-Verformungs-Verhaltens. Für Metallklebungen wird als Maß für die mechanische Belastbarkeit am häufigsten die an der einschnittig überlappten Klebung nach DIN 53 283 unter weitgehend reproduzierbaren Spannungsverhältnissen ermittelte Klebfestigkeit herangezogen. In Konstruktionsklebungen liegen jedoch meistens mehrachsige Beanspruchungen vor, die für eine Dimensionierung die Kenntnis gesicherter Bruchkriterien bedürfen. Während derartige Bruchkriterien für isotrope Werkstoffe bekannt sind, da sie als ein homogenes Kontinuum mit richtungsunabhängigem Bruchverhalten betrachtet werden können, treffen diese Voraussetzungen für die als Kunststoffe zu bezeichnenden Klebschichten nicht zu. Daher besteht die Notwendigkeit, über eine Mehrzahl an Prüfverfahren mit unterschiedlichen Beanspruchungsarten das Bruchverhalten von Klebungen möglichst umfangreich zu beschreiben.

7.3.1 Adhäsionsbruch

Ein reiner Adhäsionsbruch liegt dann vor, wenn weder auf dem Fügeteil Klebstoffreste noch an der Klebschicht Fügeteilreste nachweisbar sind. Diese Zusammenhänge sind von Brockmann [B22, B30] sehr ausführlich untersucht worden. Durch Verwendung radioaktiv markierter Klebstoffe konnte für den Versagungsmechanismus im Grenzschichtbereich am Beispiel von Aluminiumklebungen mit einem Phenolharzklebstoff nachgewiesen werden, daß die auf der Fügeteiloberfläche nach dem Bruch verbleibenden Klebschichtanteile in ihrer Dicke etwa den Chemisorptionsmengen entsprechen und der Bruch somit nicht direkt in der Adhäsionszone zwischen Klebschicht und Metall verläuft, sondern in grenzschichtnahen Zonen, die in etwa der Entfernung der chemisobierten Schichten in die Klebschicht hinein entsprechen. Die Entfernung der Bruchzone von der reinen Metalloberfläche ist dabei stark von der Art der jeweiligen Oberflächenbehandlung abhängig. Betrachtet man die Auswirkung von Feuchtigkeitsalterungen, so läßt sich mittels der Autoradiographie weiterhin eindeutig nachweisen, daß die Verminderung der Adhäsionsfestigkeit im untersuchten Fall nicht auf das Versagen der Adhäsionsbindungen, sondern auf die jeweils vorliegende verminderte Widerstandsfähigkeit der grenzschichtnahen Klebschichtbereiche, die allerdings durch den Zustand der Metalloberfläche wesentlich beeinflußt werden, zurückzuführen ist. Somit ergibt sich, daß die eigentliche Grenzschicht zwischen Metall und Klebschicht für die Haftfestigkeit nicht die überragende Bedeutung besitzt. Bei Vorliegen optimaler Benetzung ist eine Widerstandsfähigkeit gegenüber den auftretenden Beanspruchungen gegeben, der eigentliche Schwachstellenbereich befindet sich in Grenzschichtnähe und wird maßgeblich von der Zusammensetzung und der Mikrogestalt der Oberfläche beeinflußt (Abschn. 6.2.1).

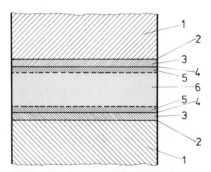

1 = Festigkeit des Fügeteilwerkstoffes
2 = Haftfestigkeit der Metalloberflächenschicht
    (z.B. Oxidschicht auf dem Grundwerkstoff)
3 = Eigenfestigkeit der Metalloberflächenschicht
4 = Festigkeit der Adhäsionsbindungen zwischen
    Metalloberflächenschicht und Klebschicht
5 = Festigkeit der grenzschichtnahen Klebschicht
6 = Kohäsionsfestigkeit der Klebschicht

Bild 7.6. Aufbau einer Klebfuge.

Eine Erklärung für dieses nachgewiesene Verhalten wird darin gesehen, daß die der Chemisorption zugrundeliegenden Primärreaktionen der Klebstoffmoleküle mit der Metalloberfläche die Vernetzungsfähigkeit zu nachfolgenden Bereichen in die Klebschicht hinein herabsetzen. Durch diese bereits eingegangenen Bindungen sind reaktive Gruppen der Moleküle nur noch in vermindertem Anteil verfügbar. Diese Erklärung mag für bestimmte Klebstoff- Fügeteil-Kombinationen zutreffen, sie trifft an Grenzen dort, wo aus grenzflächenenergetischen Gründen keine Chemisorption stattfinden kann, dann müßte die eigentliche Grenzschicht den Schwachstellenbereich darstellen.

Aufgrund der vorstehend beschriebenen Zusammenhänge bedarf die bisherige Darstellung des Verbundes von Fügeteil/Grenzschicht/Klebschicht in einer Klebung gegenüber Bild 6.1 einer erweiterten Betrachtung, die die verschiedenen beschriebenen Bereiche berücksichtigt. Nach [S41] sind demnach die in Bild 7.6 aufgeführten festigkeitsbestimmenden Elemente innerhalb einer Klebung zu unterscheiden.

7.3.2 Kohäsionsbruch

Das Bruchverhalten von Klebschichten wird durch den vorhandenen Spannungszustand, der durch äußere Beanspruchung oder auch durch Eigenspannungen (Abschn. 7.2) verursacht sein kann, von dem Vernetzungszustand sowie der Morphologie (kristallin, amorph) der Polymere beeinflußt. Das Kohäsionsbruchverhalten von Klebschichten kann, wie auch bei anderen Werkstoffen, als spröder Bruch oder als zäher Bruch beschrieben werden.

Bei dem Sprödbruch handelt es sich um einen quasi verformungslosen Bruch bzw. einen Bruch mit einer sehr großen Ausbreitungsgeschwindigkeit. Sprödes Verhalten zeigen insbesondere reine, hochvernetzte Polymere, z.B. Phenolharze, die Klebschicht ist dann nicht in der Lage, mechanische Beanspruchungen über eine Verformungsarbeit der Klebschicht abzubauen. Die Sprödigkeit einer Klebschicht steigt mit sinkender Temperatur und ist eine Funktion des ansteigenden Elastizitätsmoduls und der abnehmenden Verformungsfähigkeit des Polymers.

Ein zäher Bruch ergibt sich als Folge einer vorausgegangenen Scherdeformation, ist also als ein verformungsreicher Bruch zu bezeichnen. Als Maß für die Bruchzähigkeit dient der kritische Spannungsintensitätsfaktor K_{Ic}, der sich in einem Biegeversuch aus der Last bestimmen läßt, bei der ein zuvor im Prüfkörper präparierter Riß weiter wächst.

Sprödigkeit und Zähigkeit einer Klebschicht sind von den Beanspruchungsbedingungen abhängige Werkstoffeigenschaften, deren Haupteinflußgrößen die Temperatur, die Beanspruchungsgeschwindigkeit und der wirkende Spannungszustand sind. Die Bruchtheorien, u.a. bereits 1935 von Smekal [S42] formuliert, gehen davon aus, daß in Bereichen von Inhomogenitäten, wie Kerben und Mikrorissen, aufgrund vorhandener hoher Spannungskonzentrationen die Festigkeit in Mikrobereichen stark herabgesetzt ist und daher diese Inhomogenitäten zum Ausgangspunkt eines Bruchs werden.

Somit ist für das Versagen einer Klebung infolge eines Bruchs innerhalb der Klebschicht weniger die mittlere Beanspruchung im Klebfugenbereich, wie sie der Ermittlung der Klebfestigkeit nach DIN 53 283 zugrunde liegt (Abschn. 8.3.3.4), verantwortlich. Kritisch sind die örtlichen, sehr hohen Spannungszustände, wie sie besonders an den Überlappungsenden durch die Überlagerung von Schub- und Zugverformungen vorliegen. Gegebenfalls dort vorhandene Ungleichmäßigkeiten innerhalb der Klebschicht sowie sehr geringe Übergangsradien zwischen Fügeteiloberfläche und Klebschicht wirken sich besonders ungünstig aus. Diese Zusammenhänge sind beispielsweise die Ursache dafür, daß durch die erwähnten unkontrollierbaren Ausgangspunkte die Prüfungen des Bruchverhaltens in den Ergebnissen relativ starke Streuungen aufweisen, deren Verteilung sich nicht durch Meßfehler erklären läßt. Das wird besonders bei der Prüfung bereits vorbelasteter Klebungen deutlich. Bei einer ersten Überschreitung der Fließgrenze des Fügeteilwerkstoffs kommt es zu einer Schädigung der Klebschicht im Mikrobereich. Falls der Bruch nicht dann bereits erfolgt, wird er bei einer wiederholten Belastung bei niedrigeren Spannungen erfolgen, da die Klebschicht durch Anrisse an den Überlappungsenden vorgeschädigt ist.

Neben den Inhomogenitäten als Ursache für einen Kohäsionsbruch ergeben sich als zusätzliche Möglichkeiten die Klebschichtveränderungen durch Alterungseinflüsse. Die durch Einwirkung von Feuchtigkeit in die Polymermatrix erfolgende Diffusion von Wassermolekülen kann je nach chemischem Aufbau der Klebschicht jedoch auch zu einer Plastifizierung führen, die das spröde Verhalten mindert und zu einer Erhöhung der Bruchzähigkeit beiträgt.

7.3.3 Bruchmechanische Betrachtungsweise

Die klassische Festigkeitsberechnung vergleicht üblicherweise die berechneten Spannungen in den am höchsten beanspruchten Bereichen einer Konstruktion mit den entsprechenden Festigkeitskennwerten der beteiligten Werkstoffe. Im Gegensatz dazu geht man bei der bruchmechanischen Betrachtungsweise von fehlerbehafteten Bauteilen mit realen oder fiktiven Anrissen aus und versucht, einen Zusammenhang zwischen der Länge des Anrisses und der kritischen Spannung herzustellen, bei der der Bruch eintritt. In gleicher Weise kann man auch bei Klebungen vorgehen, in denen durch Lunker, Poren, Benetzungsfehlstellen und Mikrorisse Ansätze für eine derartige Betrachtungsweise gegeben sein können. In jedem Fall ist die Kenntnis darüber wichtig, unter welchen kritischen Spannungen ein vorhandener Riß bestimmter Größe in der Klebschicht fortschreitet bzw. mit welcher Geschwindigkeit er sich ausbreitet.

Eine rein mathematische Auswertung bruchmechanischer Versuche stößt allerdings auf Grenzen dadurch, daß die Übertragung der Grundsätze der Bruchmechanik von homogenen Prüfkörpern auf geklebte Konstruktionen, also im Verbund vorliegende verschiedene Werkstoffpaarungen, nicht ohne weiteres vertretbar ist, da das Verformungsverhalten der Klebschicht und der Fügeteilwerkstoffe zu verschieden ist. Als Voraussetzung müßte mindestens gewährleistet sein, daß während des Versuchs keine Adhäsions-, sondern ausschließlich Kohäsionsbrüche auftreten dürfen, d.h., daß der Riß nur in der Klebschicht erfolgt und daß keine Beeinflussung der Klebschicht durch die Fügeteilwerkstoffe erfolgen darf.

Trotz dieser Einschränkungen, die im Fall von Metallklebungen als gegeben betrachtet werden müssen, ermöglicht die Verfolgung des Rißfortschritts in einer Klebschicht, insbesondere unter Alterungsbedingungen, wertvolle vergleichende Hinweise ihres Eigenschaftsverhaltens. Die praktische Durchführung erfolgt mittels des „Keil-Versuchs" („wedge-test", „crack propagation test", crack extension test„).

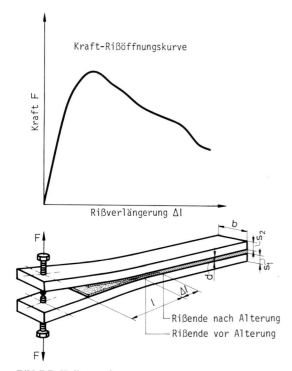

Bild 7.7. Keilversuch.

Bild 7.7 zeigt schematisch das Versuchsprinzip, wie es in ASTM D 3762-79 [A19] festgelegt ist (eine DIN-Norm existiert bisher nicht). Zwei starre Fügeteile in den vorwiegend angewandten Abmessungen einer Gesamtlänge 250 mm, Breite 25mm und Dicke 15 mm werden mit dem zu untersuchenden Klebstoff mit Ausnahme des Anfangsbereichs von ca. 50 mm Länge verklebt. Am nicht geklebten Ende wird dann eine Kraft aufgebracht, um in der Klebfuge einen Riß zu erzeugen. Anschließend wird entlastet und der erzeugte Spalt zwischen den beiden Fügeteilen konstant gehalten, so daß der Riß nicht über die gesamte Länge der Klebung weiterläuft. Unter Konstanthaltung dieser Spaltgeometrie erfolgt dann das Einbringen der Versuchsprobe in die vorgesehene Alterungsatmosphäre und eine periodische Messung des sich vergrößernden Risses durch mechanische oder elekrische Wegaufnehmer. In Bild 7.7 ist ebenfalls eine typische Kraft-Rißöffnungskurve wiedergegeben. Zunächst erfolgt ein durch die elastische Verformung der Fügeteile im nichtgeklebten Bereich verursachter linearer Kraftanstieg, bei Erreichen des Kraftmaximums setzt dann der Rißfortschritt kontinuierlich ein.

Systematische Untersuchungen mit Klebstoffen verschiedener Klebschichteigenschaften und für verschiedene Oberflächenbehandlungen sind u.a. von Brockmann [B42], Bethune [B43] und Marceau [M28] durchgeführt worden. Die wesentlichen Ergebnisse dieser Untersuchungen lassen sich wie folgt zusammenfassen:

• Das Rißfortschrittverhalten ist (bei den gewählten Probenabmessungen) von der Art der Oberflächenbehandlung abhängig, so daß die ermittelten Versagenskriterien der Klebschichten hierdurch beeinflußt sind.

- In Verbindung mit Alterungseinflüssen, speziell von Feuchtigkeit, ließ sich nachweisen, daß durch das Eindringen von Wasser in die Klebschicht eine Plastifizierung eintritt.
- Die für den Rißbeginn erforderliche Maximallast hängt eindeutig von der Art der Oberflächenbehandlung ab. Die zum Anriß erforderlichen Kräfte liegen bei ungealterten Proben in gleichen Größenordnungen (bei der in [B42] beschriebenen Probengeometrie ca. 4500 bis 5500 N) und lassen trotz sehr unterschiedlicher Klebschichteigenschaften der untersuchten Klebstoffe keine deutlich klassifizierbaren Unterschiede feststellen. Hieraus ist zu folgern, daß bruchmechanische Untersuchungsmethoden sich zur Differenzierung von Klebstoffen hinsichtlich ihrer Deformationseigenschaften nur bedingt eignen.
- Bruchmechanische Untersuchungen in der dargestellten Weise sind dagegen geeignet, Erkenntnisse über die Änderung des Deformationsverhaltens von Metallklebungen durch Alterungsvorgänge zu erhalten. Da reine Festigkeitsprüfungen und Deformationsmessungen an schub- bzw. zugscherbeanspruchten Klebungen oftmals für eine umfassende Beurteilung des Klebfugenverhaltens nicht ausreichen, da sie die wahren Verhältnisse unter Beanspruchungsbedingungen nicht wiedergeben, bieten die Messungen des Rißfortschrittverhaltens eine gute Möglichkeit der Kenntniserweiterung.

Grundsätzlich zeigen auch diese Erkenntnisse in Ergänzung zu den bereits in Abschnitt 4.1 erläuterten Zusammenhängen, daß Einzelbewertungen keine umfassenden Beurteilungen ermöglichen. Nur die Gesamtbetrachtung von Klebstoff, Fügeteil und Oberflächenbehandlung kann Lösungsansätze zu den vorhandenen Problemstellungen geben.

Ergänzende Literatur zu Abschnitt 7.3.3: [B33, B44 bis B47, D22, D23, D55, E14 bis E17, G20, K40 bis K43, M78, S43 bis S45, T8].

7.4 Verhalten von Metallklebungen bei Beanspruchungen durch mechanische Belastungen und Umgebungseinflüsse

7.4.1 Allgemeine Betrachtungen

Die für das Verhalten von Metallklebungen entscheidenden Beanspruchungsarten sind in Bild 7.8 dargestellt. Es sind also die Beanspruchungen durch mechanische Einflüsse und die Einflüsse aus der Umgebung zu unterscheiden. Im praktischen Einsatz treten diese Beanspruchungsarten fast immer gemeinsam als komplexe Beanspruchungen auf, die kurz- oder langzeitig auf die geklebte Konstruktion einwirken können.

Für die Betrachtung des Beanspruchungsverhaltens und der sich daraus ergebenden Konsequenzen im Hinblick auf die Dimensionierung von Metallklebungen sind die folgenden Feststellungen wesentlich:
- Die Alterung von Klebungen unterliegt einem langandauernden Einfluß der Umweltfaktoren Temperatur, Witterung, Klima und weiterer spezifischer Medien in Kombination mit mechanischen Belastungen. Durch diese Einwirkungen werden die chemischen und physikalischen Eigenschaftswerte der Fügeteile, Kleb- und Grenzschichten zeitabhängig verändert. Die Leistungsfähigkeit einer Metallklebung zeichnet

7.4 Verhalten von Metallklebungen

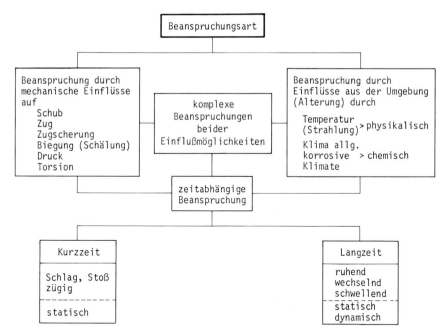

Bild 7.8. Beanspruchungsarten von Klebungen.

sich also dadurch aus, in welchem Ausmaß sie diesen Beanspruchungen bei weitgehender Beibehaltung ihrer ursprünglichen Festigkeitswerte standzuhalten vermag. Als Kenngrößen für das Festigkeitsverhalten einer Klebung sind demnach nicht die im statischen Kurzzeitversuch ermittelten Klebfestigkeiten maßgebend, sondern die Festigkeitswerte, die sich unter den zeitabhängigen Beanspruchungen der erwähnten Einflüsse ergeben.

• Die durch die Beanspruchungen verursachten Eigenschaftsveränderungen sind innerhalb der einzelnen Bereiche einer Klebung, d.h. im Fügeteilwerkstoff, der Grenzschicht und der Klebschicht differenziert zu betrachten. Das gilt besonders für die zeitabhängigen Festigkeitsänderungen, da in dieser Beziehung zwischen den Klebschichten und den Fügeteilwerkstoffen sehr große Unterschiede bestehen (Abschn. 4.6).

• Die prozentualen Angaben der Festigkeitsverminderung als Grundlage möglicher Abminderungsfaktoren geben zwar die Gesamtänderung der Festigkeit nach einer bestimmten Zeit wieder, sagen aber wegen der im allgemeinen nicht vorhandenen Linearität nichts über den zeitlichen Verlauf aus. So kann bereits nach einer verhältnismäßig kurzen Zeit eine große Festigkeitsänderung eingetreten sein, deren weiterer Verlauf sich dann asymptotisch einem Grenzwert nähert. Dennoch ist es üblich, die jeweiligen Endwerte der Festigkeit im Verhältnis zu den Anfangswerten zu sehen und daraus einen für den untersuchten Zeitraum allgemeingültigen Abminderungsfaktor zu berechnen.

• Ein Einfluß der metallischen Fügeteilwerkstoffe auf die Alterung einer Klebung ist in der Regel nur dann gegeben, wenn durch Korrosionsangriffe von außerhalb der

Klebfuge durch eine Metallauflösung eine Klebschichtunterwanderung eintritt (Bild 7.5). Bei einer Korrosion im Grenzschichtbereich ist daher zu unterscheiden, ob sie auf diese Weise eingetreten ist oder erst nach einer vorausgehenden Delamination der Klebschicht von der Fügeteiloberfläche erfolgte. Im letzteren Fall wären dann mangelhafte Bindungsverhältnisse in der Klebfuge für den Ausfall der Klebung verantwortlich zu machen, im ersteren Fall dagegen nicht.

• Es besteht ein wesentlicher Unterschied darin, ob die vorhandenen Umgebungseinflüsse auf mechanisch unbelastete oder belastete Klebungen einwirken. Durch die Fügeteil- und somit auch Klebschichtverformung ergibt sich ein verändertes, und wie die vielfältigen Ergebnisse der Praxis beweisen, beschleunigtes Diffusionsverhalten der besonders schädigend wirkenden Wassermoleküle in die Klebschicht und Grenzschicht. Die durch die Feuchtigkeit verursachten Alterungsvorgänge laufen bei mechanisch belasteten Klebungen daher schneller ab. Somit ergibt sich für die Klebschicht, daß nicht in erster Linie ihre Eigenfestigkeit für die Klebfestigkeit maßgebend ist, sondern ihr durch die komplexen Beanspruchungen verändertes Verformungsverhalten. Dieses kann sich positiv oder auch negativ auswirken. Der erste Fall tritt dann ein, wenn es durch eindiffundierende Moleküle zu einer Plastifizierung der Klebschicht kommt, die dann in der Lage ist, die an den Überlappungsenden auftretenden Spannungsspitzen abzubauen. Der zweite Fall würde mit einer durch die Umgebungsmedien verursachten Klebschichtversprödung einhergehen, z.B. Extraktion plastifizierender Klebschichtanteile durch einwirkende Lösungsmitteldämpfe bzw. auch eine Versprödung durch Nachhärtung.

• Experimentell läßt sich das Alterungsverhalten einer Klebung gut durch das Schubspannungs-Gleitungs-Verhalten (Abschn. 4.3) in den zu untersuchenden Medien ermitteln, wie es u.a. von Brockmann [B48] und Althof [A14] beschrieben wird. Der bei gleichzeitiger mechanischer Belastung vorhandene verstärkte Schädigungsmechanismus ist dadurch zu erklären, daß durch örtliche Schwächungen der Klebschicht, die von den Klebfugenrändern ausgehen, die Belastung der noch ungeschädigten Bereiche zunimmt und es dort zu entsprechenden Spannungserhöhungen kommt. Weitgehend wirklichkeitsnahe Alterungsprüfungen an Klebungen lassen sich somit nur unter den komplexen, in Bild 7.8 dargestellten Beanspruchungsarten

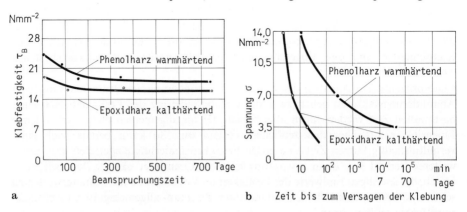

Bild 7.9. Beanspruchungsverhalten der Aluminiumlegierung 6060−T6. a) 52°C 100% rel. F. ohne mechanische Beanspruchung; b) 52°C 100% rel. F. mit gleichzeitiger mechanischer Belastung (nach [M29]).

durchführen. Minford [M29] hat diese Zusammenhänge experimentell untersucht. Bild 7.9a und b zeigt in typischer Weise den Einfluß dieser komplexen Beanspruchung. Während unbelastete Klebungen unter den angegebenen Bedingungen noch nach zwei Jahren gegenüber einjähriger Alterungszeit gleiche Festigkeit besitzen, bewirkt eine zusätzliche Belastung je nach eingesetztem Klebstoff nur eine Lebensdauer von Stunden bzw. Tagen.

• Die wesentliche Einflußgröße für die Alterung ist die Diffusion von Feuchtigkeit in die Klebfuge. In diesem Zusammenhang ist die Einwirkung auf die *Grenzschicht* einerseits und auf die *Klebschicht* andererseits zu unterscheiden.

Die Einwirkung von Feuchtigkeit auf die *Grenzschicht* führt im allgemeinen zu einem totalen Festigkeitsverlust. Die Wassermoleküle können die Grenzschicht chemisch oder physikalisch verändern. Als Ursache der chemisch bedingten und somit irreversiblen Veränderung ist in den meisten Fällen eine hydrolytische Spaltung der Oxidstrukturen zu sehen, die in Verbindung mit Volumenänderungen in der Mikrostruktur zu einer Abnahme der zwischenmolekularen Bindungskräfte führt. Wie jede chemische Reaktion, so wird auch dieser Vorgang durch erhöhte Temperaturen beschleunigt, so daß die Kombination von Wärme und Feuchtigkeit zu den besonders schädigenden Einflüssen zählt. Durch Aufbringen hydrolysebeständiger Oberflächenschichten läßt sich der Feuchtigkeitseinfluß in seiner Wirkung begrenzen, Möglichkeiten hierfür bieten Phosphatschichten, Oxidschichten mit Anteilen hydrolysebeständiger Chromoxide oder auch elektrochemisch nachverdichtete Oxidschichten. Die in Abschn. 12.2.2 beschriebenen Oberflächenvorbehandlungsmethoden beruhen auf diesen Zusammenhängen. Bei gewissen Anwendungen vermögen auch haftvermittelnde Zwischenschichten (z.B. Silikonverbindungen mit hydrophoben Charakter, (Abschn. 2.7.8) den Feuchtigkeitseinfluß zu reduzieren oder zu eliminieren. Die physikalisch bedingten Veränderungen durch die Feuchtigkeitsaufnahme beruhen auf Quellvorgängen, die zu Eigenspannungen in der Grenzschicht führen. Als weitere Einwirkung der Feuchtigkeit im Hinblick auf physikalische Veränderungen kann eine sog. Konkurrenzadsorption angenommen werden, bei der die Wassermoleküle wegen ihres hohen Dipolcharakters polare Gruppierungen der Klebschichtmoleküle von der Oberfläche verdrängen.

Untersuchungen von Hahn und Kötting [H26, K36] haben ergeben, daß die Wirkungsweise der Feuchtigkeit stark von dem morphologischen Aufbau der Klebschicht im Grenzschichtbereich abhängig ist. Offenbar erfahren die sich an den Metalloberflächen ausbildenden Strukturen (orientierten Stränge) eine schnellere Feuchtigkeitsdurchdringung als die mittleren globular strukturierten Ebenen. Entscheidend für die sich einstellende Polymermorphologie im Grenzschichtbereich ist der Zustand der Oberfläche im Augenblick der Benetzung durch den Klebstoff. Hierauf hat auch bereits Brockmann [B30, B37] hingewiesen.

Die Einwirkung von Feuchtigkeit auf die *Klebschicht* ist im Vergleich zu den vorstehenden Zusammenhängen nicht so kritisch zu betrachten, da es sich im allgemeinen um reversible Vorgänge handelt. Die in die Polymermatrix eingelagerten Wassermoleküle vermögen nach Änderung der Gleichgewichtsbedingungen wieder aus der Klebschicht herauszudiffundieren, so daß sich die ursprünglichen Festigkeitswerte wieder einstellen. Diese Zusammenhänge sind u.a. von Mittrop [M7] beschrieben worden. Nach Untersuchungen von Althof [A20, A21] an reinen Klebschichtsubstanzen und an Klebschichten innerhalb von Klebfugen besitzen die einzelnen

Klebschichtpolymere ein sehr unterschiedliches Feuchtigkeitsaufnahmevermögen. Mit Phenolharz modifizierte Epoxidharze zeigen beispielsweise bei einer Klimabeanspruchung von 50°C und 55% rel. F. maximale Feuchtegehalte bis zu 5%, während Klebstoffe auf Basis Epoxid-Nitril und auch Phenol-Polyvinylformal zwei- bis dreimal so hohe Werte aufweisen.

• Als wesentliche alterungsbedingte Ursachen für das Versagen einer Klebung sind demnach die Klebschichtunterwanderung durch Fügeteilkorrosion, die Grenzschichtveränderung durch eindiffundierte Medien (Wasser, Gase) und die Veränderung der Polymerstruktur der Klebschicht durch eben diese Medien anzusehen.

7.4.2 Beanspruchungseinflüsse als Grundlage für die Berechnung von Metallklebungen

Eine der am häufigsten gestellten Fragen bei der Festlegung von Spezifikationen für Klebungen ist die nach dem Langzeitverhalten unter den vorgesehenen Beanspruchungen, und nur selten kann auf diese Frage eine befriedigende Antwort gegeben werden. Gerade diese Situation ist als die eigentliche Ursache dafür anzusehen, daß dem Kleben als möglichem Fügeverfahren Skepsis und Zurückhaltung entgegengebracht wird. Es steht außer Zweifel, daß über die Beständigkeit von Klebungen nur dann mit genügender Sicherheit gültige Aussagen gemacht werden können, wenn die in Frage kommenden Alterungseinflüsse über lange Zeiträume geprüft wurden, da die Aussagekraft von Kurzzeitprüfungen aus den wiederholt angesprochenen Gründen sehr gering ist.

In der wissenschaftlichen Literatur der vergangenen Jahre findet sich eine Fülle systematischer Untersuchungen zum Langzeitverhalten von Metallklebungen unter den verschiedensten Beanspruchungen. Die vorliegenden Ergebnisse beruhen zum größten Teil zwar auf Untersuchungen unter definierten Versuchsbedingungen und basieren auf relativ kleinen Probeabmessungen mit einem ungünstigen Verhältnis von Klebfugenrand zu Klebfläche, dennoch können diese wertvolle Anhaltspunkte für ein vergleichsweises Praxisverhalten geben. Nachteilig ist, daß die erarbeiteten Ergebnisse bisher nicht in einer verwendbar aufbereiteten Form vorliegen und daher keinen Beitrag zu aktuellen Problemlösungen geben können.

Im folgenden soll auf Basis einer durchgeführten Literaturauswertung der Versuch unternommen werden, diese Lücke nach Maßgabe vorliegender Erkenntnisse zu schließen. Dabei wird mit wenigen Ausnahmen zunächst nur die bereits sehr umfangreich vorliegende Literatur aus dem deutschen Sprachraum berücksichtigt. Diese Beschränkung darf deshalb erfolgen, da diese Arbeiten einen sehr detaillierten Einblick in die Zusammenhänge zu geben vermögen und eine ausreichende Anzahl von repräsentativen Fügeteilwerkstoffen, Klebstoffen, Beanspruchungsarten und Verarbeitungsverfahren in die Untersuchungen einbezogen worden ist. Allgemein gilt, daß nur solche Veröffentlichungen erwähnt werden, aus denen mit hinreichender Sicherheit die Voraussetzungen für eine systematische und reproduzierbare Versuchsdurchführung sowie definierbare Klebstoff- und Werkstoffbeschreibungen erkennbar sind. Weiterhin erfolgt eine Beschränkung auf Untersuchungen nur zur Ermittlung der Festigkeiten bei Scher- bzw. Schubbeanspruchungen einschnittig überlappter Klebungen, da Ergebnisse an Schälbeanspruchungen für die Übertragung auf praktische Verhältnisse keine Bedeutung haben.

In Tabelle 7.3 sind die ausgewerteten Literaturstellen den Fügeteilwerkstoffen, den Beanspruchungsarten und den Klebstoffen zugeordnet. Zur Erklärung dienen die folgenden Hinweise:
- *Fügeteilwerkstoffe*: Die im einzelnen untersuchten Werkstoffe ergeben sich aus nachstehender Aufstellung, in der Tabelle sind sie z.T. nach charakteristischen Legierungselementen zusammengefaßt:
— *Aluminiumlegierungen*: AlMg 3, AlMg 5, AlCuMg 1, AlCuMg 2, AlCuMg 2pl, 2024 T 3, 6061 T6, AlZnMgCu, AlMgSi;
— *Hochlegierte Stähle*: X 5 CrNi 18 9, X 10 CrNiNb 18 9, X 10 CrNiMoTi 1810;
— *Un- und niedriglegierte Stähle*: St 00.23, USt 12.03, St 37, St 50, St 52, Grauguß, Feinblech verzinkt, 27 MnCrV 4;
— *Verschiedene NE-Metalle*: Titan TiAl6V4, Kupfer, Zink, Messing.
- *Beanspruchungsarten*: Diese sind in die folgenden Gruppen unterteilt:
— *Gruppe 1*: Statische Kurzzeitbeanspruchung unter Normalbedingungen;
— *Gruppe 2*: Beanspruchung durch langzeitige statische und/oder dynamische Belastungen ohne gleichzeitige Alterungseinflüsse;
— *Gruppe 3*: Beanspruchung durch langzeitige Alterungseinflüsse aus umgebenden Medien ohne gleichzeitige mechanische Belastung:
  3.1: Tiefe und hohe Temperaturen;
  3.2: Normal-, Wechsel- und korrosive Klimate;
  3.3: Lagerung in Flüssigkeiten;
— *Gruppe 4*: Komplexe Beanspruchung durch langzeitige statische und dynamische Belastungen bei gleichzeitig vorhandenen Alterungseinflüssen durch umgebende Medien:
  4.1: Mechanische Belastung bei verschiedenen Temperaturen nach 3.1;
  4.2: Mechanische Belastung bei verschiedenen Klimaten nach 3.2;
  4.3: Mechanische Belastung in Kombination mit flüssigen Beanspruchungsmedien nach 3.3.
- *Klebstoffe*: Die Klebstoffe sind in vier Gruppen zusammengefaßt; in Einzelfällen erfolgt bei speziellen Klebstoffen eine ergänzende Angabe. Bei den vier Gruppen handelt es sich, den Veröffentlichungen entsprechend, um die folgenden Klebstofformulierungen:
— *Epoxidharze* kalt- und warmhärtend mit den Reaktionskomponenten Dicyandiamid, Polyamid/Nylon, Polyaminoamid, Polyester, Phenol, Nitrilgruppen enthaltende Komponenten, cycloaliphatische Epoxidharze;
— *Phenol-Formaldehydharze* mit und ohne Plastifizierung durch Polyvinylacetale; Phenol-Nitrilharze;
— *Methylmethacrylat*-Polymerisate und Copolymerisate;
— *Polyurethane*;
— *Verschiedene Klebstoffe*: PA = Polyamid-Schmelzklebstoff, PI = Polyimid, PAI = Polyamidimid, Pl = Plastisol, An = anaerober Klebstoff.

In den Veröffentlichungen finden sich für die eingesetzten Klebstoffe in vielen Fällen Handelsbezeichnungen, denen in der Regel jedoch die zum Verständnis der Tabelle erforderlichen Angaben über den chemischen Aufbau zugeordnet sind.

Die den einzelnen Arbeiten zugrunde liegenden verschiedenen Oberflächenbehandlungsverfahren können in diesem Rahmen nicht zusätzlich erfaßt werden. Sie sind ggf. den Originalarbeiten zu entnehmen.

7 Eigenschaften von Metallklebungen

Tabelle 7.3. Literatur über das Beanspruchungsverhalten von Metallklebungen.

Literaturstelle	Fügeteilwerkstoffe															Beanspruchungsarten							Klebstoffe				
	Aluminium-legierungen				Hochleg. Stähle			Un-u. niedrig- leg. Stähle			weitere NE-Metalle				1	2	3 o. mechan. Belastung			4 m. mechan. Belastung							
															stat. Kurzzeit-B.	stat.+dyn.Langzeit-B.	3.1	3.2	3.3	4.1	4.2	4.3	Epoxidharze	Phenol-Formaldehydharze	Methacrylate	Polyurethane	versch.Klebstoffe
	Al-Mg	Al-Cu-Mg	Al-Zn-Mg-Cu	Al-Mg-Si	X5 CrNi 18 9	X10 CrNiNb 18 9	X10 CrNiMoTi 18 10	St 37...St 52	27 MnCrV 4	Grauguß	Feinblech verzinkt	Kupfer	Messing	Titan	Zink			Temperatur	Klimate	flüssige Medien	Temperatur	Klimate	flüssige Medien					
1	2	3	4	5	6	7	8	9	10	11	12	13	14	15	16	17	18	19	20	21	22	23	24	25	26	27	28	29
A 8														•			•							•				
A 9		•				•											•		•					•	•			
A 14		•															•	•						•				
A 15		•															•							•	•	•		
A 20	•																	•						•	•			
A 21	•																	•						•	•			
A 22		•																			•			•	•			
A 23		•			•												•							•	•	•		
A 24		•															•							•				
A 25		•				•											•							•	•			
A 26						•											•							•				
A 27		•				•											•	•			•			•				
B 21			•	•				•		•							•		•					•			•	Pl,An
B 31	•	•																	•					•	•			
B 49		•						•								•	•		•				•	•	•		•	PI
B 50						•											•							•				
B 51		•																	•					•	•			
B 52		•																•				•		•	•			
D 24		•																	•					•	•			
D 25									•	•	•		•	•		•								•	•	•		
D 26		•															•	•	•		•			•	•	•		
D 27									•	•	•		•	•		•								•	•			
E 9								•	•								•		•					•				
E 18		•														•	•	•			•		•	•			•	PA
E 19								•										•	•	•				•				PAI
E 20								•									•		•		•			•				
E 21								•	•								•		•			•		•				PI
H 33		•															•							•	•			
K 44				•														•						•				
K 45		•					•											•						•				
K 46		•																			•			•				
M 7		•	•			•	•						•	•					•		•	•	•	•		•		
M 21		•															•		•		•			•	•	•		
M 30		•															•							•				
M 31		•															•		•		•			•		•	•	
M 32		•	•																•					•				
M 33							•		•		•		•				•							•				
M 34	•	•															•		•		•		•	•				
N 2		•						•				•	•				•		•	•				•				
P 10		•						•									•							•	•			
R 8		•			•												•							•	•			
S 46	•	•		•													•		•			•		•	•		•	
S 47		•	•					•									•		•					•				
S 48		•		•				•													•			•				
S 49		•																•	•			•	•					
S 50	•																	•										
V 7														•			•		•					•	•			
W 11		•					•			•	•						•		•					•	•	•		
W 18		•																•		•				•				
W 19		•			•									•			•		•					•	•			
W 20		•																•			•			•				
W 21		•																•						•				
W 22		•																•	•	•				•	•	•		
W 23		•																•	•	•				•				
W 24					•		•	•									•							•	•	•		

Eine kritische Bewertung der vorliegenden Informationen ergibt, daß der weitaus größte Anteil der beschriebenen Untersuchungen mit der hochfesten Aluminiumlegierung AlCuMg 2 in Verbindung mit Epoxid- und Phenol-Formaldehydharzklebstoffen durchgeführt wurde. Das hat seine Ursache in dem großen Interesse, das der Flugzeugbau dem Kleben als Fügeverfahren in den vergangenen Jahrzehnten entgegengebracht hat. Für eine verstärkte Anwendung des Klebens in anderen Industriebereichen ergibt sich daraus, daß für die un-, niedrig- und hochlegierten Stähle sowie für andere wichtige NE-Metalle im Hinblick auf ihr klebtechnisches Verhalten in gleicher Weise grundlegende Untersuchungen durchzuführen sind. Diese Arbeiten, wie sie für die Bedingungen des Maschinenbaus bereits begonnen wurden [B21], sollten dann auch verstärkt die Klebstoffsysteme auf Methacrylat- und Polyurethanbasis einbeziehen.

Zusammenfassend sei festgehalten, daß es sich bei dem beschriebenen Vorgehen nur um einen Versuch handeln kann, die in der Vergangenheit mit beträchtlichem Zeit- und Kostenaufwand erarbeiteten Ergebnisse bezüglich des Alterungsverhaltens von Metallklebungen im Sinne einer für vergleichbare Anwendungen möglichen Weise zu ordnen. Ein Ziel soll es dabei sein, durch einen Hinweis auf vorhandene Ergebnisse, die sich sonst nur durch zeitaufwendige Detailrecherchen auffinden lassen, den durch Experimente belegten Stand der Erkenntnisse soweit wie möglich für die Praxis nutzbar zu machen. Somit kann dem Konstrukteur die Möglichkeit gegeben werden, in speziellen Fällen anhand der versuchsmäßig erarbeiteten Daten Größenordnungen der beanspruchungsbedingten Festigkeitsminderungen abzuleiten, die dann in Form nachgewiesener Abminderungsfaktoren in die Berechnung eingesetzt werden können (Abschn. 9.2.7). In Ergänzung zu den in Tabelle 7.3 erwähnten Literaturquellen sind aus der Fülle erwähnenswerter Arbeiten noch zu nennen: [A28, H34, K30, L18, M35, M36].

Über den Einfluß von Gammastrahlen auf Metallklebungen berichtet Lison in [L33].

8 Festigkeiten von Metallklebungen

8.1 Allgemeine Festigkeitsbetrachtungen

Die klassische Betrachtungsweise der Festigkeitslehre beruht auf der Ermittlung der mechanischen Beanspruchungsgrenze eines Werkstoffs und der Zuordnung der bis zum Bruch maximal ertragbaren Kraft auf einen definierten Werkstoffquerschnitt. Als Festigkeitswert wird dann die nach Einbringen definierter Spannungen bis zum Bruch erforderliche, auf die Bruchfläche bezogene, maximale Kraft angegeben. Dieses Vorgehen führt bei homogenen Werkstoffen in Abhängigkeit von den Beanspruchungsbedingungen zu aussagekräftigen und reproduzierbaren Ergebnissen, die als Bemessungsgrundlagen für konstruktive Anwendungen verwendet werden können. So ist z.B. der nach DIN 50 145 ermittelte Wert der Zugfestigkeit eines allgemeinen Baustahls nach DIN 17 100 eine mechanische Größe, die direkt in die Festigkeitsberechnung eines Bauteils übernommen werden kann.

Die Besonderheit bei der Festigkeitsbetrachtung von Metallklebungen liegt nun darin, daß es sich hierbei nicht um homogene Werkstoffe handelt, sondern um Verbundsysteme, deren Eigenschaften sich aus denen der Fügeteilwerkstoffe, der Klebschicht und den Grenzflächen zwischen Fügeteil und Klebschicht ergeben. Aus diesem Grunde lassen sich die klassischen Betrachtungsweisen der Festigkeitslehre auf Metall- und auch andere Werkstoffklebungen nicht in jedem Fall anwenden. Die spezifischen Eigenschaften von Klebungen erfordern daher eine dem jeweiligen geometrischen und materiellen Aufbau entsprechende Darstellung der Festigkeitswerte, denen insbesondere auch die jeweiligen Beanspruchungsbedingungen zuzuordnen sind.

Ein entscheidendes Merkmal bei Metallklebungen sind die im Vergleich zu homogenen Werkstoffen ungleichmäßigen Spannungsverteilungen in der Klebfuge bei einer Belastung. Weiterhin ist ausschlaggebend, daß die Lastübertragung durch Kunststoffe, als die Klebschichten ja anzusehen sind, erfolgt. Das den Kunststoffen eigene deformations- und thermomechanische Verhalten in Verbindung mit ihren chemischen Eigenschaften bestimmt demnach das Verhalten von Metallklebungen bei Beanspruchungen. Diese Ausführungen belegen, daß sich für Metallklebungen keine allgemein gültigen und für die unterschiedlichen Anwendungen definierten Festigkeitswerte angeben lassen. Diese sind von Fall zu Fall unter Berücksichtigung aller Einflußfaktoren festzulegen bzw. zu ermitteln.

8.2 Einflußgrößen auf die Festigkeit von Metallklebungen

Für die Festigkeit einer Metallklebung sind die in Bild 8.1. dargestellten vier Einflußgrößen maßgebend:

• *Klebstoff*: Der chemische Aufbau des Klebstoffs und die Art der Aushärtungsbedingungen bestimmen die für die Festigkeit charakteristischen Eigenschaften der Klebschicht. Im einzelnen handelt es sich dabei um die in Tabelle 8.1 dargestellten Parameter, die bereits in Kapitel 4 beschrieben sind. Die für die Grenzschichteigenschaften wesentlichen Haftungskräfte ergeben sich aus den jeweiligen Wechselwirkungen von Monomer- bzw. Polymermolekülen mit der Fügeteiloberfläche während der Klebstoffaushärtung. Es wird davon ausgegangen, daß über geeignete Oberflächenbehandlungen der Fügeteile optimale Grenzschichtfestigkeiten vorausgesetzt werden können (Abschn. 12.2). Das gleiche gilt für die Wahl zweckmäßiger Aushärtungsbedingungen zur Gewährleistung eines ausreichenden Polymerisationsgrades sowie homogener und hinsichtlich ihrer Eigenschaften gleichförmiger Klebschichten.

• *Fügeteilwerkstoff*: Die Einflußparameter der Fügeteilwerkstoffe sind in Kapitel 5 beschrieben. Als charakteristische Größe hat die Fügeteilfestigkeit, definiert durch den Elastizitätsmodul bzw. das Spannungs-Dehnungs-Verhalten zu gelten.

• *Geometrische Gestaltung der Klebfuge*: Sie ergibt sich aus den Abmessungen der Klebfuge und denen der Fügeteile. Die zu berücksichtigenden Parameter gehen ebenfalls aus Tabelle 8.1 hervor und werden hinsichtlich ihres Einflusses in Abschnitt 8.4 beschrieben.

• *Beanspruchungsbedingungen*: Diese lassen sich zeitabhängig generell in mechanische, physikalische und chemische Beanspruchungen einteilen, die sowohl für sich allein als auch in Kombination miteinander wirksam werden können (Bild 7.8).

Die Festigkeit einer Metallklebung ergibt sich somit aus dem Zusammenwirken der den in Tabelle 8.1 erwähnten Einflußgrößen zuzuordnenden Parameter. Diese Parameter bilden einerseits die Grundlage für die Herstellung einer optimalen Klebung und bedingen andererseits die Forderung nach einer klebgerechten Konstruktion (Bild 8.2).

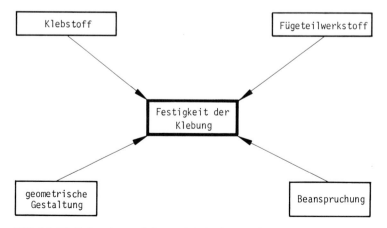

Bild 8.1. Einflußgrößen auf die Festigkeit einer Klebung I.

210 8 Festigkeiten von Metallklebungen

Tabelle 8.1. Einflußparameter auf die Festigkeit von Metallklebungen.

Klebschicht	Fügeteil-werkstoff	geometrische Gestaltung	Beanspruchung
Elastizitätsmodul E_K Schubmodul G Querkontraktion μ_K Spannungs-Gleitungs-Verhalten	Elastizitätsmodul E_F Zugfestigkeit R_m Streckgrenze R_e 0,2 %- Dehngrenze $R_{p0,2}$ Querkontraktion μ_F	Überlappungslänge $l_ü$ Überlappungsbreite b Fügeteildicke s Klebschichtdicke d	mechanisch physikalisch chemisch komplex aus mech.-phys.-chem. zeitabhängig (siehe Bild 7.8.)

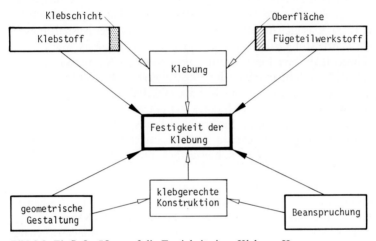

Bild 8.2. Einflußgrößen auf die Festigkeit einer Klebung II.

8.3 Spannungen in Metallklebungen

Das entscheidende Kriterium für die Festigkeit einer Metallklebung sind die Spannungen, die sich bei einer mechanischen Beanspruchung in der Klebfuge einstellen. Dabei ist die Spannungsart und die Höhe dieser jeweiligen Spannung zu unterscheiden. Hinsichtlich der Spannungsarten sind drei verschiedene Möglichkeiten zu betrachten:
(1) Zugspannungen (Normalspannungen) senkrecht zur Klebfläche;
(2) Schub- bzw. Scherspannungen parallel zur Klebfläche;
(3) Schäl- bzw. Biegespannungen als eine Überlagerung von (1) und (2).
Die reinen Zug- bzw. Schubspannungen stellen bei Metallklebungen Grenzfälle dar. Der Grund liegt in der Tatsache, daß wegen der gegenüber den Fügeteilfestigkeiten sehr viel geringeren Klebschichtfestigkeiten in der Praxis vorwiegend einschnittig überlappte Klebfugengeometrien eingesetzt werden, die bei mechanischer Belastung ein komplexes Spannungsverhalten im Sinne der unter (3) erwähnten Spannungsüberlagerungen aufweisen (Abschn. 8.3.3). Zum grundsätzlichen Verstehen des Verhaltens von Metallklebungen unter Last ist es daher erforderlich, den Spannungsverlauf in einer Klebfuge zu kennen. Dabei wird zum besseren Verständnis der

Zusammenhänge zunächst von der Betrachtung der beiden Grenzfälle Zug- und Schubspannungen ausgegangen.

Die vorhandene Literatur zu diesem Gebiet ist außerordentlich vielfältig. Eine Zusammenstellung wesentlicher Arbeiten findet sich im Anschluß an Abschnitt 8.4.9.

8.3.1 Zugspannungen – Zugfestigkeit

8.3.1.1 Zugspannungen bei senkrechter und zentrischer (momentenfreier) Belastung

Wird eine Klebung zwischen zwei starren Fügeteilen entsprechend Bild 8.3 senkrecht und momentenfrei durch eine zentrisch angreifende Kraft belastet, so entsteht in der Klebschicht eine reine Zugspannung. Die Höhe dieser Zugspannung ergibt sich als Quotient der einwirkenden Kraft F und der Klebfläche A zu $\sigma_z = F/A$. Bei zunehmender Belastung tritt der Bruch in der Klebschicht dann ein, wenn die sich aus der Höchstkraft F_{max} ergebende Bruchspannung der Klebschicht $\sigma_B = F_{max}/A$ erreicht ist (Bild 8.4). Als Bruchlast der auf Zug belasteten Klebung resultiert dann $F_B = \sigma_B A$.

Bemerkung: In Abweichung zu der Bezeichnung der Zugfestigkeit bei metallischen Werkstoffen mit dem Kurzzeichen R_m nach DIN 50145 wird für die Prüfung der Kunststoffe nach DIN 53455 für die Zugfestigkeit das Kurzzeichen σ_B festgelegt.

Der Einfluß der mit einer Zugbelastung einhergehenden Querkontraktion der metallischen Fügeteile auf eine dadurch resultierende ungleichmäßige Spannungsver-

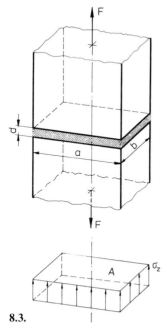
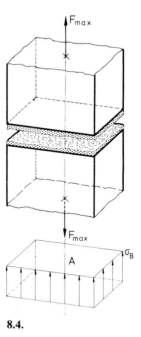

8.3.   8.4.

Bild 8.3 Zugbeanspruchung einer Klebung bei zentrischer Belastung.

Bild 8.4. Bruch einer Klebung unter Zugbeanspruchung.

teilung in der Klebschicht kann im vorliegenden Fall eliminiert werden. Die Begründung hierfür liegt in den gegenüber metallischen Fügeteilwerkstoffen vergleichsweise sehr geringen Zugfestigkeiten der Klebschichten. Vor einer möglichen Querkontraktion der Fügeteile ist die Bruchspannung der Klebschicht bereits erreicht. Ebenso kann bei den in der Praxis üblichen Klebschichtdicken in Bereichen von 0,1 bis 0,2 mm eine Querkontraktion der Klebschicht und somit dieser Einfluß auf eine ungleichmäßige Spannungsverteilung vernachlässigt werden.

Je nach Klebstoffgrundstoff und den vorliegenden Aushärtungsbedingungen werden bei Reaktionsklebstoffen Zugfestigkeiten in der Größenordnung von 40 bis 80 $N\ mm^{-2}$ erreicht. Sie liegen demnach bei ca. 10 bis 20% von denen der metallischen Fügeteile. Hieraus ergibt sich, daß eine Klebung auf Stoß bei metallischen Fügeteilen es nicht erlaubt, die Fügeteilfestigkeiten auszunutzen. Stumpfklebungen werden daher in der Praxis nur in Ausnahmefällen, z.B. bei Kunststoff-Fügeteilen mit geringer Eigenfestigkeit angewendet (Abschn. 13.3.6).

Bei der Darstellung des Zusammenhangs von Bruchlast und Klebfläche ist eine lineare Abhängigkeit feststellbar, daraus ergibt sich (Bild 8.4) eine gleichmäßige Zugspannungsverteilung über der Klebfuge. Aus diesem Grunde kann man für die Berechnung der Festigkeit von stumpfgeklebten Fügeteilen die Zugfestigkeit der Klebschicht zugrundelegen. Dieses Vorgehen ist bei einschnittig überlappten Klebungen als alleinige Berechnungsgrundlage nicht möglich, da hierbei die Geometrie der Klebung zu berücksichtigen ist (Abschn. 8.4). Die an Klebschichten erreichbaren Zugfestigkeiten liegen wegen der gleichmäßigen Spannungsverteilung im allgemeinen um Faktoren zwischen ca. zwei bis vier mal höher als die an einschnittig überlappten Klebungen mit dem gleichen Klebstoff gemessenen Klebfestigkeiten (= Zugscherfestigkeiten). Die Ursache liegt in der bei der Zugscherbeanspruchung wesentlich ungünstigeren Spannungsverteilung in der Klebschicht (Abschn. 8.3.3.4). Die Bestimmung der Zugfestigkeit von Klebschichten erfolgt nach DIN 53 288 [D1] (Abschn. 14.2.1.3).

Die Höhe der Zugfestigkeitswerte hängt von der Art der Krafteinleitung ab. Eine gleichmäßige Spannungsverteilung setzt, wie aus Bild 8.3 hervorgeht, eine zentrische Belastung voraus. Erfolgt die Krafteinleitung exzentrisch und nicht momentenfrei, ergeben sich in der Klebung hohe Spannungsspitzen.

8.3.1.2 Spannungen beim Auftreten eines Biegemoments

Bei Auftreten eines Biegemoments M_b auf die Klebschicht nach Bild 8.5 wird — unter der Voraussetzung von zwei starren Fügeteilen — in der Klebschicht eine vom Zugbereich in den Druckbereich verlaufende Biegespannung $\sigma_b = M_b/W$ wirksam.

Das Widerstandsmoment W der Klebfläche, bezogen auf eine Linie senkrecht zu der auf das Moment M_b wirkenden Fläche, ergibt sich dabei nach den Grundsätzen der praktischen Festigkeitsberechnung zu $W = a^2b/6$ bei rechteckigem Querschnitt und $W = \pi d^3/32$ bei rundem Querschnitt [N6] (Bild 8.6).

8.3.1.3 Zugspannungen bei exzentrischer Belastung

Neben den beiden vorstehend beschriebenen Belastungsfällen ergibt sich als weitere Belastungsmöglichkeit die exzentrische Zugbelastung. Die Zugkraft verläuft in diesem Fall in einem Abstand x von dem Schwerpunkt der Klebfläche. Neben der Zugkraft F

8.3 Spannungen in Metallklebungen

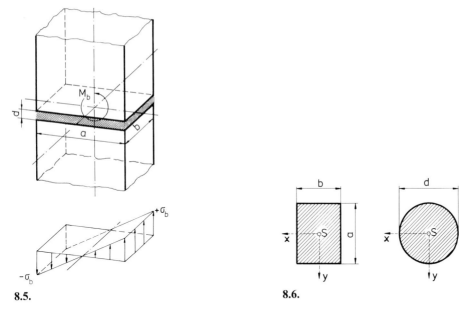

Bild 8.5. Biegebeanspruchung einer Klebung.

Bild 8.6. Berechnung des Widerstandsmoments.

wirkt das Moment $M_b = Fx$ auf die Klebschicht ein (Bild 8.7). Die maximale Spannung σ_{max} in der Klebschicht ergibt sich dann aus der als Folge der Zugkraft F sich einstellenden gleichmäßigen Zugspannung $\sigma_z = F/A$ und der durch das Biegemoment M_b verursachten Biegespannung $\sigma_b = M_b/W$ zu

$$\sigma_{max} = \frac{F}{A} + \frac{M_b}{W}. \tag{8.1}$$

Somit resultiert für $M_b = Fx$ und $W = a^2 b/6$ (bei rechteckigem Klebflächenquerschnitt und $A = ab$)

$$\sigma_{max} = \frac{F}{ab}\left(1 + \frac{6x}{a}\right). \tag{8.2}$$

Erfolgt der Angriff der Zugkraft z.B. am Ende der Klebfläche mit $x = 0{,}5a$, so ergibt sich für die maximale Spannung am Klebflächenende $\sigma_{max} = \frac{F}{ab} 4$ (Bild 8.8). Hieraus ist der sehr große Einfluß einer exzentrischen Belastung auf die Spannungsverteilung einer auf Zug belasteten Klebung erkennbar. Gegenüber einer zentrischen Belastung ($x = 0$) verursacht eine im Extremfall am Klebschichtende angreifende Kraft in diesem Bereich Spannungsspitzen in der vierfachen Höhe der aus der Belastung resultierenden Normalspannung.

8 Festigkeiten von Metallklebungen

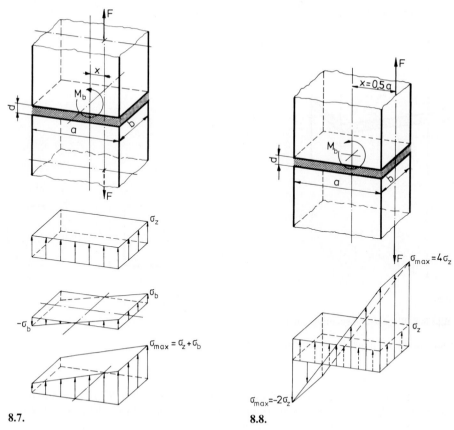

8.7. **8.8.**

Bild 8.7. Zug- und Biegebeanspruchung einer Klebung.

Bild 8.8. Zug- und Biegebeanspruchung einer Klebung bei x = 0,5 a.

Im Falle eines Bruchs der Klebung wird $\sigma_{max} = \sigma_B$ und somit die Bruchlast $F_B = \sigma_B A$. Es gilt dann

$$\sigma_B = \frac{F_B}{A} + \frac{F_B x}{W} = F_B \left(\frac{1}{A} + \frac{x}{W} \right) \tag{8.3}$$

und für $A = ab$ sowie $W = a^2 b/6$

$$F_B = \frac{\sigma_B ab}{1 + \frac{6x}{a}}. \tag{8.4}$$

Für $x = 0,5 a$ ergibt sich dann

$$F_B = 0{,}25 \sigma_B ab. \tag{8.5}$$

Als Ergebnis folgt aus dieser Berechnung, daß bei einem Angriff der Zugkraft am Rande der Klebfläche nur noch 25% der Bruchlast übertragen werden kann, die sich bei zentrischer Krafteinleitung erreichen läßt.

Ergänzende Literatur zu Abschnitt 8.3.1:[C4, G21, K47, W18].

8.3.2 Schubspannungen – Schubfestigkeit

Wirken Kräfte parallel zu der Klebfläche, so entstehen in der Klebschicht Schubspannungen τ^l.

Bemerkung: Die Bezeichnung der Schubspannung mit τ^l anstatt üblicherweise τ ergibt sich aus der in Abschn. 8.3.3.4 dargestellten Begründung.

In gleicher Weise wie die Zugspannungen ergeben sich die Schubspannungen (auch Scherspannungen genannt) aus der auf die Klebfläche bezogenen Kraft bei einer reinen Schub- bzw. Scherbeanspruchung zu

$$\tau^l = F/A \quad \text{(Bild 8.9a)}. \tag{8.6}$$

Als Schubfestigkeit (= Scherfestigkeit) gilt dann die flächenbezogene Höchstkraft beim Erreichen der Bruchschubspannung (Bild 8.9b)

$$\tau^l_B = F_{max}/A. \tag{8.7}$$

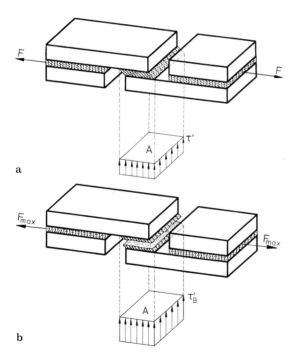

Bild 8.9. Schubspannung (a) und Bruchschubspannung (b) in einer überlappten Klebung bei starren Fügeteilen.

Die in diesem Fall übertragbare Bruchlast ist

$$F_B = \tau'_B A. \qquad (8.8)$$

Als maximale Schubspannung τ'_{max} ist die Schubspannung zu verstehen, die unter Einwirkung der jeweils herrschenden Maximalkraft innerhalb des Festigkeitsbereichs der Klebung vorhanden ist.

Eine diesem Idealfall für praktische Versuche nahekommende Klebfugengeometrie, die eine weitgehend gleichmäßige Schubspannungsverteilung ermöglicht, ist in DIN 54 451 [D1] beschrieben. Nach diesem Verfahren kann das Schubspannungs-Gleitungs-Verhalten von Klebungen unter definierten Spannungszuständen ermittelt werden (Abschn. 4.3). Als weitere Möglichkeit zur Erzeugung einer gleichmäßigen Schubspannungsverteilung dient die Beanspruchung einer Klebschicht zwischen zwei rotationssymmetrischen Fügeteilen durch ein Torsionsmoment zur Ermittlung der Verdrehscherfestigkeit (Abschn. 14.2.1.2).

8.3.3 Zugscherspannungen – Klebfestigkeit

Die beiden beschriebenen Grenzfälle der reinen Zug- und Schubbeanspruchungen spielen in der Praxis des Metallklebens nur eine untergeordnete Rolle. Das hat folgende Gründe:
• Bei der Zugbeanspruchung wird die Fügeteilfestigkeit nur zu einem sehr geringen Anteil für die Lastübertragung ausgenutzt, und das auch nur, wenn eine zentrische und momentenfreie Krafteinleitung sichergestellt ist. Ist letzteres nicht der Fall, treten weitere Verminderungen der übertragbaren Bruchlast auf.
• In der Praxis des Metallklebens werden vorwiegend Fügeteile mit dünnen Querschnitten eingesetzt, wobei die einschnittig überlappte Klebfugengeometrie nach Bild 8.14 aus fertigungsspezifischen und wirtschaftlichen Gründen dominiert. Hieraus ergeben sich durch mögliche Fügeteildehnungen und -verformungen bei Belastung der Klebung und durch das Auftreten eines Biegemoments komplexe und ungleichmäßige Spannungsverteilungen. Von einer gleichmäßigen Schubspannungsverteilung in der Klebfuge ist daher nicht auszugehen.

Bei Betrachtung der Spannungsverhältnisse in einschnittig überlappten Klebungen sind demnach die beiden Einflußgrößen der Fügeteilverformung und des Biegemoments zu berücksichtigen. Die folgenden Darstellungen für einschnittig überlappte Klebungen gehen zunächst von unendlich starren Fügeteilen ohne Auftreten eines Biegemoments aus, anschließend erfolgt dann die Einbeziehung der beiden Einflußgrößen Fügeteilverformung und Biegemoment.

8.3.3.1 Spannungsverteilung bei unendlich starren Fügeteilen mit elastischer Klebschichtverformung ohne Auftreten eines Biegemoments

Dieser Beanspruchungsfall, der nur theoretisches Interesse hat, ergibt sich aus Bild 8.9. Die durch die Belastung verursachte Verformung der Klebschicht weist über die gesamte Überlappungslänge den gleichen Betrag auf. In der Klebschicht bildet sich als Folge der parallel zur Klebfläche wirkenden Kraft eine reine Schubspannung aus, die durch die Fügeteilverschiebung bedingt ist. Die Spannungsverteilung ist über die gesamte Überlappungslänge gleichmäßig.

8.3.3.2 Spannungsverteilung bei elastischen Fügeteilen mit elastischer Klebschichtverformung ohne Auftreten eines Biegemoments

Dieser Fall kommt den Bedingungen der Praxis bereits näher, wenn man von Klebfugengeometrien ausgeht, die einen zentrischen Kraftangriff erlauben, z.B. ein- oder zweischnittige Laschungen (Bild 11.1) bzw. eine Klebfugengeometrie nach Bild 8.9 mit ausreichend dünnen Fügeteilwerkstoffen, die eine elastische Verformung gestatten.

Zusätzlich zu der gleichförmigen Schubspannung nach Bild 8.9 bildet sich aufgrund der an den Überlappungsenden vorhandenen elastischen Fügeteilverformung eine weitere Schubspannungskomponente in der Klebschicht aus. Die Schubspannungsverteilung in der Klebfuge ergibt sich demnach aus zwei Anteilen:
— Dem Anteil der durch die Fügeteilverschiebung resultierenden gleichmäßigen Schubspannung τ'_v,
— dem Anteil der auf die Fügeteildehnung zurückzuführenden, zu den Überlappungsenden hin ansteigenden Schubspannung τ'_ε.

Die Schubspannungsverteilung nimmt daher den in Bild 8.10 dargestellten Verlauf an. Über die Überlappungslänge betrachtet, treten somit ungleichmäßige Klebschichtverformungen auf, die an den Überlappungsenden ihre größten Werte erreichen. Von einer bestimmten Belastung beginnend kann je nach Klebschichteigenschaften in dieser auch ein Fließen eintreten, das bei weiterer Laststeigerung dann zu einer gleichmäßigeren Schubspannungsverteilung über der Überlappungslänge führt.

Im einzelnen ist die Spannungsausbildung bei elastischen Fügeteilen ohne Auftreten eines Biegemoments wie folgt zu beschreiben (Bild 8.11):
• Durch die Belastung mit der Kraft F entsteht in dem Bereich A-B des Fügeteils 1 eine Zugspannung $\sigma_1 = F/s_1 b$. Das gleiche gilt für den Bereich C-D des Fügeteils 2 $\sigma_2 = F/s_2 b$.
(s_1, s_2 Fügeteildicke; b Fügeteilbreite. Zur Vereinfachung wird in Übereinstimmung mit den meisten Praxisanwendungen davon ausgegangen, daß $s_1 = s_2 = s$ ist).
• Diese Zugspannung nimmt durch die stoffschlüssige Verbindung der beiden Fügeteile über die Klebschicht in Richtung B-C für das Fügeteil 1 und in Richtung C-B für das Fügeteil 2 jeweils kontinuierlich bis auf den Wert Null ab.

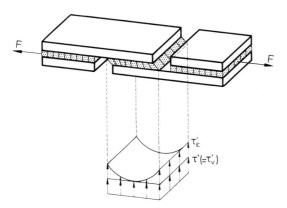

Bild 8.10. Schubspannung in einer überlappten Klebung bei elastischen Fügeteilen.

218   8 Festigkeiten von Metallklebungen

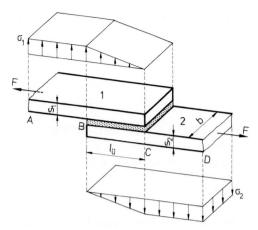

Bild 8.11. Spannungsausbildung in einer einschnittig überlappten Klebung.

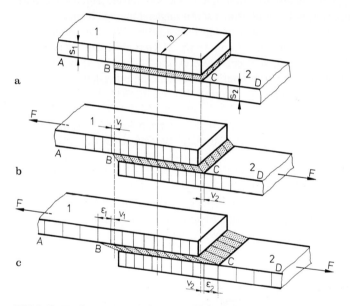

Bild 8.12. Verformungsverhalten von Klebungen.

• Als Folge dieser Zugspannung treten in den beiden Fügeteilen Dehnungen auf, die hinsichtlich ihrer Größe von dem jeweiligen Elastizitätsmodul E abhängig sind. Unter der Annahme rein elastischer Verformung, gleicher Fügeteilwerkstoffe und gleicher Abmessungen beträgt diese Dehnung ε in beiden Fügeteilen $\varepsilon = \sigma/E$. In der Klebschicht herrschen dann die in Bild 8.12 dargestellten Verhältnisse.
• In dem Punkt B hat das Fügeteil 1 infolge der angreifenden Kraft F durch die entstehende Klebschichtverformung zunächst eine Verschiebung v_1 und das Fügeteil 2 in Punkt C um den gleichen Betrag v_2 erfahren (Bild 8.12b). Ergänzend hierzu ist in beiden Punkten ein der Gesamtdehnung entsprechender Dehnungsanteil ε_1 bzw. ε_2

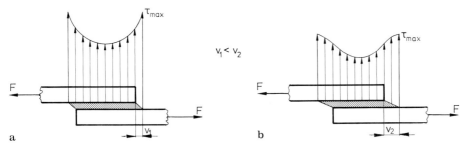

Bild 8.13. Spannungsverteilung bei einer verformungsarmen (a) und elastisch-plastischen (b) Klebschicht.

aufgetreten (Bild 8.12c). Bei gleichen Fügeteilwerkstoffen und -abmessungen ist $v_1 = v_2$ und $\varepsilon_1 = \varepsilon_2$.
• In jedem Punkt der Klebschicht erfolgt also eine Verformung, die sich aus den beiden Anteilen
– der Schubverformung der Klebschicht (v) und
– der durch die Fügeteildehnung verursachten Verformung der Klebschicht (ε)
an den jeweiligen Stellen der Klebschicht zusammensetzt.
• An den beiden Überlappungsenden (Punkt B und C) ist die Gesamtverformung am größten, daher treten in diesen Punkten auch die höchsten Spannungen, d.h. die aus Bild 8.10 ersichtlichen Spannungsspitzen, auf. In der Mitte der Klebfuge sind die Spannungen am niedrigsten, da hier nur die Schubspannung infolge der Fügeteilverschiebung vorliegt, während (bei Annahme gleicher Fügeteile) der Dehnungsunterschied zwischen beiden Fügeteilen Null ist.

Bei gleicher angreifender Kraft F ist das Ausmaß der Fügeteilverschiebung stark von dem Verformungsvermögen der Klebschicht abhängig. Bei elastischen Klebschichten kommt es, wie aus Bild 8.13b hervorgeht, trotz einer größeren Fügeteilverschiebung zu geringeren Spannungsspitzen.

Eine andere Betrachtungsweise besteht in der Aussage, daß Fügeteile, die nicht als unendlich starr anzusehen sind, sich aber dennoch dann in gleicher Weise verhalten, wenn sie durch hochelastische Klebschichten miteinander verbunden sind.

8.3.3.3 Spannungsverteilung bei elastischen Fügeteilen mit elastisch-plastischer Klebschichtverformung und Auftreten eines Biegemoments

Diese Beanspruchungsart stellt den Normalfall bei den in der Praxis am häufigsten eingesetzten einschnittig überlappten Klebungen dar. Durch den exzentrischen Kraftangriff tritt in der Klebfuge ein Biegemoment (Abschn. 8.4.8) auf, das bei elastisch-plastischer Deformation der Fügeteile gegen Null strebt und an den Überlappungsenden zusätzlich zu den Schub- und Zugspannungen in der Klebschicht zu weiteren Normalspannungen (Biege-, Schälspannungen) führt (Abschn. 8.3.3.4). Übersteigt die Fügeteilbelastung den elastischen Bereich, so kommt es zu einem Fließen des Werkstoffs. In diesem Fall treten sehr unübersichtliche Spannungszustände auf, die auch mathematisch sehr schwer erfaßbar sind. Grundsätzlich besteht bei der Dimensionierung von Konstruktionen die Festlegung, Bauteile nur im elastischen Bereich zu beanspruchen. Aus diesem Grunde wäre eine plastische Fügeteilverformung mit ihrer Auswirkung auf den Spannungszustand innerhalb der Klebfuge nur von theoretischem Interesse.

8.3.3.4 Klebfestigkeit

Am Gesamtspannungszustand in der Klebschicht einer einschnittig überlappten Klebung sind nach den vorstehenden Ausführungen die folgenden Spannungsarten beteiligt (Bild 8.14):

- Schubspannungen parallel zur Klebfläche, verursacht durch die Fügeteilverschiebung (τ'_v);
- Schubspannungen parallel zur Klebfläche, verursacht durch die Fügeteildehnung (τ'_ε);
- Zugspannungen (Normalspannungen, Schälspannungen) senkrecht zur Klebfläche, verursacht durch das Biegemoment (σ_z).

Bei einer kontinuierlichen Erhöhung der Kraft F addieren sich diese Spannungsarten insbesondere im Bereich der Überlappungsenden, bis dann von dort ausgehend bei Erreichen der Bruchspannung der Bruch der Klebschicht zur Mitte der Klebfuge verlaufend eintritt. Diese Spannungsüberlagerungen, die bei der Krafteinwirkung auf einschnittig überlappte Klebungen durch das Biegemoment entstehen, sind die Ursache dafür, daß mit dieser Klebfugengeometrie keine reinen Schubspannungen ermittel werden können, sondern eine Kombination aus Schub- bzw. Scherspannungen und den aus dem exzentrischen Kraftangriff sich einstellenden Zugspannungen. Definitionsgemäß bezeichnet man nach DIN 53 283 diese überlagerten Spannungsarten mit dem Begriff „Zugscherspannungen".

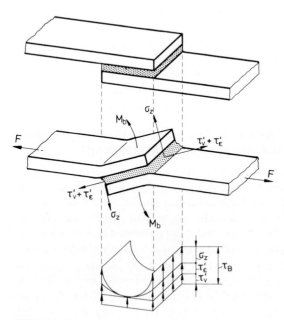

Bild 8.14. Zugscherspannung in einer einschnittig überlappten Klebung.

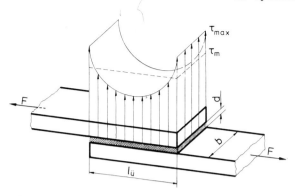

Bild 8.15. Spannungsverteilung in einer einschnittig überlappten Klebung.

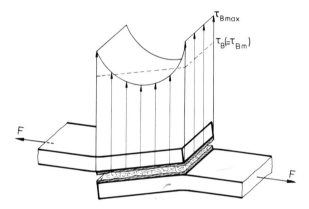

Bild 8.16. Spannungsverteilung bei einem Bruch in einer einschnittig überlappten Klebung.

In den Bildern 8.15 und 8.16 sind diese Spannungsverhältnisse nochmals dargestellt:
- τ_{max}: Maximale Zugscherspannung, die bei einer beliebigen Belastung durch die Kraft F innerhalb des Festigkeitsbereichs an den Überlappungsenden vorhanden ist, ohne daß es zu einem Bruch der Klebung kommt.
- τ_m: Mittlere Zugscherspannung, die sich als Mittelwert über die gesamte Klebfuge in Belastungsrichtung innerhalb des Festigkeitsbereichs ohne Bruch der Klebung ergibt.
- τ_{Bmax}: Maximale Zugscherspannung an den Überlappungsenden beim Bruch der Klebung (Bruchzugscherspannung).
- τ_{Bm}: Mittlere Bruchzugscherspannung über die gesamte Klebfuge beim Bruch der Klebung. In diesem Fall wird $\tau_{max} = \tau_{Bmax}$ und $\tau_m = \tau_{Bm}$.

Der Wert τ_{Bm} wird bei dem Zugscherversuch nach DIN 53283 als Klebfestigkeit τ_B bezeichnet und ergibt sich als Quotient der Höchstkraft F_{max} und der Klebfläche A als mittlere oder scheinbare Spannung $\tau_B = F_{max}/A$. Diese Spannung ist zu unterscheiden von der maximalen oder höchsten Spannung an den Überlappungsenden, die um ein Vielfaches höher als diese mittlere Spannung ist. In Abgrenzung zu der reinen, mit τ^l bezeichneten Schubspannung erfolgt die Bezeichnung der Zugscherspannung mit τ.

Der Klebschicht fällt somit die Aufgabe zu, die Verformungs- und Dehnungsunterschiede zwischen den beiden Fügeteilen zu überbrücken. Sie wird dabei mit Schub-, Zug- und Schälspannungen belastet, deren Maximalwerte an den Überlappungsenden und deren Minimalwerte in der Mitte der Klebfuge liegen. Ein Bruch der Klebschicht tritt dann ein, wenn die resultierenden Spannungsspitzen an den Überlappungsenden τ_{max} die Bruchzugscherspannung τ_{Bmax} der Klebschicht erreichen. Die mittlere Bruchzugscherspannung τ_{Bm} (also die Klebfestigkeit τ_B) ist im Augenblick des Bruchs über die gesamte Klebfläche demnach niedriger als die maximale Bruchzugscherspannung, die von der Klebschicht an den Überlappungsenden aufgenommen werden kann. Die Klebfestigkeitsprüfung nach DIN 53 283 ergibt somit einen Festigkeitsmittelwert, der durch die Höhe der beim Bruch an den Überlappungsenden vorhandenen Spannungsspitzen bestimmt wird. Ein Spannungsverlauf mit der erwähnten Spannungskombination an den Überlappungsenden wirkt sich demnach auf die Festigkeit einer Klebung ungünstig aus, da die Klebschicht an den Überlappungsenden bereits brechen kann, obwohl die mittlere Belastung in der Klebfuge noch gering ist. Aus diesen Zusammenhängen ergibt sich die besondere Problematik in der Bedeutung der nach DIN 53 283 gemessen Klebfestigkeit τ_B für ihre Anwendung als Kenngröße zur Berechnung von Metallklebungen. Auf diese Zusammenhänge wird in Abschnitt 9.2 noch im einzelnen eingegangen.

Die Darstellung der Spannungsverteilung in den Bildern 8.15 und 8.16 mit hohen Spannungsspitzen an den Überlappungsenden gilt in dieser schematischen Darstellung für ideal elastische Klebschichten. Ein derartiges Verhalten weisen diese in der Regel jedoch nicht auf. Durch entsprechende Klebstoffmodifikationen (Abschn. 4.4.3) ist man bestrebt, die hohen Spannungsspitzen, die an den Überlappungsenden bei Belastungen auftreten, abzubauen. Dadurch gelingt es, einen größeren Teil der Klebfläche zur Lastübertragung heranzuziehen. Eine Spannungsverteilung, wie sie in Bild 8.17 dargestellt ist, kommt daher den Verhältnissen der Praxis näher.

Aufgrund der in Bild 8.2 und Tabelle 8.1 dargestellten Einflußparameter kann die Klebfestigkeit nicht als ein charakteristischer Werkstoffkennwert eines bestimmten Klebstoffs betrachtet werden. Trotz dieser Einschränkungen kommt ihrer Bestimmung unter den in DIN 53 283 festgelegten Bedingungen aus zwei Gründen eine große Bedeutung zu:

— Bewertung der Klebfestigkeit unterschiedlicher Klebstoffe und/oder Fügeteiloberflächen bei vergleichenden Untersuchungen;

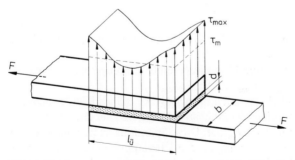

Bild 8.17. Spannungsverteilung in einer einschnittig überlappten Klebung mit elastisch-plastischem Klebschichtverhalten.

– Bewertung der Alterungsbeständigkeit verschiedener Klebstoff- und Fügeteilkombinationen.

Die erhaltenen Meßergebnisse können dann in vielen Fällen als Ausgangsbasis für ergänzende, den spezifischen Anwendungen dienenden Festigkeitsuntersuchungen betrachtet werden.

Die Klebfestigkeit ist nicht nur von den erwähnten Einflußparametern, sondern ebenfalls von der Einspannlänge der Probe in der Prüfeinrichtung abhängig. Der Grund liegt in der Tatsache, daß die Länge des Prüfkörpers eine mehr oder weniger starke Verbiegung zuläßt. Nach den Gleichungen der elastischen Linie wächst die elastische Durchbiegung eines an beiden Seiten fest eingespannten Stabes mit der dritten Potenz des Abstandes der Einspannungen. Mit größer werdender Einspannlänge nimmt somit die Biegung der Probe zu, um so geringer ist dann die gemessene Klebfestigkeit. Untersuchungen zu dieser Einflußgröße sind u.a. von Krekeler [K35] durchgeführt worden. Als Maß für die freie Einspannlänge ist nach DIN 53 281 zwischen dem Überlappungsende und den Einspannklemmen jeweils ein Abstand von 50 mm festgelegt.

8.3.3.5 Zusammenhang zwischen Klebfestigkeit und Klebschichtverformung

Der in Abschnitt 8.3.3.4 beschriebene Zusammenhang zwischen Klebfestigkeit und Klebschichtverformung läßt sich durch die folgenden beiden, der Literatur entnommenen Beispiele, verdeutlichen:
• Nach Untersuchungen von Althof [A29] zeigt Tabelle 8.2 für zwei Epoxidharzklebstoffe die unterschiedlichen Festigkeitswerte, ermittelt nach dem Zugscherversuch und dem Verdrehscherversuch (Abschn. 14.2.1.1 und 14.2.1.2). Diese Ergebnisse auf Basis von zwei verschiedenen Spannungszuständen, kombinierten Schub-, Zug- und Biegespannungen sowie reinen Schubspannungen, geben einen Einblick in die „wahren Festigkeiten" einer Klebung und ermöglichen Rückschlüsse auf die Art des Bruchgeschehens. Der höhere Wert der Klebfestigkeit des Epoxid-Nylon-Klebstoffs ist im wesentlichen auf seine Fähigkeit zurückzuführen, die an den Überlappungsenden auftretenden Spannungsspitzen abzubauen und beruht nicht auf seiner „wahren" Festigkeit. Wenn man nur diese wahre Festigkeit betrachten würde dann müßte der Epoxid-Dicyandiamid-Klebstoff bei seiner hohen Verdrehscherfestigkeit auch die höhere Klebfestigkeit aufweisen.
• In Tabelle 8.3 sind nach Untersuchungen von Matting und Ulmer [M5, Seite 359] die Werte der Bruchfestigkeit, Bruchdehnung und Klebfestigkeit von zwei verschiedenen

Tabelle 8.2. Klebfestigkeit und Verdrehscherfestigkeit von zwei Epoxidharzklebstoffen.

Klebstoff	Klebfestigkeit τ_B Nmm^{-2}	Verdrehscherfestigkeit τ_V Nmm^{-2}
Epoxid-Dicyandiamid	35	78
Epoxid-Nylon	46	66
AlCuMg 2; $l_ü$ = 12,5 mm; s = 1,5 mm		

Tabelle 8.3. Experimentell ermittelte Festigkeitswerte von zwei verschiedenen Klebstoffen.

Klebstoff	Bruchfestigkeit σ_B Nmm^{-2}	Bruchdehnung ε_B %	Spannungs-spitzenfaktor n	Klebfestigkeit τ_B Nmm^{-2}
Epoxid	17,5	2,9	1,1	25,0
Phenol-Polyvinylformal	70,0	1,8	1,5	29,0
Fügeteilwerkstoff: AlCuMg 2 pl; $l_{ü}$ = 20 mm; b = 25 mm				

Klebstoffen wiedergegeben. Aus den Werten läßt sich der folgende Zusammenhang erkennen:
• Das Phenol-Polyvinylformalharz besitzt gegenüber dem Epoxidharz eine wesentlich größere Bruchfestigkeit, aber eine geringere, durch die Bruchdehnung charakterisierte Verformbarkeit (Grund: hoher Vernetzungsgrad). Hieraus ergibt sich wiederum ein geringeres Vermögen für einen Spannungsausgleich in der Klebfuge, es verbleiben hohe Spannungsspitzen, charakterisiert durch den höheren Wert des Spannungsspitzenfaktors (Abschn. 8.5.1.1).
• Im Verhältnis zu der hohen Bruchfestigkeit liegt die Klebfestigkeit des Phenol-Polyvinylformalharzes nur relativ gering über dem Wert des Epoxidharzes.

Eine ergänzende Erklärung dieser Zusammenhänge ist auch über das Spannungs--Dehnungs-Verhalten der Klebschichten möglich. Im Gegensatz zu metallischen Werkstoffen wird die Zunahme der Dehnung mit steigender Belastung bei Klebschichten sehr viel größer. Das bedeutet, daß bei einem nichtlinearen Elastizitätsverhalten bei einer vorhandenen größeren Dehnung die Spannung in der Klebschicht relativ niedrig liegt und in gewissen Grenzen sogar konstant bleiben kann.

Bild 8.18 zeigt in schematischer Darstellung typische Spannungs-Dehnungs-Kurven für Stahl und zwei verschiedene Klebschichtharze, wobei unter Bezugnahme auf

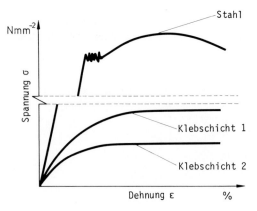

Bild 8.18. Spannungs-Dehnungs-Kurven von Klebschichten im Vergleich zu Stahl.

die vorstehend erwähnten Zusammenhänge das Phenol-Polyvinylformalharz schematisch der Kurve Klebschicht 1 und das Epoxidharz der Kurve Klebschicht 2 zugeordnet werden kann. Für die Berechnung der Spannungen in einer einschnittig überlappten Klebung bedeutet das, daß an den Überlappungsenden um so niedrigere Spannungsspitzen auftreten, je weniger linear sich Spannung und Dehnung einer Klebschicht verhalten. Somit führen, wie auch diese Darstellung zeigt, Berechnungsverfahren, die von einem linearen Spannungs-Dehnungs-Verhalten ausgehen, zu überhöhten Spannungsspitzen an den Überlappungsenden (Abschn. 8.3.6 und 8.5).

Zusammenfassend ergibt sich die Folgerung, daß die Festigkeit einer Klebung als eine Kombination von Bruchfestigkeit und Verformungsvermögen anzusehen ist und nicht allein durch die Bruchfestigkeit charakterisiert werden kann. Das Verformungsverhalten einer Klebschicht ist somit von wesentlich größerem Einfluß auf die Festigkeit einer Klebung als deren Eigenfestigkeit. Es ist demnach falsch, sich bei der Auswahl eines Klebstoffs nur von den Werten seiner Klebfestigkeit leiten zu lassen.

8.3.3.6 Abhängigkeit der Spannungsverteilung von der Temperatur

In ähnlicher Weise, wie die mechanischen Parameter von Klebschichten temperaturabhängig sind (Abschn. 4.4), ändert sich temperaturabhängig auch die Spannungsverteilung in einer Klebfuge. Dieser Sachverhalt läßt sich wie folgt erklären: Mit zunehmender Temperatur nimmt der Elastizitätsmodul niedrigere Werte an (Bild 4.5 und 4.7), damit erhöht sich bei gleichbleibender Spannung gemäß $E = \sigma/\varepsilon$ die Dehnung der Klebschicht. Die zunehmende Dehnung führt zu einer Verringerung der Spannungsspitzen an den Überlappungsenden, die maximalen Spannungen τ_{max} nehmen geringere Werte an. Durch diese Spannungsverteilung mit geringeren Maximalspannungen ergibt sich eine ansteigende mittlere Zugscherspannung τ_m und somit eine höhere Klebfestigkeit.

Diese Zusammenhänge, wie sie ebenfalls aus Bild 8.19 ersichtlich sind, gelten jedoch nur für eine begrenzte Temperaturerhöhung. Der Anstieg der Klebfestigkeit endet, wenn die Spannungsverteilung soweit ausgeglichen ist, daß bei einer weiteren Temperaturerhöhung die Abnahme der Klebfestigkeit überwiegt.

Das Ausmaß der Temperaturabhängigkeit der Spannungsverteilung wird ebenfalls durch die mechanischen Eigenschaften der Klebschichten beeinflußt. Klebschichten, die bei Raumtemperatur einen relativ steilen Spannungs-Dehnungs-Verlauf aufweisen (z.B. Klebstoff 1 Bild 4.14) erleiden naturgemäß bei einer Temperaturerhöhung stärkere relative Formänderungen als Klebschichten entsprechend Klebstoff 2 in dem gleichen Bild.

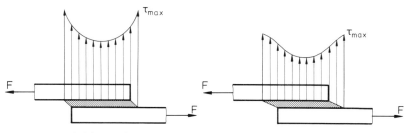

Bild 8.19. Erniedrigung der Maximalspannungen bei erhöhten Temperaturen.

8.3.3.7 Experimentelle Bestimmung der Spannungsverteilung durch Schubspannungs-Gleitungs-Diagramme

Schubspannungs-Gleitungs-Diagramme werden nach dem Verschiebungsmeßverfahren aufgestellt. In die polierten Seitenflächen einer Klebung werden in definierten Abständen Strichmarken eingeritzt. Während der Belastung wird die Strichmarkenverschiebung über der Überlappungslänge mittels eines Mikroskops verfolgt und durch eine aufgesetzte Kamera festgehalten. Gleichzeitig erfolgt die Messung der Klebschichtdicke. Die bei verschiedenen Belastungen auftretende Gleitung $\tan \gamma$ (Abschn. 4.2) ergibt sich dann aus der gemessenen Verschiebung, bezogen auf die Klebschichtdicke. Grundlegende Erkenntnisse zu dieser Thematik beruhen auf Arbeiten von Matting und Ulmer [M24].

Bild 8.20 zeigt als Beispiel aus diesen Arbeiten den Zusammenhang zwischen der mittleren Zugscherspannung τ_m und der gemessenen Gleitung $\tan \gamma$ an den verschiedenen Meßpunkten einer einschnittig überlappten Klebung mit den angegebenen Abmessungen. Bei der Beanspruchung durch die Kraft F treten sowohl ein Biegemoment als auch Fügeteildehnungen auf, die zu den nachzuweisenden Spannungsspitzen führen. In dem Diagramm sind die bei der jeweils vorhandenen mittleren Zugscherspannung τ_m auftretenden Gleitungen $\tan \gamma$ wiedergegeben, und zwar in Abhängigkeit von der Lage des Meßpunkts x. Die Kurve $x=0$ gibt die Gleitung am Überlappungsende, die Kurve $x=10$ in der Überlappungsmitte (da $l_{ü}=20$ mm) wieder. Die Kurven $x=1$, 2 und 5 liegen zwischen diesen Grenzwerten. Da eine symmetrische Spannungsverteilung angenommen werden kann, läßt sich die Darstellung auf den Bereich $x=0$ bis $x=10$ beschränken. Folgende Zusammenhänge sind zu erkennen:

• Bei gleicher Spannung ist die Höhe der auftretenden Gleitung sehr stark von der Lage des Meßpunkts abhängig. Die höchste Gleitung weist wegen der auftretenden Fügeteildehnung und der erfolgten Fügeteilverschiebung (Bild 8.12) erwartungsgemäß die Kurve $x=0$ (Überlappungsende) auf. Die geringste Gleitung ist bei der Kurve $x=10$ (Überlappungsmitte) vorhanden. Hier wirkt sich nur die Fügeteilverschiebung aus.

• Die Spannungs-Gleitungs-Kurven verlaufen nur im Bereich kleiner Spannungen linear, höhere Spannungen führen zu einer starken Erhöhung der Gleitung, und zwar von der Überlappungsmitte zu Überlappungsende stark zunehmend.

Aus dieser experimentell ermittelten Spannungs-Gleitungs-Kurve $\tan \gamma = f(\tau_m)$ kann man nun wie nachfolgend beschrieben, die Spannungsverteilung über der Überlappungslänge ableiten:

• Zunächst werden, wie in Bild 8.21 dargestellt, die an jedem Meßpunkt experimentell erhaltenen Werte der Gleitung $\tan \gamma$ der entsprechenden mittleren Zugscherspannung zugeordnet und in Abhängigkeit des Meßpunkts x in ein Diagramm $\tan \gamma = f(x)$ bei τ_m = const eingetragen.

• Als nächster Schritt wird nun die mittlere Gleitung $\tan \gamma$ bestimmt. Man erhält sie auf graphische Weise durch ein Planimetrieren der jeweiligen $\tan \gamma - x$-Kurve in Bild 8.21, z.B. ergibt sich für die Kurve $\tau_m = 15$ N mm^{-2} auf diese Weise der Punkt A. In diesem Punkt ist somit eine mittlere Gleitung $\tan \gamma_m = 0{,}025$ bei einem Abstand $x=3$ mm vom Überlappungsende vorhanden. Die auf diese Weise ermittelten $\tan \gamma_m$ – Werte werden in das Diagramm Bild 8.20 zurückübertragen, man erhät eine Kurve $\tan \gamma_m$, die die mittlere Gleitung über der angelegten mittleren Spannung darstellt. Für das erwähnte

8.3 Spannungen in Metallklebungen   227

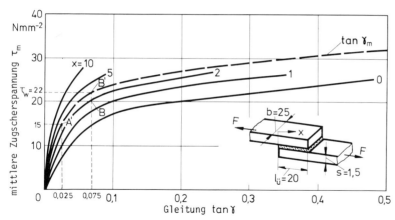

Bild 8.20. Experimentelle Bestimmung der Spannungsverteilung $\tan\gamma = f(\tau_m)$ (nach [M24]).

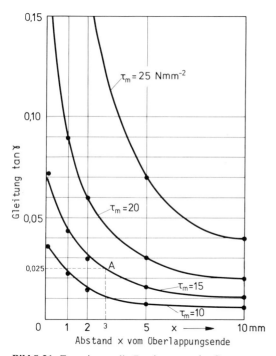

Bild 8.21. Experimentelle Bestimmung der Spannungsverteilung $\tan\gamma = f(x)$ (nach [M24]).

Beispiel ergibt sich so der Punkt A' auf der $\tan\gamma_m$ – Kurve. Diese so gebildete τ_m-$\tan\gamma_m$-Kurve (gestrichelte Linie) gibt demnach die in der Klebfuge durch die Zugscherbeanspruchung sich einstellenden mittleren Gleitungen wieder.
• Auf Basis dieser τ_m-$\tan\gamma_m$ – Kurve kann nun die wahre Spannungsverteilung in der Klebfuge abgeleitet werden. Geht man beispielsweise in Bild 8.20 von der mittleren Zugscherbeanspruchung $\tau_m = 20$ N mm^{-2} aus, ergibt sich für einen bestimmten Punkt x

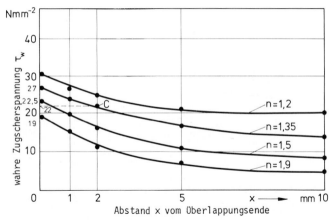

Bild 8.22. Experimentelle Bestimmung der Spannungsverteilung $\tau_w = f(x)$ (nach [M24]).

(z. B. Kurve $x=2$) eine Gleitung $\tan\gamma$ (z. B. 0,075) (Punkt B). Durch Projektion dieses Punktes auf die τ_m-$\tan\gamma_m$ — Kurve erhält man mit dieser Kurve den Schnittpunkt B', der dann die wahre Spannung an diesem Punkt wiedergibt, in vorliegendem Beispiel $\tau_w = 22$ N mm^{-2}. Die Zuordnung der so bestimmten Werte der wahren Spannung zu den Abstandspunkten x ergibt dann das in Bild 8.22 dargestellte Diagramm.

- In dem $\tau_w = f(x)$ — Diagramm nach Bild 8.22 läßt sich somit der Punkt C festlegen. Auf diese Weise ist es möglich, aus der $\tan\gamma = f(\tau_m)$-Kurve (Bild 8.20) über die planimetrische Auswertung eine $\tau_w = f(x)$-Kurve darzustellen, die die wahre Spannungsverteilung über der Überlappungslänge wiedergibt. In gleicher Weise wird mit den übrigen τ_m — und $\tan\gamma_m$ — Werten verfahren.

Aus den Kurven der Bilder 8.21 und 8.22 läßt sich ebenfalls der aus den jeweiligen Belastungen resultierende Spannungsspitzenfaktor n (Abschn. 8.5.1.1) berechnen. Für die vier dargestellten Kurven ergibt er sich aus den Maximalwerten der Spannungen am Überlappungsende ($x=0$) in Bild 8.22 und den dazugehörigen mittleren Spannungen in Bild 8.21 zu

$$n = \frac{\tau_{max}}{\tau_m} = \frac{19}{10} = 1,9; \frac{22,5}{15} = 1,5; \frac{27}{20} = 1,35; \frac{30}{25} = 1,2.$$

Man erkennt hieraus, daß der Spannungsspitzenfaktor für einen Klebstoff keine konstante Größe darstellt, sondern belastungsabhängig ist und mit größer werdender Belastung abnimmt. Die Erklärung hierfür liegt in der Tatsache, daß mit zunehmender mittlerer Spannung der elastisch-plastische Anteil der Klebschicht am Überlappungsende an Einfluß gewinnt. Trotz zunehmender Fügeteildehnung nimmt das Anwachsen der Spannungsspitzen in der Klebschicht aufgrund der vorhandenen plastischen Anteile ab. Es ist demnach nicht richtig, allgemein von einem Abbau der Spannungsspitzen zu sprechen, sondern genauer von einer Verringerung des Spannungsgradienten $d\tau/dx$. Dieser Zusammenhang drückt sich dann in dem Verhältnis $\tau_{max}:\tau_m$, d.h. dem Spannungsspitzenfaktor aus.

Das mit zunehmender Spannung verstärkt elastisch-plastische Verhalten der Klebschicht am Überlappungsende ermöglicht erst den Einsatz dieser Polymere als Klebstoff für Konstruktionsklebungen. Nur über diese Eigenschaftscharakteristik besteht die Möglichkeit, die von den Fügeteilwerkstoffen auf die Klebschicht übergehenden Verformungen aufzunehmen und die Spitzenbelastungen an den Überlappungsenden ohne Bruch zu ertragen. Die am höchsten beanspruchte Stelle in einer Klebung (Kurve $x=0$) sollte, um ein Kriechen der Klebschicht zu vermeiden, für den vorgesehenen Klebstoff daher nur den Spannungswert erreichen, der sich aus dem Schubspannungs-Gleitungs-Diagramm für den Bereich unterhalb der Fließgrenze, d.h. dem Beginn merklicher plastischer Formänderung der Klebschicht, ergibt. Im Fall des Bildes 4.3 wären das 34 N mm^{-2}.

Grundsätzlich ist es mit dem vorstehend beschriebenen Verfahren möglich, die Spannungsverteilung in einer Klebfuge experimentell zu erfassen. Da der experimentelle Aufwand jedoch sehr groß ist und neben den Verformungseigenschaften der Klebschicht auch die geometrischen Faktoren der Klebfuge und die Eigenschaften der Fügeteilwerkstoffe eine wesentliche Rolle spielen, beschränkt man sich im allgemeinen auf die Ermittlung der Klebfestigkeit in Ablehnung an das in DIN 53 283 festgelegte Verfahren, jedoch unter Berücksichtigung der jeweils interessierenden geometrischen und werkstoffspezifischen Klebfugenparameter.

Eine rein mathematische Bestimmung der Spannungsverteilung in Klebfugen ist im Grundsatz ebenfalls möglich, hierzu siehe Kapitel 9.

Ergänzende Literatur zu Abschnitt 8.3.3.7:[H35].

8.3.4 Schälspannungen – Schälwiderstand

Für die Festigkeit einer Klebung hat das bei einer Belastung mögliche Auftreten von Schälspannungen besondere Bedeutung. Diese Schälspannungen ergeben sich als Zugspannungen (Normalspannungen) σ_z senkrecht zur Belastungsrichtung. Schälspannungen treten sowohl bei einer reinen Schälbeanspruchung als auch bei der exzentrischen Beanspruchung einschnittig überlappter Klebungen, wie in Bild 8.23 dargestellt, auf. Die resultierenden Schälspannungen erzeugen an den Überlappungsenden sehr hohe Spannungsspitzen. Bild 8.24 zeigt schematisch die Ausbildung der Schälspannungen bei einer reinen Schälbeanspruchung.

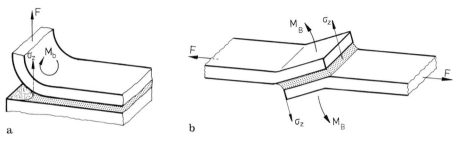

Bild 8.23. Schälbeanspruchungen in Klebungen.

230   8 Festigkeiten von Metallklebungen

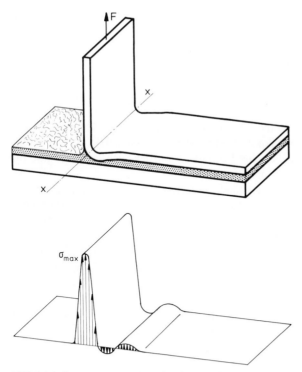

Bild 8.24. Spannungsverteilung in einer Klebung bei Schälbeanspruchung.

Betrachtet man den verklebten Bereich des abzuschälenden Fügeteils als elastisch gebetteten Biegebalken, an dem senkrecht zur Oberfläche die Schälkraft F angreift, so ergibt sich durch die Verformung des Fügeteils die dargestellte Spannungsverteilung. Die Beanspruchung der Klebschicht durch das Schälen erfolgt entlang einer schmalen Linie $x...x$ quer zur Zugachse bzw. parallel zur Probenbreite und läuft kontinuierlich über die gesamte Klebfläche hinweg. Aufgrund dieser sehr kleinen Einwirkfläche treten hohe Spannungen auf, die die Festigkeit der Klebschicht um ein Vielfaches übersteigen können. Im Gegensatz zu der Zugscherbeanspruchung wird somit im Augenblick der Beanspruchung nicht die gesamte Klebfläche für die Lastübertragung herangezogen. Das führt zu erheblich geringeren übertragbaren Bruchlasten durch die Klebschicht. Vorteilhaft gegenüber dem Zugscherversuch ist allerdings bei der Schälbeanspruchung die örtlich begrenzte und gleichmäßig fortschreitende Belastung senkrecht zur Klebfuge im Hinblick auf die dadurch gegebene Möglichkeit der Klebschichtprüfung. Aus diesem Grunde wird die Schälbeanspruchung in Form des Winkelschälversuchs nach DIN 53 282 [D1], bei dem zwei miteinander verklebte T-förmig abgewickelte Probekörper durch einen Abschälvorgang voneinander getrennt werden, zum vergleichenden Beurteilen von Metallklebstoffen und zum Überwachen von Klebprozessen herangezogen. Die linienförmige Beanspruchung hat zur Folge, daß sich Fehlklebungen, Inhomogenitäten in der Klebschicht sowie unterschiedliche Haftungseigenschaften viel deutlicher bemerkbar machen als bei der flächenhaften Beanspruchung des Zugscherversuchs. Aus konstruktiver Sicht ist jedoch darauf hinzuweisen, daß wegen der sehr geringen übertragbaren Bruchlast, die ihre Ursache in der großen Empfindlichkeit von Klebungen gegen abschälende, senkrecht zur Klebschicht angreifene Kräfte hat, Maßnahmen getroffen werden müssen, die diese Beanspruchung einer Klebung ausschließen. Bereits bei der Konstruktion sind daher die entsprechenden Voraussetzungen zur Eliminierung dieser Beanspruchungsart zu schaffen (Abschn. 11.2). Die Gefahr einer Abschälung ist generell dann gegeben, wenn die Belastung einer Klebung auf Schub oder Zug nicht gleichmäßig über die gesamte Klebschicht erfolgt, sondern linienförmig an einem Überlappungsende senkrecht zur Klebschicht angreift.

Der häufig gebrauchte Begriff der Schälfestigkeit bedarf in diesem Zusammenhang einer Einschränkung, da bei der Schälbeanspruchung keine Festigkeit im eigentlichen Sinne, d.h. die auf eine Fläche bezogene Kraft, gemessen wird. Bei dem Schälversuch werden linienförmig nacheinander spezifische Festigkeitswerte über die Klebfläche ermittelt, die durch die Probenbreite vorgegeben sind. Aus diesem Grunde wird exakter von einem Widerstand der Klebung gegenüber einer abschälenden, senkrecht zur Klebfuge angreifenden Kraft gesprochen (Schälwiderstand) [W25].

Die Ermittlung des Schälwiderstands erfolgt mittels verschiedener Prüfverfahren, die in Abschnitt 14.2.1.6 beschrieben sind.

Der Schälwiderstand einer Klebung ist von den folgenden Größen abhängig: Elastizitätsmodul von Klebschicht und Fügeteil, Klebschichtdicke, Fügeteildicke sowie Fügeteilbreite. Nach Untersuchungen von Althof [A30] wirken sich diese Größen wie folgt aus:
• Der Elastizitätsmodul der Klebschicht beeinflußt den Schälwiderstand kaum, während mit zunehmendem Elastizitätsmodul der Fügeteile der Schälwiderstand ansteigt.
• Mit größer werdender Blechdicke und kleiner werdendem Biegeradius nimmt der Schälwiderstand zu.
• Die Klebschichtdicke hat auf den Schälwiderstand keinen Einfluß. Diese Aussage ist allerdings vom Klebstoff abhängig, nach Untersuchungen von Ulmer und Hennig [U3] ist auch ein Ansteigen des Schälwiderstands mit zunehmender Klebschichtdicke festzustellen.
• Die aufzuwendende Schälkraft ist direkt proportional der Fügeteilbreite.

Eine Erhöhung des Schälwiderstands von Klebschichten ist in gewissem Umfang durch Füllstoffe wie Metallpulver, Glasfasern bzw. Glasgewebe möglich. Diese Erhöhung wird vor allem durch die Stützwirkung des Glasgewebes auf die Klebschicht bewirkt, die somit eine bessere Weiterleitung der auftretenden Schälspannungen ermöglicht. Auch durch das Mischen des Klebstoffansatzes aus den Komponenten in der Klebschicht eingeschlossene Luftblasen vermögen den Schälwiderstand zu vergrößern [K33]. Je nach Art und Geometrie der Fügeteile sowie eingesetzter Klebstoffe und Oberflächenvorbehandlungsverfahren liegen die Schälwiderstände der Klebschichten unterhalb von 100 N cm^{-1}.

Eine ausführliche Darstellung über die Berechnung der Spannungsverteilung sowie des Schälwiderstands in Abhängigkeit von der Fügeteilsteifigkeit, Schälgeschwindigkeit und des Schälwinkels findet sich in [H36] und [K48].

Ergänzend sei der Hinweis gegeben, daß der Effekt der geringen Bruchlast bei der Schälbeanspruchung unbewußt bei der Entfernung eines Pflasters von der Hautoberfläche oder eines Klebeetiketts von einem Substrat ausgenutzt wird. Beides gelingt am besten und praktisch rückstandslos, wenn das abzuziehende Material nach hinten umgelegt und in einer „Abrollbewegung" abgeschält wird.

8.4 Einfluß der geometrischen Gestaltung der Klebfuge auf die Klebfestigkeit einschnittig überlappter Klebungen

Die Ausführungen über die Spannungen haben deutlich gemacht, daß bei einschnittig überlappten Metallklebungen mit elastisch verformbaren Fügeteilen und gleichzeitig auftretendem Biegemoment die Spannungsverteilung entscheidend durch die Geometrie der Klebfuge beeinflußt wird. Der wichtigste Parameter ist hierbei die Überlappungslänge $l_{ü}$, über deren Bereich sich die Spannungsausbildung in Belastungsrichtung verändert. Die Fügeteildicke ist sowohl für das Verformungsverhalten als auch in Verbindung mit der Klebschichtdicke für die Größe des auftretenden Biegemoments verantwortlich.

8.4.1 Überlappungslänge

In bezug auf eine wirtschaftliche Gestaltung von Metallklebungen bestimmt die Größe der Überlappungslänge $l_{ü}$ einer einschnittig überlappten Klebung als der am häufigsten angewandten Klebfugengeometrie entscheidend den erforderlichen Materialeinsatz. Grundsätzlich könnte man davon ausgehen, daß es möglich ist, mit größeren Überlappungslängen (bei konstanter Fügeteilbreite) auch höhere Kräfte zu übertragen, um somit den an die Konstruktion gestellten Festigkeitsanforderungen gerecht zu werden. Daß diese Überlegung nicht uneingeschränkt zutrifft, liegt in den besonderen Verhältnissen der Spannungsverteilung in einer einschnittig überlappten Klebung begründet. In Abschnitt 8.3.3.4 wurde bereits darauf hingewiesen, daß die Festigkeit dieser Klebfugengeometrie entscheidend durch das Auftreten von Spannungsspitzen an den Überlappungsenden beeinflußt wird. Hier spielt die Fügeteildehnung eine ausschlaggebende Rolle. In der in Bild 8.25 dargestellten Klebung sind die beiden Fügeteile über die Klebschicht stoffschlüssig miteinander verbunden. Die angreifende Kraft F führt daher zu einer Dehnung beider Fügeteilwerkstoffe dann, wenn die Festigkeit der Klebfuge größer ist als die Dehn- bzw. Streckgrenze der Fügeteile. Durch die Fügeteildehnung wiederum entstehen die die Festigkeit begrenzenden Spannungsspitzen. Betrachtet werden sollen bei konstanter Überlappungsbreite die folgenden drei Fälle mit den Überlappungslängen $l_{ü1} < l_{ü2} < l_{ü3}$:

• *Überlappungslänge $l_{ü1}$*: Bei kurzen Überlappungen besteht zunächst die Möglichkeit, daß durch die in gewissen Grenzen stattfindende elastische und plastische Klebschichtverformung ein Spannungsausgleich erfolgt. Als entscheidender Faktor kommt hinzu, daß durch die geringe Überlappung und somit geringe Klebfläche die übertragbare Last ebenfalls so gering ist, daß die im Fall eines Bruchs der Klebung im Fügeteil vorhandene Spannung σ_{vorh} unterhalb der Dehngrenze $R_{p0,2}$ liegt. Somit treten im wesentlichen nur die durch eine Fügeteilverschiebung verursachten Schubspannungen auf. Die resultierenden geringen Spannungsspitzen werden ergänzend durch das auftretende Biegemoment verursacht. Die Spannung im Fügeteil liegt also unterhalb der mit dem Wert von $R_{p0,2}$ ausnutzbaren Werkstoffestigkeit.

8.4 Einfluß der geometrischen Gestaltung der Klebfuge   233

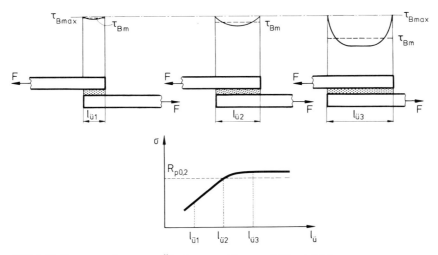

Bild 8.25. Zusammenhang von Überlappungslänge und Fügeteildehnung.

- *Überlappungslänge $l_{ü2}$*: In diesem Fall wird durch die übertragbare Last im Fall des Bruchs der Klebung eine Spannung im Fügeteil erzeugt, die die Grenze der elastischen Fügeteilverformung erreicht. Die an den Überlappungsenden der Klebschicht sich ausbildenden Spannungsspitzen nehmen eine dieser elastischen Verformung charakteristische Größe an, sie überlagern sich den bereits vorhandenen Biegespannungen. Die Werkstoffausnutzung in der Klebung erreicht einen optimalen Wert, da ein Gleichgewicht zwischen der Fügeteilbeanspruchung im elastischen Bereich und der Festigkeit der Klebung vorhanden ist.
- *Überlappungslänge $l_{ü3}$*: Hier liegt die Fügeteilspannung oberhalb der 0,2%-Dehngrenze. Die zunehmende Überlappungslänge führt an den Überlappungsenden zu einer Dehnung der Fügeteilwerkstoffe in den Bereich plastischer Verformung. Diese Dehnung vermag die Klebschicht nicht mehr aufzunehmen, so daß der Bruch von den Überlappungsenden ausgehend eintritt. Die sich zunehmend ausbildenden Spannungsspitzen erniedrigen die übertragbare Last.

Wenn man davon ausgeht, daß eine Fügeverbindung dann optimal ausgelegt ist, wenn eine Überbeanspruchung entweder zur Grenzbelastung des Fügeteils im elastischen Bereich oder zu gleichem Anteil zum Bruch der Klebschicht führt, dann entspricht diese Forderung bei Metallklebungen der Berücksichtigung der Überlappungslänge $l_{ü2}$. Diese Feststellung folgt dem Grundgedanken, daß Werkstoffe in Konstruktionen nur in ihrem elastischen Verformungsbereich beansprucht werden sollen. Bei der praktischen Anwendung wird man daher die Streckgrenze bzw. die 0,2%-Dehngrenze als obere Grenze der Belastung ansehen und daraus rechnerisch das Optimum der Überlappungslänge bestimmen (Abschn. 8.4.1.1 und 9.2.8). Die Wahl dieser Überlappungslänge auf Basis der 0,2%-Dehngrenze bedeutet für eine geklebte Konstruktion aufgrund der ggf. vorhandenen plastischen Reserve für den örtlichen Spannungsabbau eine gewisse Sicherheit gegen eine unbeabsichtigte Überbelastung.

Der Einfluß der Überlappungslänge auf die Klebfestigkeit läßt sich, wie in Bild 8.26 schematisch dargestellt, beschreiben. In geringen Überlappungsbereichen, die bei

234 8 Festigkeiten von Metallklebungen

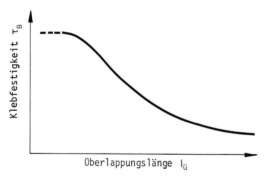

Bild 8.26. Abhängigkeit der Klebfestigkeit von der Überlappungslänge.

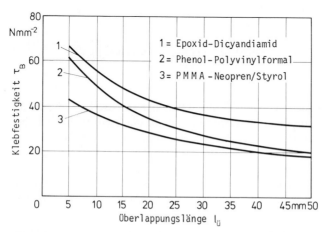

Bild 8.27. Abhängigkeit der Klebfestigkeit von der Überlappungslänge bei Klebschichten unterschiedlichen Verformungsverhaltens.

Werten von $l_ü < 5$ mm gegeben sind (gestrichelter Bereich), wird die Klebfestigkeit ausschließlich durch die Adhäsions- und Kohäsionskräfte in der Klebfuge bestimmt. Die Festigkeitswerte werden durch Fügeteildehnungen noch nicht beeinflußt. Beginnend bei einer bestimmten Überlappungslänge, die von der Fügeteilgeometrie und -festigkeit abhängt, erfolgt anschließend ein erheblicher Abfall der Klebfestigkeit, wobei sich der Exponentialcharakter dieses Kurvenverlaufs nach der in der Klebfuge vorhandenen Spannungsverteilung durch den Kraftangriff richtet. Die Ursache für den Festigkeitsabfall sind die Spannungsspitzen, deren Größe die Klebschichtfestigkeit bei zunehmender Überlappung an den Überlappungsenden örtlich überschreitet. Dadurch erfolgt ein Einreißen der Klebschicht von beiden Seiten zur Mitte hin, bis bei einer gegebenen Last unter gleichzeitiger Verminderung der tragenden Fläche der Bruch eintritt.

Bild 8.27 ergänzt diese schematische Darstellung durch die für drei ausgewählte Klebstoffe experimentell ermittelte Abhängigkeit (nach [M5, Seite 207]). Man erkennt aus den Ergebnissen den großen Einfluß, den die Klebschicht selbst auf die

Abhängigkeit der Klebfestigkeit von der Überlappungslänge ausübt. Bei dem Klebstoff 1 beträgt der Festigkeitsabfall bei einer Steigerung der Überlappungslänge von 5 mm auf 50 mm ca 50%. Im Fall des Klebstoffs 2, der ebenfalls wie Klebstoff 1 duromer vernetzte Klebschichten ausbildet, ist unter gleichen Bedingungen ein Abfall der Klebfestigkeit um ca. 65% gegeben. Aus diesem Vergleich folgt, daß der Klebstoff 1 über ein relativ höheres Verformungsverhalten der Klebschicht als der Klebstoff 2 verfügt, so daß die an den Überlappungsenden sich ausbildenden Spannungsspitzen im Verhältnis geringere Werte aufweisen. Der Klebstoff 3 bildet thermoplastische Klebschichten. Er folgt in der Abnahme der Klebfestigkeit weitgehend dem Klebstoff 1, allerdings auf einem geringeren Festigkeitsniveau.

8.4.1.1 Abhängigkeit der übertragbaren Last von der Überlappungslänge

In gleicher Weise, wie die Klebfestigkeit von der Überlappungslänge abhängig ist, ist eine Abhängigkeit ebenfalls für die übertragbare Last gegeben (Bild 8.28). Zunächst nimmt die Bruchlast bei geringen Werten proportional zu der Überlappungslänge, d.h. der sich vergrößernden Klebfläche, zu. In diesem Bereich wird die Festigkeit der Klebung im wesentlichen von der Adhäsions- und Kohäsionsfestigkeit der Klebschicht innerhalb der Klebfuge bestimmt, Fügeteildehnungen finden wegen der relativ geringen Beanspruchung noch nicht statt. Mit zunehmender Belastung durchläuft die Kurve ein Maximum. Die mit steigender Klebfläche einhergehende Möglichkeit einer sich weiter vergrößernden Lastübertragung führt in den Fügeteilen zu einer Dehnung infolge beginnender Verformung und somit, ebenfalls unter Berücksichtigung der durch das Biegemoment vorhandenen Normalspannungen, zu ansteigenden Spannungsspitzen an den Überlappungsenden. Diese beiden Faktoren bewirken dann bei weiter steigender Überlappungslänge eine Abnahme der übertragbaren Bruchlast, d.h. eine geringere Ausnutzung der vorhandenen Fügefläche. Da die Fügeteildehnung bei gleichem Werkstoff von dessen Querschnitt bestimmt wird, ergeben sich in Bild 8.28 mit zunehmender Fügeteildicke auch höhere übertragbare Bruchlasten.

Trägt man in ein Diagramm (Bild 8.29) die für einen gegebenen Werkstoff bei verschiedenen Blechdicken $s(s_1 > s_2 > s_3)$ und konstanter Fügeteilbreite b errechnete Bruchlast $F_B = R_m s b$ (gestrichelte Linie) sowie die in einer einschnittig überlappten Klebung des gleichen Werkstoffs in Abhängigkeit von der Überlappungslänge gemessene Bruchlast ein, so sind grundsätzlich drei Möglichkeiten gegeben.

Im Fall a) ist die Bruchlast des Fügeteils höher als die der Klebung, die Lastkurve der Klebung schneidet die Bruchlastgerade nicht. Es sind nur Brüche in der Klebfuge zu erwarten. Im Fall b) berührt die Bruchlastgerade die Lastkurve im Maximum. Bei dieser Überlappungslänge ergeben sich sowohl Brüche in der Klebfuge als auch im Fügeteil, geringere oder größere Überlappungslängen führen zu Brüchen in der Klebfuge. Diese auf die jeweilige vorhandene Fügeteilfestigkeit bezogene Überlappungslänge wird als optimale Überlappungslänge ($l_{ü\ opt}$) bezeichnet. Im Fall c) schneidet die Lastkurve die Bruchlastgerade in zwei Punkten. In den Bereichen a-b und c-d sind Klebfugenbrüche, im Bereich b—c Fügeteilbrüche zu erwarten.

Durch Vergrößern der Überlappungslänge kann also die Belastbarkeit solange annähernd proportional gesteigert werden, wie sich die Fügeteilverformung im elastischen Bereich bewegt. Geht sie nach Überschreiten der Dehngrenze in den plastischen Bereich über, ergeben sich starke Abweichungen vom linearen Verlauf. In

236 8 Festigkeiten von Metallklebungen

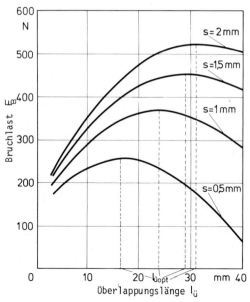

Bild 8.28. Abhängigkeit der übertragbaren Bruchlast von der Überlappungslänge (nach [F7]).

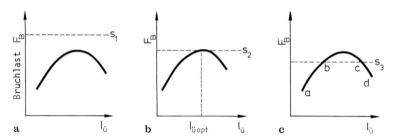

Bild 8.29. Bestimmung der optimalen Überlappungslänge.

Bild 8.28 sind die den verschiedenen Blechdicken zuzuordnenden optimalen Überlappungslängen ebenfalls eingezeichnet.

Auch aus dieser Darstellung ist, wie bereits in Abschn. 8.4.1 erläutert, der Zusammenhang zwischen der Fügeteilfestigkeit und der Überlappungslänge im Sinne einer wirtschaftlichen Fertigung ersichtlich. Bei der optimalen Überlappungslänge wird für eine gegebene Klebung, d.h. bei konstanten Klebschichteigenschaften und Fügeteilwerkstoffen und bei einer definierten Fügeteildicke, das übertragbare Lastmaximum bzw. die hinsichtlich der Materialausnutzung wirtschaftlichste konstruktive Klebfugengestaltung erreicht. Eine Vergrößerung der Überlappungslänge über diesen Wert hinaus führt zu einem Abfall der übertragbaren Last sowie zu einer unnötigen Kostensteigerung. Die Kenntnis der Abhängigkeit von Bruchlast zu Überlappungslänge ergibt die Möglichkeit, die Überlappungslänge zu bestimmen, die eine Klebung mindestens haben muß, um die Fügeteilfestigkeit der zu verklebenden Teile soweit wie möglich ausnutzen.

8.4 Einfluß der geometrischen Gestaltung der Klebfuge   237

Auf Basis der Beziehungen

$$F_B = R_m b s \quad \text{(Bruchlast Fügeteil)} \tag{8.9}$$

und

$$F_B = \tau_B b l_ü \quad \text{(Bruchlast Klebung)} \tag{8.10}$$

ergibt sich für Klebungen bei statischer Kurzzeitbeanspruchung unter der Voraussetzung gleicher Güte der Klebung die erforderliche optimale Überlappungslänge demnach durch Gleichsetzen der beiden Bruchlasten zu

$$l_{ü\ opt} = \frac{R_m s}{\tau_B}. \tag{8.11}$$

Wie bereits erwähnt, ist es zur Vermeidung einer Überbeanspruchung der Klebung erforderlich, statt mit dem R_m-Wert mit dem $R_{p0,2}$-Wert zu rechnen. Dann resultiert

$$l_{ü\ opt} = \frac{R_{p0,2} s}{\tau_B}. \tag{8.12}$$

In diesem Zusammenhang ist auf einige Einschränkungen bei der hier aufgeführten Berechnungsgrundlage hinzuweisen, die in Abschnitt 9.2.5 näher beschrieben werden. Häufig wird die in Abhängigkeit von der Überlappungslänge übertragbare Bruchlast

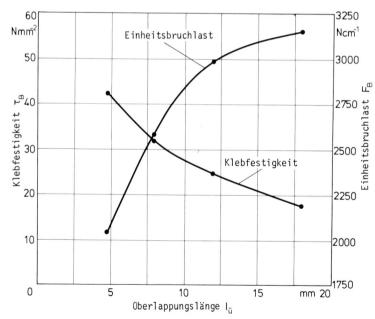

Bild 8.30. Abhängigkeit der Klebfestigkeit und der Einheitsbruchlast von der Überlappungslänge (nach [W24]).

auch als „Einheitsbruchlast" angegeben. Man versteht darunter die pro 1 cm Überlappungsbreite übertragbare Last (Ncm^{-1}). Den Einfluß der Überlappungslänge sowohl auf die Klebfestigkeit als auch auf die Einheitsbruchlast zeigt zusammenfassend das Bild 8.30 am Beispiel einer Verklebung von Stahl mit einem Phenolharz-Polyvinylformalklebstoff nach [W24]. Aus der gemessenen Klebfestigkeit ergibt sich die jeweilige Einheitsbruchlast nach $F_{B(1cm)} = \tau_B l_ü \cdot 10$. Man erkennt auch aus diesen experimentellen Untersuchungen deutlich, daß die Einheitsbruchlast mit steigender Überlappungslänge einem Maximalwert zustrebt.

8.4.1.2 Abhängigkeit der übertragbaren Last von der Überlappungslänge und der Temperatur

Trägt man für einen bestimmten Klebstoff die übertragbare Bruchlast F_B einer Klebung in Abhängigkeit von der Überlappungslänge bei verschiedenen Temperaturen in ein Diagramm ein, so erhält man nach [E9] die in Bild 8.31 wiedergegebenen Kurven. Eine derartige Darstellung hat den Vorteil, daß man die bei einer gewünschten Temperatur für eine übertragbare Bruchlast erforderliche Überlappungslänge direkt ablesen kann. Stellt man die Temperaturabhängigkeit der Klebfestigkeit in der Art dar, wie sie schematisch den Bildern 3.3 und 4.12 zugrunde liegt, ist eine derartige Aussage nicht möglich. Aus Bild 8.31 ist weiterhin ersichtlich, daß mit zunehmender Temperatur für eine vorgegebene Bruchlast der Klebfuge die Überlappungslänge vergrößert werden muß. Diese Notwendigkeit ergibt sich aus der temperaturbedingten Festigkeitsabnahme der Klebschicht.

In Bild 8.31 ist ergänzend für vier verschiedene Temperaturen die Lastgerade für $R_{p0,2}$, deren Höhe sich mit zunehmender Temperatur erniedrigt, für den erwähnten Fügeteilwerkstoff bei einem Querschnitt von 50 mm^2 eingetragen. Es ist zu erkennen, daß eine optimale Werkstoffausnutzung bei 22 °C eine Überlappungslänge von 33 mm, bei 60 °C von 36 mm und bei 100 °C von 47 mm erfordert. Oberhalb von 100 °C wird die vorzugebende Überlappungslänge aus wirtschaftlicher Sicht unvertretbar hoch.

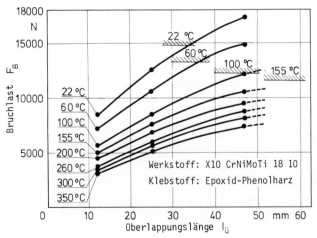

Bild 8.31. Abhängigkeit der Bruchlast von der Überlappungslänge für verschiedene Temperaturen (nach [E9]).

8.4.2 Fügeteildicke

Die Fügeteildicke s beeinflußt die Festigkeit einer Klebung aus folgenden Gründen:
- Erhöhung der Fügeteilsteifigkeit im Hinblick auf Dehnung und Biegung;
- Zunahme des Biegemoments nach der Beziehung $M_b = F(s+d)/2$ (Abschn. 8.4.8).

Grundsätzlich ist festzustellen, daß eine ansteigende Fügeteildicke bei sonst konstanten Abmessungen der Klebfuge zu einer Klebfestigkeitserhöhung führt. Bild 8.32 zeigt diesen Zusammenhang für drei verschiedene Klebstoffe (nach [B53, Seite 27]). Unter einer bestimmten Last tritt bei dickeren Fügeteilen eine geringere Dehnung ein als bei dünneren. Somit sind auch die sich an den Überlappungsenden ausbildenden Spannungsspitzen in der Klebschicht bei dickeren Fügeteilen geringer, was dazu führt, daß wegen der größeren Steifheit größere Anteile der Klebschicht zu der Lastübertragung herangezogen werden.

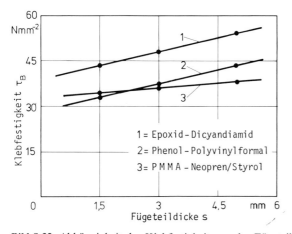

Bild 8.32. Abhängigkeit der Klebfestigkeit von der Fügeteildicke (nach [B53]).

Dem durch die exzentrische Belastung in der Klebung auftretenden Biegemoment muß ein vom Fügeteil aufgebrachtes Reaktionsmoment das Gleichgewicht halten. Dieses ist von der in dem Fügeteil herrschenden Spannung σ und von dem Widerstandsmoment W des Fügeteils abhängig: $M_{bR} = \sigma W$. Das Widerstandsmoment des Fügeteils erhöht sich mit der Überlappungsbreite b und mit dem Quadrat der Blechdicke s: $W = bs^2/6$ (Abschn. 8.3.1.2). Es kommt somit zu zwei verschiedenen Einflüssen der Fügeteildicke. Die Erhöhung des äußeren Moments und somit der schädlichen Normalspannungen erfolgt nach der Beziehung $M_b = F(s+d)/2$ linear, während das Widerstandsmoment nach $W = bs^2/6$ quadratisch wächst. Mit steigender Fügeteildicke überwiegt daher der günstige Einfluß des Widerstandsmoments auf die Spannungsverteilung in der Klebfuge. Aus diesem Zusammenhang des linearen und quadratischen Einflusses der Fügeteildicke ergibt sich ergänzend die Problematik im Vergleich von Klebfestigkeitswerten von geometrisch unterschiedlichen Fügeteilwerkstoffen.

8.4.3 Gestaltfaktor

Betrachtet man den Einfluß einer zunehmenden Fügeteildicke und Überlappungslänge auf die Klebfestigkeit, so ist ein gegensätzlicher Effekt festzustellen. Einem Anstieg der Klebfestigkeit im ersten Fall steht eine Verringerung im zweiten Fall entgegen. Diese verschiedenen Abhängigkeiten ließen eine Koppelung beider Größen zweckmäßig erscheinen. De Bruyne [B26] hat diesen Zusammenhang experimentell untersucht und für Vergleichszwecke einen für die Praxis hinreichend genauen Gestaltfaktor (auch Verbindungsfaktor bzw. joint factor genannt) definiert:

$$f = \frac{\sqrt{s}}{l_{\ddot{u}}}. \tag{8.13}$$

Die Annahme, daß alle Klebungen aus einem bestimmten Fügeteilwerkstoff und Klebstoff bei gleichem Gestaltfaktor auch die gleiche Klebfestigkeit besitzen, hat sich, wie weitere Arbeiten u.a. von Draugelates und Brockmann [D27] ergeben haben, jedoch nicht allgemein bestätigt. Der Grund liegt insbesondere in der Tatsache, daß es sich bei dem Gestaltfaktor um eine rein geometrische Größe handelt und somit keine Einbeziehung der komplizierten Spannungsverteilung in der Klebung ermöglicht (Bild 8.33). Daher kann dieser Faktor nicht als Grundgröße für die Berechnung von Klebungen (Abschn. 9.2.4) dienen, er eignet sich in eingeschränkter Form jedoch zum vergleichenden Abschätzen der Klebfestigkeit im Bereich geringer Fügeteildicken. Soll der Gestaltfaktor Anwendung finden, ist es erforderlich, den dargestellten funktionellen Zusammenhang für jeden Fügeteilwerkstoff und Klebstoff gesondert experimentell zu ermitteln.

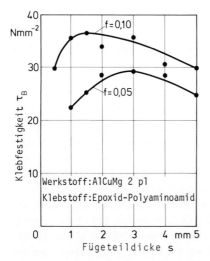

Bild 8.33. Abhängigkeit der Klebfestigkeit von der Fügeteildicke bei einschnittig überlappten Klebungen gleichen Gestaltfaktors (nach [D27]).

8.4.4 Überlappungsverhältnis

Ein weiterer Parameter, mit dem das Verhältnis der Überlappungslänge zu der Fügeteildicke charakterisiert werden kann, ist neben dem Gestaltfaktor das Überlappungsverhältnis $ü = l_ü/s$. Die Einführung dieser Größe berücksichtigt ebenfalls die gegenläufige Abhängigkeit der Klebfestigkeit sowohl von der Überlappungslänge als auch von der Fügeteildicke. Trägt man die Klebfestigkeit in Abhängigkeit vom Überlappungsverhältnis in ein Diagramm ein, so erhält man eine in Bild 8.34 schematisch dargestellte Kurve.

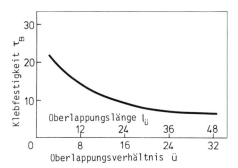

Bild 8.34. Abhängigkeit der Klebfestigkeit vom Überlappungsverhältnis.

Für eine gegebene Blechdicke (in dem Diagramm $s = 1,5$ mm) nimmt die Klebfestigkeit mit steigendem Überlappungsverhältnis und daraus resultierend auch mit steigender Überlappungslänge wie bekannt ab. Dieser Abfall ist zunächst sehr stark und nähert sich dann asymptotisch einem Endwert. Die dargestellte Form dieser Festigkeitskurve wird in erster Linie durch die in den Abschnitten 8.3.3.4 und 8.5 erwähnte, einer Hyperbelfunktion folgende Spannungsverteilung über der Überlappungslänge verursacht. Von besonderer Aussagekraft ist ergänzend die Abhängigkeit der Klebfestigkeit vom Überlappungsverhältnis bei gleichzeitiger Kenntnis des Klebnutzungsgrades (Abschn. 9.2.8). Allgemein ist festzustellen, daß für Metallklebungen ein wirtschaftliches Überlappungsverhältnis im Bereich $ü = 10...20$ liegt.

8.4.5 Überlappungsbreite

Es kann davon ausgegangen werden, daß die Einbeziehung der Überlappungsbreite in die Festigkeitsberechnung von Klebungen im Gegensatz zu der Überlappungslänge keiner besonderen Betrachtungen bedarf. Die Bruchlast einer Klebung wächst etwa proportional mit der Überlappungsbreite. Der relativ größere Anteil der weniger tragenden Randzonen bei geringen Überlappungsbreiten wirkt sich nach Untersuchungen von Winter [W20] auf die Klebfestigkeit nicht aus, allerdings ist bei kleinen Probenbreiten der Streubereich der Festigkeitswerte größer als bei größeren Breiten. Die Spannungsverteilung in der Klebfuge kann somit parallel zur Überlappungsbreite,

8.4.6 Klebfläche

Die Klebfläche ergibt sich als Produkt der Überlappungslänge und der Überlappungsbreite zu $A = l_{\ddot{u}} b$. Bei dem Einfluß der Klebfläche auf die Klebfestigkeit bzw. die übertragbare Last kann man nicht von einer gegebenen Proportionalität ausgehen. Diese Tatsache ist in dem Einfluß der Überlappungslänge auf die Klebfestigkeit begründet (Abschn. 8.4.1). Eine Klebung mit einer Klebfläche von $A = 300$ mm^2 wird demnach unter sonst gleichen Bedingungen bei einem Wert von $l_{\ddot{u}} = 6$ mm und $b = 50$ mm höhere Lasten zu übertragen in der Lage sein als bei Werten $l_{\ddot{u}} = 12$ mm und $b = 25$ mm. Auch diese Darstellung bestätigt die Notwendigkeit, für den Vergleich von Klebfestigkeiten nur von Proben gleicher Abmessungen auszugehen. Weiterhin ist zu berücksichtigen, daß bei einer Vergrößerung der Überlappungsfläche verschiedene Einflüsse zu einer Verringerung der Klebfestigkeit führen können, dieses sind:
— Die Beeinträchtigung der Gleichmäßigkeit der Klebschicht bei der Auftragung;
— die Anpassung der Fügeteile wegen möglicher geometrischer Abweichungen;
— die Gleichmäßigkeit der Aushärtung des Klebstoffes durch eine unterschiedliche Temperaturverteilung und ggf. ungleichmäßigen Anpreßdruck.

Aufgrund dieser Einflußgrößen ist bei großen Klebflächen demnach von niedrigeren mittleren Klebfestigkeiten als bei kleinen Klebflächen auszugehen. Gerade bei großen Klebflächen sind daher zur Gewährleistung gleichmäßig verteilter Festigkeitseigenschaften besondere Vorkehrungen für die Einhaltung exakter Fertigungsparameter erforderlich. Diese Voraussetzungen ergeben sich insbesondere bei schnell abbindenden Klebstoffen und gelten nicht nur für flächig überlappte Klebungen sondern auch für zylindrische Klebungen z.B. bei Welle-Nabe-Verbindungen (Abschn. 10.2). Gerade im letzteren Fall werden ja häufig schnell aushärtende Klebstoffsysteme eingesetzt.

Unter der spezifischen Klebfläche versteht man nach einem Vorschlag von Späth [S51, S52] die für die Übertragung einer definierten Last erforderliche Klebfläche $A_{\text{spez}} = A/F$ in mm^2 N^{-1}. Je größer die Klebfestigkeit eines Klebstoffs ist, desto geringer kann in einer Konstruktion die tragende Klebfläche dimensioniert werden.

8.4.7 Klebschichtdicke

Der Einfluß der Klebschichtdicke auf die Klebfestigkeit läßt sich nicht allein in einer geometrischen Abhängigkeit sehen, da zusätzlich weitere dickenabhängige Klebschichteigenschaften als Faktoren für die Klebfestigkeit in Frage kommen. Als Beispiel seien der Zusammenhang zwischen Klebschichtdicke und Verformbarkeit, der sich in unterschiedlichen Gleitungen bemerkbar macht oder die Möglichkeit verstärkter Eigenspannungen in dickeren Klebschichten genannt (Abschn. 4.3 und 7.2). Wesentliche, vorwiegend von der Klebschichtdicke ausgehende und die Klebfestigkeit beeinflussende Faktoren sind:
• Das Verhältnis der Bereiche, in denen Adhäsions- und Kohäsionskräfte wirksam sind (Bild 8.35). Bei geringeren Klebschichtdicken (d_1) wird die Querkontraktion

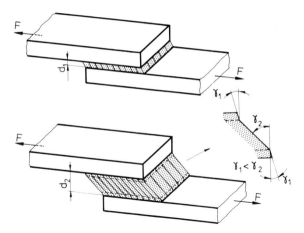

Bild 8.35. Verformungsbehinderung der Klebschicht in Grenzschichtnähe durch die Fügeteile.

(Abschn. 4.5) der Klebschicht behindert. Diese zu der Festigkeit beitragende Querkontraktionsbehinderung nimmt mit zunehmender Klebschichtdicke ab. Wenn ein Volumenelement einer Klebschicht durch eine in Belastungsrichtung angreifende Kraft (x-Achse) gedehnt wird, so ist es bestrebt, sich in der y- und z-Richtung einzuschnüren. Diese Querkontraktion wird jedoch durch die über die Haftungskräfte mit der Klebschicht verbundenen und im Vergleich zu dieser als starr zu bezeichnenden metallischen Fügeteilwerkstoffe weitgehend behindert. Mit zunehmender Klebschichtdicke (d_2) nimmt der relative Anteil der die Klebschichtfestigkeit maßgebend bestimmenden Grenzschichtfestigkeit ab bzw. der Anteil der auf reinen Kohäsionskräften beruhenden Klebschichtfestigkeit wird größer, so daß hier das „schwächste Glied der Festigkeitskette" liegen kann.
• Das Verhältnis der Klebschichtdicke zu der geometrischen Struktur der Oberfläche. Zur Vermeidung von Fügeteilberührungen an Rauheitsspitzen und von Kerbspannungen in der Klebschicht ist eine Abstimmung dieser beiden Faktoren erforderlich (Abschn. 5.1.3).
• Das Auftreten von Schrumpfspannungen und Inhomogenitäten bei größeren Klebschichtdicken (Abschn. 7.2).
• Das mit zunehmender Klebschichtdicke bei einschnittig überlappten Klebungen wegen der vergrößerten Exzentrizität bei Belastung zunehmende Biegemoment, das an den Überlappungsenden zusätzliche Normal- bzw. Schälspannungen verursacht. Die Klebschichtdicke geht hierbei als Abstand der Kräfte des Kräftepaars in die Größe des auftretenden Biegemoments ein (Abschn. 8.4.8).
• Der Einfluß unterschiedlicher Klebschichtdicken innerhalb einer Klebfuge. Diese Möglichkeit ist gegeben, wenn ebene Fügeteile nicht genau parallel zueinander ausgerichtet sind oder wenn plane und runde Fügeteile miteinander verklebt werden sollen. Es kommt dann zu einer sich linear oder annähernd linear verändernden Klebschichtdicke. Untersuchungen von Kleinert und Grützmacher [K49] sowie von Thamm [T9] zeigen, daß mit zunehmend ansteigender Klebschichtdicke innerhalb der Klebfuge die Klebfestigkeit geringfügig abfällt, allerdings lassen sich signifikante

244 8 Festigkeiten von Metallklebungen

Unterschiede innerhalb der Versuchswerte statistisch nicht nachweisen. Geringfügige Toleranzen der Klebschichtdicke innerhalb der Klebfuge können zwar vertreten werden, dennoch sollten die Fertigungsparameter so abgestimmt sein, daß eine konstante Klebschichtdicke sichergestellt ist (Abschn. 3.1.1.3 und 12.3).

Zusammenfassend ist der Einfluß der Klebschichtdicke auf die Klebfestigkeit schematisch (Bild 8.36) wie folgt zu sehen:
• Im Bereich 1 tritt ein Anstieg der Klebfestigkeit ein, wobei sich der Maximalwert wegen der bei sehr geringen Klebschichtdicken ungleichmäßigen Klebschichtausbil-

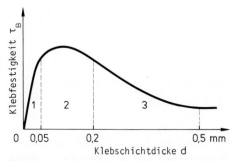

Bild 8.36. Abhängigkeit der Klebfestigkeit von der Klebschichtdicke.

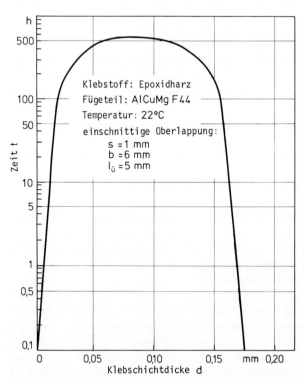

Bild 8.37. Abhängigkeit der Zeitstandfestigkeit von der Klebschichtdicke (nach [W26]).

dung (Benetzungsfehlstellen, Rauheit der Fügeteiloberfläche) erst ab ca. 0,05 mm einstellt. Voraussetzung für eine derart geringe Klebschichtdicke ist eine geringe Viskosität des Klebstoffs (<200 m Pas).

- Im Bereich 2 von 0,05 bis 0,2 mm werden die Maximalwerte der Klebfestigkeit erreicht, wie sie auch durch vielfältige experimentelle Untersuchungen bestätigt worden sind.
- Oberhalb von 0,2 mm beginnt im Bereich 3 ein allmählicher Abfall der Klebfestigkeit, deren Endfestigkeit ab ca. 0,5 mm konstant bleibt und im wesentlichen durch die gegenüber den metallischen Fügeteilwerkstoffen sehr viel geringere Eigenfestigkeit der Klebschicht bestimmt wird.

Als günstigste Klebschichtdicke hat sich für die Praxis ein Bereich von 0,05 bis 0,20 mm erwiesen. Die wesentlichen Gründe für die Abnahme der Klebfestigkeit oberhalb ca. 0,2 mm liegen in der verringerten Querkontraktionsbehinderung und den ggf. erhöhten Eigenspannungen innerhalb der Klebschicht durch Schrumpfung (Abschn. 7.2.2). Der Einfluß der Klebschichtdicke läßt sich ebenfalls bei der Prüfung der Zeitstandfestigkeit (Abschn. 14.2.2.1) einer Klebung ersehen.

Bild 8.37 zeigt nach Untersuchungen von Wellinger und Rembold [W26] bei einer Belastung von 1000 N die Zeit bis zum Bruch einer Klebung in Abhängigkeit von der Klebschichtdicke bei dem Fügeteilwerkstoff AlCuMg F44. Die erhaltene Glockenkurve zeigt auch unter diesen experimentellen Bedingungen einen optimalen Bereich der Klebschichtdicke von 0,05 bis 0,15 mm.

8.4.8 Einfluß der Überlappungslänge, Fügeteildicke und Klebschichtdicke auf das Biegemoment

Die Versetzung der Fügeteile um ihre eigene Dicke und die der Klebschicht ergibt, daß die Richtung des Kraftangriffs nicht in deren Längsachse, sondern schräg zu ihr durch den Mittelpunkt der Klebung verläuft. Bei Fügeteilen, die nicht als unendlich starr anzusehen sind (was in der Praxis des Metallklebens den Normalfall darstellt), kommt es durch diese exzentrische Krafteinleitung zu einem Biegemoment, das in der Klebschicht an den Überlappungsenden Normalspannungen (Schälspannungen) senkrecht zu der Klebfläche erzeugt, die sich den Schubspannungen überlagern (Bild 8.38). Die Größe des Biegemoments ergibt sich aus der angreifenden Kraft F, der Fügeteildicke s und der Klebschichtdicke d zu $M_b = F(s+d)/2$. Durch das Biegemoment wird ebenfalls in den Fügeteilen eine Biegespannung erzeugt, deren resultierende

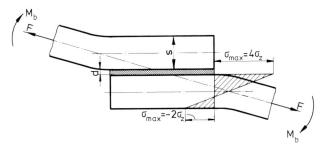

Bild 8.38. Biegemoment in einer einschnittig überlappten Klebung.

246 8 Festigkeiten von Metallklebungen

Normalspannung am Klebfugenanfang etwa das Vierfache der Zugspannung beträgt (Ableitung s. Abschn. 8.3.1.3). Diese Biegespannungen erzeugen an der der Klebschicht zugewandten Seite des Fügeteils durch die auftretenden Verformungen in der Klebschicht ebenfalls starke Zugspannungen.

Die durch das Biegemoment verursachten Spannungen hängen in folgender Weise von den geometrischen Parametern der Klebfuge einer einschnittig überlappten Klebung ab:
- Bei gleicher Überlappungslänge erfolgt aufgrund der Beziehung $M_b = F(s+d)/2$ mit zunehmender Fügeteildicke und Klebschichtdicke eine Erhöhung des Biegemoments und somit eine Spannungserhöhung. Wie das folgende Beispiel zeigt, ist der Einfluß der Klebschichtdicke gegenüber der Fügeteildicke jedoch relativ gering:
Bei einer Belastung von 6000 N, einer Fügeteildicke von 1,5 mm und einer Klebschichtdicke von 0,15 mm ergibt sich ein Biegemoment von

$$M_b = F\left(\frac{s+d}{2}\right) = 6000 \cdot \frac{1,5+0,15}{2} = 4950 \text{ N mm.}$$

Eine Verdoppelung der Klebschichtdicke auf 0,3 mm ergibt eine Vergrößerung des Biegemoments auf 5400 N mm, also um 9,1%, während eine Erhöhung der Fügeteildicke um nur 20% das Biegemoment um 18,2% vergrößert.
- Mit zunehmender Überlappungslänge nehmen die Normalspannungen ab, da in diesem Fall die Auslenkung der Fügeteilenden im Verhältnis zu der Überlappungslänge bei gleicher Beanspruchung kleiner wird (Bild 8.39). Eine mathematische

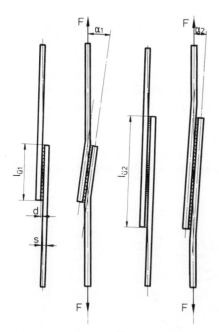

Bild 8.39. Einfluß der Überlappungslänge auf den Biegewinkel in einer einschnittig überlappten Klebung.

Ableitung der Spannungserhöhungen, die durch die aufgrund der Zugbeanspruchung resultierenden Biegungen entstehen, findet sich in [E13].
• Ergänzend zu den geometrischen Parametern werden die Biegespannungen durch den Elastizitätsmodul beeinflußt. Ein zunehmender Elastizitätsmodul führt wegen der verringerten Durchbiegung der Fügeteile auch zu einer geringeren Spannungserhöhung.

8.4.9 Schäftung

Einen Sonderfall der flachen Klebfugengeometrien stellt die Schäftung dar (Bild 8.40). Diese Verbindungsart besitzt gegenüber den anderen Ausführungsformen Vorteile, da sie beim Vorhandensein sehr gleichmäßiger Spannungsverhältnisse eine optimale Werkstoffausnutzung sowie eine glatte Klebfuge ermöglicht. Nachteilig ist der hohe Herstellungsaufwand bei dünnen Fügeteilen, aus diesem Grund ist die praktische Anwendung beschränkt. Spannungsspitzen wie bei einschnittig überlappten Klebungen treten bei der Schäftung infolge der veränderlichen Dicke des Blechendes über die ganze Überlappungslänge nur in sehr geringem Ausmaß auf. Die angreifenden Kräfte ergeben Schub- und Zugspannungen, jedoch wegen der zentrischen Belastung keine Biegespannungen. Je größer das Schäftungsverhältnis, d.h. je kleiner der Schäftungswinkel α, um so größer ist der Anteil der Schubkomponente. Die Klebfläche A und die Schub-Zug-Spannung $\tau_{Schä}$ berechnen sich unter Berücksichtigung des Schäftungswinkels α zu

$$A = \frac{l_{ü} b}{\cos\alpha} \quad \text{bzw.} \quad \tau_{Schä} = \frac{F\cos\alpha}{l_{ü} b}. \tag{8.14}$$

Bei geschäfteten Klebfugen entspricht der Schäftungswinkel α dem Überlappungsverhältnis $ü = l_{ü}/s$ bei einschnittig überlappten Klebungen (Abschn. 8.4.4). Bei einer Überlappungslänge von $l_{ü} = 12$ mm und einer Blechdicke $s = 2,0$ mm ergibt sich beispielsweise ein Schäftungsverhältnis $S = 12:2 = 6$, was einem Schäftungswinkel $\tan\alpha = 2:12 = 0,167$, $\alpha = 9,5°$ entspricht.

Die gleichmäßige Spannungsverteilung führt bei geschäfteten Klebungen dazu, daß die Belastungsmöglichkeit direkt proportional mit der „Überlappungslänge", also mit kleinerem Schäftungswinkel α zunimmt. Bei einschnittig überlappten Klebungen durchläuft die Bruchlast-Überlappungs-Kurve ein Maximum (Bild 8.28), um mit zunehmender Überlappungslänge infolge der zunehmenden Spannungsspitzen wieder abzufallen. Bei geschäfteten Klebungen steigt die Kurve bis zur Bruchfestigkeit der Fügeteile an. Ein weiterer Vorteil ergibt sich ebenfalls bei dynamischer Beanspruchung. Nach Winter und Meckelburg [W21] zeigt die Schäftung im Hinblick auf die

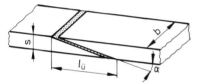

Bild 8.40. Geschäftete Klebfuge.

Schwellfestigkeit eine eindeutige Überlegenheit gegenüber der einschnittig überlappten Klebung. Die Zeit- bzw. Dauerfestigkeitswerte liegen um etwa 140 bzw. 300% höher.

Die theoretische Behandlung des Unterschieds in der Spannungsverteilung beider Klebfugengeometrien haben Brenner und Matting aufgezeigt [B54].

Ergänzende Literatur zu den Abschnitten 8.1 bis 8.4.9: [A9, A12, A16, B50, B54, B55, C4 bis C6, D27, E9, E20, F7, F8, H23, H37 bis H39, K18, K19, K35, K47, K49, K50, M19, M20, M22, M24, P11, R9, S51 bis S53, U1, V4, W12, W18, W20, W24, W26, W27]

8.5 Berechnung der Spannungsverteilung in einschnittig überlappten Klebungen

In Ergänzung zu der experimentellen Ermittlung der Spannungsverteilung in einer einschnittig überlappten Klebung (Abschn. 8.3.3.7) sind in der Vergangenheit vielfältige Arbeiten durchgeführt worden mit dem Ziel, die Spannungsverteilung auf mathematisch-theoretischem Wege zu berechnen. Dazu war es erforderlich, die Festigkeiten und Beanspruchungen sowohl der Fügeteile als auch der Klebschicht in dem gemeinsamen Verbund gesondert zu berücksichtigen. Die grundlegende Problematik dieser Berechnungsansätze liegt in den sich bei einer Belastung jeweils überlagernden Einflußgrößen mechanischer und geometrischer Art. Aufgrund der vielfältigen Anwendung war dabei die einschnittig überlappte Klebung das wesentliche Ziel der durchgeführten Arbeiten, deren Ergebnisse eine genaue Kenntnis der Spannungsverteilung aufzeigen sollten, um eine optimale Berechnung und Dimensionierung von Klebungen möglichst ohne experimentelle Daten durchführen zu können. In den mathematischen Modellen der Spannungsberechnung müssen die folgenden Einflußparameter berücksichtigt werden:

(1) *Werkstoffe*:
— Elastizitätsmodul E der Fügeteilwerkstoffe,
— Schubmodul G der Klebschicht.

(2) *Geometrie der Klebung*:
— Dicke s der Fügeteile,
— Dicke d der Klebschicht,
— Überlappungslänge $l_ü$.

(3) *Beanspruchungsverhalten*:
— Berücksichtigung der bei einer einschnittig überlappten Klebung durch den außermittigen Kraftangriff bedingten Fügeteilbiegungen,
— Berücksichtigung der vom linear-elastischen Spannungs-Verformungs-Verhalten abweichenden mechanischen Eigenschaften der Fügeteile und speziell der Klebschicht.

Die in der Literatur vielfältig beschriebenen mathematischen Ableitungen können wegen ihrer ausführlichen Darstellungen nicht im einzelnen wiedergegeben werden. Sie lassen sich grundsätzlich unterteilen in Arbeiten, denen rein theoretische Berechnungsansätze zugrunde liegen und Arbeiten, in denen die Spannungsanalysen mittels experimentell-theoretischer Ableitungen erfolgen. Weiterhin unterscheiden sich die einzelnen Verfahren je nach den in den mathematischen Lösungsansatz einbezogenen

Randbedingungen und somit in der Komplexität ihres Berechnungsvorganges. Die beiden wichtigsten Randbedingungen sind die unter (3) erwähnten Einflüsse auf das Beanspruchungsverhalten, ihre Einbeziehung ermöglicht die folgende Betrachtung der wesentlichen Arbeiten:

8.5.1 Spannungsverteilung bei Annahme eines linearen Spannungs-Verformungs-Verhaltens der Klebschicht

8.5.1.1 Spannungsverteilung nach Volkersen

Volkersen [V8, V9] beschreibt die Nietkraftverteilung in zugbeanspruchten Nietverbindungen, wobei die Nieten in der Rechnung durch eine gleichmäßig ausgebreitete ideale Verbindungsschicht, gleichsam ein Klebschichtmodell, ersetzt werden. Es wird von folgenden Annahmen ausgegangen:
— Linear-elastisches Werkstoffverhalten von Fügeteil und Klebschicht,
— reine Schubbeanspruchung in der Klebfuge,
— homogener Werkstoffaufbau,
— gleiche Geometrie der Fügeteile,
— kein Biegemoment.

Unter Einbeziehung der Parameter für die Werkstoffe, E und G sowie die Geometrie der Klebung, s, d und $l_{ü}$ kommt Volkersen für beliebige Spannungen innerhalb des Festigkeitsbereichs der Klebung zu der folgenden Gleichung, deren genaue Ableitung in [M24] wiedergegeben ist:

$$\frac{\tau_{max}}{\tau_m} = \sqrt{\frac{Gl_{ü}^2}{2Esd}} \coth \sqrt{\frac{Gl_{ü}^2}{2Esd}} \tag{8.15}$$

Im Falle eines Bruchs der Klebung ergibt sich, da $\tau_{max} = \tau_{B\ max}$ und $\tau_m = \tau_{B\ m}\ (=\tau_B)$ wird:

$$\tau_B = \tau_{B\ max} \sqrt{\frac{2Esd}{Gl_{ü}^2}} \tanh \sqrt{\frac{Gl_{ü}^2}{2Esd}}. \tag{8.16}$$

Der Ausdruck $\dfrac{Gl_{ü}^2}{Esd}$ in (8.15) wird dabei als Steifigkeitsfaktor bzw. Steifigkeitsbeiwert Δ bezeichnet. Er beeinflußt die Spannungsverteilung maßgeblich, da in ihm die mechanischen und geometrischen Parameter der Klebung zusammengefaßt sind. Bei konstanten Werten von $l_{ü}$, s und d ergibt sich aus dem Steifigkeitsfaktor, daß zur Erzielung einer hohen Klebfestigkeit das Verhältnis $G:E$ möglichst klein sein sollte. Hohe Spannungsspitzen werden dann nicht auftreten, wenn die Klebschicht weich und deformierbar und die zu verklebenden Fügeteile starr und wenig deformierbar sind. Bei den meisten in der Praxis angewandten Metallklebungen liegt dieses Verhältnis im Bereich der Größenordnung von 0,01 für sehr „weiche" Klebschichten bei hochfesten Fügeteilen und 0,25 für harte, spröde Klebschichten und Fügeteilen mittlerer Festigkeiten. Aus dem Verhältnis $G:E$ geht ebenfalls hervor, daß es recht schwierig ist, dünne Fügeteile, z.B. Folien zu verkleben, da diese sehr leicht deformierbar sind. Somit erklärt sich, daß für Folienklebungen vorzugsweise Klebstoffe mit einem geringeren Schubmodul Verwendung finden, im Extremfall solche, die kautschukelastische Klebschichten ausbilden.

Trotz der vereinfachenden Annahmen bietet die Gleichung von Volkersen eine gute Ausgangsbasis für die Spannungs- und somit Festigkeitsbetrachtungen von Klebungen, da sie die wesentlichen werkstoffspezifischen und geometrischen Größen berücksichtigt. Hinzuweisen ist jedoch auf zwei Einschränkungen, die sich aus folgenden Überlegungen ergeben:
- Aus (8.16) ergibt sich durch Einsetzen von $\tau_B = F_B/l_{\ddot u} b$ (Abschn. 8.3.3.4), daß die Bruchlast unabhängig von der Überlappungslänge $l_{\ddot u}$ ist. Das steht jedoch im Widerspruch zu den tatsächlichen Verhältnissen (Abschn. 8.4.1.1, Bild 8.30). Dieser Fall wird in Abschnitt 9.2.5 ergänzend diskutiert.
- Weiterhin ergibt sich, daß die Klebfestigkeit proportional der Klebschichtdicke d ist. Die Praxis (Bild 8.36) weist gegenteilige Verhältnisse aus, die Ursache für diesen Widerspruch liegt im wesentlichen darin, daß elastische statt plastische Verformungen von Fügeteil und Klebschicht angenommen werden. Außerdem bestimmen die in Abschnitt 8.4.7 beschriebenen Gründe eine Abhängigkeit der Klebfestigkeit von der Klebschichtdicke.

Wie in Abschnitt 8.3.3.4 beschrieben, führt die bei einschnittig überlappten Klebungen vorhandene ungleichmäßige Spannungsverteilung zu z.T. beträchtlichen Spannungsspitzen an den Überlappungsenden. Beim Bruch einer Klebung liegen diese Spannungsspitzen $\tau_{B\ max}$ erheblich über den die Klebfestigkeit bestimmenden mittleren Spannungswerten τ_B. Das Verhältnis dieser beiden Spannungshöhen wird durch den *Spannungsspitzenfaktor*, häufig auch als Spannungsverdichtungsfaktor bezeichnet, beschrieben:

$$n = \frac{\tau_{max}}{\tau_m} \quad \text{bzw.} \quad n = \frac{\tau_{B\ max}}{\tau_B}. \qquad (8.17)$$

Der Spannungsspitzfaktor kennzeichnet den vorhandenen Spannungsunterschied in einer einschnittig überlappten Klebung bei Einwirken einer Last bzw. Bruchlast. Im Idealfall $n=1$ ergibt sich eine über die gesamte Überlappungslänge gleichmäßige Spannungsverteilung, z.B. bei einer reinen Schubbeanspruchung. Je größer n wird, desto ausgeprägter sind die an den Überlappungsenden sich ausbildenden Spannungsspitzen mit ihrem negativen Einfluß auf die Klebfestigkeit. Die auftretenden Spannungsunterschiede sind dabei im wesentlichen von den Verformungseigenschaften der Klebschicht abhängig. Weist z.B. eine Epoxidharzklebschicht einen Wert von $n=1,1$ gegenüber einem Wert von $n=1,5$ einer Klebschicht aus Phenolharz aus, so bedeutet das bei Vorliegen sonst gleicher Bedingungen eine höhere Klebschichtverformbarkeit des Epoxidharzes. Das (spröde) Phenolharz vermag die an den Überlappungsenden auftretenden Spannungsspitzen nicht wie das Epoxidharz durch eine elastisch-plastische Eigenverformung auszugleichen (s. Tabelle 8.3).

8.5.1.2 Spannungsverteilung nach Goland und Reissner

Die Autoren [G22] verwenden die Ableitung von Volkersen und berücksichtigen außer dem Kräftegleichgewicht in Beanspruchungsrichtung auch das Kräftegleichgewicht senkrecht dazu sowie das Biegemoment. Aus diesem Grunde kommt die Spannungsberechnung den Verhältnissen der Praxis näher, da in vielen Fällen die durch das Biegemoment verursachten Normalspannungen für die Einleitung eines Bruchs am Überlappungsende maßgebend sind. Goland und Reissner bestimmen in ihrer Ableitung über das maximale Biegemoment, das sich im ziehenden Fügeteil am Überlappungsende einstellt, die Exzentrizität der Krafteinleitung in den Fügebereich und berücksichtigen diese durch die Einführung eines Exzentrizitätsfaktors k im Berechnungsansatz (Ableitung in [H39] und [M24]):

$$\tau_{B\,max} = \tau_B \left[\frac{1+3k}{4} \sqrt{\frac{2Gl_{\ddot{u}}^2}{Esd}} \coth \sqrt{\frac{2Gl_{\ddot{u}}^2}{Esd}} + \frac{3}{4}(1-k) \right]. \tag{8.18}$$

Verformt sich das Fügeteil wegen seiner Steifigkeit oder bei geringer Belastung nicht, wird der Faktor $k=1$, die Gleichung nimmt dann eine der Volkersen-Gleichung ähnliche Form an. Bei einer Steigerung der Biegung geht der Faktor k gegen den Grenzwert Null. Für die Maximalspannungen ergeben sich somit an den Überlappungsenden höhere Werte als bei Anwendung der Volkersen-Gleichung, wie beispielsweise aus Bild 8.41 hervorgeht.

8.5.1.3 Vergleich der Berechungsansätze nach Volkersen sowie Goland und Reissner mit experimentellen Ergebnissen

Matting und Ulmer [M24] haben die Spannungsverteilung nach den beiden Ableitungen von Volkersen sowie Goland und Reissner für definierte Klebungen berechnet und mit Ergebnissen eigener Versuche verglichen (Bild 8.41). Für die in Bild 8.41

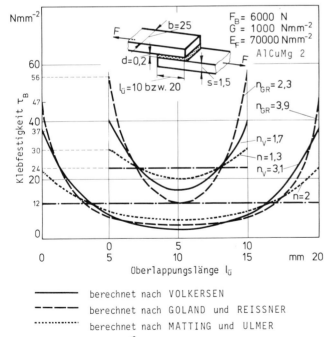

— berechnet nach VOLKERSEN
--- berechnet nach GOLAND und REISSNER
······ berechnet nach MATTING und ULMER

Bild 8.41. Spannungsverteilung in einer definierten Klebung bei $l_{\ddot{u}} = 10$ mm und $l_{\ddot{u}} = 20$ mm.

angegebenen Werte berechnet sich zunächst für eine Überlappungslänge $l_{\text{ü}} = 20$ mm die Klebfestigkeit wie folgt:

$$\tau_{\text{B}} = \frac{F_{\text{B}}}{l_{\text{ü}} b} = \frac{6000}{20 \cdot 25} = 12 \text{ N mm}^{-2}.$$

Durch Einsetzen der gegebenen Werte in die Volkersen-Gleichung (8.15) resultiert für die maximale Bruchspannung am Überlappungsende ein Wert von 37 N mm^{-2} und ein Spannungsspitzenfaktor $n_{\text{V}} = 37:12 = 3,1$.

Die Berechnung der Spannungsverteilung nach Goland und Reissner, die an dieser Stelle nicht nachvollzogen werden soll (s. [H43]), ergibt beim Bruch der Klebung einen Spannungsspitzenfaktor $n_{\text{GR}} = 47:12 = 3,9$.

Die von Matting und Ulmer aufgrund eigener Messungen resultierende Spannungsverteilung führt zu einem Spannungsspitzenfaktor von $n = 2,0$. Die folgenden Gründe vermögen diese Differenzen zu deuten:
• Der höhere Spannungsspitzenfaktor entsprechend der Ableitung von Goland und Reissner (n_{GR}) gegenüber Volkersen (n_{V}) ist auf die Berücksichtigung des Biegemoments und der damit verbundenen zusätzlichen Normalspannungen im Rechnungsansatz zurückzuführen. Somit ergeben sich gegenüber reinen Schubspannungen erhöhte Spannungsspitzen, die in Form der Maximalspannung $\tau_{\text{B max}}$ von 47 N mm^{-2} gegenüber 37 N mm^{-2} zu einem höheren Wert für n führt.
• Der geringe experimentell gefundene Wert von $n = 2$ weist aus, daß die theoretische Annahme rein elastischer Fügeteil- und Klebschichtverformung nicht zutrifft. In der Praxis findet infolge einer plastischen Verformung der Klebschicht ein gewisser Spannungsausgleich statt, so daß sich die Spannungsverteilung günstiger gestaltet. Legt man als Hauptkriterium für das elastisch-plastische Verformungsverhalten der Klebschicht den experimentell ermittelten Schubmodul G zugrunde, so ist festzustellen, daß dieser Wert nicht die wahren deformationsmechanischen Eigenschaften für eine gegebene Klebschicht widerspiegelt. Für den Spannungsspitzenfaktor $n = 2$ errechnet sich aus (8.16) (unter der Annahme, daß keine Fügeteildehnung auftritt, was in dem Fall der betrachteten hochfesten Aluminiumlegierung für diesen Vergleich vertreten werden kann) für die Klebschicht ein Schubmodul von 420 N mm^{-2} gegenüber dem eingesetzten Wert von 1000 N mm^{-2}. Auch diese Betrachtung belegt die für die Differenzen herangezogene Begründung einer elastisch-plastischen Klebschichtverformung. Auf der anderen Seite ist festzustellen, daß die Verwendung des „Original-Schubmoduls" bei der Spannungsberechnung zu hohen Werten von Spannungsspitzen führt, die geringe Klebfestigkeiten zur Folge haben, so daß mittels dieser Werte eine „Festigkeitsreserve" in die Berechnung eingebaut wird.

In gleicher Weise lassen sich diese Berechnungen auch für die angegebene Überlappungslänge $l_{\text{ü}} = 10$ mm durchführen. Die Ergebnisse belegen in klarer Weise sowohl über die Rechnung als auch über das Experiment die bereits in Abschn. 8.4.1 getroffene Feststellung, nach der mit zunehmender Überlappungslänge die mittlere Bruchzugscherspannung, d.h. die Klebfestigkeit τ_{B} abnimmt.

8.5.1.4 Spannungsverteilung nach Hart-Smith

Hart-Smith [H40 bis H42] geht in der Einbeziehung der Randbedingungen über den Ansatz von Goland und Reissner hinaus, in dem er den Einfluß der Klebschicht auf die

Fügeteilbiegung und darüber hinaus auch auf anisotrope Fügeteilwerkstoffe, wie z.B. faserverstärkte Verbundwerkstoffe, durch entsprechende Korrekturfaktoren in dem Berechnungsansatz berücksichtigt. Eine ausführliche Beschreibung dieser mathematischen Zusammenhänge ist in [H43] wiedergegeben.

8.5.2 Spannungsverteilung bei Annahme eines nichtlinearen Spannungs-Verformungs-Verhaltens der Klebschicht

Braig [B50] modifiziert die Ansätze zur Bestimmung des Exzentrizitätsfaktors u.a. durch die Berücksichtigung des Einflusses der Klebschichtgleitung und der Schubspannungsverteilung bei nichtlinearem Elastizitätsverhalten der Klebschicht. Er geht von experimentell ermittelten Bruchwerten aus und berechnet anhand der zum Zeitpunkt des Bruchs vorliegenden Beanspruchung der Klebschicht die Vergleichsspannungen nach der Normalspannungs-, Schubspannungs- und Gestaltänderungsenergie- Hypothese unter Variation der Fügeparameter. Aus den Ergebnissen geht hervor, daß das nichtlineare Spannungs-Verformungs-Verhalten der Klebschicht mit zunehmender Überlappungslänge zu höheren Gleitungen $\tan\gamma$ führt und daß für die Brucheinleitung das Erreichen einer klebstoffspezifischen größten Hauptspannung verantwortlich ist.

Glahn [G18] untersucht die Einflüsse der Viskoelastizität auf Klebungen mittels zweier verschiedener Näherungsverfahren. Bei beiden Verfahren wird infolge der Viskoelastizität der Klebschicht eine Reduktion der Spannungen bei gleichzeitigem deutlichen Anwachsen der Schubverformungen in der Klebschicht errechnet.

Eckert, Kleinert und Blume [E22] nehmen eine Linearisierung des Spannungs-Dehnungs-Verhaltens in zwei Bereiche vor, um das nichtlineare Verhalten der Klebschicht zu berücksichtigen. Mit den entsprechenden Schubmoduln werden für beide Bereiche die Spannungsspitzen berechnet, die addiert werden. Dieses Verfahren bedarf jedoch ebenfalls wie die bisher erwähnten Verfahren eines hohen mathematischen Aufwands.

Hahn [H43] stellt ein Berechnungsverfahren vor, das es gestattet, die maximale Fügeteilbeanspruchung unter Zugrundelegung einer spannungsbezogenen und die maximale Beanspruchung der Klebschicht mittels einer verformungsbezogenen Betrachtungsweise abzuschätzen. Auf diese Weise ergibt sich die Möglichkeit, die bei Belastung in der Klebschicht und in den Fügeteilen auftretenden Werkstoffanstrengungen separat zu ermitteln und sie mit den zulässigen Werten zu vergleichen. Das Verfahren hat zur Grundlage, daß weder das metallische Fügeteil noch die Klebschicht über die werkstoffspezifisch zulässige Beanspruchung hinaus belastet werden. Somit ergeben sich zwei verschiedene Vorgehensweisen:
• Eine auf den Bruch der Klebung bezogene Berechnung. Dann gilt die einfach zu bestimmende Klebfestigkeit als Kriterium für die zulässige Beanspruchung. Hierbei ist es jedoch erforderlich, das nichtlineare Verformungsverhalten der Klebschicht in einem komplizierten Rechenverfahren zu berücksichtigen, was wiederum die Kenntnis des zeit- und lastabhängigen Verformungsverhaltens der Klebschicht voraussetzt.
• Festlegung eines Kennwerts, der einen bereits vor dem Bruch der Klebung vorliegenden Schädigungsgrad der Klebschicht kennzeichnet. Bei den metallischen Fügeteilen wäre das die im allgemeinen bekannte Streck- bzw. 0,2%-Dehngrenze, im Fall der Klebschicht könnte von der Grenzdehnung, d.h. der Grenze des linear-viskoelastischen Verhaltens ausgegangen werden. Hierfür ist jedoch für jeden Klebstoff die

Kenntnis der zeitlichen Abhängigkeit des Schubmoduls $G(t)$ (Kriechmodul) (Abschn. 4.6) erforderlich.

Als Bemessungskriterium für das Fügeteil ist für quasistatische und statische Beanspruchung, wenn eine plastische Verformung ausgeschlossen ist, daher zu setzen

$$\sigma_{zul} \leqq \frac{R_e}{S_1} \quad \text{bzw.} \quad \sigma_{zul} \leqq \frac{R_{p0,2}}{S_1}. \tag{8.19}$$

Für die Klebschicht ergibt sich entsprechend

$$\varepsilon_{zul} \leqq \frac{\varepsilon_k}{S_2}. \tag{8.20}$$

Dabei sind S_1 und S_2 zu berücksichtigende Sicherheitsbeiwerte und ε_k der Grenzwert der Dehnung, bei der erste Werkstoffveränderungen in Form von Fließzonen bzw. submikroskopischen Rissen im Polymer auftreten. Bei Klebschichten kann man davon ausgehen, daß der Wert der Grenzdehnung in etwa mit der Grenze des linear-viskoelastischen Verformungsbereichs übereinstimmt (Bild 4.3, Punkt A). Er kann experimentell aus dem Schubspannungs-Gleitungs-Diagramm ermittelt werden, je nach Polymeraufbau ist mit Werten von $\varepsilon_k \sim 0{,}3$ bis $0{,}7\%$ zu rechnen.

Hahn [H38, H44, H45] beschreibt ebenfalls die Berechnung der Spannungsverteilung mit Hilfe der Methode der finiten Elemente. Bei diesem Verfahren wird die zu untersuchende Struktur in einfache geometrische Elemente eingeteilt, deren Abmessungen endlich (finit) sind und deren Verhalten bei Belastung bekannt ist. Mit Hilfe einer Steifigkeitsmatrix lassen sich dann unter Verwendung von Werkstoffkennwerten Deformationen und Spannungen berechnen. Mittels des Programmsystems FINEL wurden Spannungs- und Deformationsberechnungen durchgeführt. Die Ergebnisse bestätigen im Grundsatz die auf experimentellem und mathematischem Wege erhaltenen Ergebnisse des Spannungsverlaufs.

8.5.3 Spannungsverteilung auf der Grundlage theoretischer und experimenteller Ergebnisse

In Ergänzung zu den theoretischen Berechnungsverfahren sind umfangreiche Arbeiten durchgeführt worden, die das Ziel hatten, die theoretischen Erkenntnisse experimentell zu untermauern oder aber auch für sich Lösungsansätze für die Festigkeitsberechnung zu geben. Grundsätzlich ist zu diesen Arbeiten festzustellen, daß z.T. ein sehr beträchtlicher experimenteller Aufwand erforderlich ist und daß die beschriebenen Berechnungsgleichungen häufig nur für spezifische Klebstoffe bzw. Klebstoff-Fügeteil-Kombination gelten. Die bekannten und nachfolgend erwähnten Verfahren lassen sich zusammenfassend auf die Grundlagen des Gestaltfaktors, der maximalen Spannungskonzentration am Überlappungsende und der maximalen Fügeteilspannungen am Überlappungsende zurückführen.

8.5.3.1 Verfahren nach Frey [F7]

Ausgangspunkt ist der Gestaltfaktor (Abschn. 8.4.3), dem die Austauschbarkeit der Überlappungslänge und der Fügeteildicke bei gleicher Klebfestigkeit zugrunde liegt.

Experimentell wurde (für einen Klebstoff auf Epoxidbasis) die Beziehung

$$\tau_B = a \log\left(\delta \frac{\sqrt{s}}{l_{\ddot{u}}}\right) \tag{8.21}$$

gefunden. Die klebstoffspezifischen Konstanten a und δ werden aus einer Regressionsgeraden bestimmt. Frey weist weiterhin nach, daß für die optimale Ausnutzung einer Klebung die Fügeteilstreckgrenze, -dicke und die Überlappungslänge maßgebend sind. Er führt den Begriff der optimalen Überlappungslänge sowie einen Sicherheitsfaktor gegen Bruch der Klebung ein.

8.5.3.2 Verfahren nach Winter und Meckelburg [W12, W28, W29]

Ausgangspunkt ist ebenfalls der Gestaltfaktor. Die Autoren haben in ausführlichen Untersuchungen den Versuch unternommen, die Einschränkungen der Volkersen-Gleichung durch experimentell abgesicherte Faktoren zu eliminieren. Als Ergebnis stellt sich die Beziehung

$$\tau_B = a\sqrt{f} \text{ mit } f = \frac{\sqrt{s}}{l_{\ddot{u}}} \tag{8.22}$$

dar.

Die Konstante a ist von den Fügeteilen und der Klebschicht abhängig, sie läßt sich aus entsprechenden Diagrammen bestimmen, wenn ein ebenfalls aus dem Schubmodul und der Maximalspannung am Überlappungsende berechneter Klebstoffkennwert oder auch Bindemittelkennwert $\chi = \tau_{max}/\sqrt{G}$ und die Fügeteilfestigkeit bekannt sind.

8.5.3.3 Verfahren nach Müller [M37]

Müller erweitert die von Frey gefundene Beziehung und ermittelt den Zusammenhang

$$\tau_m = b\left(1 + M \log \frac{\sqrt{s}}{l_{\ddot{u}}}\right). \tag{8.23}$$

In diesem Fall ist b eine von der Streckgrenze des Fügeteils abhängige klebstoffspezifische Konstante, M ist eine für die untersuchten Fügeteilwerkstoffe und Klebstoffe charakteristische zahlenmäßig definierte Konstante ($M = 0,55$).

Zusammenfassend ist festzustellen, daß die Anwendung des Gestaltfaktors als Berechnungsbasis wegen des hohen experimentellen Aufwands für die Lösung von Einzelproblemen wenig praktikabel ist. Sie ist sinnvoll dort, wo sehr häufig gleiche Fügeteile und wenige standardisierte Klebstoffe eingesetzt werden, z.B. im Flugzeugbau. Hinsichtlich theoretischer Aussagen sind diese Methoden ebenfalls nur beschränkt verwendbar, da als Voraussetzung für die Berechnung ein lineares Schubspannungs-Gleitungs-Verhalten dient.

8.5.3.4 Verfahren nach Tombach [T10]

Tombach geht von den Berechnungsansätzen von Volkersen und Goland und Reissner aus, er ergänzt die Ergebnisse durch entsprechende empirisch gewonnene Faktoren. Die Berechnungsansätze erfordern einen hohen Rechenaufwand sowie das Vorhandensein von Bemessungsfaktoren aus experimentellen Untersuchungen.

8.5.3.5 Verfahren nach Eichhorn und Braig [B50, E13]

Die Autoren berücksichtigen als Berechnungskriterium die maximale Fügeteilspannung, die sich am Überlappungsende einstellt. Da von linear-elastischen Verhältnissen ausgegangen wird, ist die allgemeine Anwendbarkeit der Methode jedoch beschränkt. Für die Berechnung von Klebungen werden unter Einbeziehung experimentell ermittelter Faktoren Diagramme zur Bestimmung von s und $l_{ü}$ bei gegebenen Lasten herangezogen.

Eine kritische Bewertung der Berechnungsverfahren nach Frey, Tombach, Winter und Meckelburg sowie Eichhorn und Braig gibt Ulmer in [U4].

8.5.3.6 Verfahren nach Schlegel [S54]

Schlegel geht bei seinen Berechnungen, denen ebenfalls experimentelle Untersuchungen zugrunde liegen, von der Festigkeit des Fügeteilwerkstoffs als maßgebendem Kennwert aus und definiert den Ausnutzungsgrad δ

$$\delta = \frac{\sigma_{vorh}}{R_{p0,2}} \leq 1. \tag{8.24}$$

Im Fall $\delta = 1$ ist eine optimale Fügeteilausnutzung gegeben, der eine optimale Überlappungslänge $l_{ü\ opt}$ (Abschn. 8.4.1.1) zugeordnet wird. Durch experimentelle Untersuchungen wird nachgewiesen, daß für einen bestimmten Klebstoff und eine bestimmte Klebfugengeometrie die optimale Überlappungslänge eine Funktion der Dehn- bzw. Streckgrenze ist

$$l_{ü\ opt} = m\ R_{p0,2}, \tag{8.25}$$

wobei der Faktor m von der Fügeteildicke abhängt und für eine Anzahl der häufigsten Verbindungsformen und Klebstoffe experimentell ermittelt wurde. Auf Basis dieser Ergebnisse dienen dann Nomogramme aus den drei Größen s, $l_{ü}$ und $R_{p0,2}$ zur Bestimmung der jeweiligen dritten Größe, wenn zwei bekannt sind. Es ist jedoch zu beachten, daß jedes Nomogramm nur für ganz bestimmte Verbindungsformen und Fügeteil-Klebstoff-Paarungen gilt [Z13].

8.5.3.7 Verfahren nach Cornelius und Stier [C5]

Ausgangspunkt der Berechnung sind die maximalen Spannungen am Überlappungsende. Diese werden für verschiedene Klebfugengeometrien auf die mittlere Fügeteilspannung bezogen und in Diagramme in den Abhängigkeiten Klebschichtdicke, Fügeteildicke und Überlappungslänge aufgetragen. Eine praktische Anwendung dieser Methode wird dadurch geschmälert, daß für jede Fügeteil-Klebstoff-Kombination die entsprechenden experimentellen Untersuchungen durchgeführt werden müssen.

Eine zusammenfassende Behandlung der Probleme zur Berechnung der Spannungsverteilung findet sich bei Hertel [H46].

Die vorstehenden Ausführungen machen deutlich, daß eine rechnerische Voraussage über die Spannungsverteilung in einer Klebung und somit über ihre Festigkeit im Sinne einer mathematisch exakten Berechnung, die als Grundlage für die praxisnahe Bemessung einer Konstruktion dienen kann, nicht möglich ist. Der Grund liegt in der Tatsache, daß es zur Vermeidung eines zu hohen rechnerischen Aufwandes erforderlich ist, von vereinfachenden theoretischen Modellen und Ansätzen auszugehen. Durch diesen Sachverhalt unterscheiden sich Metallklebungen deutlich von Schweiß- und Lötverbindungen. Es ist erkenntlich, daß ein entsprechend DIN 53 283 gemessener Klebfestigkeitswert ohne Bedeutung ist, wenn sich die Spannungen örtlich zu so hohen Maximalwerten konzentrieren, daß an diesen Stellen die Bruchfestigkeit einer Klebschicht erreicht wird. Die vielfältig erarbeiteten experimentellen Werte bestätigen im Grunde die theoretischen Ergebnisse, weisen jedoch aus, daß in Ergänzung zu den definierbaren Werkstoffparametern und der bekannten Geometrie der Klebung das deformationsmechanische Verhalten der Klebschicht als nicht exakt zu definierender Parameter verbleibt. Als Lösung dieser Problematik bietet sich an, die theoretischen Berechnungen nach den dargestellten Gleichungen von Volkersen als Ausgangsbasis anzuwenden. Aufbauend auf diesen Ergebnissen sind dann unter Einbeziehung der für jeden Einzelfall geforderten Belastungen und Werkstoffkenngrößen ergänzende Berechnungen oder gezielte praktische Versuche durchzuführen. Hierauf wird in Abschnitt 9.2.4 näher eingegangen.

Ergänzende Literatur zu Abschnitt 8.5: [B26, B54, C4, D28, E14, H23, H37, H39, K30, K43, M21, M38, M39, P12, R10, S55 bis S57, T9, T11].

8.6 Festigkeit bei statischer Langzeitbeanspruchung

Im Vergleich zu der statischen Kurzzeitfestigkeit, als die die zügige Belastung einer Klebung bis zum Bruch angesehen werden kann und die im wesentlichen die Basis entsprechender Prüfverfahren darstellt, ist das Verhalten einer Klebung unter statischer Belastung über größere Zeiträume für praktische Anwendungen von besonderem Interesse. Da die Klebschichten die Eigenschaften von Kunststoffen aufweisen, ist während einer statischen Langzeitbelastung mit Kriechvorgängen (Abschn. 4.6) zu rechnen, die bei Überschreiten der Verformungsmöglichkeit der Klebschicht zu einem Bruch führen. Aus der Stefanschen Gl. (3.12) ergab sich bereits, daß die Kraft für die Trennung von zwei Platten, die mittels einer viskosen Zwischenschicht miteinander verbunden sind, in einem umgekehrt proportionalen Verhältnis zu der einwirkenden Zeit steht. Diese Beziehung läßt sich im Prinzip ebenfalls auf die Beschreibung langzeitiger statischer Belastungen anwenden. Grundsätzlich ist davon auszugehen, daß die statische Festigkeit einer Klebung unter Zug- bzw. Zugscherbeanspruchung mit zunehmender Belastungszeit abnimmt. Als Kenngröße für die Bemessung einer geklebten Konstruktion ist daher − zunächst unter Eliminierung von Alterungseinflüssen − an Stelle der Klebfestigkeit nach DIN 53 283 die Zeitstandfestigkeit nach DIN 53 284 [D1] einzusetzen.

Bei der statischen Langzeitbeanspruchung wird unterschieden:

• *Die Zeitstand-Klebfestigkeit $\tau_{B/t}$ (Zeitstandfestigkeit):*

Sie stellt die auf die Klebfläche A bezogene ruhende Beanspruchung durch eine Zugkraft F dar, die nach Ablauf einer bestimmten Zeit t eine Trennung der Fügeteile hervorruft:

$$\tau_{B/t} = \frac{F}{A}. \tag{8.27}$$

Die Zeit t bis zum Bruch ist dabei als Index anzugeben.

258   8 Festigkeiten von Metallklebungen

• *Die Dauerstand-Klebfestigkeit τ_∞ (Dauerstandfestigkeit)*:
Sie ergibt sich als die auf die Klebfläche A bezogene, größte ruhende Beanspruchung durch eine Zugkraft F, die die Klebung „unendlich lange" ohne Trennung der Fügeteile ertragen kann:

$$\tau_\infty = \frac{F}{A}. \tag{8.27}$$

Schematisch erläutert Bild 8.42 diese beiden Festigkeitsarten. Zur Ermittlung der Zeitstandfestigkeit wird mit einer Anzahl von Prüfkörpern bei verschiedenen vorgegebenen Zugscherspannungen in der Klebfuge die jeweilige Standzeit bis zum Bruch der Klebung ermittelt und ein Zeitstandschaubild $\tau_{B/t} = f(t)$ aufgestellt.

Bild 8.43 zeigt nach Ergebnissen von Althof und Hennig [A23] für zwei verschiedene Klebstoffe auf Epoxidharzbasis ein derartiges Zeistandschaubild. Die Klebfestigkeitswerte nach der statischen Kurzzeitprüfung entsprechend DIN 53 283 sind ebenfalls in

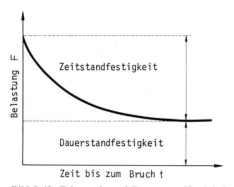

Bild 8.42. Zeitstand- und Dauerstandfestigkeit von Klebstoffen.

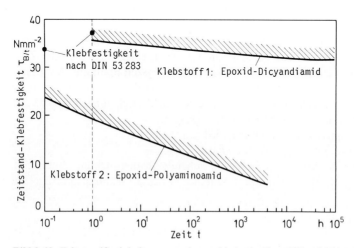

Bild 8.43. Zeitstandfestigkeit von zwei verschiedenen Epoxidharzklebstoffen

das Diagramm eingetragen. Aus dieser Darstellung lassen sich folgende Zusammenhänge entnehmen:
- Die Zeitstandfestigkeit ist in hohem Maße von der Verformungsfähigkeit der Klebschicht abhängig. Bei dem Klebstoff 1 handelt es sich um einen warmhärtenden Klebstoff auf Basis Epoxid-Dicyandiamid mit einem geringen Verformungsvermögen d.h. einer geringen Kriechneigung, bei dem Klebstoff 2 um ein ebenfalls warmhärtendes Produkt auf Basis Epoxid-Polyaminoamid, jedoch mit einer gegenüber dem Klebstoff 1 erhöhten Verformungsfähigkeit.
- Obwohl die Werte der Klebfestigkeit relativ ähnlich sind (37 bzw. 34 N mm^{-2}), zeigen beide Klebstoffe ein sehr unterschiedliches Zeitstandverhalten. Bei dem Klebstoff 1 kann davon ausgegangen werden, daß er unter den gegebenen Versuchsbedingungen eine Dauerstandfestigkeit von ca. 32 N mm^{-2} aufweist. Der Klebstoff 2 ist nach den gegebenen Werten für eine Zeitstandbelastung nicht geeignet, bereits nach 200 h ist die Zeitstandfestigkeit auf unter 10 N mm^{-2} abgesunken, ein Bruch der Klebung ist im Bereich von wenigen 1000 h zu erwarten.

Im allgemeinen kann davon ausgegangen werden, daß die Dauerstandfestigkeiten von Klebstoffen bei reiner mechanischer Beanspruchung im Bereich von 50 bis 70% ihrer statischen Kurzzeitfestigkeit liegen. Eine erheblich geringere Last als die statische Bruchlast bei einer Kurzzeitbeanspruchung genügt also bereits, um einen Bruch durch eine Zeitstandbelastung auszulösen. Für geklebte Konstruktionen besteht daher ein Zusammenhang zwischen der Belastungshöhe und der zu erwartenden Lebensdauer in dem Sinne, daß mit zunehmender Belastung die Lebensdauer abnimmt. Neben der mechanischen Belastung hängen der für die Zeitstandfestigkeit maßgebende Kriechverlauf und die Kriechgeschwindigkeit ebenfalls von den Einflüssen aus der Umgebung ab (Abschn. 7.4). Sie vermindern die Festigkeitswerte je nach Art und Höhe auf noch geringere Werte. Für Anforderungen an hohe Zeitstand- bzw. Dauerstandfestigkeiten ist demnach Klebstoffen der Vorzug zu geben, die verformungsarme Klebschichten auszubilden in der Lage sind. Das ist in der Regel bei warmaushärtenden, hochvernetzten Duromeren der Fall, Thermoplaste eignen sich für derartige Anwendungen nur in beschränktem Maße.

Ergänzende Literatur zu Abschnitt 8.6: [A31, E4, E19, E20, H22, K51, S58, W30].

8.7 Festigkeit bei dynamischer Langzeitbeanspruchung

In den meisten Anwendungsfällen wird der Fall auftreten, daß Metallklebungen für Beanspruchungen durch Lastschwingungen unterschiedlicher Amplitude und Frequenz ausgelegt werden müssen. Als Beispiele mögen der Flugzeug-, Automobil- und Maschinenbau dienen. Um Vergleiche mit den Werten der statischen Kurzzeitfestigkeit zu ermöglichen, ist es zweckmäßig, die für die dynamische Festigkeitsermittlung verwendeten Prüfkörper soweit wie möglich ähnlich zu gestalten, d.h. die Klebfugengeometrien für den Zug- bzw. Zugscherversuch zugrunde zu legen und die Prüfverfahren in gleichem Sinn durchzuführen.

Die Begriffe und Zeichen der Dauerschwingfestigkeit sind in DIN 50 100 [D1] festgelegt, dabei werden unterschieden:

260 8 Festigkeiten von Metallklebungen

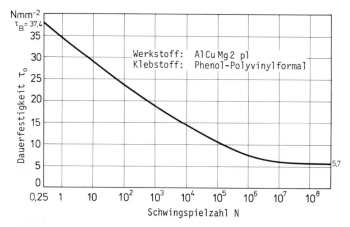

Bild 8.44. Wöhler-Kurve für eine einschnittig überlappte Klebung bei Schwellbeanspruchung (nach [M31]).

- Die *Dauerschwingfestigkeit* (kurz Dauerfestigkeit genannt) als der um eine gegebene Mittelspannung schwingende größte Spannungsausschlag, den eine Probe „unendlich oft" ohne Bruch und ohne unzulässige Verformung aushält.
- Die *Wechselfestigkeit* als Sonderfall der Dauerfestigkeit für die Mittelspannung Null; die Spannung wechselt zwischen gleich großen Plus- und Minuswerten.
- Die *Schwellfestigkeit* als Sonderfall der Dauerfestigkeit für eine zwischen Null und einem Höchstwert an- und abschwellende Spannung.

Zur Bestimmung der Dauerfestigkeit werden Festigkeits-Lastspielzahl-Diagramme aufgestellt. Man erhält auf diese Weise eine mit der Zeit bzw. mit der Zahl der Schwingspiele abfallende Kurve, die sog. Wöhler-Kurve, die sich asymptotisch dem Endwert der Dauerfestigkeit nähert bzw. im logarithmischen Maßstab eine Dauerfestigkeitsgerade ergibt. Aus dieser Kurve kann man die zeitabhängige bzw. lastspielabhängige Beanspruchung einer Klebung entnehmen. Eine Wöhler-Kurve für eine einschnittig überlappte Klebung bei Schwellbeanspruchung zeigt Bild 8.44. Nach dieser Darstellung ergibt sich, ausgehend von einer statischen Kurzzeitfestigkeit der Klebung von 37,4 N mm^{-2}, eine Dauerfestigkeit von 5,7 N mm^{-2}.

8.7.1 Zugschwellfestigkeit

Die Prüfung der Zugschwell-Dauerfestigkeit erfolgt unter Aufbringen reiner Normalspannungen in der Klebfuge. In gleicher Weise, wie auf statische Zugbelastung beanspruchte Klebungen in der Praxis nur eine sehr geringe Bedeutung haben, gilt das gleiche auch für die dynamische Zugbeanspruchung. Als Prüfkörper dienen zwei stumpf verklebte Rundkörperhälften, als Beanspruchung eine reine Zugschwellkraft mit dem Spannungsverhältnis $\sigma_u/\sigma_o = 0$.

Die Versuche werden durchgeführt entweder bis zu der Dauerfestigkeitsgrenze oder bis zu einer Grenzschwingspielzahl von $N = 2 \cdot 10^7$ Lastspielen. Für einen gegebenen Durchmesser der Probenkörper ergibt sich dann die Zugschwell-Dauerfestigkeit als Quotient aus der Differenz Oberlast F_o und der Unterlast F_u und der Klebfläche A

$$\sigma_{z\ \text{sch D}} = \frac{(F_o - F_u) 4}{\pi\ d^2} \qquad (8.28)$$

bzw. die Zugschwell-Zeitfestigkeit

$$\sigma_{z\ \text{sch(N)}} = \frac{(F_o - F_u) 4}{\pi\ d^2} \qquad (8.29)$$

unter Angabe der Schwingspielzahl (N) bis zum Bruch (d Probendurchmesser).

Ein weiteres Prüfverfahren für dynamische Beanspruchung unter Normalspannungen ist der Umlaufbiegewechselversuch. Bei dieser Methode ergibt sich allerdings eine Zug-Druck-Wechselbeanspruchung [W21, W30].

8.7.2 Dauerschwingfestigkeit

Die Bestimmung der Dauerschwingfestigkeit nach DIN 53 285 [D1] an einschnittig überlappten Klebungen besitzt für die Anwendungsfälle der Praxis große Bedeutung. Die Beanspruchung der Probe erfolgt durch eine Zugscherschwellkraft, wegen des exzentrischen Kraftangriffs treten ebenfalls Biegeschwellkräfte auf. Die Schwellfestigkeit der Klebung ist der Quotient aus der Differenz der Oberlast F_o und der Unterlast F_u und der Klebfläche A

$$\tau_{\text{schw}} = \frac{F_o - F_u}{A}. \qquad (8.30)$$

Die Dauerschwingfestigkeit für schwellende Beanspruchung (Schwellfestigkeit) von Klebungen läßt sich ebenfalls aus einem Wöhler-Schaubild bei einer Schwingspielzahl von $N = 2 \cdot 10^7$ entnehmen. In gleicher Weise, wie bei der statischen Zugscherbeanspruchung die werkstoffbezogenen Eigenschaften und die geometrischen Faktoren der Klebung hinsichtlich ihrer Abhängigkeit von der Klebfestigkeit systematisch untersucht wurden, sind derartige Versuche ebenfalls bei der Schwellfestigkeit durchgeführt worden. Aus der Fülle vorliegender Ergebnisse [A25, B52, K43, M30, M31, P10, W21] lassen sich die folgenden Einflußfaktoren und deren Zusammenhänge ableiten:
• *Klebschichtfestigkeit*: Von besonderem Interesse ist das Verhalten der Klebschichten bei Dauerschwingbeanspruchung in Abhängigkeit von ihrem strukturellen Aufbau. Grundsätzlich ist hierzu festzustellen, daß das Verformungsverhalten der Klebschicht die bestimmende Einflußgröße darstellt. Wie bei der statischen Belastung ist auch bei einer dynamischen Belastung das Auftreten von Spannungsspitzen die wesentliche Ursache für eine verkürzte Lebensdauer der Klebung. Klebschichten mit einem ausreichenden Verformungsvermögen ermöglichen eine längere Lebensdauer der Klebung bei dynamischer Belastung als weniger verformbare Klebschichten. Sie sind in der Lage, die zwischen der Mitte der Klebfuge und den Überlappungsenden sich ausbildenden Spannungsunterschiede besser auszugleichen. Das Verhalten unter dynamischer Belastung wird demnach in typischer Weise dadurch bestimmt, inwieweit eine Klebschicht in der Lage ist, zeitabhängig nach Abklingen der jeweiligen

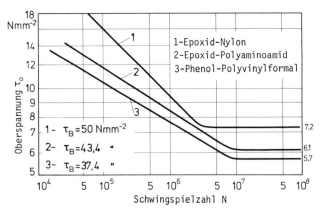

Bild 8.45. Abhängigkeit der Schwellfestigkeit vom Verformungsverhalten der Klebschichten (nach [M31]).

Belastungsstufe wieder in den ursprünglichen Gleichgewichtszustand zurückzukehren (Relaxation). Somit ist das Verhältnis von Belastungsdauer zu der jeweiligen Relaxationszeit für die dynamische Festigkeit eine bestimmende Größe.

Aus Bild 8.45, welches aus Untersuchungen von Matting und Draugelates [M31] zusammengestellt ist, lassen sich diese Zusammenhänge erkennen. Von den drei untersuchten Klebstoffen besitzt die Phenol-Polyvinylformal-Klebschicht die geringste statische Klebfestigkeit von 37,4 N mm^{-2}. Als Folge der geringen Verformungsmöglichkeit dieser Klebschicht ist auch eine vergleichsweise niedrige Schwellfestigkeit gegeben. Im Gegensatz dazu zeichnet sich der auf Epoxid-Nylon aufgebaute Klebstoff durch ein hohes Verformungsvermögen und somit auch hohe Werte der Schwellfestigkeit aus. Der Epoxid-Polyaminoamid-Klebstoff liegt in seinen Eigenschaften zwischen diesen beiden Klebstoffen. Zwischen den Werten der statischen Kurzzeitfestigkeit τ_B nach DIN 53 283 und den durch eine Extrapolation der Wöhler-Kurve in den Zeitfestigkeitsbereich für eine Schwingspielzahl $N = 2,5 \cdot 10^{-1}$ erhaltenen Festigkeitswerten ergibt sich eine gute Übereinstimmung. In Bild 8.45 sind diese τ_B–Werte mit angegeben. Ein Vergleich der statischen und dynamischen Festigkeit ergibt einen einfachen Zusammenhang: Die technische Dauerfestigkeit besitzt oberhalb von $N = 1 \cdot 10^7$ Lastspielen bei den untersuchten Klebstoffen einen Wert von ca. 14% der statischen Kurzzeitfestigkeit, im vorliegenden Beispiel bei Klebstoff $1 = 14,4\%$, Klebstoff $2 = 14,1\%$ und Klebstoff $3 = 15,2\%$. Dieser Zusammenhang gilt in vielen Fällen auch für andere Klebstoffe.

Neben dem für die dynamische Festigkeit einer Klebung charakteristischen Verformungsverhalten ist ergänzend das Dämpfungsvermögen der Klebschicht ein entscheidender Parameter (Abschn. 4.4.2). Im Gegensatz zu Metallen sind Polymere durch ein hohes Dämpfungsvermögen gekennzeichnet. Die Dämpfung wird durch den Übergang von Schwingungsenergie in andere Energieformen verursacht. Bei dynamisch beanspruchten Klebungen erfolgt, bedingt durch die beim jeweiligen Verformen notwendige Überwindung der durch den Molekülaufbau bedingten großen inneren Widerstände, ein Übergang in Wärme. Wegen der geringen Wärmeleitfähigkeit der Klebschicht besteht somit die Möglichkeit einer Erwärmung. Nach Untersuchungen

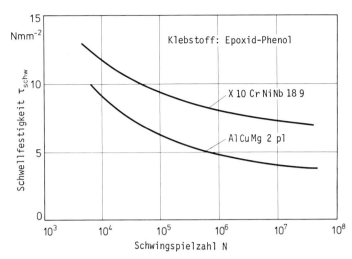

Bild 8.46. Abhängigkeit der Schwellfestigkeit von der Lastspielzahl bei unterschiedlichen Fügeteilfestigkeiten (nach [A25]).

von Draugelates [D29, M31] hat sich jedoch gezeigt, daß eine Erwärmung in der Klebfuge trotz einer hohen dynamischen Beanspruchung bis zum Bruch nicht auftritt. Die Begründung liegt in der Tatsache der sehr geringen Klebschichtdicke in Verbindung mit der guten Wärmeleitfähigkeit der metallischen Fügeteilwerkstoffe.

- *Fügeteilfestigkeit*: Bei dynamischer Belastung erreichen Klebungen aus höherfesten Fügeteilwerkstoffen höhere Lastspielzahlen als Klebungen mit Werkstoffen geringerer Festigkeiten. Wie bei der Betrachtung der statischen Kurzzeitfestigkeit kann auch in diesem Fall der Unterschied mit den bei höherfesten Fügeteilen geringeren Klebschichtverformungen erklärt werden. Somit ergibt sich wegen der geringeren Spannungsspitzen eine günstigere Spannungsverteilung. Bild 8.46 zeigt nach Untersuchungen von Althof [A25] diesen Zusammenhang an einschnittig überlappten Klebungen aus der Aluminiumlegierung AlCuMg 2 sowie Edelstahl X10 CrNiNb 18 9. Die erkennbaren Unterschiede sind auf den höheren Elastizitätsmodul des Edelstahls und den damit verbundenen geringeren Fügeteildehnungen und somit der günstigeren Spannungsverteilung in den Edelstahlklebungen zurückzuführen. Man kann davon ausgehen, daß bei der Be- und Entlastung der Klebungen unter dynamischer Belastung nach jedem Belastungsvorgang ein Verformungsrest in der Klebschicht verbleibt, d.h., daß die Klebschicht nicht ihre ursprüngliche geometrische Gestalt zurückgewinnt. Auf diese bleibenden Verformungen bauen sich dann ständig neue Verformungen auf, die der Höhe nach bei den Proben aus Edelstahl jedoch geringer sind als bei den Aluminiumproben. Somit werden bei den Edelstahlproben die ertragbaren Klebschichtverformungen erst bei höheren Lastspielzahlen erreicht.
- *Fügeteildicke*: Mit einer zunehmenden Blechdicke ergibt sich bei gleicher Last eine geringere Fügeteilverformung. Diese wirkt sich in vergleichbarer Weise wie bei der statischen Kurzzeitfestigkeit auch in diesem Fall auf höhere Festigkeitswerte der Klebung aus.
- *Überlappungslänge*: Mit zunehmender Überlappungslänge zeigt sich eine Verminderung der Schwellfestigkeit. Somit ergibt sich auch für dynamisch beanspruchte

Klebungen eine optimale Überlappungslänge (Abschn. 8.4.1.1). Es ist diejenige Überlappung, bei der sowohl Brüche in der Kebfuge als auch im Fügeteil auftreten können.
- *Gestaltfaktor*: Mit zunehmendem Gestaltfaktor geht eine erhöhte Schwellfestigkeit einher.
- *Temperatur*: Mit steigender Temperatur nimmt die Schwellfestigkeit ab, die Höhe der Abnahme ist allerdings von der Überlappungslänge abhängig. Es hat sich gezeigt, daß mit größer werdender Überlappungslänge der Unterschied zwischen der Schwellfestigkeit bei Raumtemperatur und bei erhöhter Temperatur geringer wird. Bei langen Überlappungen und hohen Lastspielzahlen sind beide Festigkeitswerte annähernd gleich. Die Ursache für dieses Verhalten ist in der durch die Wärmezufuhr eintretenden Plastifizierung der Klebschicht zu sehen, die mit zunehmender Belastungszeit zu einer gleichmäßigeren Spannungsverteilung führt. Bei kurzen Überlappungen wirkt sich dieser Einfluß wegen der bei Raumtemperatur bereits gleichmäßigeren Spannungsverteilung geringer aus.
- *Schwingungsbeanspruchung*: Die Lebensdauer einer Klebung ist bei der Schwingungsbeanspruchung von der Mittelspannung und dem Spannungsausschlag abhängig. Beide Faktoren können in Dauerfestigkeits-Schaubildern (z.B. nach Smith, vgl. DIN 50 100) dargestellt werden. Eine geringere Frequenz vermindert die Schwellfestigkeit. Zur Erklärung kann die Tatsache herangezogen werden, daß die Klebschicht bei hoher Frequenz dem schnellen Lastwechsel durch Deformation nicht in dem Maße zu folgen vermag wie bei einer geringeren Frequenz, so daß sich ein nahezu statischer Verformungszustand in der Klebschicht einstellt.

Zusammenfassend ergeben sich für die dynamische Festigkeit von Metallklebungen die folgenden wesentlichen Folgerungen:
- Die werkstoffbezogenen und geometrischen Einflußgrößen einer Klebung wirken sich auf die Höhe der Schwellfestigkeit in vergleichbarer Weise wie bei der statischen Kurzzeitfestigkeit aus.
- Die Schwellfestigkeiten von Klebungen bei $N = 1 \cdot 10^7$ Lastspielen liegen im Bereich von ca. 10 bis 20% der statischen Kurzzeitfestigkeit.
- Vergleichende Prüfungen der Schwellfestigkeit bedürfen der Einhaltung gleicher Schwingungsfrequenzen.

Ergänzende Literatur zu Abschnitt 8.7: [A31, D22, D24].

8.8 Festigkeit bei schlagartiger Beanspruchung

Das Verformungsverhalten von Klebschichten ist im wesentlichen durch molekulare Umlagerungsvorgänge geprägt. Diese Umlagerungen sind zeitabhängig, sie verlaufen relativ langsam. Ist bei einer Beanspruchung die zeitliche Lastzunahme so groß, daß die Molekülumlagerungen ihr nicht in entsprechender Weise folgen können, ist ein sprödes Verhalten der Klebschicht zu erwarten, das sich in einer geringen Arbeitsaufnahme der Klebschicht bei Belastung sowie einem verformungslosen Bruch bemerkbar macht. Somit sind die Verformungseigenschaften von Klebschichten bei schlagartigen Beanspruchungen anders zu betrachten als bei den bisher behandelten statischen

8.8 Festigkeit bei schlagsrtiger Beanspruchung 265

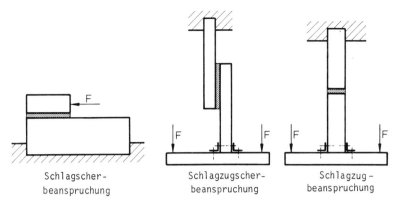

Bild 8.47. Möglichkeiten der Schlagbeanspruchung von Klebungen.

Kurzzeit- bzw. statischen und dynamischen Langzeitbeanspruchungen. Das Verhalten von Klebungen bei schlagartiger Beanspruchung ergibt Hinweise auf die Zähigkeit der Klebschicht. Führt man derartige Untersuchungen in Abhängigkeit von der Temperatur durch, lassen sich wertvolle Anhaltspunkte für das Verhalten insbesondere bei tiefen Temperaturen erarbeiten. Grundsätzlich ist festzustellen, daß Werte der Schlagfestigkeit nicht für Festigkeitsberechnungen herangezogen werden können, da sie in keiner Relation zu der statischen Kurzzeitfestigkeit stehen.

In ähnlicher Weise wie bei der statischen Kurzzeitbeanspruchung ergeben sich die Möglichkeiten schlagartiger Beanspruchung durch
— Schlagscherbeanspruchung,
— Schlagzugbeanspruchung,
— Schlagzugscherbeanspruchung.

Bild 8.47 stellt schematisch diese drei Beanspruchungsmöglichkeiten dar. Gegenüber den Beanspruchungsgeschwindigkeiten im statischen Kurzzeitversuch (ca. 10 mm min^{-1}) liegen bei einer Schlagbeanspruchung Geschwindigkeiten in der Größenordnung von 1 bis 5 m s^{-1} vor, also um mehr als 3 bis 4 Zehnerpotenzen höher.

Eine besondere Bedeutung hat auch in diesem Fall die Prüfung an einschnittig überlappten Klebungen. Dabei ist zu berücksichtigen, daß wegen des außermittigen Kraftangriffs infolge der Biegung der Fügeteile an den Überlappungsenden Formänderungsarbeit verloren geht. Die auf die Klebflächeneinheit bezogene Arbeitsaufnahme wird als spezifische Schlagzugscher-Arbeitsaufnahme (spezifische Schlagarbeit) a_s in Ncm/cm^2 definiert:

$$a_s = \frac{A_B}{b \, l_{\ddot{u}}} \qquad (8.31)$$

Dabei ist A_B die bei dem Bruch der Probe aufgenommene Schlagarbeit. Diese Definition gilt ebenfalls für die beiden anderen erwähnten Schlagbeanspruchungsarten.

Die Abhängigkeit der spezifischen Schlagarbeit von der Schlaggeschwindigkeit bei einschnittig überlappten Klebungen zeigt nach Untersuchungen von Eichhorn und Hahn [E20] Bild 8.48 für vier verschiedene Klebstoffe. Im Hinblick auf die

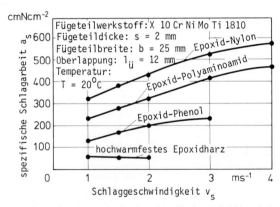

Bild 8.48. Abhängigkeit der spezifischen Schlagarbeit von der Schlaggeschwindigkeit für verschiedene Epoxidharzklebstoffe (nach [E20]).

Verformungsfähigkeit von Klebschichten kann man dieser Darstellung die folgenden grundsätzlichen Zusammenhänge entnehmen:
• Mit zunehmender Belastungsgeschwindigkeit wächst der Widerstand gegen Schlagbeanspruchung, d.h. wie für andere Werkstoffe gilt auch für Metallklebungen, daß sich der Verformungswiderstand mit zunehmender Verformungsgeschwindigkeit erhöht. Die experimentell gefundenen Ergebnisse bestätigen ebenfalls den in der Formel von Stefan (Abschn. 3.4.1.1) gegebenen grundsätzlichen Zusammenhang von Trennkraft und Zeit.
• Die Klebschichten zeigen entsprechend ihres Verformungsvermögens unterschiedliche Werte der spezifischen Schlagarbeit. Von den vier untersuchten Klebstoffen weist die Epoxid-Nylon-Klebschicht das höchste, die hochwarmfeste – und damit auch hochvernetzte – Epoxid-Klebschicht das geringste Verformungsvermögen auf. Somit resultiert im ersten Fall eine höhere spezifische Schlagarbeit bis zum Bruch der Klebschicht, da ein größerer Teil der aufgebrachten Schlagarbeit in Verformungsarbeit umgewandelt wird. Ergänzend ergibt sich die höhere spezifische Schlagarbeit auch auf Grund der günstigeren Spannungsverteilung in der Klebschicht. Diese Verhältnisse ändern sich allerdings bei höheren Temperaturen. In diesem Fall besitzen die sonst spröden Klebschichten ein größeres Dehnungsvermögen, so daß die spezifische Schlagarbeit ansteigt.

Zusammenfassend ist festzuhalten, daß jeder Klebstoff in Abhängigkeit zu der sich bei der Aushärtung ausbildenden Polymerstruktur eine typische Schlagzähigkeitskurve besitzt.

Ergänzende Literatur zu Abschnitt 8.8: [A31, D30, H47 bis H49, M21, M41, W21, W30, Z14, Z15].

8.9 Erhöhung der Festigkeit durch Kombinationsklebungen

Der Begriff „Kombinationsklebung" hat in der Literatur verschiedene Deutungen erfahren, die im Sinne einer einheitlichen Terminologie zunächst kurz zu beschreiben sind:

- Kombinationsklebung als Kombination verschiedener Fügeverfahren, z.B. Punktschweißkleben (Abschn. 12.6.1).
- Kombinationsklebung als Kombination verschiedener Klebstoffgrundstoffe in einem Klebstoff, wie sie durch die Zugabe thermoplastischer Anteile zu Duromeren mit dem Ziel einer Erhöhung der Elastizität bzw. Plastizität der Klebschichten durchgeführt wird; z.B. Phenolharze mit Polyvinylchlorid, Polyvinylacetat, Polyvinylacetalen, Polyamiden [D7, D31]. Diese Verfahrensweise ist auch unter dem Begriff „innere Weichmachung" (Abschn. 4.4.3) bekannt.
- Kombinationsklebung als Kombination von chemisch reagierenden und physikalisch abbindenden Klebstoffarten. Hierbei ergibt sich die Möglichkeit, über die physikalisch abbindende Komponente eine schnelle Anfangshaftung zu erzielen; die chemische Vernetzung erfolgt anschließend mit zunehmender Lagerzeit. In diesem Zusammenhang sind beispielsweise die reaktiven Polyurethan-Schmelzklebstoffe zu erwähnen (Abschn. 2.2.2.4).
- Kombinationsklebung als Kombination zweier verschiedener Klebschichten in einer Klebfuge.

Diese letztere Möglichkeit ist zur Erhöhung der Festigkeit von Metallklebungen ausführlich untersucht worden, dabei wird von den folgenden Überlegungen ausgegangen:

Eine bei einschnittig überlappten Klebungen festigkeitsbegrenzende Einflußgröße ist die an den Überlappungsenden auftretende Spannungsüberhöhung. Bei einer gegebenen Klebschicht wird daher wegen dieser Spannungsspitzen die Mitte der Klebfuge nur in sehr viel geringerem Maße zur Lastübertragung herangezogen. Selbst bei plastisch verformbaren Klebschichten verbleiben an den Überlappungsenden Spannungsüberhöhungen gegenüber der Mittelspannung. Ein kennzeichnender Parameter für dieses Verhalten in den Klebschichten ist deren Schubmodul (Abschn. 4.2). Je größer der Schubmodul, desto größer sind die auftretenden Maximalspannungen (s. Gl. (8.15)). Um diesen Nachteil bei einschnittig überlappten Klebungen zu vermindern, ist von Matting und Ulmer [M24] vorgeschlagen worden, in einer Klebfuge zwei oder mehrere Klebschichten mit unterschiedlichen Festigkeits- und Verformungseigenschaften in Richtung der zu übertragenden Last nebeneinander anzuordnen. Auf diese Weise kann die Spannungsverteilung in der Klebfuge über die unterschiedlichen Schubmodule beeinflußt werden.

Bild 8.49 zeigt die Anordnung der beschriebenen Kombinationsklebung. Die Klebschicht K_1 mit dem höheren Schubmodul G_1 befindet sich im Mittelteil, die Klebschicht K_2 mit dem geringeren Schubmodul G_2 im Bereich der Überlappungsenden. Somit ergibt sich schematisch die angegebene Spannungsverteilung. Der Sprung in der Spannungskurve am Übergang von K_1 und K_2 folgt proportional der Differenz der beiden Schubmoduln. Da die Klebschichten K_2 aufgrund des geringeren Schubmoduls durch plastisches Fließen den Fügeteildehnungen an den Überlappungsenden zu folgen vermögen, wird durch die dadurch bedingten geringeren Spannungsspitzen die im Mittelteil der Klebfuge befindliche Klebschicht K_1 mit dem größeren Schubmodul G_1 in vermehrtem Umfang zur Lastübertragung herangezogen. Experimentelle Untersuchungen an Stahl- und Leichtmetallproben ergaben mit einer derartigen Kombinationsklebung Steigerungen der Klebfestigkeit von 20 bis 25% und des Klebnutzungsgrades (Abschn. 9.2.8) bis auf Werte von 0,9 bis 1,0. Althof [A8] hat für wärmebeständige Klebungen mit geeigneten Klebstoffkombinationen ergänzende

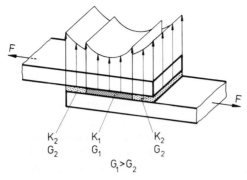

Bild 8.49. Spannungsverteilung in einer Kombinationsklebung.

Untersuchungen hinsichtlich der Festigkeitsabhängigkeiten von der Temperatur, Zeitstandbelastung und dynamischer Belastung im Vergleich zu einschnittig überlappten Klebungen durchgeführt. Die erzielten Ergebnisse bestätigen bei entsprechenden Klebstoffkombinationen die Überlegenheit der Kombinationsklebung nicht nur bei Normal- sondern auch bei erhöhten Temperaturen.

Eine wichtige Voraussetzung bei der Anwendung der vorstehend beschriebenen Kombinationsklebung ist die Auswahl der Klebstoffe im Hinblick auf gleiche oder ähnliche Aushärtungsparameter von Zeit und Temperatur, um in beiden Fällen unter den gleichen Bedingungen optimal ausgehärtete Klebschichten zu erhalten.

Ergänzende Literatur zu Abschnitt 8.9: [A32].

8.10 Abschließende Bemerkungen zum Festigkeitsverhalten von Metallklebungen

Die im Rahmen der Festigkeitsbetrachtungen aufgezeigten Zusammenhänge machen deutlich, daß die zu fordernde Festigkeit einer Klebung für ihren vorgesehenen Einsatzzweck nur in Zusammenhang mit den diesen Einsatz begleitenden Beanspruchungskriterien ermittelt werden kann. Die unter definierten Laborbedingungen im statischen Kurzzeitversuch nach DIN 53 283 ermittelten Klebfestigkeitswerte können nicht zur Grundlage eines alle Einflußgrößen umfassenden Berechnungsverfahrens gemacht werden. Sie bedürfen in jedem Fall ergänzender, die jeweiligen Beanspruchungsbedingungen berücksichtigender Prüfungen. Dabei ist der verformungsbezogenen gegenüber der festigkeitsbezogenen Betrachtungsweise eine maßgebliche Bedeutung beizumessen. Grundsätzlich ist zu berücksichtigen, daß im Vergleich zu metallischen Werkstoffen und metallischen Fügeverbidungen bei Klebungen die Lastübertragung durch Kunststoffe erfolgt. Diese sind nun einmal dadurch gekennzeichnet, daß sie sich in Abhängigkeit von der Belastungsart und -zeit sowie von den Umweltbedingungen in wesentlich größerem Umfang verändern als metallische Werkstoffe.

Somit unterscheiden sich Klebungen grundsätzlich von Schweiß- und Lötverbindungen. Weiterhin kommt hinzu, daß die Festigkeit einer Klebung durch die während des Fertigungsvorgangs sich ausbildenden Adhäsions- und Kohäsionsfestigkeiten bestimmt wird, folglich beeinflussen die Fertigungsparameter ebenfalls entscheidend die Klebfestigkeit. Auf der anderen Seite ist sehr positiv zu bewerten, daß eine Fülle von Klebstoffen verfügbar ist, die es erlaubt, in Kenntnis der jeweiligen Beanspruchungskriterien die unterschiedlichsten Eigenschaftsanforderungen zu berücksichtigen und auf den jeweiligen Anwendungsfall maßgeschneiderte Klebschichteigenschaften zu ermöglichen. Der wesentliche Vorteil bei der Formulierung von Klebstoffen liegt darin, die z.T. gegensätzlichen Anforderungen nach statischer und dynamischer Festigkeit bzw. Kurzzeit- und Langzeitfestigkeit sowie Wärmebeständigkeit durch eine sinnvolle Kombination von Basismonomeren mit duromeren und thermoplastischen Klebschichteigenschaften zu erfüllen. Die häufig als unübersehbar und daher negativ bewertete Typenvielfalt an Klebstoffen erfährt durch diese Zusammenhänge, die allerdings ein tieferes Verständnis in bezug auf den Chemismus der Klebstoffe erfordern, eine positive Darstellung.

9 Berechnung von Metallklebungen

9.1 Allgemeine Betrachtungen

Die Grundlagen für die Berechnung von Metallklebungen ergeben sich aus der Kenntnis des Festigkeitsverhaltens. Das setzt die Analyse der durch die entsprechenden Belastungen auftretenden Beanspruchungsarten voraus. Für Metallklebungen sind dies die Schub-, Zug-, Zugscher-, Schäl- und Torsionsbeanspruchungen und als Sonderfall der statischen Belastung die Zeitstandbeanspruchung. Diese Beanspruchungen bestehen aus Spannungen und Verformungen. Das bedingt als wesentliche Voraussetzung für eine Berechnung, die Spannungsverteilung in der Klebfuge zu kennen, da das Versagen der Klebung an ihrer durch Spannungsspitzen am höchsten beanspruchten Stelle, dem Überlappungsende, beginnt.

Die Spannungsverteilung in der Klebfuge ist eine Funktion der Werkstoffeigenschaften von Fügeteil und Klebschicht, der Abmessungen und der Gestaltung der Klebung. Daher bedarf die Berechnung einer Metallklebung der Einbeziehung dieser Einflußgrößen und es ergibt sich aus diesem Sachverhalt die Folgerung, daß der Wert der Klebfestigkeit, wie er unter den definierten Bedingungen des Zugscherversuches nach DIN 53 283 ermittelt wird, für die Berechnung einer Metallklebung nicht als ein konstanter klebstoffspezifischer Kennwert herangezogen werden kann. Der Konstrukteur, der eine Klebung auf Sicherheit gegen Bruch zu berechnen hat, benötigt daher Festigkeitswerte, die diese Abhängigkeiten berücksichtigen. Derartige Kennwerte lassen sich nach dem heutigen Stand der Kenntnisse jedoch nicht durch eine getrennte Betrachtung der Eigenschaften von Fügeteilwerkstoff und Klebschicht ermitteln, da auf diese Weise der Einfluß der Grenzschicht als der dritten Komponente des Verbunds nicht berücksichtigt werden kann. Bei allen Betrachtungen geht man jedoch davon aus, die Grenzschicht als eine konstante Größe in die Berechnung einzubeziehen. Diese Voraussetzung wird so lange zu rechtfertigen sein, als es nicht zu chemischen Veränderungen der Klebschicht oder Grenzschicht kommt bzw. keine Sekundäreinflüsse infolge Fügeteilkorrosion von außerhalb der Klebfuge auftreten. Da die Erfahrung zeigt, daß bei geeigneter Oberflächenbehandlung und Klebstoffverarbeitung Adhäsionsbrüche selten sind, ist es zwar gerechtfertigt, die jeweiligen spezifischen Werkstoffkennwerte in die Berechnungsansätze getrennt einzubeziehen, die gegenseitige Beeinflussung der Verformungseigenschaften ist jedoch in jedem Fall zu berücksichtigen.

Die wesentlichen Ursachen für die Komplexität der Festigkeitsberechnung von Metallklebungen liegen in den sehr unterschiedlichen Festigkeits- und Verformungseigenschaften der Fügeteilwerkstoffe und der Klebeschichten. Während die metallischen Werkstoffe innerhalb der Beanspruchungsgrenzen ein weitgehend linear-elastisches

Verformungsverhalten aufweisen, zeigen die Klebschichten ein elastisch-plastisches und viskoelastisches Verhalten, in das als zusätzliche Faktoren die Beanspruchungszeit und -temperatur eingehen. Es ist also grundsätzlich davon auszugehen, daß sich in einer Klebfuge unter Last ein heterogener Verformungs- und damit auch Spannungszustand einstellt. Trotz vieler theoretischer und praktischer Versuche ist es bis heute nicht gelungen, allgemein gültige und für die Praxis anwendbare Ansätze für die Berechnungen von Metallklebungen aufzustellen, in denen alle wirkenden Parameter berücksichtigt werden können und die Rückschlüsse auf die Wechselwirkung zwischen Belastung und gefordertem Betriebsverhalten einer Klebung vorauszuberechnen gestatten. Die Berechnung einer Metallklebung kann daher nur von den Bedingungen des Einzelfalls ausgehen und die jeweils gegebenen Werkstoffe, Klebstoffe und Beanspruchungen berücksichtigen. Diese sind dann in sinnvoller Weise mit bereits vorhandenen Erfahrungen der Theorie und Praxis zu verknüpfen. Für den Fall nicht ausreichender Kenntnisse besteht die Notwendigkeit, die erforderlichen Werkstoffkennwerte und das Verhalten der Klebung experimentell zu bestimmen.

9.2 Berechnungsansätze

9.2.1 Einfluß der unterschiedlichen Festigkeiten von Fügeteilwerkstoff und Klebschicht

Die Tatsache, daß die Festigkeit der metallischen Fügeteile etwa eine Zehnerpotenz über derjenigen der Klebschicht liegt, zwingt im Hinblick auf eine optimale Ausnutzung der Fügeteilfestigkeiten in der Klebung zu der Berücksichtigung der unterschiedlichen Festigkeiten von Fügeteilwerkstoff und Klebschicht im Berechnungsansatz und in der konstruktiven Gestaltung. Hieraus folgt demnach, Klebfugengeometrien zu wählen, die den unterschiedlichen Verformungs- und Festigkeitseigenschaften der beiden Verbundpartner Rechnung tragen. Das ist nur möglich bei Verbindungsformen, bei denen die Übertragung der Last über eine große Fügefläche erfolgt und die Beanspruchung der Klebschicht weitgehend auf Schub bzw. Scherung ausgerichtet ist. Aus diesem Grunde sind es speziell die überlappten, insbesondere die einschnittig überlappten bzw. gelaschten Klebfugengeometrien, die für die Festigkeitsberechnungen wesentliches Interesse haben. Nur bei Anwendung dieser Geometrien läßt sich die Größe der Klebfläche beliebig wählen und die Klebfestigkeit der Festigkeit der Fügeteilwerkstoffe in gewissen Grenzen anpassen bzw. bei einem gegebenen Klebstoff die zu übertragende Last auf die Fügeteilfestigkeit abstimmen.

Bild 9.1 soll diese Zusammenhänge zunächst schematisch, ohne Berücksichtigung der spezifischen Einflüsse auf die Spannungsverteilung, verdeutlichen. Geht man beispielsweise von einer Zugfestigkeit der Klebschicht von 20 N mm^{-2} aus, so beträgt die über die Klebung im Stumpfstoß bei einer Fügeteilbreite b = 25 mm und einer Fügeteildicke s = 5 mm übertragbare Bruchlast

$$F_B = \sigma_B bs = 20 \cdot 25 \cdot 5 = 2500 \text{ N}.$$

Bei einem Bruch der Klebung ist in den Fügeteilen die gleiche Spannung von 20 N mm^{-2} vorhanden, d.h. bei dem Werkstoff AlCuMg2 mit einer 0,2%-Dehngrenze

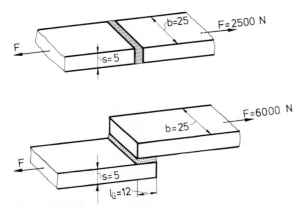

Bild 9.1. Übertragbare Last bei Zug- und Zugscherbeanspruchung.

von 280 N mm^{-2} wäre die Fügeteilfestigkeit nur zu 7,1% ausgenutzt. Bei einer Zugbeanspruchung können demnach nur Kräfte übertragen werden, die durch die Zugfestigkeit der Klebschicht und die vorhandenen Bindungskräfte begrenzt sind. Geht man von dem gleichen Wert der Klebschichtfestigkeit für die einschnittig überlappte Klebung aus (für das vorliegende Beispiel soll diese Annahme im Rahmen einer verständlichen Darstellung angenommen werden, obwohl eine Gleichstellung der Werte von Zugfestigkeit und Klebfestigkeit nicht allgemein möglich ist), so ergibt sich bei einer Überlappungsbreite b = 25 mm und einer Überlappungslänge $l_ü$ = 12 mm eine übertragbare Bruchlast von

$$F_B = \tau_B b l_ü = 20 \cdot 25 \cdot 12 = 6000 \text{ N}.$$

In den Fügeteilen führt diese Beanspruchung zu einer Spannung von

$$\sigma = \frac{6000}{25 \cdot 5} = 48 \text{ N mm}^{-2},$$

d.h. die Festigkeitsausnutzung steigt auf 17,1% bezogen auf die 0,2%-Dehngrenze. Eine Vergrößerung der Überlappungslänge führt zu einer weiter verbesserten Ausnutzung der Fügeteilfestigkeit. Diese Vergrößerung wirkt sich jedoch nicht proportional auf die übertragbare Last aus (Abschn. 8.4.1.1).

Setzt man bei der einschnittig überlappten Klebung die bei einer Belastung in dem Fügeteil und in der Klebfuge innerhalb des elastischen Bereichs wirkenden Kräfte einander gleich, so ergibt sich

$$F = R_{po,2} bs = \tau_B b l_ü \tag{9.1}$$

bzw.

$$R_{po,2} : \tau_B = l_ü : s \tag{9.2}$$

Hieraus folgen dann aus den in der Praxis vorliegenden Werten der 0,2%-Dehngrenze und Klebfestigkeit Verhältnisse $R_{po,2} : \tau_B$, die im Bereich zwischen ca. 10 bis 20 liegen. Das wiederum bedeutet, daß nach der Beziehung (9.2) größenordnungsmäßig für die einschnittig überlappte Klebung ebenfalls Verhältnisse von Überlappungslänge zu Fügeteildicke $l_ü$:s in dem gleichen Bereich vorzusehen sind.

9.2.2 Einflußparameter für die Berechnung von Metallklebungen

In die Berechnung der in der Praxis vorwiegend eingesetzten einschnittig überlappten Klebung gehen von den in Abschn. 8.2 (Tabelle 8.1) erwähnten Einflußgrößen folgende Parameter ein:
— Schubmodul G und Dicke d der Klebschicht;
— Elastizitätsmodul E und Dicke s des Fügeteils;
— Überlappungslänge $l_ü$ der Klebfuge.

Von diesen Parametern ist der Elastizitätsmodul ein für die metallischen Fügeteilwerkstoffe charakteristischer Wert, die Überlappungslänge und Fügeteildicke lassen sich an der Klebfuge einfach bestimmen. Die Klebschichtdicke hängt von den Fertigungsbedingungen ab, ist aber unter vergleichbaren Fertigungsparametern als eine konstante Größe anzusehen. Eines gewissen experimentellen Aufwands bedarf die Ermittlung des Schubmoduls nach DIN 53 445 und DIN 54 451. Dabei ist allerdings auf die Tatsache hinzuweisen, daß der Schubmodul, bestimmt an makroskopischen Prüfkörpern des Klebstoffpolymers, nicht die gleichen Werte ergibt, mit denen in der Klebschicht in Kombination mit den Fügeteilen zu rechnen ist (Abschn. 4.5).

Die für die Berechnung entscheidende Einflußgröße ist die Überlappungslänge $l_ü$. Die Gründe hierfür sind bereits in Abschn. 8.4.1 ausführlich dargelegt worden. Somit haben alle in der Vergangenheit vorgeschlagenen Berechnungsverfahren das Ziel, die mit der Überlappungslänge direkt verbundenen bzw. abhängigen anderen Einflußgrößen in entsprechende mathematische Zusammenhänge zu bringen. Solange die an den Überlappungsenden wirkenden maximalen Spannungen unterhalb der Elastizitätsgrenze von Fügeteilwerkstoff und Klebschicht liegen, hängen die Festigkeitseigenschaften nur von der Geometrie und der Beanspruchungsart ab. Überschreiten die maximalen Spannungen die Elastizitätsgrenzen jedoch, tritt bei den Verbundpartnern eine plastische Verformung bzw. ein Fließen ein, so daß in die Berechnung das mathematisch schwer zu erfassende Spannungs-Dehnungs-Verhalten einbezogen werden muß. Aus diesem Grunde stehen Berechnungsansätze zur Erfassung der plastischen Verformungen und speziell des bei den Klebschichten vorhandenen zeitabhängigen viskoelastischen Verhaltens im Vordergrund. Hinzu kommt bei den einschnittig überlappten Klebungen die Einbeziehung des mehrachsigen Beanspruchungszustandes aufgrund der Überlagerung von Schub- und Normalspannungen infolge des auftretenden Biegemoments. Die Komplexität der einzelnen Berechnungsansätze ist demnach dadurch gekennzeichnet, in welchem Ausmaß diese werkstoff- und verformungsbezogenen Daten als Randbedingungen in eine mathematische Beziehung einbezogen werden.

9.2.3 Berechnung auf Grundlage der Klebfestigkeit

Die einfachste Form für die Festigkeitsberechnung überlappter Metallklebungen stellt die Beziehung

$$\tau_B = \frac{F_B}{l_ü b} \tag{9.3}$$

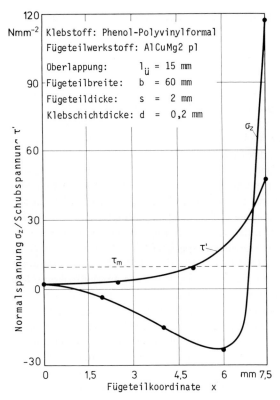

Bild 9.2. Normalspannungs- und Schubspannungsverteilung in einer einschnittig überlappten Klebung (nach [H43]).

dar. Dieser Festigkeitsbeurteilung von Klebungen auf Basis des Zugscherversuchs haftet jedoch der Mangel an, daß sie keine Festigkeitswerte im Sinne einer wissenschaftlichen Materialprüfung liefern kann. Ursache hierfür ist, daß für das Versagen einer einschnittig überlappten Klebung nicht die mittlere Bruchzugscherspannung τ_B maßgebend ist, sondern der örtliche Beanspruchungszustand in dem am höchsten beanspruchten Bereich der Klebfuge am Überlappungsende. Dort weist, bedingt durch die unterschiedlichen Verformungen von Fügeteil und Klebschicht, sowohl die Schubspannung als auch die Normalspannung ein Maximum auf, wie aus Bild 9.2 (nach [H43]) hervorgeht.

Aus diesem Grunde ist es nicht möglich, den Wert der Klebfestigkeit in einen direkten Zusammenhang zu der Versagensursache einer Klebung zu setzen. Sie berücksichtigt weder die geometrischen und werkstoffbezogenen Einflußgrößen sowie Belastungsfälle noch die auftretenden Maximalspannungen, die in ihrer Gesamtheit die Festigkeitseigenschaften der Klebung prägen. Die nach obiger Gleichung ermittelte Klebfestigkeit ist daher lediglich als ein „technologischer" Wert für vergleichende Beurteilungen anzusehen. Es ergibt sich somit die Notwendigkeit, als Grundlage von Berechnungsverfahren eine Betrachtungsweise zu wählen, die die Verformungseigenschaften der Verbundpartner berücksichtigt. Nur auf diese Weise ist es möglich, die an den Überlappungsenden vorhandenen Maximalspannungen in Abhängigkeit von der äußeren Belastung und den übrigen werkstoff- und geometrieabhängigen Größen in die Berechnung einzubeziehen.

9.2.4 Berechnung auf Grundlage der Volkersen-Gleichung nach Schliekelmann

Aus den Darstellungen in Abschn. 8.5 ergab sich, daß die erwähnten theoretischen und theoretisch-experimentellen Arbeiten für definierte Anwendungsfälle zwar Berechnungsgrundlagen liefern, wegen aufwendiger Berechnungsverfahren und experimenteller Untersuchungen jedoch nur eingeschränkt anwendbar sind. Die Einbeziehung des nichtlinearen Spannungs-Verformungs-Verhaltens und der Fügeteilbiegung erlaubt bei zügiger Belastung zwar eine genauere Darstellung der Spannungsverteilung gegenüber der Volkersen-Gleichung, das zeitabhängige Werkstoffverhalten der Klebschicht sowie die statischen, dynamischen und alterungsbedingten Langzeitbeanspruchungen sind durch dieses Vorgehen aber dennoch nicht zu beschreiben. Als alleinige Berechnungsgrundlage sind diese Ansätze daher nur bedingt geeignet. Dem Konstrukteur, der für einen gegebenen Einzelfall die Berechnung einer Metallklebung durchzuführen hat, stehen weiterhin die erforderlichen Grundlagen nicht immer zur Verfügung. Für die Praxis ergibt sich im allgemeinen mehr die Notwendigkeit einer Abschätzung von Größenordnungen, die unter Einbeziehung von Sicherheitsfaktoren für die jeweiligen Belastungsarten eine Berechnung ermöglichen, als einen exakten mathematischen Wert für die Maximalspannungen zu kennen. Es erhebt sich demnach die grundsätzliche Frage nach dem Verhältnis von mathematischer Genauigkeit zu praktischer Anwendbarkeit.

Wenn man davon ausgeht, daß aufgrund der komplexen Zusammenhänge aller sich ergänzender und überlappender Einflußgrößen eine mathematisch exakte Festigkeitsberechnung nicht durchgeführt werden kann, ermöglicht die Volkersen-Gleichung wenigstens die größenordnungsmäßige Abschätzung der vorliegenden Verhältnisse als Ansatz für praktische Anwendungen. Eine ergänzende Berücksichtigung der mathematisch nicht exakt definierbaren weiteren Einflußgrößen ist dann durch entsprechende Abminderungsfaktoren, die die jeweiligen Beanspruchungen aufgrund vielfältig vorhandener Untersuchungsergebnisse kennzeichnen, möglich (Abschn. 9.2.7).

Der Nachteil der Volkersen-Gleichung für die Festigkeitsberechnung einer Metallklebung liegt darin, daß einerseits eine rein elastische Fügeteil- und Klebschichtverformung und andererseits kein Auftreten eines Biegemoments vorausgesetzt wird. Der letztere Punkt setzt eine zentrische Krafteinleitung voraus, die bei einschnittig überlappten Klebungen nicht gegeben ist.

Um den Erfordernissen der Praxis gerecht zu werden, schlägt Schliekelmann [S 59] vor, trotz dieser Einschränkungen die Volkersen-Gleichung als Basis für die Berechnung einer Metallklebung heranzuziehen und diese für den Fall von Klebfestigkeitswerten, die die Fügeteile über den elastischen Bereich hinaus beanspruchen, entsprechend zu modifizieren. Dieses Vorgehen dient dem Zweck, daß für Berechnungen nur von Klebfestigkeiten ausgegangen wird, die eine Fügeteilbeanspruchung im plastischen Bereich ausschließen. Grundlage ist dabei die allgemeine Erkenntnis, daß sich das Festigkeitsverhalten einer Metallklebung bei vorgegebenen Klebschichteigenschaften durch das charakteristische Verhalten der abweichend von den Prüfvorschriften nach DIN 53 281 und 53 283 verwendeten Fügeteilwerkstoffe und Klebfugengeometrien verändert. Die Notwendigkeit, dem Konstrukteur wenigstens eine orientierende Berechnungsmöglichkeit zur Verfügung zu stellen, rechtfertigt gewisse überschaubare Vereinfachungen im mathematischen Ansatz.

Ausgangspunkt für die Berechnung ist die Volkersen-Gleichung (8.15), in der der Faktor

$$\coth\sqrt{\frac{Gl_{\ddot{u}}^2}{2Esd}} = 1 \tag{9.4}$$

angenommen wird, was für technisch bedeutsame Überlappungen zu vertreten ist. Für eine Metallklebung entsprechend Bild 8.41 errechnet sich bei $l_{\ddot{u}} = 20$ mm beispielsweise ein Wert dieses Faktors von 1,0042, der Fehler beträgt demnach 0,4%. Die Abweichung von 1 steigt jedoch mit abnehmendem Schubmodul und abnehmender Überlappungslänge stark an und führt z.B. für $G = 800$ N mm^{-2} und $l_{\ddot{u}} = 12$ mm bereits zu einem Fehler von 7,6%. Auf diese Zusammenhänge wird in Abschn. 9.2.5 noch ausführlicher eingegangen.

Somit ergibt sich die vereinfachte Volkersen-Gleichung zu

$$\tau_{max} = \tau_m \sqrt{\frac{Gl_{\ddot{u}}^2}{2Esd}} \tag{9.5}$$

bzw. beim Bruch der Klebung

$$\tau_{Bmax} = \tau_B \sqrt{\frac{Gl_{\ddot{u}}^2}{2Esd}} \tag{9.6}$$

oder

$$\tau_B = \tau_{Bmax} \sqrt{\frac{2Esd}{Gl_{\ddot{u}}^2}} \tag{9.7}$$

In dieser Gleichung sind die für die Berechnung einer Metallklebung wesentlichen werkstoffspezifischen und geometrischen Parameter enthalten, sie läßt sich in folgende Einzelfaktoren aufgliedern:

$$\tau_B = \tau_{Bmax} \sqrt{\frac{2d}{G}} \sqrt{E} \frac{\sqrt{s}}{l_{\ddot{u}}}. \tag{9.8}$$

Es zeigt sich demnach, daß die Klebfestigkeit τ_B durch die folgenden drei Faktoren bestimmt wird:
- Die Eigenschaften der *Klebschicht*, d.h. deren maximale Bruchzugscherspannung, Schubmodul und Klebschichtdicke;
- die Festigkeitseigenschaften des *Fügeteilwerkstoffs*, charakterisiert durch dessen Elastizitätsmodul,
- die Geometrie der *Klebfuge*, dargestellt durch die Fügeteildicke und die Überlappungslänge.

Setzt man

$$\tau_{B\max}\sqrt{\frac{2d}{G}} = K = \text{Klebstoffaktor},$$

$$\sqrt{E} = M = \text{Metallfaktor},$$

$$\frac{\sqrt{s}}{l_{\ddot{u}}} = f = \text{Gestaltfaktor},$$

so ergibt sich

$$\tau_B = KMf \quad \text{bzw.} \quad K = \frac{\tau_B}{Mf}. \tag{9.9}$$

Unter der Annahme eines gleichen Klebstoffs (K=const) und gleicher Fügeteile (M=const) läßt sich somit aus der Volkersen-Gleichung der von de Bruyne eingeführte Gestaltfaktor ableiten, der, allerdings mit gewissen Einschränkungen (Abschn. 8.4.3) besagt, daß Klebungen mit einem gleich großen Gestaltfaktor unter sonst gleichen Bedingungen eine gleiche Klebfestigkeit besitzen.

Geht man nun davon aus, daß für die vorgesehene Konstruktion der gleiche Klebstoff und die gleichen Verarbeitungsbedingungen für den Klebstoff vorliegen wie bei der Ermittlung der Klebfestigkeit nach DIN 53 283, so lassen sich die Werte für den Schubmodul und die Klebschichtdicke als konstant betrachten. Das gleiche gilt für den Wert $\tau_{B\max}$, da der Bruch einer Klebung durch das Überschreiten einer für den jeweiligen Klebstoff charakteristischen maximalen Bruchzugscherspannung am Überlappungsende ausgelöst wird. Somit kann gelten:

$$\tau_{BDIN} = KM_{DIN}f_{DIN} \tag{9.10}$$

bzw.

$$\tau_{BKonstr} = KM_{Konstr}f_{Konstr}. \tag{9.11}$$

Den beiden Einschränkungen, die der Volkersen-Gleichung zugrunde liegen, das elastische Verhalten von Fügeteil und Klebschicht sowie kein Auftreten eines Biegemoments, wird in folgender Weise Rechnung getragen:
• *Auftreten einer plastischen Fügeteilverformung*: Hier führt Schliekelmann statt des Metallfaktors $M = \sqrt{E}$ den „reduzierten Metallfaktor" $M_{red} = \sqrt{e}$ ein, der wie folgt abgeleitet wird (Bild 9.3):
Im elastischen Bereich gilt

$$E = \frac{R_e}{\varepsilon} \quad \text{bzw.} \quad \varepsilon = \frac{R_e}{E}. \tag{9.12}$$

Überschreitet die Spannung den elastischen Bereich, tritt im Fügeteil eine bleibende Verformung ein. Bei einer geringen Spannungserhöhung von R_e auf $R_{p0,2}$ beträgt diese bleibende Verformung 0,2%.
Weiterhin ist

$$e = \frac{R_{p0,2}}{\varepsilon + 0{,}002} \quad \text{bzw.} \quad \varepsilon = \frac{R_{p0,2}}{e} - 0{,}002. \tag{9.13}$$

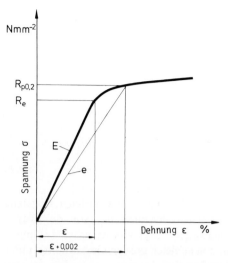

Bild 9.3. Ableitung des reduzierten Metallfaktors nach Schliekelmann.

Bemerkung: Zum besseren Verständnis ist in Bild 9.3 die $\sigma - \varepsilon$ — Abhängigkeit in der ε-Achse vergrößert dargestellt.

Aus (9.12) und (9.13) folgt

$$e = \frac{R_{po,2}}{\frac{R_e}{E} + 0{,}002} \tag{9.14}$$

und da $R_e \sim R_{po,2}$

$$e = \frac{R_{po,2}}{\frac{R_{po,2}}{E} + 0{,}002} \quad \text{bzw.} \quad \sqrt{e} = \sqrt{\frac{R_{po,2}}{\frac{R_{po,2}}{E} + 0{,}002}}. \tag{9.15}$$

Der Wert $R_{po,2}$ statt R_e wird bei dieser Betrachtungsweise in seinen Auswirkungen als repräsentativ für die Wirkung einer plastischen Fügeteilverformung auf die resultierenden Spannungsspitzen in der Klebschicht angenommen. Durch diesen korrigierten Metallfaktor $\sqrt{e}$ kann also in den Fällen, in denen bereits ein geringfügiges Überschreiten des elastischen Bereichs in den plastischen Bereich mit den sich daraus ergebenden hohen Fügeteildehnungen zu vergleichbar hohen Klebschichtverformungen führt, dieser Einfluß rein rechnerisch erfaßt werden. In Kenntnis der Tatsache, daß für die Festigkeitseigenschaften einer Metallklebung die übertragbare Last als charakteristische Größe angesehen werden muß, ergibt sich aus dieser Modifizierung der Volkersen-Gleichung eine Anpassung dieser Last an eine elastische Fügeteilbeanspruchung.

In der Beziehung

$$F = \tau_B l_{\ddot{u}} b \quad (9.16)$$

wird gemäß

$$\tau_B = KMf \quad (9.9)$$

durch den reduzierten Metallfaktor $M_{red} = \sqrt{e}$ bei gleichen Klebschichteigenschaften der rechnerisch zu berücksichtigende Wert der Klebfestigkeit erniedrigt. Damit ergibt sich dann ein geringerer Betrag der übertragbaren Last.

Wie bereits in Abschn. 8.4.1.1 erwähnt, ist über die Wahl der optimalen Überlappungslänge eine Fügeteilbeanspruchung im elastischen Bereich sicherzustellen. Die vorstehenden Ausführungen sollen ergänzend die Möglichkeit geben, bei hohen Klebfestigkeitswerten durch eine rechnerische Abminderung der Klebfestigkeit Fügeteilverformungen auf den elastischen Bereich zu beschränken.

In Tabelle 9.1 sind für einige Fügeteilwerkstoffe die für dieses Berechnungsverfahren benötigten Festigkeitswerte und die nach (9.15) berechneten Metallfaktoren zusammengestellt.

- *Auftreten eines Biegemoments*: Die durch das Biegemoment verursachten Normalspannungen an den Überlappungsenden sind um so größer, je größer die Fügeteildicke s und je kürzer die Überlappungslänge $l_{\ddot{u}}$ ist, d.h. je kleiner das Verhältnis $l_{\ddot{u}}/s$ wird. Bei den Probekörpern nach DIN 53281 ($s = 1,5$ mm, $l_{\ddot{u}} = 12$ mm) beträgt dieses Verhältnis $l_{\ddot{u}}/s = 8$. In der Praxis wird dieses Verhältnis im allgemeinen größer gewählt, den geringen Fügeteildicken stehen in den meisten Fällen größere Überlappungslängen gegenüber. Daraus folgt ein geringeres Biegemoment, so daß im Rahmen der abzuleitenden Größenordnung für die Festigkeit einer Klebung nach der hier vorgestellten Berechnungsmethode diese Einflußgröße zu vernachlässigen ist. Zu begründen ist diese Vereinfachung noch durch die Tatsache, daß das rechnerisch ermittelte Biegemoment in seiner praktischen Auswirkung nicht die gemäß der

Tabelle 9.1. Festigkeitskennwerte und Metallfaktoren für metallische Fügeteilwerkstoffe.

Fügeteilwerkstoff	Festigkeits-Kennwerte				Metallfaktor	
	$R_e / R_{p0,2}$ Nmm^{-2} mind.	R_m Nmm^{-2} mind.	E Nmm^{-2}	e Nmm^{-2}	$\sqrt{E}$	$\sqrt{e}$
Baustahl St 34	210	340	215 000	70 547	464	266
Baustahl St 50	300	500	215 000	88 356	464	297
Edelstahl X 5 CrNi 18 9	185	500	195 000	62 740	442	250
Rein-Aluminium Al 99 F 10	70	100	70 000	23 330	265	153
Rein-Aluminium Al 99 F 14	120	140	70 000	32 300	265	180
Aluminium-Legierung						
Al Cu Mg 2 F 43	280	430	70 000	46 660	265	216
Al Mg Si 1 F 32	260	320	70 000	48 695	265	221

Berechnung zu erwartenden Spannungsspitzen ergibt, da es, wie z.B. aus Bild 8.17 hervorgeht, durch das plastische Verhalten der Klebschicht am Überlappungsende zu einer Spannungsverminderung kommt.

9.2.5 Abhängigkeit der übertragbaren Last von der Überlappungslänge nach der Volkersen-Gleichung

Die Vereinfachung der Volkersen-Gleichung

$$\frac{\tau_{Bmax}}{\tau_B} = \sqrt{\frac{Gl_{ü}^2}{2Esd}} \coth \sqrt{\frac{Gl_{ü}^2}{2Esd}} \qquad (9.17)$$

bzw.

$$\tau_B = \tau_{Bmax} \sqrt{\frac{2Esd}{Gl_{ü}^2}} \tanh \sqrt{\frac{Gl_{ü}^2}{2Esd}} \qquad (9.18)$$

durch Setzen von

$$\coth \sqrt{\frac{Gl_{ü}^2}{2Esd}} = 1 \quad \text{bzw.} \quad \tanh \sqrt{\frac{Gl_{ü}^2}{2Esd}} = 1 \qquad (9.19)$$

bedarf einer zusätzlichen Interpretation für den Fall der Berechnung der durch die Klebschicht zu übertragenden Bruchlast F_B. Gl. (9.18) läßt sich unter Berücksichtigung des Vorschlags von Schliekelmann wie folgt formulieren:

$$\tau_B = \tau_{Bmax} \sqrt{\frac{2d}{G}} \sqrt{E} \frac{\sqrt{s}}{l_{ü}} \tanh \sqrt{\frac{Gl_{ü}^2}{2Esd}}. \qquad (9.20)$$

Für $\tau_B = \frac{F}{l_{ü} b}$ ergibt sich dann beim Bruch der Klebung

$$F_B = l_{ü} b \tau_{Bmax} \sqrt{\frac{2d}{G}} \sqrt{E} \frac{\sqrt{s}}{l_{ü}} \tanh \sqrt{\frac{Gl_{ü}^2}{2Esd}} \qquad (9.21)$$

d.h., daß in der vereinfachten Volkersen-Gleichung (9.7) wegen des Herauskürzens von $l_{ü}$ die Bruchlast unabhängig von der Überlappungslänge ist. Der Einfluß der Überlappungslänge kommt somit nur in dem Ausdruck $\tanh \sqrt{\frac{Gl_{ü}^2}{2Esd}}$ zum Tragen; solange dieser Ausdruck 1 ist $\left(\text{gilt für Werte } \sqrt{\frac{Gl_{ü}^2}{2Esd}} > 3\right)$, ist praktisch keine Abhängigkeit der Bruchlast von der Überlappungslänge mehr gegeben. Experimentelle Untersuchungen haben diesen Sachverhalt ebenfalls bestätigt [W24]. Aus Bild 8.30 geht hervor, daß die Einheitsbruchlast beginnend mit einer Überlappungslänge von ca. 20 mm einem Grenzwert zustrebt. Als Überlappungslänge wird sich unter Berücksichtigung der bekannten Fügeteildehngrenze, der Fügeteildicke und der Klebfestigkeit demnach im allgemeinen der nach der Gleichung $l_{ü} = \frac{R_{po,2} s}{\tau_B}$ berechnete Wert ergeben (Abschn. 8.4.1.1). Die Ursache für das Herauskürzen der Überlappungslänge liegt demnach in der Vereinfachung der Volkersen-Gleichung mit coth = 1, die den Grenzübergang zu sehr großen Überlappungslängen beinhaltet.

9.2.6 Berechnungsbeispiele

Für die Berechnung ist in der folgenden Weise vorzugehen:
• Bei Verwendung eines genormten Prüfkörpers nach DIN 53 281 läßt sich zunächst für einen unbekannten Klebstoff dessen Klebfestigkeit nach dem Zugscherversuch DIN 53283 bestimmen. In der Gleichung $\tau_B = KMf$ sind dann bekannt:

τ_B als gemessene Klebfestigkeit,

$M = \sqrt{E}$ aus dem verwendeten Fügeteilwerkstoff,

$f = \dfrac{\sqrt{s}}{l_{ü}}$ aus der Geometrie der Versuchsprobe.

Mit diesen Werten kann der Klebstoffaktor K berechnet werden:

$$\tau_{B\ DIN} = K M_{DIN} f_{DIN}$$

$$K = \frac{\tau_{B\ DIN}}{M_{DIN} f_{DIN}} = \frac{\tau_{B\ DIN} \cdot 12}{\sqrt{70\,000} \cdot \sqrt{1{,}5}} = \tau_{B\ DIN} \cdot 0{,}037.$$

• In Kenntnis des gemessenen Wertes für die Klebfestigkeit ist ergänzend die Feststellung möglich, ob bei diesem Versuch die Fügeteilbeanspruchung im elastischen oder plastischen Bereich lag und somit ggf. der reduzierte Metallfaktor M_{red} für die weitere Berechnung herangezogen werden muß (Beispiel 1).
• Mit dem so ermittelten Klebstoffaktor besteht nunmehr die Möglichkeit, die dem verwendeten Klebstoff unter den standardisierten Bedingungen zuzuordnenden Festigkeitseigenschaften auf andere einschnittig überlappte Klebungen mit anderen Abmessungen und ggf. anderen Fügeteilwerkstoffen zu übertragen (Beispiele 2 bis 4; Beispiel 4 s. Abschn. 9.2.7).

Beispiel 1:
Nach DIN 53 283 wird die Klebfestigkeit eines Klebstoffs zu $\tau_B = 38$ N mm^{-2} bestimmt. Liegt unter den gegebenen Festigkeitsverhältnissen die Fügeteilbeanspruchung im elastischen oder plastischen Bereich?
Der Klebstoffaktor berechnet sich nach (9.9) zu

$$K = \frac{\tau_{B\ DIN} l_{ü}}{\sqrt{E} \sqrt{s}} = \frac{38 \cdot 12}{\sqrt{70\,000} \cdot \sqrt{1{,}5}} = 38 \cdot 0{,}037 = 1{,}41.$$

Die Bruchlast der Klebung ergibt sich zu

$$F_B = \tau_B l_{ü} b = 38 \cdot 12 \cdot 25 = 11400\ \text{N},$$

die gleiche Beanspruchung liegt auch im Fügeteil der Legierung AlCuMg 2 vor, somit ergibt sich die Fügeteilspannung

$$\sigma_F = \frac{F_B}{s\,b} = \frac{11\,400}{1{,}5 \cdot 25} = 304\ \text{N mm}^{-2}.$$

Die Spannung im Fügeteil liegt demnach im plastischen Bereich, da $R_{p\,0,2} = 280$ N mm^{-2}. Es wäre für weitere Berechnungen daher mit dem reduzierten Metallfaktor zu rechnen, der sich aus Tabelle 9.1 zu $\sqrt{e} = 216$ ergibt.

Statt des Wertes $\tau_B = 38\,\text{N mm}^{-2}$ ist somit mit einer Klebfestigkeit $\tau_B = KM_{\text{red}}f =$
$1{,}41 \cdot \sqrt{46660} \cdot \dfrac{\sqrt{1{,}5}}{12} = 31{,}1\,\text{N mm}^{-2}$ zu rechnen.

Bemerkung: Eine Rückrechnung ergibt, daß sich für den in der Norm DIN 53 283 festgelegten Fügeteilwerkstoff AlCuMg 2 mit $R_{p\,0,2} = 280\,\text{N mm}^{-2}$ unter den Bedingungen nach DIN 53 281 ($l_{\ddot{u}} = 12$ mm; $s = 1{,}5$ mm) als Grenzwert eine Klebfestigkeit von $35\,\text{N mm}^{-2}$ ergibt, bei deren Überschreitung grundsätzlich mit dem reduzierten Metallfaktor gerechnet werden muß. In diesem Fall ist nach

$$F_B = \tau_B l_{\ddot{u}} b = \sigma_F s\,b \text{ die Spannung im Fügeteil}$$

$$\sigma_F = \frac{\tau_B l_{\ddot{u}}}{s} = \frac{35 \cdot 12}{1{,}5} = 280\,\text{N mm}^{-2},$$

also gleich der 0,2%-Dehngrenze.

Beispiel 2:
Ausgehend von einem Klebstoff, der eine Klebfestigkeit von $22\,\text{N mm}^{-2}$ nach DIN 53 283 besitzt, soll die Festigkeit einer einschnittig überlappten Klebung aus dem gleichen Fügeteilwerkstoff AlCuMg 2, jedoch bei einer Fügeteildicke von $s = 2{,}5$ mm und einer Überlappungslänge von $l_{\ddot{u}} = 25$ mm berechnet werden.
– Berechnung des Klebstoffaktors:

$$K = \frac{\tau_B}{M\,f} = \frac{22 \cdot 12}{\sqrt{70\,000} \cdot \sqrt{1{,}5}} = 0{,}815.$$

– Klebfestigkeit der gesuchten Klebung:

$$\tau_B = K\,M\,f = 0{,}815 \cdot \sqrt{70000} \cdot \frac{\sqrt{2{,}5}}{25} = 13{,}6\,\text{N mm}^{-2}.$$

– Diskussion des Ergebnisses:
Die Klebung aus den gewählten Abmessungen besitzt gegenüber dem Ausgangswert der Klebfestigkeit einen geringeren Wert. Der wesentliche Grund liegt in dem Einfluß der längeren Überlappung (25 statt 12 mm), die zu höheren Spannungsspitzen an den Überlappungsenden führt.

Beispiel 3:
Mit dem in Beispiel 2 erwähnten Klebstoff soll eine einschnittig überlappte Klebung aus dem Fügeteilwerkstoff X5 CrNi 18 9 mit einer Fügeteildicke von 1,8 mm und einer Überlappungslänge von 15 mm hergestellt werden. Wie groß ist die zu erzielende Festigkeit der Klebung? ($E = 195000\,\text{N mm}^{-2}$).

$$\tau_B = KMf = 0{,}815 \cdot \sqrt{195000} \cdot \frac{\sqrt{1{,}8}}{15} = 32{,}2\,\text{N mm}^{-2}.$$

Die Frage, ob bei dieser Klebfestigkeit die Fügeteilbeanspruchung im elastischen oder plastischen Bereich liegt, ergibt sich aus der Beziehung

$$\sigma_F = \frac{\tau_B l_{\ddot{u}}}{s} = \frac{32{,}2 \cdot 15}{1{,}8} = 268\,\text{N mm}^{-2}$$

und dem Vergleich zu dem Wert der 0,2%-Dehngrenze mit 185 N mm^{-2}. Demnach findet unter diesen Bedingungen eine plastische Fügeteilverformung statt, es ist daher mit dem reduzierten Metallfaktor zu rechnen, so daß sich die Klebfestigkeit zu

$$\tau_B = 0{,}815 \cdot \sqrt{62740} \cdot \frac{\sqrt{1{,}8}}{15} = 18{,}2 \text{ N mm}^{-2}$$

ergibt.

Ergänzend soll diese Überlappungsverbindung eine kurzzeitige statische Last von 15000 N übertragen. Wie groß muß die Überlappungsbreite gewählt werden? Die Berechnung der übertragbaren Last pro 10 mm Überlappungsbreite ergibt sich aus der Beziehung

$$F = \tau_{B \text{ Konstr}} l_{\ddot{u}} b = 18{,}2 \cdot 15 \cdot 10 = 2730 \text{ N}.$$

Für die Übertragung einer Last von 15000 N ist daher eine Überlappungsbreite von

$$b = \frac{15000}{2730} \cdot 10 = 54{,}9 \text{ mm}$$

zu wählen.

9.2.7 Berechnung unter Einbeziehung von Abminderungsfaktoren

Die in Abschn. 9.2.6 erwähnten Berechnungsbeispiele unterliegen der Einschränkung, daß sie nur für statische Kurzzeitbelastungen unter Normalbedingungen gelten und daß für die Ermittlung der Klebfestigkeitswerte optimale Laborbedingungen gegeben sind. Weiterhin werden konstante Festigkeitswerte der Fügeteilwerkstoffe vorausgesetzt. Da die Verhältnisse in einem Produktionsbetrieb diesen beiden Voraussetzungen nicht Rechnung tragen können, sind für diese Fälle Abminderungsfaktoren einzusetzen, für die sich im Rahmen des Flugzeugbaus aus vorhandenen Erfahrungen die folgenden Werte eingeführt haben:
– Untere Grenze der Produktionsqualität im Vergleich zu Laborprüfungen: 80%;
– Berücksichtigung von Schwankungen der Materialeigenschaften sowie Unsicherheiten in den Berechnungsmethoden: 66%.
Als realistischer Klebfestigkeitswert ergibt sich unter diesen beiden Einflüssen dann

$$\tau_{B \text{ real}} = 0{,}8 \cdot 0{,}66 \tau_B = 0{,}53 \tau_B.$$

Weitere Abminderungsfaktoren sind erforderlich, um die gegenüber der statischen Kurzzeitbelastung andersartigen statischen und dynamischen Langzeitbelastungen sowie die Alterungseinflüsse zu berücksichtigen. Diese Faktoren müssen entweder experimentell ermittelt werden oder sie ergeben sich mit hinreichender Sicherheit aus vorliegenden Untersuchungen. Die in Abschn. 7.4.2 zusammengestellte Tabelle 7.3 soll dem Zweck dienen, aus vorhandenen Ergebnissen Abminderungsfaktoren für die jeweiligen Werkstoffe und Beanspruchungskriterien aus den Originalveröffentlichungen zu ermitteln. In dem Beispiel 4 ist zur Erläuterung der Vorgehensweise eine Berechnung unter Einbeziehung frei gewählter Abminderungsfaktoren für die angegebenen Beanspruchungsarten dargestellt.

Beispiel 4:

Fügeteilwerkstoff:	X5 CrNi 18 9
	($R_e = 185 \text{ N mm}^{-2}$)
Fügeteildicke:	1,5 mm,
Durch die Konstruktion vorgegebene Überlappungsbreite:	60mm,
Zu übertragende Dauerlast bei einer Schwingspielfrequenz von 25 min^{-1}:	8000 N,
Betriebstemperatur:	60°C,
Feuchtigkeit der Umgebung:	75% rel. F.
Klebstoff:	Warmhärtender Zweikomponenten-Reaktionsklebstoff auf Basis Epoxid-Dicyandiamid.
Klebfestigkeit nach DIN 53 283:	24 N mm^{-2}.

Zu berechnen ist die für die Klebung einzusetzende Überlappungslänge.
• Die Dauerfestigkeit wird durch Aufstellen einer Wöhler-Kurve erhalten, für das gewählte Beispiel möge sich bei 10^7 Lastwechseln ein Wert von $\tau_{\text{schw D}} = 15 \text{ N mm}^{-2}$ ergeben. Der Abminderungsfaktor beträgt dann

$$f_D = \frac{15}{24} \cdot 100 = 62,5\%.$$

• Der Temperatureinfluß ist in Form einer Temperatur-Klebfestigkeitskurve zu ermitteln. Im vorliegenden Fall wird von einer Klebfestigkeit von 20 N mm^{-2} bei 60°C ausgegangen. Der Abminderungsfaktor beträgt dann

$$f_T = \frac{20}{24} \cdot 100 = 83,3\%.$$

• Der Feuchtigkeitseinfluß ist relativ schwer zu bewerten, da die Art der Oberflächenvorbehandlung hier eine entscheidende Rolle spielt. Die vorliegenden Untersuchungen weisen aus, daß bei künstlicher Alterung durch feuchtwarme Klimate mit einer Restfestigkeit gegenüber der statischen Klebfestigkeit von Werten im Bereich zwischen 20 bis 50% ausgegangen werden kann. Im zu berechnenden Beispiel soll der Abminderungsfaktor für die Alterung mit

$$f_A = 30\%$$

festgelegt werden.

Der Gesamtabminderungsfaktor ergibt sich dann zu

$$f_{\text{ges}} = f_D f_T f_A = 0{,}625 \cdot 0{,}833 \cdot 0{,}3 = 0{,}156$$

und die in die Berechnung einzusetzende reale Klebfestigkeit zu

$$\tau_{B\ real} = \tau_B f_{ges} = 24 \cdot 0{,}156 = 3{,}74 \text{ N mm}^{-2}.$$

Aus der Beziehung

$$\tau_{B\ real} = \frac{F}{l_{\ddot{u}} b}$$

folgt dann

$$l_{\ddot{u}} = \frac{F}{\tau_{B\ real} b} = \frac{8000}{3{,}74 \cdot 60} = 35{,}7 \text{ mm}.$$

9.2.8 Klebnutzungsgrad

Der Klebnutzungsgrad δ, auch Ausnutzungs- oder Klebfaktor genannt, ist ein auf die Festigkeit des Fügeteilwerkstoffs bezogener Nutzungsfaktor, er ergibt sich als Quotient aus der beim Bruch der Klebung im Fügeteil vorhandenen Zugspannung zu der Fügeteilfestigkeit, die für Metallklebungen als Dehngrenze $R_{p\ 0{,}2}$ oder Streckgrenze R_e angegeben wird:

$$\delta = \frac{\sigma_{vorh}}{R_{p\ 0{,}2}} \text{ bzw. } \frac{\sigma_{vorh}}{R_e}. \tag{9.22}$$

Diese Werte werden anstelle der Zugfestigkeit R_m als Berechnungsgrundlage gewählt, um die in der Praxis auftretenden Belastungen im Rahmen der elastischen Fügeteilverformung zu halten. Bei einer Ausnutzung der Klebung unter Berücksichtigung der Zugfestigkeit der Fügeteile wäre eine plastische Verformung und ein Fließen des Werkstoffs zu erwarten, es träten dann sichtbare Deformationen auf, die bei erneuten Belastungen entweder durch Versagen der Klebschicht (Spannungsspitzen) oder des Fügeteils zum Bruch führen würden. Eine charakteristische Zahl, die angibt, bis zu welcher Höhe die Zugfestigkeit eines Werkstoffs im Rahmen seiner elastischen Verformung in einer Klebung herangezogen werden kann, ist das Streckgrenzverhältnis $R_{p\ 0{,}2}/R_m$, z.B. bei AlCuMg 2 F44 = 64%, bei St 37 = 54%.

Bei Metallklebungen ist es nicht nur von Interesse festzustellen, welche absolute Klebfestigkeit eine bestimmte Klebung aufweist. In Ergänzung zu diesem Wert gewinnt im Hinblick auf eine wirtschaftliche Fertigung die Kenntnis, bis zu welchem Anteil in dieser Klebung die Festigkeit der Fügeteilwerkstoffe bei der vorgesehenen Belastung wirklich ausgenutzt wird, eine besondere Wertigkeit. Legt man die Dehn- bzw. Streckgrenze für die Berechnung zugrunde, kann der Klebnutzungsgrad maximal 1 werden, ohne daß eine plastische Fügeteilverformung eintritt. Wichtig ist der Hinweis, daß die Berechnung mit dem Klebnutzungsgrad, der neben den Festigkeits- auch die Bruchlastverhältnisse der Klebung F_{BK} und des Fügeteilwerkstoffs F_{BF}, $\delta = F_{BK}/F_{BF}$, berücksichtigen kann, nur für Verbindungen mit gleichen Abmessungen gilt, da beide Parameter von der Blechdicke und der Überlappungslänge abhängig sind. Somit kann der Klebnutzungsgrad nur zu Vergleichen dafür dienen, inwieweit bei

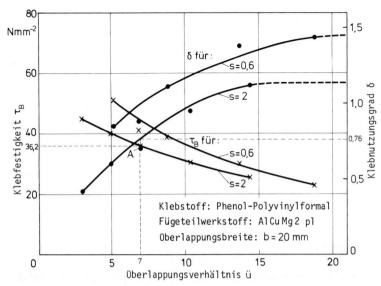

Bild 9.4. Abhängigkeit der Klebfestigkeit und des Klebnutzungsgrades vom Überlappungsverhältnis (nach [W27]).

einem bestimmten Fügeteilwerkstoff bei einer jeweils gegebenen Überlappungslänge und Fügeteildicke (also dem daraus zu berechnenden Überlappungsverhältnis) die wirtschaftlichste Werkstoffausnutzung vorhanden ist.

In Bild 9.4 (nach [W27]) ist die Abhängigkeit der Klebfestigkeit und des Klebnutzungsgrades vom Überlappungsverhältnis für zwei verschiedene Blechdicken angegeben. Diese experimentell ermittelten Werte zeigen zunächst den bereits in Bild 8.34 schematisch dargestellten Abfall der Klebfestigkeit vom Überlappungsverhältnis. Weiterhin ist zu erkennen, daß der Klebnutzungsgrad nur in Bereichen geringer Überlappungsverhältnisse ($ü < 15$) merklich ansteigt und sich darüberhinaus nur noch geringfügig verändert bzw. konstant bleibt. Größere Überlappungsverhältnisse werden im vorliegenden Fall, der sich auch allgemein übertragen läßt, also unwirtschaftlich. Durch den Bezug der beim Bruch der Klebung im Fügeteil vorhandenen Bruchspannung auf die Dehngrenze ergeben sich Klebnutzungsgrade größer 1, da bei dieser Belastung bereits eine plastische Fügeteilverformung eingetreten ist.

Am Beispiel des in Bild 9.4 gekennzeichneten Punktes A soll im folgenden die Ableitung des Klebnutzungsgrades veranschaulicht werden:

Bekannt sind:

- Blechdicke s: 2,0 mm
- Klebfestigkeit τ_B: 36,2 N mm^{-2}
- Überlappungsbreite b: 20,0 mm,
- Überlappungsverhältnis $ü$:   7,
- Dehngrenze $R_{p\,0,2}$:   332 N mm^{-2}.
  (experimentell ermittelt)

Aus dem Überlappungsverhältnis errechnet sich die Überlappungslänge

$$l_ü = ü \; s = 7 \cdot 2{,}0 = 14 \text{ mm}.$$

Aus der Klebfestigkeit kann die durch die Klebung beim Bruch übertragene Last berechnet werden:

$$F_B = \tau_B l_{\ddot{u}} b = 36{,}2 \cdot 14 \cdot 20 = 10136 \text{ N}.$$

Die gleiche Belastung wirkt ebenfalls im Fügeteilwerkstoff und erzeugt dort die Zugspannung

$$\sigma_{vorh} = \frac{F_B}{s\,b} = \frac{10136}{2 \cdot 20} = 253 \text{ N mm}^{-2}.$$

Daraus ergibt sich ein Klebnutzungsgrad

$$\delta = \frac{\sigma_{vorh}}{R_{p\,0,2}} = \frac{253}{332} = 0{,}76.$$

Dieser Wert weist aus, daß die Fügeteilfestigkeit bei der gegebenen Blechdicke nicht optimal ausgenutzt ist. Zur Erreichung eines Wertes von $\delta = 1{,}0$ ergibt sich die Möglichkeit der Erhöhung der Überlappungslänge im Verhältnis der beiden Spannungen

$$\frac{\sigma_{vorh}}{R_{p\,0,2}} = \frac{l_{\ddot{u}}}{l_{\ddot{u}\,opt}}$$

$$l_{\ddot{u}\,opt} = l_{\ddot{u}} \frac{R_{p\,0,2}}{\sigma_{vorh}} = 14 \cdot \frac{332}{253} = 18{,}4 \text{ mm}.$$

Diese optimale Überlappungslänge ergibt sich demnach bei Bezugnahme auf die Dehngrenze des Werkstoffs bei $\delta = 1$.

Das vorstehende Berechnungsbeispiel berücksichtigt nicht, daß zwischen der Überlappungslänge und der Klebfestigkeit keine lineare Abhängigkeit gegeben ist, so daß der von 14,0 auf 18,4 mm vergrößerte Wert in dieser Form auf die praktische Anwendung nicht übertragen werden kann. Sinn dieser vereinfachten Berechnung soll lediglich sein, die prinzipiellen Zusammenhänge, die sich durchaus für Überschlagsberechnungen anwenden lassen, zu verdeutlichen.

Der Klebnutzungsgrad bedarf insoweit einer Einschränkung, daß er sich wirtschaftlich nur bei Fügeteilwerkstoffen mit geringen Dehngrenzen ($< 400 \text{ N mm}^{-2}$) anwenden läßt, z.B. bei einigen wichtigen Leichtmetallegierungen. Bei Metallen mit mittleren bzw. höheren Festigkeiten müßten zur Erreichung eines Wertes von $\delta = 1$ sehr hohe Überlappungslängen gewählt werden, in Anlehnung an die beschriebene Berechnung wäre das z.B. für ein Blech aus einem Vergütungsstahl 25 CrMo 4 nach DIN 17 200 ($R_{p\,0,2} = 700 \text{ N mm}^{-2}$) mit ebenfalls 2 mm Dicke eine theoretische Überlappungslänge von

$$l_{\ddot{u}\,opt} = 14 \cdot \frac{700}{253} = 38{,}7 \text{ mm}.$$

Die Ursache liegt in den im Verhältnis zu den Fügeteilfestigkeiten relativ geringen Klebfestigkeiten der Klebstoffe. Der unterschiedliche Verlauf der beiden Kurven für eine Fügeteildicke von 0,6 mm im Vergleich zu 2,0 mm in Bild 9.4 macht deutlich, daß dicke Fügeteile in einschnittig überlappten Klebungen eine relativ schlechtere

Ausnutzung ergeben. Für Leichtmetallegierungen mit Dehngrenzen im Bereich bis ca. 400 N mm^{-2} sind Blechdicken unterhalb von 2 mm als optimal anzusehen. Wichtig ist der in Abschn. 8.2 gegebene Hinweis, daß neben der Dehngrenze auch der Elastizitätsmodul des Fügeteilwerkstoffs in diese Betrachtungen als für die Fügeteilfestigkeit maßgebende Größe mit eingeht.

9.2.9 Ergänzende Betrachtungen zu der Berechnung von Metallklebungen

In Ergänzung zu den beschriebenen Berechnungsansätzen und Berechnungsbeispielen sind die folgenden Punkte zu erwähnen:
- Die dargestellten Berechnungen können nicht den Anspruch auf streng mathematische Ableitungen erheben, die den beschriebenen Spannungsverhältnissen in der Klebfuge Rechnung tragen. Sie stellen einen Kompromiß zwischen mathematischem Aufwand und der praktischen Anwendbarkeit dar. Die auf diese Weise ermittelten Klebfestigkeitswerte ergeben eine praxisnahe Ausgangsbasis für die Abschätzung von Größenordnungen, auf denen aufbauend weitere Untersuchungen durchgeführt werden können bzw. die geeignet sind, die notwendigen praktischen Versuche auf ein Mindestmaß zu beschränken.
- Die Formel $\tau_B = K M f$ hat den Vorteil, die von dem Klebstoffhersteller zur Verfügung gestellten Klebfestigkeitswerte an genormten Probekörpern auf die Bedingungen der wirklichen Konstruktion umzurechnen.
- Die Beispiele machen deutlich, daß der vom Klebstoffhersteller angegebenen Klebfestigkeit des Klebstoffs eine besondere Bedeutung zukommt. Dieser Wert ist nur dann für Berechnungen verwendbar, wenn die Prüfbedingungen hinsichtlich Fügeteilwerkstoff und Klebfugengeometrie klar erkenntlich sind. Bei der Angabe des Wertes nach DIN 53 283 ist das in jedem Fall gegeben. Fehlt dieser Hinweis oder sind ggf. von der DIN-Vorschrift abweichende Versuchsparameter nicht erwähnt, ist die angegebene Klebfestigkeit für konstruktive Berechnungen der dargestellten Art nicht verwendbar.
- Als Ausgangspunkt für die Berechnung einer geklebten Konstruktion ist daher zunächst eine geeignete Klebstoffart auszuwählen. Man kann im allgemeinen davon ausgehen, daß die bei dem heutigen Entwicklungsstand zur Verfügung stehenden Klebstoffe ein sehr weites Spektrum von Fügeteilwerkstoffen zu kleben gestatten. Die primäre Frage ist dabei nicht, welcher Klebstoff für welchen Werkstoff einsetzbar ist, sondern ob ein Klebstoff unter den gegebenen Fertigungsvoraussetzungen den geforderten Beanspruchungen gerecht wird. Die Antwort auf diese Frage läßt sich sehr häufig aus den bei dem Klebstoffhersteller vorliegenden Erfahrungen ableiten oder dem in der Literatur veröffentlichten Kenntnisstand entnehmen (Abschn. 7.4). In diesem Zusammenhang wird dann auch die Frage zu beantworten sein, ob die zu klebenden Fügeteilwerkstoffe in dem jeweils vorgegebenen Zustand oder nach einer entsprechenden Oberflächenbehandlung verarbeitet werden können. In allen Fällen, in denen exakte Angaben über die Klebfestigkeit unter definierten Beanspruchungen nicht verfügbar sind, ist es erforderlich, entsprechende Abminderungsfaktoren in die Berechnung einzubeziehen (Abschn. 9.2.7).

Ergänzende Literatur zu Kapitel 9:[B56, C4, D32 bis D34, E5, E22, E23, F9, H42, H43, H50, H51, M19, M22, M24, M42, M43, S40, S41, S54, S60 bis S64, T11, U4, W29].

10 Kleben runder Klebfugengeometrien

Bei Klebungen mit runden Fügeteilquerschnitten kann in gleicher Weise wie bei den Querschnitten flächiger Klebfugengeometrien eine Beanspruchung der Klebschicht auf Zug oder Schub bzw. Scherung unterschieden werden. Somit sind im Prinzip auf Stoß geklebte und überlappt geklebte Fügeteile zu betrachten. In Ergänzung zu den Zug- und Schubbeanspruchungen in axialer Richtung ergibt sich außerdem die Möglichkeit der Torsionsbeanspruchung in radialer Richtung.

Aus den gleichen Gründen, die bereits in Abschn. 9.2.1 behandelt wurden, werden auf Zug belastete geklebte Verbindungsformen wegen der im Vergleich zu den Fügeteilfestigkeiten geringen Klebschichtfestigkeiten in der Praxis nicht eingesetzt. Das gilt sowohl für volle als auch für rohrförmige Querschnitte (Bild 10.1). Somit ist auch bei den runden Klebfugengeometrien die überlappte Klebung bevorzugt zu behandeln, da sie den Vorteil besitzt, durch die Wahl der Verbindungslänge die Fügeteilfestigkeit optimal ausnutzen zu können. In jedem Fall gilt, daß sich bei der Beanspruchung geklebter Rundverbindungen auf Schub oder Torsion in der Klebfuge als Ergebnis der jeweiligen Fügeteil- und Klebschichtverformungen ungleichmäßige Spannungsverteilungen mit Spannungsspitzen an den Verbindungsenden ausbilden. Daraus resultiert eine Abhängigkeit der Klebfestigkeit vom Verformungsverhalten der Fügeteile und der Klebschicht, der Geometrie der Klebfuge — insbesondere der Verbindungslänge — und der Art der Krafteinleitung.

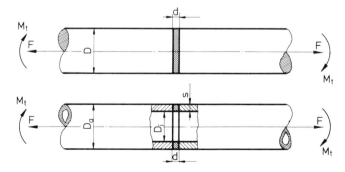

Bild 10.1. Zug- und Torsionsbeanspruchung geklebter stab- und rohrförmiger Rundverbindungen.

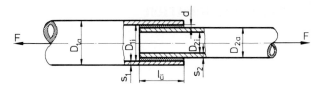

Bild 10.2. Schubbeanspruchung einer überlappten Rohrklebung.

10.1 Kleben rohrförmiger Fügeteile

Auf die Klebungen rohrförmiger Fügeteile sind die grundlegenden Kenntnisse des Klebens von einschnittig überlappten Klebungen in den wesentlichen Inhalten direkt übertragbar. Eine wichtige Unterscheidung ergibt sich jedoch aus der Tatsache, daß bei dieser Beanspruchung keine durch ein Biegemoment verursachten Normalspannungen wirksam werden, so daß die durch die Scherbeanspruchung sich ausbildenden Spannungsspitzen an den Verbindungsenden nur duch die auftretenden Fügeteildehnungen bedingt sind. Aufgrund einer möglichen Querkontraktion bei dünnen Rohrwanddicken können diese Spannungsspitzen noch durch senkrecht zur Klebfläche wirkende Zugspannungen überlagert werden. In die Festigkeitsbetrachtungen gehen im wesentlichen die Einflüsse der Klebschichtdicke, der Fügeteildicke und der Überlappungslänge ein.

10.1.1 Einfluß der Klebschichtdicke auf die Festigkeit

Wie aus Bild 10.3 hervorgeht, nimmt die Festigkeit der Klebung mit zunehmender Klebschichtdicke ab (nach [A33]). Als Ursachen sind die gleichen Gründe, wie in Abschn. 8.4.7 erwähnt, anzusehen. Weiterhin ist zu berücksichtigen, daß bei Rohrkle-

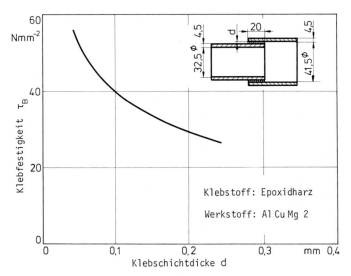

Bild 10.3. Abhängigkeit der Festigkeit einer auf Zug belasteten Rohrklebung von der Klebschichtdicke (nach [A33]).

bungen die Klebstoffviskosität für eine gleichmäßige Ausbildung der Klebschicht eine große Rolle spielt. Bei hohen Viskositäten und gleichzeitig engen Klebspalten besteht die Gefahr, daß wegen einer ungenügenden Benetzung der Klebstoff beim Zusammenfügen der Rohrenden teilweise herausgeschoben wird (aus diesem Grunde sollten die Fügeteile immer mit einer drehenden Bewegung vereinigt werden). Bei geringen Viskositäten und größeren Klebspalten kann ein Teil des Klebstoffs aus der Klebfuge herausfließen. Zur Erzielung einer über den gesamten Umfang gleichmäßigen Klebschicht ist es daher erforderlich, die Fügeteile während der Klebstoffaushärtung in horizontaler Lage zentrisch zu fixieren. Da die Klebschichtdicke durch die Differenz des jeweiligen inneren und äußeren Rohrdurchmessers vorgegeben ist, und somit kein Anpreßdruck aufgebracht werden kann, kommen für überlappte Rohrklebungen und auch Welle-Nabe-Klebungen nur Klebstoffe in Frage, die völlig ohne Anpreßdruck aushärten und nur ein geringes Schrumpfungsverhalten aufweisen. Diesen Anforderungen werden in besonderem Maße die anaerob aushärtenden Klebstoffe gerecht, die zudem noch den Vorteil besitzen, während relativ kurzer Zeit bei Raumtemperatur hohe Anfangsfestigkeiten zu erzielen (Abschn. 2.1.1.2). Die optimalen Klebschichtdicken liegen im Bereich von 0,05 bis 0,15 mm.

10.1.2 Einfluß der Fügeteildicke und der Überlappungslänge auf die Festigkeit

Mit zunehmender Überlappungslänge nimmt bei konstanter Wanddicke die Klebfestigkeit ab, bei einer konstanten Überlappungslänge ergibt sich mit größer werdender Wanddicke eine höhere Klebfestigkeit (Bild 10.4) (nach [A33]). Die Erklärung für dieses Verhalten liegt in der Spannungsverteilung, die sich innerhalb der Klebfuge bei größer werdender Überlappungslänge und abnehmender Rohrwanddicke zunehmend ungleichmäßiger ausbildet. Die Schubspannungen sind bei dickwandigen Rohren und gleichzeitig geringen Überlappungslängen annähernd gleichmäßig über die Klebfugenlänge verteilt. Da die Querkontraktion der Rohre klein ist, sind auch die Normalspannungen senkrecht zur Klebschicht gering. Nimmt die Wanddicke bei zunehmender Überlappungslänge ab, tritt eine größere Querkontraktion insbesondere

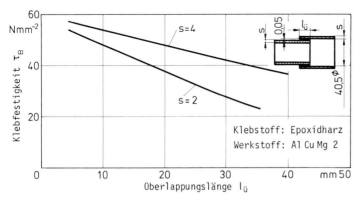

Bild 10.4. Abhängigkeit der Festigkeit einer auf Zug belasteten Rohrklebung von der Fügeteildicke und der Überlappungslänge (nach [A33]).

des inneren Rohres auf und die senkrecht zur Klebschicht wirkenden Normalspannungen werden größer. Im Falle des Überschreitens der Fügeteilstreckgrenze erzeugt die plastische Verformung der Fügeteile zunehmend höhere Schubspannungen in der Klebschicht, bis ihre Verformungsfähigkeit überschritten wird und der Bruch der Klebung am Überlappungsanfang des kleineren Rohrs eintritt. In gleicher Weise wie bei den einschnittig überlappten Klebungen läßt sich daher auch bei Rohrklebungen für eine Zugscherbeanspruchung eine optimale Überlappungslänge festlegen (Abschn. 8.4.1.1).

10.1.3 Berechnung der in axialer Richtung übertragbaren Last bei überlappten Rohrklebungen

Die möglichen Berechnungsansätze können je nach Einbeziehung der entsprechenden Randbedingungen hinsichtlich der Fügeteil- und Klebschichtverformungen einen hohen mathematischen Aufwand erfordern. Bei einer rein axialen Belastung und einer zylindrischen Form der Klebfuge sind die Exzentrizitätseinflüsse zwar sehr gering, wirken sich aber dennoch aus. Als ein vereinfachtes Berechnungsverfahren kann auch in diesem Fall der bei der Berechnung einschnittig überlappter Klebungen von Schliekelmann vorgeschlagene Ansatz auf Basis der vereinfachten Volkersen-Gleichung dienen (Abschn. 9.2.4). Die Klebfestigkeit ist dann

$$\tau_B = \tau_{B\ max} \sqrt{\frac{2d}{G}} \sqrt{E} \frac{\sqrt{s}}{l_{ü}}. \tag{9.8}$$

Für die übertragbare Bruchlast

$$F_B = l_{ü} \pi D\ \tau_{B\ max} \sqrt{\frac{2d}{G}} \sqrt{E} \frac{\sqrt{s}}{l_{ü}} = \pi D\ K\ M \sqrt{s} \tag{10.1}$$

gelten hinsichtlich der Abhängigkeit von der Überlappungslänge die gleichen Zusammenhänge, wie sie in Abschn. 9.2.5 beschrieben wurden. Mit hinreichender Genauigkeit kann für D entweder der innere Durchmesser des äußeren Rohrs (D_{1i}) oder der äußere Durchmesser des inneres Rohrs (D_{2a}) eingesetzt werden. Die optimale Überlappungslänge berechnet sich unter Berücksichtigung der Klebfestigkeit und der Fügeteilfestigkeit unter Verwendung der in Bild 10.2 angegebenen Abmessungen zu

$$l_{ü\ opt} = \frac{R_{p\ 0,2}(D_{2a}^2 - D_{2i}^2)}{4\tau_B D_{2a}}. \tag{10.2}$$

Ergänzende Literatur zu Abschnitt 10.1: [D34, D35, H52, K13, K47, S54, S59, S60, S65 bis S67].

10.2 Kleben von Welle-Nabe-Verbindungen

10.2.1 Allgemeine Betrachtungen

Zur Herstellung von Welle-Nabe-Verbindungen werden form-, kraft- und stoffschlüssige Verbindungsverfahren eingesetzt, die sich hinsichtlich ihres Verhaltens unter

Betriebsbedingungen in charakteristischer Weise unterscheiden können. Bei formschlüssigen Verbindungen (z.B. Keil- und Zahnprofile, Polygonprofile, Längs- und Querstift, Paßfeder) sind u.a. die folgenden Nachteile bekannt: Diskontinuierlicher Kraftfluß durch Nuten, vom Nutengrund ausgehende Kerbwirkungen mit der Möglichkeit eines Rißbeginns, Verkanten bzw. außermittiger Sitz der Naben durch das Eintreiben von Keilen, nahezu unvermeidliche Relativbewegungen zwischen den Fügeflächen und deren Kontaktstellen, Möglichkeit des Auftretens von Passungsrost, Spaltkorrosion und, bei Verwendung unterschiedlicher metallischer Werkstoffe, Kontaktkorrosion.

Diesen Nachteilen steht im Reparaturfall jedoch die im allgemeinen problemlose Lösbarkeit der Verbindung gegenüber. Schrumpf- und Kaltdehnverbindungen, die den kraftschlüssigen Verbindungsverfahren zuzuordnen sind, vermeiden einige der aufgezeigten Nachteile, sind aber häufig sehr schwer wieder lösbar. Weiterhin kann es durch Überlagerung von Schrumpf- mit den Betriebsspannungen zu örtlichen Überbeanspruchungen der Fügeteile und zum Versagen der Verbindung kommen. Ein Einsatz des Klebens als stoffschlüssiges Fügeverfahren ermöglicht die Eliminierung der vier wesentlichen Ursachen der aufgeführten Nachteile: Relativbewegungen zwischen den Fügeteilen, in den Fügespalt eindringende Medien, ungleichmäßige Spannungsverteilung in den Fügeteilen und elektrochemische Reaktionen zwischen ungleichen Werkstoffpaarungen.

Aus diesen Gründen hat sich das Kleben in der Vergangenheit bei der Herstellung dieser Konstruktionselemente zunehmend durchgesetzt. Zum Einsatz kommen in erster Linie anaerobe Klebstoffe (Abschn. 2.1.1.2), aber auch Zweikomponenten-Reaktionsklebstoffe. Durch die Verwendung von gleichzeitig anaerob und UV-härtenden Klebstoffen kann zudem über eine schnelle Aushärtung des an den Verbindungsenden austretenden Klebstoffs eine sofortige Fixierung durch Zentrierung der Welle mit der Nabe erfolgen, was für kurze Produktionszyklen vorteilhaft ist. Eine gewollte Lösbarkeit der Verbindungen ist bei wartungsintensiveren Maschinenteilen in fast allen Fällen durch eine gezielte Wärmezufuhr möglich. Da es sich bei Welle-Nabe-Verbindungen im Sinne der bisherigen Definition nicht um eine überlappte Verbindung handelt, soll im folgenden als entsprechende charakteristische geometrische Größe die Nabenbreite B statt der Überlappungslänge $l_ü$ eingesetzt werden.

10.2.2 Berechnung von Welle-Nabe-Verbindungen

Der Berechnung von Welle-Nabe-Verbindungen liegen die folgenden Zusammenhänge zugrunde (Bild 10.5):

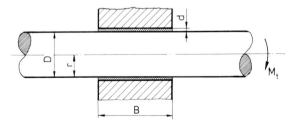

Bild 10.5. Welle-Nabe-Verbindung mit Lastableitung über der Nabenmantelfläche.

Für die Klebfestigkeit gilt die Beziehung

$$\tau_B = \frac{F}{A}, \qquad (9.3)$$

das Torsionsmoment ergibt sich zu

$$M_t = F\,r = F\frac{D}{2}. \qquad (10.3)$$

Da $A = 2\pi\frac{D}{2}B$, resultiert bei gleichzeitigem Ersatz der Klebfestigkeit τ_B durch die Torsionsscherfestigkeit τ_T

$$M_t = \tau_T \frac{\pi\,D^2 B}{2}. \qquad (10.4)$$

Hinsichtlich der Lastübertragung in einer Welle-Nabe-Verbindung ist grundsätzlich zu unterscheiden, ob das durch die Welle eingeleitete Torsionsmoment über die Nabenmantelfläche oder über eine Stirnseite der Nabe (z.B. bei einer Flanschverbindung) abgeleitet wird. Als wichtige geometrische Größen sind dabei die Nabenbreite B, die Klebschichtdicke d und die Rauhtiefe R_z anzusehen.

Grundlegende Untersuchungen zum Festigkeitsverhalten und zu der Gestaltung von Welle-Nabe-Verbindungen sind aufbauend auf Arbeiten von Leyh [L19], von Hahn und Muschard [H53, M44, M45] durchgeführt worden. Als wesentliche Folgerung für einen praktischen Einsatz in der Konstruktion lassen sich aus den experimentellen Ergebnissen und den theoretischen Berechnungen die im folgenden beschriebenen Zusammhänge für den Fall der Lastableitung über die Nabenmantelfläche wiedergeben.

10.2.2.1 Einfluß der Nabenbreite

Unter der Annahme eines linear-elastischen Verhaltens von Fügeteil und Klebschicht ergeben sich durch die Torsionsbeanspruchung der Welle am Krafteinleitungsende hohe Spannungsspitzen. Somit steigt wegen der geringeren Belastung des anschließenden Teils der Klebfuge die Belastbarkeit der Klebung nicht proportional zu der Nabenbreite. Bild 10.6 zeigt nach Untersuchungen von Muschard [M44] den sich für zwei verschiedene Nabenbreiten einstellenden Schubspannungsverlauf. Für beide Fügegeometrien ergeben sich bei Belastung mit dem gleichen Moment an der Krafteinleitungsseite gleich hohe Spannungsspitzen, obwohl sich die mittleren Schubspannungen τ_{Mtm} bei der kleinen und der großen Nabenbreite mit 5:0,5 wie 10:1 verhalten. Da jedoch die Spannungsspitzen die Festigkeit einer Klebung bestimmen, besteht demnach keine Möglichkeit, durch eine Vergrößerung der Nabenbreite zu einer beliebigen Erhöhung der Beanspruchbarkeit zu kommen. Bei der breiten Nabe ist zu erkennen, daß bereits in einem Abstand von 20 mm vom Krafteinleitungsbeginn die Schubspannung fast auf Null abgesunken ist. Die restliche Fügefläche wird somit nicht mehr zur Kraftübertragung herangezogen. Als Richtwert kann festgestellt werden, daß bei Annahme eines linear-elastischen Verformungsverhaltens der Klebschicht ein Verhältnis von Nabenbreite zu Wellendurchmesser größer 1 unwirtschaftlich wird und

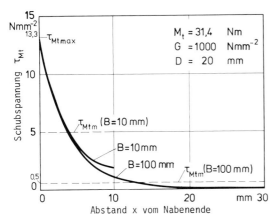

Bild 10.6. Schubspannungsverteilung in einer Welle-Nabe-Klebung (nach [M44]).

daher $B:D \leq 1$ sein sollte. Eine Einschränkung erfährt diese Feststellung jedoch dadurch, daß in den meisten Fällen eine plastische Verformung der Klebschicht am lastseitigen Nabenrand auftritt, die dort zu einer Verringerung der Spannungsspitzen führt. Dieser Zustand führt in Abweichung des theoretischen Berechnungsansatzes doch zu einer – allerdings nicht proportionalen – Steigerung der Belastbarkeit durch ein zu übertragendes Torsionsmoment bei zunehmender Nabenbreite (Bild 10.10).

10.2.2.2 Einfluß der Klebschichtdicke und der Rauhtiefe

Bei Welle-Nabe-Klebungen stehen die Einflüsse der Klebschichtdicke und der Rauhtiefe der Fügeteiloberfläche wie bei den einschnittig überlappten Klebungen (Abschn. 5.1.3) in einem engen Zusammenhang. Im ersten Fall wirkt sich dieser Zusammenhang jedoch in stärkerem Maße aus, da bei einer Beanspruchung der Klebung bis zum Bruch die Klebschicht durch die Starrheit der Fügeteile und die runde Klebfugengeometrie in ihrer Dicke fixiert ist und nicht, wie bei einschnittig überlappten Klebungen, durch die Biegung der Fügeteile an den Überlappungsenden eine Aufweitung erfährt. Bei der Betrachtung der Klebschichtdicke und der Rauhtiefe ist nun zu unterscheiden, ob die Beanspruchung in einer Welle-Nabe-Klebung durch Torsion oder Druck bzw. Zug erfolgt. Der Grund liegt in der Tatsache, daß die Oberflächengestaltung der Fügefläche von Welle und Nabe normalerweise das Ergebnis einer Drehbearbeitung ist, so daß bei einer Torsionsbeanspruchung die Drehriefen ungünstigere Voraussetzungen für eine die spezifischen Adhäsionskräfte unterstützende mechanische Verklammerung ergeben als bei einer axialen Beanspruchung (Bild 10.7).

Nach den erwähnten Untersuchungen in [M44] hat die Klebschichtdicke eines anaerob härtenden Klebstoffs in dem untersuchten Bereich von 10 bis 40 μm bei einer Rauhtiefe R_z von 21μm auf die Torsionsscherfestigkeit τ_T nach DIN 54 452 [D1] keinen Einfluß. Die Werte der Druckscherfestigkeit τ_D nach DIN 54 452 [D1] zeigen jedoch eine meßbare Abhängigkeit von der Klebschichtdicke, sie nehmen bei zunehmender Rauhtiefe mit steigender Klebschichtdicke jeweils bis zu einem Maxi-

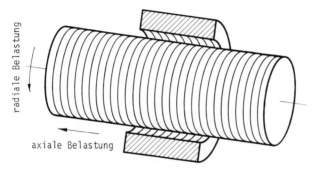

Bild 10.7. Axiale und radiale Belastung bei Druck- und Torsionsscherfestigkeit (nach [M44]).

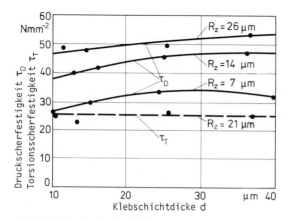

Bild 10.8. Druckscherfestigkeit und Torsionsscherfestigkeit in Abhängigkeit von der Klebschichtdicke (nach [M44]).

malwert zu (Bild 10.8). Nach ergänzend vorliegenden Erfahrungen [L20] gilt diese Feststellung im Rahmen der üblichen Rauhtiefen bis zu ca. 40 µm ebenfalls bis zu Klebschichtdicken von ca. 100 µm.

Der erkennbare Abfall der Druckscherfestigkeit nach Durchlaufen des Maximums ist auf eine mögliche Zunahme von Inhomogenitäten und Eigenspannungen in der Klebschicht zurückzuführen. Auf die praktische Anwendung bezogen bedeutet diese Feststellung, daß bei der Berechnung einer Welle-Nabe-Verbindung auf Torsion für die Festlegung des Passungstoleranzfeldes die gemessene Torsionsscherfestigkeit eines Klebstoffs weitgehend als Konstante angesehen werden kann.

Die Abhängigkeit der Druck- und Torsionsscherfestigkeit von der Rauhtiefe zeigt Bild 10.9. Es ergibt sich demnach, daß eine Abhängigkeit der Torsionsscherfestigkeit von der Rauhtiefe in dem Bereich von 7 bis 25 µm nicht vorliegt. Dagegen nimmt die Druckscherfestigkeit in diesem Bereich vom gleichen Ausgangswert um ca. 100% zu. Die Annäherung an einen Grenzwert der Druckscherfestigkeit ab ca. 25 µm ist darauf zurückzuführen, daß die dann von den Profilspitzen ausgehende Kerbwirkung mit

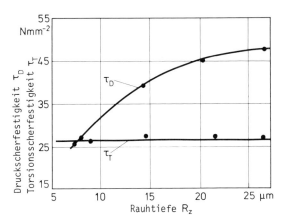

Bild 10.9. Druckscherfestigkeit und Torsionsscherfestigkeit in Abhängigkeit von der Rauhtiefe (nach [M44]).

ihrem negativen Einfluß auf die Klebschicht die durch eine bessere mechanische Verklammerung sich ergebende Festigkeitssteigerung wieder aufhebt.

Da Welle-Nabe-Verbindungen in den meisten Fällen auf Torsion und nicht auf Druck bzw. Zug beansprucht werden, ergibt sich aus diesen Zusammenhängen zwingend, daß die vom Klebstoffhersteller angegebenen Festigkeitswerte eines Klebstoffs beanspruchungsgerecht gemessen und angegeben werden müssen. Wird z.B. für eine auf Torsion beanspruchte Konstruktion der Druckscherfestigkeitswert zugrunde gelegt, geht man zwangsläufig von einem falschen (zu hohen) Festigkeitswert aus, der zu einer Unterdimensionierung führen kann. Für einen einzusetzenden Klebstoff sollte demnach sowohl die Torsionsscherfestigkeit als auch die Druckscherfestigkeit, diese jedoch in Abhängigkeit von der Rauhtiefe, bekannt sein. Werden beide Fügeteiloberflächen durch Sandstrahlen behandelt, erfolgt eine weitgehende Annäherung beider Festigkeitswerte auf dem Niveau der Torsionsscherfestigkeit.

10.2.2.3 Übertragbares Torsionsmoment

Ausgangspunkt für die Berechnung des von einer Welle-Nabe-Verbindung übertragbaren Torsionsmoments kann die Grundgleichung

$$M_t = \tau_T \frac{\pi D^2 B}{2} \tag{10.4}$$

sein, die jedoch nur zum Abschätzen von Größenordnungen mit hinreichender Genauigkeit anzuwenden ist. Die Ursache für diese Einschränkung liegt im wesentlichen in der Tatsache, daß diese vereinfachte Gleichung die von dem Verformungsverhalten der Klebschicht und des Fügeteils abhängige Spannungsverteilung in der Klebfuge nicht zu beschreiben vermag. Hinzu kommt, daß sich wegen der unterschiedlichen Steifigkeit von Welle und Nabe ein nichtlinearer Momentenverlauf über der Nabenbreite einstellt, der von einem Maximalwert bei Eintritt der Welle in die Nabe bis auf Null am Nabenende abfällt. Somit ist die aus der Gleichung abzuleitende Proportionalität von übertragbarem Torsionsmoment und Nabenbreite nicht allgemein gegeben, sie beschränkt sich auf Verhältnisse $B:D<0,5$.

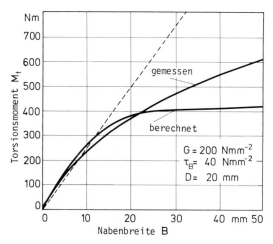

Bild 10.10. Abhängigkeit des übertragbaren Torsionsmoments von der Nabenbreite (nach [M44]).

Bild 10.10 zeigt in einer gemeinsamen Darstellung das gemessene und das nach der in [M44] abgeleiteten Gleichung berechnete Torsionsmoment in Abhängigkeit von der Nabenbreite, wobei die Berechnung die vorstehend erwähnten komplexen Zusammenhänge berücksichtigt. Auf Basis der Grundgleichung (10.4) würde sich die gestrichelte Linie ergeben, man erkennt deutlich deren starke Abweichung bereits beim Überschreiten des Verhältnisses $B:D \sim 0{,}5$ von den beiden anderen Kurven, die in überzeugender Form darstellen, daß wegen der unterschiedlichen Spannungsverteilung nur jeweils ein geringer Bereich der gesamten Nabenbreite für die Übertragung des Torsionsmoments herangezogen wird. Der Unterschied zwischen gemessenen und berechneten Werten wird darauf zurückgeführt, daß sich die Klebschicht mit zunehmender Klebfugenlänge auch nach der Zerstörung zwischen den Fügeteilen verkeilt und so die Festigkeit weiter ansteigen läßt.

Während das zu übertragende Torsionsmoment durch eine Vergrößerung der Nabenbreite demnach nicht beliebig erhöht werden kann, läßt es sich jedoch durch eine Vergrößerung des Wellendurchmessers, soweit die konstruktiven Voraussetzungen dieses erlauben, erreichen. Da das Torsionsmoment eine quadratische Funktion des Durchmessers ist, genügen bereits relativ geringe Durchmessererhöhungen für eine beachtliche Steigerung des Torsionsmoments. Beispielsweise ergibt nach (10.4) bei $B = 10$ mm für den in Bild 10.10 erwähnten Klebstoff die Vergrößerung des Durchmessers von 20 mm um 10% auf 22 mm eine Steigerung des übertragbaren Torsionsmoments von 251 Nm auf 304 Nm, das sind 21%. Ein derartiges Vorgehen über die Erhöhung des Wellendurchmessers hat den Vorteil, daß der wichtigen Beziehung $B:D < 0{,}5$ bis 1 entsprechend Rechnung getragen wird.

10.2.2.4 Berechnungsbeispiel

In gleicher Weise wie bei der Berechnung einschnittig überlappter Klebungen (Abschn. 8.5), gilt auch für Welle-Nabe-Verbindungen, daß die Festigkeitsberechnung unter Einbeziehung aller spannungsbeeinflussenden Parameter zu sehr aufwendigen Berechnungsansätzen führt. Er ergibt sich demnach auch hier die Notwendigkeit, für die Anwendungen in der Praxis eine überschaubare Berechnungsmethode zu besitzen, mit der die gesuchten Festigkeitswerte wenigstens näherungsweise ermittelt werden können. Unter dieser Voraussetzung ist das nachfolgend beschriebene Berechnungsbeispiel zu sehen.

Wie aus Bild 10.10 hervorgeht, besitzt die Gl. (10.4) nur für Verhältnisse von Nabenbreite zu Wellendurchmesser kleiner 1 eine weitgehende Linearität. Somit ist auch nur in diesem Bereich eine wirtschaftliche Ausnutzung der Fügeteilwerkstoffe im Hinblick auf das zu übertragende Torsionsmoment und der zu wählenden Nabenbreite gegeben. In den meisten Fällen wird das zu übertragende Torsionsmoment und der Wellendurchmesser durch die Konstruktion vorgegeben sein. Daher ist zunächst die Nabenbreite zu ermitteln, um festzustellen, in welchem Verhältnis die berechnete Nabenbreite zu dem festgelegten Wellendurchmesser liegt. Bei Einhaltung des Verhältnisses $B:D<1$ kann dann diese Nabenbreite zur Grundlage der weiteren Berechnung gemacht werden.

Für die Werte

- zu übertragendes Torsionsmoment M_t: 600 Nm,
- Wellendurchmesser D: 30 mm,
- Torsionsscherfestigkeit Klebstoff τ_T: 20 N mm^{-2}

berechnet sich die Nabenbreite B zu

$$B = \frac{2 \cdot 600 \cdot 1000}{20 \cdot 30^2 \cdot \pi} = 21{,}2 \text{ mm.}$$

Das Verhältnis $B:D$ liegt mit $21{,}2:30 = 0{,}71$ unter 1, somit besteht die Möglichkeit, von diesem Wert für die Konstruktion auszugehen.

Würde die Forderung bestehen, das gleiche Torsionsmoment bei einem Wellendurchmesser von 20 mm zu übertragen, ergäbe sich mit einer dann resultierenden Nabenbreite von 47,7 mm ein Verhältnis $B:D=2{,}4$. Eine derartige Kombination wäre unwirtschaftlich. Als Alternativen bieten sich in diesem Fall an:

• Einsatz eines Klebstoffs mit einer höheren Torsionsscherfestigkeit für den Fall, daß keine Durchmesservergrößerung der Welle erfolgen kann. Im vorliegenden Beispiel ergäbe sich dann für einen Klebstoff mit einer Torsionsscherfestigkeit $\tau_T = 45$ N mm^{-2} bei $D=20$ mm eine Nabenbreite $B=21{,}2$ mm, das Verhältnis $B:D$ läge mit 1,06 noch im Bereich der praktischen Anwendbarkeit.

• Kombination einer Durchmessererhöhung und Einsatz eines höherfesten Klebstoffs. Bei Werten von $D=25$ mm und $\tau_T = 30$ N mm^{-2} ergibt sich dann eine Nabenbreite von 20,4 mm und ein Verhältnis $B:D=0{,}82$.

10.2.3 Festlegung von Abminderungsfaktoren

Das vorstehend beschriebene Berechnungsbeispiel, mit dem die Möglichkeit gegeben ist, Größenordnungen für die Lastübertragung aus den für die Konstruktion vorgesehenen Parametern abzuschätzen, basiert zunächst auf idealen Verhältnissen. Für den praktischen Einsatz sind ergänzend die Fertigungsbedingungen und die Art der jeweiligen Beanspruchung zu berücksichtigen. Dieses geschieht mittels entspre-

chender Abminderungsfaktoren f_x, die sich aus der Vielfalt der praktischen Anwendungen und gezielten Untersuchungen ergeben haben. Für den Fall der für Welle-Nabe-Verbindungen heute vorwiegend eingesetzten anaerob härtenden Klebstoffe sind Abminderungsfaktoren auf die im folgenden beschriebenen Einflußgrößen zu beziehen. Die jeweiligen Werte dieser Faktoren sind in Tabelle 10.1 zusammengestellt.
- *Zu verbindende Werkstoffe*: Wie in Abschn. 2.1.1.2 beschrieben, üben diese einen katalysierenden Einfluß auf die Aushärtungsgeschwindigkeit und die Art der Vernetzung aus. Auf Grund ihrer jeweiligen Stellung in der elektrochemischen Spannungsreihe besitzen die entsprechenden Ionen eine unterschiedliche Wirkungsweise auf diese Reaktionen, so daß es zu verschiedenartigen Auswirkungen auf die Endfestigkeit der Klebschicht kommt. Bei der Verklebung von zwei verschiedenen Metallen ist der jeweils kleinere Wert einzusetzen.
- *Klebschichtdicke*: Wenn der Festigkeitswert des Klebstoffs in Form seiner Torsionsscherfestigkeit angegeben ist, ist — wie ebenfalls aus den Bildern 10.8 und 10.9 hervorgeht — in dem für Welle-Nabe-Klebungen am häufigsten eingesetzten Klebschichtdickenbereich von 30 bis 50 µm keine Abhängigkeit vorhanden. Ein Abminderungsfaktor ist daher für diesen Bereich in die Berechnung nicht einzubeziehen. Bei Angabe des Festigkeitswertes in Form der Druckscherfestigkeit ist eine Abhängigkeit von der Klebschichtdicke vorhanden, die ab ca. 50 µm zu einem Festigkeitsabfall führt. Somit sind Abminderungsfaktoren erst ab Klebschichtdicken oberhalb ca. 50 µm zu berücksichtigen. Der Grund liegt in der Zunahme von Inhomogenitäten und Eigenspannungen in der Klebschicht.
- *Rauhtiefe*: In gleicher Weise wie bei der Klebschichtdicke ist bei der Festigkeitsangabe in Form der Torsionsscherfestigkeit bis ca. 40 µm keine Abhängigkeit vorhanden und somit auch kein Abminderungsfaktor erforderlich (Bild 10.9). Wird die Festigkeit des Klebstoffs jedoch in Form der Druckscherfestigkeit angegeben, sind Abminderungsfaktoren anzuwenden, da bei gleicher Rauhtiefe ein zu hoher Festigkeitswert eingesetzt würde, der für eine Torsionsbelastung dann zu einer Unterdimensionierung führt. Bei Rauhtiefen über 40 µm besteht die Gefahr einer unvollständigen Benetzbarkeit. Weiterhin ist der Zusammenhang zwischen Rauhtiefe und Klebschichtdicke im Hinblick auf die Kerbwirkung wichtig, wie er in Abschn. 5.1.3 für einschnittig überlappte Klebungen beschrieben ist und sinngemäß auch für Welle-Nabe-Klebungen gilt.
- *Größe der Fügefläche*: Mit zunehmender Größe der Fügefläche können sich u.a. wegen einer schwierigeren Spaltfüllung und diskontinuierlicher Benetzung Unterschiede zwischen der vorgegebenen geometrischen Oberfläche und der wirksamen Oberfläche ergeben, die es zu berücksichtigen gilt. Weiterhin spielt auch hier das Verhältnis Nabenbreite zu Wellendurchmesser eine wichtige Rolle. Eine optimale Benetzung im Bereich der Klebfuge wird bei einer geringen Nabenbreite und einem großen Wellendurchmesser besser zu erzielen sein als im umgekehrten Fall bei gleicher Fügeflächengröße bei Vorhandensein einer breiten Nabe und einem geringen Wellendurchmesser. Die angegebenen Abminderungsfaktoren gelten für Verhältnisse $B:D$ kleiner 1.
- *Belastungsrichtung*: Da die mechanische Bearbeitung von Wellen und Naben üblicherweise durch Drehen erfolgt, resultieren unterschiedliche Rauhtiefenverhältnisse in axialer (höhere Werte) oder radialer (niedrigere Werte) Richtung. Legt man die höheren Rauheitswerte in axialer Richtung zugrunde, so ergeben sich, wie ein

10.2 Kleben von Welle-Nabe-Verbindungen

Vergleich der Druckscherfestigkeitswerte mit den Torsionsscherfestigkeitswerten zeigt (Bild 10.9), im ersten Fall höhere Festigkeitswerte. Erfahrungen aus der Praxis weisen aus, daß bei einer Steigerung der Rauhtiefe in axialer Richtung von z.B. 5 µm auf 30 µm die Rauhtiefe in radialer Richtung nur von ca. 2 µm auf 9 µm ansteigt. Dieser Anstieg hat aber auf das zu übertragende Torsionsmoment keinen Einfluß. Ein Abminderungsfaktor ist also nur dann zu berücksichtigen, wenn für eine Torsionsbeanspruchung von einem Druckscherfestigkeitswert ausgegangen wird, wie bei *"Rauhtiefe"* näher erläutert. Es ergibt sich demnach die Forderung an den Klebstoffhersteller, für die Klebstoffe jeweils Werte der Torsionsscherfestigkeit nach DIN 54 455 zur Verfügung zu stellen. Dann ergäbe sich für die Berechnung keine Berücksichtigung der Belastungsrichtung in Form eines Abminderungsfaktors.

- *Belastungsart*: Da die Torsions- bzw. Druckscherfestigkeitswerte unter statischen Kurzzeitbeanspruchungen ermittelt werden, ist es erforderlich, den verschiedenen dynamischen Beanspruchungsarten in der Praxis über Abminderungsfaktoren Rechnung zu tragen.
- *Einsatztemperatur*: Wie bereits in Abschn. 4.4.3 erwähnt, nimmt die Klebschichtfestigkeit mit steigender Temperatur ab. Aus diesem Grund ist bei höheren Betriebstemperaturen von einer geringeren Lastübertragung auszugehen, die über entsprechende Abminderungsfaktoren zu berücksichtigen ist. Tabelle 10.1 gibt diese Faktoren für zwei Klebstoffe unterschiedlicher Wärmebeständigkeit an.
- *Aushärtungsart*: Neben der katalytischen Wirkung der vorhandenen Metallionen kann die Aushärtung anaerober Klebstoffe zusätzlich durch die Höhe der Aushärtungstemperatur beeinflußt werden. Wie in Abschn. 12.3.4 beschrieben, führt eine höhere Aushärtungstemperatur, wenn sie in einem kontinuierlichen Aufheiz- und Abkühlungszyklus aufgebracht wird, bei kalthärtenden Klebstoffen zu einer Festigkeitssteigerung der Klebschicht. Sind bei anaeroben Klebstoffen wegen einer nicht ausreichenden Aktivität der Metalloberfläche (z.B. Passivschichten, zunehmend positiver Wert für das Fügeteil in der elektrochemischen Spannungsreihe) ergänzend Aktivatorzusätze zur Bereitstellung aktiver Metallionen erforderlich, kann es zu verringerten Polymerisationsgraden der Klebschicht kommen, die sich mindernd auf die Klebschichtfestigkeit auswirken. Somit sind auch diese beiden Einflußgrößen durch Abminderungsfaktoren zu berücksichtigen. In Tabelle 10.1 sind die für die beschriebenen Einflußgrößen zu berücksichtigenden Abminderungsfaktoren zusammengestellt.

Ergänzend zu dem in Abschnitt 10.2.2.4 beschriebenen Beispiel sollen die folgenden Beanspruchungsbedingungen bei der Berechnung berücksichtigt werden:

- Material für Welle und Nabe: St 37 $f_1 = 1,0$
- Klebschichtdicke d: 90 µm $f_2 = 0,9$
- Rauhtiefe R_z: < 40 µm $f_3 = 1,0$
- Größe der Fügefläche A: 1998 mm² $f_4 = 0,8$
- Belastungsrichtung radial
  bei Angabe von τ_T: $f_5 = 1,0$
- Wechselbeanspruchung: $f_6 = 0,5$
- Einsatztemperatur T: 170°C
  (für warmfesten Klebstoff): $f_7 = 0,4$
- Aushärtung bei erhöhter Temperatur: $f_8 = 1,0$

Tabelle 10.1. Abminderungsfaktoren für Welle-Nabe-Klebungen.

Einflußgröße	Abmind.-faktor	Einflußgröße	Abmind.-faktor
(1) Werkstoffe	f_1	(5) Belastungsrichtung	f_5
Un- und niedriglegierte Stähle	1,0	bei Angabe von τ_T und	
Hochlegierte Cr-Ni-Stähle	0,8	radialer Belastung	1,0
Aluminium und Al-Legierungen	0,7		
Kupfer und Cu-Legierungen	0,5	bei Angabe von τ_D und	
Grauguß	0,4	radialer Belastung siehe (3)	
Kunststoffe	0,3		
(2) Klebschichtdicke d in µm	f_2	(6) Belastungsart	f_6
< 50	1,0	statisch	1,0
50 ... 100	0,9	schwellend	0,7
100 ... 150	0,6	wechselnd	0,5
150 ... 200	0,3	ungleichmäßig wechselnd/ stoßartig	0,2
(3) Rauhtiefe R_z in µm	f_3	(7) Einsatztemperatur T in °C	f_7
bei Angabe von τ_T		für Klebstoffe bis ~ 150°C	
< 40	1,0	20 ... 50	1,0
> 40	0,5	50 ... 100	0,5
bei Angabe von τ_D		100 ... 150	(0,1)
5 ... 10	0,8	für Klebstoffe bis ~ 200°C	
10 ... 20	0,6	20 ... 100	1,0
20 ... 30	0,55	100 ... 150	0,7
30 ... 40	0,5	150 ... 200	0,4
> 40	0,45		
(4) Fügefläche A in mm²	f_4	(8) Aushärtungsart	f_8
< 200	1,0	erhöhte Temperatur (ca. 80 bis 120°C)	1,0
200 ... 1000	0,9		
1000 ... 5000	0,8		
5000 ... 10000	0,75	Raumtemperatur	0,8
10000 ... 50000	0,6	durch Aktivatorzusatz	0,6

Der einzusetzende Abminderungsfaktor ergibt sich dann zu

$$f_{ges} = 1,0 \cdot 0,9 \cdot 1,0 \cdot 0,8 \cdot 1,0 \cdot 0,5 \cdot 0,4 \cdot 1,0 = 0,144,$$

statt mit der Torsionsscherfestigkeit von 20 N mm^{-2} kann daher nur mit einem Wert von

$$\tau_{T\ real} = 20 \cdot 0,144 = 2,9\ \text{N mm}^{-2}$$

gerechnet werden. Unter den vorgesehenen Bedingungen wäre demnach nur ein Torsionsmoment von

$$M_t = \tau_{T\ real} \frac{\pi D^2 B}{2 \cdot 1000} = 2,9 \frac{\pi \cdot 900 \cdot 21,2}{2 \cdot 1000} = 87\ \text{Nm}$$

zu übertragen. Die Konstruktion muß daher wie im Beispiel beschrieben, über eine geeignete Kombination von höherfestem Klebstoff und einem anderen Verhältnis von Wellendurchmesser und Nabenbreite neu berechnet werden.

Ergänzende Literatur zu Abschnitt 10.2:[D35, D36, E24, F2, G21, H25, H53, H54, H55, K13, K52, K53, M44, N9, S54, S65 bis S68].

10.3 Klebschrumpfen

Bei einer Kombination von Kleben und Schrumpfen besteht der Vorteil, über das Schrumpfen eine genaue Zentrierung der Welle-Nabe-Verbindung vornehmen zu können und gleichzeitig durch das Kleben den Haftbeiwert beträchtlich zu erhöhen. Auf diese Weise werden die auftretenden Schrumpfspannungen vermindert. Der wesentliche Vorteil des kombinierten Fügens Schrumpfen/Kleben liegt demnach in den erweiterten Fertigungstoleranzen. Bei zu hohen Schrumpfvorgaben kann die Überlagerung von Betriebs- und Schrumpfspannungen zu einem vorzeitigen Versagen der Verbindung durch örtliche Überbeanspruchung des Werkstoffs führen. Bei zu niedrigen Schrumpfvorgaben wird die zum Übertragen eines bestimmten Torsionsmoments notwendige Preßpassung nicht erreicht.

Berechnungen des Momenten- und Spannungsverlaufs in der Klebfuge sowie experimentelle Ermittlungen der Torsionsscherfestigkeit und der Haftbeiwertsteigerung sind von [M44] durchgeführt worden. Um vorzeitige Reaktionen auszuschließen, ist es erforderlich, den Klebstoff nur auf das nicht erwärmte Fügeteil, normalerweise die Welle, aufzubringen.

11 Konstruktive Gestaltung von Metallklebungen

Aus der Darstellung in Bild 8.2 ergaben sich die wesentlichen Zusammenhänge in bezug auf die Festigkeit einer Klebung. Ergänzend zu den Eigenschaften der Klebschicht und des Fügeteilwerkstoffs ist neben der Beanspruchung die geometrische Gestaltung eine grundlegende Voraussetzung für die Funktionsfähigkeit einer Klebung. Fehler in geklebten Konstruktionen treten vor allem auch deshalb auf, weil wesentliche Grundregeln einer klebgerechten Konstruktion vernachlässigt werden; somit muß die Forderung bestehen, bereits in der Konstruktionsphase eines Bauteils diese speziellen Zusammhänge zu berücksichtigen. Aufgrund der in den Abschn. 8.3 bis 8.5 beschriebenen gegenseitigen Abhängigkeiten von Fügeteil, Klebfugengeometrie und Klebschicht ist grundsätzlich davon auszugehen, daß die Technik des Klebens gegenüber den anderen form-, kraft- und stoffschlüssigen Fügeverfahren ihre eigenen Gesetze hat und spezieller konstruktiver Formgebungen bedarf. Die entscheidende Forderung an eine Klebung besteht darin, daß sie unter den vorgesehenen Beanspruchungen in der Lage ist, Kräfte in der Größenordnung der Fügeteilfestigkeiten zu übertragen. Für die konstruktive Gestaltung von Metallklebungen sind dazu zwei wichtige Voraussetzungen zu erfüllen, zum einen das Vorhandensein ausreichender Klebflächen, zum anderen Maßnahmen zur Vermeidung von Spannungsspitzen in der Klebung bei mechanischer Beanspruchung.

11.1 Vorhandensein ausreichender Klebflächen

Diese Forderung ergibt sich aus den gegenüber den metallischen Fügeteilen sehr viel geringeren Klebschichtfestigkeiten. Die wesentlichen Zusammenhänge sind in Abschn. 9.2.1 beschrieben. Aus dem dort in vereinfachter Weise angegebenen Berechnungsbeispiel folgt, daß nur über eine vergrößerte Fügefläche ein Ausgleich der geringen Klebschichtfestigkeit möglich ist. Das wiederum erfordert Überlappungsverbindungen, bei denen die Größe der Fügefläche verändert werden kann. In diesem Zusammenhang ist jedoch auf die Abhängigkeit der Klebfestigkeit und der übertragbaren Last von der Überlappungslänge hinzuweisen, die in Abschn. 8.4.1 beschrieben wurde. Die Darstellungen in Bild 11.1 zeigen neben der am meisten eingesetzten einschnittigen Überlappung (Bild 8.14) weitere mögliche Überlappungsverbindungen.

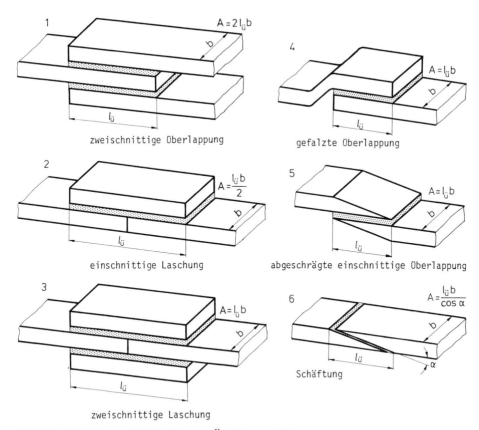

Bild 11.1. Gestaltungsmöglichkeiten von Überlappungsklebungen.

11.2 Vermeidung von Spannungsspitzen

Bei den für geklebte Konstruktionen am häufigsten eingesetzten einschnittig überlappten Klebfugen wird die Festigkeit der Klebung durch die bei einer Belastung an den Überlappungsenden sich ausbildenden Spannungsspitzen begrenzt (Abschn. 8.3.3). Es gilt demnach, durch eine entsprechende konstruktive Gestaltung diese Spannungsspitzen so gering wie möglich zu halten bzw. ihr Auftreten überhaupt zu vermeiden. Nur dann kann erreicht werden, daß die mechanische Beanspruchung gleichmäßig über die gesamte Klebfuge erfolgt und die zu übertragenden Lasten auf eine möglichst große Fläche verteilt werden. Um das Auftreten hoher Spannungsspitzen zu verhindern, sind die folgenden Grundsätze zu berücksichtigen:

• *Vermeidung einer Schälbeanspruchung*: Nach den Darstellungen in Abschn. 8.3.4 führt eine Schälbeanspruchung aufgrund des linienförmigen Angriffs dazu, daß nur Bruchteile der gesamten Klebfläche für die Lastübertragung herangezogen werden und sich daher sehr hohe Spannungsspitzen ausbilden. In den Fällen, in denen eine Schälbeanspruchung erwartet werden kann, muß deren Einwirkung auf die Klebfläche durch geeignete konstruktive Maßnahmen vermieden werden. Möglichkeiten dafür sind über zusätzliche kraft- oder formschlüssige Verbindungsarten bzw. über Fügeteil-

306   11 Konstruktive Gestaltung von Metallklebungen

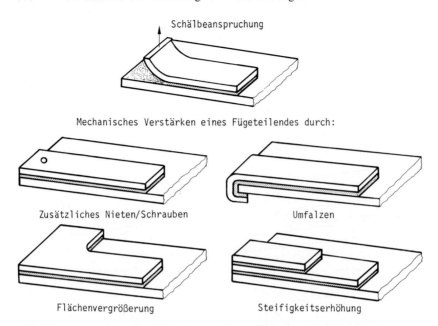

Bild 11.2. Konstruktive Möglichkeiten zur Vermeidung der Schälbeanspruchung.

versteifungen an den Überlappungsenden gegeben, wie sie z.B. in Bild 11.2 dagestellt sind.
• *Verhinderung des Auftretens eines Biegemoments*: Biegemomente führen an den Überlappungsenden zu Normalspannungen, die die Spannungsbelastung in diesem Bereich vergrößern. Verursacht werden sie durch einen exzentrischen Kraftangriff, wie er bei einschnittig überlappten Klebungen gegeben ist. Wie aus Bild 8.39 hervorgeht, nimmt der Einfluß des Biegemoments mit zunehmender Überlappungslänge ab. Eine weitere Reduzierung dieses Einflusses ist durch eine möglichst mittige Krafteinleitung in der Weise gegeben, daß eine der Fügeteildicke entsprechende Fügeteilvergrößerung im Krafteinleitungsbereich erfolgt, wie es aus Bild 8.9 hervorgeht. Klebfugengeometrien, bei denen eine zentrische Krafteinleitung erfolgt, sind u.a. die zweischnittige Überlappung, zweischnittige Laschung und auch die Schäftung (Bild 11.1). Allgemein gilt, insbesondere für dünne Fügeteile, daß die Klebfuge biegesteif ausgelegt wird, was in einfacher Weise durch Verstärkungsklebungen in den Bereichen des Überlappungsbeginns bzw. -endes erfolgen kann.
Das Auftreten eines Biegemoments erfolgt ebenfalls bei zugbeanspruchten Klebungen, wenn die Krafteinleitung exzentrisch erfolgt. Im Extremfall können Spannungsspitzen auftreten, die dem vierfachen Wert der Normalspannungen entsprechen (Abschn. 8.3.1.3). Für den Fall, daß eine Klebung auf Zug beansprucht wird, ist das Auftreten derartiger Spannungsspitzen nur über eine kardanische Krafteinleitung zu verhindern.
• *Vermeidung einer Spaltbeanspruchung*: In Ergänzung zu der Schälbeanspruchung bei dünnen Fügeteilen besteht bei Fügeteilen hoher Steifigkeit die Möglichkeit des Spaltens einer Klebung. Auch in diesen Fällen findet eine sehr ungleichmäßige Klebschichtbelastung mit hohen Spannungsspitzen am Spaltende bzw. der Zone des

11.2 Vermeidung von Spannungsspitzen 307

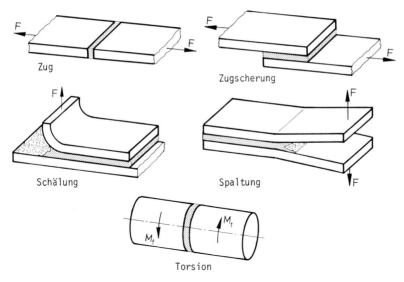

Bild 11.3. Beanspruchungsarten von Klebfugengeometrien.

Rißbeginns statt. Zu vermeiden ist diese Beanspruchung durch die Anbringung zusätzlicher Nieten bzw. Schrauben am Überlappungsanfang.

• *Vermeidung plastischer Fügeteilbeanspruchung*: Durch eine plastische Verformung der Fügeteile an den Überlappungsenden erfährt die Klebschicht zusätzliche Schubspannungen, die ebenfalls zu einer Erhöhung der Spannungsspitzen beitragen (Abschn. 8.3.3.2). Eine derartige Überbeanspruchung kann nur durch eine Abstimmung der Fügeteilfestigkeit auf die von der Überlappungslänge abhängige Festigkeit der Klebung erfolgen. Die hierfür maßgebende Größe ist die optimale Überlappungslänge, die gemäß der in Abschn. 8.4.1.1 beschriebenen Weise gewählt werden muß.

Als günstigste geometrische Gestaltung ergibt sich demnach die konstruktive Auslegung einer Klebfuge auf Schub- bzw. Scherbeanspruchung, da nur auf diese Weise eine Übertragung der Kräfte in der Klebschichtebene erfolgt, wodurch eine weitgehend gleichmäßige Beanspruchung über die gesamte Klebfläche ermöglicht wird. Bild 11.3 zeigt zusammenfassend die grundsätzlichen Beanspruchungsarten, die im Hinblick auf die jeweiligen Klebfugengeometrien bei einer konstruktiven Gestaltung zu berücksichtigen sind.

In ähnlicher Weise wie für Flachverbindungen gelten die vorstehend beschriebenen Konstruktionsprinzipien auch für Rundverbindungen.

Wenn die beiden grundlegenden Voraussetzungen nach ausreichender Klebfläche und möglichst ausschließlicher Scherbeanspruchung unter Berücksichtigung einer gleichmäßig verteilten Krafteinleitung befolgt werden, sind vom Standpunkt der klebgerechten Konstruktion die Voraussetzungen für die Festigkeit einer Klebung erfüllt. Eine ausführliche Zusammenstellung von Verbindungsformen für geklebte Konstruktionen, die in speziellen Anwendungsfällen als Beispiel dienen können, ist von Hennig in [M5, 383—401] wiedergegeben.

Ergänzende Literatur zu Abschnitt 11: [A31, B40, F10, H56 bis H58, K42, K54 bis K58, N10, S49, S69, U5]

12 Technologie des Klebens

12.1 Allgemeine Betrachtungen

Die grundlegenden Vorgänge bei der Herstellung von Klebungen, speziell Metallklebungen, basieren auf chemischen und physikalischen Wechselwirkungen zwischen den Klebstoffmolekülen und den Atomen bzw. Molekülen der Fügeteiloberflächen. Dabei ist zur Ausbildung der Haftungskräfte eine Adhäsionsarbeit zu leisten und gleichzeitig über die Ausbildung energetisch günstiger Bindungszustände in der Klebschicht eine möglichst hohe Kohäsionsfestigkeit zu erzielen. Somit sind für die Verhaltensweise der herzustellenden Klebungen sowohl die durch den chemischen Aufbau bedingten Materialeigenschaften von Klebstoff und Fügeteil als auch die den Klebevorgang begleitenden reaktionskinetischen Parameter Temperatur, Zeit und Druck von ausschlaggebender Bedeutung. Die entscheidenden Voraussetzungen für die Ausbildung der Haftungskräfte werden beim Klebstoffauftrag auf die entsprechend vorbehandelte Oberfläche gelegt, für die Ausbildung der Kohäsionskräfte sind die Bedingungen des Härtungsvorgangs verantwortlich. Daher bestimmen neben den konstruktiven Voraussetzungen die Verfahrensarten Oberflächenbehandlung und Klebstoffauftrag sowie Aushärtung die Güte der erzielbaren Klebung. Aufgabe einer sorgfältigen Fertigung muß daher die optimale Abstimmung aller mit diesen beiden Schritten zusammhängenden Verfahrensparameter sein.

12.2 Oberflächenbehandlung der Fügeteile

Das grundsätzliche Ziel einer Oberflächenbehandlung der Fügeteile ist die Optimierung der Haftungskräfte zwischen Fügeteiloberfläche und Klebschicht. Voraussetzung hierfür ist das Vorhandensein von aktiven Zentren in der Oberfläche, d.h. energetisch besonders ausgezeichneten Stellen, an denen die für die Ausbildung der Haftungskräfte erforderlichen physikalischen und chemischen Reaktionen bevorzugt ablaufen können. Derartige aktive Zentren können aus Ladungsanhäufungen, Gitterfehlstellen, Versetzungen, Unterschieden in der Oberflächenmorphologie u.s.w. bestehen. Die Möglichkeiten, eine Oberfläche in diesen erwünschten Zustand zu versetzen, bieten die verschiedenen Verfahren der Oberflächenbehandlung, durch die die entscheidenden zwischenmolekularen Kräfte in der Grenzschicht zwischen Klebstoff und Fügeteiloberflächen wirksam gemacht werden (Abschn. 6.1.4). Durch die Oberflächenbehandlung wird weiterhin eine ausreichende Alterungs- und Korrosionsbeständigkeit der Klebung den entsprechenden Beanspruchungen gegenüber, sowie das verfahrens-

12.2 Oberflächenbehandlung der Fügeteile

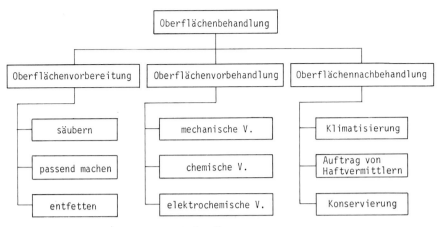

Bild 12.1. Verfahren der Oberflächenbehandlung.

technisch notwendige gleichmäßige Benetzungsvermögen erzielt. Für die einzelnen Stufen der Oberflächenbehandlung werden in der Literatur vielfach unterschiedliche Begriffe gewählt, zur Vereinheitlichung schlägt Kaliske [K59] die auch vom Autor unterstützte Unterteilung in die Stufen nach Bild 12.1 vor.

12.2.1 Oberflächenvorbereitung

Das *Säubern* der Klebflächen dient der Entfernung von anhaftenden festen Schichten wie Schmutz, Rost, Zunder, Farben, Lacke etc., es wird im allgemeinen auf mechanischem Wege durch Schleifen oder Bürsten durchgeführt. Selbst für gering beanspruchte Klebungen ist das Säubern eine Grundvoraussetzung für die erwartete Festigkeit der Klebung, da die ohne Säuberung als Haftgrund für den Klebstoff vorhandenen Fremdschichten von vornherein als Ausgangspunkt für Klebfugenbrüche anzusehen sind.

Das *Passendmachen* ist im wesentlichen für die Erzielung gleichmäßiger Klebschichtdicken erforderlich. Hier ist insbesondere bei kleinen Klebflächen, wie sie beispielsweise für Prüfungen herangezogen werden, die Entfernung des Schnittgrates notwendig, weiterhin bei größeren Klebflächen das Richten der Fügeteile als Voraussetzung für parallele Klebfugen.

Das *Entfetten* kann mittels organischer Lösungsmittel oder alkalischer Reinigungsbäder erfolgen, wobei die zusätzliche Anwendung von Ultraschall einen besonders intensiven Reinigungseffekt ermöglicht. Für eine einwandfreie Benetzung ist die Freiheit von Fetten und Ölen die wichtigste Voraussetzung, daher sollte eine Entfettung in jedem Fall erfolgen, unabhängig davon, ob eine weitere Oberflächenvorbehandlung erfolgt oder nicht. In der Literatur werden gelegentlich Klebstoffe und Klebverfahren beschrieben, die auch auf fett- und ölhaltigen Oberflächen ausreichende Haftungskräfte gewährleisten. Das mag in Fällen geringerer Beanspruchungen zutreffen, für hohe Anforderungen an statische und dynamische Langzeitfestigkeit ist eine absolut fettfreie Fügeteiloberfläche grundlegende Voraussetzung. Weiterhin sollte eine Entfettung ebenfalls nach einer mechanischen Oberflächenvorbehandlung erfolgen, um Fügeteilrückstände zu entfernen (in diesem Fall wäre eindeutiger von einer Reinigung mittels Flüssigkeiten zu sprechen).

Gute Fettlöser sind halogenierte Kohlenwasserstoffe (Trichlorethylen, Perchlorethylen, Methylenchlorid), Aceton. Weniger zu empfehlen sind Alkohole und die gesättigten Kohlenwasserstoffe (Benzin, Petrolether), letztere enthalten in vielen Fällen höhermolekulare Kohlenwasserstoffe, z.B. Paraffine, die sich nach Verdunstung auf der Oberfläche ablagern. In jedem Fall sind die entsprechenden Sicherheitsvorschriften bei Anwendung der vorgesehenen Lösungsmittel zu beachten (Abschn. 12.5). Die Verfahrensdurchführung des Entfettens kann durch Abreiben mit sauberen Tüchern sowie Tauchen erfolgen. Die Dampfentfettung, bei der sich die zunächst bei Normaltemperatur befindlichen Fügeteile in der kondensierenden Lösungsmitteldampfphase befinden, hat den Vorteil, daß praktisch keine Wiederbefettung durch die sich in den Reinigungsmitteln anreichernden Fettanteile eintritt. Wäßrige Reinigungsmittel, deren Arbeitstemperaturen normalerweise bei 60 bis 90°C liegen und die ggf. mittels zusätzlicher Elektrolyse wirken, bestehen aus alkalischen, neutralen oder auch sauren Lösungen, wobei speziell alkalische Entfettungsmittel für die Entfernung von Walzölrückständen auf Blechen besonders geeignet sind (Verseifung). In jedem Fall ist zur restlosen Entfernung von Salz- oder Säurerückständen ausreichend mit deionisiertem Wasser nachzuspülen.

Ergänzende Literatur zu Abschnitt 12.2.1: [J10, K60, M47, M79, S33, V10, DIN 53281, Blatt 1 [D1].

12.2.2 Oberflächenvorbehandlung

Im Anschluß an die Oberflächenvorbereitung kommt der Oberflächenvorbehandlung die Aufgabe zu, entweder eine der Natur der Fügeteile entsprechende Oberfläche reinen metallischen Charakters zu erzeugen oder eine unter definierten Bedingungen mit charakteristischen Haftungsmerkmalen versehene neue Oberfläche aufzubringen, die mit dem Metallkern durch Hauptvalenzbindungen fest verankert ist. Im ersten Fall werden die mechanischen, im zweiten Fall die chemischen bzw. elektrochemischen Verfahren eingesetzt. Chemische Verfahren mit nicht oxidierenden Säuren können durch Auflösung der Oxidschichten ebenfalls eine reine Metalloberfläche erzeugen.

12.2.2.1 Mechanische Oberflächenvorbehandlung

Der Oberflächenzustand durch eine mechanische Bearbeitung kann sich entweder bereits aus der Fügeteilfertigung ergeben, so z.B. als Folge einer Dreh-, Hobel- oder Fräsbearbeitung oder das Ergebnis einer zusätzlichen mechanischen Oberflächenvorbehandlung durch Schleifen, Bürsten oder Strahlen sein. In jedem Fall resultiert eine entsprechende Rauheit, über deren Zusammenhang mit der Klebschichtdicke und Klebfestigkeit bereits in Abschn. 5.1.3 berichtet wurde. Wesentliches Merkmal der mechanischen Oberflächenvorbehandlung ist neben eines gleichzeitig stattfindenden Reinigungseffekts die Vergrößerung der wahren und somit auch der wirksamen Oberfläche (Abschn. 5.1.3). Hauptsächlich wird das Strahlen mit fettfreiem und feinkörnigem Sand, Korund oder Drahtkorn durchgeführt, wobei je nach Strahldauer eine stark zerklüftete Oberfläche entsteht, in der zusätzlich zu den überwiegend

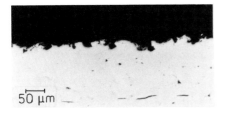

Bild 12.2. Sandgestrahlte St 37-Oberfläche.

wirksamen zwischenmolekularen Haftungskräften auch eine mechanische Verankerung der Klebschicht erfolgen kann (Bild 6.7). Eine mittlere Körnung von 0,2 bis 1,0 mm hat sich als vorteilhaft erwiesen, ein zu feinkörniges Strahlmittel führt zu einer zu geringen Aufrauhung bei relativ großer Abtragung, grobe Körnungen verhalten sich umgekehrt. Zu beachten ist bei der Anwendung des Strahlens eine ggf. vorhandene Kerbempfindlichkeit der Fügeteile (z.B. gehärtete Stähle), durch die Mikrorisse initiiert werden können, die wiederum für eine spätere dynamische Beanspruchung der Klebung nachteilig sind.

Bei plattierten Fügeteilen ist davon auszugehen, daß die entsprechenden Schichten abgetragen werden und ggf. zu erneuern sind. Bei dem Schleifen und Bürsten tritt eine geringere Aufrauhung der Oberfläche auf, nachteilig ist hierbei die Möglichkeit der „Verteilung" vorhandener Verunreinigungen auf der gesamten Oberfläche. Die mechanische Oberflächenvorbehandlung hat gegenüber den chemischen Verfahren den Vorteil einer einfacheren Durchführbarkeit, da die mit den eingesetzten Chemikalien verbundenen Sicherheits- und Umweltauflagen entfallen. In jedem Fall sollte sich dem eingesetzten Verfahren ein Reinigungsvorgang zur restlosen Entfernung der Fügeteil-, Schleif- und Strahlrückstände anschließen. Bild 12.2 zeigt eine durch Sandstrahlen aufgerauhte Oberfläche von Stahl St 37.

Ergänzende Literatur zu Abschnitt 12.2.2.1:[F11, K59, S33].

12.2.2.2 Chemische Oberflächenvorbehandlung

Dieses Verfahren vermag auf zweierlei Art auf die Fügeteiloberfläche einzuwirken. Bei Anwendung nichtoxidierender Säuren (Salzsäure, verdünnte Schwefelsäure) findet eine reine Metall- bzw. Metalloxid-Säure-Reaktion statt, die ein Abtragen der oxidischen und — bei längerer Einwirkung — auch der folgenden metallischen Grenzschichten zur Folge hat. Es resultiert eine metallisch blanke, saubere Oberfläche, wie sie der Zusammensetzung des Grundmaterials entspricht. Dieser Vorgang wird als „Beizen" bezeichnet, er stellt eine Kombination von „chemischem Reinigen" und submikroskopischem Aufrauhen der Oberfläche dar, bei der gleichzeitig die für die Ausbildung der Haftungskräfte notwendigen energiereichen Zonen erzeugt bzw. freigelegt werden. Werden dagegen oxidierende Säuren (Salpetersäure, konzentrierte Schwefelsäure, Phosphorsäure) eingesetzt, ggf. unter Zusatz oxidierender Salze wie Natrium- oder Kaliumdichromat, erfolgt zusätzlich eine Oxidation der metallischen Oberfläche bzw. die Bildung festhaftender Metallverbindungen, z.B. Phosphat-, Chromat- und Oxidschichten in wechselnder Zusammensetzung. In beiden Fällen tritt eine Erhöhung der wirksamen Oberfläche im Mikrobereich ein, die Anwendung oxidierender Lösungen vermag darüberhinaus den Dipolcharakter der Oberfläche für die Ausbildung zwischenmolekularer Bindungen zu erhöhen. Die Verfahrensdurchführung erfolgt duch Tauchen.

12.2.2.3 Elektrochemische Oberflächenvorbehandlung

Dieses Verfahren gibt die Möglichkeit, die Morphologie der abgeschiedenen Oberflächenschicht reproduzierbarer als bei der beschriebenen chemischen Oberflächenvorbehandlung zu gestalten. Neben den Parametern Konzentration der Lösungen, Temperatur und Zeit steht zusätzlich die Stromdichte und somit die Grundlage der Faradayschen Gesetze als Einflußgröße für die abgeschiedene Schicht nach Art und Dicke zur Verfügung. Dieses ist der Grund für die vielfältige Anwendung der elektrochemischen Oberflächenvorbehandlung bei besonders hoch beanspruchten Klebungen, wie sie z.B. im Flugzeugbau hergestellt werden. Über eine vielfältige Auswahl an Prozeßparametern hinsichtlich eingesetzter Chemikalien, deren Konzentrationen, Stromdichten, Temperaturen und Zeiten lassen sich für die einzelnen Kombinationen von Fügeteilwerkstoff und Klebstoff maßgeschneiderte Oberflächen mit einem optimalen Beanspruchungsverhalten herstellen.

Bei den chemischen und elektrochemischen Vorbehandlungsmethoden werden die Fügeteiloberflächen im Gegensatz zu den mechanischen Verfahren gezielt verändert. Sie haben den mechanischen Verfahren gegenüber den Vorteil, daß die Festigkeiten im Bereich der Fügeteiloberfläche nicht durch Kerbwirkungen infolge von Riefen oder Mikrorissen verändert werden und daß sie auch bei sehr dünnen Fügeteilen eingesetzt werden können, die durch Strahlen verformt würden. Für kontinuierliche Fertigungen ist es vorteilhaft, die einzelnen Bäder (Entfetten – chemische bzw. elektrochemische Vorbehandlung – Spülen) in Reihe zu schalten. Die Zusammensetzungen der Vorbehandlungslösungen und die dafür jeweils anzuwendenden Verfahrensparameter in Abhängigkeit von den Fügeteilwerkstoffen werden in Abschn. 12.2.4 beschrieben.

Im Hinblick auf eine Anwendung des Klebens in Bereichen außerhalb der Luftfahrt ist festzustellen, daß in den meisten Fällen das Strahlen als Vorbehandlungsverfahren sehr gute Voraussetzungen für die zu fordernden Klebfestigkeiten bietet. Man braucht im Sinne einer allgemeinen Anwendung der Klebtechnik nicht überall die besonders strengen Kriterien der Luftfahrtindustrie anzulegen, die zwangsläufig chemische und elektrochemische Vorbehandlungsverfahren als Voraussetzung haben.

Ergänzende Literatur zu Abschnitt 12.2.2.3: [B22, B34, B42, H30, M79, P15, R14, S33].

12.2.3 Oberflächennachbehandlung

Wenn irgend möglich, sollte die Verklebung der Fügeteile sofort an die Oberflächenvorbehandlung anschließen, da nur dann optimale Klebungen erreicht werden können. Die Begründung hierfür ist in Abschn. 5.1.2 beschrieben. Dennoch mag es besondere Fertigungsvoraussetzungen geben, die eine sofortige Weiterverarbeitung der vorbehandelten Fügeteile nicht zulassen oder die zusätzlicher Verfahrensschritte bedürfen. In diesen Fällen sind die folgenden Maßnahmen zu beachten:
• *Klimatisierung der Klebfläche*: Diese Forderung dient vor allem der Vermeidung von Reaktionen der Oberfläche mit der Feuchtigkeit der umgebenden Atmosphäre, was zu

einem unterschiedlichen Aufbau von Hydrat- bzw. Oxidhydratschichten führen kann. Weiterhin ist Temperaturgleichheit der Fügeteile mit der Umgebungstemperatur zum Zeitpunkt der Klebung sicherzustellen, um die Kondensation von Wasserdampf auf der Oberfläche zu vermeiden.

• *Auftrag von Haftvermittlern*: Die Verwendung von Haftvermittlern dient der Erhöhung der Klebfestigkeit und Alterungsbeständigkeit und stellt einen zusätzlichen Fertigungsgang dar. Der Aufbau und die Wirkungsweise der Haftvermittler ist in Abschn. 2.7.8 beschrieben.

• *Konservierung der Klebflächen*: Dieser Schritt erfolgt zweckmäßigerweise durch Anwendung von Primern (Abschn. 2.7.9). Auf keinen Fall sollten Haftfolien verwendet werden, da sie sich im allgemeinen nicht völlig rückstandsfrei wieder entfernen lassen.

12.2.4 Zusammensetzung der wichtigsten Beizlösungen

Die in der Literatur beschriebenen Möglichkeiten für die chemische Oberflächenvorbehandlung sind so vielfältig, daß in dem vorliegenden Rahmen nur eine Auswahl getroffen werden kann. Diese Auswahl richtet sich nach den Erfahrungen der Praxis und umfaßt die am häufigsten eingesetzten Fügeteilwerkstoffe. Bei einigen Werkstoffen bestehen aufgrund vorliegender Erfahrungen verschiedene Rezepturen für Beizlösungen, die entsprechende Auswahl ist dem jeweiligen Anwendungsfall vorbehalten. Folgende Faktoren bedürfen in diesem Zusammenhang einer besonderen Beachtung:

• Wenn keine Möglickeit für eine chemische Oberflächenvorbehandlung besteht, sollte als Alternative in jedem Fall eine mechanische Oberflächenvorbehandlung durchgeführt werden. Nach den Erfahrungen der Praxis läßt sich auf diese Weise bei vielen Werkstoffen bereits eine beachtliche Steigerung der Klebfestigkeit erreichen.

• Für die Werkstoffe, für die keine chemische Oberflächenvorbehandlung angegeben ist, ist eine der beschriebenen mechanischen Verfahrensweisen anzuwenden.

• Bei dem Ansetzen der Beizlösungen darf keinesfalls Wasser in die Säure gegeben werden. In allen Fällen ist das Wasser vorzulegen und die Säure unter Rühren langsam hinzuzufügen (Schutzbrille!).

• Bei dem eingesetzten Natrium- bzw. Kaliumdichromat ist darauf zu achten, daß nur chemisch reine Qualität verwendet wird, die mit einem Chloridgehalt von ca. 0,025% beträchtlich unter den Werten von ca. 0,8 bis 1,2% bei den technischen Qualitäten liegt. Durch die hohen Chloridkonzentrationen kann es bei den Aluminiumlegierungen während des Beizens zu starken Korrosionsvorgängen kommen [P13].

• In den Fällen, in denen vergleichende Bewertungen von Klebfestigkeitswerten erforderlich werden, sollte grundsätzlich die in DIN 53 281 Blatt 1 festgelegte Rezeptur der Beizlösung angewendet werden (Tabelle 12.1, Nr. 1)

In Tabelle 12.1 sind verschiedene Rezepturen für Beizlösungen zusammengestellt, wie sie der Literatur für die wichtigsten metallischen Fügeteilwerkstoffe entnommen wurden. Die entsprechende Zuordnung ergibt sich aus den Einzelbeschreibungen in Abschn. 13.2.2.

Tabelle 12.1. Beizlösungen für die Oberflächenvorbehandlung von Metallen.

1	**Schwefelsäure-Natriumdichromat-Verfahren (Pickling-Verfahren)[+)]** 27,5 Gew.-% konzentrierte Schwefelsäure H_2SO_4 (1,82 g/ml) 7,5 Gew.-% Natriumdichromat $Na_2Cr_2O_7 \cdot 2 H_2O$ 65,0 Gew.-% dest. Wasser
2	**Salpetersäure-Kaliumdichromat-Verfahren** 20,0 Gew.-% konzentrierte Salpetersäure HNO_3 (1,52 g/ml) 15,0 Gew.-% Kaliumdichromat $K_2Cr_2O_7 \cdot 2 H_2O$ 65,0 Gew.-% dest. Wasser
3	**Schwefelsäure-Oxalsäure-Verfahren** 10,0 Gew.-% konzentrierte Schwefelsäure H_2SO_4 (1,82 g/ml) 10,0 Gew.-% Oxalsäure $(COOH)_2$ 80,0 Gew.-% dest. Wasser
4	**Schwefelsäure-Verfahren** 17,0 Gew.-% konzentrierte Schwefelsäure H_2SO_4 (1,82 g/ml) 83,0 Gew.-% dest. Wasser
5	**Salzsäure-Verfahren** 30,0 Gew.-% konzentrierte Salzsäure HCl (1,18 g/ml) 70,0 Gew.-% dest. Wasser
6	**Phosphorsäure-Alkohol-Verfahren (A P - Verfahren)** 20,0 Gew.-% konzentrierte Phosphorsäure H_3PO_4 (1,8 g/ml) 34,0 Gew.-% Isobutylalkohol 25,0 Gew.-% Isopropylalkohol 21,0 Gew.-% dest. Wasser
7	45,0 Gew.-% konzentrierte Salpetersäure HNO_3 (1,52 g/ml) 7,5 Gew.-% Ammoniummolybdat $(NH_4)_2 MoO_4$ 47,5 Gew.-% dest. Wasser
8	50,0 Gew.-% konzentrierte Salzsäure HCl (1,18 g/ml) 50,0 Gew.-% dest. Wasser
9	2,0 Gew.-% Eisen-III-Chlorid $FeCl_3$ 10,0 Gew.-% konzentrierte Salpetersäure HNO_3 (1,52 g/ml) 88,0 Gew.-% dest. Wasser
10	10,00 Gew.-% Chromsäure CrO_3 0,03 Gew.-% Natriumsulfat Na_2SO_4 (sicc.) 89,97 Gew.-% dest. Wasser
11	25,00 Gew.-% konzentrierte Salpetersäure HNO_3 (1,52 g/ml) 75,00 Gew.-% dest. Wasser
12	15,00 Gew.-% Flußsäure HF (50 %ig) 85,00 Gew.-% dest. Wasser
13	15,00 Gew.-% konzentrierte Salzsäure HCl (1,18 g/ml) 85,00 Gew.-% dest. Wasser

[+)] Aircraft Process Spezification D.T.D. 915 B

12.3 Klebstoffverarbeitung

12.3.1 Vorbereitung der Klebstoffe

In den meisten Fällen ist davon auszugehen, daß die Klebstoffe für die Verarbeitung entsprechend vorbereitet werden müssen. Bei den chemisch reagierenden Klebstoffarten bedeutet das in der Regel einen Mischvorgang der dem System zugeordneten Komponenten, bei den physikalisch abbindenden Klebstoffarten im allgemeinen eine Homogenisierung der Klebstofflösung. Die rheologischen Eigenschaften der Klebstoffe stellen für die Herstellung und das Verhalten der Klebungen wichtige Kenngrößen dar. Sie beschreiben insbesondere das Vermögen eines Klebstoffs, sich auf Oberflächen in Abhängigkeit von der Zeit gleichmäßig zu verteilen. Die Gesetzmäßigkeiten des Fließens der flüssigen oder kolloidalen Klebstoffe sowie der Polymerschichten unter der Wirkung äußerer Kräfte erlauben weiterhin Aussagen über die zweckmäßige Formulierung und Verarbeitung der Klebstoffe und geben Hinweise auf die Festigkeit von Klebungen bei mechanischer Beanspruchung. Wichtige rheologische Parameter für die Klebstoffverarbeitung sind sowohl für die chemisch reagierenden als auch für die physikalisch abbindenden Klebstoffe Viskosität und Thixotropie.

12.3.1.1 Viskosität der Klebstoffe

Die Viskosität ist das entscheidende Kriterium für die Benetzungsfähigkeit eines Klebstoffs auf der Fügeteiloberfläche, wobei unter dem Benetzungsvermögen zusätzlich die Möglichkeit der Luftverdrängung aus den ggf. vorhandenen Kapillaren oder Oberflächenvertiefungen durch den Klebstoff verstanden werden muß. Grundlage für die Viskosität eines Klebstoffs ist der Molekülaufbau, insbesondere die Kettenlänge und die Länge vorhandener Seitenketten sowie die vorhandenen polaren Gruppierungen. Von letzteren gehen maßgeblich die Kraftwirkungen aus, die die Beweglichkeit der Seitenglieder und Kettensegmente beeinflussen. Klebstoffe zeigen im allgemeinen ein nichtnewtonsches Verhalten, d.h. die zwischen zwei benachbarten Strömungsebenen auftretende Schubspannung ist nicht proportional dem Geschwindigkeitsgefälle. Nur im niedrigmolekularen Bereich kann in Einzelfällen von newtonschen Flüssigkeiten ausgegangen werden. Die Kenntnis des Viskositätsverhaltens ist für die Erzielung einer gleichmäßigen Klebschichtdicke und Kontinuität der aufgetragenen Klebschicht insbesondere bei schnellaufenden kontinuierlichen Anlagen wichtig. Die Abhängigkeiten von Klebstoffviskosität und Anpreßdruck auf die resultierende Klebschichtdicke ist in Abschn. 3.1.1.4 beschrieben worden, weiterhin wurde in Abschn. 3.1.1.5 bereits die Abhängigkeit der Viskosität von der Zeit und Temperatur bei dem Mischen von Zweikomponenten-Reaktionsklebstoffen behandelt.

Eine Einstellung der Viskosität auf gegebene Verarbeitungsverhältnisse kann bei zu geringen Viskositäten über die Zugabe von Verdickungsmitteln, z.B. Kieselsäuregele, erfolgen. Zu hohe Viskositäten werden über entsprechende Lösungsmittelzusätze

Tabelle 12.2. Zusammenhang von Spaltbreite und Viskosität für die Spaltüberbrückbarkeit von Klebstoffen.

Spaltbreite mm	Viskosität mPa s
0,01 ... 0,05	10 ... 100
0,05 ... 0,07	100 ... 1000
0,07 ... 0,10	1000 ... 3000
0,10 ... 0,25	3000 ... 15000
0,25 ... 1,0	15000 ... 30000

verringert. Höhere Viskositäten sind bei der Klebung poröser Fügeteile vorteilhaft, um ein „Wegschlagen" des Klebstoffs an der Oberfläche zu verhindern oder um ein zu starkes Ablaufen aus den Klebfugenrändern zu vermeiden. Für die häufig gestellte Forderung einer einzuhaltenden Spaltüberbrückbarkeit eines Klebstoffs können für die erforderliche Viskosität die in Tabelle 12.2 angegebenen Werte zugrunde gelegt werden, die jedoch im einzelnen von der geometrischen Oberflächenbeschaffenheit und dem Benetzungsvermögen der Oberfläche abhängig sind.

Weiterhin erfordern auch die vorgesehenen Verarbeitungsverfahren entsprechende Viskositäten, z.B. das Spritzen eine niedrigviskose, das Auftragen durch Siebdruck eine pastöse Einstellung. Die Angabe der Viskosität eines Klebstoffs erfolgt durch den Wert der dynamischen Viskosität η in mPa s. Es gelten folgende dimensionsmäßige Zusammenhänge:

1 mPa s = 0,01 Poise
1 Poise (P) = 0,1 Pa s

Ergänzende Literatur zu Abschnitt 12.3.1.1:[J11, K61, M11, M48, Z10].

12.3.1.2 Thixotropie der Klebstoffe

Unter der Thixotropie versteht man die Erscheinung, daß gewisse Systeme wie z.B. Gele, ohne Temperaturerhöhung durch mechanische Bewegungen kolloide Lösungen geringerer Viskosität bilden und in der Ruhe dann selbst innerhalb kurzer Zeit wieder in den gelartigen Zustand übergehen. Klebstoffe lassen sich durch Zusatz quellfähiger Substanzen wie z.B. Kieselsäureprodukte, thixotropieren. Auf diese Weise werden folgende Vorteile erreicht:
– Kein Ablaufen an vertikalen Klebflächen;
– kein oder nur geringes Aufsaugen des Klebstoffs bei porösen Fügeteilwerkstoffen;
– verbesserte Auftrags- bzw. Verstreichbarkeit des Klebstoffs;
– Erzielung höherer Klebschichtdicken.

12.3.2 Mischen der Klebstoffe

Bei dem Mischvorgang lassen sich zwei verschiedene Ziele unterscheiden:
(1) *Änderung der physikalischen Eigenschaften des Klebstoffs*: Dieser Vorgang erfolgt im allgemeinen durch Zugabe von Füllstoffen und/oder Lösungsmitteln. Folgende Punkte sind hierbei zu beachten:
• Vermeidung des Einschlusses von Luftblasen bei pastösen und hochviskosen Klebstoffen (Abschn. 4.8), ggf. muß im Vakuum gemischt werden.
• Wahl des richtigen, d.h. eines mit dem System verträglichen Lösungsmittels.
• Berücksichtigung der Tatsache, daß bereits höherviskose vorpolymerisierte Reaktionsklebstoffe durch die Zugabe von Lösungsmitteln nicht wieder verwendbar gemacht werden können, auch wenn eine erzielbare niedrige Viskosität den Anschein des Ursprungszustands ergibt.

In weiterem Sinn gehört hierzu ebenfalls die Homogenisierung von Klebstoffen mit festen bzw. kolloidalen Bestandteilen (z.B. Dispersionsklebstoffe, Plastisole).
(2) *Einleitung der chemischen Reaktion zur Aushärtung*: Hierbei sind zwei Grundtypen der Reaktionsklebstoffe zu unterscheiden:

12.3 Klebstoffverarbeitung

- Durch Härter (Beschleuniger, Katalysatoren) eingeleitete Reaktionen, bei denen dieser Zusatz nur in einem relativ geringen Anteil zum Basismonomer zugegeben wird (vorwiegend bei Polymerisationsklebstoffen). Bei Einhaltung gewisser Toleranzen im Härterzusatz werden die Klebfestigkeiten nicht wesentlich beeinflußt, die Härtungszeit nimmt mit zunehmenden Härterzusatz ab (Bild 2.1). Zu berücksichtigen ist bei einer erhöhten Härterzugabe die Möglichkeit des Auftretens von Eigenspannungen in der Klebschicht infolge einer zu schnellen Aushärtung.
- Durch zwei Basismonomer-Komponenten eingeleitete Reaktionen (vorwiegend Polyadditions- und Polykondensationsklebstoffe). In diesen Fällen ist die Einhaltung des durch die Klebstoffrezeptur vorgegebenen Verhältnisses beider Komponenten zur Erzielung der optimalen Klebfestigkeit sehr wichtig, da in der Klebschicht verbleibende Restanteile je einer der beiden Komponenten eine Art Weichmacherfunktion ausüben können (Abschn. 2.2.1.4, Bild 2.5). Grundsätzlich ist es — im Gegensatz zu den vorstehend beschriebenen Polymerisationsklebstoffen — nicht möglich, die Härtungszeit durch eine erhöhte Zugabe der häufig ebenfalls als Härter bezeichneten zweiten Komponente (Abschn. 2.7.1) abzukürzen. Wenn möglich, sollten die vorzunehmenden Mischungsverhältnisse in Gewichtseinheiten vorgegeben werden, da in diesem Fall eine größere Genauigkeit als bei Volumeneinheiten erwartet werden kann. Die Frage erlaubter Toleranzen für mögliche Abweichungen der einzelnen Anteile läßt sich nicht allgemein beantworten, als Größenordnung sollte ein Wert von ± 10% nicht über- bzw. unterschritten werden.

In jedem Fall ist sicherzustellen, daß in dem fertigen Klebstoffansatz die Anteile gleichmäßig und homogen verteilt sind. Diese Forderung kann durch Zugabe eines Farbstoffs in geringen Konzentrationen zu einer der beiden Komponenten erleichtert werden, der Mischvorgang wird so lange durchgeführt, bis eine gleichmäßige Farbtönung des Ansatzes erreicht ist. Eine Vereinfachung des Mischens bei kontinuierlichen Fertigungen ist durch den Einsatz entsprechender Misch- und Dosiergeräte möglich, in denen die Komponenten nach bestimmten Volumen- oder Gewichtsverhältnissen automatisch gemischt und ggf. sofort anschließend in der erforderlichen Menge auf die Fügeteile aufgebracht werden. Der Vorteil dieser Geräte besteht in der kontinuierlichen Einhaltung des vorgegebenen Mischungsverhältnisses und in der Vermeidung von Topfzeitüberschreitungen.

Je nach der Reaktivität der zu mischenden Komponenten kann es zu einer mehr oder weniger großen Wärmeentwicklung in der Mischung kommen. Verstärkt wird die Wärmeentwicklung noch mit zunehmender Menge des Klebstoffansatzes, bedingt durch die relativ geringe Wärmeleitfähigkeit der Monomere bzw. der sich ausbildenden höhermolekularen Verbindungen. Diese positive Wärmetönung verursacht bereits einen unerwünschten Beginn der Reaktion, so daß es sich empfiehlt, während des Mischens zu kühlen. Die nach dem Mischen einzuhaltende Topfzeit (Abschn. 3.1.1.5) richtet sich nach der Reaktivität der beteiligten Monomere.

Allgemein gelten folgende Grundsätze:
- Kalthärtende Systeme besitzen kurze Topfzeiten (Sekunden, Minuten ggf. Stunden);
- warmhärtende Systeme besitzen längere Topfzeiten (Stunden, Tage ggf. Wochen);
- durch Kühlung der Mischung kann die Topfzeit verlängert werden.

Ergänzende Literatur zu Abschnitt 12.3.2: [K61, L11, T3].

12.3.3 Auftragen der Klebstoffe

Die Auftragsarten für Klebstoffe sind sehr vielfältig und richten sich nach der Geometrie der Fügeteile, der Viskosität des Klebstoffs und dem vorhandenen Automatisierungsgrad des Fertigungsprozesses. Im Prinzip stehen die folgenden Auftragsverfahren in der gewählten Reihenfolge bei zunehmender Klebstoffviskosität zur Verfügung: Spritzen, Tauchen, Tropfen, Walzen, Gießen, Pinseln, Spachteln, Rakeln, Streichen, Stempeln, Siebdruck, Schmelzen, Auf- bzw. Einlegen. Eine ins einzelne gehende Beschreibung der aufgeführten Verfahren ist in dem gegebenen Rahmen nicht möglich, ergänzende Informationen lassen sich im allgemeinen aus den Druckschriften der Anlagen- bzw. Gerätehersteller entnehmen.

Unabhängig von dem zu wählenden Auftragsverfahren sind folgende Punkte zu berücksichtigen:
• Klebstoffauftrag nach Möglichkeit direkt im Anschluß an die Oberflächenvorbehandlung durchführen (Abschn. 5.1.2).
• Vermeidung von kondensierten Feuchtigkeitsschichten auf den Fügeteiloberflächen durch entsprechende Klimatisierung.
• Einhaltung gleichmäßiger Klebschichtdicken durch Wahl der Parameter Druck und Temperatur. Für Versuchsklebungen läßt sich eine reproduzierbare und konstante Klebschichtdicke vorteilhaft mittels einiger zwischen die Fügeteile gelegter Distanzdrähte mit einem entsprechenden Durchmesser erreichen.
• Über eine entsprechende Oberflächenbehandlung auf gleichmäßige Benutzung achten.
• Die Auftragung des Klebstoffs auf beide Fügeteile hat den Vorteil gleicher Benetzungsverhältnisse und Grenzschichtausbildungen. Schnell antrocknende Lösungsmittelklebstoffe sollten grundsätzlich auf beide Fügeteile aufgetragen werden.
• Je nach der Wärmeleitfähigkeit der Fügeteile ist bei dem Auftrag von Schmelzklebstoffen eine ausreichende Vorwärmung der Fügeteile vorzunehmen (Abschn. 3.6.3).
• Enthalten die Klebstoffe Lösungsmittel, so muß eine Mindesttrockenzeit (Abschn. 3.2) vorgesehen werden, dieses gilt insbesondere in den Fällen, in denen beide Fügeteile für Lösungsmittel undurchlässig sind.
• Die Anwendung von Dosieranlagen kann sich in vielen Fällen lohnen, da praktisch kein Klebstoffverlust durch falsche Ansätze oder überschrittene Topfzeiten sowie ein wesentlich verringerter Ausschuß an geklebten Teilen eintritt. Ein ähnlicher Vorteil ergibt sich bei Anwendung von Klebstoff-Formstücken, die entsprechend der Klebfugengeometrie in fester Form dosiert werden. Als physikalisch abbindende Systeme kommen hier Schmelzklebstoffe oder Heißsiegelklebstoffe als Folien zum Einsatz. Klebstofffolien aus Reaktionsklebstoffen bedürfen zur Vermeidung vorzeitig einsetzender Reaktionen der Lagerung bei tiefen Temperaturen (ca. $-20°$ C) bis zur Verarbeitung.
• Eines besonderen Hinweises bedarf der Klebstoffauftrag bei runden Fügeflächen, insbesondere bei Welle-Nabe-Klebungen. In diesen Fällen bedient man sich vorteilhaft physikalischer Effekte z.B. Druck oder Vakuum in Ergänzung der beschriebenen Verfahren zum Ausfüllen des Klebespalts.
• Der Einsatz von Robotern zum Auftragen der Klebstoffe gewinnt zunehmende Bedeutung in automatisierten Fertigungsprozessen, insbesondere bei Klebungen unterschiedlicher Geometrien, wie sie z.B. in der Automobilindustrie anzutreffen sind.

- Nach dem Klebstoffauftrag ist sicherzustellen, daß die Fügeteile keine Relativbewegungen mehr durchführen können. Durch geeignete Vorrichtungen (Klemmen, Zangen, Pressen, evakuierte Kunststoffumhüllung) läßt sich diese Forderung einhalten.

Ergänzende Literatur zu Abschnitt 12.3.3: [C7, D37, G23, K61, S68, S70].

12.3.4 Abbinden der Klebstoffe

Die Struktur der Klebschicht und somit deren Eigenschaften sowie die Festigkeit der Klebung ist entscheidend davon abhängig, unter welchen Bedingungen das Abbinden innerhalb der Klebfuge erfolgt. Die maßgebenden Parameter sind Zeit, Temperatur und Druck; die bestimmenden Zusammenhänge sind in Abschn. 3.1.1 ausführlich beschrieben worden.

Die folgenden Abbindemechanismen, die bei normaler oder erhöhter Temperatur stattfinden können, sind zu unterscheiden:
- Selbsthaftung von lösungsmittelfreien Klebschichten auf einem Fügeteil oder beiden Fügeteilen (z.B. bei Haftklebstoffen);
- Kontakt von zwei benetzten und abgelüfteten Klebflächen unter Druckanwendung (z.B. bei Kontaktklebstoffen);
- Verdunsten oder Ablüften von Wasser bzw. organischen Lösungsmitteln (z.B. Lösungsmittelklebstoffe, Dispersionsklebstoffe);
- Erstarren einer Schmelze (z.B. Schmelzklebstoffe, Heißsiegelklebstoffe);
- Gelatinierung (z.B. Plastisole);
- Reaktion unter Luftabschluß und Metallkontakt (z.B. anaerobe Klebstoffe);
- Reaktion durch Luftfeuchtigkeit (z.B. Cyanacrylate);
- Reaktion durch Wärmezufuhr (z.B. Einkomponenten-Reaktionsklebstoffe);
- Reaktion durch Einfluß von Strahlen (z.B. UV- oder Elektronenstrahl-härtende Acrylate);
- Reaktion nach Vermischen von zwei oder mehreren Komponenten (z.B. kalt- und warmhärtende Reaktionsklebstoffe);
- Verdunsten oder Ablüften organischer Lösungsmittel und anschließende Reaktion von zwei Komponenten (z.B. lösungsmittelhaltige Reaktionsklebstoffe);
- Erstarren einer Schmelze und anschließende Reaktion von zwei Komponenten (z.B. reaktive Polyurethan-Schmelzklebstoffe).

Bei den physikalisch abbindenden Systemen befinden sich die Klebschichtmoleküle zum Zeitpunkt des Auftragens bereits in ihrem makromolekularen Endzustand, von den Parametern Temperatur und Zeit abhängige chemische Reaktionen finden nicht mehr statt. Die Endfestigkeit ergibt sich direkt nach dem Ablauf der physikalischen Abbindevorgänge. Bei den chemisch reagierenden Systemen ist die Endfestigkeit eine zeit- und temperaturabhängige Funktion, die für den jeweiligen Härtungsmechanismus spezifisch ist und schematisch aus den Bildern 3.1. und 3.2 hervorgeht. Der Verlauf der Härtung bei Reaktionsklebstoffen läßt sich aufgrund der in fast allen Fällen exotherm verlaufenden Reaktionen bei reinen Polymerproben durch den zeitabhängigen Verlauf der Wärmetönung beschreiben. Als Kenngröße zur Steuerung von Härtungsreaktionen in der Klebschicht ist sie jedoch nicht zu verwenden, da aufgrund der guten Wärmeleitfähigkeit der Fügeteile und der geringen Klebschichtdicken die entstehende Temperaturerhöhung in der Klebfuge praktisch nicht meßbar ist.

320 Technologie des Klebens

Die experimentelle Ermittlung des Klebschichtaushärtungsgrades in Abhängigkeit von der Zeit bei vorgegebenen Temperaturen ist ebenfalls über die elektrische Widerstandsmessung möglich. Es konnte gezeigt werden [E25, K25, K26, K62], daß der elektrische Widerstand von Klebschichten zu deren mechanischen Parametern in Beziehung gesetzt werden kann. Die mit der fortschreitenden Härtung einhergehende Viskositätsänderung des Klebstoffs ist in Abschn. 3.1.1.5 beschrieben worden. Von Ruhsland [R11] wird die Schockhärtung als Möglichkeit einer verkürzten Härtungszeit beschrieben. Trotz vergleichbarer Klebfestigkeitswerte zu einem „normalen" Härtungszyklus ist bei einer derartigen Verfahrensweise jedoch die mögliche Ausbildung von Eigenspannungen in der Klebschicht zu berücksichtigen, die bei einer späteren Überlagerung durch weitere Beanspruchungsspannungen dann zu verringerten Klebfestigkeiten führen können.

Den Zusammenhang der Parameter Aushärtungszeit und Temperatur auf die resultierende Klebfestigkeit zeigt am Beispiel eines kalthärtenden Epoxidharzklebstoffs Bild 12.3 (nach [S71]). Aus diesem Bild lassen sich zwei grundsätzliche Zusammenhänge ableiten:
• Mit zunehmender Härtungstemperatur kann die Härtungszeit abgekürzt werden;
• bei kalthärtenden Reaktionsklebstoffen ergeben sich bei zusätzlicher Anwendung von Wärme entsprechend höhere Endfestigkeiten. Diese Abhängigkeit ist bei warmhärtenden Reaktionsklebstoffen praktisch nicht gegeben, in diesem Fall würde die Festigkeitslinie in etwa eine Parallele zu der die Temperatur beschreibenden Abszisse bilden. Der Grund für dieses abweichende Verhalten beider Klebstoffarten liegt in der zunehmenden Vernetzungsdichte kalthärtender Klebstoffe bei ansteigender Härtungstemperatur.

Diese Abhängigkeiten machen deutlich, daß bei hochbeanspruchten Klebungen eine prozeßbegleitende Zeit-Temperatur-Kontrolle vorgesehen werden muß, um diese wichtigen Parameter jederzeit auch nachträglich überprüfen zu können. Optimale Klebschichteigenschaften werden dann erhalten, wenn Temperatur und Zeit so

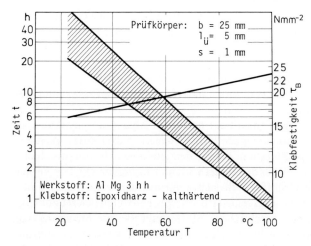

Bild 12.3. Abhängigkeit der Härtungszeit und der Klebfestigkeit von der Härtungstemperatur (nach [S71]).

aufeinander abgestimmt werden, daß ein gleichmäßiger Vernetzungszustand der Klebschicht resultiert.

Eine für die Fertigung bei Klebungen charakteristische härtungsabhängige Größe stellt die sog. funktionelle Festigkeit dar. Man versteht darunter die Festigkeit einer Klebung, die es erlaubt, die geklebten Fügeteile innerhalb des Produktionsprozesses unter Verzicht auf eine Fixierung zu transportieren und zu lagern, ohne daß sie sich in ihrer Lage zueinander verändern.

In Zusammenhang mit dem Härtungsvorgang sind mit dem Ziel verbesserter Klebfestigkeiten und wirtschaftlicherer Verfahrensweisen folgende Verfahrensvariationen untersucht worden:

- *Härtung durch zusätzliche Anwendung von Ultraschall*: Durch eine Beschallung besteht die Möglichkeit einer verbesserten Benetzung im Sinne der Nutzbarmachung größerer Anteile der wahren Oberfläche (Bild 5.3) durch „Einrütteln" des Klebstoffs in die Unebenheiten der Mikrooberfläche. Untersuchungen von Matting und Hahn [M49, H59], bei denen Klebungen der Legierung AlCuMg pl vor dem Härten einer Ultraschalleinwirkung (20 kHz, 4µ-Amplitude, 1 bzw. 2 min.) ausgesetzt wurden, ergaben Steigerungen der Klebfestigkeit gegenüber den Werten geschmirgelter Oberflächen bis zu 20%. Bemerkenswert war weiterhin eine geringere absolute Streuung der Festigkeitswerte, was ebenfalls durch die gleichmäßigere Benetzung der geprüften Proben zu erklären ist.

- *Vibrationskleben*: Der Hintergrund dieser Arbeiten, die von Ruhsland [R12 bis R14] durchgeführt wurden, ist ein möglicher Verzicht auf eine separate Oberflächenvorbehandlung, die nach diesem Verfahren in den reinen Klebprozeß integriert wird. Dem Klebstoff wird ein „harter" Füllstoff zugesetzt, der in Verbindung mit einer mechanischen Relativbewegung der Fügeteile nach dem Klebstoffauftrag und dem Fügen, jedoch vor dem Härten des Klebstoffs, eine Reinigung und Aufrauhung der Fügeteiloberflächen bewirkt. Die Härte des Füllstoffs (Produkte in feiner Verteilung, die den Schleifmitteln zuzuordnen sind) muß dabei größer sein als die des Fügeteilwerkstoffs bzw. seiner Oberflächenverunreinigungen. Bei einem Füllstoffgehalt bis zu 40% wurden Steigerungen der Klebfestigkeit von 25% erreicht. Wenn auch die Ergebnisse der statischen Kurzzeitbelastung diese Verbesserung zeigen, ist wegen des sehr hohen Füllstoffzusatzes ein negativer Einfluß auf die dynamische Festigkeit sowie das Verhalten der Klebung unter Umweltbedingungen nicht auszuschließen, so daß eine allgemeine Anwendbarkeit dieses Verfahrens noch nicht als gesichert angesehen werden kann.

- *Punktweise Schnellaushärtung*: Dieses Verfahren, das für die Verarbeitung kalthärtender Reaktionsklebstoffe Vorteile bieten kann, wird von Matting, Ulmer und Henning [M50] beschrieben. Durch eine induktive Erwärmung erfolgt an örtlich begrenzten Stellen der Klebfuge in kurzer Zeit, z.B. bei einem Epoxidharzklebstoff während 75 s bei 150°C, eine schnelle Klebstoffaushärtung, die für die Fixierung der Fügeteile ausreichend ist. Abschließend kann die Klebung dann bis zur Erreichung der Endfestigkeit des Klebstoffs bei Raumtemperatur gelagert oder bereits weiterverarbeitet werden. Praktische Anwendung hat dieses Verfahren bisher nicht gefunden. Eine ähnliche Methode stellt das Punktschweißkleben dar, das in Abschn. 12.6.1 beschrieben wird.

Ergänzende Literatur zu Abschnitt 12.3.4: [H60, K17, K63, M51].

12.3.5 Kenndaten des Klebvorgangs

Bei allen Klebungen, die zur Herstellung von Bauteilen oder aber auch zu Prüfzwecken durchgeführt werden, ist es im Sinne reproduzierbarer Ergebnisse erforderlich, die Werkstoff- und Durchführungsdaten in systematischer Form festzuhalten. Dieses erfolgt zweckmäßigerweise nach dem in DIN 53 281 Blatt 3 festgelegten Schema, das die Einzelangaben zum Klebstoff, dessen Ansatz, Auftrag und Abbinden näher erläutert. Von der Norm ggf. abweichende Parameter sollten in jedem Fall ebenfalls festgehalten werden.

12.4 Voraussetzungen zur Erzielung optimaler Klebungen

Eine der wesentlichsten Ursachen für Fehler, die bei der Herstellung von Klebungen auftreten und die die Verläßlichkeit dieses Systems häufig in Frage stellen, ist in dem unzureichenden theoretischen und praktischen Kenntnisstand der beteiligten Personen begründet. Die wichtigsten Voraussetzungen für optimale Klebungen liegen in der richtigen Wahl der konstruktiven Gestaltung (Vermeidung zu hoher Spannungsspitzen, (Abschn. 11.2)), in der anzuwendenden Verfahrenstechnik und — besonders wichtig — der ausreichenden Kenntnis der zu erwartenden Beanspruchungen. Die vielfach gestellte Frage, welcher Werkstoff mit welchem Klebstoff verklebbar ist, ist zunächst zweitrangig, bei der Universalität der Klebeigenschaft vieler Reaktionsklebstoffe muß primär die Frage der Beanspruchung gestellt werden. Aus ihrer Beantwortung leiten sich dann Klebstoffauswahl und -verarbeitung ab.

Eine sachgerechte Vorgehensweise bei der Planung einer klebtechnischen Lösung für ein gegebenes Fügeproblem hat demnach werkstoff- und verarbeitungsspezifische Parameter zu berücksichtigen. Um die Beanspruchungseinflüsse abschätzen zu können, muß sich der Konstrukteur Klarheit über die Bedingungen verschaffen, unter denen die Klebungen hergestellt und eingesetzt werden sollen. Der folgende Fragenkatalog hat sich dabei als hilfreich erwiesen:

— Welche Werkstoffe (genaue Bezeichnung, ggf. Legierungszusammensetzung) sollen geklebt werden?
— Welcher Oberflächenzustand (chemisch und physikalisch) liegt vor?
— Sind Möglichkeiten zur Oberflächenbehandlung mechanischer oder chemischer Art gegeben?
— Besteht grundsätzlich die Möglichkeit einer klebgerechten Gestaltung der Konstruktion bzw. auf welche Weise müssen bisherige Konstruktionen geändert werden?
— Welche produktionsmäßigen Voraussetzungen für die Klebstoffverarbeitung sind gegeben (Zeit für das Abbinden des Klebstoffs; manuelle, halb- oder vollautomatische Verarbeitung)?
— Welche Anforderungen an die Beanspruchung der Klebung werden gestellt (mechanisch, alterungsmäßig, komplex, kurz-, langzeitig)?
— Wie ist der Ausbildungsstand der Mitarbeiter, die das „Fertigungssystem Kleben" durchzuführen haben?

Die Auseinandersetzung mit diesen Fragen zwingt zu klaren Festlegungen und ist daher unerläßlich für die Auswahl eines geeigneten Klebstoffs und somit für das Gelingen der gestellten Aufgabe.

Ergänzende Literatur zu Abschnitt 12.4: [E26, K64].

12.5 Sicherheitsmaßnahmen bei der Verarbeitung von Klebstoffen

Bei der Anwendung des Klebens sind in gleicher Weise wie bei anderen Fertigungsverfahren Maßnahmen zu beachten, die dem Schutz des Menschen, des Betriebes und der Umwelt gelten. Im Gegensatz zum Schweißen und Löten finden beim Kleben fast ausschließlich organische Produkte Verwendung, die in verschiedene Gefahrenklassen zur Sicherstellung des Gesundheits- und Brandschutzes einzuordnen sind. Wegen der Vielfalt vorhandener Rezepturbestandteile und Verarbeitungsverfahren besteht keine Möglichkeit, den einzelnen Klebstoffen spezifische Merkmale in bezug auf einzuhaltende Verarbeitungsvorschriften zuzuordnen. Die gegebene Komplexität erfordert allgemein gültige und anwendbare Vorschriften nebst Durchführungsanweisungen.

Für die Klebstoffverarbeitung gilt die Unfallverhütungsvorschrift der Berufsgenossenschaft der chemischen Industrie, Abschnitt 48 „Verarbeitung von Klebstoffen" in der Ausgabe vom 1.April 1983 (zu beziehen durch den Jedermann Verlag Dr. Otto Pfeffer OHG, Postfach 103140, 6900 Heidelberg 1). In 22 Paragraphen nebst Durchführungsanweisungen werden der Geltungsbereich und die Begriffsbestimmungen definiert sowie die Vorschriften für Bau, Ausrüstungen und Betrieb festgelegt. Weiterhin sind aufgeführt in
• *Anhang 1*: Eine Zusammenstellung einschlägiger Rechtsvorschriften und Technischer Regeln, die in Verbindung mit dem Verarbeiten von Klebstoffen von Bedeutung sein können. Zu den letzteren gehören insbesondere die Richtlinien zur Vermeidung von Brandgefahren und die Sicherheitsregeln über den Umgang mit Lösungsmitteln. Erwähnung finden ebenfalls die relevanten VDE-Bestimmungen und DIN-Normen.
• *Anhang 2*: Angaben über Brand- und Explosionsschutz beim Verarbeiten von Klebstoffen.
• *Anhang 3*: Eine Zusammenstellung der wichtigsten Maßnahmen beim Verarbeiten von Klebstoffen an nicht ortsgebundenen Arbeitsplätzen (z.B. Fußbodenverlegearbeiten in Wohnräumen, auf Baustellen u. dgl.).

Ergänzende Literatur zu Abschnitt 12.5: [B57, B58, M52, Q1].

12.6 Kombinierte Fügeverfahren

Mit dem Einsatz kombinierter Fügeverfahren wird generell das Ziel verfolgt, Nachteile und Vorteile des jeweiligen Einzelverfahrens in sinnvoller Weise auszugleichen, um auf diese Weise optimierte Verbindungseigenschaften und Verfahrensdurchführungen zu erhalten. Bei den Verbindungsverfahren Punktschweißen, Nieten und Schrauben erfolgt die Lastübertragung nur an den Füge- bzw. Verbindungsstellen. Sie ist nicht gleichmäßig über die gesamte Fügefläche verteilt, und es treten in den jeweiligen Randbereichen der Verbindungsstellen z.T. hohe Spannungsspitzen auf, die insbesondere die dynamische Festigkeit derartiger Verbindungen negativ beeinflussen. So ist es verständlich, daß in der Vergangenheit vielfältige Untersuchungen durchgeführt wurden, um durch eine Kombination dieser Verfahren mit dem Kleben zu verbesserten Eigenschaften der Verbindungen zu kommen. Neben den Kombinationsmöglichkeiten Nieten — Kleben und Schrauben — Kleben ist besonders das Punktschweißkleben experimentell und theoretisch bearbeitet worden.

12.6.1 Punktschweißkleben

Das Widerstandspunktschweißen ist in mehreren Industriebereichen das vorwiegend angewandte Fügeverfahren, so z.B. im Automobil-, Waggon- und Gerätebau, weiterhin in gewissem Ausmaß auch im Flugzeugbau. Aus diesem Grunde ist die mögliche Anwendung des Punktschweißklebens gerade in diesen Bereichen von besonderem Interesse und daher auf seine Einsatzfähigkeit untersucht worden. Die heute bekannten Ergebnisse lassen sich wie folgt beschreiben:

12.6.1.1 Vorteile gegenüber reinen Punktschweißverbindungen

- Erhöhung der dynamischen Festigkeit infolge der gleichmäßigeren Spannungsverteilung als Folge des Abbaus der Spannungsspitzen am Rande der Schweißlinse, die durch die vorhandene Kerbwirkung und Gefügeveränderung verursacht werden. Nach Untersuchungen von Schwarz [S72] konnte an 1,5 mm dicken Aluminiumblechen eine Festigkeitserhöhung bei Zugschwellbeanspruchungen um das Dreifache festgestellt werden.
- Eliminierung der durch das Eindringen korrosiver Medien in den Fügespalt möglichen Spaltkorrosion.
- Durchführung nachträglicher Oberflächenbehandlungen, da die z.T. korrosiven Badrückstände nicht in den Fügespalten verbleiben können. Diese Möglichkeit ist besonders für gefügte Aluminiumkonstruktionen von Interesse.
- Herstellung von gas- und flüssigkeitsdichten Fügeverbindungen.
- Erhöhung der Steifigkeit der Konstruktion, Verringerung der Möglichkeit des Ausbeulens zwischen den Schweißpunkten.

12.6.1.2 Vorteile gegenüber reinen Klebungen

- Reduzierung der Fertigungszeiten im Produktionsablauf, da durch die Schweißpunkte eine Fügeteilfixierung erfolgt, die ein von den sonst üblichen Fixiervorrichtungen unabhängiges Abbinden des Klebstoffs ermöglicht.
- Beseitigung von Schälbeanspruchungen, denen gegenüber Klebungen besonders empfindlich sind.
- Verhinderung des Kriechens der Klebschicht, d.h. Erhöhung der Langzeitbeanspruchung durch statische Last.
- Erhöhte Sicherheit der Klebung dadurch, daß die Lastübertragung bei Überschreiten der Klebfestigkeit in gewissem Ausmaß durch die Schweißpunkte erfolgen kann.

12.6.1.3 Verfahrensdurchführung

Aufgrund der zu stellenden Forderung, daß der Stromfluß durch die zu fügenden Bereiche durch möglichst geringe Übergangswiderstände behindert wird, scheidet die Anwendung von Klebstoffolien oder anderer in festem Aggregatzustand vorliegender Systeme (z.B. Pulver) grundsätzlich aus. Weiterhin entfällt ebenfalls die Verwendung lösungsmittelhaltiger Klebstoffe, da die hohen Schweißtemperaturen zu einer explosionsartigen Verdampfung der Lösungsmittel führen würden. Das Auftragen des Klebstoffs kann entweder vor oder nach dem Punktschweißen erfolgen:

- Das Auftragen *vor dem Punktschweißen* erfordert zwei Voraussetzungen. Erstens muß die Klebstoffviskosität so eingestellt sein, daß die flüssige Klebschicht im Fügebereich durch das Wirken der Elektrodenkraft soweit verdrängt werden kann, daß ein metallischer Kontakt der Fügeteile gewährleistet ist. Die Viskosität darf aber nicht so gering sein, daß der nach dem Punktschweißen noch flüssige Klebstoff aus der Klebfuge herauszulaufen vermag. Zweitens ist für die Klebstoffverdrängung eine längere Vorpreßzeit und eine erhöhte Elektrodenanpreßkraft im Vergleich zu dem normalen Punktschweißen zu wählen.

- Das Auftragen *nach dem Punktschweißen* eliminiert die mit den Übergangswiderständen des Klebstoffs verbundenen Probleme. Bei entsprechend niedrigviskosen Klebstoffen kann das Einbringen durch geeignete Vorrichtungen (z.B. feine Düsen) aufgrund der Kapillarwirkung des Fügespalts erfolgen. In diesem Fall ist jedoch bis zum Abbinden des Klebstoffs eine Weiterverarbeitung der Fügeverbindung erschwert, da zur Vermeidung des Klebstoffaustritts eine bestimmte Lage der Fügeteile eingehalten werden muß. Wegen des erhöhten Aufwands kommt dieses Auftragsverfahren praktisch nicht zur Anwendung.

12.6.1.4 Einfluß der Fügeteilwerkstoffe

In den erwähnten Industriebereichen werden vorwiegend kohlenstoffarme Stähle und Aluminiumlegierungen verarbeitet, daher hat sich das Interesse des Punktschweißklebens auch auf diese Werkstoffe konzentriert. Die Anwendung des Klebens erfordert eine ergänzende Berücksichtigung des Oberflächenzustands und der Oberflächenbehandlung der Fügeteile, die hinsichtlich der beiden Werkstoffe Stahl und Aluminium differenziert betrachtet werden muß.

Bei der Verarbeitung von *Stahl* ist in den meisten Fällen davon auszugehen, daß zum Schutz von Oberflächenkorrosionen Ölfilme unterschiedlicher Arten und Dicken vorhanden sind, die wegen des durchzuführenden Klebens aus fertigungstechnischen Gründen nicht in einem separaten Arbeitsgang entfernt werden können. Somit muß der flüssige Klebstoff ein entsprechendes Ölaufnahmevermögen besitzen, über das Acrylate, PVC-Plastisole und bestimmte Epoxidharze verfügen. Auf jeden Fall geht diese Eigenschaft zu Lasten einer optimalen Klebfestigkeit, so daß ein befriedigender Kompromiß gesucht werden muß.

Bei der Verarbeitung von *Aluminium* besteht ein besonderes Problem in den hohen Widerstandswerten der entweder natürlich vorhandenen oder künstlich aufgebrachten Oxidschichten. Auf der einen Seite sind diese Oxidschichten aus Korrosions- und Haftungsgründen erforderlich (speziell bei Anwendungen im Flugzeugbau), andererseits be- oder verhindern sie den Stromdurchgang und somit das Punktschweißen. Je nach Oberflächenbehandlungsverfahren können die Übergangswiderstände Werte bis zu 1000 µΩ annehmen. In Abhängigkeit der Beanspruchungsarten und Fertigungsmöglichkeiten sind also auch in diesem Fall Kompromisse zu schließen. Von Hocker [H61] wird eine Oberflächenvorbehandlung beschrieben (Anodisierung bei geringer Spannung in einer Phosphorsäure-Natriumdichromat-Lösung in Kombination mit einer dünnen Primerschicht), die neben einer guten Schweißbarkeit ausreichende Haftungskräfte aufweist. Bei der Anwendung des Punktschweißklebens für Aluminium kommt der Vorteil der Abdichtung des Fügespalts durch die Klebschicht gegenüber Flüssigkeiten besonders zur Geltung, da zum Schutz gegen äußere Korrosionseinflüsse eine Oberflächenbehandlung im Anschluß an die Fügeprozesse durchgeführt werden kann.

Korrosive Wirkungen durch Zersetzungsprodukte der Klebstoffe aufgrund der kurzzeitigen hohen Temperaturbeanspruchung sind bisher nicht festgestellt worden.

Die thermischen Schädigungen erfolgen nur in einem geringen Randbereich (<1 mm) der Schweißlinse und beeinflussen die Klebfestigkeit kaum, da durch die versteifende Wirkung des Schweißpunkts die Klebschicht in diesem Bereich ohnehin nur gering belastet wird. Bei der Verwendung von PVC-Plastisolen wäre eine korrosive Schädigung dann zu erwarten, wenn die abgespaltenen geringen Salzsäureanteile beim Vorhandensein von Wasser zu einem niedrigen pH-Wert führen würden. Das ist wegen der Dichtigkeit der Klebfuge jedoch nicht zu erwarten.

Nach diesen Darstellungen erhebt sich die Frage, warum das Punktschweißkleben in den erwähnten Industriebereichen trotz der vorhandenen Vorteile bisher nicht allgemein Eingang gefunden hat und nach wie vor nur für spezielle Fälle zur Anwendung kommt. Die Beantwortung ergibt sich aus mehreren Feststellungen, von denen als wichtigste die folgenden zu gelten haben:
• Erhöhter Fertigungsaufwand, der sich in die bereits vollmechanisierten Punktschweißanlagen (Roboter) nur bedingt integrieren läßt;
• zusätzliche Investitions- und Personalkosten;
• mögliche Beeinflussung des noch nicht voll ausgehärteten Klebstoffs durch die Reinigungs- und Tauchlackierbäder bei der Karosseriefertigung im Automobilbau;
• erschwerte Qualitätsprüfung der Punktschweißungen während der Produktion, die wegen des Fehlens zerstörungsfreier Prüfmethoden im allgemeinen nur durch eine mechanische Beanspruchung (Meißelprobe) erfolgt;
• erschwerte Reparaturmöglichkeiten.

Ergänzende Literatur zu Abschnitt 12.6.1: [D38, D39, E27 bis E30, H32, H63, H64, K65, M53 bis M56, R15 bis R20, S73, W31].

12.6.2 Nieten – Kleben und Schrauben – Kleben

In gleicher Weise wie bei den Punktschweiß-Klebverbindungen sind auch in diesen Fällen die gleichmäßige Spannungsverteilung und die Dichtigkeit des Fügespalts gegenüber aggresiven Medien vorteilhaft. Hinzu kommt die Möglichkeit der vorhergehenden Oberflächenvorbehandlung, da das Problem der Übergangswiderstände entfällt.

Entscheidend für die konstruktive Auslegung derartiger Verbindungskombinationen ist die richtige Zuordnung von Klebschichtfestigkeit (also die Klebstoffauswahl) zu den Durchmessern der Bohrungen. Nach Untersuchungen von Schliekelmann [S59] ergeben sich folgende Zusammenhänge:
• Wahl von Paßbohrungen für die Nieten bzw. Schrauben und Verwendung eines Klebstoffs mit einem niedrigen Klebschicht-Schubmodul. In diesem Fall wird von den beiden Verbindungselementen der Hauptanteil der wirkenden Last aufgenommen, bevor die Klebschicht die für eine kritische Spannungsausbildung erforderliche Verformung erreicht hat.
• Wahl von größeren Bohrungen bei Verwendung eines Klebstoffs mit einem hohen Klebschicht-Schubmodul. Bei einer derartigen Anordnung wird die Klebschicht den Hauptanteil der Belastungen aufnehmen, eine besonders für schwingende Beanspruchungen günstige Auslegung, da die Spannungskonzentrationen an den Rändern der Bohrungen weitgehend entfallen.

Durch die richtige Auswahl von Klebstoff, Nieten bzw. Schrauben und Bohrungsdurchmesser ist es demnach möglich, die Verbindungsgeometrie so zu dimensionieren, daß zum Zeitpunkt höchster Beanspruchungen beide Verbindungsarten gleichmäßig maximal belastet werden.

Eine besondere Anwendung hat die Kombination Schrauben − Kleben im Bauwesen gefunden. Die besondere Problematik des Klebens ergibt sich in diesem Bereich aus den Verhältnissen eines Baustellenbetriebs, die eine ordnungsgemäße Klebstoffverarbeitung erschweren, sowie aus der zu fordernden Langzeitfestigkeit unter den gegebenen klimatischen und dynamischen Beanspruchungen. Durch die zusätzliche Anwendung von Schrauben (ggf. auch Nieten) kann den zu stellenden Sicherheitsanforderungen in Kombination mit dem Kleben Rechnung getragen werden. Grundlegende Untersuchungen an den im Stahlbau üblichen relativ dicken Fügeteilen und vorgespannten Klebverbindungen (VK-Verbindungen) sind u.a. von Mang und Mitarbeitern durchgeführt worden [M57 bis M59].

Ergänzende Literatur zu Abschnitt 12.6.2: [H37, M53, R20, S74].

12.6.3 Falzen − Kleben

Dieses Verfahren, allgemein als Falznahtkleben bezeichnet, wird in der Automobilindustrie vielfältig für Innen-Außenblech-Verbindungen eingesetzt, so z.B. bei der Fertigung von Türen, Motorhauben, Kofferraumdeckel. Der wesentliche Vorteil liegt auch in diesem Fall in der Eliminierung der Spaltkorrosion, weiterhin in einem verbesserten Dämpfungsverhalten und einer erhöhten Steifigkeit der Bauteile. Zum Einsatz kommen in erster Linie PVC-Plastisole, da sie als ein Einkomponentensystem aufgetragen werden können und ein hohes Aufnahmevermögen für die auf den Blechoberflächen vorhandenen Ölfilme aufweisen. Die Gelierung erfolgt gemeinsam mit dem Temperatur-Zeit-Zyklus der Lackaushärtung.

Ergänzende Literatur zu Abschnitt 12.6.3: [L21].

13 Anwendungen des Klebens

13.1 Allgemeine Betrachtungen

Die Beschreibung der Anwendungsbereiche des Klebens kann nach den zu verklebenden Werkstoffen und nach den Einsatzgebieten in den einzelnen Industriebereichen erfolgen. In Kenntnis der Tatsache, daß es keinen Industriezweig gibt, in dem das Kleben nicht in irgendeiner Form angewendet wird, würde es der Aufzählung unendlich vieler Einzelbeispiele mit ihren werkstoff- und verfahrensspezifischen Parametern bedürfen, um eine umfassende Darstellung zu geben. Das ist in dem vorliegenden Rahmen nicht möglich. Hinzu kommt, daß viele Anwendungen einen sehr spezifischen Charakter haben und nicht allgemein übertragbar sind. Da die Mehrzahl aller durchzuführenden Klebungen unabhängig vom Industriezweig mit einer relativ eng zu begrenzenden Auswahl metallischer und nichtmetallischer Werkstoffe hergestellt wird, ist es in erster Linie erforderlich, das klebtechnische Verhalten dieser Materialien zu kennen. In Zusammenhang mit den grundlegenden Kenntnissen der Klebstoffeigenschaften, der Konstruktionsgrundsätze und der Beanspruchungskriterien ist es dann möglich, vorhandene Erfahrungen auf neue Aufgabenstellungen zu übertragen. Aus diesem Grunde stehen im folgenden Abschnitt das klebtechnische Verhalten der wichtigsten Werkstoffe und die Möglichkeiten ihrer Verklebung im Mittelpunkt der Betrachtungen. Es ist beim Auftreten neuer Problemstellungen in jedem Fall vorteilhaft, die Vor- und Nachteile, wie sie in Abschn. 7.1 dargestellt sind, sowie die für die vorgesehene Klebung geltenden Kriterien nach Abschn. 12.4 einer genauen Analyse zu unterziehen.

Eine zu erwähnende Ausnahme innerhalb der Industriebereiche, die die Klebtechnik einsetzen, ist in jedem Fall der Flugzeugbau. Nicht nur wegen der für viele Laien spektakulären Anwendung des Klebens für Konstruktionen mit außerordentlich hohen Sicherheitsanforderungen, sondern wegen der großen Vielfalt an Grundlagenkenntnissen, die aus dieser Anwendung stammt. In den vergangenen Jahrzehnten ist — insbesondere in den USA — eine große Zahl an Projekten zur Deutung der chemischen und physikalischen Vorgänge im Grenzschichtbereich, zur Klärung des bruchmechanischen Verhaltens der Klebfugen und zur rechnerischen und experimentellen Erfassung mechanischer und umweltmäßiger Beanspruchungen bearbeitet worden. Beachtenswert ist der hohe Anteil interdisziplinärer und internationaler Programme, die Chemiker und Ingenieure in beispielloser Weise in der Grundlagenforschung zusammengeführt haben. Stellvertretend für die Fülle der durchgeführten Arbeiten soll in diesem Zusammenhang das Primary Adhesively Bonded Structure Technology (PABST) Programm erwähnt werden. Es wurde in den Jahren 1975 bis 1978 mit einem Etat von 18,4 Millionen US-Dollar durchgeführt. Das Ziel war, am Beispiel eines ausgewählten Flugzeugrumpfbereichs des Flugzeugtyps YC-15 (Douglas Aircraft Company) eine geklebte anstelle der aus verschiedenen Einzelteilen genieteten Konstruktion zu entwickeln. Unter Einbeziehung aller in der Luftfahrtindustrie angewandten Beanspruchungsprüfungen ist das Programm positiv abgeschlossen worden. Einzelheiten dieses Programms, der Durchführung und der erhaltenen Ergebnisse sind in [M60, M61, T12 bis T14] beschrieben.

13.2 Kleben metallischer Werkstoffe

13.2.1 Allgemeine Betrachtungen

Die grundlegenden Eigenschaften der Metalle und Metallegierungen hinsichtlich ihres Einflusses auf die Festigkeit der Klebungen sind in den Kapiteln 5, 8 und 9 beschrieben worden. Die folgenden Darstellungen beschränken sich daher auf wesentliche werkstoffspezifische Verhaltensweisen, so weit diese im Hinblick auf das klebtechnische Verhalten gesondert zu betrachten sind. Ergänzend werden ebenfalls die auf Grund vorliegender Erfahrungen einzusetzenden Oberflächenvorbehandlungsverfahren erwähnt. In jedem Fall ist für die Erzielung optimaler Ergebnisse davon auszugehen, daß dem Beizvorgang eine Oberflächenreinigung bzw. -entfettung vorausgeht und daß sich zur Entfernung vorhandener Chemikalienreste ein intensives Spülen mit deionisiertem Wasser sowie eine Trocknung anschließt. Die Bezeichnungen der aufgeführten Beizlösungen entsprechen den Angaben in Tabelle 12.1. Neben den im folgenden angegebenen chemischen Verfahren können alternativ bzw. ergänzend ebenfalls die mechanischen Verfahren (Abschn. 12.2.2.1) eingesetzt werden. In den meisten Fällen ergeben sich hierzu weitere Informationen aus den in Tabelle 7.3 angegebenen Literaturstellen.

Als Klebstoffe für das Kleben der erwähnten Metalle kommen praktisch alle bekannten kalt- und warmhärtenden Reaktionsklebstoffe in Frage. Eine Übersicht mit der möglichen Zuordnung von Metall und Klebstoff findet sich in Tabelle 7.3. Außerdem wird auf die Ausführungen in Abschn. 9.2.9 besonders hingewiesen.

13.2.2 Klebbarkeit wichtiger Metalle

13.2.2.1 Aluminium und Aluminiumlegierungen

Aluminium gehört mit seinen vielfältigen Legierungen zu den am meisten untersuchten Metallen in der Klebtechnik. Der Grund liegt in der umfangreichen Anwendung in der Luft- und Raumfahrtindustrie, dem Fahrzeug- und Behälterbau. Weiterhin ist die Aluminiumlegierung AlCuMg 2 pl als Fügeteilwerkstoff in der Norm DIN 53 283 zur Bestimmung der Klebfestigkeit vorgeschrieben, so daß auch hieraus viele Arbeiten resultieren, die sich mit dem klebtechnischen Verhalten dieses Metalls befassen. Für ergänzende Informationen wird daher neben den bei den einzelnen Metallen erwähnten Zitaten auf die in Tabelle 7.3 angegebene Literatur verwiesen.

Oberflächenvorbehandlung
- Beizlösung 1 (60 bis 65°C; 30 min);
- Chemoxal-Verfahren der Schweizerischen Aluminium AG, Zürich. Aus einer 6%igen wäßrigen Lösung phosphorsaurer Salze werden bei ca. 80°C während

1 min auf der Aluminiumoberfläche amorphe, phosphathaltige Aluminiumhydroxidschichten gebildet;
– Beizlösung 6 (20°C; 3 min);
– US-Norm BAC 5555, Phosphorsäure-Anodisieren (20°C; 22 min; 15 V).

Zur Verdichtung der abgeschiedenen Oberflächenschichten kann an das Beizen eine Anodisierung angeschlossen werden (Bengough-Verfahren):

Elektrolyt: 2 bis 5 Gew.-% Chromsäure H_2CrO_4 in dest. Wasser (40°C).

Spannung: – während 10 min in Stufen von 5 V oder stetig von 0 bis 40 V steigern;
– 20 min Halten bei 40 V;
– 5 min Steigern auf 50 V;
– 5 min Halten bei 50 V.

Stromdichte: 0,5 A/dm² auf der Metalloberfläche.

Die Anodisierung nach dem *GS-Verfahren* (Gleichstrom-Schwefelsäure-Verfahren) erfolgt in einer 10 bis 25%igen Schwefelsäure (20°C) bei einer Spannung von 10 bis 18 V und einer Stromdichte von 0,5 bis 1,5 A/dm².

Ergänzende Literatur: [A34, G4, H65, M46, P13 bis P15, S90].

13.2.2.2 Beryllium

Dieses Metall ist trotz seines hohen Preises in der Vergangenheit im Hinblick auf sein klebtechnisches Verhalten untersucht worden. Es ist wegen seines sehr günstigen Festigkeits-Gewichts-Verhältnisses insbesondere für Anwendungen in der Raumfahrt von Interesse. Allgemeingültige Aussagen über Oberflächenvorbehandlungen und einsetzbare Klebstoffe lassen sich noch nicht geben, im Hinblick auf vorliegende Einzelergebnisse wird auf die angegebene Literatur verwiesen.

Ergänzende Literatur: [C8, C9, F12, L7].

13.2.2.3 Blei

Aufgrund des sehr niedrigen Elastizitätsmoduls ($E = 16000$ N mm^{-2}) kommt es bei einer mechanischen Belastung zu starken Fügeteilverformungen und zur Ausbildung hoher Spannungsspitzen an den Überlappungsenden. Diese Tatsache erfordert eine genaue Abstimmung der Überlappungslänge.

Oberflächenvorbehandlung:
– Beizlösung 1 (20°C; 5 min);
– Beizlösung 2 (20°C; 5 bis 10 min).

Wegen des sehr unedlen Charakters des Bleis ist es notwendig, sofort nach dem Beizen zu kleben.

13.2.2.4 Chrom, verchromte Werkstoffe

Oberflächenvorbehandlung:
– Beizlösung 8 (90 bis 95°C; 1 bis 5 min).

13.2.2.5 Edelmetalle

Die Edelmetalle Gold und Silber sowie die beiden wichtigsten Platinmetalle Platin und Rhodium zeichnen sich im Prinzip durch ähnliche Verhaltensweisen beim Kleben aus.

Der edle Charakter ermöglicht keine chemischen Oberflächvorbehandlungen mit dem Ziel einer Erhöhung der Klebfestigkeiten. Wegen des hohen Preises kommen diese Metalle für Konstruktionsklebungen im allgemeinen Sinn nicht zum Einsatz, das Kleben beschränkt sich vorwiegend auf Anwendungen im Bereich der Elektronik, dem Feingerätebau und der Dentaltechnik. In Sonderfällen sind auch Werkstoffe mit Edelmetallüberzügen für klebtechnische Anwendungen interessant.

Oberflächenvorbehandlung:
Als Verfahren wird eine sehr sorgfältige Entfettung, ggf. unter zusätzlicher Einwirkung von Ultraschall, mittels organischer Lösungsmittel oder leicht alkalischer wäßriger Lösungen empfohlen. Als mechanisches Verfahren kann ein Aufrauhen mit feinem Schleifleinen und anschließendem Entfetten zum Einsatz kommen. Trotz des edlen Charakters der Metalle sollte sofort nach der Oberflächenvorbehandlung geklebt werden. Dieses Vorgehen ist insbesondere bei Silber wegen seiner Neigung zur Silbersulfidbildung wichtig. Für Edelmetallklebungen haben sich Klebstoffe auf Epoxidharzbasis besonders bewährt.

Ergänzende Literatur: [A35, L22, R21, W32].

13.2.2.6 Kupfer

Das Kupfer zeichnet sich hinsichtlich seines klebtechnischen Verhaltens durch folgende besondere Eigenschaften aus:
- Bedingt durch den relativ niedrigen Elastizitätsmodul ($E = 125000$ N mm^{-2}) erfolgt bei Belastung eine große Dehnung und somit die Ausbildung hoher Spannungsspitzen an den Überlappungsenden. Das kann bei Klebschichten mit einem geringen Verformungsvermögen zu niedrigen Klebfestigkeitswerten führen.
- Die gute Korrosionsbeständigkeit des Kupfers führt in der Regel auch zu alterungsbeständigen Klebungen im Hinblick auf eine Ausfallursache durch Klebschichtunterwanderung infolge Fügeteilkorrosion.
- Bedingt durch die gute Wärmeleitfähigkeit des Kupfers und die sehr geringe der Klebschicht kann es bei Temperaturunterschieden beider Fügeteile zu Spannungen in der Klebfuge infolge ungleichmäßiger Wärmeausdehnung kommen.
- Je nach dem metallurgischen Zustand des Kupfers kann die Anwendung warmhärtender Klebstoffe zu einer Rekristallisation und somit abnehmender Festigkeit führen. Das führt zu einem Ansteigen der Dehnung und gleichzeitiger erhöhter Klebschichtverformung.

Oberflächenvorbehandlung:
– Beizlösung 1 (20°C; 5 min);
– Beizlösung 9 (20°C; 1 bis 2 min).

Ergänzende Literatur: [D25, D27, D40].

13.2.2.7 Magnesium

Magnesium gehört zu den sehr unedlen Metallen. Aus diesem Grunde muß das Kleben sofort im Anschluß an die Oberflächenvorbehandlung erfolgen.

Oberflächenvorbehandlung:
– Beizlösung 2 (20°C; 1 min);
– Beizlösung 10 (70 bis 75°C; 5 min).
Vorher alkalische Reinigung in 15%iger Natronlauge.

13.2.2.8 Messing

Hier gelten im wesentlichen die bereits beim Kupfer aufgeführten Merkmale. Der Elastizitätsmodul liegt in der Größenordnung von 90000 Nmm^{-2}.

Oberflächenvorbehandlung:
- Beizlösung 1 (20°C; 5 min).

Ergänzende Literatur: [D25, D27].

13.2.2.9 Nichtrostende Stähle, Edelstähle

Das klebtechnische Verhalten der Edelstähle ist in verschiedenen Arbeiten beschrieben worden (Tabelle 7.3).

Oberflächenvorbehandlung:
- Beizlösung 3 (60°C; 30 min), anschließend Entfernen der Oxidschicht mit Dampfstrahl.
- Beizlösung 5 (20°C; 15 min).

13.2.2.10 Nickel, vernickelte Werkstoffe

Oberflächenvorbehandlung:
Eintauchen in konzentrierte Salpetersäure (20°C; 5 s).

13.2.2.11 Stähle, allgemeine Baustähle

Oberflächenvorbehandlung:
- Beizlösung 3 (60°C; 30 min);
- Beizlösung 4 (80°C; 10 min), anschließend Neutralisieren mit Sodalösung und Nachspülen mit Methanol.
- Beizlösung 11 (20°C; 10 bis 15 min).

13.2.2.12 Titan

Die hohe Festigkeit in Kombination mit der relativ geringen Dichte und der guten Korrosionsbeständigkeit hat zu einer breiten Anwendung des Titans, vorwiegend als Legierung TiAl6V4, in der Luft- und Raumfahrt geführt. Diesem Anwendungsbereich entstammen daher auch die meisten Veröffentlichungen zur Klebbarkeit. Wegen der hohen Festigkeit lassen sich beim Titan die allgemeinen Grundsätze des Metallklebens in bezug auf Klebfugengestaltung und Festigkeitsabhängigkeiten anwenden. Die Besonderheit des Titans für klebtechnische Anwendung liegt in seinen Oberflächeneigenschaften begründet.

Oberflächenvorbehandlung:
Die außerordentlich vielfältige Literatur zu diesem Thema ergibt einen Hinweis auf die Komplexität der Oberflächenstruktur des Titans im Hinblick auf das Verhalten beim Kleben. Ursache sind die unterschiedlichen Oxidstrukturen chemischer und morphologischer Art, die das Titan je nach vorliegenden Reaktionsbedingungen auszubilden vermag. Das Titandioxid kann in den Kristallgitterstrukturen Rutil, Anatas und Brookit auftreten, die ein differenziertes hydrolytisches Verhalten aufweisen. Aus diesem Grunde ist eine industriell einheitlich angewandte Oberflächenvorbehandlungsmethode, wie sie z.B. für die Aluminiumlegierung AlCuMg 2 das Picklingbeizen darstellt, beim Titan nicht bekannt. Je nach vorhandenen Erfahrungen werden in Abstimmung auf den einzusetzenden Klebstoff unterschiedliche Kombina-

tionen mechanischer und chemischer Verfahren eingesetzt. Als wesentliche Grundzüge der Oberflächenvorbehandlung sind dabei festzuhalten:
• Zunächst ist es erforderlich, die während der Herstellung und Lagerung des Titans gebildeten gealterten Oxidschichten zu entfernen. Das kann mechanisch oder chemisch erfolgen.
• Die Reaktivität des Titans dem Sauerstoff gegenüber gebietet es, nach dem mechanischen Abtragen der Oxidschichten sofort anschließend zu kleben oder die Oberfläche mit einen Primer zu behandeln.
• Die mechanische Oberflächenvorbehandlung (z.B. Strahlen mit Aluminiumoxid oder Sand) kann in den Fällen, in denen keine zu hohen Anforderungen an die Alterungsbeständigkeit der Klebung gestellt werden, eine chemische Vorbehandlung ersetzen.
• Der bei dem Ätzen mit nichtoxidierenden Säuren (Salzsäure, Flußsäure, verdünnte Schwefelsäure) entstehende Wasserstoff kann von dem Titan in Form des Titanhydrids gebunden werden und zur Versprödung führen. Zur Vermeidung dieser Titanhydridbildung werden daher Säuregemische mit oxidierenden Eigenschaften (Zusatz von Salpetersäure, Dichromaten, Wasserstoffperoxid) eingesetzt.
• Nach der Entfernung der Oxidschichten auf chemischem Wege erfolgt unter definierten Bedingungen der Aufbau von Oxidschichten aus oxidierenden Lösungen mit reproduzierbaren und weitgehend alterungsbeständigen Eigenschaften, die sog. Konditionierung (conversion coating). Ziel dieser Konditionierung ist der Schutz der frischen Oberfläche vor weiteren Alterungseinflüssen, Beständigkeit gegenüber hydrolytischen Reaktionen, Ausbildung optimaler Bindungskräfte und Sicherstellung guter Benetzbarkeit durch den Klebstoff. Aus der vielfältigen Anzahl möglicher Rezepturen hat sich neben den nachfolgend erwähnten beiden Beizlösungen das Phosphat-Fluorid-Verfahren nach MIL-Standard A – 9067 bewährt. Es sieht zunächst ein Beizen in Flußsäure/Salpetersäure und eine anschließende Konditionierung in einer Lösung aus Flußsäure/Kaliumfluorid/Natriumphosphat vor.

Zusammenfassend kann festgehalten werden, daß die Zusammensetzung und der morphologische Aufbau der Oberflächenschichten die bestimmenden Faktoren für die Klebfestigkeit und das Beanspruchungsverhalten der Titanklebungen sind.

– Beizlösung   3   (60°C; 30 min);
– Beizlösung 12   (20°C; 3 min), anschließend
                    bräunlichen Belag sofort abspülen.

Die Konzentration der bisherigen Untersuchungen im Bereich der Luft- und Raumfahrt hat dazu geführt, hinsichtlich der eingesetzten Klebstoffe vorwiegend Produkte aus diesem Anwendungsgebiet zu prüfen. Somit werden insbesondere die hochtemperaturbeständigen Polykondensationsklebstoffe der Polyimide und Polybenzimidazole (Abschn. 2.3.5 und 2.3.6) erwähnt.

Ergänzende Literatur: [D10, D41, F13, H12, K66, L7, L23, L24, M62, M63, R22, S75, V7, V11, V12, W33].

13.2.2.13 Zink, verzinkte Stähle

Da Zink eine niedrige Rekristallisationstemperatur besitzt, sind zur Vermeidung einer Entfestigung nur kalthärtende Klebstoffsysteme zu verwenden. Außerdem ist in gleicher Weise wie bei Blei und Kupfer der niedrige Elastizitätsmodul des Zinks zu berücksichten. ($E = 94000$ N mm^{-2}). Bei verzinktem Stahlblech entfällt dieses Merkmal, daher kommt es nur zu geringen Fügeteildehnungen und somit gegenüber reinen Zinkklebungen auch zu höheren Klebfestigkeiten.

Oberflächenvorbehandlung:
− Beizlösung 13 (20°C; 7 min).

Bei verzinktem Stahlblech sind zur Vermeidung von Zinkschichtbeschädigungen mechanische Verfahren nicht oder in der Anwendung nur sehr vorsichtig zu empfehlen.

13.2.3 Kleben von Metallkombinationen

Bei dem Kleben von Metallkombinationen sind die folgenden unterschiedlichen Werkstoffeigenschaften besonders zu beachten: Festigkeit, Wärmeausdehnung, chemisches Verhalten.

• *Festigkeit*: Wie aus Bild 5.8 hervorgeht, nimmt die Klebfestigkeit unter sonst gleichen Bedingungen mit steigender Werkstoffestigkeit zu. Für Werkstoffkombinationen bestimmt jeweils der Werkstoff mit der geringeren Festigkeit die Klebfestigkeit des Systems, da die größere Verformung an den Überlappungsenden für die Höhe der Spannungsspitzen ausschlaggebend ist. Dieser Zusammenhang ist jedoch ebenfalls von dem eingesetzten Klebstoff abhängig, bei spröden Klebschichten wirkt sich die geringere Festigkeit eines Fügeteils stärker aus als bei elastischen Klebschichten, da diese aufgrund ihrer Verformungseigenschaften zu niedrigeren Spannungsspitzen führen.

• *Wärmeausdehnung*: Dieser Parameter besitzt Bedeutung bei warmhärtenden Klebstoffarten sowie bei temperaturbelasteten Klebungen. Am Beispiel einer Stahl-Aluminium-Klebung ist davon auszugehen, daß der lineare Wärmeausdehnungskoeffizient des Aluminiums ca. doppelt so groß ist wie der des Stahls. Die Klebschicht wird demnach bei Abkühlung und Erwärmung starken inneren Spannungen ausgesetzt, denen sich bei einer mechanischen Beanspruchung die Belastungsspannungen überlagern. Vermag die ausgehärtete Klebschicht die Verformungsspannungen der Fügeteile zu übertragen, entstehen bei flächigen Klebungen Biegungen, die an den Überlappungsenden zu einer ungünstigen Schälbeanspruchung führen. Es empfiehlt sich, zur Verringerung der Spannungsmaxima in derartigen Fällen Klebstoffe einzusetzen, die weitgehend elastisch-plastische Klebschichten ausbilden.

Wichtig ist die Beachtung der unterschiedlichen Wärmeausdehnung besonders bei Rohrklebungen. Besteht beispielsweise bei der in Bild 10.2 dargestellten Verbindung das Rohr mit dem größeren Durchmesser aus Stahl und das innen liegende Rohr aus Aluminium, so wird sich letzteres bei Erwärmen auf die Aushärtetemperatur stärker ausdehnen als das Stahlrohr. Das kann zu einer Verringerung der Klebschichtdicke infolge Auspressens des flüssigen Klebstoffs führen. Nach erfolgter Aushärtung und Abkühlung verbleiben in dem Aluminiumrohr wegen der Schrumpfungsbehinderung Spannungen, ergänzend kommt es zu Zugspannungen in radialer Richtung der Klebschicht. Im vorliegenden Fall wäre es günstiger, das innere Aluminiumrohr am Überlappungsende aufzuweiten und das Stahlrohr in die so entstandene Muffe einzukleben. Ähnliche Zusammenhänge, die ebenfalls Grundlagen klebgerechter Konstruktionen sind, lassen sich auch auf Welle-Nabe-Klebungen übertragen (Abschn. 10.2).

- *Chemisches Verhalten*: Das unterschiedliche chemische Verhalten der Werkstoffe wirkt sich generell auf die Zusammensetzung und Morphologie der bei einer chemischen Oberflächenvorbehandlungsmethode entstehenden Oberflächenschichten aus. Da diese wiederum die Größe der Bindungskräfte bestimmen, können Grenzschichtbereiche mit zwei verschiedenen Festigkeitseigenschaften und somit ein verstärkter inhomogener Spannungsverlauf resultieren.

Über den Einfluß von Metallkombinationen bei Welle-Nabe-Verbindungen s. Abschn. 10.2.3.

Ergänzende Literatur: [D42]

13.2.4 Kleben lackierter Bleche

In Ergänzung zu den metallischen Fügeteilwerkstoffen besteht gelegentlich die Notwendigkeit des Klebens lackierter Bleche mit sich selbst oder mit anderen Fügeteilen. In diesen Fällen ist wie folgt vorzugehen:

- *Prüfung der Lackhaftung*: Diese Prüfung kann mit den herkömmlichen Verfahren (Gitterschnittest ohne oder mit vorheriger Blechverformung, Winkelbiegeprobe) erfolgen. Ist aus dem Prüfergebnis eine unzureichende Lackhaftung abzuleiten, muß die Lackschicht vor dem Kleben in jedem Fall entfernt werden. Hierbei ist wegen des Effekts der Oberflächenaktivierung eine mechanische Entfernung gegenüber der Verwendung organischer Lackbeizmittel vorzuziehen. Eine optimale Lackhaftung ist im allgemeinen dann gegeben, wenn bei der Herstellung der lackierten Bleche eine Oberflächenvorbehandlung der Blechoberfläche erfolgte und sofort anschließend daran (in-line-Verfahren) lackiert wurde. Diese Verfahrensart wird üblicherweise bei der Herstellung nach dem Coil-Coating-Prozeß bei Aluminiumblechen sowie bei Feinblechen ohne oder mit einer Zinkauflage angewendet.
- *Kleben auf die Lackschicht*: Hierbei ist eine vorherige leichte Reinigung mit einem organischen Lösungsmittel zu empfehlen, es muß aber dafür Sorge getragen werden, daß es nicht zu einem zu starken Anquellen der Lackschicht kommt, da sonst die Haftung des Lacks auf der Blechoberfläche beeinträchtigt wird. Auf jeden Fall empfiehlt sich eine ergänzende Prüfung, ob in der Lackschicht Weichmacher enthalten sind, die im Laufe der Zeit in die Klebschicht wandern und somit zu einer Verminderung der Klebfestigkeit führen können (Abschn. 2.7.4).

Ergänzende Literatur: [B75, K79].

13.3 Kleben der Kunststoffe

13.3.1 Grundlagen

In weiten Bereichen der Kunststoffverarbeitung ist das Kleben das allein anwendbare stoffschlüssige Fügeverfahren und daher in seiner Anwendung weit verbreitet. Da das Schweißen von Kunststoffen auf Thermoplaste beschränkt ist, besteht für die große Gruppe der Duromere und auch der hochwarmfesten Thermoplaste (z.B. Polytetrafluorethylen) für konstruktive Gestaltungen neben den mechanischen Verbindungsverfahren nur die Möglichkeit des Klebens. Hinzu kommt die Vielfalt von Verbundsystemen zwischen Kunststoffen und anderen Werkstoffen, insbesondere

Metallen, für die zur Erzielung fester, dichter und flächiger Verbindungen nur das Kleben die entsprechenden Voraussetzungen bietet. Das Kleben der Kunststoffe erfordert im Vergleich zu den metallischen Fügeteilwerkstoffen jedoch die Beachtung ergänzender werkstoff- und verfahrensspezifischer Faktoren. Die Ursache hierfür liegt in dem grundsätzlich anderen strukturellen Aufbau der Kunststoffe, der die für diese Werkstoffe typischen mechanischen, physikalischen und chemischen Eigenschaften bedingt. Die folgenden Parameter bedürfen zum Verständnis dieses Themas einer speziellen Betrachtung.

• *Fügeteilfestigkeit*: Diese liegt im allgemeinen um eine Zehnerpotenz niedriger als bei den metallischen Werkstoffen. Aufgrund der chemischen Verwandtschaft kann für die Fügeteile aus Kunststoff und die Klebschicht von gleichen bzw. ähnlichen Festigkeitswerten ausgegangen werden. Diese Tatsache ermöglicht, wenn auch nur für wenig beanspruchte Konstruktionen, beispielsweise für größere Fügeteildicken, Klebfugengeometrien wie Stumpfstoß mit senkrechten oder V-förmigen Fügeflächen oder T-Stoß, die bei Klebungen von Metallen nicht in Betracht kommen (Bild 13.3).

• *Fügeteilverformung*: Das gegenüber Metallen grundsätzlich andere deformationsmechanische Verhalten der Kunststoffe unter Last ist für die Festigkeitseigenschaften von Kunststoffklebungen von entscheidendem Einfluß. Als charakteristische Größe ist der Elastizitätsmodul anzusehen, der in zweierlei Weise in die Klebfestigkeit eingeht (Tabelle 13.1):

— Durch den vergleichsweise geringen Wert und den relativ breiten Streubereich infolge des vom jeweiligen Molekulargewicht des Polymers abhängigen strukturellen Aufbaus.
— Durch seine starke Temperaturabhängigkeit, die in dem für Klebungen interessanten Anwendungsbereich eine Erniedrigung um mehrere Zehnerpotenzen bedingen kann (Abschn. 4.4.1, Bild 4.6)

Kunststoffe weisen bereits bei vergleichsweise geringeren Spannungen große Dehnungen und z.T. bereits plastische Verformungen auf, die in den Klebschichten zu hohen Spannungsspitzen an den Überlappungsenden führen. Aus diesem Grunde spielt gerade bei Kunststoffklebungen die Auswahl des Klebstoffs im Hinblick auf die

Tabelle 13.1. Elastizitätsmoduln wichtiger Kunststoffe und Metalle.

Werkstoff	Elastizitätsmodul Nmm^{-2}
Polyethylen (d = 0,92)	200 ... 300
Polypropylen	800 ... 1300
Polyethylen (d = 0,96)	1000
Polyamide	1500 ... 4000
Polycarbonat	2300
Epoxidharze ungefüllt	2000 ... 4000
Epoxidharze faserverstärkt	15000 ... 25000
Polyvinylchlorid	2500 ... 3000
Polymethylmethacrylat	3000
Polystyrol	3300
Polyesterharze ungesättigt	3500
Polyesterharze faserverstärkt	12000 ... 15000
Phenolharze	6000 ... 15000
Polytetrafluorethylen	7500
Aluminiumlegierungen	70000
unlegierte Stähle	215000

vorgesehene Beanspruchung eine große Rolle. Klebstoffe, die Klebschichten mit einem großen Verformungsvermögen ausbilden, z.B. Kautschukpolymerisate oder auch Polyurethane, sind denen mit einem verformungsarmen, spröden Verhalten gegenüber bei hohen Belastungen überlegen.

- *Benetzungsverhalten*: In Abschn. 6.4.2.8 wurde bereits festgestellt, daß die optimale Benetzung einer Fügeteiloberfläche, d.h. ein möglichst geringer Benetzungswinkel α, dann gegeben ist, wenn die Oberflächenenergie des Fügeteils gegenüber der des Klebstoffes sehr groß ist, da dann bei der Benetzung ein großer Energiegewinn resultiert. Hier liegt, wie aus Tabelle 6.1 ersichtlich ist, ein wesentlicher Unterschied zwischen Metallen und Kunststoffen vor. Aufgrund der sehr ähnlichen Werte der Oberflächenenergien der zu verklebenden Kunststoffe zu denen der Klebstoffe muß generell von einer geringen Benetzungsfreudigkeit der Kunststoffe ausgegangen werden. Die polymeren Fügeteile sind daher im Sinne der Grenzflächenterminologie als niedrigenergetisch einzustufen. Die Kunststoffe sind somit zwar gute Klebstoffe, aber durch die auf vergleichbarer Basis aufgebauten Klebstoffe bei Ausbildung der Haftungskräfte durch Adhäsionsvorgänge nur schwer verklebbar.
- *Ausbildung von Haftungskräften*: Neben dem Benetzungsvermögen muß in dem System Fügeteil/Klebstoff ergänzend die grundsätzliche Möglichkeit der Ausbildung zwischenmolekularer Kräfte gegeben sein. Diese lassen sich bei Kunststoffen im wesentlichen auf Nebenvalenz-, Dipol- und Dispersionskräfte begründen (Abschn. 6.1.4). Somit unterscheiden sich die zu verklebenden Kunststoffe nicht nur nach der vorhandenen Oberflächenenergie sondern auch nach dem chemischen Aufbau, der die Ausbildung dieser Kräfte von den jeweiligen Makromolekülen ausgehend überhaupt erst ermöglicht. In Bild 13.1 sind zur näheren Erklärung vier Beispiele typischer Molekülarten wiedergegeben.

Bei dem *polaren Typ* (z.B. Polyvinylchlorid) sind die durch das stark elektronegative Chloratom verursachten Dipole regelmäßig in der Molekülkette verteilt. Der *nebenvalente Typ* (z.B. Epoxidharz) weist keine regelmäßig angeordneten, sondern auf bestimmte Molekülkettenbereiche verteilte Dipole auf. In dem *Dispersionstyp* (z.B. Polystyrol) sind als Folge der vorhandenen Ringstruktur verstärkte innere

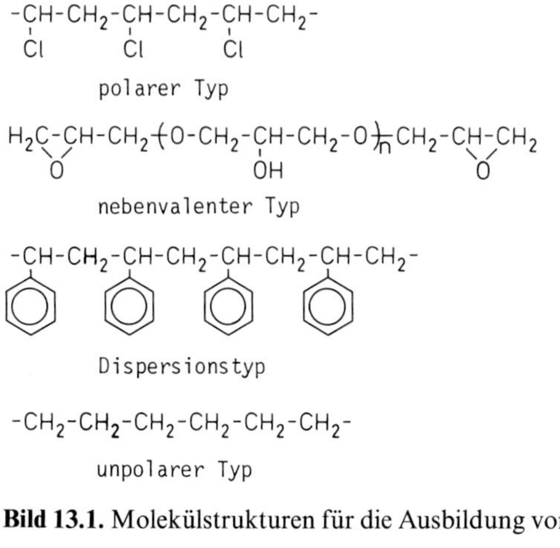

Bild 13.1. Molekülstrukturen für die Ausbildung von Bindungskräften bei Kunststoffklebungen.

Elektronenbewegungen vorhanden, die in dieser eigentlich dipollosen Struktur fluktuierende Dipole entstehen lassen, die wiederum zu einer Polarisierung benachbarter Atome und Moleküle führen. Als gänzlich *unpolarer Typ* hat als Beispiel schließlich das Polyethylen zu gelten.

Es ist nachgewiesen, daß die den einzelnen Molekülstrukturen anhaftenden verschiedenen Polaritäten die Höhe der Haftungskräfte maßgeblich beeinflussen. Die bekannt schwierige Verklebung der gesättigten Polyolefine Polyethylen und Polypropylen als unpolare Substanzen beweist den starken Einfluß der Polaritätseigenschaften. Unpolare Kunststoffe lassen sich daher mit ausreichender Festigkeit nur nach einer Oberflächenbehandlung und dadurch künstlich erzeugten Oberflächenpolarität verkleben.

• *Lösungsvermögen der Kunststoffe*: Sieht man von der Ausbildung zwischenmolekularer Kräfte bei der Klebung von Metallen ab, so ist festzustellen, daß die Metalloberfläche den Klebstoffen gegenüber ein absolut inertes Verhalten aufweist. Es finden weder Lösungs- noch Diffusionsvorgänge statt. Aufgrund der chemischen Verwandtschaft von Kunststoffen und Klebstoffen ist dieser Sachverhalt bei Kunststoffklebungen nicht gegeben. In fast allen Fällen ist mit einer gegenseitigen, meistens physikalischen, weniger chemischen Wechselwirkung im Grenzschichtbereich zu rechnen. Das Lösungsvermögen bzw. das Diffusionsverhalten der Kunststoff-Klebstoffsysteme machen in vielen Fällen das Kleben erst möglich. Gegenüber dem Metallkleben besitzt das Kleben mit lösungsmittelhaltigen Klebstoffen bei Kunststoffen daher eine vielfältige Anwendung. In ähnlicher Weise wie reine Lösungsmittel bzw. Lösungsmittelgemische können ebenfalls flüssige Monomere wirken. Das Lösungsvermögen der Kunststoffe in entsprechenden Lösungmitteln ist in erster Linie über einen Vergleich beider Löslichkeitsparameter (Abschn. 3.2) bestimmbar; generell ist festzustellen, daß die Löslichkeit der vernetzten Duromere geringer ist als die der Thermoplaste. Bei den Thermoplasten wiederum ist ihre Löslichkeit abhängig von der ihnen eigenen Polarität, so sind z.B. Polyvinylchlorid und Polymethylmethacrylat in den meisten Lösungsmitteln gut löslich, Polyethylen und Polypropylen dagegen nur sehr schwer. Die für die Ausbildung von Haftungskräften charakteristischen Polaritätseigenschaften sowie das Lösungsvermögen der Kunststoffe bestimmen somit in einer gegenseitigen Wechselwirkung ihr klebtechnisches Verhalten. Die Klebbarkeit der einzelnen Kunststoffarten läßt sich daher nach ihrer Polarität und ihrer Löslichkeit bestimmen, wobei unter Klebbarkeit eine zu erzielende Klebfestigkeit verstanden wird, die in etwa der Fügeteilfestigkeit entspricht. Nach Lucke [L25] hat sich für thermoplastische Kunststoffe die Beschreibung nach Tabelle 13.2 eingeführt:

— Ein Kunststoff, der völlig unpolar und unlöslich ist, ist ohne Vorbehandlung nicht, mit Vorbehandlung nur relativ schwierig klebbar.
— Ein Kunststoff, der völlig oder weitgehend unpolar, aber partiell löslich ist, ist nach einer Vorbehandlung bedingt klebbar.
— Ein Kunststoff, der unpolar aber löslich ist, ist gut klebbar.
— Ein Kunststoff, der polar und löslich ist, ist gut klebbar.

Da die Löslichkeit eines Kunststoffs als ein werkstoffspezifischer Parameter vorgegeben ist, ist aus diesen Zusammenhängen die große Bedeutung der Oberflächenbehandlung zur Erzielung einer ausreichenden Polarität zu erkennen. Somit lasen sich die wichtigsten Kunststoffe hinsichtlich ihres Klebverhaltens nach Tabelle 13.3 einstufen. Die Unterscheidung in die beiden Möglichkeiten der Diffusions- und

13.3 Kleben der Kunststoffe

Tabelle 13.2. Klebeigenschaften von Kunststoffen.

Kunststoff	Polarität	Löslichkeit	Klebbarkeit (ohne Oberflächenbehandlg.)
Polyethylen	unpolar	schwer löslich	nicht gegeben
Polypropylen	unpolar	schwer löslich	nicht gegeben
Polytetrafluorethylen	unpolar	unlöslich	nicht gegeben
Polystyrol	unpolar	löslich	gut
Polyisobutylen	unpolar	löslich	gut
Polyvinylchlorid	polar	löslich	gut
Polymethylmethacrylat	polar	löslich	gut
Polyamide	polar	schwer löslich	bedingt
Polyterephthalsäureester	polar	unlöslich	bedingt

Tabelle 13.3. Klebbarkeit von Kunststoffen.

Klebbarkeit	Kunststoff	Möglichkeit der	
		Diffusionsklebung	Adhäsionsklebung
gut	Polyvinylchlorid (hart) (ohne Weichmacher)	+	+
	Polystyrole (auch geschäumt)	+	+[1]
	Polymethylmethacrylate	+[2]	+
	Polycarbonate	+	+
	Polyurethane (auch geschäumt)	−	+
	Polyester	−	+
	Acrylnitril-Butadien-Styrol-Copolymere	+	+
	Epoxidharze	−	+
	Phenolharze	−	+
	Harnstoff-/Melaminharze	−	+
	Celluloseacetat	+	+
bedingt	Polyvinylchlorid (weich)	+	+
	Polyamide	+	+
	Polyethylenterephthalat	−	+
	Kautschukpolymere	+	+
schwer	Polyethylen	−	+
	Polypropylen	−	+
	Polytetrafluorethylen	−	+
	Polyoxymethylen	−	+
	Siliconharze	−	+

[1] nur bei PS-Schäumen; [2] nur bei unvernetztem PMMA

Adhäsionsklebung ergibt sich aus den Ausführungen in Abschn. 13.3.3. Für die gewählten Begriffe der Klebbarkeit gelten die folgenden Definitionen:
— *Gut klebbar*: Ohne spezielle Oberflächenbehandlung, ggf. nur leichte Oberflächenreinigung, mechanische Aufrauhung (bei vernetzten Duromeren), keine oder nur geringe Schrumpfungen der Klebfuge.

— *Bedingt klebbar*: Berücksichtigung von Weichmachergehalt (ggf. Zwischenschichten vorsehen, s. folgenden Absatz), mögliche Schrumpfungen der Klebfuge, Lösen oder Anquellen nur mit aggressiven Agenzien.
— *Schwer klebbar*: Verklebung nur nach Anwendung physikalischer und/oder chemischer Oberflächenbehandlung, Möglichkeit der Spannungsrißbildung.
• *Weichmacheranteil in Kunststoffen*: Bei Vorhandensein von Weichmachern (Abschn. 2.7.4) in den zu verklebenden Kunststoffen kann die Gefahr bestehen, daß diese sich in dem jeweiligen Lösungsmittel des Klebstoffs in höherer Konzentration als das Polymer selbst lösen. Nach dem Verdunsten des Lösungsmittels ist dann eine Zone höherer Weichmacherkonzentration und somit geringerer Festigkeit der Klebung gegeben. Ergänzend hierzu kann ein Weichmachergehalt in den Kunststoffen dann kritisch werden, wenn es im Laufe der Zeit zu einer Weichmacherwanderung in die Klebschicht kommt. Ein Festigkeitsabfall bzw. ein Bruch der Klebung ist dann mit hoher Wahrscheinlichkeit gegeben. Aus diesem Zusammenhang ergibt sich die Notwendigkeit, den zu verklebenden Kunststoff auf das Vorhandensein von Weichmachern nach Art (insbesondere Monomer- oder Polymerweichmacher) und Menge zu überprüfen. Für den Fall der Verklebung eines weichmacherhaltigen Kunststoffs besteht die Möglichkeit, auf die weichmacherhaltige zu verklebende Oberfläche eine weichmacherfreie oder weichmacherundurchlässige Kunststoffschicht als Sperrschicht aufzubringen und anschließend zu verkleben [D43]. Wiest beschreibt in [W34] eine Methode zur Prüfung der Weichmacherwanderung in Klebschichten.
• *Trennmittel*: Ein weiterer Faktor, der die Klebung der Kunststoffe beeinflußt, ist das mögliche Vorhandensein von Trennmittelrückständen auf der Oberfläche. Diese zur Auslösung von Formteilen aus den metallischen Formwerkzeugen dienenden Produkte besitzen, besonders in einem niedrigmolekularen Zustand, einen haftungshemmenden Charakter. Es handelt sich dabei im wesentlichen um wachsartige Polymere, höhere Fettalkohole und Fettsäureester oder auch Silikone. Über die in Abschn. 13.3.2 beschriebenen Oberflächenbehandlungsmethoden lassen sie sich z.T. entfernen oder in ihrer die Haftung beeinträchtigenden Wirkung begrenzen.
• *Klebfugengeometrie*: Die Abhängigkeit der Festigkeit einer Kunststoffklebung von den Parametern Überlappungslänge, Überlappungsbreite, Fügeteildicke, Klebschichtdicke und Fügeteilfestigkeit ist in gleichem Sinne wie bei Metallklebungen zu sehen. Somit ergibt sich eine
— Festigkeitsabnahme mit zunehmender Überlappungslänge und Klebschichtdicke,
— Festigkeitszunahme mit zunehmender Fügeteildicke und Fügeteilfestigkeit.
In bezug auf die Überlappungsbreite ist eine lineare Abhängigkeit zu der übertragbaren Last vorhanden.

Alle erwähnten Faktoren wirken sich auf das adhäsive Verhalten und die Festigkeitseigenschaften von Kunststoffklebungen aus. Da sie jeweils nicht nur allein wirksam werden, sondern sich gegenseitig überlagernden Wechselwirkungen unterworfen sind, sind die in jedem Einzelfall wirklich vorliegenden Verhältnisse bei Kunststoffklebungen gegenüber Metallklebungen nur unvollkommen zu beschreiben.

Ergänzende Literatur zu Abschnitt 13.3.1: [B30, B62, F14, H32, H69, M64, M65, M67, M70, S35, S78, S79, T6, T15, V13, V14, Z5, Z17], sowie Literatur zu den Abschnitten 6.2 und 6.4.

13.3.2 Oberflächenbehandlung

Um die Klebeigenschaften der Kunststoffe, deren Problematik sich weitgehend aus der stofflichen Ähnlichkeit von Klebstoff und Fügeteilwerkstoff ergibt, zu verbessern, besteht die Möglichkeit der Veränderung der Oberflächeneigenschaften durch mechanische, chemische und physikalische Methoden. Durch die mechanischen Verfahren werden haftungshemmende Grenzschichten (z.B. Trennmittel oder sonstige Ablagerungen an der Oberfläche) entfernt sowie die Größe der wirksamen Oberfläche (Abschn. 5.1.3) erhöht. Die chemischen und physikalischen Methoden dienen der Bildung bzw. Anreicherung polarer Gruppen an der Oberfläche als Voraussetzung für die Ausbildung zwischenmolekularer Kräfte. Solche funktionellen Gruppen, insbesondere Hydroxyl- (-OH), Carboxyl- (-COOH) und Keto- bzw. Carbonyl- ($=C=O$) Gruppen erzeugen starke nebenvalente Bindungskräfte und verbessern gleichzeitig die Benetzungseigenschaften. Im einzelnen sind folgende Oberflächenbehandlungsmethoden bekannt:

- *Reinigen der Oberfläche*: Entfernung anhaftender Fremdkörper wie Staub, Gleit- und Trennmittel oder adsorbierte Gas- und Wasserschichten mit alkalischen Reinigungsmitteln oder organischen Lösungsmitteln. Die Art des anzuwendenden Reinigungsmittels hängt von dem chemischen Aufbau des Kunststoffs ab, insbesondere ist bei den Thermoplasten darauf zu achten, daß keine Anlösung der Oberfläche durch das Reinigungsmittel erfolgt, da es dadurch bereits in dieser Phase zu Schädigungen der Oberfläche (z.B. Versprödung, Spannungsrisse, Unterschiede in der Weichmacherkonzentration) kommen kann. Allgemein ist festzustellen, daß sich die auf wäßriger Basis aufgebauten alkalischen Reinigungsmittel den Kunststoffoberflächen gegenüber neutral verhalten, d.h. daß es nicht zu Anlösungen bzw. Anquellungen kommt. Weiterhin besitzen unpolare Lösungsmittel (z.B. gesättigte Kohlenwasserstoffe wie die niedrigsiedenden Benzine und Petroläther) Kunststoffen gegenüber ein schlechtes Lösungsvermögen, während die polaren Lösungsmittel (z.B. halogenierte Kohlenwasserstoffe wie Tri- und Perchlorethylen, Alkohole, Ester, Ketone) in vielen Fällen starke Löser darstellen. Das im Einzelfall anzuwendende organische Lösungsmittel läßt sich nur in Kenntnis des jeweils vorliegenden Kunststoffs festlegen. Der Reinigungsvorgang selbst kann durch Abwischen der Oberfläche mittels lösungsmittelgetränkter Lappen oder saugfähiger Papiere, durch Tauchen (auf rechtzeitigen Badwechsel zur Vermeidung erneuter Rückübertragung der Fremdstoffe achten!) oder durch Dampfentfettung erfolgen.

Da die Klebbarkeit der Kunststoffe, wie in Abschn. 13.3.1 erwähnt, neben der Polarität in entscheidendem Maße von ihrem Lösungsvermögen abhängig ist, ist bei den gut lösbaren Kunststoffen im allgemeinen die vorstehend erwähnte Oberflächenreinigung als Vorbereitung für das Kleben ausreichend. Zu den wichtigsten Kunststoffen, die ein gutes Lösungsvermögen in organischen Lösungsmitteln aufweisen, gehören Polyvinylchlorid und dessen Mischpolymerisate, Polymethylmethacrylate, Polystyrol und dessen Mischpolymerisate, Celluloseester, Polycarbonate und die niedrigmolekularen Polyamide.

- *Aufrauhen der Oberfläche*: Neben der mechanischen Entfernung der adhäsionshemmenden Grenzschichten wird durch das gleichzeitige Aufrauhen der Oberfläche sowohl eine Oberflächenvergrößerung als auch eine Oberflächenaktivierung erreicht. Die Wirksamkeit der Oberflächenaktivierung ist jedoch nur dann sichergestellt, wenn direkt im Anschluß an diese Behandlung geklebt wird. Als Verfahren zum Aufrauhen der Oberfläche kann Schmirgeln oder — bei verformungsstabilen Fügeteilen — Strahlen mit Hartgußkies bzw. Korund eingesetzt werden. Vorteilhaft haben sich hierfür Geräte eingeführt, bei denen das Strahlmittel und die abgetragenen Oberflächenpartikel in die Strahlanlage zurückgesaugt werden (Vakublast-Verfahren). Die Oberflächenaufrauhung ist insbesondere für die hochvernetzten Duromere, die höhermolekularen Polyamide und die faserverstärkten Kunststoffe, die kein oder nur ein geringes Lösungsvermögen aufweisen, ein geeignetes Oberflächenbehandlungsverfahren.

• *Chemische Oberflächenbehandlung*: Weder die Oberflächenreinigung noch das Aufrauhen vermögen in der Oberfläche eines unpolaren Kunststoffs die für die Ausbildung der Nebenvalenzkräfte erforderlichen polaren Gruppen zu erzeugen. Neben physikalischen Methoden stehen hierfür chemische Reaktionen zur Verfügung. Im Grundsatz handelt es sich um Oxidationsreaktionen der Kunststoffoberfläche, d.h. den Einbau des stark elektronegativen Sauerstoffatoms in die Grenzschichtmoleküle unter Ausbildung der bereits erwähnten funktionellen Gruppierungen. Die chemischen Oberflächenbehandlungsmethoden besitzen den generellen Nachteil, daß sie wegen der starken Säurekonzentrationen hohe Arbeitssicherheits- und Umweltschutzmaßnahmen erforderlich machen und aus diesem Grunde in der praktischen Anwendung auf Grenzen stoßen. Eine Möglichkeit für die chemische Oberflächenbehandlung an begrenzten Stellen ist durch nichtfließende, streichfähige Beizpasten gegeben, die durch anorganische Füllstoffe (Bariumsulfat, Kieselsäure) angedickt sind.

Tabelle 13.4 gibt die Zusammensetzung der wichtigsten Beizlösungen an, die Zuordnung zu den einzelnen Kunststoffen erfolgt in Abschn. 13.3.4.

Achtung: Folgende Sicherheitsvorkehrungen sind bei Anwendung der beschriebenen Beizlösungen unbedingt einzuhalten:
— Gummihandschuhe und Schutzbrille tragen,
— grundsätzlich Säure bzw. Lauge in das Wasser geben, nicht umgekehrt,
— jeglichen Kontakt von Natrium und Wasser vermeiden.

Der chemischen Oberflächenvorbehandlung, die normalerweise durch Tauchen der Fügeteile in die Beizlösungen erfolgt, geht im allgemeinen eine Oberflächenreinigung voraus und es schließt sich grundsätzlich ein intensives Spülen mit deionisiertem Wasser mit nachfolgender Trocknung an.

• *Physikalische Oberflächenbehandlung*: Die physikalische Oberflächenbehandlung läßt sich in elektrische und thermische Verfahren unterscheiden. Von den elektrischen Verfahren findet die *Corona-Entladung* für die Vorbehandlung unpolarer Oberflächen vielfältige Anwendung. Nach diesem Verfahren werden nieder-, mittel- oder hochfrequente Ströme im Bereich zwischen 6 und 100 kHz und 5 und 60kV zwischen einer Elektrode und der Kunststoffoberfläche entladen. Die Oberflächenveränderung erfolgt dabei auf zweierlei Weise: Zum einen führt der Beschuß der Oberfläche mit den beschleunigten Elektronen zu einer teilweisen Zerstörung der Polymerketten und einer durch diesen Kettenabbau bedingten Bildung von Kohlenstoffradikalen, zum anderen wird die Luft im Bereich zwischen Elektrode und Oberfläche ionisiert und der Sauerstoff teilweise in das sehr reaktive instabile Ozon überführt. Der bei dem anschließenden Zerfall des Ozons entstehende atomare Sauerstoff kann dann mit den Grenzschichtmolekülen und/oder Kohlenstoffradikalen der Kunststoffoberfläche unter Ausbildung sauerstoffhaltiger polarer Gruppen reagieren. Als Ergebnis findet

Tabelle 13.4. Beizlösungen für die Oberflächenvorbehandlung von Kunststoffen.

Beizlösung	Zusammensetzung
1	88,5 Gew.% H_2SO_4 (1,82 g/ml) 4,5 Gew.% $Na_2Cr_2O_7$ 7,0 Gew.% H_2O oder: 80,0 Gew.% H_2SO_4 (1,82 g/ml) 8,0 Gew.% $K_2Cr_2O_7$ 12,0 Gew.% H_2O
2	H_3PO_4 konz. 85%
3	0,3 Gew.% p-Toluolsulfonsäure 3,0 Gew.% Dioxan 0,5 Gew.% Kieselgur 96,2 Gew.% Perchlorethylen
4	23 g Natrium auf einmal in eine Lösung von 128 g Naphthalin und 1000 ml Tetrahydrofuran geben
5	Natronlauge 20%

demnach eine Oxidation der Oberfläche statt, die gegenüber dem Originalzustand wesentlich verbesserte Benetzungs- und Haftungseigenschaften aufweist. Die durch die Corona-Entladung bewirkte Oberflächenveränderung ist nicht ausschließlich von der gleichzeitigen Anwesenheit von Sauerstoff während der Entladung abhängig, auch unter inerter Gasatmosphäre ist nur über die Kohlenstoffradikalbildung bzw. die Entstehung einer inneren Polarisation der Polymermoleküle (Elektrete) eine Verbesserung der Haftungseigenschaften möglich (CASING = Crosslinking by Activated Spezies of Inert Gases). Die durch die Corona-Entladung erzielte Oberflächenaktivierung ist nur eine begrenzte Zeit wirksam, da es sehr schnell zu Reaktionen mit den Bestandteilen der Umgebung kommt. Es muß daher empfohlen werden, diese Vorbehandlung direkt vor dem Verkleben vorzunehmen. Gegenüber den chemischen Vorbehandlungsmethoden steht mit der Corona-Entladung ein relativ billiges, auf trockenem Wege arbeitendes Verfahren zur Verfügung, daß sich ohne weiteres in einen Klebeprozeß integrieren läßt.

Zu den thermischen Vorbehandlungsverfahren gehört die Oberflächenbehandlung durch eine im Sauerstoffüberschuß brennende Gasflamme (Kreidl-Verfahren, „Beflammen"). Durch die hohe Temperatur (kurzzeitig an der Grenzschicht 300 bis 400°C) erfährt die Oberfläche bei gleichzeitiger Anwesenheit von Sauerstoff eine Oxidation mit den bereits beschriebenen Eigenschaften. Für die Vorbehandlung durch Anwendung von Niederdruckplasma sind von Dorn und Mitarbeitern [B59, D44, D45] grundlegende Untersuchungen durchgeführt worden. Die Ergebnisse weisen generell Verbesserungen der Haftungseigenschaften auf, nachteilig wirken sich jedoch die hohen Investitionskosten, relativ lange Behandlungszeiten (z.B. 30 min für Polyoxymethylen) sowie die diskontinuierliche Arbeitsweise des Verfahrens (Vakuum) aus.

Ergänzende Literatur zu Abschnitt 13.3.2: [C10, H66, H67, P16, S76].

13.3.3 Klebstoffe für Kunststoffe

Als Klebstoffarten für Kunststoffe kommen vorwiegend Lösungsmittel- und Reaktionsklebstoffe zum Einsatz. Der hohe Anteil lösungsmittelhaltiger Klebstoffe ergibt sich aus dem bereits beschriebenen Zusammenhang zwischen Polarität und Löslichkeit der Kunststoffe. Es ist also zu unterscheiden, ob der Klebstoffgrundstoff nur in adhäsive Wechselwirkungen mit der Kunststoffoberfläche eintritt (Adhäsionsklebung), oder ob Bereiche der Oberfläche in die Klebschicht einbezogen werden (Diffusionsklebung). Die erste Möglichkeit ist nur bei Anwendung lösungsmittelfreier Reaktionsklebstoffe gegeben, sofern sie frei von auf die Oberfläche einwirkenden Monomeren sind. Die zweite Möglichkeit tritt immer dann auf, wenn Lösungsmittelanteile oder auch Monomere des Klebstoffs die Kunststoffoberfläche anzulösen oder anzuquellen vermögen.

Bei Schmelzklebstoffen sind rein adhäsive Bindungskräfte dann zu erwarten, wenn es in Verbindung mit der hohen Auftragstemperatur nicht zu teilweisen Anschmelzungen und somit Vermischungen von Fügeteil und Klebstoff kommt.

13.3.3.1 Lösungsmittelklebstoffe

Der Einsatz lösungsmittelhaltiger Klebstoffe bedarf der Berücksichtigung einiger spezifischer Faktoren. Wichtig ist zunächst die Tatsache, daß es sich bei Kunststoffen um feste und quasi undurchlässige Werkstoffe handelt, bei denen die vollständige Entfernung der Lösungsmittel aus der Klebschicht eine zeit- und temperaturabhängige Funktion darstellt. Es kann je nach Fügeteildicke Tage oder gar Wochen dauern, bis die Lösungsmittel entweder durch Verdunstung oder Diffusion vollständig aus der Klebfuge entwichen sind und sich die endgültige Festigkeit der Klebung einstellt. Weiterhin ist der Dampfdruck der verwendeten Lösungsmittel zu beachten. Niedrigsiedende und somit schnell verdunstende Lösungsmittel erzeugen vielfach Eigenspannungen bzw. Mikrorisse und somit Restschädigungen in der Klebfuge und dem angrenzenden Fügeteilbereich. Aus diesem Grunde ist es zweckmäßig, Lösungsmittelgemische aus Hoch-, Mittel- und Leichtsiedern zu verwenden. Hinzuweisen ist in diesem Zusammenhang auf die Tatsache, daß in der Klebfuge verbleibende Restlösungsmittel wie temporäre Weichmacher wirken, die die Festigkeit der Klebung negativ beeinflussen.

13.3.3.2 Diffusionsklebung

Die Verwendung lösungsmittelhaltiger Klebstoffe führt bei Thermoplasten zu Klebungen, bei denen Anteile der Fügeteilpartner aus dem grenzschichtnahen Bereich gezielt in die Klebschicht aufgenommen und in die sie nach dem Verdunsten der Lösungsmittel eingebaut werden. In Anlehnung an ähnliche Vorgänge beim Metallschmelzschweißen wird diese Art der Klebung daher auch als „Quellschweißen", „Schweißklebung", „Diffusionsschweißung" oder „Lösungsklebung" bezeichnet. Während bei der rein adhäsiven Bindung zwischen Klebschicht und Fügeteil im wesentlichen zwischenmolekulare Kräfte für die Haftung ausschlaggebend sind, gelingt es durch die erhöhte Beweglichkeit der Polymerketten in der Lösungsmittelphase diese selbst als verbindende Elemente zwischen den Fügeteilpartnern heranzuziehen und somit die wesentlich höheren Hauptvalenzkräfte an der Klebfestigkeit zu beteiligen. Das Lösungsmittel ergibt somit die Voraussetzung, daß es zu einer wechselseitigen oder zumindest in einer Richtung ablaufenden Diffusion von Polymermolekülen kommt. Diese Kettenmoleküle, die die Grenzfläche der Fügeteilpartner überbrücken, übertragen somit durch die in der Molekülkette vorhandenen Hauptvalenzbindungen diesen Bindungsmechanismus auf die Klebung. Voraussetzung für eine optimale Festigkeit der Klebung ist allerdings die vollständige Entfernung aller Lösungsmittelanteile.

Anstelle reiner Lösungsmittel sind auch Kombinationen von Lösungsmitteln mit Monomeren, Vorpolymerisaten oder Polymeren der entsprechenden Kunststoffe einsetzbar. Sie besitzen den Vorteil höherer Viskositäten und somit einer größeren Spaltüberbrückbarkeit und relativ geringerer Lösungsmittelanteile. Die Endfestigkeit der Klebung wird nach erfolgter Polymerisation der Monomere und/oder Entweichen der Lösungsmittel erreicht. Bei der Diffusionsklebung spielen somit das Diffusionsvermögen der Polymere und die Permeabilität der Fügeteile den Lösungsmitteln gegenüber für den Abbindeprozeß die ausschlaggebende Rolle.

13.3.3.3 Reaktionsklebstoffe

Im Gegensatz zu den Lösungsmittelklebstoffen findet bei der Anwendung von lösungsmittelfreien Reaktionsklebstoffen, sofern sie keine die Fügeteile anlösenden Monomere enthalten, keine Beeinträchtigung der Fügeteile statt. Die Haftungskräfte basieren auf den zwischenmolekularen Wechselwirkungen. Zum Einsatz gelangen im wesentlichen die bereits beschriebenen Klebstoffe auf Basis von Epoxidharzen, Polyurethanen, Polymethylmethacrylaten und ungesättigten Polyestern. Im Gegensatz zu der Diffusionsklebung läßt sich in diesem Zusammenhang der Begriff „Adhäsionsklebung" rechtfertigen, da die Haftungskräfte nach den Prinzipien der Adhäsion und nicht durch einen physikalischen Vorgang der gegenseitigen Diffusion von Makromolekülen ausgebildet werden.

13.3.4 Klebbarkeit wichtiger Kunststoffe

Die nachfolgende Beschreibung der Klebbarkeit einiger wichtiger Kunststoffe kann nur in gedrängter Form erfolgen und soll lediglich einen orientierenden Überblick geben. Die Darstellung ist ggf. durch die angegebene Literatur bzw. durch die bei den Klebstoffherstellern im speziellen Fall vorliegenden Erfahrungen unter besonderer Berücksichtigung der geforderten Beanspruchungsbedingungen zu ergänzen. Bei den angeführten Klebstoffgrundstoffen handelt es sich um die mehrheitlich verwendeten Systeme, die getroffene Auswahl bedeutet nicht, daß ähnliche oder andere Klebstoffe von der Anwendung ausgeschlossen sind. Eine umfassende Zuordnung von Kunststoffen und Klebstoffen ist in [L25, L29, M74, P17, V13] erschienen.

13.3.4.1 Polyethylen

Wegen des unpolaren Charakters ist grundsätzlich eine Oberflächenbehandlung erforderlich. Als chemisches Verfahren kommt in Frage: Beizlösung 1, 70°C während

2 min (PE weich) bzw. 10 min (PE hart). Physikalische Verfahren: Corona-Entladung, Kreidl-Verfahren. Klebstoffe: Epoxid, Polyurethan.

Ergänzende Literatur: [A36, B60, B61, D47, E31, L26, P18].

13.3.4.2 Polypropylen

Es besitzt ähnliche Klebeigenschaften wie das Polyethylen. Oberflächenvorbehandlung und Klebstoffe siehe dort.

Ergänzende Literatur: [B60, C11, C12, D47, E32].

13.3.4.3 Polytetrafluorethylen

Es ist aufgrund der außerordentlich niedrigen Oberflächenenergie ($18,5$ mN m^{-1}) besonders schwierig zu verkleben. Die chemische Vorbehandlung (Beizlösung 4, 20°C während 10 min) beruht auf der großen Affinität des Alkalimetalls zu Fluor und somit einer Oberflächenaktivierung durch einen partiellen Natrium-Fluor-Austausch an der Grenzfläche. Klebstoff: Epoxid. Da das Polytetrafluorethylen wegen seiner speziellen Eigenschaften in vielen Fällen für Beanspruchungen bei erhöhten Temperaturen (bis 250°C) bei gleichzeitig korrosiver Umgebung eingesetzt wird, bedingt eine Klebung wegen der geringeren Temperaturbeständigkeit der Klebschicht naturgemäß eine Einschränkung dieses Anwendungsbereichs.

Ergänzende Literatur: [B60, L26].

13.3.4.4 Polyamide

Die Klebbarkeit ist durch die — besonders bei den höhermolekularen Typen — sehr geringe Löslichkeit eingeschränkt. Als Lösungsmittel für eine Diffusionsklebung eignet sich konzentrierte Ameisensäure entweder in reiner Form oder als Ameisensäure-Polyamidlösungen, letztere weisen allerdings nur eine geringe Lagerstabilität auf (Polyamidabbau). Klebstoffe: Epoxid, Polyurethan, Phenol-Formaldehyd. Neben Reinigung (Methylethylketon, Aceton) Aufrauhung zur Oberflächenaktivierung erforderlich.

Ergänzende Literatur: [B60, D49, J12, S89, T16].

13.3.4.5 Phenol-Formaldehydharze

Aufrauhen der Oberfläche, Klebstoffe: Epoxid, Polyurethan, Polymethylmethacrylat.

Ergänzende Literatur: [T16].

13.3.4.6 Polycarbonate

Diffusionsklebung mit Methylenchlorid, Chloroform, Tetrahydrofuran bei vorwiegend dünnen Fügeteilquerschnitten (Folien). Klebung größerer Dicken zur Vermeidung der durch Lösungsmittel möglichen Spannungsrisse mit Klebstoffen auf Basis Epoxid, Polymethylmethacrylat.

Ergänzende Literatur: [C11].

13.3.4.7 Polymethylmethacrylat (Acrylglas)

Das vorwiegend in glasklarer Ausführung verarbeitete Material erfordert insbesondere für die Anwendung im dekorativen Bereich optisch sehr saubere Klebfugen. Wie verschiedene andere Kunststoffe ist auch das Acrylglas bei nicht sachgemäßer Handhabung anfällig gegen Spannungsrißkorrosion. Risse können durch Spannungen bei der Herstellung (z.B. ungleichmäßige Abkühlung), bei der mechanischen Bearbeitung (unscharfe Werkzeuge, örtlich hohe Temperaturbelastung) und beim Verkleben (eindiffundierende Lösungsmittel) verursacht werden. Um Schädigungen durch Spannungsrißbildung zu vermeiden, müssen die Fügeteile vor dem Verkleben getempert werden. Hierdurch wird ein Abbau der Spannungsspitzen bzw. ein Spannungsausgleich innerhalb der Fügeteile erreicht. Je nach Fügeteildicke und Herstellung (extrudierte, gespritzte oder gepreßte Teile) erfolgt die Temperung bis zu 6 h bei Temperaturen von 60 bis 100°C. Zum Kleben stehen die folgenden Varianten zur Verfügung:

- *Lösungsmittelklebung*: Die Anwendung reiner Lösungsmittel bzw. Lösungsmittelgemische (Chloroform, Methylenchlorid, Aceton, Methylethylketon, Xylol, Toluol) wird wegen der geringen Klebfestigkeiten und der sehr hohen Volumenschrumpfung nur bei wenig beanspruchten Klebfugen und bei unvernetztem Acrylglas angewandt.
- *Kleblacke (Kleblösungen)*: Lösungen von niedermolekularem Polymethacrylsäuremethylester in den vorstehend erwähnten Lösungsmitteln. Vorteile der Kleblacke sind das Vorhandensein arteigenen Materials und die sehr viel geringere Lösungsmittelkonzentration (ca. 15 bis 50%), dadurch sind höhere Viskositäten und bessere Spaltüberbrückbarkeiten gegeben.
- *Reaktionsklebstoffe*: Für hoch beanspruchte Klebungen am besten geeignet. Klebstoffgrundstoff ist ebenfalls arteigenes Material, die Härtung erfolgt durch Zugabe eines Härtersystems (Peroxid, (Abschn. 2.1.2.1)). Aufgrund der Lichtdurchlässigkeit der Fügeteile sind zu Erzielung kurzer Härtungszeiten ebenfalls UV-härtende Systeme anwendbar (Abschn. 2.1.1.3). Weitere Reaktionsklebstoffe: Epoxid, Cyanacrylat.

Ergänzende Literatur: [E33, K67, L27, R23, T16].

13.3.4.8 Polyvinylchlorid

Wegen der in vielen Lösungsmitteln guten Quellbarkeit wird im allgemeinen die Diffusionsklebung angewendet. Als geeignetes Lösungsmittel kommt vorwiegend Tetrahydrofuran (THF-Klebstoffe) zum Einsatz, in dem zur Viskositätserhöhung entweder PVC-Pulver oder wegen der besseren Löslichkeit nachchloriertes PVC (PC-Klebstoffe) gelöst ist (ca. 10 bis 20%). Bei weichgemachtem PVC ist das Problem der Weichmacherwanderung zu beachten. Hart-PVC läßt sich vorteilhaft auch mit Reaktionsklebstoffen kleben: Epoxid, Polyurethan, Polymethylmethacrylat, ungesättigte Polyester.

Ergänzende Literatur: [C11, D46, E32, E34, E35, H68, M66, P19, R24, T16, T17, Y1, Y2], DIN 16 970 [D1].

13.3.4.9 Polystyrol

Polystyrol ist in sehr vielen Lösungsmitteln löslich bzw. quellend, daher auch hier vorwiegend Anwendung der Diffusionsklebung mit reinen Lösungsmitteln bzw.

Lösungsmittelgemischen, ggf. unter Zusatz arteigenen Materials. Lösungsmittel: Methylethylketon, Essigsäureethylester, chlorierte Kohlenwasserstoffe, Toluol. Reaktionsklebstoffe: Epoxid, Polyurethan, Polymethylmethacrylat, Cyanacrylat.

Besondere Beachtung bedarf das Kleben von Polystyrolschaum. In diesem Fall dürfen nur Lösungsmittel verwendet werden, die nicht zu einer Lösung bzw. Quellung des Werkstoffs führen, um die Schaumstruktur nicht zu zerstören. Zur Anwendung gelangen daher wässrige Dispersionen bzw. lösungsmittelhaltige Klebstoffe mit Benzin, Methylalkohol oder Ethylalkohol als Lösungsmittel.

Ergänzende Literatur: [C11, D48, E34, J13, T16].

13.3.4.10 Polyoxymethylen (Polyacetale)

Wegen der geringen Löslichkeit wird eine Klebung praktisch nur mit Reaktionsklebstoffen, vorwiegend Epoxidharzen, durchgeführt. Die notwendige Oberflächenbehandlung kann erfolgen mit Beizlösung 2 (50°C während 2 bis 5 s) oder Beizlösung 3 (ca. 75°C, 20s, Satinizing-Verfahren Du Pont).

Ergänzende Literatur: [L25].

13.3.4.11 Polyethylenterephthalat

Wegen der großen Lösungsmittelbeständigkeit vorwiegend Klebung mit Reaktionsklebstoffen (Epoxidharze). Die Oberflächenbehandlung kann u.a. mittels heißer (80°C, 5 min) Natronlauge (Beizlösung 5) erfolgen. Weitere Möglichkeiten siehe Literaturzitat.

Ergänzende Literatur: [L26].

13.3.4.12 Polyurethanschaum

Zu beachten ist bei diesem Material im Gegensatz zum Polystyrol- und Latexschaum das Vorhandensein offener Poren, in die der Klebstoff fließen kann und somit nach der Verfestigung gegenüber dem angrenzenden Bereich eine harte Zone bildet. Aus diesem Grund sollen nur sehr geringe Klebschichtdicken aufgetragen werden. Einsatz von Klebdispersionen und Polychloropren-Klebstoffen, als Reaktionsklebstoff Polyurethan.

Ergänzende Literatur: [J13].

13.3.4.13 Faserverstärkte Kunststoffe

Die Möglichkeit der Kombinationen von Kohle- und Glasfasern mit Polymeren ist sehr vielfältig, so daß das klebtechnische Verhalten nach dem chemischen Aufbau der mit den jeweiligen Fasern kombinierten Reaktionsharze zu sehen ist. Hier finden im wesentlichen Epoxid- und Polyestersysteme Anwendung. Durch die in Form der Fasern vorhandenen Festigkeitsträger in der Polymermatrix ergeben sich Verbundkörper, deren Festigkeiten z.T. über denen der Metalle liegen und auf die daher die

Prinzipien der Festigkeitsbetrachtungen von Metallklebungen weitgegend übertragen werden können. Das gilt insbesondere für den Zusammenhang von Klebfugengeometrie, speziell der Überlappungslänge und Ausbildung von Spannungsspitzen an den Überlappungsenden. Zu bemerken ist allerdings, daß das Festigkeitsverhalten von der jeweiligen Beanspruchungsart in bezug auf die Faserrichtung abhängig ist.

Als Klebstoffe können handelsübliche kalt- und warmhärtende Reaktionsklebstoffe eingesetzt werden. Die Oberflächenvorbehandlung geschieht allgemein durch ein mechanisches Verfahren, dabei erfolgt die Entfernung festigkeitshemmender Oberflächenschichten und ein Freilegen der obersten Fasern. Ein anschließendes Spülen in z.B. Perchlorethylen dient der Entfernung des Schleifstaubs.

Ergänzende Literatur: [A37 bis A39, C13, F15, K68, M22, M68, M69, N11, P17, S77].

Die vorstehende Übersicht über die Klebbarkeit einiger wichtiger Kunststoffe beschränkt sich auf das Verkleben von Fügeteilen gleichen chemischen Aufbaus. Bei der Verklebung verschiedener Kunststoffe miteinander durch Diffusionsklebung ist einerseits die evtl. unterschiedliche Löslichkeit in dem gewählten Lösungsmittel zu beachten, andererseits die mögliche Unverträglichkeit von Zusatzstoffen, speziell verschiedenen Weichmachern, Stabilisatoren und dergleichen.

13.3.5 Kleben von Kunststoffen mit Metallen

Aufgrund der sehr unterschiedlichen Werkstoffeigenschaften kommt als stoffschlüssiges Fügeverfahren für Kunststoff-Metall-Verbunde nur das Kleben in Frage. Die Klebung kann in diesen Fällen, sofern es sich um Konstruktionsklebungen für hohe mechanische Beanspruchungen handelt, nur mit Reaktionsklebstoffen ausgeführt

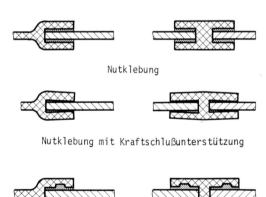

Nutklebung

Nutklebung mit Kraftschlußunterstützung

Nutklebung mit Formschlußunterstützung

Nutklebung mit Kraft- und Formschlußunterstützung

Bild 13.2. Ausführungsbeispiele für Kunststoff-Metall-Klebungen (nach [K54]).

werden. Vorteilhaft ist in diesem Zusammenhang, daß die Klebstoffe, die nach entsprechenden Oberflächenbehandlungen auf Kunststoffen eine gute Haftung aufweisen, diese gleiche Eigenschaft auch den gewählten metallischen Fügeteilen gegenüber zeigen, so daß Verbundwerkstoffe hergestellt werden können, die praktisch bis an die Festigkeit des Kunststoffügeteils belastet werden können. Da die Formgebung der Kunststoff-Fügeteilpartner vielfältige Variationsmöglichkeiten zuläßt, ergeben sich zweckmäßige konstruktive Gestaltungen als Kombinationen von stoff-, form- und kraftschlüssigen Verbindungsformen, wie sie als prinzipielle Möglichkeiten in Bild 13.2 (nach [K54]) dargestellt sind.

Ergänzende Literatur: [B31, C13, C14, D50, F16, H74, K54, K55, K57, L28, M71, M72, M77, R25, T18, V15, W35].

13.3.6 Festigkeit und konstruktive Gestaltung von Kunststoffklebungen

Für die Festigkeitsberechnungen von Kunststoffklebungen gelten im wesentlichen die gleichen Zusammenhänge wie bei Metallklebungen. Zu berücksichtigen sind jedoch die um ca. eine Zehnerpotenz niedrigeren Fügeteilfestigkeiten und das von Polymer zu Polymer sehr unterschiedliche deformationsmechanische Verhalten. Aus diesem Grunde läßt sich keine allgemein anwendbare Gleichung für die Berechnung übertragbarer Lasten angeben, wie das z.B. – wenn auch mit Einschränkungen – mit der modifizierten Volkersen-Gleichung bei Metallklebungen der Fall ist (Abschn. 9.2.4). Um hohe Spannungsspitzen zu vermeiden, ist es daher erforderlich, von dem zu verklebenden Kunststoff das entsprechende Spannungs-Dehnungs-Verhalten zu kennen, um die Höhe der vorgesehenen Belastung auf den elastischen Bereich der Fügeteile zu beschränken. Hieraus ergibt sich, daß Duromere und besonders die faserverstärkten Polymere höhere Klebfestigkeiten ergeben als thermoplastische Kunststoffe. Für die maximal übertragbaren Lasten sind in jedem Fall die Fügeteilbeanspruchungen an der oberen Grenze des linear-elastischen Bereichs zugrunde zu legen, als Richtwert für die zu wählende Überlappunglänge kann die Beziehung $l_{ü} \sim 2\,s$ gelten. Ergänzend sind für die jeweiligen Beanspruchungen die entsprechenden Abminderungsfaktoren zu berücksichtigen. Diese liegen für statische Langzeitbeanspruchung bei $f \sim 0,6$ und für dynamische Langzeitbeanspruchung (10^7 Lastwechsel) bei $f \sim 0,2$. Der Alterungseinfluß durch korrosive Medien auf die Klebfestigkeit ist bei Kunststoffklebungen nicht so kritisch zu sehen wie bei Metallklebungen. Der Grund liegt in dem generell gegebenen hohen Korrosionswiderstand der Kunststoffe, der chemische Reaktionen in der Grenzschicht mit gleichzeitiger starker Festigkeitsminderung durch eine Klebschichtunterwanderung wie bei den Metallen praktisch ausschließt.

Für die konstruktive Gestaltung sind besondere Vorkehrungen zu treffen, um das Auftreten von Spannungsspitzen zu vermeiden. Bei Kunststoffen bedeutet das vor allem, keine scharfen Kanten und Ecken vorzusehen, was durch Abschrägen der Laschen bzw. durch eine Schäftung erfolgen kann. Im Gegensatz zu Metallklebungen kann wegen der ähnlichen Fügeteil- und Klebschichtfestigkeiten bei sachgemäßer Klebfugenherstellung auch ein Stumpfstoß mit senkrechter bzw. V-Naht vorgesehen werden. Eine Auswahl praktisch anwendbarer Klebfugengeometrien zeigt Bild 13.3.

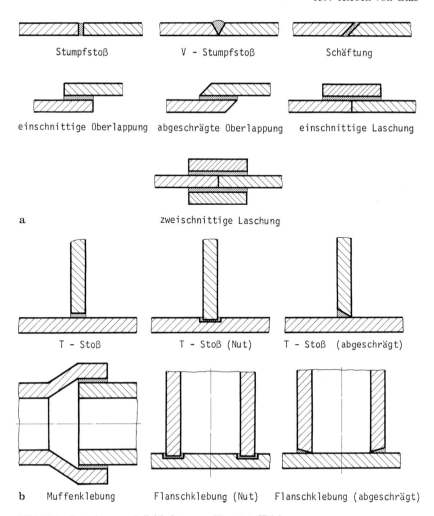

Bild 13.3. Gestaltungsmöglichkeiten von Kunststoffklebungen.

Die Prüfungen von Kunststoffklebungen lehnen sich in ihrer Systematik und Durchführung weitgehend denen der Metallklebungen an. Spezielle Beiträge zu diesem Thema sind in [G24, G26, P20] veröffentlicht.

Ergänzende Literatur: [B62, C14, E36, M73, R26, R27, V13].

13.4 Kleben von Glas

13.4.1 Grundlagen

Gegenüber den metallischen Werkstoffen unterscheiden sich die Gläser in klebtechnischer Hinsicht durch verschiedene Eigenschaftsmerkmale, denen bei der Auswahl der

Klebstoffe und der Klebverfahren Rechnung zu tragen ist. Als wesentliche Faktoren können gelten:
- *Festigkeitseigenschaften*: Die Gläser gehören zu den spröden Werkstoffen, die bei Belastung in idealer Weise dem Hookeschen Gesetz folgen. Plastische Fügeteildehnungen sowie Biegungen an den Überlappungsenden einschnittig überlappter Klebungen sind somit ausgeschlossen, Spannungsspitzen in der bei Metallklebungen bekannten Weise (Abschn. 8.3.3.4) treten nicht auf. Kritisch sind bei Gläsern hingegen die im Mikrobereich der Oberflächen und der inneren Struktur durch Inhomogenitäten bei Belastung auftretenden Spannungsspitzen, die speziell im ersten Fall durch Oberflächenbeschädigungen (Risse, Kratzer) bedingt sein können. Aus diesem Grunde sind mechanische Oberflächenvorbehandlungsverfahren hinsichtlich ihrer Auswirkung auf das Bruchverhalten bei den verschiedenen Glassorten besonders zu prüfen.
- *Oberflächen- und Haftungseigenschaften*: Die Oberflächenenergien der Gläser liegen im festen Zustand in der Größenordnung von 500 mN m^{-1}. Gemäß den in Abschn. 6.4 erläuterten Zusammenhängen sind daher gute Benetzungseigenschaften durch die Klebstoffe als Grundlage für die Ausbildung der Bindungskräfte gegeben. Grundsätzliche Arbeiten über das Adhäsionsverhalten der Gläser sind in der Vergangenheit in Zusammenhang mit der Entwicklung glasfaserverstärkter Kunststoffe durchgeführt worden. Nach den vorliegenden Ergebnissen spielen die an einer Glasoberfläche adsorbierten und z.T. auch an die Siliziumdioxidmoleküle chemisorbierten Wassermoleküle (Hydrolyse zu Si OH-Gruppen) für die Ausbildung der Bindungskräfte eine besondere Rolle, da diese in dünnsten Schichten (z.T. nur einige Moleküllagen) vorliegenden Moleküle die Oberflächenenergien erniedrigen. In besonderem Maße trifft dieses Verhalten auf Gläser mit hohem Alkaligehalt (Na_2O und K_2O) wegen der Hydrolyseempfindlichkeit dieser Oxide zu. Bei dem Kleben der Gläser ist also nicht von einer idealen Glasoberfläche in Form der rein oxidischen Bestandteile als Haftgrund für den Klebstoff sondern von Oberflächenstrukturen auszugehen, die in hohem Maße über die hydrolytischen Reaktionen mit OH-Gruppen besetzt sind.
- *Physikalische Eigenschaften*: Ein besonderes Kriterium für das Verhalten von Glasklebungen stellen die im Vergleich zu den Klebschichten sehr niedrigen Wärmeausdehnungskoeffizienten der Gläser dar. Sie liegen im Bereich $\alpha = 5$ bis $14 \cdot 10^{-6} K^{-1}$ (Klebschichten: $\alpha = 80$ bis $120 \cdot 10^{-6} \cdot K^{-1}$; Metalle: $\alpha = 8$ bis $24 \cdot 10^{-6} \cdot K^{-1}$). Dieser Umstand kann zu erheblichen Spannungen in der Klebfuge führen, sowohl während eines möglicherweise auftretenden Schrumpfungsprozesses während der Aushärtung als auch bei späterer schockartiger Wärmebeanspruchung. Verstärkt wird dieses Verhalten durch die ggf. vorhandenen Oberflächeninhomogenitäten, denen sich die Ausdehnungsspannungen überlagern und somit zum Bruch der Klebung führen können. Als weitere physikalische Eigenschaft ist die Durchlässigkeit der Fügeteile Strahlungseinflüssen gegenüber zu erwähnen. Während bei Metallklebungen Alterungsbeanspruchungen durch UV-Strahlen ausgeschlossen sind, sind für Glasklebungen bei Langzeitbeanspruchungen nur Klebstoffe geeignet, die unter UV-Einwirkung nicht verspröden bzw. sich verfärben. Die meisten der üblichen Reaktionsklebstoffe werden dieser Forderung jedoch gerecht. Die Strahlungsdurchlässigkeit der Gläser macht auf der anderen Seite in idealer Weise die Anwendung UV-härtender Klebstoffsysteme (Polymerisationsklebstoffe auf Acrylatbasis) möglich, die sowohl als reine UV-härtende Klebstoffe als auch in Kombination mit anaerob härtenden Systemen zur Anwendung gelangen.

13.4.2 Oberflächenbehandlung

Die Oberflächenbehandlung kann mechanisch (Strahlen, Schmirgeln, Aufrauhen mit Korund-Schlämme) erfolgen, ein negativer Einfluß auf das Festigkeitsverhalten der Fügeteile ist jedoch ggf. zu beachten. Eine chemische Oberflächenvorbehandlung durch Ätzen mit Flußsäure (HF) wird wegen der einzuhaltenden Vorsichtsmaßnahmen nur in seltenen Fällen möglich sein. Als Alternative kann die Behandlung mit einer Lösung von 100 g Chromtrioxd CrO_3 in 500 ml dest. Wasser und nachfolgender Spülung (dest. Wasser) und Trocknung dienen. Als eine in vielen Fällen ausreichende Methode ist ebenfalls ein Abwischen der Oberfläche mit hochprozentigem Alkohol möglich. Aufgrund der Hygroskopizität vermag der Alkohol einen Teil des adsobierten Wassers aufzunehmen, gleichzeitig erfolgt eine Entfernung ggf. vorhandener Fettschichten. Bei Anwendung chemischer wasserbasierender Reinigungsmittel ist darauf zu achten, daß u.U. Silikonrückstände auf der Oberfläche verbleiben können, die die Haftungseigenschaften herabsetzen. Der Einsatz von Silanhaftvermittlern (Abschn. 2.7.8) ist zur Verbesserung der Haftungs- und Alterungseigenschaften ebenfalls möglich, erfordert allerdings einen erhöhten Aufwand bei der Durchführung.

13.4.3 Klebstoffe

Verwendung finden handelsübliche Reaktionsklebstoffe auf Basis von Epoxiden, Polyurethanen und Acrylaten. Wegen der beschriebenen Unterschiede im Wärmeausdehnungsverhalten sollten kalthärtende Systeme bevorzugt werden; bei Anwendung warmhärtender Klebstoffe ist auf eine sorgfältige Temperaturführung während des Erwärmens und Abkühlens zu achten. Weiterhin empfiehlt es sich, Klebstoffe auszuwählen, deren Klebschichten ein ausreichendes Verformungsverhalten aufweisen, um auftretende Spannungen abbauen zu können. Diese Eigenschaften besitzen in besonderem Maße die Polymerisationsklebstoffe sowie die Polyurethane. Bei den Epoxiden hängt diese Eigenschaft stark von der vernetzenden Komponente ab.

13.4.4 Kleben von Glas mit Metallen

Für das Kleben von Glas-Metall-Kombinationen gelten im Prinzip die bereits für diese Werkstoffe getrennt erwähnten Grundsätze. Als wesentliches Kriterium ist das für spezielle Werkstoffkombinationen unterschiedliche Wärmeausdehnungsverhalten bei Beanspruchungen zu berücksichtigen. Es empfiehlt sich, die konstruktive Gestaltung so vorzunehmen, daß sich bei Belastung im Glas vorwiegend Druckspannungen ausbilden, da Gläser diesen Spannungen gegenüber wesentlich unempfindlicher sind als gegenüber Zugspannungen.

Ergänzende Literatur zu Abschnitt 13.4: [D51, S80].

13.5 Kleben von Gummi

Beim Kleben von Gummi ist im Hinblick auf die Verfahrensdurchführung generell das Fügen der verschiedenen Gummiarten untereinander und die Verbindung von Gummi mit anderen Werkstoffen, z.B. Metallen, synthetischen Geweben, Kunststoffen etc. zu unterscheiden. Die wichtigsten Elastomere sind der Naturkautschuk (NR) und als synthetisch hergestellte Produkte Styrol-Butadien-Kautschuk (SBR), Acrylnitrilbutadienkautschuk (NBR), Chloroprenkautschuk (CR), Isoprenkautschuk (IR) sowie Butylkautschuk (IIR). Die Vielfalt dieser Elastomere bzw. ihrer Mischungen hinsichtlich der durch die Polymerstruktur bestimmten Polaritäten und Oberflächeneigenschaften erfordern auf den jeweiligen Anwendungszweck spezifisch abgestimmte Kleb- bzw. Bindesysteme. Es hat sich bei dieser Technologie eingeführt, als *Klebung* das Verbinden bereits vulkanisierter Fügeteile miteinander und als *Bindung* die Ausbildung der Haftungskräfte während des Vulkanisationsprozesses zu definieren.

13.5.1 Gummi/Gummi-Klebung

13.5.1.1 Klebstoffe

Zur Vermeidung des Auftretens von Spannungsspitzen in der Klebfuge sollte die Klebschicht in gleicher Weise wie die Fügeteile kautschukelastische Eigenschaften besitzen. Die folgenden Klebstoffarten kommen für die Gummi/Gummi-Klebung zum Einsatz:

• *Kontakt- und Haftklebstoffe*: Lösungen von unvulkanisiertem Natur- oder Styrol-Butadien-Kautschuk in organischen Lösungsmitteln (sog. „Gummilösungen"). Die Klebung entsteht nach dem Verdunsten der Lösungsmittel und anschließendem Druck auf die Klebfuge. Wegen der geringen Kohäsionsfestigkeit des unvulkanisierten Kautschuks ist die Festigkeit einer Klebung gering. Einsatz findet dieses System vorwiegend für großflächige Verklebungen, bei denen keine besonders hohen Anforderungen an die Klebfestigkeit gestellt werden. Klebstoffe auf Basis Polychloropren (Abschn. 2.1.4.2) besitzen wegen ihrer hohen Polarität verbesserte Haftungseigenschaften und durch das Kristallisationsvermögen der unvulkanisierten linearen Makromoleküle auch erhöhte Kohäsionsfestigkeiten der Klebschichten. Die durch Aufhebung der Kristallitstruktur bis ca. 60°C begrenzte Temperaturbeständigkeit läßt sich durch zusätzliche Reaktion mit Isocyanaten weiter erhöhen. Für besonders ölfeste Klebungen werden Klebstoffe auf Basis von Butadien-Acrylnitril-Copolymerisaten bevorzugt.

• *Reaktionsklebstoffe*: Als Polymerisationsklebstoffe haben sich insbesondere die Cyanacrylate (Cyanacrylsäuremethylester, Abschn. 2.1.1.1) bewährt. Mit ihnen lassen sich die verschiedenen Kautschuktypen miteinander, aber auch – allerdings mit begrenzten Festigkeits- und Alterungseigenschaften – mit metallischen Fügeteilen verkleben. Epoxidharze als Vertreter der Polyadditionsklebstoffe sind nur selektiv für die polaren Kautschuktypen (Chloropren-, Acrylnitrilbutadien-Kautschuk) bzw. für oberflächlich cyclisierte Kautschuktypen (s. folgenden Abschnitt) geeignet; sie besitzen den Nachteil der Ausbildung relativ starrer Klebschichten. Polyurethanklebstoffe bilden je nach Art und Mengenverhältnis der Polyol- und Isocyanat-Komponenten flexible (auch bei geringen Temperaturen) Klebschichten, eine gute Haftung setzt allerdings ebenfalls das Vorhandensein polarer Gruppierungen im Kautschuk voraus.

13.5.1.2 Oberflächenvorbehandlung vulkanisierter Kautschuktypen

Als optimale Oberflächenvorbehandlungsmethode hat sich das Aufrauhen mit anschließender Entfettung bewährt. Das Cyclisieren führt im allgemeinen zu harten

Oberflächenschichten und ist demnach für die mögliche Ausbildung von Spannungsspitzen nachteilig. Unter dem Cyclisieren versteht man eine teilweise Aufspaltung der Isoprenketten unter Ausbildung ringförmiger kondensierter hydroaromatischer Strukturen. Die Cyclisierung wird erreicht durch Eintauchen (5 bis 30 min) in konzentrierte Schwefelsäure.

13.5.1.3 Bindung unvulkanisierter Kautschuktypen

Neben der Gummi/Gummi-Klebung von vulkanisiertem Kautschuk besteht ebenfalls die Möglichkeit der Herstellung einer Bindung aus unvulkanisierten Kautschukarten. In diesen Fällen bedarf es bei gleichen oder ähnlichen Kautschukmischungen normalerweise keines besonderen Bindemittels, um nach dem Prinzip einer „Diffusionsschweißung" (Abschn. 13.3.3.2) während der Vulkanisation unter Druck und Wärme eine Bindung zu erzielen. Eine derartige Bindung hat einer Klebung gegenüber den Vorteil höherer statischer und dynamischer Festigkeiten sowie auch verbesserter Beständigkeiten gegenüber chemischen Beanspruchungen. Die Bindung verschiedener Kautschukarten während der Vulkanisation kann die zusätzliche Verwendung eines Bindemittels als Haftvermittler erforderlich machen. Diese Systeme werden im Einzelnen bei den Gummi/Metall-Bindungen beschrieben.

13.5.2 Gummi/Metall-Bindung

Die Kombination von Gummi mit anderen Werkstoffen ist eine industriell vielfältig angewandte Möglichkeit der Herstellung von Verbundsystemen mit gleichzeitig flexiblen Eigenschaften und hohen inneren Festigkeiten. Als Beispiele mögen die Herstellung von Reifen, Transportbändern, Keilriemen, Schläuchen etc. dienen. In allen Fällen werden sehr hohe Anforderungen an die Festigkeit der Bindung zwischen den eingesetzten Kautschukarten und den eingearbeiteten Festigkeitsträgern gestellt. Insbesondere ist es die Forderung an das dynamische Festigkeitsverhalten sowie an die Beständigkeit gegenüber Wasser und Chemikalien, die zu speziellen Maßnahmen für die Ausbildung der Bindungskräfte führt. Als Beispiel für die verschiedenen Kombinationen zwischen Gummi und anderen Werkstoffen (synthetische Gewebe, Glasfasern, Kunststoffe) soll im folgenden die Gummi/Metall-Bindung betrachtet werden. Nach dem Chemismus der Bindungsreaktion sind zwei Vernetzungssysteme zu unterscheiden:

13.5.2.1 Vernetzung mittels Resorzin-Formaldehyd

Dieses Vernetzungssystem besteht aus drei Komponenten, die gemeinsam der auf das Metall zu vulkanisierenden Kautschukmischung zugegeben werden (Haftmischung). Bei den drei Komponenten, die auch gemeinsam mit einem Kautschukpolymer-Latex eingesetzt werden können, handelt es sich um Resorzin (1,3-Dihydroxybenzol), eine bei den Vulkanisationstemperaturen Formaldehyd abspaltende Verbindung (z.B. Hexamethylentetramin, Hexamethoxymethylmelamin) und aktive, gefällte Kieselsäure. Während des Vulkanisationsprozesses bildet sich das für die Ausbildung der Bindungskräfte wirksame Resorzin-Formaldehydharz in einer ähnlichen Polykondensationsreaktion, wie sie bei den Phenol-Formaldehydharz-Klebstoffen (Abschn. 2.3.1.1) beschrieben wurde. Die Wirkungsweise der aktiven Kieselsäure wird bei dieser Reaktion in Form einer katalytischen Funktion erklärt, nur in ihrer Gegenwart können die hohen Bindungskräfte erzielt werden. Neben der Möglichkeit des Zumischens der drei Komponenten (sog. „zusammengesetzte Bindemittel") können die Substanzen auch in gelöster Form auf die durch Sandstrahlen vorbehandelte Metalloberfläche aufgetragen werden. Im Gegensatz zu den bei der Gummi/Gummi-Klebung eingesetzten Systemen entstehen bei diesen Reaktionen relativ starre Bindungsschichten, die sich durch sehr gute Haftungseigenschaften auf den metallischen Fügeteilen auszeichnen. Zur Erzielung einer erhöhten Alterungsbeständigkeit der Bindung besteht zusätzlich die Möglichkeit der Anwendung eines Primers, so daß im Prinzip Ein-und Zweischichtenbindemittel zum Einsatz gelangen.

13.5.2.2 Vernetzung durch Polyisocyanate

Durch die Zugabe von Isocyanaten zu Natur- und Synthesekautschukmischungen ergibt sich ebenfalls die Möglichkeit der Herstellung gut haftender Gummi/Metall-Verbunde. Die Ursache besteht auch hier in der Ausbildung polarer Gruppierungen. Als Isocyanatkomponente findet vorwiegend das Triphenylmethantriisocyanat Anwendung, das als trifunktionelle Verbindung durch die Reaktion mit den Kautschukmolekülen und den reaktionsfähigen bzw. aktiven Zentren der Metalloberfläche zu zwischenmolekularen Bindungen führt. Die Zugabe des Isocyanats kann sowohl zu der Kautschukmischung selbst als auch direkt auf die Metalloberfläche erfolgen. In beiden Fällen ist davon auszugehen, daß aufgrund der hohen Reaktivität des Isocyanats der vorhandenen Feuchtigkeit gegenüber die Weiterverarbeitungszeiten begrenzt sind und die Vulkanisation direkt im Anschluß an die Zugabe bzw. die Beschichtung durchgeführt werden muß. Während der Vulkanisation kommt es zwischen den reaktiven Isocyanatmolekülen und den Doppelbindungen der Kautschukmoleküle zu Vernetzungsreaktionen.

Ein spezieller Anwendungsfall für die Isocyanate sind die selbstvulkanisierenden Kleblösungen (Haftlösungen). Es handelt sich um Zweikomponentensysteme, bei denen die eine Komponente aus einer Lösung unvulkanisierter Kautschukmischungen in Benzin, Benzol, Estern oder halogenierten Kohlenwasserstoffen besteht, die zweite Komponente eine Isocyanatlösung darstellt. Unmittelbar vor der Anwendung werden beide Komponenten vereinigt und innerhalb der vorgegebenen Topfzeit verarbeitet. Die entstehenden Klebschichten besitzen eine gute Flexibilität und die Klebungen zeichnen sich durch hohe Haftfestigkeiten und Beständigkeiten gegenüber dynamischer Beanspruchung sowie Wärme- und Lösungsmitteleinwirkung aus. Gegenüber den beschriebenen Ein- und Zweischichten-Bindemitteln auf Basis Resorcin-Formaldehyd besitzt das System der Isocyanatbindung die Nachteile der Feuchtigkeitsempfindlichkeit der beschichteten Metallteile und der allgemeinen Auflagen bei dem Umgang mit Isocyanaten in Fertigungsabläufen. Für die Herstellung von Gummi/Metall-Bindungen ist sie daher in der Vergangenheit in den Hintergrund getreten.

Als Oberflächenvorbehandlung für die Isocyanatbindung wird Sandstrahlen oder ein Beizen der metallischen Fügeteile empfohlen (5 min 10%ige Natron- oder Kalilauge, Spülen, dann 5 min verdünnte Salz- oder Salpetersäure, Spülen, Trocknen). Anschließend erfolgt der Auftrag der Isocyanatlösung und die Vulkanisation der Gummi/Metall-Verbunde.

Ergänzende Literatur zu Abschnitt 13.5: [K69 bis K73, O2, O3].

13.6 Kleben von Holz

13.6.1 Allgemeine Betrachtungen

Als Naturprodukt ist das Holz ein Material mit einem stark ausgeprägten anisotropen Verhalten und einer inhomogenen, porösen Struktur. Zudem unterliegt es sehr großen Eigenschaftsschwankungen sowohl in Gestalt des zu klebenden Werkstoffs als auch in der späteren Phase der Beanspruchungsbedingungen. Das Quellen und Schwinden infolge Feuchtigkeitsaufnahme bzw. -abgabe steht hierbei an erster Stelle. Diese Gründe haben in vielfältiger Form dazu geführt, zur Erzielung weitgehend isotroper Eigenschaften Schichtverbunde herzustellen (Sperrholz, Span- und Faserplatten, geklebte Balkenkonstruktionen u.ä.). Als einziges stoffschlüssiges Fügeverfahren ist hierbei das Kleben anwendbar. Kennzeichnend für Holz ist weiterhin die sehr geringe Wärmeleitfähigkeit, die besonders bei der Verklebung dicker Querschnitte die Anwendung warmhärtender Klebstoffe begrenzt.

Die Ausbildung der Bindungskräfte beruht im Gegensatz zu den Werkstoffen mit glatten Oberflächen zum überwiegenden Anteil auf der mechanischen Adhäsion (Abschn. 6.2.2). In Ergänzung hierzu sind aber auch zwischenmolekulare Kräfte an der Festigkeit der Bindung beteiligt. Das ergibt sich aus der hohen Polarität der Cellulose und des Lignins als Hauptbestandteile des Holzes. Auch können Hauptvalenzbindungen nicht ausgeschlossen werden, z.B. bei isocyanathaltigen Klebstoffen durch eine Urethanbindung mit den OH-Gruppen der Cellulose.

Die Eigenschaften der zu klebenden Oberfläche ergeben sich aus der durchgeführten mechanischen Bearbeitung. Eine spezielle Oberflächenvorbehandlung wird nicht durchgeführt, es ist Aufgabe der Klebstoffauswahl, diesen speziell hinsichtlich seiner rheologischen Eigenschaften an die vorliegenden Bedingungen anzupassen.

Ein weiteres Kriterium ist der in dem Holz zum Zeitpunkt der Klebung vorhandene Feuchtigkeitsgehalt. Im Gleichgewichtszustand wird in einer Klebschicht die dem umgebenden Material entsprechende Feuchtigkeit verbleiben und − insbesondere bei den thermoplastischen Klebschichten − zu Verminderungen der Kohäsionsfestigkeit führen. Bei der Verarbeitung von Schmelzklebstoffen kann ein hoher Feuchtigkeitsgehalt zu einer Bildung von Wasserdampf zum Zeitpunkt des Benetzungsvorganges führen und somit die Bindungskräfte herabsetzen. Praktische Erfahrungen belegen, daß die Holzfeuchtigkeit einen Wert von 8 bis 10% nicht übersteigen soll. DIN 1052 [D1] legt einen Maximalwert von 15% fest.

13.6.2 Klebstoffe

Zunächst soll an dieser Stelle festgehalten werden, daß sich gerade in der holzverarbeitenden Industrie die Bezeichnung „Leim" statt „Klebstoff" trotz aller normenmäßigen Bestrebungen bis heute gehalten hat und sicher auch zukünftig halten wird. Betrachtet man das Leimen als „Verankern in der Oberfläche" und das Kleben als „Haften an der Oberfläche", so bietet das Holz als Fügeteilwerkstoff einen guten Grund für diese traditionelle Bezeichnung. Dennoch soll in den folgenden Ausführungen der Begriff „Klebstoff" gewählt werden.

Die Auswahl der Klebstoffe erfolgt nach der Art der durchzuführenden Klebung und den vorzusehenden Beanspruchungsarten. Als *Klebungsarten* werden die Flächen-, Fugen- und Montageklebung unterschieden. Charakteristisches Merkmal für den einzusetzenden Klebstoff ist bei diesen verschiedenen Anwendungen die offene Wartezeit, d.h. die Zeitspanne, die zwischen dem Klebstoffauftrag und dem Vereinigen der Fügeteile liegt (Abschn. 3.2). Es versteht sich, daß das Kleben großflächiger Furniere oder Schichtpreßstoffplatten andere Verarbeitungseigenschaften erfordert als z.B. die Befestigung von Dübeln, Eckverbindungen oder der Zusammenbau bei einer Montageklebung. Während im ersten Fall über beheizte Pressen die Verarbeitungsmöglichkeit für warmhärtende Klebstoffe besteht, ist ein derartiges Verfahren bei einer Montageklebung nur sehr bedingt einsetzbar. Die Beanspruchungsarten werden nach DIN 1052 und DIN 68 602 [D1] in vier Beanspruchungsgruppen eingeteilt, die auf den für die Klebung zu erwartenden klimatischen Einwirkungen hinsichtlich Temperatur und Feuchtigkeit beruhen.

Aufgrund der erwähnten polaren Eigenschaften sind fast alle Klebstoffgrundstoffe für das Kleben von Holz geeignet. Wegen der vorwiegend durchgeführten Flächenverklebungen haben sich für den industriellen Einsatz jedoch solche Polymere durchgesetzt, die in Form von Dispersionen oder leicht auftragbaren Lösungen (Walzen, Gießen, Spritzen) verarbeitet werden können. Das erklärt auch den relativ geringen Einsatz der Epoxidharzklebstoffe in diesem Industriebereich. Die wesentlichen für Holzklebungen im Einsatz befindlichen Klebstoffe sind:
• Klebstoffe auf natürlicher Basis (Glutin, Blutalbumin, Kasein, Stärke, Dextrin) – (Abschn. 2.5). Sie besitzen den Nachteil geringer Beständigkeit gegenüber Feuchtigkeit und Mikroorganismen, ein Einsatz erfolgt daher nur für Anwendungen innerhalb trockener, geschlossener Räume.
• Klebstoffe auf künstlicher Basis: Polyvinylacetat-Dispersionen, Polychloropren-Kontaktklebstoffe sowie Schmelzklebstoffe auf Basis Polyamid bzw. Ethylen-Vinylacetat als Thermoplaste. Von den Duromeren finden – mit ansteigender Feuchtigkeitsbeständigkeit – Harnstoff-, Melamin-, Phenol- und Resorzinharze, ggf. auch in Kombination miteinander, als Polykondensationsprodukte mit Formaldehyd Verwendung (Abschn. 2.3.1). Die Verarbeitungsbedingungen in bezug auf Viskosität, Anpreßdruck und ggf. Temperatur sind dabei so aufeinander abzustimmen, daß trotz eines teilweisen Eindringens des flüssigen Klebstoffs in die Poren des Grenzschichtbereichs Klebschichten in einer Dicke von ca. 0,2 mm erhalten werden. Größere Klebschichtdicken können wegen des bei Beanspruchungen möglichen unterschiedlichen Feuchtigkeitsgleichgewichts vermehrt innere Spannungen aufbauen.

Ergänzende Literatur zu Abschnitt 13.6: [C15, H8, K74, bis, K77, P21], DIN 68 601, DIN 68 141 [D1].

13.7 Kleben poröser Werkstoffe

Zu diesem Bereich gehören insbesondere Papiere, Pappen, Holz- und Holzspanerzeugnisse, keramische Produkte, Beton, Gewebe aus natürlichen und synthetischen Fasern, Schaumstoffe. Das besondere klebtechnische Verhalten dieser Werkstoffe ist in der jeweiligen Oberflächenstruktur zu sehen. Neben der Ausbildung zwischenmolekularer Kräfte in Form der spezifischen Adhäsion (Abschn. 6.2.1) kann in Abhängigkeit von der Porengeometrie und der ggf. vorhandenen Kapillarität ebenfalls die mechanische Adhäsion (Abschn. 6.2.2) für die Ausbildung der Bindungskräfte wirksam werden. Zu beachten ist eine genaue Abstimmung der Klebstoffviskosität auf die vorhandene Oberflächenstruktur, um ein Eindringen des Klebstoffs in das Fügeteil und somit eine Klebstoffverarmung in der Klebfuge zu vermeiden.

13.8 Anwendungen des Klebens bei Reparaturen

Das Kleben ermöglicht in vielen Fällen Reparaturen von beschädigten Werkstücken bzw. Bauteilen. Die wesentlichen Vorteile dieses Verfahrens sind die Anwendbarkeit im Bereich leicht entzündlicher Stoffe, daher ist z.B. kein Ausbau des zu reparierenden Teils erforderlich, sowie die Vermeidung von Spannungen und Verformungen, wie sie bei wärmeintensiven Verfahren auftreten. Die praktische Durchführung hat sich jedoch nach den bekannten Regeln bei der Herstellung von Klebungen zu richten:
• Zunächst ist sicherzustellen, daß die zu reparierende Stelle trocken und frei von vorhandenen Substanzen aus dem zu reparierenden Bauteil ist (ggf. Wenden des Bauteils, Entfernung von Rückständen, Trocknen).
• Als Oberflächenvorbehandlung ist eine mechanische Entfernung anhaftender Schichten (Schleifen, rotierende Stahlbürsten etc.) mit einer nachfolgenden Entfettung durchzuführen.
• Über die eigentliche Schadstelle hinaus ist zweckmäßigerweise eine vergrößerte Fläche für die durchzuführende Reparaturklebung vorzusehen.
• Wenn die Möglichkeit besteht, sollte ein weiterer Rißfortschritt durch das Anbringen einer Bohrung begrenzt werden.

Als Klebstoffe werden vorteilhaft kalthärtende Zweikomponenten-Reaktionsklebstoffe z.B. auf Epoxidharzbasis, verwendet. Da es sich bei Reparaturklebungen vielfach um Risse oder Fehlstellen mit größeren Spaltbreiten handelt, sollte der Klebstoff über

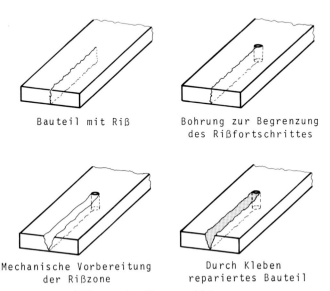

Bauteil mit Riß   Bohrung zur Begrenzung des Rißfortschrittes

Mechanische Vorbereitung der Rißzone   Durch Kleben repariertes Bauteil

Bild 13.4. Durchführung einer Reparaturklebung.

eine entsprechende Spaltüberbrückbarkeit verfügen. Das wird durch Zugabe von Füllstoffen erreicht, wobei es zur Vermeidung von inneren Spannungen vorteilhaft ist, als Füllstoffe fügeteilähnliche Materialien (z.B. Stahl-, Aluminium- Bronzepulver) zu wählen. Auf diese Weise können die Wärmeausdehnungskoeffizienten der Fuge und des Bauteilwerkstoffes weitgehend einander angeglichen werden. In den Fällen, in denen nur eine oberflächliche Rißabdichtung vorgenommen werden soll, besteht die Möglichkeit, zunächst ein mit dem Klebstoff getränktes Glasfasergewebe auf die zu reparierende Stelle zu legen und diese dann vor dem endgültigen Abbinden mit einer zweiten Klebstoffschicht oder zusätzlich aufgeklebten Folien zu verstärken. In Bild 13.4 ist die Reparatur eines Risses in der beschriebenen Weise schematisch dargestellt.

14 Prüfung von Klebungen

14.1 Allgemeine Betrachtungen

Die Auswahl eines Verfahrens für die Prüfung von Klebungen richtet sich nach den zu prüfenden Parametern, der Möglichkeit einer zerstörenden oder zerstörungsfreien Durchführung sowie nach den gegebenen Umständen, unter denen die Prüfung zu erfolgen hat. Dabei kann es sich z.B. um automatisierte Fertigungskontrollen oder Einzelprüfungen im Labor handeln. In jedem Fall sind die folgenden Zusammenhänge zu beachten:

- Es gilt zu unterscheiden, ob physikalisch definierte Größen an vorgegebenen Materialien zu messen sind, z.B. der Schubmodul eines Polymers, oder ob ein komplexes Beanspruchungsverhalten zu ermitteln ist, z.B. die Klebfestigkeit einer Klebung. Während im ersten Fall physikalische Prüfverfahren angewandt werden, handelt es sich im zweiten Fall um technologische Prüfungen, die das Ziel haben, bei relativ einfacher Durchführbarkeit die Praxisbeanspruchungen so weitgehend wie möglich zu berücksichtigen. Bei den technologischen Prüfungen wird im Gegensatz zu den physikalischen Prüfungen nicht eine spezifische Stoffeigenschaft gemessen, sondern ein Eigenschaftsbild, das sich aus dem geprüften System additiv ergibt. So gehen beispielsweise in die Prüfung der Klebfestigkeit nicht nur die Festigkeitseigenschaften der Klebschicht, sondern auch die der Fügeteile und das Verhalten der Grenzschicht mit ein. Gerade diese gegenseitigen Abhängigkeiten erfordern die Einhaltung streng definierter Prüfverfahren, wie sie u.a. in Normen festgelegt sind. Eine Abweichung von den vorgeschriebenen Bedingungen führt zu Ergebnissen, die in ihrer Aussage keine Vergleichsmöglichkeiten zulassen.
- Neben den für die Klebtechnik genormten Prüfverfahren, die der Ermittlung spezifischer Kennwerte dienen und die für die entsprechenden Parameter Eigenschaftsvergleiche ermöglichen, werden weiterhin anwendungsorientierte Prüfverfahren eingesetzt. Diese basieren häufig auf empirisch ermittelten Daten, die einen weitgehenden Bezug auf das Praxisverhalten eines Systems ermöglichen. Sie werden an dem geklebten Verbund mit seinen gegebenen Abmessungen selbst durchgeführt und dienen vorwiegend der laufenden Qualitätskontrolle oder der Überwachung eines Produktionsprozesses.
- Die Verwendung geprüfter Kennwerte für beanspruchungsgerechte Dimensionierungen ist nur dann zulässig, wenn deren Ermittlung nach den vereinbarten Prüfnormen erfolgte. Nur dann ist eine kontinuierliche und reproduzierbare Fertigungsqualität gewährleistet und eine gemeinsame Sprache zwischen Hersteller und Anwender möglich.

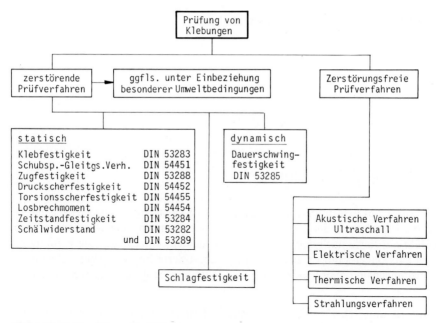

Bild 14.1. Prüfverfahren für Klebungen.

- Die Beschreibung der Leistungsfähigkeit eines Klebstoffs oder des Systems Klebstoff/Fügeteil/Oberflächenbehandlung ist allein aus den Werten von statischen oder dynamischen Prüfungen nicht möglich. In jedem Fall sind die ermittelten Werte durch solche Prüfergebnisse zu ergänzen, die entsprechende Aussagen über die zu erwartenden praxisnahen Alterungsbeanspruchungen ermöglichen.
- Grundsätzlich gilt, wie auch in anderen Bereichen, daß die Qualität einer Klebung nicht „erprüft" werden kann. Primäre Aufgabe muß es sein, den Klebprozeß in seinen wesentlichen begleitenden Parametern so zu steuern, daß durch optimale Voraussetzungen auch optimale Klebungen entstehen. Somit nimmt die Überwachung der einzelnen Produktionsschritte eine mindestens gleichrangige Bedeutung wie die Prüfung der fertigen Klebung ein.

In Bild 14.1 sind die wichtigsten Prüfverfahren für Klebungen zusammengestellt.

14.2 Zerstörende Prüfverfahren

Den zerstörenden Prüfverfahren liegt die Ermittlung von Festigkeitswerten zu Grunde. Zu diesem Zweck werden die Klebungen den verschiedenen Beanspruchungsarten unterworfen, wie sie im wesentlichen in Bild 7.8 dargestellt sind. Die für den Bruch einer Klebung auf die Klebfläche bezogene Bruchlast gilt als Ergebnis der Prüfung unter den gewählten Beanspruchungsbedingungen. Es werden statische und dynamische Prüfverfahren unterschieden, in beiden Fällen kann die Prüfung ergänzend zu den Normalbedingungen unter jeweils interessierenden Umgebungseinflüssen physikalischer und chemischer Art erfolgen. Zur Sicherstellung gleicher und reproduzierbarer Prüfbedingungen sind diese Prüfverfahren in Normen festgelegt, von denen die wichtigsten im folgenden beschrieben werden und auf die für weitergehende Informationen verwiesen wird.

14.2.1 Prüfverfahren für statische Kurzzeitbeanspruchungen

14.2.1.1 Beanspruchung auf Zugscherung

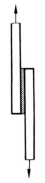

Diese Prüfung erfolgt gemäß DIN 53 283 „Bestimmung der Klebfestigkeit von einschnittig überlappten Klebungen (Zugscherversuch)" bei Beanspruchung der Fügeteile durch Zugkräfte in Richtung der Klebfläche. Als Klebfestigkeit τ_B im Sinne dieser Norm ist der Quotient aus der Höchstkraft F_{max} und der Klebfläche A einer Klebung definiert (Abschn. 8.2.2.4). Ergänzt wird diese Norm durch die Normen DIN 53281 Teil 1, 2 und 3 [D1].

Die Prüfung dient vorwiegend der Beurteilung der Brauchbarkeit und Güte von Klebstoffen bei der Klebstoffentwicklung, der Klebstoffverarbeitung, bei Produktionskontrollen zur Qualitätssicherung und der vergleichenden Beurteilung von Klebstoffen unter chemischen und physikalischen Beanspruchungseinflüssen. Die Möglichkeit der Verwendung der gemessenen Klebfestigkeit als Grundlage für die Berechnung von Metallklebungen ist, wie in Abschn. 9.2.3 näher erläutert, sehr begrenzt. Die Klebfestigkeit ist demnach keine spezifische Größe eines Klebstoffs, sondern nur in der Kombination mit einem vorgegebenen Fügeteilwerkstoff beschreibbar.

14.2.1.2 Beanspruchung auf Schub

Die Beanspruchung einer Klebschicht auf Schub, d.h. die Erzeugung von Schubspannungen, kann auf zwei verschiedene Arten erfolgen: Durch eine zentrisch angreifende Kraft bei unendlich starren Fügeteilen und durch eine Torsionsbeanspruchung.

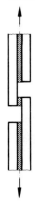

- *Schubspannungs-Gleitungs-Verhalten*: Nach diesem Prüfverfahren werden quasi reine Schubspannungen erhalten, da durch die zentrisch angreifende Kraft kein Biegemoment und somit keine zusätzlichen Normalspannungen erzeugt werden (Abschn. 8.3.2). Durch die Verwendung von dicken Fügeteilquerschnitten bei einer geringen Überlappungslänge werden weiterhin Fügeteildehnungen und die damit verbundenen zusätzlichen Schubspannungsspitzen vermieden. Die Durchführung dieser Prüfung erfolgt nach DIN 54451 „Zugscherversuch zur Ermittlung des Schubspannungs-Gleitungs-Diagramms eines Klebstoffs in einer Klebung" [D1]. Gegenüber dem Prüfverfahren nach DIN 53 283 liegt den erhaltenen Ergebnissen ein weitgehend definierter Schubspannungszustand zugrunde. Daher kann diese Norm für die Ermittlung der Klebschichtkennwerte Schubmodul, Schubfestigkeit, Bruchgleitung und weiterhin der alterungsbedingten Einflüsse auf diese Kennwerte dienen.

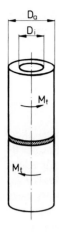

- *Verdrehscherfestigkeit*: Obwohl die Beanspruchung von stumpf geklebten Fügeteilen auf Torsion keine praktische Bedeutung hat, besitzt die Prüfung von Klebschichten durch eine Torsionsbeanspruchung zur Ermittlung der Verdrehscherfestigkeit wegen der sehr homogenen Schubspannungsverteilung große Bedeutung.

Verdreht man zwei als starr angenommene Rohrkörperhälften um ihre Längsachse, so entsteht in der Klebschicht ein rotationssymmetrischer Schubverformungszustand. Bei dieser Beanspruchung wird der Einfluß von Zug- und Biegespannungen auf die Klebfestigkeit eliminiert, somit ergeben sich aufgrund der gleichmäßigen Spannungsverteilung höhere Festigkeitswerte als bei einschnittig überlappten Klebungen mit gleichen Fügeteilen und Klebstoffen. Als Probekörper dienen zwei miteinander verklebte Rohrabschnitte. Die Verdrehscherfestigkeit wird definiert als Widerstand der Klebung gegen ein angreifendes äußeres Torsionsmoment M_t:

$$\tau_V = M_t / W_p. \tag{14.1}$$

Dabei ist

$$W_p = \frac{\pi (D_a^4 - D_i^4)}{16 D_a} \tag{14.2}$$

das polare Widerstandsmoment der Querschnittsfläche [N6]. Somit ergibt sich bei rein elastischer Klebschichtverformung

$$\tau_V = \frac{M_t 16 D_a}{\pi (D_a^4 - D_i^4)}. \tag{14.3}$$

Die Spannungsverhältnisse für ein nicht linear-elastisches Spannungs-Verformungs-Verhalten von Klebschichten für die beschriebene Beanspruchungsart sind von Braig [B50] dargestellt worden.

Da die Ermittlung der Verdrehscherfestigkeit relativ aufwendig ist, hat diese Bestimmung bisher keinen Eingang in die entsprechenden Prüfnormen gefunden.

Die mittels des Verdrehscherversuchs erhaltenen Festigkeitswerte sind hinsichtlich ihrer Aussagekraft nicht mit den Werten der Torsionsscherfestigkeit τ_T nach DIN 54455 vergleichbar. Im letzteren Fall wird an einem Probekörper (Bolzen und Hülse, keine Stumpfklebung) die Scherfestigkeit vorwiegend anaerober Klebstoffe (Abschn. 2.1.1.2) ermittelt. Zur Unterscheidung werden daher die verschiedenen Bezeichnungen τ_V und τ_T verwendet. Eine reine Schubbeanspruchung findet ebenfalls bei der Bestimmung der Druckscherfestigkeit statt (Abschn. 14.2.1.4).

14.2.1.3 Beanspruchung auf Zug

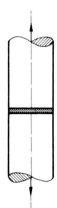

Die Prüfung der Zugfestigkeit einer Klebschicht erfolgt nach DIN 32 288 „Bestimmung der Zugfestigkeit senkrecht zur Klebfläche". Im Gegensatz zu dem Zugscherversuch, bei dem die Klebung in Richtung der Klebfläche beansprucht wird, erfolgt bei der Prüfung der Zugfestigkeit eine Beanspruchung unter Normalkräften, d. h. senkrecht zur Klebfläche. Mit dieser Prüfmethode, der relativ gut definierte Spannungsverhältnisse zugrunde liegen, ist eine Beurteilung der Adhäsions- und Kohäsionseigenschaften von Klebstoffen möglich (Abschnitt 8.3.1).

14.2.1.4 Beanspruchung auf Druckscherung

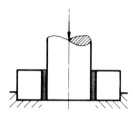

Der Druckscherversuch nach DIN 54452 dient zur Ermittlung der Scherfestigkeit von Klebstoffen in einer rotationssymmetrischen Klebefuge in axialer Richtung. Er wird insbesondere für anaerobe Klebstoffe im Hinblick auf die Verwendung bei Welle-Nabe-Klebungen angewendet (Abschn. 10.2). In gleicher Weise wie die Verdrehscherfestigkeit sind die Festigkeitswerte nach dem Druckscherversuch ebenfalls durch eine homogene Schubspannungsverteilung gekennzeichnet. Die Druckscherfestigkeit τ_D ergibt sich als Quotient aus der axialen Bruchlast F und der Scherfläche A im rotationssymmetrischen Fügespalt einer Bolzen-Hülse-Klebung zu

$$\tau_D = \frac{F_B}{A} = \frac{F_B}{\pi D l}. \tag{14.4}$$

(D Bolzendurchmesser, l Länge der Hülse). Die Druckscherfestigkeit kann ebenfalls an zweischnittig überlappten Klebungen mit starren Fügeteilen ermittelt werden (bisher nicht genormt), sie errechnet sich dann nach der Formel

$$\tau_D = \frac{F_B}{2 l_{ü} b}. \tag{14.5}$$

14.2.1.5 Beanspruchung auf Torsion

Die Prüfung des Verhaltens von Klebschichten bei Torsionsbeanspruchung wird ebenfalls vorwiegend bei anaeroben Klebstoffen durchgeführt. Unterschieden wird die Prüfung an runden Klebfugengeometrien mit glatten Oberflächen und Gewinden.

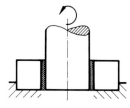

- *Torsionsscherfestigkeit*: Die Prüfung mittels des Torsionsscherversuchs nach DIN 54455 dient der Ermittlung der Scherfestigkeit von Klebstoffen in einer rotationssymmetrischen Klebfuge in radialer Richtung. Die Torsionsscherfestigkeit ist zu unterscheiden von der – nicht genormten – Verdrehscherfestigkeit, die an zwei stumpf geklebten Rohrkörperhälften ermittelt wird (Abschn. 14.2.1.2). Die Torsionsscherfestigkeit τ_T ergibt sich aus dem gemessenen Bruchmoment M_B, dem Radius des Fügespalts r und der Klebfläche A zu

$$\tau_T = \frac{M_B}{r\,A}. \qquad (14.6)$$

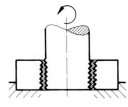

- *Losbrechmoment*: Der Losbrechversuch nach DIN 54454 an geklebten Gewinden dient zur vergleichenden Beurteilung der Sicherungswirkung bei Gewindeklebungen. Die für dieses Einsatzgebiet anaerober und auch anderer Klebstoffe wichtigen Klebstoffeigenschaften lassen sich mit den Prüfverfahren des Zugscherversuchs nach DIN 53283, Druckscherversuchs nach DIN 54452 und Torsionsscherversuchs nach DIN 54455 nur unvollkommen ermitteln. Das Losbrechmoment M_{LB} wird aus dem während der Prüfung aufgezeichneten Drehmoment-Drehwinkel-Diagramm abgelesen.

14.2.1.6 Beanspruchung auf Schälung

Wie bereits in Abschn. 8.3.4 erwähnt, sind Metallklebungen Schälkräften gegenüber sehr empfindlich, so daß diese Beanspruchungsart unter konstruktiven Gesichtspunkten vermieden werden sollte. Für die Beurteilung von Klebstoffen im Hinblick auf das Adhäsions- und Kohäsionsverhalten ist die Kenntnis des Schälwiderstands dennoch von Interesse. Für die Bestimmung gibt es mehrere Prüfmethoden, die sich im wesentlichen durch den auftretenden Schälwinkel während des Schälvorgangs unterscheiden.

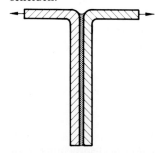

- *Winkelschälversuch*: Dieser Versuch nach DIN 53282 dient der Ermittlung des Widerstands von Metallklebungen gegen abschälende, senkrecht zur Klebfuge angreifende Kräfte. Er wird vorwiegend zur vergleichenden Beurteilung von Klebstoffen und Oberflächenbehandlungsmethoden genutzt, da er Unterschiede im Adhäsions- und Kohäsionsverhalten der Klebschichten mit großer Empfindlichkeit anzuzeigen vermag. Als Ergebnis des Winkelschälversuchs wird ein Schäldiagramm entsprechend Bild 14.2 erhalten.

Der hohe Wert der Anrißkraft F_A am Anfang des Diagramms ist in der zu leistenden Arbeit für die Fügeteilverformung begründet. Bei der Deutung des Schälwiderstands werden zwei Werte unterschieden. Der *absolute Schälwiderstand* stellt das Maß für den Widerstand beim ersten Anriß der Klebung dar. Dieser

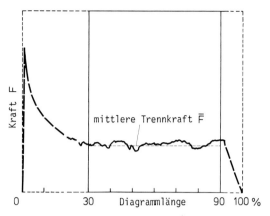

Bild 14.2. Beispiel eines Schäldiagramms.

Anrißschälwiderstand ist insbesondere für die Bewertung des Verhaltens einer Konstruktion unter dieser Beanspruchungsart wichtig, er ergibt sich als Quotient aus der Anrißkraft F_A und der Fügeteilbreite b zu

$$p_A = F_A/b. \tag{14.7}$$

Der *relative Schälwiderstand* gilt als Maß für das fortlaufende Abschälen. Er charakterisiert seiner durchschnittlichen Höhe nach neben der Festigkeit auch die Elastizitätseigenschaften der Klebschicht, d.h. ihr Vermögen zum Abbau von Spannungsspitzen. Elastische Klebschichten zeigen größere Schälwiderstände als spröde Klebschichten. Dieser Wert des Schälwiderstands ergibt sich als Quotient der mittleren Trennkraft $\bar{F}$, die aus dem Schäldiagramm ermittelt wird und der Fügeteilbreite b zu

$$p_S = \bar{F}/b. \tag{14.8}$$

Bedingt durch die bereits erwähnten Inhomogenitäten in der Klebschicht und im Grenzschichtbereich ist die Schälkraft über der Meßlänge nicht konstant, somit ist es erforderlich, von dem Mittelwert über einer größeren Länge auszugehen. Für die Ermittlung des relativen Schälwiderstands wird daher ein Bereich des Schäldiagramms von ca. 30 bis 90% der Diagrammlänge herangezogen, der nicht durch den Anrißschälwiderstand und den Bereich des Abfalls am Ende beeinflußt wird.

Die Ermittlung des Schälwiderstands kann als Kurzzeitversuch bei konstanter Schälgeschwindigkeit oder als Langzeitversuch unter konstanter Last durchgeführt werden. Im letzteren Fall wird die Länge der abgeschälten Klebfuge pro Zeiteinheit bei verschiedenen Temperaturen gemessen.

Brockmann [B63] beschreibt ergänzend eine – nicht genormte – Variante des Schälversuchs, den sog. *Naß-Schäl-Test*, zur Prüfung der Adhäsionsfestigkeit. Hierbei wird während einer Unterbrechung des Schälvorganges in die Rißspitze ein Tropfen Wasser, dessen Oberflächenspannung durch Zugabe von etwa 0,5% Tensid herabgesetzt ist, gegeben. Nach Fortsetzung des Schälvorganges tritt im Fall einer unzureichenden Adhäsion wenige Sekunden später spontan Versagen im Grenzschichtbereich auf. Wenn die Adhäsionskräfte weitgehend wasserunempfindlich sind, ändert sich bei diesem Prüfverfahren weder das Bruchaussehen noch die zum Weiterschälen erforderliche Kraft.

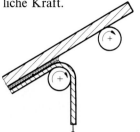

- *Rollenschälversuch*: Die Beschreibung findet sich in DIN 53 289. Im Vergleich zu dem Winkelschälversuch wird beim Rollenschälversuch ein dünnes Blech von einem aufgeklebten dicken Blech mit einem konstanten Biegeradius abgeschält. Der Schälwiderstand wird in gleicher Form aus dem aufgezeichneten Kraft-Weg-Diagramm ermittelt.

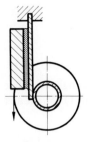

- *Klettertrommelschälversuch*: Für diese Prüfmethode, auch als „Steigtrommelprüfmethode" bezeichnet, existiert keine DIN-Norm, sie ist in den USA nach ASTM D 1781-76 [A19] genormt. Bei diesem Versuch wird ein dünnes Blech auf eine starre Grundplatte geklebt. Dieses Blech wird dann abgeschält, indem es um eine sich drehende Trommel gewickelt wird. Die zum Abschälen aus einem Kraft-Weg-Diagramm abzulesende erforderliche Kraft wird in Form eines Schälmoments angegeben. Auch bei dieser Methode besteht der Vorteil darin, daß der Schälwinkel konstant gehalten wird.

Allgemein ist festzuhalten, daß die Aussagefähigkeit der vorstehend beschriebenen Verfahren gleich gut ist. Der Winkelschälversuch besitzt dabei den Vorteil der einfachen Durchführbarkeit, da außer der Zerreißmaschine keine besondere Prüfvorrichtung benötigt wird.

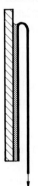

- *Folienschälversuch*: Mit diesem Versuch, für den ebenfalls keine DIN-Norm existiert, lassen sich insbesondere Adhäsionsfestigkeiten bestimmen. Auf eine starre Metallplatte wird eine etwa 0,1 bis 0,15 mm dicke Metallfolie aufgeklebt und anschließend im Winkel von 180° wieder abgeschält. Da der Schälradius sehr klein ist und die Spannungsspitzen in Grenzschichtnähe daher sehr groß werden, lassen sich Brüche in der Grenzschicht erzwingen. Mikroskopische und/oder autoradiographische Untersuchungen des Grenzschichtbereiches erlauben sehr eingehende Erkenntnisse über das Adhäsionsverhalten zwischen Klebstoff und Fügeteiloberfläche.

Die vorstehend erwähnten Prüfmethoden zur Bestimmung des Schälwiderstands sind in ihrer Aussage im Hinblick auf die Adhäsions- und Kohäsionsfestigkeiten in Klebungen wesentlich eindeutiger als der Zugscherversuch, da die Klebfläche praktisch punkt- bzw. linienweise beansprucht wird. Insbesondere erlauben sie Rückschlüsse auf das Verformungsvermögen der Klebschichten im Hinblick auf sprödes (niedrige Werte) und zähes (hohe Werte) Verhalten. Wenn auch in diesem Fall keine einer Berechnung dienenden Festigkeitswerte ermittelt werden können, sind die Ergebnisse dennoch für vergleichende Betrachtungen außerordentlich wertvoll.

Ergänzende Literatur zu Abschnitt 14.2.1.6: [A30, B22, B31, B53, B64, S71, W35].

14.2.2 Prüfverfahren für statische und dynamische Langzeitbeanspruchungen

14.2.2.1 Prüfung der Zeitstandfestigkeit

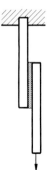

Der Zeitstandversuch nach DIN 53 284 dient zur Ermittlung der Zeitstand- und der Dauerstandfestigkeit von einschnittig überlappten Klebungen bei ruhender Zugbeanspruchung sowie zum Messen der Fügeteilverschiebung bei dieser Beanspruchung. Die Interpretation der erhaltenen Ergebnisse im Hinblick auf die Klebschichteigenschaften erfolgt in Abschn. 8.6. Bei diesem Versuch gilt es zu beachten, daß die Einhaltung konstanter Klebschichtdicken sehr wichtig ist, da sich deren Unterschiede im Zeitstandversuch wesentlich stärker auf die Streuung der Ergebnisse auswirken als z. B. bei dem Zugscherversuch (Bild 8.37).

14.2.2.2 Prüfung der Dauerschwingfestigkeit

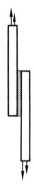

Das Prüfverfahren zur Bestimmung der Dauerschwingfestigkeit von einschnittig überlappten Klebungen bei Zugschwellbeanspruchung ist in DIN 53 285 genormt (Abschn. 8.7). Zur Prüfung bei dynamischen Beanspruchungen ist zu bemerken, daß für die Ermittlung des Ermüdungsverhaltens von Klebungen die zum Versagen führende Schwingspielzahl bei abgestuften Belastungen bestimmt wird. Die jeweilige Ermüdungsfestigkeit ergibt sich dann durch Bezugnahme der Wechsellast auf die Klebfläche. Nach DIN 50100 „Dauerschwingversuch" wird die Schwingspielzahl logarithmisch auf der Abszisse aufgetragen, mit der dazugehörigen Ermüdungsfestigkeit (linear oder logarithmisch) auf der Ordinate erhält man dann eine Wöhler-Kurve. Um eine einwandfreie Grenzbeanspruchung, unter der selbst nach unendlich vielen Lastwechseln kein Bruch mehr zu erwarten ist, festlegen zu können, sollte die Wöhler-Kurve bis zu $5 \cdot 10^7$ Lastwechseln aufgenommen werden.

Ergänzende Literatur zu Abschnitt 14.2.2.2: [M31].

14.2.2.3 Abkürzungsverfahren für Langzeitbeanspruchungen

Eine besondere Problematik ergibt sich bei der Interpretation von Prüfergebnissen aus Kurzzeituntersuchungen im Fall ihrer Übertragung auf das Langzeitverhalten einer Konstruktion unter den vorgesehenen Beanspruchungsbedingungen. Aus diesem Grunde wird versucht, Abkürzungsverfahren für Langzeitbeanspruchungen in die Prüfungen einzubeziehen. Eine übliche Vorgehensweise ist dabei die Prüfung unter verschärften Bedingungen beispielsweise bei höheren Temperaturen und/oder mit höheren Konzentrationen der Beanspruchungsmedien. Über eine Extrapolation der erhaltenen Prüfwerte in den Zeitstand- bzw. Dauerfestigkeitsbereich gelingt in vielen Fällen eine praxisnahe Aussage.

Weitere Möglichkeiten sind über mathematisch-statistische Verfahren gegeben, die neben der üblichen Angabe von Durchschnittswerten und prozentualen Streubereichen auch sichere Aussagen über den Zuverlässigkeitsgrad der Versuchsergebnisse und der angegebenen Festigkeitswerte ermöglichen. Eine zusammenfassende Darstellung wichtiger Abkürzungsverfahren (nach Larson und Miller, Weibull, Prot, Locati) ist von Meckelburg in [M19] veröffentlicht worden. Althof [A40] hat die Anwendung des Prot-Abkürzungsverfahrens zum Bestimmen der Dauerfestigkeit von überlappten Metallklebungen experimentell untersucht. Romanko, Liechti und Knaus [R28] beschreiben ein Verfahren der Schadensvorhersage (integrated methodology) unter gleichzeitiger Berücksichtigung der strukturmechanischen Grundlagen bei der Auslegung einer geklebten Konstruktion, des Grenzschichtverhaltens sowie der mechanischen und umweltmäßigen Beanspruchungen.

14.2.3 Prüfung bei schlagartiger Beanspruchung

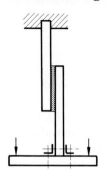

Die Prüfung bei schlagartiger Beanspruchung – bisher nicht genormt – erfolgt nur in sehr seltenen Fällen, da die erhaltenen Meßwerte in keiner Relation zu den statischen oder dynamischen Festigkeitswerten stehen. Es werden unterschieden die Prüfungen bei Schlagscher-, Schlagzugscher- und Schlagzugbeanspruchung (Abschn. 8.8). Diese Prüfmethode ist hinsichtlich ihrer Beanspruchungscharakteristik als gesonderte Prüfung neben den statischen und dynamischen Prüfungen einzuordnen.

Eine umfassende Beurteilung über das praktische Verhalten von Klebungen bei den in Frage kommenden mechanischen Beanspruchungen kann die Prüfung nach einem der erwähnten Verfahren nicht ermöglichen. Nur eine Kombination verschiedener Eigenschaftsprüfungen vermag ein relativ aussagekräftiges Bild zu vermitteln. Dabei gilt es, einen Kompromiß zwischen möglichen und notwendigen Prüfungen zu finden, damit man sich auf einen verhältnismäßig geringen Prüfaufwand beschränken kann. Brockmann [B53] schlägt auf Basis eigener Erfahrungen dazu die folgenden Prüfungen vor:
– Klebfestigkeit bei Raumtemperatur an zehn Proben;
– Zeitstandversuch an jeweils fünf Proben bei 70 bis 80% und 50 bis 60% der Bruchlast;
– Dauerschwingversuch an jeweils fünf bis zehn Proben auf zwei Lastniveaus bei etwa 30 bis 40% und 50% der Bruchlast.

Eine orientierende Beurteilung ist dann durch die zusammenfassende Deutung der Einzelergebnisse möglich. Hohe Werte von Klebfestigkeit und gleichzeitig Dauerschwingfestigkeit deuten auf eine gute plastische Verformbarkeit hin, die Zeitstandfestigkeit und Temperaturbeständigkeit werden dann jedoch relativ begrenzt sein. Geringe Klebfestigkeiten bei guter Dauerschwingfestigkeit und gleichzeitiger hoher Zeitstandfestigkeit lassen auf eine verhältnismäßig geringe plastische Verformbarkeit schließen, eine derartige Eigenschaftskombination kann Voraussetzung für gute Wärme- und Alterungsbeständigkeit sein.

Ergänzende Literatur zu den Abschnitten 14.2.2 und 14.2.3: [A31, F17, G24, H47, K78, L30, M40, P22, W30].

14.2.4 Prüfung bei besonderen Umweltbedingungen

Nur in den seltensten Fällen werden Klebungen ausschließlich bei Normalbedingungen beansprucht. Aus diesem Grunde sind Prüfungen unter den Umgebungseinflüssen Temperatur, natürlicher und ggf. künstlicher Klimate erforderlich. Die Alterungsuntersuchungen werden gewöhnlich an genormten Prüfkörpern durchgeführt, vorwiegend an einschnittig überlappten Klebungen, die den entsprechenden Umweltbedingungen ausgesetzt und anschließend nach den Festlegungen der Normen wieder geprüft werden. Auch die Verfolgung des Spannungs-Gleitungs-Verhaltens an starren Prüfkörpern (Abschn. 4.3) unter derartigen Bedingungen vermag wertvolle Hinweise auf das Alterungsverhalten zu geben. Als Maß für die an den Klebungen eingetretenen Schädigungen gilt der Festigkeitsabfall der gealterten zu den nicht gealterten Prüfkörpern, der in Form vor Abminderungsfaktoren angegeben werden kann (Abschn. 9.2.7). Erst die Eigenschaftsprüfungen der Klebungen unter diesen komplexen, aus mechanischen und Umgebungseinflüssen zusammengesetzten Beanspruchungen, vermag eine weitgehende Aussage über das Verhalten im praktischen Einsatz zu geben. Die folgenden Normen beschreiben für Metallklebstoffe und Metallklebungen die für Alterungsversuche festgelegten Bedingungen:

- DIN 53 266 „Bedingungen für die Prüfung bei verschiedenen Temperaturen". Als Temperaturen für die im wesentlichen interessierenden Beanspruchungs- bzw. Prüfbereiche sind vorzugsweise anzuwenden: -55, -25, +20, +55, +80, +105, +155°C [D1].
- DIN 53 287 „Bestimmung der Beständigkeit gegenüber Flüssigkeiten". Die Prüfflüssigkeiten sind nicht spezifiziert, es werden die Flüssigkeiten verwendet, deren Einwirkung auf die Klebung vereinbarungsgemäß geprüft werden soll [D1].

14.2.5 Prüfung mittels Schallemissionsanalyse

Mit der Schallemissionsanalyse (SEA) lassen sich auftretende Werkstoffschädigungen nachweisen. Durch mechanische Beanspruchungen verursachte Schadensvorgänge verursachen im Werkstück Schallimpulse, die sich über entsprechende Detektoren erfassen lassen. Nach erfolgter Verstärkung erfolgt eine Analyse der Schallimpulse hinsichtlich ihrer Anzahl, Energie, Frequenz und Amplitudenhöhe. Dieses Verfahren ist bei Anwendung geeigneter Prüfkörper wie sie z.B. dem Keiltest (Abschn. 7.3.3) zugrunde liegen, geeignet, Hinweise auf das Verhalten von Klebungen bei mechanischer Beanspruchung im Adhäsions- und Kohäsionsbereich zu geben. Durch die Schallemissionsanalyse konnte nachgewiesen werden [H70], daß ein Versagensprozeß innerhalb der Klebung bereits deutlich vor dem Bruch eingeleitet wird und zwar vorwiegend an Mikroporen beginnend, die sich auch bei sehr sorgfältiger Verfahrensdurchführung nicht vollständig vermeiden lassen. Weiterhin war es möglich, deutliche Unterschiede in den Abhängigkeiten der Oberflächenvorbehandlung und dem Einsetzen von Schallemissionen festzustellen sowie die Eigenschaftsänderungen von Klebschichten unter dem Einfluß von Alterungsvorgängen zu verfolgen. Umfangreiche Untersuchungn zum Einsatz der Schallemissionsanalyse als Prüfverfahren für Metallklebungen sowie zur Beschreibung des deformationsmechanischen Verhaltens von

Klebschichten unter mechanischer Beanspruchung sind u.a. von Brockmann [B65], Hahn und Kötting [H70], und Hill [H71] durchgeführt worden.

Ergänzende Literatur zu Abschnitt 14.2.5: [C16, K36, P23].

14.3 Zerstörungsfreie Prüfverfahren

Während die zerstörenden Prüfverfahren es weitgehend erlauben, unter den jeweiligen Beanspruchungen Festigkeitswerte zu ermitteln, ist diese Möglichkeit bei den zerstörungsfreien Prüfungen (NDT = non destructive testing) nur sehr bedingt gegeben. Sie ermöglichen vor allem die Prüfung der Klebschicht auf Freiheit bzw. Vorhandensein von Fehlstellen, wie Poren, Lunkern, Benetzungsfehlern u.s.w., die für die Festigkeit von Klebungen eine ausschlaggebende Rolle spielen. Von Vorteil ist dabei die relativ einfache und schnelle Prüfung großer Klebflächen auf Gleichmäßigkeit der Klebschichtausbildung wie sie z.B. im Flugzeugbau anzutreffen sind. Die Leistungsgrenze der zerstörungsfreien Prüfmethoden liegt in der nicht gegebenen Möglichkeit, den gemessenen Prüfwerten Festigkeitskriterien zuzuordnen, da die ggf. vorhandenen unterschiedlichen Haftungskräfte von den einzelnen Verfahren nicht erfaßt werden können. Daher genügt es nicht, eine Klebung nur im Hinblick auf die Freiheit von Inhomogenitäten zu beurteilen, da in vielen Fällen das Versagen der Haftung zwischen Klebschicht und Fügeteiloberfläche die Schwachstelle darstellt. Diese ist aber nur dann zerstörungsfrei feststellbar, wenn sie als eine tatsächliche Materialtrennung und nicht nur in Form verminderter Haftungskräfte vorliegt.

Es ist daher davon auszugehen, daß die zerstörungsfreien Prüfverfahren nur in Kombination mit den Methoden der zerstörenden Prüfung zu einem leistungsfähigen Prüfsystem ausgebaut werden können. Für die praktische Anwendung ergibt sich durch zerstörend und zerstörungsfrei geprüfte Vergleichsklebungen unter Versuchsbedingungen die Möglichkeit der Herstellung von Eichprüfkörpern, über deren Zuordnung zu den gefundenen Fehlstellen bei gegebener Erfahrung dann über den Qualitätsstand einer Klebung entschieden werden kann. Somit bietet die zerstörungsfreie Prüfung in speziellen Fällen dann indirekt eine Möglichkeit für die Bewertung von Festigkeitseigenschaften einer Klebung. Eine wesentliche Voraussetzung für die Aussagekraft zerstörungsfreier Prüfverfahren ist eine einwandfreie Beherrschung des gesamten Klebeprozesses in einer Weise, daß die Adhäsionskräfte zwischen Klebschicht und Fügeteiloberfläche und die Kohäsionskräfte innerhalb der Klebschicht mit Sicherheit gewährleistet sind. Nur dann vermag eine Beurteilung wegen vorhandener oder nicht vorhandener Fehlstellen in der Klebschicht eine Entscheidung über den Qualitätsstand zu geben.

Die Einteilung der zerstörungsfreien Prüfverfahren erfolgt je nach dem vorliegenden physikalischen Prinzip in akustische, elektrische, thermische und auf Strahlung basierende Verfahren. Die auf diesem Gebiet vorhandene Literatur ist außerordentlich vielfältig, eine Wiedergabe kann daher nur in speziellen Fällen für zusammenfassende Verfahrensbeschreibungen, nicht jedoch für die beschriebenen einzelnen speziellen Anwendungsfälle erfolgen.

In Ergänzung zu den erwähnten Literaturangaben bei den einzelnen Verfahren erfolgt im Anschluß an Abschn. 14.3.5 eine Zusammenstellung wichtiger, die beschriebenen Themenbereiche übergreifender Veröffentlichungen.

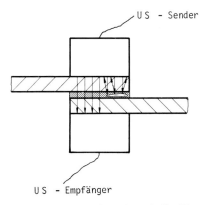

Bild 14.3. Prinzip der Ultraschallprüfung.

14.3.1 Akustische Verfahren auf Basis Ultraschall

Von den möglichen zerstörungsfreien Prüfverfahren werden die Methoden auf Basis Ultraschall am häufigsten eingesetzt. Bei diesem Prinzip werden hochfrequente (> 20 kHz) Ultraschallimpulse von einem Ultraschallgeber über ein Ankopplungsmedium (Wasser, Öl, Fett) in die zu prüfende Klebung abgestrahlt. Ultraschallwellen breiten sich in homogenen, fehlerfreien Werkstücken geradlinig und ungestört aus, jede Inhomogenität beeinflußt sie auf ihrem Ausbreitungsweg. Treffen die Wellen auf ihrem Weg durch eine Klebung beispielsweise auf eine Fehlstelle, so werden sie an dieser je nach ihrer Lage und Größe im Strahlungsfeld mindestens teilweise reflektiert. Ein Teil der reflektierten Energie gelangt dabei an die Einstrahlungsstelle zurück (Bild 14.3).

Das Vorhandensein einer Fehlstelle äußert sich demnach sowohl durch die reflektierte Strahlung vor der Fehlstelle, als auch durch eine Schattenwirkung hinter ihr. Je nach Art der für die Messungen dienenden Meßgrößen werden die folgenden Ultraschallprüfverfahren für Klebungen unterschieden:

14.3.1.1 Resonanzverfahren

Durch Variation der eingestrahlten Frequenz erfolgt eine Änderung der Schwingungseigenschaften des Systems Ultraschallschwinger-Klebung. Je nach den Resonanzeigenschaften der Klebung (Fügeteil = Masse, Klebschicht = Dämpfer), die von der Klebschichtdicke, Klebschichtelastizität und ggf. Fehlstellen abhängig sind, erfolgt eine Änderung der Resonanzfrequenz, die auf einem Bildschirm zur Anzeige gebracht wird. Dieses Meßprinzip liegt dem Fokker-Bond-Tester zugrunde, der insbesondere für Qualitätsprüfungen in der Flugzeugindustrie mit programmierter Steuerung für automatisierte Prüfungsabläufe weltweit im Einsatz ist.

14.3.1.2 Impuls-Echo-Verfahren

Als Meßgröße wird die in einer Klebung verursachte Schwächung einer sich ausbreitenden Schallwelle sowie ihre Laufzeit verwendet. Die Schwächung der Schallintensität erfolgt durch unterschiedliche Klebschichtdicken, einen ungleichmäßigen Aushärtungsgrad und durch Fehlstellen. Vorteilhaft ist die Möglichkeit, daß zum Senden und Empfangen nur ein Schallkopf erforderlich ist somit einseitig geprüft werden kann. Der Schallkopf kann dabei entweder gleichzeitig Sender und Empfänger sein oder je ein Sender und Empfänger sind in einem Schallkopf vereinigt (SE-Schallkopf). Es werden sehr kurze Schallimpulse verwendet, deren Impulsdauer wesentlich kleiner ist als die Laufzeit des Impulses vom Schallkopf zum Fehler und zurück. Auf diese Weise ist sichergestellt, daß am Schallkopf der Sendeimpuls völlig abgeklungen ist, wenn der reflektierte Impuls, also das Echo, dort wieder eintrifft. Aus der Echofolge oder Echohöhe kann auf das Vorhandensein von Fehlstellen geschlossen werden.

14.3.1.3 Durchschallungsverfahren

Als Meßgröße dienen auch in diesem Fall die Laufzeit und die Dämpfung eines ausgesandten Schwingungsimpulses. Sender und Empfänger sind getrennte Einheiten, die genau senkrecht zueinander fixiert werden müssen. Die zu prüfende Klebung muß also, im Gegensatz zu den beiden anderen erwähnten Verfahren, von beiden Seiten zugänglich sein. Durch die Abhängigkeit der beiden Meßgrößen von der Klebschichtelastizität, Klebschichtdicke und ggf. vorhandenen Fehlstellen lassen sich mit dieser Methode die Kohäsionseigenschaften der Klebschicht ermitteln. Die Schwierigkeit der präzisen, gegenüberliegenden Anordnung von Sender und Empfänger auf beiden Seiten der Konstruktion haben dieses Verfahren im Vergleich zu den beiden anderen Prüfmethoden in der praktischen Anwendung zurückgedrängt.

Ergänzende Literatur zu Abschnitt 14.3.1: [A31, A41, A42, B68, B70, E37, H72, R29, S82, S87, T19].

14.3.2 Elektrische Verfahren

Grundlage dieser Verfahren ist eine Kapazitätsmessung. In Verbindung mit den metallischen Fügeteilen bildet die isolierende Klebschicht einen Kondensator, dessen Kapazität sich nach den bekannten physikalischen Gesetzen umgekehrt proportional mit der Dicke des Dielektrikums (in diesem Fall also der Klebschicht) und direkt proportional mit der Fläche ändert. Nach Untersuchungen von Schlegel [S86] wirken sich Dickenschwankungen insbesondere im Bereich unterhalb 0,1 mm auf die Kapazität außerordentlich stark aus, so daß dieses Verfahren zur Ermittlung von Fehlstellen eine sehr gleichmäßige Klebschichtdickenverteilung voraussetzt. Der Anteil einer mit Fehlstellen versehenen Klebschicht wird durch das Verhältnis der Kapazität der fehlerfreien zur fehlerhaften Klebfläche ermittelt.

14.3.3. Thermische Verfahren

Diesen Prüfverfahren liegt die Messung der Wärmeleitfähigkeit zugrunde, die in Abhängigkeit von der Klebschichtdicke und bei Vorhandensein von Fehlstellen Unterschiede innerhalb einer Klebung aufweisen kann. Wegen der guten Wärmeleitfähigkeit der metallischen Fügeteile und einem somit gegebenen schnellen Temperaturausgleich sind außerordentlich empfindliche Meßanordnungen erforderlich. Mittels einer Wärmestrahlungsquelle wird eine Seite der Klebfuge erwärmt und die unterschiedliche Erwärmung des gegenüberliegenden Fügeteils z.B. durch Abtasten mit einem Infrarot-Strahlungsintensitäts-Meßgerät gemessen. Eine weitere Möglichkeit zur Bestimmung der Temperaturverteilung besteht in dem Auftragen von temperaturempfindlichen Farbstoffen, hier bieten Cholesterinderivate, sog. flüssige Kristalle, gute Voraussetzungen. Insgesamt bedürfen die Möglichkeiten der zerstörungsfreien Prüfung von Klebungen mittels thermischer Verfahren für die praktische Anwendung noch weiterer Entwicklungen.

Ergänzende Literatur zu Abschn. 14.3.3: [B66, B67].

14.3.4 Strahlungsverfahren

Zur Anwendung kommen Röntgenstrahlen. Da die dünnen Klebschichten diesen Strahlen gegenüber durchlässig sind, ist eine direkte Prüfung der Klebschicht nicht möglich, es sei denn, daß dem Klebstoff Metallpulver zum Abschwächen der Strahlen beigemischt wird. Praktische Anwendung in der Klebtechnik hat dieses Verfahren daher nur im Flugzeugbau gefunden, da über die radiographische Prüfung eine gute Möglichkeit besteht, die für die Festigkeit des Verbundsystems ausschlaggebende Gleichmäßigkeit der Wabenkernanordnung in den geklebten Wabenkernkonstruktionen zu prüfen. In der Elektronik bieten die mit Metallpartikeln gefüllten leitfähigen Klebstoffe gute Voraussetzungen für die Prüfung der Klebschichtausbildung.

Ergänzende Literatur zu Abschnitt 14.3.4: [R30].

14.3.5 Holographische Verfahren

In Ergänzung zu den erwähnten zerstörungsfreien Prüfmethoden ist noch das Verfahren der holographischen Interferometrie unter Anwendung eines Laserstrahls zu erwähnen. Es handelt sich um eine sehr empfindliche Methode zur Bestimmung von Fehlstellen im Adhäsions- oder Kohäsionsbereich. Diese ergeben bei Belastung gegenüber einwandfrei geklebten Klebfugen abweichende Fügeteilverformungen, die an ihrer Oberfläche bereits in Bereichen unterhalb der Lichtwellenlänge durch Interferenzbilder sichtbar gemacht werden können. Voraussetzung für die Anwendung dieser Methode sind Klebfugengeometrien mit im Vergleich zu der Fügeteildicke großen Klebflächen wie sie z.B. im Flugzeugbau vorkommen.

Ergänzende Literatur zu Abschnitt 14.3.5: [S84, W36].
Weitere ergänzende Literatur zu Abschnitt 14.3: [A31, B69, D52, L31, M75, M76, S59, S82, S83, S85, S86].

14.4 Prüfung von Klebschichtpolymeren

Trotz der Tatsache, daß die Eigenschaften von Klebschichten für sich allein keine umfassenden Aussagen über das Verhalten von Klebungen ermöglichen, da die sich überlagernden Fügeteileigenschaften zu Eigenschaftsänderungen führen können, sind dennoch für eine vergleichende Beurteilung von Klebstoffen einige spezifische Kennwerte von Interesse. Hierbei handelt es sich insbesondere um die Größen, die auf die Festigkeit der Klebungen den größten Einfluß haben. Die entsprechenden Prüfverfahren sind in den jeweiligen Normen festgelegt:
— *Schubmodul*: DIN 53 445 „Prüfung von Kunststoffen — Torsionsschwingungsversuch" (Abschn. 4.4.2).

— *Elastizitätsmodul*: DIN 53 457 „Prüfung von Kunststoffen — Bestimmung des Elastizitätsmoduls im Zug-, Druck- und Biegeversuch". Daneben ergibt sich die Berechnung aus dem Schubmodul (Abschn. 4.5).
— *Kriechmodul*: DIN 53 444 „Prüfung von Kunststoffen — Zeitstand-Zugversuch".
— *Zugfestigkeit*: DIN 53 455 „Prüfung von Kunststoffen — Zugversuch".
Die wichtigsten Prüfverfahren für die Klebstoffgrundstoffe sind in DIN 16 945 „Reaktionsharze, Reaktionsmittel und Reaktionsharzmassen — Prüfverfahren" beschrieben. In dieser Norm finden sich u.a. Angaben über die Bestimmung von Viskosität, Schmelzintervall, Epoxid-Äquivalent, Styrol-Methacrylat-, Isocyanatgehalt und Härtungszeit.

Ergänzende Literatur zu Abschnitt 14.4: [D53, E38].

15 Anhang

15.1 Verzeichnis der erwähnten DIN-Normen

DIN 1052	Teil 1 Holzbauwerke; Berechnungen und Ausführung
DIN 7724	Gruppierung hochpolymerer Werkstoffe auf Grund der Temperaturabhängigkeit ihres mechanischen Verhaltens; Grundlagen, Gruppierung, Begriffe.
DIN 8580	Fertigungsverfahren; Einteilung.
DIN 8593	Fertigungsverfahren Fügen; Einordnung, Unterteilung, Begriffe.
DIN 16 920	Klebstoffe; Richtlinien für die Einteilung.
DIN 16 945	Reaktionsharze, Reaktionsmittel und Reaktionsharzmassen; Prüfverfahren.
DIN 16 970	Klebstoffe zum Verbinden von Rohren und Rohrleitungsteilen aus PVC hart; Allgemeine Güteanforderungen und Prüfungen.
DIN 50 100	Werkstoffprüfung Dauerschwingversuch; Begriffe, Zeichen, Durchführung, Auswertung.
DIN 50 145	Zugversuch.
DIN 53 260	Prüfung von Glutinleimen.
DIN 53 276	Prüfung von Werkstoffen für Bodenbeläge; Prüfung zur Ermittlung der elektrischen Leitfähigkeit von Klebstoffilmen.
DIN 53 281	Teil 1 Prüfung von Metallklebstoffen und Metallklebungen; Proben, Klebflächenvorbehandlung.
DIN 53 281	Teil 2 Prüfung von Metallklebstoffen und Metallklebungen; Probekörper, Herstellung.
DIN 53 281	Teil 3 Prüfung von Metallklebstoffen und Metallklebungen; Probenkörper, Kenndaten des Klebvorganges.
DIN 53 282	Prüfung von Metallklebstoffen und Metallklebungen; Winkelschälversuch.
DIN 53 283	Prüfung von Metallklebstoffen und Metallklebungen; Bestimmung der Klebfestigkeit von einschnittig überlappten Klebungen (Zugscherversuch).
DIN 53 284	Prüfung von Metallklebstoffen und Metallklebungen; Zeitstandversuch an einschnittig überlappten Klebungen.
DIN 53 285	Prüfung von Metallklebstoffen und Metallklebungen; Dauerschwingversuch an einschnittig überlappten Klebungen.
DIN 53 286	Prüfung von Metallklebstoffen und Metallklebungen; Bedingungen für die Prüfung bei verschiedenen Temperaturen.
DIN 53 287	Prüfung von Metallklebstoffen und Metallklebungen; Bestimmung der Beständigkeit gegenüber Flüssigkeiten.
DIN 53 288	Prüfung von Metallklebstoffen und Metallklebungen; Bestimmung der Zugfestigkeit senkrecht zur Klebfläche.
DIN 53 289	Prüfung von Metallklebstoffen und Metallklebungen; Rollenschälversuch.
DIN 53 444	Prüfung von Kunststoffen – Zeitstand-Zugversuch.
DIN 53 445	Prüfung von Kunststoffen; Torsionsschwingungsversuch.
DIN 53 455	Prüfung von Kunststoffen; Zugversuch.
DIN 53 457	Prüfung von Kunststoffen – Bestimmung des Elastizitätsmoduls im Zug-, Druck- und Biegeversuch.
DIN 53 735	Bestimmung des Schmelzindex von Thermoplasten.

DIN 54 451	Prüfung von Metallklebstoffen und Metallklebungen; Zugscherversuch zur Ermittlung des Schubspannungs-Gleitungs-Diagramms eines Klebstoffs in einer Klebung.
DIN 54 452	Prüfung von Metallklebstoffen und Metallklebungen; Druckscherversuch.
DIN 54 454	Prüfung von Metallklebstoffen und Metallklebungen; Losbrechversuch an geklebten Gewinden.
DIN 54 455	Prüfung von Metallklebstoffen und Metallklebungen; Torsionsscherversuch.
DIN 55 405	Klebebänder.
DIN 68 141	Holzverbindungen; Prüfung von Leimen und Leimverbindungen für tragende Holzbauteile, Gütebedingungen.
DIN 68 601	Holz-Leimverbindungen; Begriffe.
DIN 68 602	Beurteilung von Klebstoffen zur Verbindung von Holz und Holzwerkstoffen.

15.2 Verzeichnis wichtiger ASTM-Methoden und Empfehlungen für die Prüfung von Klebstoffen und Klebungen

D 896-66 (1979)	Standard Test Method for Resistance of Adhesive Bonds to Chemical Reagents.
D 897-78	Standard Test Method for Tensile Properties of Adhesive Bonds.
D 903-49 (1978)	Standard Test Method for Peel or Stripping Strength of Adhesive Bonds.
D 905-49 (1976)	Standard Test Method for Strength Properties of Adhesive Bonds in Shear by Compression Loading.
D 950-78	Standard Test Method for Impact Strength of Adhesive Bonds.
D 1002-72 (1978)	Standard Test Method for Strength Properties of Adhesives in Shear by Tension Loading (Metal-to-Metal).
D 1062-78	Standard Test Method for Cleavage Strength of Metal-to-Metal Adhesive Bonds.
D 1084-63 (1976)	Standard Test Method for Viscosity of Adhesives.
D 1144-57 (1975)	Standard Recommended Practice for Determining Strength Development of Adhesive Bonds.
D 1146-53 (1976)	Standard Test Method for Blocking Point of Potentially Adhesive Layers.
D 1151-72 (1979)	Standard Test Method for Effect of Moisture and Temperature on Adhesive Bonds.
D 1183-70 (1976)	Standard Test Methods for Resistance of Adhesives to Cyclic Laboratory Aging Conditions.
D 1184-69 (1980)	Standard Test Method for Flexural Strength of Adhesive Bonded Laminated Assemblies.
D 1304-69 (1977)	Standard Testing Methods Adhesives Relative to Their Use as Electrical Insulation.
D 1337-56 (1979)	Standard Test Method for Storage Life of Adhesives by Consistency and Bond Strength.
D 1338-56 (1977)	Standard Test Method for Working Life of Liquid or Paste Adhesives by Consistency and Bond Strength.
D 1344-78	Standard Testing Methods Cross-Lap Specimens for Tensile Properties of Adhesives.
D 1780-72 (1978)	Standard Recommended Practice for Conducting Creep Tests of Metal-to-Metal Adhesives.
D 1781-76	Climbing Drum Peel Test for Adhesives.
D 1828-70 (1976)	Standard Recommended Practice for Atmospheric Exposure of Adhesive-Bonded Joints and Structures.
D 1876-72 (1978)	Standard Test Method for Peel Resistance of Adhesives (T-Peel Test).
D 2093-69 (1976)	Standard Recommended Practice for Preparation of Surfaces of Plastics Prior to Adhesive Bonding.
D 2094-69 (1980)	Standard Recommended Practice for Preparation of Bar and Rod Specimens for Adhesion Tests.

D 2095-72 (1978)	Standard Test Method for Tensile Strength of Adhesives by Means of Bar and Rod Specimens.
D 2182-72 (1978)	Standard Test Method for Strength Properties of Metal-to-Metal Adhesives by Compression Loading (Disk Shear).
D 2183-69 (1974)	Standard Test Method for Flow Properties of Adhesives.
D 2293-69 (1980)	Standard Test for Creep Properties of Adhesives in Shear by Compression Loading (Metal-to-Metal).
D 2294-69 (1980)	Standard Test Method for Creep Properties of Adhesives in Shear by Tension Loading (Metal-to-Metal).
D 2295-72 (1978)	Standard Test Method for Strength Properties of Adhesives in Shear by Tension Loading at Elevated Temperatures (Metal-to-Metal).
D 2557-72 (1978)	Standard Test Method for Strength Properties of Adhesives in Shear by Tension Loading in the Temperature Range from $-267,8$ to $-55°C$ (-450 to $-67°F$).
D 2651-79	Standard Recommended Practice for Preparation of Metal Surfaces for Adhesive Bonding.
D 2739-72 (1979)	Standard Test Method for Volume Resistivity of Conductive Adhesives.
D 2918-71 (1976)	Standard Recommended Practice for Determining Durability of Adhesive Joints Stressed in Peel.
D 2919-71 (1976)	Standard Recommended Practice for Determining Durability of Adhesive Joints Stressed in Shear by Tension Loading.
D 2979-71 (1977)	Standard Test Method for Pressure-Sensitive Tack of Adhesives Using an Inverted Probe Machine.
D 3121-73 (1979)	Standard Test Method for Tack of Pressure-Sensitive Adhesives by Rolling Ball.
D 3163-73 (1979)	Standard Recommended Practice for Determining the Strength of Adhesively Bonded Rigid Plastic Lap Shear Joints in Shear by Tension Loading.
D 3166-73 (1979)	Standard Test Method for Fatique Properties of Adhesives in Shear by Tension Loading (Metal-to-Metal).
D 3310-74 (1979)	Standard Recommended Practice for Determining Corrosivity of Adhesive Materials.
D 3433-75	Standard Test Method for Fracture Strength in Cleavage of Adhesives in Bonded Joints.
D 3528-76	Standard Test for Strength Properties of Double Lap Shear Adhesive Joints by Tension Loading.
D 3658-78	Standard Recommended Practice for Determining the Torque Strength of Ultraviolet (UV) Ligth Cured Glass/Metal Adhesive Joints.
D 3762-79	Standard Test Method for Adhesive-Bonded Surface Durability of Aluminium (Wedge Test).
D 3807-79	Standard Test Method for Strength Properties of Adhesives in Cleavage/Peel by Tension Loading (Engineering Plastics-to-Engineering Plastics).
D 3808-79	Pratice for Qualitative Determination of Adhesion of Adhesives to Substrates by Spot Adhesion Test Method.
E 229-70 (1976)	Standard Test Method for Shear Strength and Shear Modulus of Structural Adhesives.

15.3 Kurzzeichen für Klebstoffgrundstoffe und wichtige Kunststoffe (nach DIN 7728 Teil 1)

ABS	Acrylnitril-Butadien-Styrol (-Polymer)
CA	Celluloseacetat
CF	Kresol-Formaldehyd (-Harz)
CMC	Carboxymethylcellulose
CP	Cellulosepropionat
CS	Casein (-Kunststoff)

EEA	Ethylen-Ethylacrylat (-Polymer)
EP	Epoxid (-Harz)
EVA	Ethylen-Vinylacetat (-Polymer)
EVAL	Ethylen-Vinylalkohol (-Polymer)
MBS	Methylmethacrylat-Butadien-Styrol (-Polymer)
MC	Methylcellulose
MF	Melamin-Formaldehyd (-Harz)
MPF	Melamin-Phenol-Formaldehyd (-Harz)
PA	Polyamid
PAN	Polyacrylnitril
PBTP	Polybutylenterephthalat
PC	Polycarbonat
PE	Polyethylen
PETP	Polyethylenterephthalat
PF	Phenol-Formaldehyd (-Harz)
PJ	Polyimid
PMMA	Polymethylmethacrylat
POM	Polyoxymethylen, Polyacetal
PP	Polypropylen
PPO	Polyphenylenoxid
PS	Polystyrol
PSU	Polysulfon
PTFE	Polytetrafluorethylen
PUR	Polyurethan
PVAC	Polyvinylacetat
PVAL	Polyvinylalkohol
PVC	Polyvinylchlorid
PVDC	Polyvinylidenchlorid
PVFM	Polyvinylformal
RF	Resorcin-Formaldehyd (-Harz)
SAN	Styrol-Acrylnitril (-Polymer)
SP	Gesättigter Polyester
UF	Harnstoff-Formaldehyd
UP	Ungesättigter Polyester
VCVAC	Vinylchlorid-Vinylacetat (-Polymer)

15.4 Ausgewählte deutsch-englische und englisch-deutsche Begriffe aus dem Gebiet des Klebens

Deutsch-Englisch

Abbau (thermischer)	decomposition
Abbinden	setting
Abbindezeit	setting time
abgeschrägte Überlappung	beveled joint lap
Adhäsionsbruch	adhesive failure
amorph	amorphous
Aushärten	curing, setting
Aushärtungstemperatur	curing temperature
Aushärtungszeit	curing time
Beschleuniger	accelerator
Beständigkeit	resistance
Biegefestigkeit	flexural strength
Biegemoment	bending moment

15.4 Ausgewählte deutsch-englische und englisch-deutsche Begriffe

Bindungskräfte	linkage forces
Bruch	rupture
Bruchlast	failure load
Dauerschwingversuch	fatigue test
Deformation	deformation
Dehngrenze	non proportional elongation
Dehnung	strain, elongation
Diffusion	diffusion
Dispersionsklebstoff	adhesive dispersion
Dispersionsmittel	dispersing agent
Druck	compression
Druckfestigkeit	compressive strength
duromerer Klebstoff	thermoset adhesive
Einfriertemperatur	transition temperatur
einschnittig überlappte Klebung	single-lap joint
Elastizität	elasticity
Elastizitätsmodul	modulus of elasticity
ertragbare Last	sustained load
Erweichungspunkt	softening point
Fasern	fibers
Fertigung	production
Festigkeit	strength
Feststoffgehalt	solids contents
Fixieren	fixing
Formänderung	deformation
Fügeteil	adherend, substrat
Füllstoff	filler
Glaszustand	glassy state
Gleitung	shear strain
Grundstoff	binder
Härter	hardener
Härtungstemperatur	curing temperature
haften	adhere
Haftkleben	pressure-sensitive-bonding
Haftklebstoff	pressure-sensitive adhesive
Haftung	adhesion
Haftvermittler	primer
Harz	resin
Höchstzugkraft	maximum load
kalthärtend	coldsetting, room temperature setting
Katalysator	catalyst
Kettenlänge	chain length
Kleben	bonding
Klebfestigkeit	bond strength, shear strength of single overlap joints
Klebfläche	surface to be joint, bond area
Klebflächenvorbehandlung	surface treatment
Klebfuge	joint
Klebfugengestaltung	joint design
Klebrigkeit	tack
Klebschicht	bond line
Klebschichtdicke	bond line thickness, adhesive thickness
Klebschichtverformung	bondline shear displacement
Klebstoff	adhesive

Klebstoffansatz	adhesive batch
Klebstoffart	class of adhesive
Klebstoffauftrag	adhesive coating
Klebstoffbestandteile	components
Klebstoffilm	adhesive coat
Klebstoff, tierischer	(animal) glue
Klebung	(adhesive) bonded joint, joint
Klebung, einschnittig überlappt	single-lap joint
Klebung, zweischnittig überlappt	double-lap joint
Kleister	paste
Kohäsion	cohesion
Kohäsionsbruch	cohesive failure
Konstruktion	design
Konstruktionsklebstoff	structural adhesive
Kontaktkleben	contact bonding
Kontaktklebstoff	contact adhesive
Kontaktklebzeit	contact life
kovalente Bindung	covalent binding
kriechen	creep
Kriechmodul	creep modulus
Kriechnachgiebigkeit	creep compliance
Kristallisationsgrad	degree of crystallinity
Kunststoff	plastic
Kunststoff, faserverstärkt	advanced composite, reinforced plastic
Kunststoffkleben	adhesive bonding of plastics
Kurzzeitbeanspruchung	short-time loading
Lagerbeständigkeit	storage life
Langzeitbeanspruchung	long-time loading
Laschung, einschnittig	single-strap joint
Laschung, zweischnittig	double-strap joint
Last	load
Leim	glue
Leitfähigkeit	conductivity
lineare Elastizität	linear elasticity
lineares Polymer	linear polymer
Lösungsmittel	solvent
Lösungsmittelaktivierkleben	solvent activation bonding
Lösungsmittelklebstoff	solvent adhesive
Makromoleküle	macromolecule
Metallklebstoff	adhesive for metals
Metallklebung	bonded metal joint
Mischpolymerisation	copolymerization
Monomer	monomer
Montageklebstoff	structural adhesive
Nachgiebigkeit	compliance
Nachhärtung	post cure
Naßkleben	wet bonding
Naßklebzeit	wet life
nichtlineare Elastizität	nonlinear elasticity
Oberflächenbehandlung	surface preparation
Polyaddukt	addition polymer
Polykondensat	polykondensate
Polykondensation	polycondensation
Polymer	polymer
Polymerisation	polymerization

Polymerisationsgrad	degree of polymerization
Pressen	pressing
Primer	primer
Probekörper	test piece
Prüfbedingungen	conditions for testing
Reaktionsklebstoff	reaction adhesive
Relaxation	relaxation
Rollenschälversuch	floating roller peel test
Schäftung	scarf joint
Schäftung, abgesetzt	landed scarf
Schmelzklebstoff	hotmelt adhesive
Schub	shear
Schubdehnung	shear strain
Schubfestigkeit	shear strength
Schubmodul	(adhesive) shear modulus
Schubspannung	shear stress
Schubspannungs-Gleitungs-Diagramm	shear stress-shear strain-diagram
Spannung	stress
Spannungs-Dehnungs-Diagramm	stress-strain-diagram
Spannungs-Dehnungs-Verhalten	stress-strain behavior
Spannungsverteilung	stress distribution
Stabilisator	stabilizier
Streckgrenze	yield point
Thermoplast	thermoplastic
Topfzeit	pot life, working life
Torsionsmoment	torsional moment
Trennung	delamination
Trocknen (eines Klebfilms)	to dry
überlappte Klebung	lap joint
Überlappungsbreite	joint width of bond area
Überlappungslänge	joint length
Verbinden	bonding
Verbindung	bond
Verbindungsfestigkeit	bond strength
Verdickungsmittel	thickener
Verdünnungsmittel	diluent
Vereinigen (der Fügeteile)	assembling
Verfestigen	curing, setting
Verlustfaktor	dissipation factor
Vernetzer	crosslinking agent
Vernetzung	crosslinking
verzweigtes Polymer	branched polymer
Verzweigungsgrad	degree of branching
Viskosität	viscosity
Wärmeaktivierkleben	heat activation bonding
Wärmeausdehnung	thermal expansion
Wärmefestigkeit	thermal stability
Wärmeleitung	heat conduction, thermal conduction
warmhärtend	hot setting, thermosetting
Wartezeit, geschlossen	assembly time, closed
Wartezeit, offen	assembly time, open
Wasserstoffbrückenbindung	hydrogen bond
Weichmacher	plastiziser
Winkelschälversuch	T-peel test

Zeitstandversuch	creep rupture test
Zerreißfestigkeit	tensile strength
Zersetzung (thermische)	decomposition
Zug	tension
Zugfestigkeit	tensile strength
Zugkraft	tensile load
Zugscherfestigkeit	lap shear strength
Zugscherversuch	shear tension test
Zugspannung	tensile stress
Zugversuch	tensile test
zweischnittige Laschung	double-strap joint
zweischnittig überlappte Klebung	double-lap joint

Englisch-Deutsch

accelerator	Beschleuniger
addition polymer	Polyaddukt
adhere	haften
adherend	Fügeteil
adhesion	Haftung
adhesive	Klebstoff
adhesive batch	Klebstoffansatz
adhesive bonded joint	Klebung
adhesive bonding of plastics	Kunststoffkleben
adhesive coat	Klebstoffilm
adhesive coating	Klebstoffauftrag
adhesive dispersion	Dispersionsklebstoff
adhesive failure	Adhäsionsbruch
adhesive for metals	Metallklebstoff
adhesive thickness	Klebschichtdicke
advanced composite	Kunststoff, faserverstärkt
amorphous	amorph
assembling	Vereinigen (der Fügeteile)
assembly time, closed	Wartezeit, geschlossen
assembly time, open	Wartezeit, offen
bending moment	Biegemoment
beveled joint lap	abgeschrägte Überlappung
binder	Grundstoff
bond	Verbindung
bond area	Klebfläche
bonded metal joint	Metallklebung
bonding	Kleben
bonding	Verbinden
bond line	Klebschicht
bondline shear displacement	Klebschichtverformung
bond line thickness	Klebschichtdicke
bond strength	Klebfestigkeit
bond strength	Verbindungsfestigkeit
catalyst	Katalysator
chain length	Kettenlänge
class of adhesive	Klebstoffart
cohesion	Kohäsion
cohesive failure	Kohäsionsbruch
cold setting	kalthärtend

15.4 Ausgewählte deutsch-englische und englisch-deutsche Begriffe

compliance	Nachgiebigkeit
components	Klebstoffbestandteile
compression	Druck
compressive strength	Druckfestigkeit
conditions for testing	Prüfbedingungen
conductivity	Leitfähigkeit
contact adhesive	Kontaktklebstoff
contact bonding	Kontaktkleben
contact life	Kontaktklebzeit
copolymerization	Mischpolymerisation
covalent binding	kovalente Bindung
creep	kriechen
creep compliance	Kriechnachgiebigkeit
creep modulus	Kriechmodul
creep rupture test	Zeitstandversuch
crosslinking	Vernetzung
crosslinking agent	Vernetzer
curing	Aushärten, Verfestigen
curing temperature	Aushärtungs-, Härtungstemperatur
curing time	Aushärtungszeit
decomposition	Zersetzung (thermische), Abbau (thermischer)
deformation	Deformation, Formänderung
degree of branching	Verzweigungsgrad
degree of crystallinity	Kristallisationsgrad
degree of polymerization	Polymerisationsgrad
delamination	Trennung
design	Konstruktion
diffusion	Diffusion
diluent	Verdünnungsmittel
dispersing agent	Dispersionsmittel
dissipation factor	Verlustfaktor
double-lap joint	zweischnittig überlappte Klebung
double-strap joint	Laschung, zweischnittig
elasticity	Elastizität
elasticity, linear	Elastizität, linear
elasticity, nonlinear	Elastizität, nichtlinear
elongation	Dehnung
elongation, non proportional	Dehngrenze
failure load	Bruchlast
fatigue test	Dauerschwingversuch
fibers	Fasern
filler	Füllstoff
fixing	Fixieren
flexural strength	Biegefestigkeit
floating roller peel test	Rollenschälversuch
glassy state	Glaszustand
glue	Leim
glue, animal	Klebstoff, tierischer
hardener	Härter
heat activation bonding	Wärmeaktivierkleben
heat conduction	Wärmeleitung
hotmelt adhesive	Schmelzklebstoff
hot setting	warmhärtend
hydrogen bond	Wasserstoffbrückenbindung

joint	Klebung, Klebfuge
joint design	Klebfugengestaltung
joint length	Überlappungslänge
joint width of bond area	Überlappungsbreite
landed scarf	Schäftung, abgesetzt
lap joint	überlappte Klebung
lap shear strength	Zugscherfestigkeit
linkage forces	Bindungskräfte
load	Last
loading, long-time	Langzeitbeanspruchung (mechan.)
loading, short-time	Kurzzeitbeanspruchung (mechan.)
macromolecule	Makromolekül
maximum load	Höchstzugkraft
modulus of elasticity	Elastizitätsmodul
monomer	Monomer
paste	Kleister
plastic	Kunststoff
plastiziser	Weichmacher
polycondensate	Polykondensat
polycondensation	Polykondensation
polymer	Polymer
polymer, branched	Polymer, verzweigt
polymer, linear	Polymer, linear
polymerization	Polymerisation
post cure	Nachhärtung
pot life	Topfzeit
pressing	Pressen
pressure-sensitive adhesive	Haftklebstoff
pressure-sensitive bonding	Haftkleben
primer	Primer, Haftvermittler
production	Fertigung
reaction adhesive	Reaktionsklebstoff
reinforced plastic	Kunststoff, faserverstärkt
relaxation	Relaxation
resin	Harz
resistance	Beständigkeit
room temperatur setting	kalthärtend
rupture	Bruch
scarf joint	Schäftung
setting	Aushärten, Abbinden, Verfestigen
setting time	Abbindezeit
shear	Schub
shear modulus (of adhesive)	Schubmodul
shear strain	Gleitung, Schubdehnung
shear strength	Schubfestigkeit
shear strength of single overlap joints	Klebfestigkeit
shear stress	Schubspannung
shear stress-shear strain-diagram	Schubspannungs-Gleitungs-Diagramm
shear tension test	Zugscherversuch
short-time loading	Kurzzeitbeanspruchung
single-lap joint	einschnittig überlappte Klebung
single-strap joint	Laschung, einschnittig
softening point	Erweichungspunkt

15.4 Ausgewählte deutsch-englische und englisch-deutsche Begriffe

solids contents	Feststoffgehalt
solvent	Lösungsmittel
solvent activation bonding	Lösungsmittelaktivierkleben
solvent adhesive	Lösungsmittelklebstoff
stabilizer	Stabilisator
storage life	Lagerbeständigkeit
strain	Dehnung
strength	Festigkeit
stress	Spannung
stress distribution	Spannungsverteilung
stress-strain behavior	Spannungs-Dehnungs-Verhalten
stress-strain-diagram	Spannungs-Dehnungs-Diagramm
structural adhesive	Konstruktionsklebstoff, Montageklebstoff
substrat	Fügeteil
surface preparation	Oberflächenbehandlung
surface to be joint	Klebfläche
surface treatment	Klebflächenvorbehandlung
sustained load	ertragbare Last
tack	Klebrigkeit
tensile load	Zugkraft
tensile strength	Zerreißfestigkeit, Zugfestigkeit
tensile stress	Zugspannung
tensile test	Zugversuch
tension	Zug
test piece	Probekörper
thermal conduction	Wärmeleitung
thermal expansion	Wärmeausdehnung
thermal stability	Wärmefestigkeit
thermoplastic	Thermoplast
thermoset adhesive	duromerer Klebstoff
thermosetting	warmhärtend
thickener	Verdickungsmittel
to dry	Trocknen (eines Klebfilms)
torsional moment	Torsionsmoment
T-peel test	Winkelschälversuch
transition temperature	Einfriertemperatur
viscosity	Viscosität
wet bonding	Naßkleben
wet life	Naßklebzeit
working life	Topfzeit
yield point	Streckgrenze

Literaturverzeichnis

A1 Azorlosa, J.L.: Polyvinyläther-Klebstoffe. Adhäsion 7 (1963) 551−558
A2 Ackermann, O.: Wäßrige Kontaktklebstoffe auf Basis von Polychloroprenlatices. Adhäsion 23 (1979) 172−174
A3 Archibald, E.: Formaldehyde's Future in Adhesives. Adhes. Age 25 (1982) 7, 27−30.
A4 Althof, W.: Die Möglichkeiten des Klebens von Metallen mit keramischen Stoffen. DFL-Mitt. 65−13 (1965).
A5 Althof, W.: Festigkeitsverhalten von Metallklebungen mit glaskeramischen Klebstoffen im Temp. Bereich von +20°C bis +650°C. DFL-FB (1968).
A6 Angjosova, E.; Mikaelian, M.; Vassileva, R.; Tantilov, N.: Untersuchung der Haftfestigkeit von Schmelzklebern. Adhäsion 24 (1980) 154−155.
A7 Achhammer, B.G.; Tryon, M.; Kline, G.M.: Beziehungen zwischen chemischer Struktur und Beständigkeit Polymerer. Kunstst. 49 (1959) 600−608.
A8 Althof, W.: Ein Verfahren zur Festigkeitserhöhung von wärmebeständigen Überlappungsklebungen. Aluminium 49 (1973) 544−548.
A9 Althof, W.: Die Festigkeit von Metallklebungen bei tiefen und hohen Temperaturen. DFBO-Mitt. 17 (1966) 16/17, 237−244.
A10 Aharoni, S.M.: Elecrical Resistivity of a Composite of Conducting Particles in an Insulating Matrix. J.Appl.Phys. 43 (1972) 2463−2465.
A11 Althof, W.; Meckelburg, H.; Winter, H.: Bestimmung der Elastizitäts- und Gleitmoduli von Bindemittelsubstanzen für die Metallverklebung. DFL-FB 59−12 (1959).
A12 Althof, W.; Neumann, G.: Verfahren zur Ermittlung von Schubspannungs-Gleitungs-Diagrammen von Konstruktionsklebstoffen. DFVLR-IB 152−74/18 und Mater. -Prüf. 16 (1974) 387−388.
A13 Althof, W.: Der Einfluß langsamer zyklischer Belastung auf schubbeanspruchte Klebstoffschichten DFVLR-IB 131−82/07 (1982).
A14 Althof, W.: Klebstoffveränderungen durch Alterung und Auswirkung auf die Eigenschaften von Aluminium-Klebverbindungen. Aluminium 51 (1975) 453−455.
A15 Althof, W.: Beurteilen der Warmfestigkeit von Metallklebverbindungen auf Grund von Torsionsschwingungsversuchen mit der Klebstoffsubstanz. Kunstst. 56 (1966) 750−754.
A16 Althof, W.: Verformungs- und Festigkeitseigenschaften von Klebstoffen bei Kurz- und Langzeitbeanspruchung. Tagung Fertigungssystem Kleben. TU Berlin, April 1984, S. 141−162.
A17 Althof, W.: Creep, Recovery and Relaxation of Shear-loaded Adhesive Bondlines. DFVLR-FB (1981).
A18 Althof, W.; Meckelburg, H.: Untersuchung des elastisch-plastischen Verfornungsverhaltens der Metallklebstoffe. DFL-FB 60−14 (1960).
A19 ASTM American Society for Testing and Materials, Philadelphia, Pa. Die erwähnten Standard-Methoden sind im Anhang zusammengestellt.
A20 Althof, W.: Die Diffusion des Wasserdampfes der feuchten Luft in die Klebschicht von Metallklebungen. DFVLR-FB 79−06 (1979).
A21 Althof, W.: Die Diffusion des Wasserdampfes in die Klebschichten von Aluminiumklebungen. Aluminium 55 (1979) 600−603.
A22 Althof, W.; Neumann, G.; Schlothauer, H.: Alterung von Metallklebverbindungen, Teil 5: Langzeiteinfluß von feuchtwarmem Klima auf Klebschichten und Klebstoffsubstanzen. DFVLR-IB 152−76/13 (1976).

A23 Althof, W.; Hennig, G.: Zeitstandfestigkeiten von Metallklebverbindungen. Aluminium 40 (1964) 435−438.
A24 Althof, W.: Der Einfluß langer Wärmeeinwirkung auf nicht-wärmebeständige Metallklebstoffe und -klebverbindungen. DFL-FB 67−49 (1967).
A25 Althof, W.: Festigkeit von Metallklebverbindungen bei schwingender Beanspruchung. DFBO-Mitt. 19 (1968) 5, 48−51.
A26 Althof, W.: Zeitstandfestigkeiten und Kriechverformungen von überlappten Metallklebungen im Temperaturbereich von +20°C bis +175°C. DFL-FB 67−80 (1967).
A27 Althof, W.: Das Festigkeitsverhalten von Metallklebverbindungen im Temperaturbereich von +20°C bis +400°C. DFL-FB 64−41 (1964).
A28 Althof, W.; Schlothauer, H.: Alterung von Metallklebverbindungen Teil 1: Torsionsschwingungsversuche an Klebstoffsubstanzen nach Klimaeinwirkungen. DFVLR-IB 152−75/02 (1975).
A29 Althof, W.: Auswahlkriterien und Beurteilung der Klebstoffe. VDI-Ber. 258 (1976) 23−28.
A30 Althof, W.: Metallklebverbindungen bei Schälbeanspruchung. Aluminium 42 (1966) 110−116.
A31 Aluminium-Zentrale e.V. Düsseldorf, Aluminium-Verl.: Arbeitsblätter für das Metallkleben (1962).
A32 Althof, W.: Festigkeitssteigerung von wärmebeständigen Metallklebungen mit Hilfe von Klebschichten aus zwei Klebstoffen (Kombinationsklebung). DFVLR-FB 73−22 (1972).
A33 Althof, W.: Festigkeitsuntersuchungen an geklebten Rohrverbindungen aus Aluminium. Adhäsion 10 (1966) 493−496.
A34 Arrowsmith, D.J.; Clifford, A.W.: Morphology of Anodic Oxide for Adhesive Bonding of Aluminium. Int. J. Adhesion a. Adhesives 3 (1983) 193−196.
A35 Andrews, E.H.; King, N.E.: Adhesion of Epoxy Resins to Metals. J.Mater.Sci. 11 (1976) 2004−2014.
A36 Auerbach, S.: Oberflächenstruktur des Polyäthylens und Haftfestigkeit von Polyäthylenklebverbindungen. Plaste u. Kautsch. 25 (1978) 659−661.
A37 Althof, W.; Müller, J.: Untersuchungen an geklebten und lösbaren Verbindungen von faserverstärkten Kunststoffen. Kunstst. 60 (1970) 911−916.
A38 Althof, W.: Festigkeitsverhalten von Klebverbindungen aus kohlenstoffaserverstärkten Kunststoffen. DFVLR-FB 71−31 (1971).
A39 Althof, W.: Kleben von glasfaserverstärkten Kunststoffen. In: Klebstoffe und Klebverfahren für Kunststoffe. Düsseldorf: VDI-Verl. 1979, S. 111−121.
A40 Althof, W.: Die Anwendung des PROT-Abkürzungsverfahrens zum Bestimmen der Dauerschwingfestigkeit von überlappten Metallklebverbindungen. DFL-FB 66−67 (1966).
A41 Althof, W.: Zerstörungsfreie Prüfung von Metallklebverbindungen mit Ultraschall-Impuls-Echo-Geräten. Mater.-Prüf. 6 (1964) 56−62.
A42 Althof, W.: Die zerstörungsfreie Prüfung von Metallklebverbindungen. In: Matting, A.: Metallkleben. Berlin: Springer 1969, S. 184−203.

B1 Brockmann, W.: Die chemische Struktur und die mechanischen Eigenschaften von Metallklebstoffen. Adhäsion 14 (1970) 93−97.
B2 Biederbick, K.: Zusammenhänge zwischen der Struktur und den physikalischen Eigenschaften der Kunststoffe. MM, Masch.-Markt 70 (1964) 34, 16−19; 50, 12−16; 69, 11−14; u. 99, 20−25.
B3 Brinker, K.C.: EVA-Copolymers: Raw Materials for Hotmelt-Pressure-Sensitive Adhesives. Adhes. Age 20 (1977) 8, 38−40.
B4 Bluestein, C.: Classification of Polyurethane Adhesives. Adhes. Age 24 (1981) 6, 31−34.
B5 Behnke, E.: Ungesättigte Polyesterharze als Kleb- und Verbundstoffe. Adhäsion 4 (1960) 65−68.
B6 Brüning, K.; Sturm, K.G.: Schmelzkleber auf der Basis gesättigter Copolyester. Adhäsion 17 (1973), 83−93.
B7 Blatz, P.S.: NR-150 Polymide Precursor Adhesive Solution Developed. Adhes. Age 21 (1978) 9, 39−44.
B8 Bock, E.: Nitrozellulose-Klebstoffe. Adhäsion 4 (1960) 284−290.
B9 Barth, P.: Polymeric Substances as Contact Adhesives. Adhes. Age 15 (1972) 4, 28−32.

B10 Bajoit, E.: Haftschmelzkleber, Rohstoffauswahl und Eigenschaften. Adhäsion 26 (1982) 30–33.
B11 Bikermann, J.J.: The Science of Adhesive Joints. New York: Academic Press 1968.
B12 Beck, K.: Dispersionen für Klebstoffe und Kaschierungen. Adhäsion 23 (1979) 38–41.
B13 Blumberg, M.; Jarema, C.P.; Kolodschin, W.; Wollensack, J.C.: Stabilization of Ethylene-Vinyl-Acetate Adhesives. Adhes. Age 23 (1980) 9, 47–49.
B14 Brown, A.: Property Composition Profiles of Hotmelt Adhesive Systems. Adhes. Age 20 (1977) 8, 41–44.
B15 Brockmann, W.: Anwendungsmöglickeiten des Metallklebens unter besonderer Berücksichtigung neuartiger, warmfester Klebstoffe. DFBO-Mitt. 22 (1972) 3, 54–58.
B16 Brockmann, W.; Lange, H.: Wärmebeständigkeit geklebter Metallverbindungen. MM, Masch.-Markt 80 (1974) 80, 1563–1566.
B17 Bolger, J.C.; Morano, S.L.: Conductive Adhesives: How and where they work. Adhes. Age 27 (1984) 6, 17–20.
B18 Becker, M.; Mark, H.F.: Polymere als elektrische Leiter und Halbleiter. Angew. Chem.-Weinheim 73 (1961) 641–646.
B19 Blume, D.; Esser, J.: Mikroverkapselter Klebstoff als Schraubensicherung. Verbind.-Tech. 5 (1973) 6, 33–36.
B20 Becker, H.: Anforderungen an technische Selbstklebebänder. Adhäsion 24 (1980) 134–139.
B21 Brockmann, W.; Kollek, H.: Ermittlung der Langzeitbeanspruchbarkeit von Metallklebungen mit im Maschinenbau gebräuchlichen und zukünftigen Bindemitteln. Forsch. Heft. Forsch. Kurat. Masch.-Bau (1980) H.81.
B22 Brockmann, W.: Über Haftvorgänge beim Kleben. Adhäsion 13 (1969) 335–342, 448–460 u. 14 (1970) 52–68, 250–252.
B23 Brockmann, W.: Die Werkstückoberfläche als Haftgrund. Schweiß. u. Schneid. 25 (1973) 510–511.
B24 Bascom, W.D.; Patrik, R.L.: The Surface Chemistry of Bonding Metals with Polymer Adhesives. Adhes. Age 15 (1974) 10, 25–32.
B25 Bischof, C.; Possart, W.: Adhäsion – Theoretische und experimentelle Grundlagen. Berlin: Akademie-Verl. 1983.
B26 de Bruyne, N.A.: Klebtechnik – Die Adhäsion in Theorie und Praxis. Stuttgart: Berliner Union 1957.
B27 Bischof, C.; Bauer, A.; Leonhardt, H.W.: Haftfestigkeitsuntersuchungen an Metall-Polymer-Verbunden I, Theoretische und experimentelle Grundlagen – Stand und Grenzen der Prüfmethoden. Plaste u. Kautsch. 30 (1983) 1–5.
B28 Brockmann, W.: Grundlagen und Voraussetzungen für zuverlässiges Kleben. VDI-Ber. 258 (1976) 5–12.
B29 Brockmann, W.: Die Adhäsionseigenschaften metallischer Oberflächen. DFBO-Mitt. 20 (1969) 5, 85–91.
B30 Brockmann, W.: Untersuchungen von Adhäsionsvorgängen zwischen Kunststoffen und Metallen. Adhäsion 19 (1975) 4–14 u. 34–39.
B31 Brockmann, W.: Adhäsive Verbindungen zwischen Kunststoffen und Metallen. DFBO-Mitt. 25 (1974) 8, 139–148.
B32 Brockmann, W.: Die Exoelektronenemission als Maß für die Adhäsionseigenschaften metallischer Oberflächen. Adhäsion 17 (1973) 276–287.
B33 Brockmann, W.; Hennemann, O.D.; Kollek, H.: Versagensmechanismen in Leichtmetall-Klebverbindungen. FhG-Ber. (1984) 1, 60–65.
B34 Brockmann, W.; Hennemann, O.D.; Kollek, H.: Surface Properties and Adhesion in Bonding Aluminium Alloys by Adhesives. Int. J. Adhesion a.Adhesives (1982) 33–40.
B35 Brockmann, W.: Die Werkstoffoberfläche als Haftgrund. Vortragsveröff. 306 (1972) 3–9. Essen: Haus der Technik.
B36 Brockmann, W.: Probleme bei der Messung von Adhäsionsvorgängen. Farbe u. Lack 79 (1973) 213–221.
B37 Brockmann, W.; Hennemann, O.D.; Kollek, H.: Reaktivität und Morphologie von Metalloberflächen als Basis für ein Modell der Adhäsion. Farbe u. Lack 86 (1980) 420–425.
B38 Bock, E.: Neue Anschauung über Oberflächenspannung, Kohäsion u. Adhäsion. Adhäsion 9 (1965) 289–307.

B39 Bartenew, G.M.; Akopjan, L.A.: Die freie Oberflächenenergie der Polymeren und die Methoden zu ihrer Bestimmung. Plaste u. Kautsch. 16 (1969) 655–659.
B40 Brockmann, W.: Stoffschlüssige Verbindungen unter besonderer Berücksichtigung des Klebens — Einsatzbreite und Optimierungsmöglichkeiten. VDI-Ber. 360 (1980) 93–102.
B41 Bartusch, W.: Verklebungsstudien an Packstoffen: Teil I, Der Einfluß der Fugendicke auf die Festigkeit von Klebestellen. Kunstst. 46 (1956) 274–280.
B42 Brockmann, W.: Der Einfluß der Oberflächenvorbehandlung auf die Eigenschaften von Metallklebverbindungen. Metall 31 (1977) 245–251.
B43 Bethune, W.A.: Die Beständigkeit geklebter Aluminiumkonstruktionen. Adhäsion 20 (1976) 347–351, 21 (1977) 25–28.
B44 Bascom, W.D.: Stress Corrosion of Structural Adhesive Bonds. Adhes. Age 22 (1979) 4, 28–35.
B45 Bascom, W.D.; Cottington, R.L.: Fracture Design Criteria for Structural Adhesive Bonding — Promise and Problems. Naval Eng. J. (1976) 8, 73–85.
B46 Brussat, T.R.; Chiu, S.T.: Wachstum von Dauerrissen in der Klebschicht von geklebten Bauteilen. Am. Soc. Mech. Eng.: ASME Trans. J. Eng. Mater. Technol. 100 (1978) 1, 39–45.
B47 Babchin, A.J.; Raevsky, G.: Characterization Criteria of Adhesive and Cohesive Failure. Adhes. Age 18 (1975) 12, 25–28.
B48 Brockmann, W.: Das Langzeitverhalten von Metallklebverbindungen. Z. Werkst.-Tech. 8 (1977) 259–267.
B49 Brockmann, W.: Die Entwicklung neuartiger Untersuchungsmethoden der Alterungsbeständigkeit von Metallklebverbindungen. Adhäsion 17 (1973) 72–83.
B50 Braig, W.: Festigkeit von Metallklebern und Metallklebeverbindungen insbesondere Zeitstand- und Schwingbeanspruchung. Diss. TU Stuttgart 1963.
B51 Brockmann, W.; Draugelates, U.: Physikalische und technologische Eigenschaften von Metallklebstoffen und ihre Bedeutung für das Festigkeitsverhalten von Metallklebverbindungen. DFBO-Mitt. 19 (1968) 14, 229–241.
B52 Brockmann, W.: Langzeitversuche am Klebverbindungen unter Temperatureinfluß. DFBO-Mitt. 20 (1969) 5, 97–101.
B53 Brockmann, W.: Grundlagen und Stand der Metallklebtechnik. Düsseldorf: VDI-Verl. 1971.
B54 Brenner, P.; Matting, A.: Festigkeitsuntersuchungen an geklebten Leichtmetallverbindungen. Aluminium 30 (1954) 3–9.
B55 de Bruyne, N.A.: The Strength of Glued Joints. Aircr. Eng. (1944) 4, 115–118.
B56 Brockmann, W.: Grundlegende Voraussetzungen für ein sicheres Dimensionieren langzeitbeanspruchter Metallklebverbindungen. DVS-Ber. 31 (1974) 63–68.
B57 Bathelt, H.: Sicherheitsmaßnahmen bei der Verarbeitung von Klebstoffen. Sicherheitsing. 13 (1982) 7, 10–14.
B58 Bownes, K.A.: Compliance with the Toxic Substances Control Act. Adhes. Age 25 (1982) 7, 22–26.
B59 Bischoff, R.; Rasche, M.: Niederdruckplasmavorbehandlung für das Kunststoffkleben. Tagung Fertigungssystem Kleben, TU Berlin, Apr. 1984, S. 246–260.
B60 Brockmann, W.; Roeder, E.: Stand des Klebens von Kunststoffen. Schweiß. u. Schneid. 24 (1972) 58–60.
B61 Bragole, R.A.: Adhesive Bonding of Polyolefins. Adhes. Age 17 (1974) 4, 24–27.
B62 Brockmann, W.: Das Kleben chemisch beständiger Kunststoffe. Adhäsion 22 (1978) 38–44, 80–86 u. 100–103.
B63 Brockmann, W.: Adhäsion zwischen Metallen und Nichtmetallen — seit langem genutzt, noch immer nicht verstanden? Tagung Haftung als Basis f. Stoffverbunde u. Verbundwerkstoffe. Dt. Ges. f. Materialprüf. 1983, S. 105–122.
B64 Bartusch, W.: Verklebungsstudien an Packstoffen: Teil II, Zur Bewertung der Ergiebigkeit von Klebstoffen. Adhäsion 6 (1962) 1–8.
B65 Brockmann, W.; Fischer, T.: Die Schallemissionsanalyse als Prüfverfahren für Metall-Klebverbindungen. Mater.-Prüf. 19 (1977) 430–436.
B66 Brown, S.P.: Cholesteric Crystals for Nondestructive Testing. Mater. Eval. 26 (1968) 163–166.
B67 Böttcher, B.; Gross, D.; Mundry, E.: Anwendung cholesterinischer Flüssigkeiten in der zerstörungsfreien Materialprüfung mit Wärmeflußverfahren. Mater.-Prüf. 11 (1969) 156–162.

B68 Brown, A.F.: Materials Testing by Ultrasonic Spectroscopy. Ultrasonics (1973) 202–210.
B69 Botsco, R.J.; Anderson, R.T.: Nondestructive Testing – Assuring Reliability in Critically Bonded Structures. Adhes. Age 27 (1984) 5, 19–23.
B70 Botsco, R.J.; Anderson, R.T.: Ultrasonic Impedance Plane Analysis of Aerospace Laminates. Adhes. Age 27 (1984) 6, 22–25.
B71 Bluestein, C.: Radiant Energy Curable Adhesives. Adhes. Age 25 (1982) 12, 19–22.
B72 Bachmann, A.G.: Ultraviolet Light Curing „Aerobic" Acrylic Adhesives. Adhes. Age 25 (1982) 12, 31–35.
B73 Baker, T.E.; Judge, J.S.: Adhesives in the electronics industry. Adhes. Age 23 (1980) 4, 15–20.
B74 Brumit, T.M.: Cyanoacrylate Adhesives – when should you use them? Adhes. Age 18 (1975) 2, 17–22.
B75 Brockmann, W.: Das Kleben kunststoffbeschichteter Bleche. DFBO-Mitt. 21 (1970) 6, 109–116.

C1 Cada, O.: Einsatz von Aminoamiden in Schmelzklebern und Verstärkungsmaterialien. Adhäsion 24 (1980) 359–367.
C2 Conradt, P.: Die Praxis der Prüfung von Glutinleimen. Adhäsion 8, (1964) 212–216.
C3 Cherry, B.W.; Thomson, K.W.: The Role of Shrinkage Stresses in the Environment Fracture of Adhesive Joints. Int. J. Polym. Mater. 7 (1979) 191–201.
C4 Cornelius, E.A.; Müller, G.: Grundlagen der statischen Festigkeit von Metallklebverbindungen bei Zug-, Scher- und zusammengesetzten Beanspruchungen. Aluminium 35 (1959) 695–703.
C5 Cornelius, E.A.; Stier, G.: Die Spannungsverteilung in Klebverbindungen. Aluminium 39 (1963) 305–313.
C6 Cornelius, E.A.; Mehl, W.: Der Einfluß des Werkstoffes und der Form von Blechverklebungen auf ihre Zug- und Zugschwellfestigkeit. Aluminium 36 (1960) 699–708.
C7 Carillo, G.: An Approach to Process Control of Adhesive Bonding. Adhes. Age 26 (1983) 2, 17–19.
C8 Cagle, C.V.: Surface Preparation for Bonding Beryllium and other Adherends. In: Handbook of Adhesive Bondings. New York: McGraw-Hill 1973, pp. 21–1 – 21–5.
C9 Cooper, R.E.; Kerr, C.; Walker, P.: Adhesive Bonding of Beryllium. Met. Soc. Conf. on Beryllium, London Oct. 1977, pp. 39/1 – 39/6.
C10 Carley, J.F.; Kitze, P.T.: Corona-Discharge Treatment of Polyethylene Films. Experimental Work and Physical Effects. Polym. Eng. a. Sci. 18 (1978) 326–334.
C11 Cada, O.; Kluka, F.; Smela, N.: Das Kleben der Plaste. Adhäsion 20 (1976) 43–46, 84–89 u. 120–124.
C12 Cada, O.; Smela, N.: Die Verklebung von Polyolefinen. Adhäsion 18 (1974) 198–205.
C13 Cada, O.; Smela, N.: Verklebung von Kunststoffen miteinander und mit Metallen. Adhäsion 25 (1981) 162–167.
C14 Cada, O.; Smela, N.: Einige Erkenntnisse aus langfristigen Versuchen an Klebverbindungen von Kunststoffen mit Metallen. Adhäsion 21 (1977) 79–83.
C15 Clad, W.: Prüfung von Klebstoffen für Montageverklebungen. Holz als Roh- u. Werkst. 31 (1973) 329–337.
C16 Curtis, G.J.: Acoustic Emission Energy Relates to Bond Strength. Nondestr. Test. 33 (1975) 249–257.
C17 Campbel, F.J.; Rugg, B.A.; Brenner, W.: Electron Beam Curing Improves High Temperature Strength of Vinyl Ester Adhesives. 22nd Nat. Sympos. and Exhib. SAMPE (Soc. of Aerospace Mater. and Process Eng.) San Diego, 26.–28.4.1977, pp. 59–63.
C18 Campbell, F.J.; Rugg, B.A.; Kumar, R.P.; Arnon, J.; Brenner, W.: Electron Beam Curing Studies of Selected Thermosetting Adhesives. 23rd Nat. Symp. and Exhib. SAMPE Anaheim, 2.–4.5. 1978, pp. 1111–1118.

D1 DIN Deutsches Institut für Normung e.V. Berlin. Die erwähnten Normen sind im Anhang zusammengestellt. (Zu beziehen durch den Beuth-Verlag GmbH, Berlin 30).
D2 Dollhausen, M.: 25 Jahre Baypren – 25 Jahre Fortschritt auf dem Polychloropen-Klebstoffgebiet. Adhäsion 26 (1982) 23–27.
D3 Duncan, R.E.; Bergerhouse, J.: Formulating Hot Melt Packaging Adhesives Using PE Homopolymers. Adhes. Age 24 (1981) 1, 24.

D4 Dahl E.: Esso-Butylkautschuk für Kleber, Lösungen und dauerplastische Massen. Adhäsion 6 (1962) 389–394.
D5 Dollhausen, M.: Polyurethan-Klebstoffe aus Baycoll – Desmocoll – Desmodur. Bayer AG Leverkusen, Sparte Kautsch. – Anwendung tech. Klebstoffrohstoffe.
D6 Dollhausen, M.; Warrach, W.: Polyurethan Adhesive Technology. Adhes. Age 25 (1982) 6, 28–32.
D7 Dimter, L.; Thinius, K.: Zur Kenntnis der duroplastischen Komponente in Kombinationsklebstoffen. Plaste u. Kautsch. 11 (1964) 328–331.
D8 De Jong, E.: Polyamidschmelzklebstoffe für textile Verklebungen. Adhäsion 19 (1975) 317–324.
D9 Dathe, Chr.: Silikonkleber und -kitte. Plaste u. Kautsch. 9 (1962) 325–328.
D10 Darmory, F.P.: Extreme High Temperature Polyimide Adhesive for Bonding Titanium and Stainless Steel. Adhes. Age 17 (1974) 3, 22–24.
D11 Darmory, F.P.: Nolimid A 380 Extreme High Temperature Polyimide Adhesive. 5th Nat. Tech. Conf. SAMPE 9–11.10. 1973.
D12 Dt. Patentanmeld. DE 30 00 688 A 1 (1980): Anorganischer Kleber zur Verbindung von metallischen Elementen.
D13 Dt. Patentanmeld. DE 27 34 839 A 1 (1979): Klebstoff für eine Spritzmattenisolierung auf der Basis von Alkalisilikatlösungen.
D14 Dt. Patentanmeld. DE 27 29 194 A1 (1977): Feinverteilte anorganische Pulver und organische Polymere enthaltende Kleber.
D15 Dt. Patentanmeld. DE 27 28 776 C 2 (1977): Anorganische feuerfeste Klebemasse.
D16 Dormann, K.: Kaltsiegelkleber für Lebensmittelverpackungen. Adhäsion 25 (1981) 222–223.
D17 Dyck, M.: Hochtemperaturbeständige Polymere. Gummi, Asbest, Kunstst. 20 (1967) 1186–1193.
D18 DeLollis, N.J.: Conductive Adhesives. In: Adhesives for Metals – Theory and Technology. New York: Industrial Press. 1970, pp. 206–224.
D19 Dt. Patentanmeld. 11 09 891 A 25506 IV (1956): Unter Luftausschluß polymerisierende flüssige Gemische.
D20 Dyckerhoff, G.A.; Sell, P.J.: Über den Einfluß der Grenzflächenspannung auf die Haftfestigkeit. Angew. makromolekulare Chem.-Basel 21 (1972), 312, 169–185.
D21 DeLollis, N.J.: High Strength vs. Stress Relief in a Structural Bond. Adhes. Age 14 (1971) 4, 22–24.
D22 Draugelates, U.: Das Verhalten von Metallklebverbindungen unter schwingender Last. Diss. TH Hannover 1967.
D23 Döll, W.; Könczöl, L.: Bruchmechanische Kurzzeitmessungen zur Bestimmung der Langzeitfestigkeit von Thermoplasten. Kunstst. 70 (1980) 563–567.
D24 Draugelates, U.: Das Verhalten von Metallklebverbindungen unter schwingender Last. Kautsch., Gummi, Kunstst. 20 (1967) 659–666.
D25 Draugelates, U.; Brockmann, W.: Das Kleben von Buntmetall und Zink. DFBO-Mitt. 16 (1966) 16/17, 231–237.
D26 DeLollis, N.J.: Durability of Structural Adhesive Bonds: A Review. Adhesiv. Age 20 (1977) 9, 41–48.
D27 Draugelates, U.; Brockmann, W.: Das Kleben von Buntmetall, Zink und brüniertem Stahl. Adhäsion 10 (1966) 483–488.
D28 Delale, F.; Erdogan, F.: Viscoelastic Analysis of Adhesively Bonded Joints. J. Appl. Mech. 48 (1981) 331–338.
D29 Draugelates, U.: Das Verhalten von Metallklebverbindungen unter schwingender Last. Adhäsion 10 (1966) 337–342.
D30 Draugelates, U.: Die Kerbschlagzähigkeit geschichteter Feinbleche. DFBO-Mitt. 16 (1965) 19/20, 331–338.
D31 Dimter, L.; Schulz, H.; Thinius, K.: Zur Kenntnis von Kombinationsklebstoffen aus Duround Thermoplasten. Plaste u. Kautsch. 9 (1962) 318–322.
D32 Dieckhoff, H.G.: Die Nachrechnung der Festigkeit von Metallklebverbindungen. Masch.-Bau 15 (1966) 357–358 u. 363.
D33 Dieckhoff, H.G.: Die Bemessung einer Metallklebverbindung. Masch.-Bau-Tech. 14 (1965) 81–83.

D34 Degner, H.: Berechnung von Klebverbindungen. Schweißtech. (Berlin) 25 (1975) 117–121.
D35 Dieckhoff, H.G.: Die Festigkeitsberechnung von Metallklebverbindungen. Masch.-Bau 13 (1964) 384–387.
D36 Davydor, B.L.: Die Verwendung von Klebstoffen für Welle-Nabe-Verbindungen. Russ. Eng. J. 60 (1980) 5, 41–44.
D37 Dueweke, N.: Robotics and Adhesives – An Overview. Adhes. Age 26 (1983) 4, 11–16.
D38 Dorn, L.: Kombiniertes Kleben u. Widerstandspunktschweißen – Möglichkeiten und Grenzen der Anwendung. Schweiß. u. Schneid. 27 (1975) 3–8.
D39 Dorn, L: Kleb-Punktschweiß-Verbindungen: Einfluß auf die Tragfähigkeit. MM, Masch.-Markt 84 (1978) 27, 491–494.
D40 Dt. Kupferinst.: Kleben von Kupfer und Kupferlegierungen. Berlin 1973.
D41 Ditcheck, B.M.; Breen, K.R.; Sun, T.S.; Venables, J.D.: Bondability of Ti-Adherends. 12th Nat. Tech. Conf. SAMPE 7–9.10.1980 pp. 882–895.
D42 Dorn, L.; Breuel, G.; Rasche, M.:Festigkeitsverhalten von Aluminium – Stahl – Klebverbindungen. Blech, Rohre, Profile 31 (1984) 253–255.
D43 Dt. Patentschrift 904 467, Kl. 396, Gr. 22 (1954): Verfahren zu Erhaltung der Haftfähigkeit von Klebschichten beim Verbinden weichgestellter Kunststoffmaterialien.
D44 Dorn, L.; Bischoff, R.; Rasche, M.: Klebflächenvorbehandlung im Niederdruckplasma. Kunstst.-Berat. 29 (1984) 7/8, 22–26.
D45 Dorn, L.; Rasche, M.; Bell, G.: Kleben von Kunststoffen nach Vorbehandlung im Niederdruckplasma. Kunstst. 73 (1983) 139–142.
D46 DVS – Richtlinie 2204, Teil 1 (1972): Kleben von thermoplastischen Kunststoffen – PVC, weichmacherfrei.
D47 DVS – Richtlinie 2204, Teil 2 (1977): Kleben von thermoplastischen Kunststoffen – Polyolefine.
D48 DVS – Richtlinie 2204, Teil 3 (1981): Kleben von thermoplastischen Kunststoffen – Polystyrol und artverwandte Kunststoffe.
D49 DVS – Richtlinie 2204, Teil 4 (1981): Kleben von thermoplastischen Kunststoffen – Polyamide. Düsseldorf: DVS-Verl.
D50 Dorn, L.; Rasche, M.: Metall-Kunststoff-Klebverbindungen. Kunstst.-Berat., 27 (1982) 7/8, 16–19; 9, 35–37 u. 10, 40–41.
D51 Dümig, W.; Schaudel, D.E.; Geyer, F.: Kleben von Glas mit Glas und anderen Werkstoffen. AIF (Arbeitsgem. ind. Forschungsverein.): Forschungsvorh. 2921/1973 u./o. Adhäsion 22 (1978) 70–74, 107–118, 145–147, 252–261 u. 288–291.
D52 Dukes, W.A.; Kinloch, A.J.: Non-destructive Testing of Bonded Joints. Nondestr. Test. 32 (1974) 324–326.
D53 Dimter, L.; Thinius, K.: Über eine Beurteilungsmöglichkeit von Plastkombinationen und ihrer Anwendung als Klebstoff mit Hilfe des Torsionsschwingungsversuches. Plaste u. Kautsch. 10 (1963) 718–719 u./o. Adhäsion 12 (1968) 178–180.
D54 Dormann, K.: Siegelmedien bei flexiblen Verpackungen – ein Vergleich. Verpack. Rdsch. 35 (1984), 1220–1228.
D55 Draugelates, U.: Spannungsverteilung und Bruchvorgang in Metallklebverbindungen unter schwingender Last. In: Matting A.: Metallkleben. Berlin: Springer 1969, S. 267–284.

E1 Eastman, E.F.: Ethylene Copolymers. Adhes. Age 26 (1983) 9, 32–37.
E2 Ernst, O.; Niklaus, U.: Neuentwicklungen auf dem Epoxidharzgebiet. VDI-Ber. 65 (1962) 79–82.
E3 Engeldinger, H.K.; Aggias, Z.: Schnellabbindende Polyurethanklebstoffe. Adhäsion 18 (1974) 270–274.
E4 Eichhorn, F.; Henning, A.H.; Krekeler, K.; Menges, G.; Mittrop, F.: Untersuchungen über das Alterungsverhalten, die Temperaturbeständigkeit und Zeitstandfestigkeit von Metallklebverbindungen mit u. ohne Füllstoffzusätze im Klebstoff. NRW-FB 1734. Köln, Opladen: Westdeutscher Verl. 1966.
E5 Eckert, R.; Kleinert, H.; Blume, F.: Reproduzierbare Klebfugendicken – Voraussetzung zur Entwicklung eines Dimensionierungsverfahrens für Metallklebverbindungen. Schweißtech. (Berlin) 30 (1980) 558–560.

E6 Eichhorn, F.; Reiner, T.: Hochfeste Schmelzklebstoffe für Metallkleben. Ind.-Anz. 103 (1981) 54, 41–44.
E7 Eichhorn, F.; Reiner, T.: Herstellung und Festigkeitseigenschaften hochwertiger Schmelzklebverbindungen von Metallen. Schweiß. u. Schneid. 35 (1983) 116–120.
E8 Eichhorn, F.; Hahn, O.: Festigkeitsverhalten von Metallklebverbindungen mit warmfesten Klebstoffen. Adhäsion 14 (1970) 28–32.
E9 Eichhorn, F.; Hahn, O.: Formbeständigkeit und Verformungsverhalten warmfester Klebstoffe. Adhäsion 13 (1969) 442–448.
E10 Endlich, W.: Nutzung des Mikroverkapselungs-Verfahrens bei neuartigen Kleb- und Dichtstofformulierungen. Adhäsion 25 (1981) 116–121.
E11 Endlich, W.: Klebesicherung von Befestigungsgewinden. Verbind.-Tech. 14 (1982) 6, 41–45.
E12 Eichhorn, F.; Hahn, O.; Otto, G.; Stepanski, H.: Untersuchungen zum Einfluß klebstoffspezifischer Verformungs- und Festigkeitseigenschaften auf das Festigkeitsverhalten geklebter Verbindungen. Forsch.-Vorh. 5868, TH Aachen 1976.
E13 Eichhorn, F.; Braig, W.: Festigkeitsverhalten von Metallklebverbindungen. Mater.-Prüf. 2 (1960) 79–87.
E14 Engasser, I.; Puck, A.: Zur Bestimmung der Grundfestigkeiten von Klebverbindungen bei einfacher und zusammengesetzter Beanspruchung. Kunstst. 70 (1980) 423–429.
E15 Engasser, I.; Puck, A.: Untersuchungen zum Bruchverhalten von Klebverbindungen. Kunstst. 70 (1980) 493–500.
E16 Elssner, G.; Pabst, R.F.: Neuere werkstoffspezifische Methoden zur Bestimmung der Haftfestigkeit und deren Anwendungsmöglichkeiten. DVS-Ber. 66 (1980) 117–121.
E17 Eckert, R.; Kleinert, H.; Blume, F.: Optische Bruchuntersuchungen an einschnittig überlappten Metallklebverbindungen. Plaste u. Kautsch. 29 (1982) 706–709.
E18 Eichhorn, F.; Schmitz, B.H.: Diffusionsvorgänge und Festigkeit von Metallklebverbindungen an Aluminiumwerkstoffen. Aluminium 60 (1984) 343–345.
E19 Eichhorn, F.; Hahn, O.; Fuchs, K.: Untersuchungen zum Zeitstand- und Alterungsverhalten von Metallklebverbindungen. Adhäsion 17 (1973) 417–421.
E20 Eichhorn, F.; Hahn, O.: Untersuchungen zum Zeitstandverhalten und zur Schlagfestigkeit von Metallklebungen mit wärmebeständigen Klebstoffen. DFBO-Mitt. 22 (1972) 170–175 u. 199–203.
E21 Eichhorn, F.; Hahn, O.: Das Festigkeitsverhalten von Metallklebverbindungen mit warmfesten Klebstoffen. DFBO-Mitt. 21 (1970) 2, 21–29.
E22 Eckert, R.; Kleinert, H.; Blume, F.: Methode zur Bemessung einschnittig überlappter Metallklebverbindungen für längerzeitig wirkende statische Belastungen im Normalklima. Plaste u. Kautsch. 28 (1981) 397–401.
E23 Eichhorn, F.; Hahn, O.; Otto, G.; Stepanski, H.: Erarbeitung praktikabler Dimensionierungsrichtlinien für Metallklebverbindungen. NRW-FB 2834. Opladen: Westdeutscher Verl. 1979 u./o. Schweiß. u. Schneid. 32 (1980) 509–510.
E24 Endlich, W.: Praxisorientierte Dimensionierungsmethode für geklebte Welle-Nabe-Verbindungen. Antriebstech. 21 (1982) 434–441.
E25 Eyerer, P.; Wintergerst, S.: Untersuchungen zum Verlauf der Härtung dünner Epoxidharzschichten (Metallklebungen). Adhäsion 15 (1971) 106–114.
E26 Endlich, W.: Aspekte zur Auswahl von Kleb- und Dichtstoffen. Adhäsion 24 (1980) 265–272.
E27 Eichhorn, F.; Stepanski, H.: Lohnt sich das Punktschweißkleben? Festigkeits- und Alterungseigenschaften von Punktschweißklebverbindungen an Karosserieblechen aus Aluminium. Bänder, Bleche, Rohre 21 (1980) 74–77.
E28 Eichhorn, F.; Stepanski, H.: Praxisrelevante Aspekte der Kombination der Fügetechniken Widerstandspunktschweißen u. Kleben. J. Soudure (Z. Schweißtech.) – Zürich 69 (1979) 251–255.
E29 Eichhorn, F.; Stepanski, H.: Technologische Untersuchungen zum Punktschweißkleben von Karosserieblechen aus Aluminium. Bänder, Bleche, Rohre 21 (1980) 27–33.
E30 Eichhorn, F.; Hahn, O.; Stepanski, H.: Einfluß der Probengeometrie auf die Festigkeit von Widerstandspunktschweiß-Klebverbindungen unter Berücksichtigung verschiedenartiger Klebstoffe. Schweiß. u. Schneid. 31 (1979) 23–26.

E31 Eilers, J.H.: Kleben von Polyäthylen-Rohren. Kunstst. 56 (1966) 565–568.
E32 Eilers, J.H.: Kleben als Verbindungsverfahren für Kunststoffe. Kunstst. 51 (1961) 611–615.
E33 Esser, F.: Verschweißen und Verkleben von Acrylgläsern. Kunstst. 47 (1957) 516–520.
E34 Eisenträger, K.: Kleben von Kunststoffen. Kunstst. 53 (1961) 555–557.
E35 Eilers, J.H.: Kleben von Polyvinylchlorid. Kunstst. 56 (1966) 785–792.
E36 Eilers, J.H.: Die Ermittlung fertigungsgerechter Arbeitsbedingungen für das Kleben von Kunststoffen unter dem Einfluß von Temperatur und Alterung. Diss. TH Aachen 1965 u./o. Kautsch., Gummi, Kunstst. 19 (1966) 632–639.
E37 Evans, G.B.: The Fokker Bond Tester. Sheet Met. Ind. 42 (1965) 751–764.
E38 Ecker, R.: Entwicklungstendenzen in der Prüftechnik für Elastomere. Kautsch., Gummi, Kunstst. 16 (1963) 73–83.

F1 Fauner, G.: Quasi anaerob aushärtende Kunststoff-Bindemittel. KEM 7 (1970) 5, 37–42; 6, 43 u. 12, 34–39.
F2 Fauner, G.: Anwendung u. Eigenschaften quasi anaerob aushärtender organischer Kunststoff-Bindemittel. KEM 6 (1969) 3, 30–36 u. 4, 65.
F3 Fauner, G.: Lassen Flüssigkunststoffe als Schraubensicherung noch eine risikolose Montage zu? Verbind.-Tech. 6 (1974) 1/2, 37–40.
F4 Fravel, Jr., H.G.; Cranley, P.E.: A Latent Cross – Linker for Adhesive Resins. Adhes. Age 27 (1984) 10, 18–20.
F5 Fauner, G.; Endlich, W.: Probleme mit gewindeverklebenden Sicherungsmitteln? Verbind.-Tech. 8 (1976) 8/9, 25–36.
F6 Flynn, E.J.; Evans, D.E.: Encapsulation of Epoxy Resins and their Evaluation in One-Container Adhesive Systems. Adhes. Age 20 (1977) 3, 37–42.
F7 Frey, K.: Beiträge zur Frage der Bruchfestigkeit kunstharzverklebter Metallverbindungen. Schweiz. Arch. f. angew. Wiss. u. Tech. 19 (1953) 2, 34–39.
F8 Fischer, M.; Schmid, R.: Die Eigenschaften des Klebstoffs u. die Festigkeit der Verklebung. Adhäsion 23 (1979) 372–377; 24 (1980) 6–9.
F9 Fauner, G.; Endlich, W.: Klebverbindungen berechnen, aber wie? KEM 14 (1977) 8, 44–50.
F10 Fuhrmann, U.; Hinterwaldner, R.: Konstruktionskatalog für Klebeverbindungen tragender Elemente. Adhäsion 28 (1984) 26–29.
F11 Fahrenschon, P.: Einfluß der mechanischen Oberflächenvorbehandlung auf die Haftfestigkeit von Stahl-Grauguß-Klebverbindungen. Adhäsion 27 (1983) 24–26 u./o. Plaste u. Kautsch. 30 (1983) 403–405.
F12 Fullerton – Batten, R.C: The Adhesive Bonding of Beryllium Structural Components. Met. Soc. Conf. on Beryllium, London, Oct. 1977, pp. 40/1–40/7.
F13 Felsen, M.J.: The Comparative Evaluation of Prebond Surface Treatments for Titanium. Nat. Tech. Conf. SAMPE, Materials Synergismus, Kiamesha Lake – New York, 1978, pp. 100–107.
F14 Fuchs, O.: Modellbetrachtungen zur Löslichkeit von Hochpolymeren. Kunstst. 43 (1953) 409–415.
F15 Förster, F.: Kleben als wirtschaftliches Fügeverfahren in der Fertigung von SMC-Formteilen. Plastverarb. 34 (1983) 112–116.
F16 Fischer, K.D.; Schmack, G.: Bauteilverhalten von Kunststoff-Metall-Klebverbindungen am Beispiel eines Stahl/PVC-Trägers. Tagung Fertigungssystem Kleben, TU Berlin, April 1984, S. 199–209.
F17 Fauner, G.; Endlich, W.: Prüfen von Klebstoffen und Klebverbindungen. Verbind.-Tech. 10 (1978) 7/8, 27–29.
F18 Fischer, W.: Einfluß der Harzkomponenten auf die Verklebungseigenschaften von Polychloroprenklebern. Adhäsion 8 (1964) 356–360.
F19 Fauner, G.; Endlich, W.: Ein Beitrag zur Systematisierung von Klebstoffen und der Verklebbarkeit von Werkstoffen. Adhäsion 20 (1976) 240–244, 285–288.

G1 Gottlob, R.; Blümel, G.: Verwendung von Klebstoffen – Anastomosierung kleiner Blutgefäße. Actuelle Chirugie 1 (1966) 287–292.

G2 Goldmann, E.J.; Rosenberg, R.A.; Warren, E.L.: How to use Fluorocarbon Plastics as Bonding Agents. Adhes. Age 10 (1967) 2, 30−34.
G3 Gardziella: Schmelzkleber auf Basis linearer thermoplastischer Copolyester. Adhäsion 14 (1970) 212−216, 234.
G4 Gerbet, D.: Einfluß der Oberflächenbehandlung und des Klebstoffs auf die Wirksamkeit von Silanhaftvermittlern bei wasserbeanspruchten Klebverbindungen. Plaste u. Kautsch. 17 (1970) 813−820.
G5 Gruhn, K.: Kaltsiegelkleber in der Flexible Packaging Insustrie. Adhäsion 24 (1980) 61−63.
G6 Giller, A.: Die Wirkung von Klebrigmacherharzen. Gummi, Asbest, Kunstst. 29 (1976) 766−776.
G7 Gehmann, D.R.; Sanderson, F.T.; Ellis, S.A.; Miller, J.J.: Neue Acrylpolymere als Rohstoffe für wäßrige Kontakt-Klebstoffe. Adhäsion 22 (1978) 19−21.
G8 Goller, K.: Kautschukdispersionen in Dispersionsklebstoffen. Adhäsion 18 (1974) 101−106.
G9 Grebe, W.; Hofer, H.: Einige Einflußgrößen auf die Verklebung mit Schmelzklebern. Adhäsion 20 (1976) 131−136.
G10 Grebe, W.; Hofer, H.: Abschätzung der offenen Zeit bei Schmelzklebern. Adhäsion 19 (1975) 272−276.
G11 Grebe, W.: Die Bedeutung der thermischen Stoffgröße und der Viskosität von Hotmelts auf das Abkühlungsverhalten. Adhäsion 21 (1977) 110−113.
G12 Gerlich, V.; Joch, P.: Elektrische Eigenschaften von Verbindungen aus Epoxidharzen. Fernmeldetech. 18 (1978) 114−116.
G13 Gierenz, G.: Die Klebung von Dünnblechkonstruktionen mit PVC-Plastisolen. DFBO-Mitt. 19 (1968) 7, 95−99.
G14 Goeser, H.J.: Klebebänder und deren Verwendung in der Praxis. Verbind.-Tech. 12 (1980) 6, 27−29.
G15 Goeser, H.J.: Befestigen und Verbinden durch Kleben. KEM 13 (1976) 5, 112−114.
G16 Goeser, H.J.: Klebebänder, technische Rationalisierungsmittel. Verbind.-Tech. 9 (1977) 5, 25−27.
G17 Gerace, M.: Surface Contour and Adhesion of Pressure Sensitive Tapes. Adhes. Age 26 (1983) 8, 15−20.
G18 Glahn, M.: Einflüsse der Viskoelastizität auf Klebverbindungen. Diss. TU Berlin 1975.
G19 Gordon, D.J.; Colquhoun, J.A.: Surface Properties of Silicone Release Coatings. Adhes. Age 19 (1976) 21−27.
G20 Gent, A.N.: The Strength of Adhesive Bonds. Adhes. Age 25 (1982) 2, 27−31.
G21 Gent, A.N.; Yeoh, O.H.: Failure Loads for Model Adhesive Joints Subjected to Tension, Compression or Torsion. J. Mater. Sci. 17 (1982) 1713−1722.
G22 Goland, M.; Reissner, E.: The Stresses in Cemented Joints. J. Appl. Mech. 11 (1944) 17−27.
G23 Gose, P.; Möller, P.: Verfahren zur automatisierten Klebstoffverarbeitung. ZIS-Mitt. 26 (1984) 1055−1059.
G24 Gerbet, D.: Beitrag zur Prüfmethodik von Plastklebverbindungen. Plaste u. Kautsch. 17 (1970) 753−759.
G25 Goldstone, J.; Cox, A.L.: Studies of Electron Beam Curing of Polyesters for Adhesives. 20th Nat. Symp. a. Exhib. SAMPE, San Diego 29.4.−1.5.1975, pp. 307−314.
G26 Gabler, K.; Potente, H.: Prüfen und Beurteilen von Kunststoff-Klebverbindungen. In: Fügen von Kunststoff-Formteilen. Düsseldorf: VDI-Verl. 1977, S. 167−191.
G27 Grimberg, M.: Neuartige Siliconkleber. Adhäsion 8 (1964) 207−212.

H1 Hulstein, C.: Assembling with Anaerobics. Manufact. Engng. (1978) 7, 37−40.
H2 Hinterwaldner, R.: Gepfropfte Polymere als neue Basisrohstoffe für Schmelzklebstoffe und Schmelzmassen. Adhäsion 22 (1978) 326−329.
H3 Hurly, P.E.: Natural rubber: Current and Future Use in Adhesives. Adhes. Age 24 (1981) 2, 16−21.
H4 Hadert, H.: Klebstoff aus Nitrilkautschuk. Adhäsion 7 (1963) 113−117.
H5 Hayes, B.J.: Epoxy-Montage-Klebstoffe. Adhäsion 11 (1967) 97−107.

H6 Hussain, A.; Mc Gavary, F.J.: Toughening of Anhydride Cured Epoxy Resins. Res. Rep. R 80−2, M I T Cambridge-Massachusetts (1980) 3, 1−16.

H7 Hauser, M.; Loft, J.T.: Anaerobic and Modified Acrylic Adhesives. Adhes. Age 23 (1980) 12, 21−24.

H8 Hinterwaldner, R.: Kleben am Bau. Teil 4: Leime und Verleimtechnik im Holzleimbau. Adhäsion 21 (1977) 212−218.

H9 Hagen, G.: Harnstoff-Formaldehyd-Kondensate als Leime und Bindemittel in der holzverarbeitenden Industrie. Kunstst. 46 (1956) 55−58.

H10 Hergenrother, P.M.: High-Temperature Adhesives. Chemtech. 14 (1984) 496−502.

H11 Hergenrother, P.M.; Progar, D.J.: High Temperature Composite Bonding with PPQ. Adhes. Age 20 (1977) 12, 38−43.

H12 Hendriks, C.L.; Hill, S.G.: Evaluation of High Temperatur Structural Adhesives for Extended Service. SAMPE Quaterly (1981) 7, 32−37.

H13 Hansmann, J.: Füllstoffe, Arten und Wirkung. Adhäsion 14 (1970) 360−363, 382.

H14 Hinterwaldner, R.: Mineralische Füllstoffe in Leimen, Klebstoffen, Kitten, Dichtungsmassen und dgl. Adhäsion 11 (1967) 252−262, 343−346.

H15 Howard, G.J.; Shanks, R.A.: The Influence of Filler Particles and Polymer Structure on the Mobility of Polymer Molecules. J. Appl. Polym. Sci. 26 (1981) 3099−3102.

H16 Hartmann, H.: Heißschmelzkleber − Grundlagen, Anforderungen und Formulierungen. Adhäsion 8 (1964) 424−428.

H17 Heimgaertner, R.: Netzförmige Klebesysteme. Adhäsion 18 (1974) 380.

H18 Hertneck, A.: Mikroverkapselung in der Kleb- und Dichtstofftechnik. VDI-Ber. 360 (1980) 119−124.

H19 Hansmann, J.: Kleben ohne Flüssig-Klebstoffe. Verbind.-Tech. 12 (1980) 7, 23−25.

H20 Herrmann, M.: Einkleben von Fensterscheiben in Kraftfahrzeuge mittels pumpbarem Klebdichtungsband. ATZ 81 (1979) 587−596.

H21 Hansmann, J.: Verklebungen: Theorie, Vorbehandlung, Konstruktionsgrundsätze und Klebstoffe. Adhäsion 11 (1967) 298−306.

H22 Hahn, K.F.: Dauerstandversuche an Leichtmetall-Klebverbindungen. Metallwiss. u. Tech. 12 (1958) 811−814.

H23 Hennig, G.: Festigkeitsuntersuchungen an Metallklebverbindungen. Plaste u. Kautsch. 12 (1965) 459−463.

H24 Hart-Smith, L.J.: Adhesive Layer Thickness and Porosity Criteria for Bonded Joints. US Govern. Rep. (1982) AFWAL-TR-82-4172.

H25 Heldt, E.: Der Einfluß der Oberflächenrauheit und Klebfugendicke auf das übertragbare Drehmoment bei Klebpassungen. Feingerätetech. 12 (1963) 567−571.

H26 Hahn, O.; Kötting, G.: Beanspruchungsabhängige Versagensvorgänge in der Klebschicht von Metallklebverbindungen und ihr Einfluß auf die Verbundfestigkeit. Schweiß. u. Schneid. 36 (1984) 260−265.

H27 Hahn, O.; Kötting, G.: Untersuchung der Polymerstrukturen in der Klebschicht von Metallverklebungen. Kunstst. 74 (1984) 238−240.

H28 Huntsberger, J.R.: Interfacial Energies, Contact Angles and Adhesion. Adhes. Age 21 (1978) 12, 23−27.

H29 Hennemann, O.D.; Brockmann, W.: Surface Morphology and its Influence on Adhesion. J. Adhesion 12 (1981) 297−315.

H30 Hennemann, O.D.; Brockmann, W.: Elektronenoptische Untersuchungen von Grenzflächen in Metall-Kunststoffverbunden. 15 Koll. EDO, DVM, DGM u. VDEh, Bremen-Vegesack, 12−15.9.1982, S. 149−154.

H31 Harendza, H.B.; Behrens, A.: Abschätzung der Kohäsionsfestigkeit von Mehrkomponenten-Klebermischungen. Adhäsion 24 (1980) 298−305.

H32 Hellwig, G.E.H.; Sell, P.J.; Wiest, H.: Über einen Zusammenhang von grenzflächenenergetischen Größen von Klebstoffen und ihrer Verklebungsfähigkeit gegenüber Kunststoffen. Adhäsion 12 (1968) 439−443.

H33 Hahn, K.F.: Dauerstandversuche an Leichtmetall-Klebverbindungen. Metallwiss. u. Tech. 12 (1958) 811−814.

H34 Herfert, R.E.: Fundamental Investigation of Anodic Oxide Films on Aluminium Alloys as a Surface Preparation for Adhesive Bonding. Tech. Rep. (1976), Northrop. Corp., Hawthorne, Calif., AFML-TR-76-142.

H35 Hahn, O,; Otto, G.; Stepanski, H.: Methoden zum Bestimmen der Schubspannungsverteilung in überlappten Metallverbindungen mit kraftübertragender Zwischenschicht. Schweiß. u. Schneid. 28 (1976) 429–433.
H36 Heise, O.: Die Ermittlung der spezifischen Anrißkraft beim Winkelschälversuch. DFL-FB 196 (1963).
H37 Hoffer, K.: Zum Dehnungszustand in einschnittigen genieteten und geklebten Verbindungen. Verbind.-Tech. 6 (1974) 7/8, 31–33.
H38 Hahn, O.; Foyer, G.: Spannungsverteilung in einem Kunststoff-Metallverbund unter Zugrundelegung elastischen Werkstoffverhaltens. Adhäsion 19 (1975) 339–344.
H39 Hahn, O.; Otto, G.; Stepanski, H.: Bedeutung der Fügeteilbeanspruchung für die Dimensionierung einschnittig überlappter Metallverbindungen. Ind.-Anz. 98 (1976) 88, 1571–1575.
H40 Hart-Smith, L.J.: The Strength of Adhesive Bonded Single Lap Joints. Tech. Rep. (1970) IRAD, Douglas Aircraft Co., MDC-J 0742 April 1970.
H41 Hart-Smith, L.J.: Adhesive Bonded Single-lap Joints. Tech. Rep. (1973) NASA Cr 112236.
H42 Hart-Smith, L.J.: Designing Adhesive Bonds. Adhes. Age 21 (1978) 10, 32–37.
H43 Hahn, O.: Festigkeitsverhalten und ingenieurmäßige Berechnung von einschnittig-überlappten Metallklebverbindungen. Habil. Schrift RWTH Aachen 1975.
H44 Hahn, O.; Otto, G.; Lange, F.J.: Spannungsanalyse von Metallklebverbindungen mit der Finite-Elemente-Methode. Schweiß. u. Schneid. 34 (1982) 189–192.
H45 Hahn, O.; Wender, B.: Beanspruchungsanalyse von geometrisch und werkstoffmechanisch „unsymmetrischen" Metallklebverbindungen mit der Finite-Element-Methode. NRW-FB 3187. Opladen: Westdeutscher Verl. 1984.
H46 Hertel, H.: Leichtbau. Berlin: Springer 1960.
H47 Hahn, O.: Kritische Betrachtungen zur Prüfung geklebter Verbindungen bei Stoßbeanspruchung. Adhäsion 18 (1974) 206–211.
H48 Hahn, O.: Festigkeitsverhalten geklebter Verbindungen bei Stoßbeanspruchung. VDI-Z. 116 (1974) 311–316.
H49 Hahn, O.: Untersuchungen zum Festigkeitsverhalten von Metallklebungen bei Schlagbeanspruchung. Diss. TU Aachen 1972.
H50 Hahn, O.; Otto, G.; Stepanski, H.: Dimensionierung von Metallklebverbindungen unter Zugrundelegung einer werkstoffgerechten Betrachtungsweise. Ind.-Anz. 97 (1975) 73, 1616–1618.
H51 Hahn, O.: Untersuchungen zum Festigkeitsverhalten von Metallklebungen im Hinblick auf die Erstellung eines praktikablen Dimensionierungsverfahrens. Ind.-Anz. 96 (1974) 32, 709–712.
H52 Hipol, P.J.: Analysis and Optimization of a Tubular Lap Joint Subjected to Torsion. J. Comp. Mater. 18 (1984) 298–311.
H53 Hahn, O.; Muschard, W.D.: Untersuchungen zum Festigkeitsverhalten geklebter Wellen-Naben-Verbindungen. Tagung Fertigungssystem Kleben. TU Berlin, April 1984, S. 179–198.
H54 Hahn, O.; Otto, G.; Muschard, W.D.: Geklebte Wellen-Naben-Verbindungen als Alternative zu konventionellen Verbindung. VDI-Ber. 360 (1980) 103–107.
H55 Hahn, O.; Otto, G.; Muschard, W.D.: Der Einsatz der Klebetechnik zur Sicherung von Wellen-Naben-Verbindungen als Alternative zum Schrumpfen und Kaltdehnen. Verbind.-Tech. 11 (1979/1980) 23–27.
H56 Heitz, E.: Konstruktive Gestaltung in der Klebetechnik. Ind.-Anz. 93 (1971) 88, 2185–2189.
H57 Heitz, E.: Konstruktive Gestaltung in der Klebetechnik. Konstrukteur 11 (1980) 9, 70–76 u. 10, 66–70.
H58 Hennig, G.: Die konstruktive Gestaltung und fertigungstechnische Ausführung von Metallklebverbindungen. DFBO-Mitt. 15 (1964) 9/10, 116–125.
H59 Hahn, K.F.: Die Metallklebtechnik vom Standpunkt des Konstrukteurs. Konstruktion 8 (1956) 127–136.
H60 Hubicka, L.: Einsatz der induktiven Erwärmung zur Polymerisation thermoplastischer Kleber im Karosseriebau. Elektrowärme Int., Ausg. B, 42 (1984) 3, 140–141.
H61 Hocker, R.G.: Improved Durability for Weldbonded Aluminium Structures. 26th Nat. Sympos. SAMPE, 28.–30.4.1981, pp. 652–663.
H62 Hahn, O.: Untersuchungen zum Punktschweiß/Kleben gefetteter Bleche unter Verwendung von Klebstoffen mit konstruktiven Eigenschaftsmerkmalen. DVS-Ber. (1975) 36, 125–131.

H63 Hahn, O.: Verbesserung von Korrosionsschutz und Festigkeit durch kombinierte Verbindungsverfahren. Bänder, Bleche, Rohre 16 (1975) 76−79.
H64 Hahn, O.,; Stepanski, H.: Kombiniertes Punktschweißen und Kleben. DVS-Ber. (1978) 51, 38−45.
H65 Hennemann, O.D.: Die Wirksamkeit von Anodisierprozessen auf die Langzeitfestigkeit von Alu-Klebungen. Adhäsion 24 (1980) 18−23.
H66 Höfling, E.; Breu, H.: Verbesserung der Haftfestigkeit von Leimen und Lacken auf Alu-Folien durch Corona-Behandlung. Adhäsion 10 (1966) 252−255.
H67 Hansmann, J.: Corona-Oberflächenbehandlung. Adhäsion 23 (1979) 136−142.
H68 Holzapfel, W.: Verschweißen und Verkleben von PVC. Adhäsion 8 (1964) 326−331.
H69 Henning, A.H.; Krekeler, K.; Eilers, J.: Untersuchungen zum Kleben von Kunststoffen, Köln, Opladen: Westdeutscher Verl. 1965.
H70 Hahn, O.; Kötting, G.: Ergebnisse von Schallemissionsmessungen an Metallklebverbindungen. Schweiß. u. Schneid. 36 (1984) 594−596.
H71 Hill, R.: The Use of Acoustic Emission for Characterising Adhesive Joint Failure. Nondestr. Test. 35 (1977) 63−72.
H72 Hagemaier, D.J.: Automated Ultrasonic Inspektion of Adhesive Bonded Structure. Mater. Eval. 40 (1982) 572−578.
H73 Holl, P.: Beschichtungsstoffe und Verbundklebstoffe härten mit Elektronenstrahlen. MM, Masch.-Markt 88 (1982) 41, 807−810.
H74 Hopf, P.P.: Haftmittel für PVC-Metall-Kaschierungen. Adhäsion 9 (1965) 96−101.
H75 Hultzsch, F.: Chemie der Phenolharze. Berlin: Springer 1950.
H76 Haag, J.: Bedeutung der Benetzbarkeit für die Herstellung von Verbundwerkstoffen unter Weltraumbedingungen (Abschlußbericht). Stuttgart: Max-Planck-Inst. f. Metallforschung (1980).

I1 Iwanowa, M.; Kozew, D.; Gluschkow, M.: Einfluß der Wärmeeinwirkungen auf die Zug- und Abschälfestigkeit der mit Allyl-2-Zyanacrylatklebstoff geklebten Verbindungen. Plaste u. Kautsch. 26 (1979) 220−222.
I2 Iliewa, K.; Iwanow, G.: Einfluß der Oberflächenvorbehandlung auf die Festigkeit mit Zyanacrylatklebstoff „Kanakonlit-E" geklebter Verbindungen. Plaste u. Kautsch. 25 (1978) 705−708.
I3 Imöhl, W.: Eigenschaften und Anwendungen von Polyamidharz-Schmelzklebern. Adhäsion 18 (1974) 7−11.
I4 Imöhl, W.: Die Anwendung von Polyamidharz-Schmelzklebern in der Schuh-, Möbel- und Elektroindustrie. Chem. Rundsch. 28 (1975) 17, 13−15.
I5 Imanaka, M. et al.: Improvement of Fatigue strength of Adhesive Joints through Filler Addition. J. Comp. Mater. 18 (1984) 412−419.
I6 Imoto, T.; Hosokawa, H.: Effects of Pressure to Adhesion. Kolloid Z. u. Z. f. Polym. 208 (1969) 2, 153−156.
I7 Imöhl, W.: Einsatzmöglichkeiten von Schmelzklebern für Metallverklebungen. VDI-Ber. 258 (1976) 65−68.
I8 Imöhl, W.: Aufbau, Eigenschaften und Anwendung von Schmelzklebern. Coating 8 (1975) 214−219.
I9 Ibe, G.: Zur Thermodynamik und Kinetik von Phasengrenzflächen. Tagung Haftung als Basis für Stoffverbunde und Verbundwerkstoffe. Dt. Ges. f. Materialprüf. 1983, S. 281−301.

J1 Johnson, P.R.: Polychloroprene Rubber. Rubber Chem. a. Technol. 49 (1976) 3, 650−702.
J2 Jordan, R.: Polyisobutylen. Adhäsion 24 (1980) 120−124, 180−182, 218−227 u. 256−262.
J3 Jahn, H.: Epoxidharze. Leipzig: VEB: Dt. Verl. für Grundstoffind. 1969, S. 16−33.
J4 Jellinek, K.: Neue Entwicklungen auf dem Gebiet der Epoxidharze. Kunstst. 55 (1965) 98−102.
J5 Jordan, R.: Kohlenwasserstoffharze in der Klebstoffindustrie. Adhäsion 23 (1979) 5−12.
J6 Johnston, J.: Tack, Known by Many Names, it's Difficult to Define. Adhes. Age 26 (1983) 11, 34−38.
J7 Jasiulek, P.; Rawicz, A.: Einfluß der Gasokklusionen auf mechanische und elektrische Eigenschaften der Klebverbindungen. Adhäsion 25 (1981) 194−196.

J8   Jasiulek, P.; Rawicz, A.: Stromleitende Klebstoffe — Verlauf der Elektrizitätsleitung. Adhäsion 24 (1980) 94—99.
J9   Jenckel, E.; Rumbach, B.: Adsorption von hochmolekularen Stoffen aus der Lösung. J. Elektrochem. 55 (1951) 612—618.
J10 Jackson, Ll.C.: How to Select a Substrate Cleaning Solvent. Adhes. Age 17 (1974) 12, 23—31.
J11 Jemal, R.: Viscosity Measurements in Adhesive and Sealant Systems. Adhes. Age 17 (1974) 5, 37—43.
J12 Jordan, O.: Erfahrungen beim Verkleben neuerer Kunststoffe. Kunstst. 47 (1957) 521—524.
J13 Jordan, O: Hinweise für das Kleben von Schaum-Kunststoffen. Adhäsion 7 (1963) 447—452.
J14 Joos, G.: Die Oberflächenspannung von Flüssigkeiten. In: Lehrbuch der theor. Physik. Leipzig: Akad.Verl. 1943, S. 196—201.

K1   Kabeiwanow, W.; Glushkow, M.; Iwanowa, M.: Thermostabilität und Temperaturfestigkeit von Methyl-α-Zyanacrylatklebstoff „Kanokonlit-M". Plaste u. Kautsch. 25 (1978) 584—585.
K2   Krebs, P.: Fügen mit Methacrylat-Klebstoffen. Werkst. u. Betr. 114 (1981) 374—378.
K3   Krebs, P.: Mehrkomponentenklebstoffe — Grundlagen und Anwendungsgebiete. Chem. Exp. Didakt. 3 (1977) 111—116.
K4   Keown, R.W.: Acrylat-Klebstoffe der 2.Generation. Gummi, Asbest, Kunstst. 33 (1980) 169—172.
K5   Kirchner, C.: Äthylenacrylsäure-Copolymere als Rohstoff für Heißsiegel- und Schmelzkleber. Adhäsion 13 (1969) 398—404.
K6   Kimball, M.E.: Polyurethane Adhesives: Properties and Bonding Procedures. Adhes. Age 24 (1981) 6, 21—26.
K7   Kujawa-Penczek, B.; Penczek, P.: Polyurethan-Klebstoffe: Fortschritt in den 80er Jahren. Adhäsion 28 (1984) 7—12.
K8   Kämmerer, H.: Beiträge zur Phenol-Formaldehyd-Polykondensation. Kunstst. 56 (1966) 154—163.
K9   Koch, J.: RTV-S695, a New Adhesive for Solar Cell Coverglasses. Int. Symp. on Spacecraft Materials in Space Environment, organised by CNES, ESA&CERT. Toulouse, 8. —12.6.1982 (ESA SP-178).
K10 Koton, M.M.; Adrowa, M.A.; Bessonow, M.J.: Aromatische Polyimide (Polyarylimide) als Grundmaterial für thermostabile Plaste. Plaste u. Kautsch. 14 (1967) 730—734.
K11 Kuhbander, R.J.: Thermid 600 Adhesive Formulation Studies. 11th Nat. Tech. Conf. SAMPE, 13.—15.11.1979.
K12 Kleinert, H.; Gregor, M.; Ludwig, F.: Eigenschaftsbild des Epoxidharz-Klebstoffes Epasol EP4 und damit hergestellter Metallklebverbindungen. Schweißtech. (Berlin) 30 (1980) 76—78.
K13 Krüger, G: Kleben von Rundverbindungen mit füllstoffhaltigen Epoxidharzen. Schweißtech. (Berlin) 34 (1984) 140—141.
K14 Kornett, K.: Festigkeitssteigerung an Klebverbindungen durch Zusatz von Silanhaftmittel. ZIS-Mitt. 26 (1984) 1067—1071.
K15 Kirchner, C.: Organo-funktionelle Silan-Haftvermittler verbessern Klebstoffe, Dichtungsmassen und Lacke. Adhäsion 13 (1969) 257—260.
K16 Korel, W.A.; Hoefelmann, K; Plueddemann, E.: Neuartige organofunktionelle Silane als Haftvermittler für verstärkte Kunststoffe. Kunstst. 65 (1975) 760—762.
K17 Kaliske, G.: Physikalische und physikalisch-chemische Effekte bei der Verfestigung kalthärtender Klebstoffe. Plaste u. Kautsch. 22 (1975) 338—341.
K18 Kleinert, H.; Heß, K.: Klebfugendicke bei Metallklebverbindungen im Vergleich von Berechnung und Experiment. Plaste u. Kautsch. 28 (1981) 464—466.
K19 Kleinert, H.: Zusammenhang von Fügekraft, Klebfugendicke und Fügezeit bei der Herstellung von Metallklebverbindungen. Schweißtech. (Berlin) 28 (1978) 415—416.
K20 Kleinert, H.; Richter, J.: Berechenbare Klebfugendicken mit modifizierten Metallklebstoffen. Plaste u. Kautsch. 30 (1983) 38—39.
K21 Kleinert, H.: Klebfugendickenberechnung bei modifizierten Metallklebstoffen mit nicht-Newtonschem Fließverhalten. Plaste u. Kautsch. 31 (1984) 434—435 u. Adhäsion 29 (1985) 32—33.

K22 Köhler, R.: Physikalische Gesichtspunkte bei Kunststoffklebungen in der Verpackungsindustrie. Adhäsion 14 (1970) 90–92.
K23 Karger-Kocsis, J.; Hedvig, P.: Thermomechanical Study of Hot Melt Adhesives. Adhes. Age 24 (1981) 7, 24–28.
K24 Korcz, W.H.: Polybutylene Polymers for Hotmelt Adhesives. Adhes. Age 27 (1984) 11, 19–23.
K25 Klingenfuß, H.: Elektrischer Leitungsmechanismus in Metallklebstoffen auf der Basis von Epoxidharz. Adhäsion 26 (1982) 28–31.
K26 Kästner, S.; Körner, G.: Abhängigkeit der elektrischen Leitfähigkeit vernetzter Polymere vom freien Volumen und von der Temperatur, ermittelt aus Messungen während und nach der Härtung. Plaste u. Kautsch. 14 (1967) 675–679.
K27 Kooring, C.W.L.; Riphagen, D.: Applikation of Conductive Adhesives in Microcircuits for „Longe-Life" Equipment. European Hybrid Microelectronics Conf., Ghent, 1979, pp. 425–432.
K28 Küssner, K.H.; Sinn, E.: Studien über die elektrische Leitfähigkeit metallpigmentierter Klebstoffschichten unterschiedlicher Dicke. Plaste u. Kautsch. 11 (1964) 333–334.
K29 Kuhn-Weiss, F.: Microverkapselung. KEM 8 (1971) 4, 141–143.
K30 Krieger, Jr.R.B.: Stress Analysis of Metal-to-Metal Bonds in Hostile Environment. Adhes. Age 21 (1978) 6, 26–31.
K31 Kuenzi, W.: Determination of Mechanical Properties of Adhesives for Use in the Design of Bonded Joints. Rep. FPL-011, Sept. 1963, Forest Products Laboratory, US Department of Agriculture.
K32 Klein, I.E.; Sharon, J.; Margalit, R.: Relaxation Time, Bond Strength of Epoxy Resin to Aluminium. Adhes. Age 26 (1983) 2, 22–23.
K33 Klingenfuß, H.: Der Einfluß von Luftblasen auf die Festigkeit von Klebverbindungen. Adhäsion 25 (1981) 179–181.
K34 Kuenzer, F.V.: Einfluß der Rauhigkeit von Stahloberflächen auf die Benetzung und Haftung beim Verbund mit Epoxidkleber. Diss. TU Berlin 1979.
K35 Krekeler, K.; Litz, E.: Neue Untersuchungen an Leichtmetall-Klebverbindungen. Aluminium 29 (1953) 150–160.
K36 Kötting. G.: Untersuchung der Klebschichtmorphologie und der beanspruchungsabhängigen Deformations- und Versagensmechanismen in der Klebfuge von Metallklebverbindungen. Diss. Univ. Paderborn.1984.
K37 Kollek, H.: Adhäsionsmechanismen beim Kleben. Tagung Fertigungssystem Kleben. TU Berlin, April 1984, S. 210–222.
K38 Köhler, R.: Physikalische Grundlagen der Klebvorgänge. Adhäsion 16 (1972) 41–47 u. 66–73.
K39 Kaliske, G.; Blohm, G.: Meßverfahren zur Bestimmung des Benetzungswinkels zwischen Klebstoff und Fügeteilwerkstoffen. Plaste u. Kautsch. 24 (1977) 251–252.
K40 Kinloch, A.J.: Interfacial Fracture Mechanical Aspects of Adhesive Bonded Joints, a Review. J. Adhesion 11 (1979) 193–219.
K41 Kieselbach, R.: Die Klebverbindung dicker Metallteile und ihre Anwendung bei der Prüfung der Bruchzähigkeit. EMPA-Ber. (1981) 207.
K42 Kieselbach, R.: Metallklebverbindungen für dicke Querschnitte. Konstr. Masch.-, Apparate-, Gerätebau 34 (1982) 361–367.
K43 Krieger, R.B.: Untersuchung von strukturellen Klebstoffen unter Dauerbelastung in aggressiver Umgebung. Adhäsion 18 (1974) 363–370 u. 19 (1975) 14–19.
K44 Kleinert, H.; Krimmling, W.: Der Einfluß der Oberflächenvorbehandlung auf die Alterungsbeständigkeit von Metallklebverbindungen. Plaste u. Kautsch. 14 (1964) 335–338 u. 472–474.
K45 Kleinert, H.; Krimmling, W.: Das Alterungsverhalten von Metallklebverbindungen in Abhängigkeit von der Oberflächenvorbehandlung der Fügeteile. Plaste u. Kautsch. 12 (1965) 472–474.
K46 Kleinert, H.: Alterungsverhalten von Metallklebeverbindungen bei Lagerung in verschiedenen Medien. Plaste u. Kautsch. 25 (1978) 645–646.
K47 Kleinert, H.; Blume, F.; Deinhardt, K.M.: Zur statischen Kurzzeitfestigkeit kompakter Metallklebverbindungen. Schweißtech. (Berlin) 24 (1974) 506–508.

K 48 Keim, M.; Knappe, W.; Puck, A.: Zum Schälversuch mit der Kletterwalze. Mater.-Prüf. 9 (1967) 253–260.
K 49 Kleinert, H.; Grützmacher, M: Festigkeitsuntersuchungen an überlappten Metallklebverbindungen mit ungleichmäßiger Klebschichtdicke. Plaste u. Kautsch. 24 (1978) 657–659.
K 50 Kaliske, G.: Das Festigkeitsproblem beim Metallkleben. Industriebl. 56 (1956) 70–74.
K 51 Kleinert, H.; Gregor, M.: Zeitstandverhalten von Metallklebverbindungen bei unterschiedlichen Temperaturen. Plaste u. Kautsch. 26 (1979) 401–403.
K 52 Kleinert, H.; Blume, F.; Deinhardt, K.M.: Buchsen-Bolzen-Verklebungen unter Zug - Druck -Belastungen. Schweißtech. (Berlin) 26 (1976) 326–329.
K 53 Krause, W.; Phan Da: Montage von Plastgleitlagerbuchsen durch Einkleben. Feingerätetech. 30 (1981) 305–308.
K 54 Käufer, H.: Konstruktive Gestaltung von Klebungen zur Fertigungs- und Festigkeitsoptimierung. Konstruktion 36 (1984) 371–377.
K 55 Käufer, H.; Vogel, T.: Kraftschlußunterstütztes Kleben von Plastomeren mit Metallen. VDI-Ber. 360 (1980) 109–114.
K 56 Käufer, H.: Zukunftsaspekte der Verbindungen in Systemen. VDI-Ber. 360 (1980) 125–136.
K 57 Käufer, H.: Gezielte Gestaltung des Fügebereiches und seine Einbeziehung in die Gesamtkonstruktion zur Fertigungs- und Festigkeitsoptimierung an Beispielen der Metall-Kunststoffklebung. Tagung Fertigungssystem Kleben. TU Berlin, April 1984, S. 116–140.
K 58 Kleinert, H.: Anwendung des Metallklebens zum Verbinden von Maschinenelementen im Maschinenbau. Schweißtech. (Berlin) 28 (1978) 451–454.
K 59 Kaliske, G.: Zu Problemen der Oberflächenvorbehandlung metallischer Fügeteile in der Klebtechnik unter besonderer Berücksichtigung der mechanischen Vorbehandlung. Plaste u. Kautsch. 18 (1971) 446–452.
K 60 Kaliske, G.: Einfluß von Wasserbeschaffenheit und Spülbedingungen auf die Klebfestigkeit vorbehandelter Metallteile. Schweißtech. (Berlin) 26 (1976) 455–457.
K 61 Kleinert, H.: Möglichkeiten der Nutzung naturwissenschaftlicher Gesetzmäßigkeiten für die Klebstoffverarbeitung. Plaste u. Kautsch. 27 (1980) 279–280.
K 62 Klingenfuß, H.: Bestimmung des Vernetzungszustandes von Metall-Klebstoffen über die Änderung des elektrischen Widerstandes. Diss. TU Stuttgart 1982 u./o. Schweiß. u. Schneid. 36 (1984) 489.
K 63 Kornett, K.: Vibrationskleben mittels Schwingschleifer. ZIS-Mitt. 23 (1981) 1163–1170.
K 64 Klingenfuß, H.: Vermeidung von Fehlern beim Kleben von Metallen. Ing. Digest 17 (1978) 12, 49–51.
K 65 Krüger, U.: Einsatzprobleme beim Punktschweiß-Kleben. Verbind.-Tech. 6 (1974) 10, 29–32.
K 66 Keith, R.E.: Adhesive Bonding of Titanium and its Alloys. In: Handbook of Adhesive Bonding. New York: McGraw-Hill 1973.
K 67 Krautter, J.: Kleben von Acrylpolymeren. In: Klebstoffe und Klebverfahren für Kunststoffe. Düsseldorf: VDI-Verl. 1979, S. 91–110.
K 68 Kaliske, G.: Kleben von glasfaserverstärktem Polyamid 6. Plaste u. Kautsch. 30 (1983) 28–30.
K 69 Klement, G.: Einfluß der Metallvorbehandlungsverfahren auf die Gummi/Metall-Bindung. Kautsch., Gummi, Kunst. 20 (1967) 462–465.
K 70 Klement, G.: Gummi-Metallbindung; Untersuchung der Grenzfläche Metall-Bindemittel. Gummi, Asbest, Kunst. 24 (1971) 430–444.
K 71 Klement, G.; Scheer, H.; Wirtz, W.: Bindung von rußgefülltem Naturkautschuk an Stahl in Abhängigkeit vom Vulkanisations-System und Wärmeübergang. Kautsch. Gummi, Kunst. 24 (1971) 160–167.
K 72 Klement, G.: Einfluß der Verfahren der Metallvorbehandlung auf die Gummi/Metall-Bindung. DFBO-Mitt. 19 (1968) 5, 42–48.
K 73 Klement, G.: Die Klebung und Bindung kautschukelastischer Stoffe unter besonderer Berücksichtigung der Gummi/Metall-Bindung. Adhäsion 11 (1967) 335–343.
K 74 Krämer, L.: Einflußfaktoren bei der Verleimung von Holzwerkstoffen — aufzeigt am Beispiel Massivholzverleimung. Adhäsion (1982) 12, 31–33.
K 75 Klemm, H.J.: Leime im Holzleimbau. Adhäsion (1973) 122–125.

K76 Klemm, H.J.: Verleimungen im Holzleimbau. Adhäsion (1973) 46−50.
K77 Klemm, H.J.: Grundlagen des Holzleimbaues. Adhäsion 12 (1972) 424−426.
K78 Koski, H.; Schneberger, G.L.: Testing Adhesives. Adhes. Age 27 (1984) 5, 8−12.
K79 Kornett, K.: Kleben und Klebvarianten für plastbeschichtete Bleche. Schweißtech. (Berlin) 29 (1979) 307−309.
K80 Klein, J.E.; Sharon, J.; Margalit, R. u.a.: Relaxation Time, Bond Strength of Epoxy Resin to Aluminium. Adhes. Age 26 (1983) 2, 22−23.
K81 Köhler, R.: Zur Systematik der Klebstoffe. Adhäsion 8 (1964) 160−164.
K82 Köhler, R.: Zur Systematik der synthetischen Klebstoffe. Kunstst. 48 (1958) 441−444.
L1 Lewna, W.; Beyer, J.; Wimmers, D.: Allyl-α-Zyanoacrylate als Gewebeklebstoff in der Medizin. Plaste u. Kautsch. 17 (1970) 795−800.
L2 Lees, W.: Anaerobic Adhesives and their Applications. Mech. Eng. 23 (1976) 74−76.
L3 Landau, M.; Müller, H.; Rohleder, U.: Polychloroprenkebstoffe. Adhäsion 24 (1980) 64−70.
L4 Lees, W.A.: Designing and Producing Toughened Structural Adhesives. Adhes. Age 27 (1984) 10, 26−30.
L5 Louis, E.: Rohstoffe für Einkomponenten-Siliconfugendichtstoffe und Siliconkleber. Adhäsion 22 (1978) 279−287.
L6 Loechelt, E.: Warmfeste Klebstoffe in der Luft- und Raumfahrt. DFBO-Mitt. 20 (1969) 5, 91−96.
L7 Litvak, S.: Polybenzimidazole Adhesives for Bonding Stainless Steel, Beryllium and Titanium Alloys. Adhes. Age 11 (1968) 1, 17−24 u. 2, 24−28.
L8 Lambuth, A.L.: Blutalbuminleime. Adhäsion 8 (1964) 10−20.
L9 Lenz, W.: Das Glaslot und die Veränderung beim Verkleben. Adhäsion 22 (1978) 75−76.
L10 Lipinski: Silane lösen Haftprobleme. DEFAZET 28 (1974) 207−211.
L11 Lenz, W.: Einfluß der Lagertemperatur nach dem Mischen auf die rheologischen und mechanischen Eigenschaften von 2-K-Klebern. Adhäsion 21 (1977) 337−339 u. 22 (1978) 47−49.
L12 Lombard, S.; Borg, P.: Methode zur Bestimmung der Klebrigkeit (Tack). Adhäsion 22 (1978) 338−339.
L13 Lombard, S.; Borg, P.: Neue Methode zur Bestimmung des Tack. Adhäsion 23 (1979) 74−75.
L14 Lucke, H.: Schmelzkleber − Ihre Herstellung, Eigenschaften, Anwendung und Problematik. Adhäsion 12 (1968) 353−365.
L15 Lebock, F.: Hochleistungsklebstoffe für Aluminium im Flugzeugbau und bei industrieller Anwendung. Aluminium 41 (1965) 54−61.
L16 Licari, J.J.; Perkins, K.L.; Caruso, S.V.: Guidelines for the Selection of Electrically Conductive Adhesives for Hybrid Microcircuits. Int. Microelectronic Symp., Orlando, 27.−29.10.1975, pp. 65−73.
L17 Lovinger, A.J.: Development of Electrical Conduction in silver-filled Epoxy-Adhesives. J. Adhesion 10 (1979) 1−15.
L18 Lewis, F.; Natarajan, R.T.: Durability of Adhesive Joints. Adhes. Age 19 (1976) 10, 21−25.
L19 Leyh, H.: Drehmomentübertragung mit geklebten Wellen-Naben-Verbindungen, Diss. TH Stuttgart (1963).
L20 Loctite, Firmenpublikation Nr. 131 (1984).
L21 Lange, F.J.: Untersuchungen zum Falznahtkleben von höherfesten kaltgewalzten Feinblechen unter Berücksichtigung verschiedener Klebstoffsysteme. Diss. Univ. Paderborn 1983.
L22 Lee, M.T.; Sacco, S.D.; Lakes, F.: The Adherence of Borosilikate Glass to Gold. DVS-Ber. (1980) 66, 53−56.
L23 Locke, M.C.; Harriman, K.M.; Arnold, D.B.: Optimization of Chromic Acid-Fluoride Anodizing for Titanium Prebond Surface Treatment. 25th Nat. Symp. a. Exhib. SAMPE, 6.−8.5.1980, pp. 1−12.
L24 Levi, D.W.; Wegmann, R.F.; Bodnar, M.J.: Effect of Titanium Surface Pretreatment and Surface Exposure Time on Peel Strength of Adhesive Bonds. SAMPE J. (1977) 314, 32−33.
L25 Lucke, H.: Kunststoffe und ihre Verklebung. Kunstst.-Rdsch. 11 (1964)513−522, 569−577, 628−632, 675−679; 12 (1965) 11−18, 73−78, 210−216, 271−275, 322−324, 388−392, 505−508, 565−569, 622−628, 689−692;13 (1966) 9−13, 67−71 u.188−193.

L26 Lüttgen, C.: Verkleben von Kunststoffen. Adhäsion 6 (1962) 161–166.
L27 Lucke, H.: Verklebung von organischem Glas (Acrylglas) Ashäsion 6 (1962)497–500.
L28 Latzusch, O.: Plast/Metall-Klebverbindungen. Schweißtech. (Berlin) 26 (1976) 28–30.
L29 Ludeck, W.: Tabellenbuch der Klebtechnik. Leipzig: Dtsch. Verl. f. Grundstoff-Ind. (1982).
L30 Lenz, W.: Prüfverfahren für Verbindungsprüfungen. Adhäsion 23 (1979) 146–148.
L31 Lenz, W.: Zerstörungsfreie Prüfung von Klebeverbindungen. Adhäsion 24 (1980) 70–73.
L32 Lüttgen, C.: Klebstoffe aus Phenol-Aldehyd-Kondensationsprodukten. Adhäsion 8 (1964) 3–9.
L33 Lison, R.: Einfluß von Gammastrahlen auf Metallklebverbindungen. Schweiß. u. Schneid. 26 (1974) 57–61.

M1 Millet, G.H.: Properties of Cyanoacrylate – an Overview. Adhes. Age 24 (1981) 10, 27–32.
M2 Müller, H.W.J.: Vinylether-Polymerisate als Rohstoffe für Selbstklebemassen. Adhäsion 25 (1981) 208–213.
M3 Merrill, D.F.: Silicone PSA's: Types, Properties and Uses. Adhes. Age 22 (1979) 3, 39–41.
M4 O'Malley, W.J.: Silicone Pressure-Sensitive Adhesives for Flexible Printed Circuits. Adhes. Age 18 (1975) 6, 17–20.
M5 Matting, A.: Metallkleben. Berlin: Springer 1969.
M6 Mittrop, F.: Beitrag zum Festigkeitsverhalten von Metallklebverbindungen. Ind.-Anz. 83 (1961) 23, 360–364.
M7 Mittrop, F.: Untersuchungen über das Alterungsverhalten, die Temperaturbeständigkeit und Zeitstandfestigkeit von Metallklebverbindungen mit und ohne Füllstoffzusätze zum Klebstoff. Diss. TH Aachen 1966 (s.a. [E4]).
M8 Marwitz, H.: Silan-Haftvermittler. Adhäsion 14 (1970) 122–124, 146.
M9 Meißner, H.; Wacker, H.: Alterungsbeständiger Klebflächenschutz und Haftvermittler für Aluminiumhalbzeug. Aluminium 58 (1982) 95–96.
M10 Moore, W.J.; Hummel, D.O.: Physikalische Chemie. Berlin: de Gruyter 1976, S. 379–384.
M11 Müller, H.: Der Einfluß der Viskosität auf den Preßdruck von Metallklebverbindungen. Plaste u. Kautsch. 9 (1962) 330–332.
M12 Meyer zur Bexten, J.: Löslichkeitsparameter und ihre Anwendung in der Praxis. Farbe u. Lack 78 (1972) 813–822.
M13 Miron, J.; Skeist, I.: Trends in Pressure-Sensitive and Heat-Seal Materials. Adhes. Age 21 (1978) 1, 35–38.
M14 Milker, R.: Aufbau und Eigenschaften der Haftklebstoffe. Konstrukteur 15 (1984) 1/2, 60–68.
M15 Maletsky, A.: Heißschmelzkleber – eine Übersicht. Kautsch., Gummi, Kunstst. 32 (1979) 527–530.
M16 Miller, B.: Polymerization Behaviour of Silver-filled Epoxy-Resins by Resistivity Measurements. J. Appl. Polym. Sci. 10 (1966) 217–228.
M17 Müller, D.F.: Microverkapselung und die verschiedenen Verfahren. Verf.-Tech. 6 (1972) 409–414.
M18 Morgan, C.R.: Dual UV/Thermally Curable Plastisols. SME Tech. Pap. F083–249, Radcure Conf., Lausanne, 9.–11.5.1983 u./o. Adhäsion 27 (1983) 24–25.
M19 Meckelburg, H.: Beanspruchungsarten und Dimensionierungsgrundlagen von Metallklebverbindungen. Ind.-Anz. 86 (1964) 2226–2234.
M20 Matting, A.; Hahn, K.F.: Die experimentelle Bestimmung der Spannungszustände in der Klebschicht überlappter Metallklebeverbindungen. Z. Metallkunde 50 (1959) 528–533.
M21 Matting, A.; Hahn, K.F.: Eigenschaften von Metallklebern und das Verhalten von Leichtmetall-Klebverbindungen. VDI-Z. 101 (1959) 1448–1461.
M22 Meckelburg, H.: Kleben als Fügeverfahren für glasfaserverstärkte Kunststoffe. Kunstst. 54 (1964) 804–815.
M23 Mitgau, R.: Bindemittelfilme für die Metallverklebung und ihre Anwendung in der Praxis. Adhäsion 9 (1965) 499–510.
M24 Matting, A.; Ulmer, K.: Grenzflächenreaktionen und Spannungsverteilung in Metallklebverbindungen. Diss. TH Hannover 1984 u./o. Kautsch., Gummi, Kunstst. 16 (1963) 213–224, 280–290, 334–345 u. 387–396.
M25 Matting, A.; Krüger, U.: Verschiebungsmessungen an Metallklebverbindungen. Kunstst. 54 (1964) 350–358.

M26 Matting, A.; Brockmann, W.: Adsorption und Adhäsion an Metalloberflächen. Adhäsion 12 (1968) 343–351.
M27 Mark, H.F.: Cohesive and Adhesive Strength of Polymers. Adhes. Age 22 (1979) 7, 35–40 u. 9, 45–50.
M28 Marceau, J.A.; Moji, Y.; Macmillian, J.C.: A Wedge Test for Evaluating Adhesive-Bonded Surface Durability. Adhes. Age 20 (1977) 10, 28–34.
M29 Minford, J.D.: Durability of Structural Adhesive Bonded Aluminium Joints. Adhes. Age 21 (1978) 3, 17–23.
M30 Mittrop, F.: Metallklebverbindungen und ihr Festigkeitsverhalten bei verschiedenen Beanspruchungen. Schweiß. u. Schneid. 14 (1962) 394–401.
M31 Matting, A.; Draugelates, U.: Die Schwingfestigkeit von Metallklebverbindungen. Adhäsion 12 (1968) 5–22, 110–132 u. 161–176.
M32 Minford, J.D.: Durability of Aluminium Bonded Joints in Long-Term Tropical Exposure. Int. J. Adhesion a. Adhesives 2 (1982) 25–32.
M33 Mittrop, F.: Bericht über einige Metallkleb-Forschungsarbeiten im Institut für Kunststoffverarbeitung der Technischen Hochschule Aachen. DFBO-Mitt. 15 (1964) 9/10, 101–115.
M34 Minford, J.D.: More Economical Examination of Bonding Durability Outlined. Adhes. Age 25 (1982) 4, 34–41.
M35 Minford, J.D.: Durability or Permanence of Aluminium Adhesion Joints. SME Tech. Rep. ADRBO-11 (1980).
M36 Matz, Ch.: Alterungs- und Chemikalienbeständigkeit von strukturellen Klebverbindungen im zivilen Flugzeugbau. Tagung Fertigungssystem Kleben. TU Berlin, April 1984, S. 307–318 u. Aluminium 61 (1985) 118–121.
M37 Müller, H.: Statische Untersuchungen an einfach überlappten Leichtmetall-Klebverbindungen. Fertigungstech. u. Betr. 11 (1961) 40–44 u. 131–135.
M38 Meinhold, D.L.: Using Statisctics to Estimate True Bond Strengths. Adhes. Age 24 (1981) 2, 33–37.
M39 Müller, H.: Spannungsuntersuchungen in der Klebfuge einfach überlappter Leichtmetallverbindungen. Plaste u. Kautsch. 8 (1961) 352–357.
M40 Mittrop, F.: Die zerstörende Prüfung von Metallklebverbindungen. In: Matting, A.: Metallkleben. Berlin: Springer 1969, S. 159–184.
M41 Matting, A.; Ulmer, K.: Schlagzugversuche an Metallklebverbindungen mit optisch-elektrischer Wegmessung. Mater.-Prüf. 3 (1961) 441–447.
M42 Müller, H.: Festigkeits- und Dimensionierungsvoraussetzungen von einfach überlappten Metallklebverbindungen. Fertigungstech. u. Betr. 11 (1961) 131–135.
M43 Möbius, W.; Grutke, W.; Seyffarth, W.: Die Berechnung und Belastungsermittlung von Klebverbindungen. ZIS-Mitt. 26 (1984) 913–923.
M44 Muschard, W.D.: Festigkeitsverhalten und Gestaltung geklebter und schrumpfgeklebter Wellen-Naben-Verbindungen. Diss. Univ. Paderborn 1983.
M45 Muschard, W.: Untersuchung des Festigkeits- und Verformungsverhaltens geklebter Wellen-Naben-Verbindungen. Schweiß. u. Schneid. 35 (1983) 330–331.
M46 Matting, A.; Ulmer, K.: Kleben von schutzoxidierten Leichtmetallen. Aluminium 37 (1961) 564–568.
M47 Matting, A.; Ulmer, K.: Zum Einfluß des Wassers auf die Vorbehandlung von Metallklebverbindungen. Aluminium 40 (1964) 235–240.
M48 Macosko, W.Ch.: Adhesives Rheology. Adhes. Age 20 (1977) 9, 35–37.
M49 Matting, A.; Hahn, K.F.: Versuche zur Metallklebtechnik. Technik 12 (1957) 297–302.
M50 Matting, A.; Ulmer, K.; Hennig, G.: Punktweises Schnellaushärten von Metallklebverbindungen. Adhäsion 8 (1964) 303–309.
M51 Mahoney, L.: Structural Adhesives for Rapid-cure Applications. Adhes. Age 22 (1979) 10, 34–40 u. 12, 26–30.
M52 Mc Nulty, P.J.: Toxicity Testing and Reporting. Adhes. Age 23 (1980) 6, 18–25.
M53 Mittrop, F.: Metallkleben in Verbindung mit anderen Fügeverfahren. Verbind.-Tech. 5 (1973) 21–25.
M54 Mittrop, F.: Untersuchungen über die Kombination von Metallkleben und Punktschweißen. DFBO-Mitt. 16 (1965) 3, 43–53.

M55 Minford, J.D.; Hoch, F.R.; Vader, E.M.: Weldbond and its Performance in Aluminium Automotive Body Sheet. Aluminium 51 (1975) 660–664.
M56 Minford, J.D.: Weldbonding Aluminium in the Presence of Forming Lubricants. Aluminium 58 (1982) 458–462.
M57 Mang, F.: Neuere Kenntnisse mit vorgespannten Klebverbindungen (VK-Verbindungen). VDI-Ber. 122 (1968) 7–13.
M58 Mang, F.: Tragende Klebungen im Bauwesen. Adhäsion 14 (1970) 4–9.
M59 Mang, F.: Fügetechnik im Metallbau – Neuere Entwicklungen. Adhäsion 14 (1970) 125–130.
M60 Mc Donnell Douglas Corp.-Tech. Bull. 19 (1979). USAF Contr. F 33615 – 75 – C – 3016. „Primary Adhesively Bonded Structure Technology (PABST)".
M61 Mc Donnell Douglas Corp.: PABST – Full-Scale Test Report. Tech. Rep. (1980) Wright – Patterson AFB, AFWAL-TR-80-3112.
M62 Mahoon, A.; Cotter, J.: A New Highley Durable Titanium Surface Pretreatment for Adhesive Bonding. 10th Nat. Tech. Conf. SAMPE, Materials Synergism. Kiamesha Lake, New York 1978, pp. 425–439.
M63 Matting, A.; Ulmer, K.: Untersuchungen zum Kleben von Titan. Metall 16 (1962) 6–10.
M64 Michel, M.: Die physikalischen, chemischen und technologischen Voraussetzungen für das Kleben von Kunststoffen. In: Fügen von Kunststoffformteilen, Düsseldorf: VDI Verl. 1977, S. 135–157.
M65 Michel, M.: Mechanismen des Kunststoffklebens. Schweiz. Masch.-Markt 84 (1984) 28, 36–39 u. 32, 28–30.
M66 Menges, G.; Pütz, D.; Schulze-Kadelbach, R.: Ein Beitrag zum Aufbau der Fügezone und zum Versagensmechanismus von PVC-Klebverbindungen unter Chemikalienbeanspruchung. Kunstst. 66 (1976) 487–492.
M67 Michel, M.: Die Haftmechanismen von Kunststoff-Klebstoffen als Funktion von Molekül-Struktur und Oberflächenspannung. DVS-Ber. 84 (1983), Kunstst. Schweiß. u. Kleben 14–16.
M68 Matting, A.; Brockmann, W.: Das Kleben von und mit verstärkten Kunststoffen. Kunstst. 59 (1969) 852–855.
M69 Meyer, F.J.; Zienert, R.J.: Improving FRP Bonding Efficiency. Adhes. Age 24 (1981) 4, 31–34.
M70 Michel, M.: Kleben als Fügetechnik. Ind.-Anz. 96 (1974) 1933–1939.
M71 Minford, J.D.: Adhesive joining aluminium to engineering plastics. Part I: Polyester fiberglass composite Aluminium 59 (1983) 762–768.
M72 Minford, J.D.: Adhesive joining aluminium to engineering plastics. Part II: Engineering grade styrene and cross-linked styrene. Aluminium 59 (1983) 855–860.
M73 Mittrop, F.: Konstruktive Voraussetzungen für das Kleben von Kunststoffen. In: Klebstoffe und Klebverfahren für Kunststoffe. Düsseldorf: VDI-Ber. 1979, S. 33–51.
M74 Menges, G.; Stockhausen; Reinke: Kleben – Ein Nachschlagewerk über die Verwendung von Klebstoffen in der Kunststoffverarbeitung. Hrsg.: Inst. f. Kunststoff-Verarb. RWTH Aachen 1981.
M75 Mundry, E.: Zerstörungsfreie Prüfung von Verbundteilen. Mater.-Prüf. 9 (1967) 296–301.
M76 Meckelburg, H.; Althof, W.: Die Möglichkeiten der zerstörungsfreien Prüfung von Metallklebverbindungen. DFVLR-FB 216 (1963).
M77 Michel, M.: Das Verkleben von Blechen mit Kunststoff-Folien. DFBO-Mitt. 17 (1966) 16/17, 227–231.
M78 Masuoka, M.; Nakao, K.: Criterion of Interfacial Fracture on Tensile Bond System. Org. Coating a. Plastic Chem. (Washington) 40 (1979) 392–397.
M79 Mittrop, F.: Vorbehandlungsverfahren für das Kleben und Veredeln von Werkstoffen. Tech. Mitt. Essen 65 (1972) 576–583.
M80 Michel, M.: Adhäsion und Klebtechnik. München: Hanser 1969.

N1 Nielsen, P.O.: Properties of Epoxy Resins, Hardeners and Modifiers. Adhes. Age 25 (1982) 4, 42–46.
N2 Niemann, H.; Günther, J.: Versamid-gehärtete Epoxidharze als Klebstoffe. Adhäsion 5 (1961) 449–461.

N3 Nitzl, K.; Koch, H.G.; Koller, H.: Versuche zur Herstellung von wasseraktivierbaren Klebern auf Stärke-Basis. Adhäsion 22 (1978) 396–398.

N4 Neubronner, C.: Die Bedeutung der Befeuchtungskontrolle bei der Verarbeitung von Klebestreifen. Adhäsion 15 (1971) 5–6.

N5 N.N.: Using Contact Angle Meters to Measure Adhesion Wetting. Adhes. Age 16 1973) 5, 44–45.

N6 Niemann, G.: Maschinenelemente, Band I. Berlin: Springer 1981.

N7 N.N.: Hinweise für die Verwendung von Schmelzklebstoffen beim Abpacken auf Verpackungsmaschinen. Verpack.-Rdsch. 27 (1976) Techn.-wiss. Beilage 95–102.

N8 N.N.: Hochtemperatur-Kleber für den Verbund verschiedener Werkstoffstrukturen. MBB WF-Inf. BT 007 (1980) 16–28.

N9 Nikolow, N.: Spannungen in der Klebschicht von geklebten Wellen-Naben-Verbindungen. Plaste u. Kautsch. 27 (1980) 586–588.

N10 Noton, B.R.: Sandwich-Bauweise in der Flugzeugindustrie und anderen Industriezweigen. Aluminium 34 (1958) 446–457, 522–529, 591–595, 719–727 u. 35 (1959) 36–44, 266–274.

N11 N.N.: Engineering Design Handbook Joining of Advanced Composites. Dep. Army Headquarters, Alexandria, USA Darcom Pamphlet No. 706–316 (1979).

N12 Nakano, Y.: Photosensitive Adhesives and Sealants. Adhes. Age 16 (1973) 12, 28–33.

N13 Nablo, S.V.; Trip, E.P.: Electron Curing of Adhesives and Coatings. Adhes. Age 22 (1979) 2, 24–28.

O1 Otto, G.: Untersuchung der Spannungen, Verformungen und Beanspruchungsgrenzen von Kunststoffschicht und Fügeteil bei einschnittig überlappten Metallklebeverbindungen. Diss. RWTH Aachen 1978 u. Schweiß. u. Schneid. 34 (1982) 161–163.

O2 Özelli, R.N.; Behrend, E.; Scheer, H.: Anwendungstechnische Untersuchungen von Gummi/Metall-Bindungen mit einem universell einsetzbaren Einschichtenbindemittel. Gummi, Asbest, Kunstst. 29 (1976) 836–840, 861.

O3 Özelli, R.N.; Scheer, H.: Kleben von Elastomeren. Gummi, Asbest, Kunstst. 29 (1976) 764–765, 776.

P1 Patat, F.; Killmann, E.; Schliebener, C.: Die Adsorption von Makromolekülen aus Lösung. Fortschr. Hochpolym.-Forsch. 3 (1964) 332–393.

P2 Pritykin, L.M.; Wakula, W.L.: Die wichtigsten kraftbestimmenden Eigenschaften von Polymeren: Neue Berechnungsmethoden und Beziehungen der Festigkeit von Klebverbindungen. Adhäsion 27 (1983) 12, 14–19.

P3 Pascuzzi, B.: Bonding Supersonic Aircraft with Polyimide Resin Systems – A Study of Thermal Aging. Adhes. Age 14 (1971) 2, 26–33.

P4 Progar, D.J.: High Temperature Adhesives for Bonding Composites. 11th Nat. Tech. Conf. SAMPE, 13.–15.11.1979, S. 233–243 u./o. MBB-WF-Inform. BT 007 (1980) 16–23.

P5 Paschke, H.: Die Anwendung von Glasloten. DVS-Ber. (1980) 66, 45–48.

P6 Peyser, P.: The Effect of Fillers on Polymer Properties. Polym. Plast. Technol. a. Eng. 10 (1978) 117–129.

P7 Pietschmann, J.: Schmelzhaftklebstoffe – Systeme mit Zukunft. Adhäsion 26 (1982) 20–22.

P8 Preuss, A.: Haftschmelzkleber: Adhäsion 25 (1981) 274–277.

P9 Parry, S.A.; Ritchie, P.F.: Neue Methoden zur Messung der Klebrigkeit von Emulsionsklebern. Adhäsion 11 (1967) 201–205.

P10 Peterka, J.: Klebverbindungen unter langfristiger dynamischer Belastung und ihre Widerstandsfähigkeit gegen Witterungseinflüsse. Adhäsion 17 (1973) 288–292, 294.

P11 Peukert, H.: Die Metallklebverbindung – Teil II: Einfluß verschiedener Faktoren auf die Festigkeit. Kunstst. 48 (1958) 453–458.

P12 Pirvics, J.: Two Dimensional Displacement-stress Distributions in Adhesive Bonded Composite Structures. J. Adhesion 5 (1974) 207–228.

P13 Peterka, J.: Zur Technologie des Metallklebens. Adhäsion 11 (1967) 61–67.

P14 Peterka, J.: Anwendungsmöglichkeiten von Aluminiumverklebungen im Flugzeugbau. Adhäsion 19 (1975) 278–283.

P15 Peterka, J.: Gütebewertung des Pickling als Oberflächenvorbehandlung bei Aluminiumverklebungen. Adhäsion 20 (1976) 3–7.

P16 Potente, H.; Krüger, R.: Oberflächenspannungen und Haftfestigkeiten bei Corona-vorbehandeltem PP. Adhäsion 23 (1979) 381—389.
P17 Petrie, E.M.: Joining the Engineering Plastics. Adhes. Age 23 (1980) 8, 14—23.
P18 Peukert, H.: Ergebnisse von Klebuntersuchungen an Hochdruck-Polyäthylen. Kunstst. 48 (1958) 3—10.
P19 Poschet, G.; Zöhren, J.: Chemikalienbeständigkeit von Klebverbindungen an Rohren aus Polyvinylchlorid hart unter Berücksichtigung von Fugenbreite und biaxialer Spannung. Schweiß. u. Schneid. 31 (1979) 332—335.
P20 Pieschel, D.; Schneider, W.: Prüfen und Beurteilen von Kunststoff-Klebverbindungen. In: Klebstoffe und Klebverfahren für Kunststoffe. Düsseldorf: VDI-Verl. 1979, S. 139—157.
P21 Plath, E.: Statistische Methoden für Leimprüfungen. Adhäsion 15 (1971) 148—152 u. 16 (1972) 6—12.
P22 Peukert, H.; Schwarz, O.: Die Prüfverfahren der Metallklebtechnik im Ausland. Aluminium 34 (1958) 665—670.
P23 Pilarski, A.; Szelionzek, J.: Using the Acoustic-Emission Method in Strength Tests of Adhesive Bonded Structures. Inst. Main Techn. Problems, Polish Academy of Sciences, Warschau. Zeitschr. Defektoskopija (1983) 11, 61—65.

Q1 Quarch, U.: Arbeitsschutz bei der Herstellung gefährlicher Klebstoffe. Adhäsion 22 (1978) 67—69.

R1 Rosenblum, F.: New Developments in Vinyl Acetate-Ethylene Copolymer Emulsions. Adhes. Age 15 (1972) 6, 32—35.
R2 Ruhsland, K.; Braunschweig, H.: Schmelzklebstoff auf der Basis von Polyäthylenterephthalat. Plaste u. Kautsch. 20 (1973) 773—776.
R3 Reuther, H.: Über Siliconklebstoffe — Sinn und Grenzen ihrer Anwendungen. Plaste u. Kautsch. 22 (1975) 513—514.
R4 Ruhsland, K.: Eigenschaften thermoplastischer Schmelzklebstoffe als Metallklebstoff. Schweißtech. (Berlin) 23 (1973) 116—119.
R5 Reiner, Th.: Technologische Beeinflussung des adhäsiven und kohäsiven Festigkeitsverhaltens von hochfesten thermoplastischen Schmelzklebstoffen bei der Metallverklebung. Diss. RWTH Aachen 1982.
R6 Roder, H.: Mehr als ein Packhilfsmittel — das Klebeband. Verpack. Rdsch. 35 (1984) 858—862.
R7 Rutherford, J.L.; Hughes, E.J.: Creep in Adhesive-bonded Metal Joints. Adhes. Age 22 (1979) 11, 55—58.
R8 Reinhart, T.J.: Engineering Properties of Adhesives. Adhes. Age 16 (1973) 7, 35—39.
R9 Reiche, H.: Die Festigkeit geklebter Verbindungen an dünnen Leichtmetallblechen. Ind.-Anz. 48 (1954) 6, 734—738.
R10 River, B.H.: A Method for Measuring Adhesive Shear Properties. Adhes. Age 24 (1981) 12, 30—33.
R11 Ruhsland, K.: Schnellhärten von Metallklebstoffen. ZIS-Mitt. 26 (1984) 1060—1067.
R12 Ruhsland, K.: Vibrationskleben. Verbind. -Tech. 12 (1980) 6, 17—20.
R13 Ruhsland, K.: Vibrationskleben. Schweißtech. (Berlin) 29 (1979) 508—511.
R14 Ruhsland, K.; Winkler, B.: Metallkleben ohne Oberflächenvorbehandlung. Adhäsion 21 (1977) 6—9.
R15 Reinhardt, K.G.: Punktschweißkleben unter Verwendung des Punktschweißklebstoffes Z 15—452 V. Schweißtech. (Berlin) 18 (1968) 496—500.
R16 Reinhardt, K.G.; Hänig, C.H.: Spannungsverteilung in zugbeanspruchten einschnittigen Punktschweiß- und Punktschweiß-Klebverbindungen. Schweißtech. (Berlin) 17 (1967) 311—316.
R17 Reinhardt, K.G.; Beyer, J.: Punktschweißen — Kleben unter Einsatz von chemisch blockierten, kapillaraktiven Klebstoffen. Schweißtech. (Berlin) 18 (1968) 552—555.
R18 Reinhardt, K.G.; Seyffarth, W.: Dynamische Festigkeit von Punktschweiß-Klebverbindungen und Punktschweißbarkeit von PVC-Plastisolen. Schweißtech. (Berlin) 22 (1972) 357—360.
R19 Reinhardt, K.G.: Zur Entwicklung und anwendungstechnischen Erprobung der Punktschweißklebstoffe „Fimoweld" und „ZIS 452". Plaste u. Kautsch. 17 (1970) 190—196.

R20 Reinhardt, K.G.: Verbindungskombinationen und Stand ihrer Anwendung. Schweißtech. (Berlin) 19 (1969) 160–164.
R21 Rapson, W.S.: The Bonding of Gold and Gold Alloys to Non-Metallic Materials. Gold Bull. 12 (1979) 108–114.
R22 Ross, M.C.; Wegmann, R.F.; Bodnar, M.J.; Tanner, W.C.: Effect of Surface Exposure Time on Bonding of Commercially pure Titanium Alloy. SAMPE J. (1975) 10/11/12, 4–6.
R23 Rompf, H.G.: Anwendung von Klebstoffen in der Acrylglasverarbeitung. Adhäsion 12 (1968) 450–466.
R24 Rugenstein, M.: Kleben von PVC hart und ABS. In: Klebstoffe und Klebverfahren für Kunststoffe. Düsseldorf: VDI Verl. 1979.
R25 Rasche, M.; Breuel, G.: Festigkeitsverhalten von Kunststoff-Metall-Klebverbindungen. Tagung Fertigungssystem Kleben. TU Berlin, April 1984, S. 163–178.
R26 Rübben, A.: Bemessung und konstruktive Ausbildung geklebter Verbindungen bei tragenden Kunststoffen. Verbind.-Tech. 10 (1978) 9, 35–40.
R27 Rübben, A.; Rohs, H.H.: Untersuchung der Langzeit- und Restfestigkeit geklebter Kunststoffverbindungen. Verbind.-Tech. 11 (1979) 9, 17–21.
R28 Romanko, J.; Liechti, K.M.; Knauss, W.G.: Integrated Methodology for Adhesive Bonded Joint Life Predictions. General Dynamics Forth Worth Div. Tech. Rep. AFWAL-TR-82-4139 (1982).
R29 Rose, J.L.; Meyer, P.A.: Ultrasonic Procedures for Predicting Adhesive Bond Strength. Mater. Eval. 31 (1973) 109–114.
R30 Rüdiger, W.L.: Festigkeitsuntersuchungen von Metallklebverbindungen durch Röntgenaufnahmen? Kunstst.-Tech. 13 (1974) 216–218.
R31 Rushland, K.: Polyäthylenterephthalat (PETP) – ein hochwertiger Schmelzklebstoff für Metallverbindungen. ZIS-Mitt. 16 (1974) 1138–1144.
R32 Rorabaugh, Ph.: Hot Melt Sealants. Adhes. Age 23 (1980) 11, 23–27.
S1 Stamper, D.J.: Curing Charakteristics of Anaerobic Sealants and Adhesives. Brit. Polym. J. 15 (1983) 3, 34–39.
S2 Stecher, H.: Polyvinylacetat – Dispersionen als Klebstoffe und Bindemittel. Adhäsion 7 (1963) 311–315.
S3 Schulz, U.: Thermoplastischer Kautschuk, ein vielseitiger Rohstoff für die Klebstoffindustrie. Adhäsion 22 (1978) 186–192.
S4 Schwaner, K.: Über Metallklebstoffe auf Polyurethanbasis. Plaste u. Kautsch. 7 (1960) 59–61, 80.
S5 Steger, V.Y.: Structural Adhesive Bonding Using Polyimide Resins. 12th Nat. Tech. Conf. SAMPE, 7.–9.10.1980, pp. 1054–1059.
S6 Stenersen, A.A.: Polyimide Adhesives for the Space Shuttle. Conf. of Structural Adhesives a. Bonding, El Segundo, Calif., 13.–15.3.1979, pp. 382–395.
S7 Stahl, P.: Neuentwickelte Kunststoffe, ihre chemische Zusammensetzung und Anwendung. Gummi, Asbest, Kunstst. 20 (1967) 536–544.
S8 Stenersen, A.A.; Wykes, D.H.: Screening of High Temperature Adhesives for Large Area Bonding. 12th Mat. Tech. Conf. SAMPE, 7.–9.10.1980, pp. 746–758.
S9 St.Clair, A.K.; Slemp, W.S.; St.Clair, T.L.: High-Temperature Adhesives for Bonding Polyimide. Adhes. Age 22 (1979) 1, 35–39.
S10 Schroeder, K.F.: Gedanken zur Entwicklung von wärmebeständigen Polymeren, erläutert an der Synthese und Prüfung von Polyarylsulfonen. Adhäsion 15 (1971) 290–296.
S11 Stecher, H.: Eiweiß als Kleberohstoff. Adhäsion 8 (1964) 57–60.
S12 Stecher, H.: Fischleim, ein vielseitiger Rohstoff. Adhäsion 6 (1962) 8–10.
S13 Schroeder, K.F.: Neuere Erkenntnisse bei der Auswahl und Anwendung von Füllstoffen für Klebstoffe. Adhäsion 15 (1971) 72–76 u. 94.
S14 Schlegel, H.; Seyffarth, W.: Der Einfluß von Füllstoffzusätzen in Metallklebstoffen auf die Festigkeit von Metallklebverbindungen. Plaste u. Kautsch. 8 (1959) 368–371.
S15 Stefan, J.: Versuche über die scheinbare Adhäsion. Sitzungsber. Akad. Wiss. Wien: Math. Naturwiss. Kl. 69 (1874) 713–735.
S16 Samrowski, D.: Einführung in die Technologie der Lösungsmittelkleber. Adhäsion 7 (1963) 219–230.
S17 Sparks, W.J.: Advances in Hot Melt and Waterborne Acrylic PSA's. Adhes. Age 25 (1982) 3, 38–44.

S18 Satas, D.: Tailoring Pressure-Sensitive Adhesive Polymers. Adhes. Age 15 (1972) 10, 19–23.
S19 Simpson, B.D.; Fowler, P.R.: Contact Adhesives Based on Radial Block Copolymers of Butadiene and Styrene. Adhes. Age 17 (1974) 9, 32–35.
S20 Simon, G.: Klebrigkeit, Spreitungsgeschwindigkeit und Initialhaftung. Adhäsion 15 (1971) 264–265.
S21 Simon, G.: Über die Klebrigkeit. Adhäsion 20 (1976) 75–76.
S22 Steinbach, V.: Physikalische und technologische Untersuchungen zur Herstellung und Anwendung leitender hochpolymerer Harze. Plaste u. Kautsch. 26 (1979) 128–130.
S23 Steinbach, V.: Elektrisch leitende Klebstoffe. Elektro-Praktiker 34 (1980) 30–32.
S24 Spathis, G.D.; Sideridis, E.P.; Theocaris, P.S.: Adhesion Efficiency and Volume Fraction of the Boundery Interphase in Metal-Filled Epoxies. Int. J. Adhesion a. Adhesives 1 (1971) 195–201.
S25 Saraj, M.T.; Kestelmann, V.N.; Movsisjan, G.V.: Untersuchung und Einsatz von Klebbändern im Maschinenbau. Adhäsion 28 (1984) 11, 24–27.
S26 Schroeder, K.F.: Beidseitig beschichtete Klebebänder in der industriellen Fertigung. Adhäsion 15 (1971) 161–170.
S27 Späth, W.: Gummi und Kunststoffe, Beiträge zur Technologie der Hochpolymeren. Stuttgart: Gentner 1956.
S28 Schlegel, H.: Stand und Grenzen theoretischer Betrachtungen zur Haftung bei Klebverbindungen. Plaste u. Kautsch. 20 (1973) 420–423.
S29 Sharpe, L.H.; Schonhorn, H.: Surface Energetics, Adhesion and Adhesive Joints. Advan. Chem. N.Y. Ser. 43 (1964) 189–201.
S30 Schneberger, G.L.: Polymer Structure and Adhesive Behavior. Adhes. Age 17 (1974) 4, 17–23.
S31 Simon, G.: Über die Adhäsion. Adhäsion 19 (1975) 196–199 u. 240–242.
S32 Stoll, F.: Haftung und Versagen organischer Oberflächenschutzschichten. IKV-Mitt. RWTH Aachen 1974.
S33 Schäfer, W.: Der Einfluß der Oberflächenvorbehandlung auf die Bindefestigkeit von Metallverklebungen. Plaste u. Kautsch. 5 (1958) 219–221, 267–271 u. 341–344.
S34 Simon, G.: Die Kohäsion von Klebstoffen. Adhäsion 18 (1974) 98–101.
S35 Spasova, J.; Cada, O.: Erkenntnisse über die Bewertung der Benetzungsfähigkeit von Kunststoffoberflächen. Adhäsion 22 (1978) 374–379.
S36 Späth, W.: Metallklebverbindungen als Verbundwerkstoffe. Adhäsion 19 (1975) 166–173.
S37 Späth, W.: Schwindung und Eigenspannungen in Klebverbindungen. Aluminium 35 (1959) 576–582.
S38 Späth, W.: Zum mechanisch-thermischen Verhalten von Metallklebverbindungen. Adhäsion 20 (1976) 35–40.
S39 Sterzynski: Einfluß der Abkühlbedingungen auf Struktur, mechanische Eigenschaften und Eigenspannungen von Gußteilen aus Polyamid 6. Kunstst. 73 (1983) 261–263.
S40 Stepanski, H.: Probleme beim Dimensionieren von Metallklebverbindungen. Bänder, Bleche, Rohre 22 (1981) 54–56.
S41 Stepanski, H.: Werkstoffgerechtes Bemessen von Metallklebverbindungen. Bänder, Bleche, Rohre 22 (1981) 98–101.
S42 Smekal, A.: Über den Zerreißvorgang der Gläser. Glastech. Ber. 13 (1935) 141–151.
S43 Smith, T.: Adhesive Bond Endurance by the Wedge Test. Amer. Soc. of Metals. Los Angeles 5.–6.2.1980, pp. 49–62.
S44 Stuart, H.A.; Markowski, G.; Jeschke, D.: Physikalische Ursachen der Spannungsrißkorrosion in hochpolymeren Kunststoffen. Kunstst. 54 (1964) 618–625.
S45 Schneider, W.; Bardenheier, R.: Versagenskriterien für Kunststoffe. Z.Werkst.-Tech. 6 (1975) 269–280 u. 339–348.
S46 Steffens, H.D.; Brockmann, W.: Die Alterungsbeständigkeit geklebter Leichtmetallverbindungen unter Berücksichtigung neuer Oberflächenvorbehandlungsverfahren. Adhäsion 15 (1971) 330–338.
S47 Schlegel, H.: Das Verhalten von Metallklebverbindungen bei dynamischer Beanspruchung. ZIS-Mitt. 6 (1964) 1281–1302.
S48 Schlegel, H.: Zeitstand- und Dauerfestigkeit von Metallklebverbindungen. ZIS-Mitt. 4 (1962) 441–448.

S49 Schliekelmann, R.J.: Konstruktive Gesichtspunkte bei der Verwendung geklebter Verbindungen. VDI-Ber. 360 (1980) 137−143.
S50 Schwarz, H.; Schlegel, H.: Beständigkeitsuntersuchungen an Metallklebverbindungen. Plaste u. Kautsch. 6 (1959) 3−5.
S51 Späth, W.: Zum Alterungsverhalten von Metallklebverbindungen I u. II. Adhäsion 17 (1973) 114−118 u. 206−211.
S52 Späth, W.: Zum Ermüdungsverhalten von Klebverbindungen. Adhäsion 15 (1971) 228−231.
S53 Schlegel, H.: Berechnung und bauliche Durchbildung von Metallklebverbindungen. ZIS-Mitt. 5 (1963) 482−495.
S54 Schlegel, H.: Möglichkeiten zur Berechnung von Metallklebverbindungen. Z.Schweißtech. (J. Soudure) Zürich 8 (1966) 328−339.
S55 Sakata, O.: The Stress Distribution in Adhesive Layer of Adhesive Joint. Bull. Mech. Eng. Lab. Jap. 38 (1982) 1−16.
S56 Schlimmer, M.: Zeitabhängiges Spannungs-Dehnungsverhalten von Thermoplasten im Zug-, Kriech- und Relaxationsversuch. Kunstst. 70 (1980) 500−503.
S57 Schlimmer, M.: Beanspruchbarkeit einschnittig überlappter Metallklebverbindungen. Konstruktion 36 (1984) 257−262.
S58 Späth, W.: Zum Zeitstandverhalten von Metallklebverbindungen. Adhäsion 17 (1973) 348−358.
S59 Schliekelmann, R.J.: Metallkleben − Konstruktion und Fertigung in der Praxis. Düsseldorf: DVS Verl. 1972.
S60 Schlegel, H.: Berechnung von Klebverbindungen. Schweißtech. (Berlin) 28 (1978) 561−562.
S61 Schlegel, H.: Berechnung von Klebverbindungen. Plaste u. Kautsch. 18 (1971) 524−529.
S62 Schlegel, H.: Kennwerte für Metallklebverbindungen. Schweißtech. (Berlin) 18 (1968) 30−33.
S63 Schlegel, H.: Die Berechnung von Blechklebverbindungen. Schweißtech. (Berlin) 11 (1961) 488−490.
S64 Schlimmer, M.: Anstrengungshypothese für Metallklebverbindungen. Z.Werkst.-Tech. 13 (1982) 215−221.
S65 Schlegel, H.: Berechnung von geklebten Rundverbindungen. Plaste u. Kautsch. 12 (1965) 469−472.
S66 Schlegel, H.: Technologie, Festigkeit und Berechnung geklebter Rundverbindungen. Diss. TH Merseburg 1971 u./o. Schweißtech. (Berlin) 23 (1973) 82−85.
S67 Schlegel, H.: Berechnung von geklebten Rundverbindungen. ZIS-Mitt. 7 (1965) 1275−1287.
S68 Schlegel, H.: Ausnutzung physikalischer Effekte beim Kleben von Rundverbindungen. ZIS-Mitt. 13 (1971) 988−1000.
S69 Skowronek, J.: Konstruktive Hinweise zur Klebetechnik. Ing. Digest 6 (1967) 2, 65−76.
S70 Stoops, B.; Ferrier, P.: Merging two technologies: Robotics and Hot Melt Adhesives. Adhes. Age 26 (1983) 4, 22−25.
S71 Schlegel, H.: Technologie der Metall-Verklebung. Plaste u. Kautsch. 5 (1958) 327−330.
S72 Schwarz, H.: Punktschweiß-Kleb-Verbindungen. Plaste u. Kautsch. 12 (1965) 465−468.
S73 Schliekelmann, R.J.: Verbindungskombinationen im Leichtbau und deren Tragverhalten während Kurz- und Langzeitbeanspruchung. Kongreßbd. Verbind. Tech. 8.−10.9.1980 Frankfurt: Ing. Digest Verl. 1980, S. 181−196.
S74 Steinicke, H.E.: Kombination von Niet- und Klebverbindung. Fertigungstech. u. Betr. 12 (1962) 542−543.
S75 Schlegel, H.: Untersuchungen zum Kleben von nichtrostendem Stahl und Titan. ZIS-Mitt. 21 (1979) 757−762.
S76 Sherman, P.B.: Corona Treatment and Adhesion. Coating 10 (1977) 13−14, 31−33 u. 41.
S77 Stone, M.H.: A Comparison of the Strength of Metal-Metal and Metal-CFRP (Carbon Fibre Reinforced Plastics). US Govern. Rep. (1982) RAE-TR-82102.
S78 Stoeckhert, K.: Klebstoffe und Klebverfahren für Kunststoffe. Neue Verpack. 27 (1974) 652−654, 659.
S79 Suchanek, H.J.: Praxisnahe Folgerungen für die Vorbehandlung von zu klebenden Kunststoffoberflächen. Adhäsion 27 (1983) 11, 6−11.

S80 Scheerer, F.: Anwendung des Klebens in der Feinwerktechnik/Optik. VDI-Ber. 258 (1976) 53–64.
S81 Sikora, R.: Ein neues Prüfverfahren für Klebverbindungen – Die Umfangschälprüfung, Wesen und Technik des Verfahrens. Adhäsion 15 (1971) 275–279, 281.
S82 Schliekelmann, R.J.: Non-destructive Testing of Adhesive Bonded Metal-to-metal Joints. Nondestr. Test. 30 (1972) 79–86, 144–153.
S83 Schliekelmann, R.J.: Qualitätsberherrschung beim Kleben von Metall. Ind.-Anz. 34 (1961) 23–28 u. 575–580.
S84 Schliekelmann, R.J.: Holographic Interference as a Means for Quality Determination of Adhesive Bonded Metal Joints. 8th Congr. Int. Council Aeronautic. Sci., Amsterdam, 21.8–2.9.1972.
S85 Schliekelmann, R.J.: Non-destructive Testing of Bonded Joints. Nondestr. Test. 33 (1975) 100–103.
S86 Schlegel, H.: Zerstörungsfreie Prüfung von Metallklebverbindungen. Fertigungstech. u. Betr. 10 (1960) 751–755.
S87 Smith, D.F.; Cagle, C.V.: Ultrasonic Testing of Adhesive Bonds Using the Fokker Bond Tester. Mater. Eval. 24 (1966) 362–370.
S88 Stueben, K.C.: Radiation Curing of Presssure-Sensitive Adhesives: A Literature Review. Adhes. Age 20 (1977) 6, 16–21.
S89 Schaaf: Eigenschaften und Auswahl von Klebstoffen für Polyamide. MM, Masch.-Markt 81 (1975) 11, 169–172.
S90 Severus-Laubenfeld, H.: Die Oberflächenbehandlung von Aluminium im Zusammenhang mit der Haftung thermoplastischer und duroplastischer Kunststoffe. Aluminium 51 (1975) 534–537.

T1 Tancrede, G.M.; Aliani, G.: EX 042 – Ein neues EVA-Copolymer für Schmelzklebsysteme. Coating 16 (1983) 66–71.
T2 Tutt, R.; Lane, L.B.: Tierischer Leim zur Papierleimung. Adhäsion 6 (1962) 57–65.
T3 Tauber, G.: Zum Problem der Topf- bzw. Verarbeitungszeit von Reaktionsklebstoffen. Adhäsion 21 (1977) 99–103.
T4 Theiling, E.A.: Einflüsse auf die Abbindegeschwindigkeit von Dispersions-Klebstoffen. Adhäsion 16 (1972) 428–432.
T5 Trommer, W.: Zulässige Betriebstemperaturen von Kunststoffklebern für Stahl. MM, Masch.-Markt 83 (1977) 78, 1538–1541 u. 97, 2047–2048.
T6 Thinius, K.; Grosse, G.: Die Grundlagen der Adhäsion von Plasten und ihre praktischen Folgerungen. Plaste u. Kautsch. 5 (1958) 418–421.
T7 Thamm, F.: Untersuchung der Eigenspannungen in Metallklebverbindungen. Plaste u. Kautsch. 27 (1980) 451–457.
T8 Ting, R.Y.; Cottington, R.L.: Fracture Evaluation of High-performance Polymers as Adhesives. Adhes. Age 24 (1981) 6, 35–39.
T9 Thamm, F.: Spannungsverteilung in der Klebschicht überlappter Metallklebverbindungen bei veränderlicher Klebschichtdicke. Plaste u. Kautsch. 21 (1974) 747–751.
T10 Tombach, H.: Predicting Strength and Dimensions of Adhesive Joints Mach. Des. 4 (1975) 113–120.
T11 Thamm, F.: Möglichkeiten und Grenzen der Festigkeitsberechnung von überlappten Metall-Klebverbindungen. Plaste u. Kautsch. 31 (1984) 258–262.
T12 Thrall, E.W.; Shannon, R.: PABST – Surface Treatment and Adhesive Selection. Adhes. Age 20 (1977) 7, 37–42.
T13 Thrall, E.W.: PABST-Programm, Test Results. Adhes. Age 22 (1979) 10, 22–33.
T14 Thrall, E.W.: Failures in Adhesively Bonded Structures. AGARD Lecture Series 102 (1979) 5–1 bis5–89.
T15 Timm, T.: Plastomere – Elastomere – Duromere. Das Eigenschaftsbild hochpolymerer Werkstoffe als Grundlage einer Einteilung und Definition. Kautsch. u. Gummi 14 (1961) 233–247.
T16 Thinius, K.; Grosse, G.: Die Haftfestigkeit der Bindemittel auf Plasten. Adhäsion 3 (1959) 393–405.
T17 Tauber, G.: Zur Verklebung von Hartkunststoffen. Adhäsion 10 (1966) 17–19.
T18 Toy, L.E.: Plastics/Metals: Can They be United? Adhes. Age 17 (1974) 10, 19–24.

T19 Thomas, G.H.; Rose, J.L.: An Ultrasonic Evaluation and Quality Control Tool for Adhesive Bonds. Adhäsion 24 (1980) 293–316.
T20 Timpe, H.J.; Baumann, H.: Photopolymersysteme und ihre Anwendungen. Adhäsion 28 (1984) 9, 9–15
U1 Ulmer, K.; Draugelates, U.: Das Metallkleben in Forschung und Praxis. Ing. Digest 3 (1964) 47–69.
U2 US Patent 2, 628, 178 (1950): Oxygenated Polymerizable Acrylic Acid Type Esters and Methods of Preparing and Polymerizing the Same.
U3 Ulmer, K.; Hennig, G.: Zur Anwendung der Metallklebtechnik. Mitt. Forsch. Ges. Blechverarb. (1962) 3, 26–37.
U4 Ulmer, K.: Zur Berechnung von Metallklebverbindungen. Industriebl. 63 (1963) 202–208.
U5 Ulmer, K.; Hennig, G.: Die konstruktive Gestaltung der Metallklebverbindung. Mitt. Forsch. Ges. Blechverarb. 23/24 (1962) 320–328.
V1 Vaughan, R.W.: Effect of High Temperature Aging on Bonded and Weldbonded Joints. SAMPE Quaterly (1976) 4, 19–29.
V2 Villa, G.J.: Die Geschichte der selbsthaftenden Klebstoffe. Adhäsion 21 (1977) 284–288.
V3 Vollmert, B.: Wärmebeständige Polymere. Kunstst. 56 (1966) 680–694.
V4 Vandersee, W.: Starrer Scherprüfkörper für Metallkleber. Aluminium 42 (1966) 508–513.
V5 V D I: VDI-Richtlinie 2021: Temperatur-Zeit-Verhalten von Kunststoffen, Grundlagen. Düsseldorf: VDI-Verl. 1970.
V6 Vinaricky, E.; Offner, G.: Elektrische Leitfähigkeit und Festigkeit silberpigmentierter Metallklebverbindungen. Metallwiss. u. Tech. 23 (1969) 575–577.
V7 Vohwinkel, F.: Einfluß der Oberflächenvorbehandlung beim Kleben der Titanlegierung TiAl6V4. Adhäsion 26 (1982) 34–38.
V8 Volkersen, O.: Die Nietkraftverteilung in zugbeanspruchten Nietverbindungen mit konstanten Laschenquerschnitten. Luftfahrtforsch. 15 (1938) 41–47.
V9 Volkersen, O.: Die Schubkraftverteilung in Leim-, Niet- und Bolzenverbindungen. Energie u. Tech. (1958) 68–71, 103–108 u. 150–154.
V10 V D I: VDI-Richtlinie 2229: Metallkleben – Hinweise für Konstruktion und Fertigung. Düsseldorf: VDI-Verl. 1979.
V11 Vaughan, R.W.; Sheppard, C.H.; Baucom, R.: Polyimide Adhesives for Weld-Bonding Titanium. Adhes. Age 20 (1977) 7, 19–25.
V12 Vohwinkel, F.: Das Kleben von Titan und Titanlegierungen. Adhäsion 21 (1977) 47–50 u. 68–72.
V13 VDI: VDI-Richtlinie 3821: Kunststoffkleben. Düsseldorf: VDI-Verl. 1978.
V14 VDI/VDE: VDI/VDE-Richtlinie 2251, Blatt 5: Feinwerkelemente – Klebverbindungen. Düsseldorf: VDI-Verl. 1970.
V15 Viksne, A.W.; Kalain, M.M.; Avotins, J.J.: Modifizierung der Haftfestigkeit zwischen Polyaethylen und Stahl mittels Vinyltri (methoxyethoxy) silans bei gleichzeitiger Bestrahlung. Plaste u. Kautsch. 30 (1983) 378–381.
V16 Voigt, H.: Schmelzklebstoffe auf Basis von thermoplasischen Polyamidharzen für die Schuhindustrie. Adhäsion 13 (1969) 485–487.
W1 Wegemund, B.: Unter Luftabschluß aushärtende Einkomponenten-Metallklebstoffe. Adhäsion 12 (1968) 391–393.
W2 Wilkinson, Th.L.; Tyler, D.: Acrylics Improve for Bonding Automotive Aluminium Alloys. Adhes. Age 24 (1981) 12, 34–38.
W3 Wilkins, D.J.: Entwicklungen auf dem Gebiet der Schmelzklebstoff-Systeme. Adhäsion 16 (1972) 198–201.
W4 Walsh, H.C.: Fischleime. Adhäsion 7 (1963) 558–560.
W5 Wetzler, A.: Die Verwendbarkeit von klebrigmachenden Mitteln aus modifiziertem Kolophonium in Klebstoffen aus synthetischen Elastomeren. Adhäsion 8 (1964) 100–107.
W6 Walker, P.: Organo Silanes as Adhesion Promoters for Organic Coatings. J. Coatings Technol. 52 (1980) 670, 49–61.
W7 Wiemers, N.: Montageschmelzklebstoffe – eine nicht alltägliche Klebstofftechnologie. Verbind.-Tech. 12 (1980) 11, 27–31.
W8 Wehrenberg, R.H.: Adhesives that Conduct Electricity. Mater. Eng. (1979) 1, 38–42.
W9 Wentzel, H.: Leitende Kleber. Fertigungstech. u. Betr. 12 (1962) 520–524.

W10 Weinmann, K.: Plastisole und Organosole. Zusammensetzung, Herstellung, Anwendung und Filmbildung. Dt. Farbenz. 19 (1965) 93–106.
W11 Winter, H.; Meckelburg, H.: Zum Entwicklungsstand des Metallklebens. Metall 15 (1961) 187–199.
W12 Winter, H.; Meckelburg, H.: Bericht über Metallkleb-Forschungsarbeiten im Inst. f. Flugzeugbau der Dtsch. Forsch. Anst. f. Luftfahrt Braunschweig. Ind.-Anz. 23 (1961) 3, 360–372.
W13 Winter, H.; Meckelburg, H.: Zur Entwicklung der hochfesten Bindemittel für Metallverklebung vom Standpunkt der Anwendung. Adhäsion 4 (1960) 1–9, Teil I.
W14 Wiedemann, J.; Glahn, M.: Schrittweise Berechnung des viskoelastischen Verhaltens von Bauteilen am Beispiel des Knickstabes und einer Klebverbindung. In: Belastungsgrenzen von Kunststoffbauteilen. Düsseldorf: VDI Verl., Reihe Ing. Wesen 1975, 107–126.
W15 Walter, A.H.: Die Grundlagen der Adhäsionstheorien. Adhäsion 12 (1968) 542–548.
W16 Wake, W.C.: Theories of Adhesion and Uses of Adhesives: a Review. Polymer 19 (1978) 291–306.
W17 Woyutskij, S.S.: Die Adhäsion zwischen Polymeren und Metallen. Adhäsion 10 (1966) 157–166.
W18 Winter, H.; Krause, G.: Über einige weitere Festigkeitsuntersuchungen an Metallklebungen. Aluminium 33 (1957) 669–680 u. 34 (1958) 56.
W19 Winter, H.; Meckelburg, H.: Untersuchung des Beständigkeitsverhaltens von Metall-Klebverbindungen gegenüber verschiedenen Umwelteinflüssen. Metall 16 (1962) 962–974.
W20 Winter, H.: Studien zum Metallkleben. ZFW-Z. Flugwiss. 3 (1955) 87–94.
W21 Winter, H.; Meckelburg, H.: Dynamische Untersuchungen an Metallklebverbindungen. DFL-FB 59-01 (1959) u./o. Aluminium 36 (1960) 17–25.
W22 Winter, H.; Meckelburg, H.: Zur Entwicklung der hochfesten Bindemittel für Metallverklebung vom Standpunkt der Anwendung. Adhäsion 4 (1960) 59–64 Teil II.
W23 Winter, H.; Meckelburg, H.: Untersuchungen an Metallklebverbindungen mit neuen Bindemitteln. Aluminium 34 (1958) 596–608.
W24 Winter, H.; Meckelburg, H.: Untersuchungen zur Verklebung von Stahl. Stahlbau 30 (1961) 1, 16–23.
W25 Winter, H.; Meckelburg, H.: Der Winkelblech-Schälversuch — Seine Grundlagen und Anwendungen als Prüfverfahren für Metallbindemittel und Metallklebverbindungen. Metallwiss. 12 (1958) 185–192.
W26 Wellinger, K.; Rembold, U.: Verhalten von Metallklebungen. VDI-Z. 100 (1958) 41–46.
W27 Winter, H.; Meckelburg, H.: Zur Festigkeit von schubbeanspruchten einschnittig überlappten Leichtmetall-Klebverbindungen. DFL-FB 96 (1959).
W28 Winter, H.; Meckelburg, H.: Zur Festigkeit von schubbeanspruchten einschnittig überlappten Leichtmetall-Klebverbindungen. DFL-FB 60–06 (1960).
W29 Winter, H.; Meckelburg, H.: Festigkeitsverhalten und Dimensionierungsmöglichkeiten von Metallklebeverbindungen. DFL-FB 60–03 (1960).
W30 Winter, H.; Meckelburg, H.: Beitrag zur Ausarbeitung normungsfähiger Prüfverfahren für Metallklebverbindungen. Aluminium 35 (1959) 21–28 u. 192–196.
W31 Wilkinson, T.L.; Ailor, W.H.: Festigkeit von Punktschweißkleb- und Klebeverbindungen an Werkstoffkombinationen für Karosserieteile. Aluminium 54 (1978) 762–764.
W32 Wegman, R.F.; Bodnar, M.J.: Bonding Rare Metals. Mach. Des. 31 (1959) 10, 139–140.
W33 Walter, R.E.; Voss, D.L.; Hochberg, M.S.: Structural Bonding of Titanium for Advanced Aircraft. Nat. Tech. Conf. SAMPE. Aerospace Adhesives a. Elastomers. 1970, pp. 321–330.
W34 Wiest, H.: Prüfung von Folienklebstoffen. Adhäsion 10 (1966) 145–150.
W35 Werthmüller, E.: Werkstoffverbunde mit Fluorkohlenwasserstoffen im modernen Behälter-Rohrleitungsbau. DVS-Ber. (1984) 84, 22–26.
W36 Wernicke, G.; Osten, W.: Holographische Interferometrie. Weinheim: Physikalischer Verl. 1982.
Y1 Yoon, Y.: Strength Characteristics of Adhesive Joints in PVC — AWRA Contract No. 69. Australian Weld. Res. (1982) 12, 35–41.
Y2 Yue, C.Y.: The Long-Term Properties of Adhesive Joints in PVC-Pipes. Australian Weld. Res. 9 (1980) 12, 38–44.
Z1 Zorll, U.: Modifizierung mechanischer Eigenschaften von Polymersystemen durch fein-disperse Zusätze. Adhäsion 16 (1972) 238–244.

Z2 Zamer, J.: How to Avoid Hot Melt Heat Degradation. Adhes. Age 24 (1981) 9, 23–25.
Z3 Zeplichal, Th.: Silikonisierte Kunststoff-Folien: Herstellung und Anwendung. Adhäsion 28 (1984) 9, 18–19.
Z4 Zorll, U.: Neuartige Methoden der Adhäsionsbestimmung. Adhäsion 23 (1979) 128–134.
Z5 Zorll, U.: Chemische und mechanische Haftverbindungen bei Polymeren. Adhäsion 22 (1978) 356–364.
Z6 Zorll, U.: Fortschritte in der Adhäsionsmeßtechnik. Adhäsion 20 (1976) 69–75.
Z7 Zorll, U.: Grenzflächenbedingte Einflüsse auf die Kohäsion von Schichtverbundsystemen. Adhäsion 25 (1981) 278–285.
Z8 Zisman, W.A.: Relation of the Equilibrium Contact Angle to Liquid and Solid Constitution. Advanc. Chem. N.Y. Ser. 43 (1964) 1–51.
Z9 Zorll, U.: Bedeutung und Problematik der kritischen Oberflächenspannung. Adhäsion 18 (1974) 262–270.
Z10 Zisman, W.A.: Influence of Constitution on Adhesion. Ind. Eng. Chem. 55 (1963) 10, 19–38.
Z11 Zorll, U.: Neue Erkenntnisse über die Bedeutung der Benetzung für die Adhäsion bei Beschichtungs- und Klebstoffen. Adhäsion 22 (1978) 320–325.
Z12 Zorll, U.: Benetzbarkeitskontrollen als Vorstufe zur Bewertung des Haftvermögens. Adhäsion 25 (1981) 122–126.
Z13 Zentralinstitut für Schweißtechnik (ZIS): Konstruktionsrichtlinie Metallkleben. ZIS-Tech.-wiss. Abhandl. 65 (1969).
Z14 Zorll, U.: Haftfestigkeit bei schlagartiger Belastung. Adhäsion 23 (1979) 165–171.
Z15 Zorll, U.: Haftvermögen im Polymer/Metall-Schichtverbund bei stoßartiger Belastung. Tagung: Haftung als Basis für Stoffverbunde und Verbundwerkstoffe. DGM, Dt. Ges. f. Metallkunde, Konstanz, 6.–7.5.1982, S. 123–139.
Z16 Zorll, U.: Viskositätsmeßgrößen und ihre polymeren Einflußfaktoren. Adhäsion 24 (1980) 128–131.
Z17 Zorll, U.: Eigenschaftskontrollen bei polymeren Werkstoffoberflächen vor dem Lackieren und Verkleben. Adhäsion 22 (1978) 222–225.
Z18 Zorll, U.: Strahlungshärtende Beschichtungen. Adhäsion 20 (1976) 234–239 u. 270–272.
Z19 Zawilinski, A.: Formulation and Performance of Water-based PSAs. Adhes. Age 27 (1984) 9, 29–32.

In Ergänzung zu den vorstehend wiedergegebenen Literaturquellen verdienen aus dem angelsächsischen Sprachraum die folgenden Bücher Beachtung

Adams, D.R.; Wake, C.W.: Structural Adhesive Joints in Engineering. London: Elsevier Appl. Sci. Publ. 1984.
Brewis, D.M.; Comyn, J.: Advance in Adhesives. Applications, Materials and Safety. Warwick Publ. 1983.
Cagle, C.V.: Handbook of Adhesive Bonding. New York: McGraw-Hill 1973.
DeLollis, N.J.: Adhesives for Metals. Theory and Technology. New York: Industr. Press 1970.
Flick, E.W.: Adhesives and Sealant Compound Formulations, 2nd Ed. Park Ridge, N.J.: Noyes Publications 1984.
Kinloch, A.J.: Durability of Structural Adhesives. London: Appl. Sci. Publ. 1983.
Lees, W.A.: Adhesives in Engineering Design. London/Berlin: The Design Council und Springer Verlag 1984
Mittal, K.L.: Adhesive Joints. Formation, Characteristics and Testing. New York: Plenum Press 1982.
N.N.: High-performance Adhesive Bonding, 1st Ed. Dearborn, Mich.: Soc. of Manuf. Eng. 1983.
Plantema, F.J.: Sandwich Construction. The Bonding and Buckling of Sandwich Beams, Plates and Shells. New York: Wiley 1966.
Satas, D: Handbook of Pressure-Sensitive Adhesive Technology. New York: Van Nostrand 1982.
Semerdjiev, S.: Metal-to-Metal Adhesive Bonding. London: Business Books 1970.
Shields, J.: Adhesives Handbook, 3rd Ed. London: Butterworths 1984.
Skeist, J.: Handbook of Adhesives, 2nd Ed. New York: Van Nostrand 1977.
Wake, C.W.: Adhesion and the Formulation of Adhesives, 2nd Ed. London: Appl. Sci. Publ. 1982.

Sachverzeichnis

Abbindegeschwindigkeit 78, 102
Abbindemechanismus 5, 319
Abbinden, s. a. Härtung 319
Abietinsäure 68
Abkühlungsschrumpfung 192
Abkürzungsverfahren 369
Abminderungsfaktor 201, 207, 275, 371
–, Flugzeugbau 283
–, Kunststoffklebungen 350
–, Welle-Nabe-Verbindungen 299, 302
Absoluter Schälwiderstand 366
Absorption 162
AB-Verfahren 22
Acetatgruppe 24
Acetoxygruppe 53
Acrylat-Dispersion 99
Acrylatklebstoff 22
Acrylglas 347
Acrylnitril 31
Acrylnitrilbutadienkautschuk 38, 354
Acrylsäure 13, 20, 26
Acrylsäureester 26
Acrylsäureethylester 26
Additionsvernetzung 54
Adhäsion 3, 79, 164
–, mechanische 165, 169, 357
–, spezifische 165
Adhäsionsarbeit 175
Adhäsionsbruch 195, 196
Adhäsionsklebstoff 94
Adhäsionsklebung 94, 339, 344, 345
Adhäsionskräfte 156, 160
Adhäsionstheorie 164
Adipinsäure 48
Adsorbat 163
Adsorbens 163
Adsorption 79, 163
–, chemische 163
–, physikalische 163
Adsorptionsisotherme 79
Adsorptionsmessung 148
Adsorptionsschicht 145
Ätherbindung 7, 37
Ätherbrücke 46
Äußere Weichmachung 67, 127

Aircraft-Process-Spezification 314
Aktivator 18
Aktive Zentren 146, 308
Aktivierung 13
Aktivierungsenergie 78
Aktivität (von Oberflächen) 147, 166
Akzellerator 67
Aldehyd 26
Alkohol 8
Alkoxygruppe 53
Alkydharz 50
Alkylolverbindung 46
Alterung 71, 188, 194, 198, 201, 204
–, Feuchtigkeit 73, 204
–, Kunststoffklebung 350
–, Prüfung 200, 371
Aluminium 329
Aluminiumlegierungen 205, 329
Aluminiumoberfläche 147
Ameisensäure 346
Amidbindung 7, 45
Amin 21, 35
Aminbindung 45
Aminocapronsäure 49
Aminocarbonsäure 48
Aminoethyl-aminopropyl-trimethoxysilan 72
Aminogruppe 43, 45, 53
Aminoplast 46
Anaerober Klebstoff 15, 85, 153, 205, 291, 293
Anfangsfestigkeit 92
Anionische Polymerisation 14
Anlösende Klebstoffe 91
Anorganische Gläser 63
Anorganischer Klebstoff 4, 62
Anpreßdruck, s. a. Druck 81, 93
Anrißkraft 366
Anrißschälwiderstand 367
Antioxidantien 70
Anwendungstemperatur 4
Anziehungskräfte 159
Anzugsgeschwindigkeit 78
Arrhenius-Gleichung 78
Asbestfaser 69

Sachverzeichnis

ASTM-Methoden 378
Ataktisches Polypropylen 32
Atombindung 157
Atomgruppierung 6
Aufpfropfen 30
Auftragen von Klebstoffen 318
Auftragsverfahren 318
Ausgasungscharakteristik 112
Aushärtung, s. Härtung
Ausnutzungsfaktor 285
Ausnutzungsgrad 256
Autohäsion 92, 165
Autoklav 80
Automobilbau 114
Autoradiographie 196
Azoverbindung 19

Bakelite 43
Baustahl 332
Beanspruchung 201, 209, 210
–, Klima 200, 205
–, komplex 201, 205
–, mechanisch 200, 205, 307
–, Umgebung 200, 205
Beanspruchungsarten (mechanisch) 307
Beflammen 343
Beizen 311
Beizlösungen, Metalle 313, 314
–, Kunststoffe 342, 343
Beizpaste 342
Belastungsgeschwindigkeit 138, 266
Belastungszeit 257
Belegungsfaktor 163
Benetzung 93, 150, 172, 315
Benetzungsgleichgewicht 176
Benetzungsverhalten 178, 337
Benetzungswinkel 173, 178
Bengough-Verfahren 330
Benzoltetracarbonsäure 55
Benzoylperoxid 21
Berechnung, Spannungsverteilung 248, 256
–, Metallklebungen 270, 281
–, Welle-Nabe-Klebungen 293, 298
Beryllium 330
Beschleuniger 21, 67
Beschleunigtes Kriechen 142
Beständigkeit, chemische 107
–, thermische 4, 106, 109
Beton 358
Biegebeanspruchung 213
Biegemoment 212, 239, 243, 245, 279, 306
Biegeschwellkraft 261
Biegespannung 210, 212, 213, 219
Biegewinkel 246
Bifunktionalität, von Monomeren 8
Bifunktioneller Alkohol 8
– Ester 8

Bifunktionelle Säure 8
– Zwischenstufe 9
Bimetallkorrosion 187
Bimolekulare Reaktion 76
Bindemittelkennwert 255
Bindung, Gummi 354
Bindungsart, chemische 7
Bindungsenergie 108, 157, 159, 161
Bindungskräfte 156, 157, 172
Bisphenol A 34, 57
Blei 330
Blocken, Klebebänder 115
Blockierte Reaktionsklebstoffe 85
Blockiertes Isocyanat 41
Blockierung, chemische 53, 85
–, mechanische 86
Blockpolymer 29
Blutalbuminleim 61
Borsilicatglas 63
Brucharten 195
Bruchdehnung 125, 126, 224
Bruchenergie 39
Bruchfestigkeit 223, 224
Bruchgleitung 122, 140
Bruchkriterien 195
Bruchlast 211, 235, 250, 272, 280
Bruchlastgerade 235
Bruchlastverhältnis 285
Bruchmechanik 198
Bruchschubspannung 215
Bruchspannung 211
Bruchtheorie 197
Bruchverhalten 194, 198
Bruchzähigkeit 197, 198
Bruchzone 196
Bruchzugscherspannung 221, 274, 277
Buchbinderei 62
Bürsten 309, 310
Butadien 31
Butadien-Acrylnitrilkautschuk 38, 354
Butadien-Styrol-Dispersion 99
Butylkautschuk 28, 31, 354

Caprolaktam 49
Carbaminsäure 41
Carbonsäureanhydrid 36
Carboxymethylcellulose 62
CASING 343
Cellulose 62, 357
Celluloseleim 62
Cellulosenitrat 62
C_5-, C_9-Harz 68
Chemische Adsorption 163
Chemische Basis 4
Chemische Beständigkeit 107
Chemische Blockierung 85
Chemische Brücke 71

Chemische Oberflächenvorbehandlung 311, 342
Chemisch reagierender Klebstoff 5, 319
Chemisorption 163, 166, 196
Chemoxal-Verfahren 329
Chlor 6
Chlorbutadien 30
Chlorgehalt (Epoxidharz) 34
Chlorkautschuk 31
Chloropren 30
Chloroprenkautschuk 28, 30, 354
Cholesterinderivate 374
Chrom 330
Chromleim 61
Clausius-Clapeyronsche-Gleichung 79
Coil-Coating-Prozeß 335
Composite-Glaslote 64
conversion coating 333
Copolyamid 49
Copolyester 50
Copolymer 6
Corona-Entladung 342
crack-extension test 198
crack-propagation test 198
Cumolhydroperoxid 16
Cyanacrylat 13, 86
Cyanacrylatklebstoff 13
Cyanacrylsäure 13
Cyanacrylsäureester 13
Cyclisierung 355
cycloaliphatische Polyolefine 34

Dämpfung 130, 262
Dampfentfettung 310, 341
Dauerfestigkeit 260
Dauerfestigkeitsbereich 369
Dauerfestigkeitsgerade 260
Dauerfestigkeitsgrenze 260
Dauerschwingfestigkeit 260, 261, 369
Dauerschwingversuch 369
Dauerstandfestigkeit 140, 258, 369
Dauerstand-Klebfestigkeit 258
Debye-Kräfte 161
Definitionen 3
Deformationsmechanisches Verhalten 133
Dehngrenze 152, 232, 233, 253, 277, 280, 285
Dehnungsgrenzwert 138
Desorption 163
Dextrin 62
Dextrinleim 62
Diacrylsäureester 15
Diamin 48
Diaminodiphenyloxid 55
Dibutylphthalat 67, 114
Dicarbonsäure 48, 50
Dichlorethylen 27

Dichtungsband 117
Dicyandiamid 37
Dielektrikum 187
Dielektrischer Verlustfaktor 91
Diethylentriamin 36
Diffusion, Makromoleküle 92
Diffusionsklebung 168, 338, 344
Diffusionsschweißung 344, 355
Diffusionsverhalten, Kunststoffe 338
Dihydroxybenzol 45, 355
Dihydroxydiphenylpropan 34
Dihydroxydiphenylsulfon 57
Diisocyanat 39
Dimerisation 49
Dimerisierte Fettsäure 49
Dimethylbenzylhydroperoxid 16
Dimethylenätherbrücke 44
Dimethylolharnstoff 46
Dimethyl-p-toluidin 18, 21
DIN-Normen 377
Dioctylphthalat 67, 114
Diol 40
Diorganopolysiloxan 52
Dipol 158
Dipolkräfte 158
Dipolmolekül 159
Dipolmoment 146, 158, 159
Disperse Phase 98
Dispersion 31, 98, 113
Dispersionsklebstoff 98
Dispersionskräfte 161
Dispersionsmittel 65, 98
Dispersionsmolekültyp 337
Dissoziationsgleichgewicht, Wasser 14
Domäne 28
Dosierung 318
Drahtkorn 310
Drehmoment s. Torsionsmoment
Drehmoment-Drehwinkel-Diagramm 366
Dreiblock-Copolymer 28
Druck 79, 81, 88, 93, 149
Druckempfindlicher Klebstoff 94
Druckscherbeanspruchung 365
Druckscherfestigkeit 295, 365
Druckscherversuch 365
Druckspannung 194
Dupré-Gleichung 176
Durchschallungsverfahren 374
Duromer 10, 107, 125, 191
Dynamische Viskosität 316

Edelmetalle 330
Edelstahl 205, 332
Eichprüfkörper 372
Eigenspannungen 69, 190, 317
Einfriertemperatur 126
Eingefrorene Lösung 114

Eingefrorenes System 77
Einheitsbruchlast 238, 280
Einkomponenten-Epoxidharzklebstoff 38
Einkomponentenklebstoff 5, 38
Einkomponenten-Polymerisationsklebstoff 13
Einkomponenten-Polyurethanklebstoff 40
Einkomponenten-Reaktionsklebstoff 5, 38, 85, 112, 114
Einkomponenten-RTV-System 52
Einschichtenbindemittel 356
Einschnittige Laschung 305
Einschnittig überlappte Klebung 220, 271, 273
Einspannlänge 223
Einteilung, Klebstoffe 4
Eiweiß 4, 61
Elastische Verformung, Fügeteil 217, 219, 233, 277
–, Klebschicht 216, 217, 277
Elastizitätsmodul 133, 336, 376
Elastomer 10, 45
Elastomermatrix 29
Elektret 343
Elektrisch leitender Klebstoff 110
Elektrochemische Oberflächenvorbehandlung 312
Elektrochemische Spannungsreihe 16
Elektronengas 158
Elektronenstrahlhärtung 19
Elektronik 34, 110
Elektrostatische Bindung 158
Emulgator 99
Endfestigkeit 77, 89, 91, 320
engineering adhesive 59
Entfetten 309
Entfettungsmittel 310
Entnetzung 177
Entropieelastischer Bereich 127
Entropieelastizität 127
Epichlorhydrin 34, 112
Epoxid-Äquivalent 376
Epoxid-Dicyandiamid 37, 109
Epoxidgruppe 33
Epoxidharz 33
Epoxidharzklebstoff 33, 35, 36, 38, 205
Epoxid-Nylonklebstoff 37
Epoxid-Phenolharzklebstoff 37
Epoxid-Polyamidklebstoff 37, 109
Epoxid-Polyaminoamidklebstoff 37
Ermüdungsfestigkeit 369
Erstarrungsgeschwindigkeit 102
Erwärmung (induktiv) 321
Erweichungsbereich 101, 103
Erweichungstemperatur 101
Essigsäureabspaltung 25, 54
Ester 8

Esterbindung 7
Estergleichgewicht (thermisches) 41
Ethoxylinharz 34
Ethylen 25, 32
Ethylen-Acrylsäure-Copolymer 26
Ethylendiamin 49
Ethylenethylacrylat 26
Ethylenglykol 15, 50
Ethylenoxid 34
Ethylenvinylacetat 25
Etikettenpapier 25
Etikettierleim 61
EVA-Copolymer 25
Exoelektronenemission 148
Exotherme Reaktion 78, 83, 193, 317
Exzentrizitätsfaktor 251

Fadenmolekül 11
Falzen-Kleben 327
Falznahtkleben 327
Faradaysches Gesetz 312
Faserplatte 357
Faserverstärkter Kunststoff 71, 348
Feder-Dämpfer Modell 140
Fehlerursachen 322
Feinblech (verzinkt) 205, 333
Feindisperse Dispersion 31, 98
Fertigungsverfahren 183
Festigkeit 208, 209, 268
–, Berechnung 189, 273
–, dynamische 187, 362
–, Einflußgrößen 209, 210
–, Fügeteil 152
–, funktionelle 321
–, Kunststoffklebungen 350
–, Langzeitbeanspruchung 257, 259
–, Metallkombinationen 334
–, statische 362
–, wahre 223
Festigkeitsabfall 201, 371
Festigkeitsausnutzung 272
Festigkeitskennwerte, Fügeteile 279
Festklebstoff 59, 93
Fettlöser 310
Fettsäure 49
Feuchtigkeitsalterung 71, 203, 204
Feuchtigkeitsaufnahme 194, 198, 204, 357
Feuchtigkeitskonzentration 14
Finite Elemente 254
Fischleim 61
Fixierung 80, 90
Flächenklebung, Holz 357
Flanschklebung, Kunststoff 351
Flanschverbindung 294
Fließbereich 126
Fließen 96, 138
Fließtemperatur 101, 128

Flüssige Kristalle 374
Flüssigkunststoff 15
Flugzeugbau 43, 45, 56, 74, 328
Fluorierte Kohlenwasserstoffe 33
Fokker-Bond-Tester 373
Folie, Fügeteil 186
Folienschälversuch 368
Formänderungsarbeit 265
Formaldehyd 43
Formaldehydkondensate 43
Formbeständigkeit, thermische 106, 129, 188
Formteile 318
Fragenkatalog 322
Friedel-Crafts-Katalysator 86
Fügeteil 3
Fügeteil, chemischer Aufbau 153
Fügeteildehnung 217, 233
Fügeteildicke 239, 245, 263, 291
Fügeteilfestigkeit 152, 263, 272, 336
Fügeteilsteifigkeit 239
Fügeteilverformung 133, 233, 336
Fügeteilverschiebung 216, 217, 219
Fügeteilwerkstoff 145, 205, 209
Füllstoff 68, 193, 231, 360
Fugenklebung 358
Funktionelle Festigkeit 321
Funktionelle Gruppe 6

Gammastrahlen 207
Gefügebeeinflussung 186
Gel 61, 114, 316
Geliertemperatur 114
Geometrische Gestaltung 209
Geometrische Oberfläche 148
Gesättigter Polyester 40, 50
Geschwindigkeitskonstante 17, 76, 78
Gestaltfaktor 240, 264, 277
Gestaltmodul 120
Gestaltung, Klebung 304
Gewebe 358
Gewebeklebstoff, Medizin 15
Gewindeklebung 366
Gewindesicherung 366
Gitterschnittest 335
Gitterstörung 147
Glas 351
Glasfaser 69, 116
Glasfasergewebe 69
Glasklebung 351
Glaslot 63
Glas/Metall-Klebung 353
Glastemperatur 126
Glasübergangstemperatur 103, 126, 191
Glaszustand 125
Gleichstrom-Schwefelsäure-Verfahren 330
Gleitmodul 120

Gleitung 119
Gleitungswinkel 119
Gleitungs-Zeit-Kurve 139
Glutin 61
Glutinleim 61
Glutinschmelzleim 61
Gold 330
Grauguß 205
Grenzdehnung 253
Grenzflächenspannung 175
Grenzschicht 145, 203
Grenzschichtfestigkeit 243
Grenzschwingspielzahl 260
Grenzverformung 138
Grobdisperse Dispersion 31, 98
Grundstoff 12, 24
GS-Verfahren 330
Gummi 353
Gummi arabicum 62
Gummibindung 355
Gummielastizität 127
Gummierung 25, 116
Gummi/Gummiklebung 30, 354
Gummiklebung 354
Gummilösung 92, 354
Gummi/Metallbindung 30, 355

Härter 20, 65, 66, 317
Härterkonzentration 21
Härterlack 23
Härterlack-Verfahren 23
Härtung, s.a. Abbinden 75, 316, 319, 320
Härtungsgeschwindigkeit 70, 102
Härtungsschrumpfung 192
Härtungstemperatur 79, 320
Härtungszeit 21, 320, 376
Haftklebstoff 3, 19, 91, 93, 115, 354
Haftklebung 94
–, Festigkeit 95, 96
Haftkraft 94
Haftlösung 356
Haftschmelzklebstoff 94
Haftspannung 177
Haftungseigenschaften 84
Haftungskräfte 146, 156, 337
Haftvermittler 70, 313
Halogenierte Kohlenwasserstoffe 310
Harnstoff 45
Harnstoffbindung 41
Harnstoff-Formaldehydharz-Klebstoff 45
Harnstoffharz 46
Harze 68
Harzester 30
Harzsäuren 68
Hauptvalenzbindung 6, 158, 166, 170
Hausenblasenleim 61
Hautleim 61

Heißhärtende Klebstoffe 87
Heißschmelzklebstoff 100
Heißsiegelklebstoff 28, 91
Heteropolare Bindung 158
Hevea brasiliensis 28
Hexafluorpropylen 33
Hexamethoxymethylmelamin 355
Hexamethylendiamin 48
Hexamethylentetramin 355
Hitzeklebrigkeit 100
Hochdruckentladungslampe 19
Hochfrequenzerwärmung 91
Hochfrequenz-Schweißhilfsmittel 91
Höchstkraft 211
Holographie 375
Holz 357
Holzfeuchtigkeit 357
Holzverleimung 47
Homöopolare Bindung 157
Homogenisierung 316
Homopolyamid 49
Homopolymer 6
Hookesches Gesetz 121, 125
Hotmelt 100
Hotmeltdispersion 99
Hot Tack 100
Hydroperoxid 16
Hydrolyse 53, 71
Hydroxybenzylalkohol 43
Hydroxypolysiloxan 54
Hydroxyl-Polyurethan 42

Impuls-Echo-Verfahren 373
Inden 68
Induktionskräfte 160
Induktive Erwärmung 321
Inhibierung 85
Inhomogenitäten 144
Initialhaftung 97
Inkohärente Phase 98
Innere Festigkeit 170
Innere Weichmachung 29, 118, 133, 267
Interferometrie 375
Ionenbindung 158
Ionenkettenpolymerisation 13
Isobutylen 31
Isocyanat 39
Isocyanatoethylmethacrylat 66
Isocyanatopolyurethan 40
Isocyanatvernetzung 31, 356
Isocyansäure 39
Isolation, Klebschicht 187
Isophthalsäurediphenylester 56
Isopren 28, 31
Isoprenkautschuk 354
Isotaktisches Polypropylen 32

joint factor 240
Juwelierkitt 61

Kalottenmodell 11
Kaltdehnverbindung 293
Kalthärtender Reaktionsklebstoff 5, 77, 86, 317
Kaltsiegelklebstoff 94
Kapazitätsmessung 374
Kapillarer Fülldruck 149
Kapillaritätskennzahl 149
Kapillarkonstante 175
Kaschierklebstoff 100
Kaseinleim 61
Katalysator 13, 67, 86
Kautschuk 10, 28
Kautschuk-Copolymerisat 30
Kautschuk-Dispersion 99
Kautschukelastischer Bereich 132
Kautschukelastizität 128
Kautschukpolymer 28
Kautschukpolymer-Latex 355
Keesom-Kräfte 159
Keilversuch 198
Kenndaten, von Klebungen 322
Keramikfliesen 55
Keramische Werkstoffe 358
Kerbempfindlichkeit, Fügeteile 311
Kettenabbruch 21
Kieselsäure 69, 355
Kieselsäureester 54
Kieselsäuregel 315
Klebbarkeit, Kunststoffe 339, 345
–, Metalle 329
Klebeband 94, 115
Kleben 3
Kleben, Anwendungen 328
Kleber 3
Klebestreifen 61, 115
Klebfaktor 285
Klebfestigkeit 4, 119, 140, 156, 201, 216, 220, 221, 224, 267, 288, 321, 363
–, anaerobe Klebstoffe 18
–, Berechnung 273
–, Druck 80
–, Fügeteildicke 239
–, Fügeteilfestigkeit 153
–, Füllstoffe 69
–, Gestaltfaktor 240
–, Glaslote 64
–, Härtungstemperatur 320
–, Härtungszeit 77
–, Haftvermittler 73
–, Klebschichtdicke 122, 242
–, Klebschichtverformung 223
–, Methacrylatklebstoffe 22
–, Mischungsverhältnis 37

–, Oberflächenrauheit 151
–, Plastisol 114
–, Prüfung 363
–, Rauheit 151
–, Schmelzklebstoff 105
–, stöchiometrisches Verhältnis 37
–, Temperatur 77, 131
–, Überlappungslänge 234
–, Überlappungsverhältnis 241, 286
Klebfläche 3, 242, 304
Klebfläche, spezifische 242
Klebflächenkonservierung 313
Klebfolie, s. a. Klebstoffolie 27
Klebfuge 3
Klebfugenaufbau 156, 196
Klebfugengeometrie 307, 340, 350
Klebgerechte Konstruktion 210, 304
Klebkitt 30
Klebkraftentwicklung 78
Kleblack 347
Kleblösung 88, 347, 356
Klebslöten 63
Klebnutzungsgrad 267, 285, 286
Klebrigkeit 91, 97
Klebrigkeitsdauer 92
Klebrigmacher 30
Klebschicht 3, 115, 116, 210
Klebschichtalterung 203, 205
Klebschichtdicke, Anpreßdruck 80, 81
–, Biegemoment 245
–, Füllstoffe 70
–, Klebfestigkeit 122, 242, 243
–, Oberflächenrauheit 150
–, Rohrklebung 290
–, Schubverformung 122
–, Welle-Nabe-Klebung 295
Klebschichteigenschaften 118, 191
Klebschichtfestigkeit 119, 189, 243, 261
Klebschichtgleitung 139
Klebschichtinhomogenitäten 144
Klebschichtpolymer (Prüfung) 375
Klebschichtschrumpfung 69, 192
Klebschichtverfestigung, Kontaktklebstoff 92
Klebschichtverformung 119, 121, 133, 139, 142, 152, 216, 219, 223, 242, 250, 260, 266, 271
Klebschichtverstärkung 69
Klebschichtwiderstand 111, 320
Klebschrumpfen 303
Klebstoff 3, 63, 209
–, anaerob 15, 153, 291, 293
–, anlösend 91
–, anorganische Basis 4, 62
–, chemisch reagierend 5, 319
–, druckempfindlich 94
–, elektrisch leitfähig 110

–, kalthärtend 5, 35, 77
–, leitfähig 110
–, mikroverkapselt 112
–, natürliche Basis 60
–, pflanzliche Basis 61, 62
–, physikalisch abbindend 5, 24, 88, 319
–, schnellhaftend 94
–, strahlungshärtend 19
–, tierische Basis 61
–, wärmebeständig 106
–, wärmeleitend 111
–, warmhärtend 5, 35, 36
Klebstoffaktor 277
Klebstoffansatz 83
Klebstoffart 3, 75
Klebstoffauftrag 318
Klebstoffbestandteil 12
Klebstoffgrundstoff 12, 24
Klebstoffkennwert 255
Klebstoffmischung 82
Klebstoffnetz 105, 115
Klebstoffolie 38, 105, 114, 318
Klebstoffformteil 318
Klebstoffverarbeitung 314, 323
Klebstoffvorbereitung 314
Klebstoffzusätze 65
Klebtechnologie 308
Klebung 3, 210
–, Aufbau 156
–, Beanspruchung 200, 204
–, Bruchverhalten 194
–, Eigenschaften 183
–, Nachteile 188
–, Vorteile 184
Klebungsart, Holz 357
Klebverbindung 3
Kleister 3, 60
Klettertrommelschälversuch 368
Klimabeanspruchung 201, 205
Klimatisierung 312
Knochenleim 61
Koazervat 112
Kohärente Phase 98
Kohäsion 3, 170
Kohäsionsarbeit 176
Kohäsionsbruch 195, 197
Kohäsionsenergie 171
Kohäsionsenergiedichte 88, 171
Kohäsionsfestigkeit 59, 107, 171
Kohäsionskraft 92, 156
Kohlenhydrate 4
Kohlenstoff 6
Kohlenstoff-Kohlenstoff-Doppelbindung 7, 9, 12, 20
Kohlenwasserstoffharz 68
Kollagen 61
Kolloiddisperses Sol 98

424 Sachverzeichnis

Kolloid geschützte Dispersion 99
Kollophonium 30, 68
Kombinationsklebung 266
Kombinierte Fügeverfahren 323
Kondensationsvernetzung 54
Konditionierung 333
Konfektionierung 115
Konservierung, Klebflächen 313
Konstruktionsklebstoff 59
Konstruktive Gestaltung 304, 350
Kontaktklebstoff 91, 92, 354
Kontaktklebzeit 90
Kontaktkorrosion 293
Kontaktwinkel 173
Koordinationsstellen 146
Korngrenzenbehinderung 147
Korrosion 74, 112, 195
Korund 310
Kovalente Bindung 157
Kraft-Rißöffnungs-Kurve 199
Kreide 69
Kreidl-Verfahren 343
Kresol 45
Kresol-Formaldehydharz-Klebstoff 45
Kriechbereich 141
Kriechen 96, 137, 189
Kriechgeschwindigkeit 141
Kriechkurve 139, 142
Kriechmodul 140, 376
Kriechnachgiebigkeit 140
Kriechverformung 142
Kriechverformungs-Diagramm 141
Kriechverhalten, Klebschichten 139
Kristallinität 30, 143
Kristallisation 30, 49, 92, 102, 105
Kristallisierende Glaslote 63
Kristallit 128, 129
Kristallitschmelzbereich 126, 128, 144, 191
Kristallitschmelzpunkt 102, 144
Kristallversetzung 147
Kritische Oberflächenspannung 175
Kritischer Polymerisationsgrad 58, 171
Kritischer Spannungsintensitätsfaktor 197
Künstliche Basis 4, 6
Kunstharz 68
Kumaron-Inden-Harz 68
Kunststoff 6, 335
–, faserverstärkt 71, 348
–, Haftungskräfte 337
–, Klebbarkeit 345
–, Lösungsvermögen 338
–, Weichmachergehalt 340
Kunststoffklebung 335
–, Festigkeit 350
–, konstruktive Gestaltung 350
–, Prüfung 351
Kunststoff/Metall-Klebung 349

Kunststoffolie 67
Kupfer 205, 331
Kurzzeichen, Polymere 379
Kurzzeitbeanspruchung 363
Kurzzeitfestigkeit 257

Lackhaftung 335
Lackiertes Blech 335
Ladungsabstand 159
Ladungsgleichgewicht 13
Ladungsverschiebung 14, 15
Ladungsverteilung 160
Laktam 49
Laminierklebstoff 100
Langzeitbeanspruchung, dynamisch 259, 369
–, statisch 257, 369
Langzeitfestigkeit 257, 259
Langzeitverhalten 204, 369
Laplace-Gleichung 97
Laserstrahl 375
Lastkurve 235
Lastspielzahl 260
Lastübertragung 235, 237, 238, 272, 278, 292
Lastwechsel 369
Latexklebstoff 99
Latizes 31
Lederleim 61
Leichtbau 186
Leim 3, 60, 357
Leimflotte 61
Leitfähige Klebstoffe 110
Leitfähigkeit 110
Lignin 357
Lineares Makromolekül 9, 10
Linolsäure 49
Lösemittel 65
Löslichkeit, Polymere, Kunststoffe 88, 338
Löslichkeitsparameter 88, 338
Lösungsklebung 344
Lösungsmittel 51, 65
Lösungsmittel, reaktive 27, 51, 88
Lösungsmittelaktivierung 90, 115
Lösungsmittelentfettung 309
Lösungsmittelhaltiger Epoxidharzklebstoff 38
Lösungsmittelhaltiger Polyurethanklebstoff 42
Lösungsmittelklebstoff 3, 5, 79, 88, 193, 344
Lösungsmittelklebung 347
Lösungsmittelmenge 89
Lösungsmittel-Reaktionsklebstoff 38, 84, 87
Lösungsmittelverdunstung 88, 90
Lösungsvermögen 88

Löten 106, 183
Logarithmisches Dekrement 130
London-Kräfte 161
Losbrechmoment 366
Losbrechversuch 366
Luftblasen, Klebschichten 144

Magnesium 331
Makrobrownsche Bewegung 107, 127
Makromolekül 9, 10, 164
Maleinsäure 51
Materialkombinationen 186
Matrixharz 71
Maximale Trockenzeit 90
Mechanische Adhäsion 165, 169, 357
Mechanische Blockierung 86
Mechanische Dämpfung 130
Mechanische Oberflächenvorbehandlung 310
Mechanischer Verlustfaktor 129
Medizin 15
Mehrachsiger Beanspruchungszustand 273
Mehrschichtensicherheitsglas 27
Melamin 45, 47
Melamin-Formaldehydharz-Klebstoff 47
Mercapto-propyl-trimethoxysilan 72
Messing 205, 332
Metallfaktor 277
Metallion 15, 16
Metallische Bindung 158
Metallkombinationen 293, 334
Metalloberfläche 147
Metallpulver 69
Methacrylatklebstoff 20, 22, 205
–, Verarbeitung 21
Methacryl-propyl-trimethoxysilan 72
Methacrylsäure 15, 20
Methacrylsäureester 20
Methoxylgehalt 62
Methylcellulose 62
Methylenbrücke 44, 46
Methylengruppe 44
Methylinden 68
Methylmethacrylat 20
Methylolphenol 43, 46
Methylphenol 45
Micellen 143
Mikrobrownsche Bewegung 126
Mikrooberfläche 147, 148
Mikrorisse 198, 311
Mikroverkapselte Klebstoffe 112
Mikroverzahnung 165, 168
Mikrowachs 32
Mindesttrockenzeit 89
Mischbruch 195
Mischen 316
Mischleim 61

Mischungsverhältnis, Komponenten 37
Mittelspannung 260
Mittlere Trennkraft 367
modified acrylics 22
Molekülbeweglichkeit 107
Molekülnetz 9
Molekülstruktur 10, 108, 337
Molekülverschiebung 138, 141, 191
Molekülzustand 5
Molekulardisperse Dispersion 98
Molekulargewicht 58, 171
Molvolumen 88
Monomer 6
Monomermischung 8
Monomethylolharnstoff 46
Monostyrol 27
Montageklebstoff 59
Montageklebung 358
Morphologie von Oberflächen 147, 148, 168
Muffenklebung 351

Nabenbreite 293
Nabenmantelfläche 294
Nachhärtung 77, 87
Naßklebstoff 91
Naßklebzeit 89
Naßschältest 367
Natriumsilikat 65
Natronwasserglas 65
Natürliche Basis 4, 60
Naturharz 68
Naturkautschuk 28, 354
NDT (non destructive testing) 372
Nebenvalenter Molekültyp 337
Nebenvalenzbindung 158, 170
Neoprenschaum 116
Nichtrostender Stahl 332
Nickel 332
Niederdruckplasma 343
Nieten 183, 185
Nieten-Kleben 326
Nitrilkautschuk 28, 31
No-Mix-Verfahren 23
Nomogramm 256
Normalspannung 210, 213, 219, 220
Novolake 44
Nutklebung 349, 351
Nylon 48

Oberfläche, chemischer Aufbau 153
–, geometrische 148
–, Haftvermittler 71
–, wahre 148, 310
–, wirksame 80, 148, 310, 312
Oberflächenaktivierung 147, 166
Oberflächenart 148

Oberflächenaufrauhung, Kunststoffe 341, 342
Oberflächenbehandlung (s. a. O.-Vorbehdlg.) 188, 308
–, Glas 353
–, Gummi 354
–, Kunststoffe 341, 342
–, Metalle 309, 325, 329
Oberflächeneigenschaften 145, 155
Oberflächenenergie 115, 146, 174, 178
Oberflächenmorphologie 148
Oberflächennachbehandlung 312
Oberflächenrauheit, Klebschichtdicke 147, 150
–, Welle-Nabe-Verbindung 295
Oberflächenschichten 145
Oberflächenspannung 173, 174
Oberflächenstruktur 149
Oberflächentopographie 148
Oberflächenvergrößerung 174
Oberflächenvergrößerungsfaktor 149
Oberflächenvorbehandlung 188
–, chemisch 73, 311, 342
–, elektrochemisch 312
–, Glas 353
–, Kunststoff 341, 342
–, mechanisch 310
–, Metalle 310
–, physikalisch 342
Oberflächenvorbereitung 309
Oberlast 261
Offene Zeit 89, 90
one-way-Verklebung 105
Optimale Überlappungslänge 235, 256, 279, 287, 307
– –, Rohrklebung 292
Organischer Klebstoff 4
Orientierungskräfte 158
Oxidschichten 168, 311

PABST-Programm 328
Papier 65, 358
Pappe 65, 358
Passendmachen 309
Passungsrost 293
PC-Klebstoff 347
Perlon 49
Peroxidhärter 16, 21, 51
Petroleumharz 68
Pflanzensäfte 62
Pfropfpolymerisation 30
Phenol 41, 43
Phenolalkohol 46
Phenol-Formaldehydharz 10, 346
Phenol-Formaldehydharz-Klebstoff 43, 205
Phenolharz 31, 43, 44
Phenoplast 43

Phenylenoxidstruktur 56
Photoinitiator 19
Phthalsäureanhydrid 86
Phthalsäureester 67
Physikalisch abbindender Klebstoff 5, 24, 88, 319
Physikalische Adsorption 163
Physikalische Grundlagen 75
Physikalische Oberflächenbehandlung 342
Pickling-Verfahren 314
Pinen 68
Plastifizierung, Klebschicht 198
Plastische Verformung, Klebschicht 118, 132, 219, 222
–, Fügeteil 277, 307
Plastisol 5, 113
Plastisolklebstoff 27, 205
Platin 330
Poisson-Zahl 136, 137
Polare Bindung 158
Polarer Molekültyp 337
Polares Widerstandsmoment 364
Polarisationstheorie 167
Polarität 146, 159, 338
Polyacetale 348
Polyaddition 9, 35, 58
Polyadditionsklebstoff 5, 33, 59, 317
Polyalkohol 40
Polyamid 48, 162, 346
Polyamidharz 49
Polyamidocarbonsäure 57
Polyamin 36
Polyaminoamid 49
Polybenzimidazol 56
Polybutadien 29
Polycarbonat 346
Polychloropren 30
Polychloroprenklebstoff 31
Polychloroprenlatizes 31
Polydimethylsiloxan 52
Polyester 8, 50
–, gesättigt 40, 50
–, ungesättigt 20, 27, 51
Polyethylen 32, 345
Polyethylenamin 49
Polyethylenterephthalat 50, 348
Polyfluor-Ethylen-Propylen 33
Polyharnstoff 41
Polyimid 55, 205
Polyisobutylen 32
Polyisocyanat 31, 39
Polyisocyanatvernetzung 356
Polykondensat 44
Polykondensation 9, 58
Polykondensationsklebstoff 5, 42, 59, 79, 317
Polymer 6, 8, 24
Polymerbildung 8, 58

Polymerisation 9, 58
–, anionische 14
–, Ionenketten 14
–, Radikalketten 21
Polymerisationsgrad 10
–, kritischer 58, 171
Polymerisationsklebstoff 5, 12, 24, 59, 317
Polymerstruktur 9, 11, 59
Polymerverbindung 6
Polymethylmethacrylat 347
Polyorganosiloxan 52
Polyoxymethylen 348
Polyphenylquinoxalin 57
Polypropylen 32, 346
Polypyromellith-Imid 55
Polyreaktion 6, 8
Polystyrol 27, 337, 347
Polystyrolschaum 348
Polysulfon 57
Polyterpenharz 68
Polytetrafluorethylen 346
Polyurethanklebstoff 39, 41, 205
Polyurethanschaum 348
Polyurethanschmelzklebstoff 42
Polyvinylacetal 26
Polyvinylacetat 24
–, Dispersion 99
Polyvinyläther 25
Polyvinylalkohol 24
Polyvinylbutyral 27, 45
Polyvinylchlorid 9, 27, 113, 347
Polyvinylethyläther 25
Polyvinylformal 27, 45
Polyvinylidenchlorid 27
Polyvinyliden-Dispersion 99
Polyvinylisobutyläther 25
Polyvinylmethyläther 25
Poröse Werkstoffe 105, 358
Potentielle Energie 174
Prepolymer 12, 40, 42
pressure sensitive adhesive 93
Primärbindungen 170
Primärer Ester 9
Primäres Kriechen 141
Primer 73
Propylenglykol 51
Protonenakzeptor 161
Protonendonator 161
Prozent interne Phase 113
Prüfflüssigkeit 371
Prüfung 361, 362
–, zerstörend 362
–, zerstörungsfrei 189, 372
–, Kunststoffklebungen 351
Prüfverfahren, akustisch 373
–, elektrisch 374
–, Holographie 375

–, Klebschichtpolymere 376
–, Strahlung 375
–, thermisch 374
Pseudoliquider Zustand 93
Punktschweißen 185, 324
Punktschweißkleben 324
Punktweise Schnellaushärtung 321
Pyromellithsäureanhydrid 55

Qualitätskontrolle 189
Quarzmehl 69
Quellschweißen 344
Quellschweißmittel 91
Querdehnzahl 136
Querkontraktion 135, 211
Querkontraktionsbehinderung 135, 243
Querkontraktionszahl 136

Radikal 15, 19, 20
Radikalkettenpolymerisation 15, 19, 20
Randwinkel 173
Rauheit 148, 150, 310
Rauhtiefe 150, 295
Reaktion 2. Ordnung 76
Reaktionsbeschleuniger 18
Reaktionsfähige Gruppe 6
Reaktionsgeschwindigkeit 70, 78
Reaktionsgeschwindigkeitskonstante 17, 76, 78
Reaktionsharze 85
Reaktionskinetik 75
Reaktionsklebstoff 3, 75, 193, 345
–, chemisch blockiert 85
–, kalthärtend 86, 317
–, lösungsmittelhaltig 38, 84, 87
–, mechanisch blockiert 86
–, warmhärtend 87, 317
Reaktionsmechanismus 8
Reaktionsmoment 153, 239
Reaktionsschicht 145
Reaktionswärme 83
Reaktionszeit 76, 79, 87
Reaktive Lösungsmittel 27, 51, 88
Reaktiver Polyurethanschmelzklebstoff 42
Reaktiver Schmelzklebstoff 42, 100
Reaktivität 85, 86
Reduzierter Metallfaktor 277
Reibung, innere 130
Reinigung 309, 341
Relativer Schälwiderstand 367
Relaxation 138, 262
Relaxationszeit 262
Reparaturklebung 70, 189, 359
Resite 44
Resole 44
Resonanzfrequenz 373
Resonanzverfahren 373

Resorzin 45, 355
Resorzin-Formaldehydharz-Klebstoff 45
Resorzin-Formaldehyd-Vernetzung 355
Rhodium 330
Rißausbreitung 38, 187, 197, 198, 359
Rißfortschritt 144, 187, 198, 359
Roboter 318
Röntgenstrahlung 20, 375
Rohrklebung 290, 334
Rollenschälversuch 368
Rotation, Moleküle 107
Rotationsbehinderung 56
RTV-Systeme 52, 54
Runde Klebfugengeometrien 289

Säubern 309
Säure 8
Säureakzeptor 30
Säureamidgruppe 48, 53
Säurehärter 47
Säurekasein 61
Salzsäureabspaltung 30
Sandgestrahlte Oberfläche 311
Sauerstoff 6, 15, 70
Schadensvorhersage 370
Schäftung 247, 305, 306
Schäftungsverhältnis 247
Schäftungswinkel 247
Schälbeanspruchung 69, 229, 305, 366
Schäldiagramm 366
Schälfestigkeit 116, 189, 231
Schälgeschwindigkeit 367
Schälkraft 366
Schälmoment 368
Schälspannung 69, 210, 219, 220
Schälung 366
Schälwiderstand 144, 231, 366
–, absoluter 366
–, Plastisol 114
–, relativer 367
Schälwinkel 366
Schallemissionsanalyse 371
Schallkopf 374
Schaumstoffband 116
Schaumstoffe 348, 358
Scherbeanspruchung 215
Scherfestigkeit 215
Scherspannung 210, 215
Schichtverbund (Holz) 357
Schlagarbeit 265
–, spezifische 265
Schlagbeanspruchung 96, 138, 264, 266, 370
Schlagfestigkeit 265
Schlaggeschwindigkeit 265
Schlagscherbeanspruchung 265, 370
Schlagzähigkeit 266
Schlagzugbeanspruchung 265, 370
Schlagzugscherbeanspruchung 265, 370

Schleifen 309, 310
Schmelzbereich 108
Schmelzhaftklebstoff 94
Schmelzindex 26, 32
Schmelzintervall 376
Schmelzklebstoff 3, 5, 42, 100, 205
Schmelzklebstoffnetz 105
Schmelzstabilität 101
Schmelztemperatur 101
Schmelzviskosität 101, 103
Schnellaushärtung 321
Schnellbinder 62
Schnellhaftender Klebstoff 94
Schockhärtung 320
Schrauben 183
Schrauben-Kleben 326
Schraubensicherung 18, 113
Schrumpfung 69, 192
Schrumpfspannung 192, 303
Schrumpfverbindung 293
Schubbeanspruchung 215, 363
Schubelastizitätsmodul 120
Schubfestigkeit 140, 215
Schubmodul 119, 129, 137, 140, 252, 267, 375
Schubnachgiebigkeit 140
Schubspannung 119, 210, 215, 220
Schubspannungs-Gleitungs-Diagramm 122, 226
Schubspannungs-Gleitungs-Verhalten 121, 216, 363
Schubspannungsverteilung 123, 216, 274
–, Welle-Nabe-Verbindung 295
Schubverformung 120, 122, 139
Schubzahl 140
Schutzkolloid 24, 99
Schwachstellenbereich 167, 196
Schwefel 6
Schweißen 106, 183, 185
Schweißklebung 344
Schwellfestigkeit 260, 261
Schwerspat 69
Schwingspielzahl 260, 369
Schwingungsamplitude 130
Schwingungsbeanspruchung 264
Schwingungsdämpfung 130, 187
Schwingungsenergie 262
Sebacinsäure 48
second generation arcylics 22
Sekundärbindungen 170
Sekundärelektronen 19
Sekundäres Kriechen 141
Sekundenklebstoff 14
Selbstkleband 115
Selbstklebeetikett 94
Selbstklebemassen 94
SE-Schallkopf 374
SGA-Klebstoff 22

Sicherheitsbeiwert 254
Sicherheitsfaktor 275
Sicherheitsmaßnahmen 323
Siegeltemperatur 91
Silandiol 52
Silan-Haftvermittler 71
Silanol 52, 71
Silantriol 52
Silber 330
Silikone 4, 52, 85
Silizium 6
Siloxanbindung 52
Slurry 113
Sol 61, 114
Solarzellen 55
Sorption 162
Spaltbeanspruchung 306
Spaltbreite 315
Spaltkorrosion 187, 293, 324
Spaltprodukte 79
Spaltüberbrückbarkeit 316, 345, 360
Spannungen 210
–, thermische 191
Spannungsabbau 132, 138, 228
Spannungsarten 210
Spannungsausbildung 218
Spannungs-Dehnungs-Diagramm 133
Spannungs-Dehnungs-Kurven 224
Spannungs-Dehnungs-Verhalten 121, 134, 139, 273
Spannungsintensitätsfaktor 197
Spannungsreihe, elektrochemische 16
Spannungsrißkorrosion 347
Spannungsspitzen 222, 305
Spannungsspitzenfaktor 224, 228, 250
Spannungsverdichtungsfaktor 250
Spannungsverhältnis 260
Spannungsverteilung 143, 184, 219, 221, 251, 270, 274
–, Berechnung 248, 256
–, exp. Bestimmung 226
–, Kombinationsklebung 268
–, Schälbeanspruchung 230
–, Temperatur 225
Spanplatte 357
Sperrholz 357
Spezifische Adhäsion 165
Spezifische freie Grenzflächenenergie 175
Spezifische freie Oberflächenenergie 175
Spezifische Klebfläche 242
Spezifische Reaktionsgeschwindigkeit 76
Spezifisches Volumen 128
Spreitung 177
Spreitungsdruck 180
Sprödbruch 197
Sprödigkeit 197
Stabile Glaslote 63
Stabilisatoren 70

Stabilisieren (Moleküle) 30
Stähle, hochlegiert 205, 332
–, niedriglegiert 205, 332
–, unlegiert 205, 332
Stärke 62
Stärkeleim 62
Stationäres Kriechen 141
Steifigkeitsbeiwert 249
Steifigkeitsfaktor 249
Steigtrommelprüfmethode 368
Stickstoff 6
Stöchiometrische Reaktion 66, 76
Stöchiometrisches Verhältnis 37
Stoßbeanspruchung 138
Strahlen 310
Strahlenschutz 20
Strahlmittel 311
Strahlungshärtung 13, 19
Streckgrenze s. Dehngrenze
Streckgrenzverhältnis 285
Streckmittel 68
Stromdichte 312
structural adhesive 59
Struktur, Oberflächen 147
–, Polymere 9
Strukturformel 11
Stumpfklebung 212
Stumpfstoß 350, 351
Styrol 27
Styrol-Butadien-Copolymer 28
Styrol-Butadien-Dispersion 27
Styrol-Butadien-Kautschuk 28, 354
Styrol-Butadien-Styrol-Blockpolymer 29
Styrol-Isopren-Copolymer 28
Styrol-Isopren-Styrol-Blockpolymer 29
Syndiotaktisches Polypropylen 32
Superpolyamide 49
Systematik, Klebstoffe 4

Tack 97
Tapetenkleister 62
Technologie, Kleben 308
Temperatur, dynam. Beanspruchung 264
–, Reaktionskinetik 78, 320
–, Spannungsverteilung 225
Temperaturbeanspruchung 106, 205
Temperaturbeständigkeit 69, 106, 108
–, Silikone 55
Temperaturverteilung 193
Temperaturwechselbeanspruchung 193
Tempern 194, 347
Tensid geschützte Dispersion 99
Terephthalsäure 50
Terpentinöl 68
Tertiäres Amin 21
Tertiäres Kriechen 142
Tetraaminobenzol 56
Tetraethylenglykol 15

Tetraethylenglykoldimethacrylat 15
Tetrafluorethylen 33
Tetrahydrofuran 347
Thermisch aktivierbare Klebstoffe 85
Thermisch aktivierbare
  Polyurethanklebstoffe 41
Thermische Ausdehnung 64
Thermische Beständigkeit 4, 106
Thermische Formbeständigkeit 106, 188
Thermisches Estergleichgewicht 41
Thermodynamische Grundlagen,
  Benetzung 167, 173
Thermomechanische Eigenschaften 119, 125
Thermoplast 10, 107, 191
–, amorph 126
–, teilkristallin 126
Thermoplastisches Elastomer 28
THF-Klebstoff 347
Thixotropie 316
Titan 205, 332
Titanhydrid 333
Topfzeit 82, 317
Topographie von Oberflächen 148
Torsion 365
Torsionsbeanspruchung 365
Torsionsmodul 120
Torsionsmoment 216, 294, 297, 364
Torsionsscherfestigkeit 294, 295, 366
Torsionsscherversuch 366
Torsionsschwingungsversuch 375
Torsionsversuch 123
toughened-Klebstoffe 38
Trägermaterial 115, 116
Transformationspunkt 65
Translation 107
Trennbruch 195
Trennkraft 96, 367
Trennmittel 340
Trennschicht 116
Triethylentetramin 36
Trifunktionelle Verknüpfung 9
Triisocyanat 39
Trikresylphosphat 114
Trimethylolmelamin 47
Triphenylmethantriisocyanat 356
Trockenkleben 115
Trockenklebstoff 94
Trockenzeit 89
Trocknen 90

Übergangskriechen 141
Überlappung 305
Überlappungsbreite 241
Überlappungslänge 232, 273, 279
–, Biegemoment 245
–, dyn. Festigkeit 263
–, Lastübertragung 235, 280
–, Rohrklebung 291
Überlappungslänge, optimale 235, 256, 264
Überlappungsverbindungen 304
Überlappungsverhältnis 241, 286
Ultraschallhärtung 321
Ultraschallprüfung 373
Ultraschallreinigen 309
Umlaufbiegewechselversuch 261
Umweltbedingungen, s. a. Alterung 188, 371
Unfallverhütungsvorschrift 323
Ungesättigter Polyester 20, 27, 51
Unpolare Bindung 157
Unpolarer Molekültyp 338
Unterlast 261
Untermischverfahren 47
Unterwanderungskorrosion 195
Urea 46
Urethanbildung 39
Urethanbindung 7, 41, 357
UV-Härtung 19

Van-der-Waalssche Kräfte 158
Valenzelektronen 158
Vakublast-Verfahren 342
Verarbeitungstemperatur 4
–, Schmelzklebstoff 101, 103
Verbindungsfaktor 240
Verchromte Werkstoffe 330
Verdampfungsenthalpie 88
Verdickungsmittel 315
Verdrehscherfestigkeit 123, 216, 223, 364
Verdünnungsmittel 65
Verformungsbehinderung, Klebschicht 145, 243
Verformungsgeschwindigkeit 266
Verformungsverhalten 138, 218, 271
Verformungswiderstand 266
Verformungszustand 271
Verkapptes Isocyanat 41
Verkleisterungstemperatur 62
Verlustfaktor, dielektrischer 91
Vernetzer 53, 66
Vernetztes Makromolekül 10, 11
Vernetzung 6, 130
Vernickelte Werkstoffe 332
Verschiebung 122
Verschiebungswinkel 122
Verschmelzanpassung 63
Verschmelztemperatur 63
Verseifung 310
Verunreinigungen 146
Verzinkter Stahl 205, 333
Verzweigtes Makromolekül 10
Verzweigung 9
Vibrationskleben 321
Vinylacetat 24
Vinylacetatgehalt 26

Vinylchlorid 26
Vinylcyclohexenmonoxid 35
Vinylgruppe 9, 12
Viskoelastizität 138, 253
Viskoses Fließen 129
Viskosität 18, 80, 82, 95, 96, 104, 315, 376
Viskositätsänderung 82, 83
VK-Verbindungen 183, 327
Volkersen-Gleichung 249, 275, 280
Volumeneigenschaften 155
Volumenverringerung 105, 192
Vorgespannte Klebungen 183, 327
Vorhärten 90
Vorstrich 115
Vorstrichverfahren 47
Vortrocknen 90
Vorwärmung 104
Vulkanisation 9, 117, 355

Wabenkernkonstruktion 186
Wärmeaktivierung 87, 91, 115
Wärmeausdehnung 155, 334
Wärmeausdehnungskoeffizient 63, 87, 155, 190, 352
Wärmebeständiger Klebstoff 106
Wärmebeständigkeit (Silikone) 55
Wärmeentwicklung 317
Wärmeleitender Klebstoff 111
Wärmeleitfähigkeit 103, 104, 111, 154, 374
Wärmespannung 186
Wärmestandfestigkeit 101
Wärmetönung 319
Wärmewiderstand 111
Wahre Oberfläche 148, 310
Wahre Festigkeit 223
Warmhärtender Reaktionsklebstoff 5, 87, 317
Wartezeit, geschlossene 90
–, offene 90
Wasserglas 65
Wasserstoff 6
Wasserstoffbeweglichkeit 35
Wasserstoffbrückenbindung 161
Wasserstoffwanderung 33
weak boundary layer 168
Wechselfestigkeit 260
Wedge-test 198
Wegschlagen, Klebstoffe 316
Weichmacher 67, 113, 335, 340
Weichmacherwanderung 67, 116, 340, 347
Weichmachung, äußere 67, 127
–, innere 29, 118, 133, 267
Weißleim 47
Welle-Nabe-Klebung 292, 318
–, Berechnung 293
Wellendurchmesser 294
Wellenlänge 19
Werkstoffausnutzung 286

Werkstoffeigenschaften 152
Widerstand, elektrischer 111, 320
–, spezifischer 111
–, thermischer 111
Widerstandsmessung 320
Widerstandsmoment 212, 239, 364
Widerstandspunktschweißen 324
Winkelbiegeprobe 335
Winkelschälversuch 230, 366
Winkelverformung 119
Wirksame Oberfläche 148, 310, 312
Wöhler-Kurve 260, 369

Young-Dupré-Gleichung 179
Young-Gleichung 177

Zähigkeit 197, 265
Zäh-harte Klebstoffe 38
Zeit 76, 188
–, Härtung 76
Zeitstandfestigkeit 245, 257, 369
Zeitstand-Klebfestigkeit 257
Zeitstandschaubild 258
Zeitstand-Zugversuch 139, 376
Zersetzungstemperatur 125, 126, 129
Zerstörende Prüfung 362
Zerstörungsfreie Prüfung 189, 372
Zink 205, 333
Zugbeanspruchung 211, 365
Zugfestigkeit, Fügeteil 271, 285
–, Klebschicht 125, 126, 137, 212, 224, 271, 365, 376
–, Klebung 211
–, Kunststoff 211, 212
Zugscherschwellkraft 261
Zugscherspannung 216, 220, 221
Zugscherversuch 363
Zugschwellbeanspruchung 369
Zugschwell-Dauerfestigkeit 260
Zugschwellfestigkeit 260
Zugschwellkraft 260
Zugschwell-Zeitfestigkeit 261
Zugspannung 194, 210, 211, 220
Zugspannungsverteilung 212
Zugversuch 121, 376
Zusammengesetzte Bindemittel 356
Zustandsbereich 125
Zweikomponenten-Epoxidharzklebstoff 37
Zweikomponentenklebstoff 37
Zweikomponenten-Polymerisationsklebstoff 20
Zweikomponenten-Polyurethanklebstoff 39
Zweikomponenten-RTV-System 54
Zweischichtenbindemittel 356
Zweischnittige Laschung 305, 306
Zweischnittige Überlappung 305, 306
Zwischenmolekulare Bindung 84, 158
Zwischenmolekulare Kräfte 162, 164, 171